Le système alimentaire mondial

Concepts et méthodes, analyses et dynamiques

Le système alimentaire mondial

Concepts et méthodes, analyses et dynamiques

Jean-Louis Rastoin, Gérard Ghersi

Préface d'Olivier De Schutter

Éditions Quæ
c/o Inra, RD 10, 78026 Versailles Cedex

© Éditions Quæ, 2010   ISBN : 978-2-7592-0610-0   ISSN : 1777-4624

*En hommage au professeur Louis Malassis,
fondateur de l'École francophone d'économie agroalimentaire*

Préface

L'ouvrage de Jean-Louis Rastoin et Gérard Ghersi n'offre pas seulement une première tentative de synthétiser les différents facteurs composant l'équation globale de la faim – entreprise inédite et originale qui, même si leur traité devait s'en tenir à cela, mériterait déjà qu'on s'y attarde. Ce livre fait davantage : il propose de construire un pont entre deux approches de la question de l'insécurité alimentaire qui, jusqu'à présent, à force de se méconnaître l'une l'autre, finissaient par entretenir des relations de méfiance.

Longtemps, la question de la faim a été examinée au départ des liens entre l'offre et la demande. La population mondiale augmente actuellement d'environ 75 millions de personnes par an, ce qui constitue le résultat combiné de l'augmentation de l'espérance de vie dans la plupart des régions et d'une natalité qui reste forte : en moyenne, entre 1990 et 2010, la population a crû de 1,2 % l'an, et même si ce taux de croissance a tendance à se réduire, la population de certains pays, notamment en Afrique subsaharienne, double encore à chaque génération. C'est ce facteur démographique qui, au cours des années 1950 et 1960, a principalement frappé les imaginations, créant la crainte de pénuries : la préoccupation des décideurs, comme celle des chercheurs, était alors toute entière focalisée sur l'augmentation des rendements, afin que la production agricole puisse suivre le rythme de l'augmentation de la population mondiale.

C'est cette peur des pénuries qui a encouragé l'extension de la révolution technologique dans l'agriculture qu'on a appelée la « Révolution verte ». L'apparition du terme est postérieure à la politique qu'il était censé désigner. L'expression de « Révolution verte » a été utilisée d'abord en 1968 par William Gaud, l'administrateur de l'USAID – l'agence de la coopération au développement des États-Unis –, pour qui le développement de nouvelles variétés de maïs, de riz et de blé contenait les germes d'une « nouvelle révolution »: « Il ne s'agit pas d'une révolution violente comme celle des Soviets ou comme la Révolution blanche en Iran, disait-il, je parlerais plutôt d'une révolution verte fondée sur l'application de la science et de la technologie ». Lorsqu'elle fut d'abord lancée en 1943 au Mexique avec le soutien des fondations Ford et Rockefeller, avant de s'étendre aux pays d'Amérique latine et à l'Asie du Sud dans les années 1960, la « Révolution verte » était fondée sur l'extension de variétés nouvelles, notamment les variétés semi-naines de blé et de riz, sur le développement de l'irrigation, et sur un recours massif aux engrais chimiques et à la mécanisation. Le secteur public a joué un rôle important dans ces développements. Les semences améliorées qui étaient données gratuitement ou subventionnées n'étaient pas protégées par des droits de propriété intellectuelle. Et la qualité des infrastructures – notamment des voies de communication – était bien meilleure lorsque la

Révolution verte » fut lancée, qu'elle ne l'est dans beaucoup de pays d'Afrique subsaharienne aujourd'hui, où une tentative est faite de lancer une nouvelle transformation de la même espèce.

On fait crédit à la Révolution verte d'avoir conduit à une augmentation significative de la productivité agricole là où elle a été mise en œuvre, et même d'avoir évité des famines – et les résultats ont en effet été spectaculaires, dans les régions en tout cas où toutes les conditions se trouvaient réunies pour qu'ils le soient. Pourtant, nous avons appris depuis qu'accroître la production ne suffit pas. Au départ de son étude de certaines des famines les plus importantes de ce siècle, Amartya K. Sen, le prix Nobel d'économie de 1998, a attiré notre attention sur le fait que la faim pouvait progresser en période de bonnes récoltes, si les revenus de certains groupes demeurent trop bas alors que les revenus d'autres groupes progressent rapidement. L'originalité de l'approche de Sen était de s'intéresser moins aux indicateurs macroéconomiques et aux valeurs agrégées qu'à la situation des groupes les plus vulnérables de la société : si l'augmentation de la production ne conduit pas à ce que la situation de ces groupes s'améliore, alors elle ne suffira pas, à elle seule, à réduire la faim. La question que nous devons poser, dès lors, n'est pas seulement celle de savoir si certaines formes de développement agricole accroissent les volumes de production, mais aussi quels sont leurs impacts en termes de distribution. Qui va bénéficier de cet accroissement ? Qui ne va pas en bénéficier, et qui pourrait même être perdant ?

Ce sont ces questions-là qui sont décisives dans la perspective du droit à l'alimentation. Même Norman Borlaug, l'architecte de la Révolution verte à qui ses contributions à la sécurité alimentaire mondiale ont valu le prix Nobel de la paix en 1970, reconnaissait que sous cet angle, le succès de la Révolution verte était au mieux mitigé : « Naturellement, disait-il en 2004, la richesse a augmenté plus dans les régions irriguées que dans les régions moins favorisées pratiquant l'agriculture à l'eau de pluie, ce qui a accru les inégalités entre revenus ». Ceci est, sans doute, un euphémisme. Comme l'ont montré des auteurs comme Donald Freebairn ou, sur un ton plus polémique, Vandana Shiva, la Révolution verte a encouragé la concentration de terres entre les mains des producteurs les plus importants, mieux placés pour bénéficier des gains de productivité de cette nouvelle agriculture capitalisée. Elle n'a pas profité aux paysans les plus pauvres travaillant sur les terres les plus marginales. Compte tenu de leurs difficultés à accéder au crédit et du faible soutien qu'elles reçoivent des services ruraux, les femmes n'ont pas vraiment participé aux progrès de la Révolution verte, celle-ci étant fondée sur le recours accru aux intrants externes souvent inaccessibles pour elles. La Révolution verte a parfois enfermé les paysans dans une dépendance à l'égard d'intrants coûteux qui, pour ceux ayant un faible accès au crédit ou ne disposant d'aucun capital, s'est révélée peu soutenable. Le passage d'une agriculture à forte intensité de main-d'œuvre à un modèle fortement capitalisé a accéléré l'exode rural, en l'absence d'autres emplois dans les zones rurales.

Nous payons aujourd'hui le prix d'une prise en compte insuffisante de ces dimensions de la lutte contre l'insécurité alimentaire. La situation actuelle de la faim a sa source dans des modes de production qui ont condamné à la ruine la petite agriculture familiale, en la reléguant, au mieux, à l'agriculture de subsistance. Incapables de survivre dans un contexte de plus en plus compétitif, confinés aux sols les plus pauvres – sur les collines, sur les zones arides, ou là où l'érosion menace –, les petits paysans ont été poussés à la marge : incapables de se mobiliser et exclus des filières d'exportation, ils n'ont été jugés dignes d'attention ni en tant qu'acteur politique ni en tant que secteur économique. Dans beaucoup de pays en développement, ils ont été les grands oubliés des politiques publiques. Les résultats sont connus. L'exode rural a été massif. Plus d'un milliard de personnes aujourd'hui – une personne sur six, et 43 pour cent de la population dans les pays en développement – vivent dans des bidonvilles, à la périphérie des grandes villes, et en 2030, lorsque la population mondiale aura atteint 8 milliards d'individus, ce sera le cas pour une personne sur trois. La vaste majorité de ces pauvres urbains n'ont accès à aucune protection sociale quelconque. Celles et ceux qui sont restés dans les campagnes, le plus souvent, ont été confinés à une agriculture de subsistance, qui leur permet à peine de survivre. Beaucoup d'entre eux ont été forcés de vendre leur terre, ou même de l'abandonner, afin de devenir des travailleurs sans terre, vivant du travail saisonnier sur les grandes plantations. Les conséquences de ce développement sont connues : le pouvoir d'achat de larges groupes de la population est à présent trop faible pour acheter la nourriture disponible sur les marchés. La faim provient, historiquement, de l'étranglement de cette masse de petits paysans. Ce n'est pas une calamité naturelle. C'est un processus de développement. Ce processus aurait pu être autre. Il peut être changé.

Faut-il alors incriminer la « Révolution verte » ? Est-ce la révolution technologique qu'a connue l'agriculture au vingtième siècle qui a produit la faim, en creusant les inégalités ? Chacun reconnaît aujourd'hui que les augmentations de production peuvent aller de pair avec la persistance d'inégalités considérables. En Asie du Sud, tandis que la production alimentaire *per capita* augmentait de 9 pour cent entre 1970 et 1990, le nombre de personnes affamées a crû dans les mêmes proportions. En Amérique latine, la disponibilité de nourriture *per capita* a augmenté de 8 pour cent au cours de la même période, et la faim a touché 19 pour cent de personnes supplémentaires.

Quelques leçons se dégagent. D'abord, il est illusoire de dissocier la production de la distribution ; il existe différents modèles de production agricole, ainsi que différents modèles de développement agricole, dont les impacts sur la structure des revenus en zone rurale peuvent varier significativement et peuvent, ou non, contribuer à davantage d'équité. Ensuite, l'on ne peut ignorer les questions d'économie politique soulevées par l'organisation des systèmes de production et de distribution alimentaires. L'approche que proposent Jean-Louis Rastoin et Gérard Ghersi, fondée sur la notion de système alimentaire, oblige précisément à porter un regard sur des questions telles que l'organisation des filières de l'agroalimentaire et le pouvoir de négociation des différents acteurs de la filière, la concentration des industries productrices d'intrants, ou encore les instruments de stabilisation des prix qui sont à la disposition des pouvoirs publics. Troisièmement et sans doute par-dessus tout, on ne peut travailler pour les groupes vulnérables sans les groupes vulnérables : ainsi que l'atteste l'incapacité de la Révolution verte à lutter durablement contre la faim, c'est seulement en mettant la participation au cœur de la formulation et de la mise en œuvre des politiques publiques que l'on peut espérer répondre aux véritables besoins des pauvres, et mettre sur pied des politiques appropriées, qui sont révisées en permanence à la lumière de leurs impacts.

Nous sommes arrivés à un point de la discussion où, enfin, la complexité de la question de la faim est reconnue. Le soutien à la production est important, et il l'est d'autant plus que les habitudes alimentaires évoluent vers des régimes plus diversifiés et plus riches en protéines animales, et que le changement climatique fait peser des menaces inédites sur notre capacité à nourrir la planète. Mais l'approche productiviste est condamnée à l'échec si elle ne va pas de pair avec une attention aux impacts sociaux et environnementaux : qui doit produire, dans quel système de prix, par l'organisation de quelles filières, et selon quelles techniques, cela importe au moins autant que le nombre de quintaux produits. C'est pour cela que l'ouvrage de Jean-Louis Rastoin et Gérard Ghersi est important : loin de nier cette complexité, ils fournissent au lecteur les outils qui lui permettent de la comprendre, en intégrant les questions relevant des compétences des agronomes au sein des problématiques plus vastes qui exigent, afin qu'on les comprenne, que l'on fasse appel à l'économie politique, au droit, ou aux sciences de la gestion. Pour nous aider à rebâtir un système alimentaire mondial dont la crise des prix alimentaires de 2007-2008 a mis à jour la fragilité, il n'existe pas de guide plus sûr et plus utile.

Olivier De Schutter
Professeur à l'université catholique de Louvain
Professeur invité à Columbia University
Rapporteur spécial des Nations unies sur le droit à l'alimentation

Table des matières

Avant-propos

Cet ouvrage est dédié à Louis Malassis, professeur aux Écoles nationales supérieures agronomiques de Rennes et de Montpellier, fondateur à Montpellier d'Agropolis qui constitue le premier centre mondial d'enseignement supérieur et de recherche dans le domaine de l'agriculture, de l'alimentation et de la gestion des ressources naturelles renouvelables. Louis Malassis a également créé Agropolis muséum, musée des agricultures et des alimentations du monde et a été un expert maintes fois consulté en France et à l'étranger sur les thèmes qui structurent Agropolis.

Louis Malassis a posé les fondements scientifiques de l'École francophone d'économie agroalimentaire dans les années 1970-1990. Cette discipline nouvelle venait alors compléter utilement l'économie rurale, avant tout intéressée par l'agriculture. L'économie agroalimentaire répondait ainsi aux besoins d'outils pour analyser et comprendre les profondes mutations en cours en France et dans le monde du fait de la généralisation du processus d'urbanisation/industrialisation qui touchait de plein fouet l'agriculture et son environnement amont et aval.

Louis Malassis nous laisse une œuvre scientifique majeure, guidé par le souci constant de la contribution de la science au développement. De nombreux ouvrages, articles et conférences ont assuré la diffusion de ses idées en France et à l'étranger dans un très large public d'universitaires, de professionnels et de décideurs publics. On mentionnera notamment le « Traité d'économie agroalimentaire » en 5 tomes (Éd. Cujas, 1979, 1983, 1986, 1997) à l'écriture desquels il a toujours su associer ses collaborateurs. Ce traité demeure le seul ouvrage de référence à ce jour sur cette discipline scientifique. Après un parcours inspiré par la curiosité intellectuelle et l'altruisme et marqué par la diversité, il a effectué un retour aux sources en s'attelant à la tâche gigantesque qu'a constitué l'écriture de la « trilogie paysanne » (Éd. Fayard, 2001 et 2004, Éd. Quae, 2006), analyse magistrale de la « longue marche des paysans » bretons, français et du monde. Le titre de l'ouvrage qui clôt cette série est prémonitoire et plein de sagesse : « Ils vous nourriront tous, les paysans du monde, si… ».

Le présent ouvrage sur le système alimentaire mondial fait écho à une « commande » de Louis Malassis pour compléter son traité d'économie agroalimentaire, commande que nous n'avons pu, hélas, honorer de son vivant. Nous tenons à exprimer, à travers cet hommage, notre gratitude pour celui qui fut notre maître, puis notre collègue et en toutes circonstances un ami et un guide avisé, à l'enthousiasme stimulant.

Cet ouvrage a très largement bénéficié des travaux des enseignants-chercheurs de Montpellier SupAgro, de l'Institut agronomique méditerranéen de Montpellier, des chercheurs Inra, Cirad, IRD des laboratoires d'Agropolis à Montpellier, de deux séjours sabbatiques réalisés au CREA et au département d'Économie rurale et agroalimentaire de l'université Laval à Québec, ainsi que de nombreuses discussions lors de séminaires et colloques en France et à l'étranger. Nous remercions ici chaleureusement tous les collègues rencontrés qui ont permis de faire progresser ce projet de publication.

Notre ouvrage prend la forme d'un traité académique dont l'objectif est de présenter les théories, les concepts, les méthodes et des analyses empiriques sur la question très actuelle de l'alimentation d'une population croissante, dans un contexte de crise technologique, économique et sociale. Ce traité est fondé sur la théorie du système alimentaire qui est une branche du vaste domaine de l'économie agricole au sens large. Cette théorie originale développée depuis une trentaine d'années, principalement en France et en Europe, reçoit aujourd'hui des validations dans le monde entier.

L'ouvrage est destiné à un public large : étudiants et enseignants des universités et des grandes écoles, chercheurs, responsables du secteur public, des organisations internationales, des entreprises, des organismes professionnels et de la société civile intéressés par la question alimentaire ou par les domaines connexes de l'agriculture et de la gestion des ressources naturelles. À cette fin, les développements mathématiques ont été volontairement limités et sont accessibles avec une culture économique du niveau licence.

L'ouvrage mobilise les sciences économiques, les sciences de gestion, la sociologie économique et la nutrition. À ce titre, il peut s'insérer dans plusieurs cursus universitaires : sciences sociales (économie, gestion, sociologie, principalement, mais aussi géographie et histoire), sciences biologiques (médecine et nutrition) et bien entendu l'enseignement agricole et agroalimentaire secondaire et supérieur.

Se nourrir : de la Nature
à un système complexe

Le système alimentaire, selon la définition subtile qu'en donne le fondateur de l'économie agroalimentaire, Louis Malassis est « *la manière dont les hommes s'organisent, dans l'espace et dans le temps, pour obtenir et consommer leur nourriture* » (Malassis, 1994). Cette caractérisation du système alimentaire par son mode de production, de consommation et d'organisation, dans une perspective historique et territoriale, nous fournit un cadre d'analyse très pertinent, parfaitement en phase avec les préoccupations contemporaines du développement durable.

▸▸ Une histoire longue

Si l'on se situe dans l'histoire longue, le système alimentaire a profondément évolué depuis que l'homme est apparu sur Terre, il y a environ 2 millions d'années. Aux origines de l'homme, ce système, très individualiste, consistait, pour chacun, à prélever sa nourriture dans la nature (cueillette de végétaux et prélèvement de viande) : à ce stade il n'existe aucune organisation de la production ni probablement de la consommation faite au rythme des prédations. Il y a environ 500 000 ans, l'espèce humaine est passée du cru au cuit grâce à la domestication du feu : le mode de production alimentaire a subi alors une première révolution. Cette étape importante, car elle marque le début de la préparation des aliments et du moment social constitué par les repas (socialisation de la consommation), ne s'est pas traduite par une maîtrise de l'offre. Il a fallu attendre 490 000 ans pour initier ce mouvement avec l'invention de l'agriculture et de l'élevage, probablement en Mésopotamie, puis quelque part en Asie du Sud-Est et en Amérique centrale. Ce moment, situé par les archéologues au néolithique, est d'une importance capitale car il a vu l'homme passer de l'état de « prédateur » d'aliments à celui de « producteur ». La nature et le genre humain s'en sont trouvé bouleversés à jamais. Quelques milliers d'années seront nécessaires pour passer de techniques agricoles extensives à une intensification par la chimie et la mécanique et d'un artisanat de transformation des matières premières issues de la terre et des animaux à une industrie et enfin de circuits de commercialisation courts et atomisés à la grande distribution alimentaire[1]. Le système alimentaire tel que nous le décrirons plus loin apparaît en réalité il y a un peu plus d'un siècle aux États-Unis (années 1900) et 50 ans plus tard en Europe.

Le système alimentaire a toujours constitué un enjeu de premier plan pour les sociétés humaines, puisque de l'efficacité et de la qualité de son fonctionnement va dépendre le bien être, voire l'existence même de nos sociétés. Il a été aussi, depuis la naissance des premières civilisations, un enjeu politique faisant et défaisant les royaumes et les empires puis les gouvernements des États. Massimo Montanari, grand historien de l'alimentation, l'a bien perçu, qui dit : *« L'alimentation embrasse l'histoire tout entière de notre civilisation »* (Montanari, 1995).

Le système alimentaire contemporain est d'une très grande complexité car il rassemble des milliers, voire des millions de producteurs et de consommateurs, qu'il est fondé sur des produits vivants et qu'il a un impact majeur sur la santé humaine. Il est aujourd'hui, dans les pays à hauts revenus, totalement industrialisé, concentré, financiarisé. Il tend également à se globaliser, c'est-à-dire à se répandre rapidement dans les pays économiquement émergents et même dans les régions urbanisées des pays pauvres. Néanmoins, le système alimentaire de notre planète reste, en ce début du XIXe siècle composé d'une mosaïque de systèmes alimentaires locaux.

▸▸ Justifications théoriques et empiriques de l'objet de recherche « système alimentaire »

Toutes ces raisons justifient des approfondissements à la fois théoriques, méthodologiques et empiriques qui font du système alimentaire un objet de recherche et de production de connaissances dont on a la trace dès les premières réalisations artistiques (statuettes, peintures rupestres) puis dans les écrits de l'Antiquité comme en témoignent les « Tablettes de Yale » consignant une quarantaine de recettes de cuisine de la Mésopotamie du Sud datées de 1 700 ans avant notre ère (Bottero, 2002).

Cet ouvrage ne traitera que l'un des multiples aspects du système alimentaire, puisqu'il se fonde essentiellement sur l'approche fournie par les sciences économiques et plus précisément le rameau de l'économie agroalimentaire, et une discipline qui se situe à la frontière entre les sciences économiques et les sciences de gestion, l'analyse stratégique. Mais nous insisterons sur le fait que le système alimentaire, objet d'études qui touche à la vie et à la société humaine dans sa globalité, relève par essence d'une approche pluridisciplinaire. L'alimentation ne peut être abordée de manière pertinente et opérationnelle qu'en associant étroitement les sciences bio-techniques et les sciences humaines et sociales.

---

1. On trouvera une analyse à la fois historique, économique et sociologique approfondie de l'histoire des systèmes alimentaires dans l'ouvrage de L. Malassis intitulé *Les 3 âges de l'alimentaire* (Malassis L., 1996 et 1997). Pour une approche historique et socio-anthropologique, cf. ouvrage collectif réalisé sous la direction de J.-L. Flandrin et M. Montanari, *Histoire de l'alimentation* (Flandrin. et Montanari, 1996).

Dans le champ de la connaissance ici choisi (économie agroalimentaire et analyse stratégique), il n'est pas facile de raccorder des travaux de nature essentiellement empirique, comme l'ont été jusqu'à présent ceux consacrés à l'agroalimentaire, à des courants théoriques établis dans le monde académique : la recherche reste cloisonnée, les bibliographies sont incertaines, les publications aléatoires et les paternités et les filiations donc difficiles à établir. Nous proposerons une chronologie sur l'émergence des concepts utilisés aujourd'hui dans les recherches relatives au système alimentaire, puis nous présenterons un « état de l'art » des matériaux qui nous paraissent susceptibles d'être mobilisés pour traiter notre sujet, dans les disciplines scientifiques concernées.

Le système alimentaire étant l'un des tout premiers systèmes à avoir structuré l'activité humaine, il a constitué le terrain d'études privilégié des fondateurs de la discipline économique, avant le déferlement de la vague industrielle. Les représentations théoriques en sciences humaines sont nécessairement influencées par l'époque. Ainsi, le Dr François Quesnay, dans son « Tableau économique » (1758), a proposé un modèle simple où la seule activité productive résultait de l'agriculture. Pour Quesnay, les propriétaires fonciers, apportant la base physique de la production, et les commerçants acheminant les produits alimentaires vers les consommateurs, ne créaient pas de valeur. Cette vision agrarienne, reprise par les agronomes-positivistes comme Olivier de Serres, a longtemps été privilégiée par les économistes ruraux, dont les investigations et les hypothèses explicatives restaient focalisées sur l'agri-ruralité. Pourtant, dès 1803, le « Traité d'économie politique ou simple exposition de la manière dont se forme se distribue et se consomme la richesse » de Jean-Baptiste Say distinguait trois types d'activités : l'industrie agricole, l'industrie manufacturière et l'industrie commerciale, typologie reprise 150 ans plus tard par Colin Clark et Jean Fourastié à travers leurs théories des trois secteurs. Selon ces auteurs, le processus de croissance économique s'accompagne d'une migration de main-d'œuvre du secteur primaire (agriculture), vers le secteur secondaire (industrie), puis vers le secteur tertiaire (services). Ce sont les gains de productivité réalisés dans le primaire, puis dans le secondaire qui expliquent ces déplacements d'emplois vers le tertiaire, où ils sont beaucoup plus difficiles à obtenir. Cette théorie a reçu, dans les pays dotés d'une assise agricole historique, une incontestable validation empirique à l'échelle planétaire : les emplois dans les services dépassaient, en 2003, 70 % de la population active totale dans l'ensemble des pays à hauts revenus (États-Unis, 78 %, Australie, 75 %, France, 70 %), selon la base de données statistiques de la Banque mondiale (WDI, 2008).

Les travaux de deux grands économistes ont beaucoup contribué à la connaissance et la formalisation du système alimentaire : ceux du Russo-Américain Wassili Leontief et ceux du Français François Perroux. Leontief, car il a proposé une maquette de l'économie nationale fort utile, le tableau d'échanges inter-industriels, devenu par la suite le tableau d'entrées-sorties de la Comptabilité nationale (Leontief, 1941) et Perroux car il a théorisé les relations inter-sectorielles. François Perroux s'est en effet beaucoup intéressé à l'économie de l'offre (Perroux, 1969) : unités actives, groupes d'entreprises, firmes transnationales ; au comportement de ses agents à travers des effets de domination et d'entraînement, à leurs relations avec les pouvoirs publics nationaux et internationaux, à leurs effets sur la structuration des secteurs et des espaces géographiques (compétitions collectives, interindustrielles et interrégionales, etc.). Ces phénomènes sont très présents dans la théorie du système alimentaire.

À partir du TEI de Leontief, du postulat de désenclavement de l'agriculture dans la croissance économique et des concepts d'effets d'entraînement de François Perroux, pouvait émerger une nouvelle approche de la production alimentaire.

▸▸ Les pionniers de Harvard et de Rungis

Les premiers travaux d'économie agroindustrielle ont été réalisés à l'université Harvard, aux États-Unis, par J.H. Davis, professeur à la *Business School* de l'université Harvard et son assistant, R.A. Goldberg qui ont forgé le concept d'*Agribusiness* en exploitant pour la première fois aux États-Unis et dans le monde le tableau d'échanges interindustriels (TEI) conçu par W. Leontief (Davis et Goldberg, 1957). L'*Agribusiness* est constitué par l'ensemble des branches approvisionnant et utilisant des produits agricoles. Goldberg étudia par la suite les filières du blé, du soja et des agrumes aux États-Unis (Goldberg, 1968). Aujourd'hui, le terme *Agribusiness* tend à être utilisé pour désigner principalement les activités des firmes travaillant pour le marché de l'agriculture (agrofourniture) et celles des entreprises de production agricole. Les recherches de Harvard ont porté principalement sur les flux reliant les différents éléments des filières, faisant apparaître les séquences de valeur ajoutée et la distance de plus en plus grande séparant l'agriculture, « cœur technique » de l'*Agribusiness*, des marchés finaux (consommateurs). En revanche, ces auteurs ont peu travaillé sur les agents de ces filières en tant qu'entreprises (approche structuraliste, inspirée davantage par l'économie industrielle que par les sciences de gestion).

En France, les premières recherches sur les relations amont et aval de l'agriculture ont été réalisées au début des années 1960, dans le cadre de l'Institut national de la recherche agronomique (Joseph Le Bihan et son équipe de l'Omnium d'économie agroalimentaire de Rungis) et de l'École nationale supérieure agronomique de Rennes (Louis Malassis, Michel Bourdon). Ces recherches ont porté d'une part sur l'économie contractuelle et d'autre part sur la modélisation du complexe agroindustriel (CAI) par les tableaux entrée/sortie de la Comptabilité nationale. Les travaux sur le CAI (qui constitue en fait une traduction d'*Agribusiness*) sont directement inspirés de ceux de Davis et Goldberg et ont été rendus possibles par la production de TEI par l'Insee en France.

L'abondance des travaux sur les filières procède, historiquement, du mouvement de quasi-intégration de la production agricole par son amont. Les analyses produites principalement par des chercheurs de l'Inra ont porté, en France, notamment sur le porc et le lait (M. Hairy, D. Labouesse), à Paris, la viande bovine (J.-F. Soufflet), à Dijon, le vin (M. Bartoli, D. Boulet, J.-P. Laporte) et les fruits et légumes (J.-M. Codron, F. Lauret, J.-C. Montigaud), à Montpellier. Implicitement, les méthodes empruntaient à l'économie industrielle, complétée dans certains cas par l'approche stratégique (R. Pérez, J.-L. Rastoin, sur le secteur laitier en Europe).

▸▸ La formalisation de « l'économie agroalimentaire » par Louis Malassis et l'École de Montpellier

Le second sous-ensemble de travaux a concerné le complexe de production agro-industriel (CPAI) regroupant l'agriculture et les industries alimentaires. À partir des techniques de comptabilité de branche, L. Malassis et ses collègues forgent une nouvelle méthode d'identification et d'analyse du système alimentaire en procédant à une étude de la structure interne du CPAI et de sa « déformation » dans le temps ainsi qu'à l'étude des relations entre le complexe et le « reste de l'économie » (modèle à deux secteurs, M. Allaya, F. Dagenais, G. Ghersi, L. Malassis). Il est montré notamment que le courant d'industrialisation se propage plus ou moins rapidement selon les pays, au cours du processus de croissance économique, dans l'ensemble des composantes du CPAI et que les fantastiques gains de productivité engrangés par l'agriculture profitent principalement à l'agrofourniture (par l'élargissement des marchés des intrants agricoles) et au consommateur (par des baisses de prix des aliments). Un éclairage complémentaire à la dynamique du complexe agroindustriel est apporté par l'étude de l'évolution de la consommation, le repérage des acteurs, notamment les grandes firmes agroindustrielles (R. Pérez, J.-L. Rastoin) et débouche sur la politique alimentaire (M. Padilla).

Ces travaux sont présentés sous une forme élaborée dans le *Traité d'économie agro-alimentaire* de L. Malassis (1979, 1986, 1996). Ils ont servi de base à de nombreuses analyses dans un certain nombre de pays et de continents : Canada, Maroc, Afrique, Amérique latine. À ce titre, on peut véritablement parler aujourd'hui d'une « École francophone d'économie agroalimentaire » dont le père fondateur est Louis Malassis. La spécificité de cette École, par rapport au courant historique nord-américain est le parti pris de la pluridisciplinarité, sa vision internationale et son orientation vers les questions de développement.

▸▸ La théorie du « système alimentaire »

Le terme de système alimentaire apparaît pour la première fois dans le Traité d'économie alimentaire de L. Malassis en 1979, mais sans justification théorique. Il s'agit alors d'embrasser, par un concept général, la diversité et l'interactivité caractérisant le complexe agroindustriel. Dans les années 1980, le recours à la théorie des systèmes, dont les apports sont particulièrement féconds dans différentes disciplines (biologie, sociologie, économie, gestion, etc.), a permis de dépasser les limites des outils quantitatifs utilisés, tels que le calcul matriciel sur les TEI ou l'analyse statistique de la consommation. L'approche systémique conduit à s'interroger, au-delà de la nature du système et de ses variables d'entrée et de sortie, sur les déterminants de sa dynamique, ce qui renvoie aux stratégies d'acteurs[2].

---

2. Cette approche a été initiée et développée dans le cadre de notre cours d'économie agroindustrielle à l'École nationale supérieure agronomique de Montpellier à partir de 1989, puis présentée dans un article de la revue Économie et gestion agroalimentaire de l'IGIA de Cergy-Pontoise (Rastoin, 1995).

C'est ainsi, qu'à partir du début des années 1990, les analyses stratégiques d'entreprises se sont développées pour mieux comprendre le fonctionnement du système alimentaire.

La démarche scientifique procède donc clairement de la multidisciplinarité, puisque l'on mobilise désormais en économie agroalimentaire des matériaux provenant à la fois des sciences économiques et des sciences de gestion, elles-mêmes puisant de plus en plus dans le corpus plus vaste des sciences humaines, sans négliger la convocation des sciences biologiques et de l'ingénieur.

Une reconstitution, *a posteriori*, des « étapes » de la recherche en économie agroalimentaire nous permet de dresser le tableau suivant :

Tableau 1. Chronologie de la recherche en économie agroalimentaire.

Types de travaux	Démarrage	Concepts développés
Agribusiness	1957	Nature et intensité des flux d'échanges inter-branches
Filières	1965	Séquences d'activités, modes de coordination
Complexe agro-industriel	1970	Structure et effets d'entrainement inter-branches
Système alimentaire	1990	Interactions stratégiques et formes de pilotage

Voyons à présent comment se situe l'économie agroalimentaire dans le corpus des sciences sociales et dans celui de l'économie rurale.

▸▸ L'économie agroalimentaire est une science sociale

L'économie agroalimentaire prend place, dans le vaste corpus des sciences économiques, au sein du sous-ensemble appelé « économie industrielle » (*Industrial organization* pour les Anglo-Américains), ou mieux « économie sectorielle », ou encore « méso-économie ». Cette dernière expression fait référence aux deux autres composantes des sciences économiques : la macro-économie et la micro-économie. La macro-économie traite des agrégats globaux tels que le revenu, la consommation, le produit national, l'investissement, l'inflation, de leur dynamique et des grands équilibres à l'échelle des pays, des macro-régions et du monde. La micro-économie s'intéresse aux agents économiques, les producteurs (ou entreprises) et les consommateurs, à leurs caractéristiques, à leur confrontation sur le marché et à leurs décisions. La méso-économie se situe ainsi entre le collectif et l'individuel. Micro, macro et méso-économie ont nécessairement dans le monde contemporain une composante internationale du fait du phénomène de globalisation des marchés (figure 1). L'économie internationale constitue également une branche autonome des sciences économiques et étudie les échanges internationaux sous toutes leurs formes, notamment commerciale (exportations et importations), financière (mouvements de capitaux), monétaire (échange de devises).

L'essor de cette discipline date de la révolution industrielle (xviiie siècle en Angleterre, xixe en France) et de la naissance de l'économie de marché et du capitalisme industriel qui, en deux siècles, se sont généralisés, avec des adaptations (capitalisme américain, rhénan, latin, asiatique), à la surface de la planète.

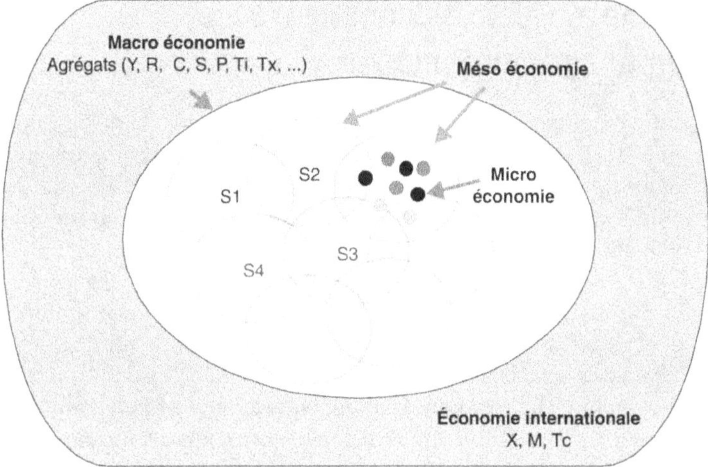

Figure 1. Micro, macro, mésoéconomie.

Symboles : S1, S2, S3, S4, secteurs d'activités de l'économie nationale.
C : consommation ; M : importations ; P : prix ; R : revenu ; S : épargne ; Tc : taux de change ; Ti : taux d'intérêt ; Tx : taxes et impôts, X : exportations, Y : production.

Les paramètres ayant permis l'émergence et la consolidation du capitalisme industriel ont été clairement établis par les historiens de l'économie. Ils sont rappelés par Julien et Marchesnay (1997) :
– innovation technique, à la base du développement d'un secteur de production de masse (métier à tisser, machine à vapeu r, électricité,…) ;
– constitution d'une classe moyenne, la bourgeoisie, prônant des valeurs de progrès scientifique (positivisme), de libéralisme économique (économie de marché) et d'individualisme (consommation) ;
– abondance de capitaux mobilisables par la création d'établissements bancaires et financiers accordant des crédits ;
– croissance des échanges internationaux (Europe, Amériques, Asie, Afrique) ;
– expansion démographique : 1 milliard d'habitants sur la terre en 1800, 2 milliards en 1927, 3 milliards en 1960 ; 6 milliards en 1999 ;
– apparition d'une nouvelle classe sociale, les entrepreneurs, acceptant de prendre des risques dans un objectif de profit.

L'alchimie du capitalisme est donc une combinaison de motivations (enrichissement des capitaines d'industrie, assouvissement des besoins des consommateurs), de capacités d'organisation (hiérarchique puis décentralisée) et de nouvelles forces productives (machinisme, robotique, technologies de l'information et de la communication).

Ce paradigme technologique va se retrouver dans le secteur agricolo-rural, même si la « révolution industrielle » ne va concerner l'agriculture qu'avec un décalage de plusieurs décennies.

▸▸ Économie agricole, économie rurale et économie agroalimentaire

La science économique a commencé par être de l'économie agricole et plus encore de l'économie de l'agriculture : Xénophon, dans son traité l'Économique parle principalement de cette activité. Les premiers agronomes (à l'époque de l'empire romain, Caton, Varron, Columelle, Palladius) ont étudié le domaine agricole comme unité de production d'un point de vue technique et économique (Sebillotte, 1996). L'économie rurale est plus une discipline caractérisée par un espace (le rural par opposition à l'urbain) qu'une économie sectorielle, même si elle s'intéresse essentiellement à l'agriculture (et au sein de ce secteur, l'économie rurale a concerné très longtemps beaucoup plus les structures et le fonctionnement des exploitations agricoles que les marchés). L'économie agroalimentaire relève fondamentalement de la méso-économie (le secteur alimentaire incluant certes l'agriculture, mais également son amont et son aval), tout en accordant une grande importance aux relations de ce secteur avec l'ensemble de l'économie (figure 2). L. Malassis insiste sur le fait « qu'il n'y a pas d'explication agricole de l'évolution de l'agriculture ».

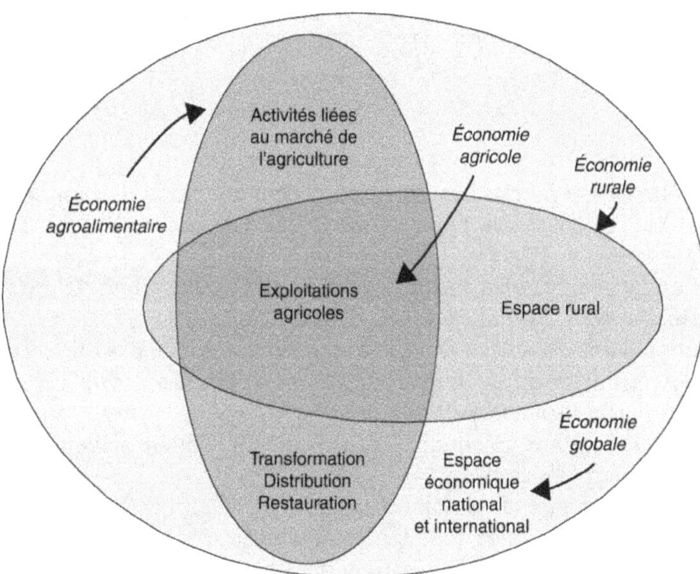

Figure 2. Économie agricole, économie rurale et économie agroalimentaire (inspiré des travaux de Louis Malassis).

▸▸ Plan du traité

À travers ce parcours historique très rapide de l'alimentation en tant qu'activité de production et de consommation, mais également comme champ de connaissance, nous avons du même coup esquissé une méthode d'analyse du système alimentaire (au sens de L. Malassis). L'objet de cette démarche est de comprendre la structure et le fonctionnement de ce système complexe à travers une double vision, méso-économique et stratégique.

L'ouvrage sera en conséquence organisé en 2 parties et 7 chapitres :
– la première partie traitera de la manière d'appréhender la composition organique du système alimentaire, d'identifier ses variables d'entrée et de sortie, de mesurer ses performances d'ensemble, globalement et par sous-systèmes verticaux, les filières, et territoriaux, les régions. Cette partie s'intitulera : outils d'analyse et mesures de performance et comportera 3 chapitres consacrés respectivement aux théories et méthodes d'analyse du système alimentaire (chapitre 1), au partage de la valeur entre les acteurs du système alimentaire (chapitre 2) et enfin à l'analyse des filières agroalimentaires (chapitre 3).
– la seconde partie (les marchés, les institutions et les régulations) examinera les modes de coordination (au sens de l'économie néo-institutionnelle) du système alimentaire, au niveau national (par le biais de l'analyse des déterminants de la demande alimentaire) et au niveau international (les marchés de produits et l'orga-nisation de l'espace des échanges), puis gouvernemental (la politique alimentaire). Cette partie comprendra également 3 chapitres étudiant les tendances de la consom-mation alimentaire (chapitre 4), les phénomènes de mondialisation, globalisation et internationalisation du système alimentaire (chapitre 5), la sécurité et les politiques alimentaires (chapitre 6).

En conclusion, nous esquisserons une prospective du système alimentaire mondial à l'horizon 2050 (chapitre 7).

Chapitre 1

Théorie et méthodes d'analyse du système alimentaire

La théorie générale des systèmes a été formulée par un biologiste autrichien, le Dr Ludwig von Bertalanffy, dans les années 1950. Aujourd'hui des expressions telles que « système sanguin », « système nerveux » ou « système lymphatique » nous sont familières et traduisent bien une organisation fonctionnelle d'un élément du corps humain. Le concept de système a ensuite été utilisé pour développer la science des automatismes ou cybernétique dont la figure de proue est Norbert Wiener, physicien américain. L'intérêt de la théorie des systèmes résulte ici de la possibilité d'asservissement de commandes de machines mécaniques ou électriques à des capteurs saisissant un paramètre extérieur du type température (par exemple dans ce cas, déclenchement d'une chaudière) ou faisceau lumineux (alarmes). On connaît l'essor prodigieux de la robotique, qui est issue de la cybernétique, dans l'industrie. L'utilisation de la théorie des systèmes dans les sciences sociales est plus récente (les années 1960). Elle est liée à l'apparition des ordinateurs de grande puissance ayant permis la réalisation de modèles de simulation. Un économiste américain, Jay Forrester a ainsi mobilisé la méthode systémique pour mettre au point des réseaux de transport urbain (Forrester, 1968). Lors du premier choc pétrolier de 1973, le couple Meadows s'est rendu célèbre par la publication d'un rapport du MIT fondé sur une analyse systémique de la planète terre du point de vue de ses ressources naturelles et concluant aux limites physiques d'une croissance exponentielle du fait d'un épuisement de ces dotations (Meadows *et al.*, 1972). On constate que les chercheurs attirés par l'analyse systémique sont généralement formés aux sciences exactes et à l'ingénierie. C'est également le cas du Français Jean-Louis Lemoigne, ingénieur venu aux sciences de gestion qui s'est intéressé à l'entreprise comme système (Lemoigne, 1977). Les applications de la théorie des systèmes concernent donc aujourd'hui l'ensemble du domaine scientifique.

La définition généralement admise d'un système est la suivante : un système est un ensemble d'éléments interdépendants, de telle sorte que toute modification d'un élément entraîne la modification d'autres éléments. Des travaux plus récents ont conduit à forger la notion de système complexe qui rend mieux compte des phénomènes sociaux.

C'est le sociologue Edgar Morin qui, à partir des notions d'ordre et de désordre, a mené une réflexion sur la complexité. En simplifiant, on peut ramener la notion de complexité à celle d'imprévisibilité (par opposition au « compliqué », qui peut se ramener à des principes de base autonomes et déterminés). Dès lors, la complexité implique la recherche de « l'intelligibilité » des phénomènes observés, tant pour la compréhension (quête du savoir, vieille pulsion humaine) et l'action (praxis). Le rapprochement entre systémique et complexité a conduit à la théorie des systèmes complexes.

▸▸ Les bases de l'analyse systémique

Un système complexe peut se définir comme « *un enchevêtrement d'interactions en inter-relations … qui doit être perçu à la fois… dans son unité, sa cohérence ou son projet et dans ses interactions internes entre composants actifs dont il constitue la composition résultante* » (Lemoigne, 1995). Ainsi, la méthode de la modélisation systémique complexe consiste à « *représenter un phénomène actif, perçu identifiable par ses projets dans un environnement actif, dans lequel il fonctionne et se transforme téléologiquement* » (ibid).

Il y a une véritable rupture entre la méthode de pensée et d'analyse mise au point au Siècle des lumières par les philosophes français et en particulier par René Descartes et celle qui résulte de la démarche systémique.

La modélisation analytique d'inspiration cartésienne, procède de la question « de quoi s'est fait ? ». Elle ambitionne de comprendre une structure, par la méthode de la décomposition des « difficultés » en « parcelles » (2e principe de Descartes), selon une logique « disjonctive » qui s'appuie sur l'hypothèse d'une stabilité des objets composant le modèle représentatif. Une telle méthode convient particulièrement bien aux sciences exactes, notamment la physique ou la chimie. Au contraire, la modélisation systémique s'efforce de répondre à la question « qu'est ce que ça fait ? », avec l'hypothèse centrale du changement permanent des objets. Cette approche est adaptée au domaine des sciences du vivant et des sciences humaines.

La théorie des systèmes va privilégier l'analyse des processus par rapport à celle des structures en faisant l'hypothèse de non-stabilité de ces dernières et d'interactivité entre processus et structures.

L'identification des processus permettant de caractériser les actions et les fonctions devient alors l'opération essentielle de la modélisation systémique. Un processus (c'est-à-dire un phénomène évolutif modifiant un objet ou un être) peut se caractériser dans un référentiel canonique à trois dimensions : le temps (T, fonction temporelle), l'espace (E, fonction spatiale), la forme (F, fonction morphologique). Ces fonctions sont elles-mêmes « supportées » par des processeurs (Lemoigne, 1995). Par exemple, (T), peut être assuré par un entrepôt de stockage de marchandises ou une mémoire numérique, (E), qui représente un déplacement, sera effectué par un véhicule de transport ou des télécommunications, (F), qui est en réalité dans la théorie du système une transformation de matières premières agricoles, sera une machine industrielle (transformation physique) ou un ordinateur (planification de la production).

Un système sera représenté par un ensemble de processeurs et de fonctions associées. Ces couples pourront être « tangibles » (matériels) et/ou « symboliques » (immatériels, les informations). Chaque processeur sera, dans un premier temps, une « boîte noire » dont on va identifier le comportement à une période donnée par la valeur attribuée à ses intrants (variables vectorielles d'entrée) et à ses extrants (variables de sortie). Enfin, la boîte noire pourra être si nécessaire caractérisée par des variables d'état (les processeurs).

Analyse externe du système

La figure 1.1 représente un système à partir de l'exemple de la modélisation d'une entreprise (considérée globalement et non pas au niveau de ses processeurs élémentaires pour faciliter l'explication)[1].

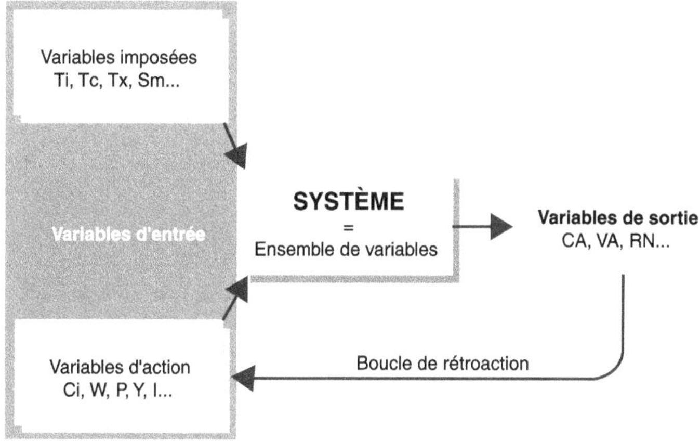

Figure 1.1. Représentation d'un système.

CA : chiffre d'affaires ; CI : consommations intermédiaires ; I : investissements ; P : prix ; RN : résultat net ; Sm : salaire minimum ; Tc : taux de change ; Ti : taux d'intérêt ; Tx : taxes et impôts ; VA : valeur ajoutée ; W : effectifs, Y : production.

Les variables d'entrée sont de deux types :
– variables imposées, le système représenté n'a pas d'influence sur la valeur de ces variables (dans le cas d'une entreprise, le taux de change, le montant du salaire minimum légal, la fiscalité, le taux de base bancaire, etc.) ;
– variables d'action, dont la valeur relève d'une décision de l'opérateur (ici les volumes et le planning de fabrication, les investissements, les embauches, les prix des produits, etc.).

Les variables de sortie sont des indicateurs observés ou calculés par l'opérateur : chiffre d'affaires, effectif salarié moyen, valeur ajoutée, résultat net, etc., pouvant ensuite servir de base à l'estimation de ratios de performance tels que la productivité, la rentabilité.

---

1. Le nombre de combinaisons de variables entre processeurs est appelé variété d'un système. Ce nombre est très élevé. Pour 2 processeurs seulement, il est de 16 « états » ou comportements possibles en binaire (2**2**2). La loi de variété requise d'Ashby stipule qu'un système, pour fonctionner, doit présenter un minimum de variétés.

Enfin les variables d'état permettent de caractériser la structure du système (ici, les immobilisations telles que terrains, bâtiments, machines, les ressources humaines).

Il est fondamental de retenir que variables d'entrée, variables de sortie et variables d'état sont interdépendantes.

Un cas particulier d'inter-relations entre processeurs/fonctions est constitué par le *feed-back* ou rétroaction, lorsqu'un extrant d'un processeur aval constitue un intrant d'un processeur amont dans un système. Le *feed-back* informationnel joue un rôle très important dans le pilotage du système : l'identification des processeurs activables par « bouclage » est donc essentielle pour l'organisation [2].

Une illustration du *feed back* peut être donnée avec le concept de création de valeur économique dans un système tel que présenté dans le schéma ci-dessous qui peut concerner toute organisation marchande ou une branche (figure. 1.2).

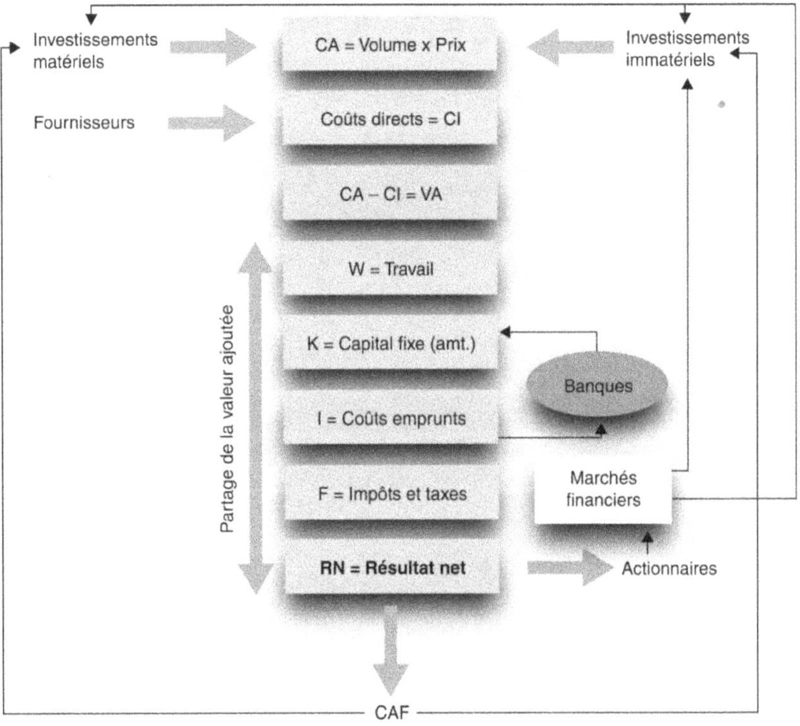

Figure 1.2. Le mécanisme de création de valeur économique dans un système, dans une approche par la comptabilité d'entreprise.
CA : chiffre d'affaires ; CAF : capacité d'autofinancement ; CI : consommations intermédiaires ; VA : valeur ajoutée.

---

2. On passe ici de la notion de système complexe à celle d'organisation, c'est-à-dire de système autonome, capable d'élaborer ses propres projets et de programmer des actions en vue d'atteindre ses objectifs. H.A. Simon (1961) parle alors de « système d'action intelligent », dans lequel le traitement objectif et subjectif de l'information prend une place centrale.

Dans ce schéma, on explicite la création de valeur par le solde intermédiaire de gestion classique de valeur ajoutée (VA). En effet, la VA résulte de la capacité d'une entreprise ou d'une branche à dégager un surplus sur ses achats externes d'intrants (les consommations intermédiaires, CI) lors de la vente de ses produits finis mesurés par le chiffre d'affaires (CA). La VA sert à rémunérer les autres facteurs de production indispensables au fonctionnement de l'entreprise (production et vente de produits). Il s'agit du travail (masse salariale), du capital (par le biais de l'amortissement), des flux financiers (intérêts des emprunts nets des produits financiers), des impôts et taxes permettant d'assurer le financement de l'environnement collectif matériel et immatériel de l'entreprise, et des profits (solde final entre recettes et dépenses totales de l'entreprise ou résultat net comptable, RN). On retrouve, à travers ces différents postes comptables les différents acteurs de la firme (figure 1.3) : propriétaires (*shareholders* ou actionnaires) et les autres parties prenantes (*stackeholders*) : salariés, banquiers, pouvoirs publics. Les fournisseurs de l'entreprise qui constituent aussi des partenaires sont pris en compte dans les consommations intermédiaires, pour ce qui concerne les intrants courants, et dans les amortissements pour ce qui est relatif aux équipements (immobilisations)[3].

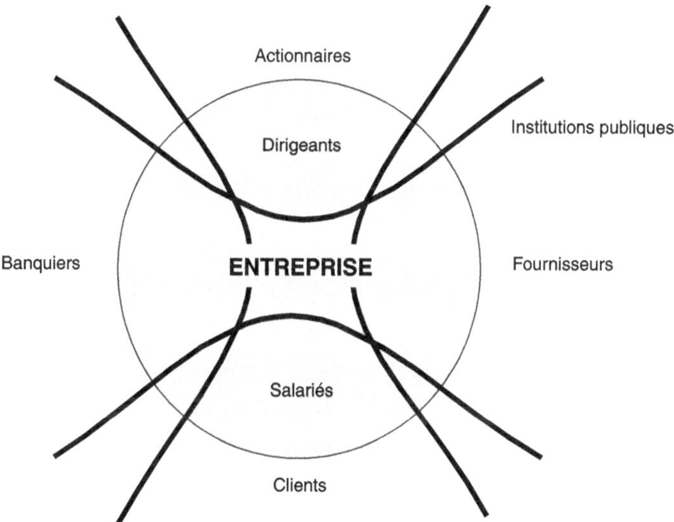

Figure 1.3. Les partenaires au sein de l'entreprise.

Le profit est le moteur de la pérennité de l'entreprise, car il permet à la fois de rémunérer les actionnaires qui ont apporté les fonds nécessaires à la création de l'entreprise et de financer la maintenance et la croissance des activités de celle-ci. En effet, l'assemblée générale des actionnaires de l'entreprise va décider de l'affectation éventuelle d'une partie du résultat net (RN) aux dividendes qui seront versés aux actionnaires et qui vont constituer pour eux un signal sur la qualité de leur placement et donc les fidéliser ou les inciter à sortir du capital de l'entreprise. Ce mécanisme financier va déterminer le cours de l'action si la société est cotée en bourse

---

3. Les immobilisations sont des valeurs de bilan et à ce titre ne figurent pas dans ce type d'analyse, fondé sur l'exploration courante de l'entreprise (compte de résultat).

et influence donc le montant des capitaux propres disponibles dans l'entreprise. Le bénéfice net non distribué aux actionnaires reste dans l'entreprise et constitue une réserve (report à nouveau) qui fluctue au gré des résultats financiers de l'entreprise. En s'additionnant aux amortissements qui sont en réalité une économie inscrite dans les comptes de l'entreprise (dépense fictive), ces bénéfices vont constituer la capacité d'autofinancement de la firme et pouvoir être utilisés pour les investissements de maintenance ou d'expansion. On est donc bien en présence d'un véritable sous-système de création de valeur (interactivité de composants multiples), dans un contexte d'économie de marché.

Analyse interne de la « boîte noire »

On observe, dès que le nombre de processeurs est élevé, que l'on peut décomposer un système en sous-systèmes ou niveaux reliés entre eux par des processeurs communs articulés selon une complexité croissante : **sous-systèmes d'opération, d'information, de décision**. Chacun de ces trois sous-systèmes peut à son tour, être « lu » à trois niveaux : sélection, conception, finalisation (Boulding, 1956). L'architecture du système comporte donc neuf niveaux possibles (3 sous-systèmes × 3 niveaux), chacun des niveaux étant relié aux autres à l'intérieur du système et avec l'environnement externe du système. Le modèle canonique « opération/information/décision » peut être considéré comme un « génotype » inhérent à tout système complexe. Le « phénotype » est la représentation, à un moment donné, du système (figure 1.4).

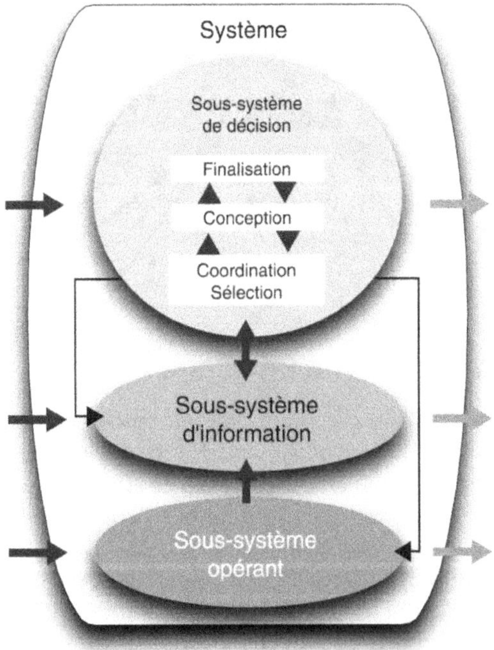

Figure 1.4. Le modèle systémique à 9 niveaux.
Source : d'après J.-L., Lemoigne, 1995, © Dunod 1999.

Ces bases théoriques élémentaires seront suffisantes pour analyser le système alimentaire. Il faut cependant savoir que la théorie des systèmes dispose d'instruments mathématiques sophistiqués permettant une « modélisation ». L'IIASA (International Institute for Applied Systems Analysis), basé à Laxemburg en Autriche, est un centre de recherche spécialisé dans l'étude des systèmes qui a développé des outils dans ce sens. Des modèles économétriques de simulation des équilibres alimentaires à l'échelle d'un pays, d'une région ou du monde ont été créés par la FAO, la Banque mondiale, l'IFPRI, le Cirad et l'Inra. À un niveau plus désagrégé, des modèles de représentation des filières ont été proposés (cf. chapitre 3 sur l'analyse de filières). On connaît les limites des approches « modélisantes » : hypothèses simplificatrices, caractère réducteur des équations de simulation, difficulté à paramétrer de façon réaliste les variables, en particulier les probabilités. Elles ont toutefois le mérite de proposer – en amenant à quantifier – un cadre rigoureux pour traiter une problématique.

▸▸ Qu'est-ce qu'un système alimentaire ?

En s'appuyant sur la théorie des systèmes, on peut définir un système alimentaire comme un réseau interdépendant d'acteurs (entreprises, institutions financières, organismes publics et privés), localisé dans un espace géographique donné (région, État, espace plurinational), et participant directement ou indirectement à la création de flux de biens et services orientés vers la satisfaction des besoins alimentaires d'un ou plusieurs groupes de consommateurs localement ou à l'extérieur de la zone considérée.

Cette définition fait appel à trois référentiels : morphologique (les acteurs constitutifs), spatial (zones géographiques d'activité interne/externe), dynamique (origine et circulation des flux de biens et services alimentaires).

La théorie des systèmes : base de la caractérisation du système alimentaire

La théorie des systèmes permet de prendre en compte en premier lieu la finalité de l'activité agroalimentaire. Elle caractérise ensuite les interrelations entre les agents de toute nature formant le système (les producteurs, les intermédiaires de service, les consommateurs, les nutritionnistes-prescripteurs, les médias, les associations de consommateurs, les pouvoirs publics nationaux et *supra*-nationaux, etc.). Elle décrit enfin la structure du système alimentaire à l'aide de variables d'état (par exemple, la concentration des entreprises à un instant t), des variables imposées (par exemple les taux d'intérêt directeurs dans le pays considéré) et des variables d'action (par exemple, le niveau d'emploi dans le système).

Le système alimentaire peut ainsi être considéré comme un système :
– finalisé (satisfaction de la fonction de consommation alimentaire) ;
– biologique (de par la nature de ses produits) ;
– ouvert (relations multiples avec les ressources naturelles de base : terre, climat, environnement socio-économique et culturel) ;

– complexe (plusieurs millions d'agents économiques concernés en France dans l'agriculture, l'industrie alimentaire, la distribution, la restauration, les industries et services périphériques) ;
– partiellement déterminé (la production du système est soumise aux variations aléatoires du milieu agroclimatique et à la volatilité des marchés physiques et financiers) ;
– à centres de commande multiples (les entreprises, les institutions gouvernementales) ;
– à régulation mixte (le marché, l'État, les accords internationaux).

L'apport de la théorie des systèmes pour l'étude de « l'objet de recherche » agroalimentaire se situe ainsi au niveau de la délimitation du système, de la caractérisation de sa structure et de la compréhension de sa dynamique de fonctionnement sous la pression de forces tant internes qu'externes.

Découpage et représentation d'un système alimentaire

À partir de la définition qui vient d'être donnée, on peut, à partir du cas français, proposer une représentation formelle du système alimentaire. Le système doit être « découpé » au sein d'un espace géographique. Théoriquement, le chercheur peut choisir de travailler à n'importe quel niveau territorial, en fonction de sa problématique : micro-région (on en dénombre en France plus de 500 en fonction de paramètres agroclimatiques), commune, canton, département, région ou pays. La seule contrainte ici est de pouvoir constituer une base de données minimale, soit à partir de sources primaires (enquêtes), soit à partir de données en provenance de tiers (statistiques publiques ou professionnelles). Par ailleurs, le concept de système ne peut s'appliquer qu'à un ensemble multi-agents puisqu'il est fondé sur des relations. Enfin, l'ouverture sur l'extérieur de tout système alimentaire conduit à vérifier que le découpage opéré permet de représenter un système disposant d'un minimum de spécificités soit du point de vue de la consommation, soit de celui de la production. Pour ces raisons, il paraît difficile de prétendre procéder à une analyse économique de système alimentaire à une échelle trop réduite.

Ainsi, dans le cas de la France, la région administrative semble constituer le seuil inférieur. Nous avons pu ainsi mener une étude du système alimentaire en Languedoc-Roussillon et montrer que ce système constituait de loin la première activité économique régionale, avec un coefficient d'intégration relativement élevé de l'industrie alimentaire et de l'agriculture (Aurier *et al.*, 2000). Toutefois, l'autosuffisance alimentaire en Languedoc-Roussillon, comme dans la plupart des régions françaises et européennes, est devenue faible en raison de la spécialisation productive régionale et de la circulation importante des produits à l'échelle nationale et internationale. Un autre exemple d'analyse régionale est donné par le Québec. Cette province canadienne a été pionnière dans ce type d'approche et son ministère de l'Agriculture publie d'excellentes analyses du système alimentaire québécois. Par *benchmarking* avec le reste du Canada, il est démontré que le complexe de production-transformation du Québec est plus intégré que dans les autres provinces, mais un peu moins performant du point de vue de la valeur ajoutée : 1 CN$ de matière première agricole au Québec génère 3,80 $ sur les marchés finaux, contre 4,42 $ dans le reste du Canada (Beaulieu et Ringuette, 2006).

L'analyse du système alimentaire peut aussi être menée dans un cadre national[4], ce qui est le plus aisé, au moins dans les pays de l'OCDE, car on dispose alors généralement de bonnes statistiques, notamment pour mesurer les flux d'échanges extérieurs (ce qui n'est pas possible dans un cadre *infra*-national). On peut aussi dépasser le cadre national lorsqu'il existe une institution de coopération macro-régionale (par exemple une zone de libre-échange, ainsi le Mercosur ou l'Alena, ou une structure politique comme l'Union européenne). Nous avons ainsi initié une recherche sur le système alimentaire européen (Miloszyk *et al.*, 2002 ; Rastoin, 2005). On peut aussi concevoir et analyser le système alimentaire mondial comme décrit ci-dessus.

Une fois, défini le cadre géographique, il est intéressant, pour prendre la mesure du système alimentaire de manière très synthétique et le visualiser, de construire une figure illustrée à l'aide de quelques indicateurs simples. Nous proposons d'indiquer les principaux sous-ensembles constitutifs du système alimentaires tels qu'ils ont été listés plus haut, en les positionnant de l'amont vers l'aval[5] :
– agrofourniture (chimie lourde : fertilisants, chimie fine : produits phyto et zoo-sanitaires, industrie de semences) ;
– agriculture et élevage, pêche et pisciculture (production des matières premières alimentaires) ;
– industries alimentaires (animales, produits laitiers et carnés, végétales et « hybride », par exemple fabrication de plats cuisinés) ;
– canaux de distribution des produits alimentaires (grande distribution, commerce traditionnel, circuits alternatifs comme les distributeurs automatiques ou les marchés paysans) ;
– restauration hors foyer (commerciale ou collective).

Autour de cette « colonne vertébrale », parfois qualifiée de « chaîne alimentaire » viennent se greffer de nombreux secteurs industriels ou de services, pas nécessairement spécialisés dans la production alimentaire, mais dont la présence est indispensable au bon fonctionnement de la chaîne[6] :
– bâtiments et travaux publics ;
– équipementiers de l'industrie mécanique et électrique ;
– établissements financiers (banques et assurances) ;
– industrie logistique ;
– industrie de l'emballage ;
– énergie : charbon, pétrole et électricité, énergies renouvelables ;
– télécommunications ;
– services marchands (par exemple médecine vétérinaire) et non-marchands (par exemple laboratoires de contrôle de la qualité) aux entreprises ;

---

4. Peu de publications adoptant l'approche « système alimentaire » sont disponibles : cf. Marion (1985) et Martinez (2007), pour les États-Unis, Longtin (2006), pour le Canada, Fanfani, (2009) pour l'Italie et Rastoin (1995, 2007), pour la France.
5. L'analogie avec un cours d'eau est devenue classique dans ce domaine. On parle également du champ à l'assiette et au verre, de la fourche à la fourchette, de la ferme à la table, etc.
6. On trouvera dans Longtin (2006), une description fine des éléments composant le système alimentaire canadien, à partir de la nomenclature du système de classification des industries de l'Amérique du Nord (Scian).

– établissements de formation et de recherche publics et privés ;
– administrations d'État et collectivités territoriales[7].

On peut alors représenter le système alimentaire de la façon suivante, autour de 9 blocs d'activité (figure 1.5) :

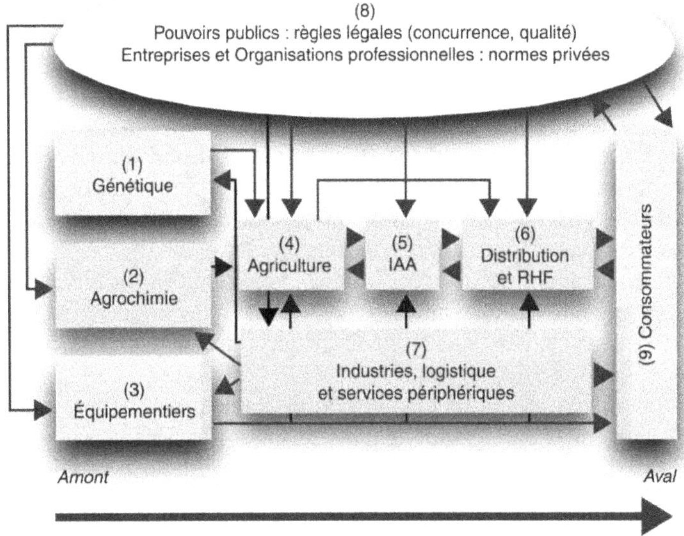

Figure 1.5. Les 9 blocs d'activités du système alimentaire.

Afin d'estimer l'importance relative de chacun des blocs dans l'ensemble du système alimentaire, il convient de retenir quelques indicateurs. Nous suggérons les suivants :
– chiffre d'affaires (CA, mesure d'activité) ;
– valeur ajoutée (VA, mesure de performance) ;
– échanges extérieurs (exportations et importations, solde commercial : ouverture extérieure) ;
– nombre d'entreprises (densité) ;
– emplois (dimension sociale).

On aura ainsi une représentation synthétique et quantifiée du système alimentaire. On remarquera dans la figure 1.6 (plus conforme à l'analogie fluviale puisque l'amont est à plus haute altitude que l'aval), une visualisation du cas de la France en 2006. Tous les indicateurs n'ont pas été portés pour des raisons d'espace. On les trouvera plus loin dans le chapitre. Le chiffre d'affaires généré par le système alimentaire français et mesuré au stade du consommateur dépasse 210 milliards d'euros, pour environ 1 million d'entreprises et 4,5 millions d'emplois, ce qui en fait une activité économique de tout premier plan dans le pays.

---

7. On proposera une nomenclature détaillée pour la France lors de l'examen de la population d'entreprises constituant le système alimentaire.

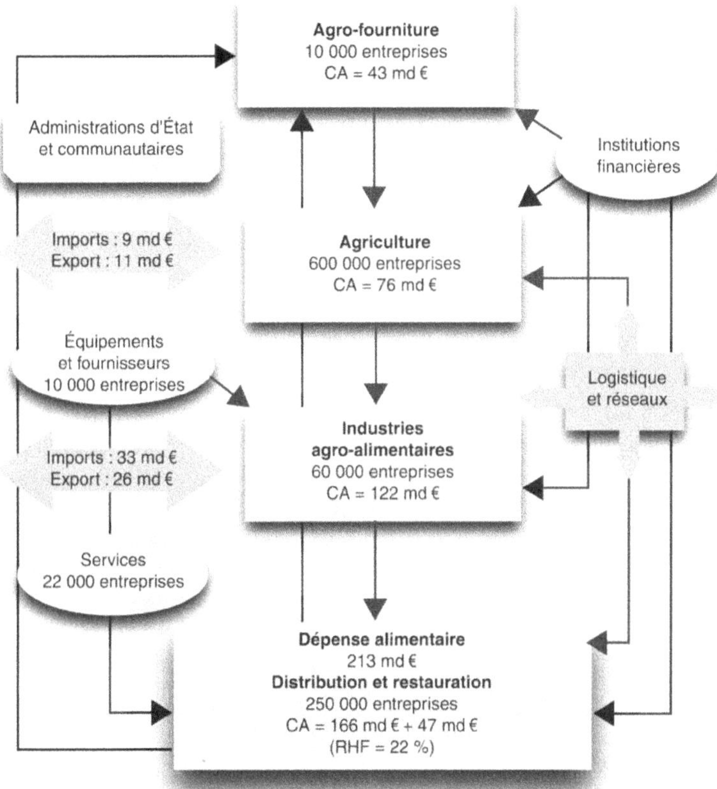

Figure 1.6. Une représentation simplifiée du système alimentaire français en 2006.
Source : nos calculs sur données Insee, Comptes nationaux, 2007.

▸▸ L'analyse canonique du système alimentaire

Sur la base de la théorie des systèmes complexes qui vient d'être brièvement présentée ci-dessus, on peut proposer une représentation « phénotypique » du système alimentaire au début du XXIe siècle. La première étape consistant à « découper » un objet d'étude « système alimentaire » a été présentée ci-dessus. En utilisant la trilogie canonique, on examinera successivement le sous-système alimentaire opérant, informatif et décisionnel.

Le sous-système alimentaire « opérant »

Ce sous-système peut être assimilé à l'ensemble productif et distributif des biens et services alimentaires, c'est-à-dire, en simplifiant, une collection de réseaux formés d'acteurs assurant des opérations de :
– production de matières premières agricoles (en l'état actuel des techniques, seuls l'agriculture, l'élevage et la pêche et accessoirement le secteur minéralier pour le sel,

procurent des produits alimentaires, consommés en l'état ou subissant des opérations de transformation et/ou conditionnement avant consommation) ;
– transformation, industrielle ou artisanale, des matières premières ;
– conditionnement des produits consommés à l'état frais ou transformés ;
– distribution des produits finis, avec incorporation plus ou moins poussée de services ;
– logistique (transport et stockage), intervenant à chaque « rupture de charge » du réseau de production/commercialisation ;
– fabrication et mise à disposition des biens et services nécessaires au réseau (machines et équipements, emballages, assurances et financements, recherche et développement, formation, réglementation). Cet ensemble hétérogène peut être qualifié de secteur « d'activités périphériques » ;
– gestion des déchets (dépollution des effluents, recyclage des emballages, etc.).

L'identification précise et le chiffrage des différentes composantes du sous-système alimentaire opérant pose de délicats problèmes de champ et de méthode. En effet, la production et la distribution des aliments n'est pas une activité « pure », en ce sens qu'elle se réalise au sein d'entreprises et d'institutions qui ne sont pas exclusivement « alimentaires ». Ainsi de l'agriculture qui commercialise du bois, des IAA (industries agroalimentaires) qui produisent des produits biochimiques, de la grande distribution dont près de la moitié du chiffre d'affaires global se fait en dehors de l'alimentaire. La Comptabilité nationale par branche permet de corriger ce biais, sans l'éliminer complètement[8], la plus grande difficulté provenant des activités dites périphériques.

On peut retenir, en première approche, 2 types d'indicateurs pour caractériser le système alimentaire :
– des agrégats macro-économiques,
– la population d'entreprises.

Caractérisation du système alimentaire par les agrégats macro-économiques

Ces indicateurs, issus de la Comptabilité nationale, sont nombreux. Au-delà des quelques paramètres simples présentés ci-dessus, les sources statistiques disponibles permettent généralement de retenir la production, la valeur ajoutée (et donc les consommations intermédiaires), les investissements, les flux extérieurs (importations et exportations), les marges commerciales, les taxes supportées. L'outil désormais classique utilisé ici est le tableau d'entrées-sorties (TES) de la Comptabilité nationale, autrefois appelé « tableau d'échanges interindustriels »[9]. Les insuffisances de cet outil ont conduit à élaborer des matrices de comptabilité sociale permettant de prendre en compte le secteur dit informel. Il devrait être possible d'aller assez loin dans l'identification macro-économique du système alimentaire (SA) en utilisant, non plus les TES, mais les comptes de production et de répartition de la Comptabilité nationale à un haut niveau de désagrégation (plusieurs centaines de branches).

---

8. Une branche regroupe l'ensemble des établissements ayant la même activité principale, mais un établissement est souvent multi-produits.

9. Le chapitre 3 traite en détail de l'approche par la Comptabilité nationale du système alimentaire.

Ces tableaux ne sont pas publiés et ce type de recherche n'a jamais été mené à notre connaissance.

En restant sur un modèle agrégé simple, on peut estimer la valeur de la production alimentaire achetée au stade final (c'est-à-dire la consommation finale des ménages) à environ 171 milliards d'euros en 2005 pour la France[10]. On peut mettre en évidence une « cascade » de chiffres d'affaires (CA) dans le système alimentaire, qui s'explique par la notion de valeur ajoutée (VA). Au fur et à mesure de l'élaboration des produits dans la chaîne alimentaire, leur valeur augmente (tableau 1.1) :

Tableau 1.1. Agrégats économiques du système alimentaire en France, 2005.

Milliards €	Agriculture	IAA	CPAI
Consommation intermédiaire	43,3	91,1	134,5
Valeur ajoutée	35,3	28,9	64,1
Production des branches	78,6	120	198,6
Exportations	10,4	30,4	40,8
Importations	8,8	24,1	32,9
Solde commercial	1,6	6,3	7,9
Consommation des ménages	29,1	142,1	171,2

CPAI : complexe de production agro-industriel (agriculture et industries agroalimentaires) ; IAA : industries agroalimentaires.
Source : Insee, comptabilité nationale, 2007.

En amont du système alimentaire, le marché pour les fournisseurs de l'agriculture est de 43 milliards d'euros (montant des consommations intermédiaires de cette branche) et de 91 milliards pour ceux des IAA (dont 31 de matières premières agricoles). Le coefficient multiplicateur du chiffre d'affaires agricole est de 2,2 entre l'agriculture et la consommation finale, ce qui indique une « cascade de valeur ajoutée » à débit particulièrement élevé.

Une bonne formalisation du système alimentaire par les agrégats de la Comptabilité nationale est proposée par la direction des études économiques et d'appui aux filières du MAPAQ (ministère de l'Agriculture, des Pêcheries et de l'Alimentation du Québec)[11]. La figure 1.7 synthétise les travaux de cette équipe pour l'année 2006.

Trajectoire historique du système alimentaire

Le système alimentaire agroindustriel, comme on l'a constaté dans le cas français ou canadien, incorpore de plus en plus de biens, et surtout de services, autour de la matière première agricole. Par ailleurs, on constate que la fonction alimentaire est satisfaite de manière de plus en plus directe et globale, avec une externalisation croissante. La

---

10. Ce chiffre ne comprend pas les dépenses des ménages effectuées dans la restauration hors foyer.
11. On doit saluer le travail remarquable de formalisation et d'analyse de système alimentaire réalisé aux États-Unis par l'USDA, au Canada par Agriculture et Agroalimentaire Canada et au Québec par le MAPAQ et regretter que rien de tel ne soit fait par l'Administration en France, dans les pays européens et par la Commission de l'Union européenne.

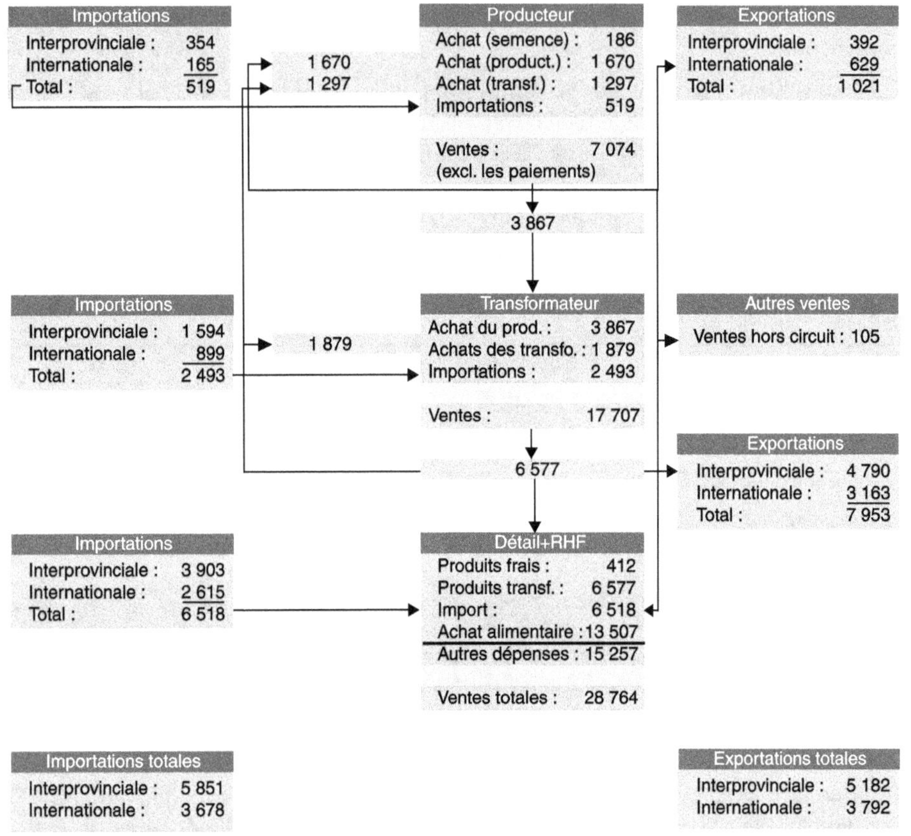

Figure 1.7. Le système alimentaire du Québec, 2006. Flux économique du secteur bioalimentaire (en millions CN$), en 2006 pour le Québec.

Source : M., Beaulieu et M., Ringuette, 2006.

restauration à domicile (RAD), qui implique l'achat d'aliments, leur préparation et leur service, décline, tandis que la restauration hors foyer (RHF) progresse. Nous avons utilisé ces observations pour compléter une typologie historique construite par L. Malassis, sur la base des proportions relatives de valeur ajoutée au sein du complexe de production agroindustriel (CPAI = agriculture + IAA), en considérant la répartition du prix final d'un bien alimentaire entre les différents contributeurs (agriculteurs, industriels et prestataires de services) et la ventilation des dépenses des ménages entre RAD (restauration à domicile) et RHF (restauration hors foyer). Les 4 étapes de la trajectoire du système alimentaire sont présentées dans le tableau 1.2.

Une telle typologie peut s'utiliser soit pour observer les étapes d'évolution des systèmes alimentaires d'un pays donné, soit pour comparer la situation des SA de différents pays, une année donnée. On peut aujourd'hui constater que les différentes catégories de SA coexistent dans l'espace mondial. Ce modèle historique montre bien, sur la longue période, les transformations structurelles du SA. Il permet de construire une classification des systèmes alimentaires dans le monde en fonction

Tableau 1.2. Les étapes du développement des systèmes alimentaires.

Stade	Caractéristique	Répartition du prix final du produit alimentaire entre les différents acteurs (%)			Mode de consommation (%)	
		Agri-culteurs	Indus-triels	Services	Domicile	Restau-ration hors foyer
Agricole	Auto-subsistance, pauvreté	100	0	0	100	0
Artisanal	Division du travail, ordre corporatif	70	20	10	90	10
Agro-industriel	Production/ distribution de masse industrialisées	25	40	35	70	30
Agro-tertiaire	Domination des services, hypersegmentation symbolique	10	35	55	50	50

de déterminants économiques que nous venons de présenter et de déterminants sociaux qui figurent dans le tableau 1.3. On peut ainsi retenir les facteurs suivants : l'origine des aliments (du local au global) ; le type d'habitat (rural puis urbain) ; le modèle de production (atomisé, puis oligopolisé) ; le modèle de consommation (spécifique à chaque cellule au départ, massifié ensuite) ; le modèle de société enfin (d'une organisation en groupes sociaux restreinte à une globalisation/grégarisation dans notre société post-industrielle). On est ainsi passé, en moins d'un siècle, d'un système alimentaire organisé à la façon « d'une tragédie grecque » à un système à la fois globalisé et éclaté. Le système alimentaire agricole disposait en effet d'une unité de lieu (l'exploitation agricole familiale ou villageoise), d'une unité d'action (la force de travail est aussi l'unité de consommation) et de temps (le rythme éternel des saisons). Le système alimentaire post-industriel est tertiarisé, désaisonnalisé et mondialisé par ses produits et ses marchés, mais il est en même temps éclaté dans ses moments et ses unités de consommation : les monoménages ont déstructuré leurs repas et subissent l'illusion d'un hyperchoix (tableau 1.3).

On peut présenter à partir de ces quelques facteurs socio-économiques une brève histoire du système alimentaire en 4 étapes ou stades :
– le stade « agricole » correspond à une économie d'autosubsistance, en circuit court. Les consommateurs sont aussi très majoritairement producteurs de leur propre nourriture. La transformation et la commercialisation des produits agricoles sont limitées, les secteurs des IAA et de la distribution sont marginaux ou absents. Ce stade a caractérisé l'Europe pendant de nombreux siècles, après la chute de l'Empire romain. C'est aujourd'hui encore le cas typique des pays les moins avancés économiquement (Bangladesh, Tanzanie, Tchad, etc.). Ces pays, très pauvres (moins de 765 US $ de PIB par tête et par an en 2006, pays à faibles revenus dans la définition

Tableau 1.3. Les déterminants de la configuration du système alimentaire.

Étape	Origine des aliments	Habitat	Modèle de production	Modèle de consommation	Base sociétale
Agricole	Locale	Rural	Exploitations agricoles (EA) familiales ou claniques	Auto-consommation	Famille élargie
Artisanale	Régionale	Rural	EA + petites entreprises artisanales	Transition vers le marchand	Famille et corporation
Agro-industrielle	Plurinationale	Urbain	Grandes entreprises	Consommation de masse	Ménage et salariat (y compris féminin)
Agrotertiaire	Mondialisée	Mégalopoles	Firmes globales	Consommation de masse	Monoménage grégaire et salariat

de l'Atlas de la Banque mondiale, soit moins de 2 $ par jour), sont essentiellement ruraux (53 pays en 2006 selon la Banque mondiale) ;

– le stade « artisanal » voit se développer une petite transformation (c'est-à-dire par des entreprises de taille réduite) des matières premières, exogène par rapport à l'agriculture et/ou un secteur agroindustriel lié aux cultures d'exportation. Un secteur commercial (boutiques, marchés) et une restauration de rue ou liée à l'hébergement des voyageurs apparaissent parallèlement aux « cités ». Cette phase est caractéristique de la division du travail observée dans les sociétés prospères de l'Antiquité, puis à partir de la Renaissance en Europe. Elle est très liée à la croissance des flux d'échanges commerciaux et financiers. Elle concerne aujourd'hui la majorité des PVD dits à « faibles revenus » (766 à 3 035 US $/an/tête : Bolivie, Bénin, Birmanie, par exemple, 55 pays au total en 2006). Lorsque le processus de croissance économique se renforce et que la taille des entreprises augmente, on peut parler de « transition » vers l'industrialisation généralisée du système alimentaire. Cette étape concerne les pays dits émergents et à revenus intermédiaires ou « émergents » (3 036 à 9 385 $/tête : Afrique du Sud, Brésil, Malaisie, par exemple, 41 pays en 2006) ;

– le stade « agroindustriel » est atteint lorsque la valeur ajoutée des IAA devient aussi importante que celle de l'agriculture dans le complexe production alimentaire (agriculture + IAA). Cette situation signifie que, du fait de l'industrialisation de l'agriculture (augmentation des consommations intermédiaires) et de la préférence des consommateurs pour des produits élaborés (diminution du temps de préparation des repas lié au travail féminin et à la journée continue), les IAA sont passées à la production de masse en valorisant leur activité dans le prix des produits alimentaires. On observe également une forte croissance de la RHF, en raison d'une urbanisation accélérée[12], ce qui, ajouté aux modifications du mode de vie et à

---

12. La population urbaine est passée de 54 à 78 % de la population totale dans les pays développés entre 1950 et 2006 et de 19 à 44 % dans les pays en voie de développement.

l'augmentation des revenus, provoque l'essor de la RHF[13]. L'étape agroindustrielle est aujourd'hui franchie par l'ensemble des pays à hauts revenus (plus de 9385 \$ par tête : une soixantaine de pays en 2006). En France la valeur ajoutée des industries agroalimentaires (VAIAA) a rejoint la valeur ajoutée de l'agriculture (VAA) en 1993 et la part de la RHF dans le budget alimentaire des ménages était supérieure à 22 % en 2006 ;

– le stade « agro-tertiaire », marqué par la prépondérance des services au sein du système alimentaire : les dépenses dans la RHF deviennent comparables aux dépenses pour la RAD. Or, le prix final de la restauration comporte environ 2/3 de services et 1/3 de biens. Par ailleurs, dans l'ensemble de la chaîne de production alimentaire, les intrants matériels régressent au profit des intrants immatériels (par exemple, le coût de la publicité dans les céréales pour petits-déjeuners est supérieur à 15 % du prix final et dans la confiserie à 10 %)[14]. Les États-Unis se situent depuis le début des années 1990 au stade « agrotertiaire ». Selon nos critères, c'est le seul pays à avoir atteint ce stade, mais la plupart des systèmes alimentaires des pays à haut revenu sont orientés vers cette configuration en raison d'un développement rapide du modèle de production et de consommation de masse (tableau 1.4).

Tableau 1.4. Typologie des systèmes alimentaires dans le monde en 2003.

Étape du système alimentaire	Agricole	Artisanale	Transition	Agro-industrielle	Ensemble (*)
Catégorie de pays selon le niveau de revenu par tête	Faible revenu	Revenu moyen bas	Revenu moyen haut	Haut revenu	
Niveau de revenu par tête (US \$)	<= 765	766-3 035	3 036-9 385	> 9 385	
Pays de tête, médian et de queue de classement	Burundi, Lésotho, Cameroun	Zimbabwe, Kazaksthan, Brésil	Jamaïque, Lithuanie, Oman	Arabie Saoudite, France, Norvège	Burundi, Grèce, Norvège
VA agriculture (% PNB)	32,3	13,5	5,7	2,3	3,6
Population active agricole (% totale)	53,1	28,5	12,3	4,7	24,6
Population rurale (% population totale)	70,6	55,1	26,1	23	52
% de la population sous le seuil de pauvreté (**)	52,4	19,7	13,6	-	28,6
Prévalence de la malnutrition (% des enfants de moins de 5 ans)	26,3	15,7	5,7	-	15,9

(*) Pays de plus d'un million d'habitants ;
(**) Moins de 2 \$ en parité de pouvoir d'achat/jour ;
Source : Banque mondiale, base de données World Development Indicators, WDI, 14/01/2008.

---

13. Les Français ont consacré, en 2006, 15,2 % de leur budget à l'alimentation auxquels il faut ajouter 6,2 % en dépenses de restaurant.
14. Plus de 2 milliards US \$ dépensés en publicité par Nestlé dans le monde en 2005 (3,5 % du CA).

La trajectoire historique du système alimentaire mondial n'est en réalité qu'une marche vers le capitalisme industriel tel qu'il est décrit par Daniel Cohen à travers cinq révolutions ou ruptures par rapport à la période agrarienne et rurale (Cohen D., 2006) :

– rupture dans le mode de production : on passe d'une production artisanale atomisée à une production de masse standardisée par la substitution capital/travail et concentrée et ceci est déclenché par trois vagues d'innovations technologiques : 1770 (machine à vapeur, Watt), 1870, électricité (Edison) et téléphone (Bell), 1970 (ordinateurs puis réseau Internet). Les grandes innovations dans le système alimentaire sont contemporaines de la 2e révolution industrielle (fin du XIXe siècle) ;

– rupture dans le mode d'organisation : l'artisan est par essence polyvalent ; on le remplace par la manufacture puis l'usine où règne la division du travail par l'hyper-spécialisation des tâches (organisation scientifique du travail de l'ingénieur américain Taylor et de l'administrateur français Fayolle). On voit alors se succéder dans les grandes entreprises le fordisme (maximisation de la productivité du travail), puis le toyotisme (pilotage par les clients, flux tendus), et enfin la gestion par projet (maximisation des marges). L'agroalimentaire adopte successivement ces changements organisationnels ;

– rupture dans le mode de financement : le capital familial (recours à l'épargne privée) est sollicité au démarrage de la révolution industrielle ; la croissance des entreprises répondant aux exigences de la production et de la consommation de masse appelle de gros capitaux qui vont se chercher sur le marché boursier (mobilisation de l'épargne publique). La majorité des grandes firmes du système alimentaire est désormais cotée en bourse ;

– rupture dans le mode d'occupation de l'espace : on évolue de la sphère locale (petites entreprises et marchés régionaux) à la sphère nationale puis globale (1re mondialisation : 1870-1914, 2e mondialisation, à partir de 1990). Le système alimentaire a aujourd'hui ses firmes globales figurant dans le top 100 mondial ;

– rupture dans le mode de consommation : la demande, bridée par la rareté des ressources et l'importance de l'autoconsommation, se massifie progressivement, dans un contexte de hausse des revenus par la croissance économique (en Amérique du Nord, puis durant les Trente Glorieuses en Europe, et actuellement dans les pays émergents). Le modèle de consommation est en voie d'uniformisation par la communication et les produits globaux. En dépit d'une apparente diversité dans les hypermarchés, les menus quotidiens se simplifient à l'extrême.

Le capitalisme industriel est, à l'inverse, dans le domaine des revenus, générateur de fortes disparités puisque l'on observe des écarts de richesse considérables (et croissants) entre pays (et à l'intérieur même des pays). Ces écarts sont corrélés avec le poids de la ruralité et donc de l'agriculture dans l'économie comme en témoignent les chiffres de la Banque mondiale.

On constate que 16 % de la population mondiale dispose de 77 % du RNB en 2006 et que les pays à revenus faibles (moins de 3 600 $ par jour et par habitant) concentrent 87 % des ruraux de la planète, dont on sait que les revenus sont sensiblement inférieurs aux moyennes nationales. Près de 3 milliards de personnes (44 % de la population mondiale) vivent dans des pays où le système alimentaire reste dominé par l'activité agricole.

Tableau 1.5. Disparités de revenus et poids de la ruralité.

Catégorie de pays de l'atlas de la Banque mondiale	Tranche de revenu (US $)	Nombre de pays	Revenu national brut (%)	Population totale (%)	Population rurale (%)
Haut revenu	> 11 115	60	77	16	7
Revenu moyen supérieur	3 596 – 11 115	41	10	12	6
Revenu moyen inférieur	906 – 3 595	55	10	35	36
Faible revenu	< 905	53	3	37	51
Total monde (%)			100	100	100
Total monde (milliards US $ pour RNB et millions pour population)		209	48 516	6 518	3 297

Source : données Banque mondiale, WDI, 15/01/2008.

Dans le même temps, les cinq ruptures analysées par D. Cohen sont à l'œuvre dans le système alimentaire et modifient en profondeur à la fois le dispositif d'offre et la nature de la demande. L'aliment se banalise en passant d'un statut de bien vivant et culturel à un statut de bien marchand produit et vendu de la même façon que des lessives ou des CD.

Partage de la valeur : de moins en moins d'agriculture dans nos aliments

L'analyse dite de « l'euro-alimentaire » (ou du dollar alimentaire aux États-Unis), montre bien cette évolution. Il s'agit de décomposer la valeur payée par le consommateur final d'un aliment ou d'une boisson en éléments correspondant à chacun des sous-systèmes de production et de distribution.

En 2005, la dépense alimentaire finale de produits agroalimentaires (issus des IAA) en France se répartissait ainsi (figure. 1.8) :
– 13 % de la dépense revenaient aux matières premières agricoles ;
– 25 % aux consommations intermédiaires industrielles et de services nécessaires pour fabriquer les produits agroalimentaires ;
– 15 % à la transformation industrielle par les IAA (valeur ajoutée) ;
– 27 % à la distribution (marges commerciales) ;
– 10 % aux importations de produits des IAA ;
– 10 % à l'État sous forme de taxes nettes de subventions (non compris la fiscalité directe sur les entreprises).

En regroupant ces différents postes, le partage intersectoriel de la valeur payée par le consommateur final se présente de la façon suivante :
– agriculteurs : 13 % ;
– industriels : 42 % ;
– entreprises de services et État : 45 %.

On se situe donc bien dans un processus d'industrialisation et de tertiarisation de l'aliment. Précisons que l'analyse porte ici sur la composition organique du prix final du bien alimentaire moyen en France, en 2005 (figure 1.8). Bien que faisant l'objet de polémiques cycliques, le caractère « normal » ou « abusif » du partage de la valeur dans le système alimentaire ne peut être démontré à partir du type d'outil économique utilisé ici. En effet, d'une part on raisonne sur une branche (l'IAA) qui est elle-même composée de filières très hétérogènes (l'industrie laitière est radicalement différente de l'industrie de la viande, par exemple). D'autre part, il s'agit ici d'un indicateur de volume et non pas de marges puisque l'on mesure ce qui revient à chaque sous-ensemble intervenant dans l'élaboration des produits agroalimentaires et pas ce qu'il reste en profit net à chacun des acteurs. Nous reviendrons sur cette question délicate dans le chapitre consacré aux filières.

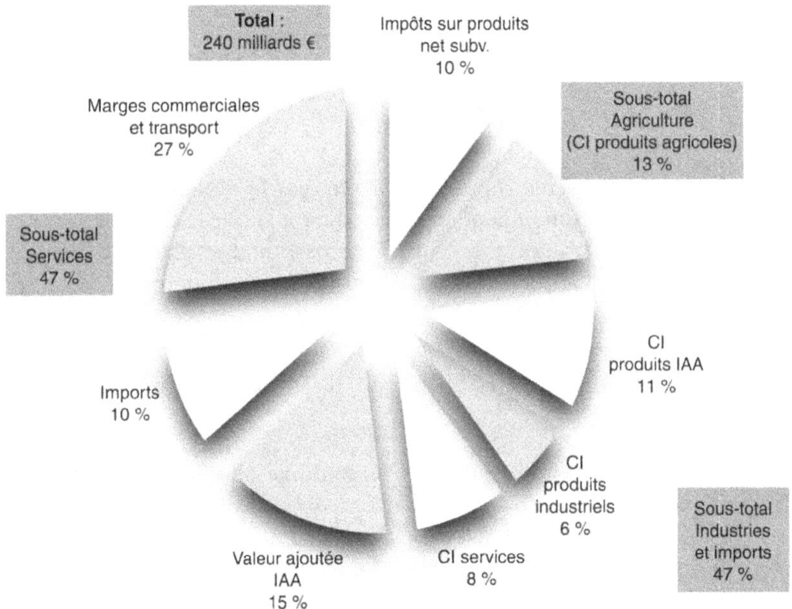

Figure 1.8. Répartition des ressources de la branche IAA, France 2005.

Source : nos calculs sur données Insee, Comptes nationaux, 2007.

Les différentes composantes du prix final des aliments évoluent dans le temps à des rythmes différents. Sur la période 1993-2003, tous les postes ont progressé, mais de manière très inégale, avec un maximum pour les marges commerciales et les transports (+ 131 %) et un minimum pour les consommations intermédiaires de produits agricoles par la branche IAA (+ 5 %), confirmant ainsi la théorie de la trajectoire historique du système alimentaire (croissance plus rapide pour les services que pour l'industrie et l'agriculture).

Le MAPAQ publie une décomposition de la demande alimentaire domestique au Québec, et aboutit à des constatations similaires à celles faites en France (tableau 1.6).

Tableau 1.6. Le partage de la valeur créée par la demande finale intérieure dans le système alimentaire du Québec, 2003.

Niveaux du système alimentaire	Valeur millions CN\$ (*)	Part relative (%)	
		Par rapport à la demande finale	Par niveau
VA agriculture	1 045		12
VA IAA	2 075		24
VA commerce de gros	806		9
VA commerce de détail	2 607		30
VA restauration et débits de boissons	2 163		25
Sous-total VA du CPAI	8 697	34	100
VA autres fournisseurs	3 542	14	
Taxes nettes de subvention et variation de stocks	2 005	8	
Importations	11 666	45	
Demande alimentaire intérieure	25 909	100	

VA : valeur ajoutée, IAA : industries agroalimentaires, CPAI : complexe de production agroindustriel ;
(*) Résultats du modèle intersectoriel du Québec ISQ ;
Source : Beaulieu *et al.*, 2005.

On notera le poids considérable des importations en provenance du reste du Canada et de l'étranger (45 % de la demande intérieure ou encore de la consommation finale au sens de la Comptabilité nationale française). Ce point a déjà été soulevé : au stade agroindustriel, l'autonomie du système alimentaire tend à se réduire. Par ailleurs, on retrouve, accentués les contrastes entre maillons de la chaîne alimentaire : 12 % pour l'agriculture, 24 % pour l'IAA, 64 % pour la distribution et la RHF. Enfin, il faut remarquer que ce type d'analyse, centré sur la consommation finale d'un territoire, ne représente qu'une partie du système alimentaire. En incluant les débouchés extérieurs, la part relative de l'agriculture passe de 12 à 19 % et celle des IAA de 24 à 34 % (Beaulieu M. *et al.*, 2005).

Aux États-Unis, le département de l'Agriculture (USDA) a adopté une méthodologie différente consistant à estimer d'une part les coûts totaux du travail dans le système alimentaire (hors agriculture) et d'autre part les coûts des intrants et enfin les revenus nets des différents *stakeholders* ou parties prenantes dans l'élaboration des biens alimentaires sur le sol national, l'agriculture étant considérée globalement pour la valeur de sa production. Le *marketing bill* ou « coût de la mise en marché » des produits alimentaires, représente ainsi la différence entre la valeur des produits à la sortie de l'exploitation agricole (*farm value*) et les dépenses des consommateurs pour acquérir ces produits soit dans le commerce de détail, soit dans les restaurants. Ce « solde » est la contrepartie monétaire des activités de transformation, de distribution et des profits des entreprises intervenant dans les filières alimentaires (figure 1.9).

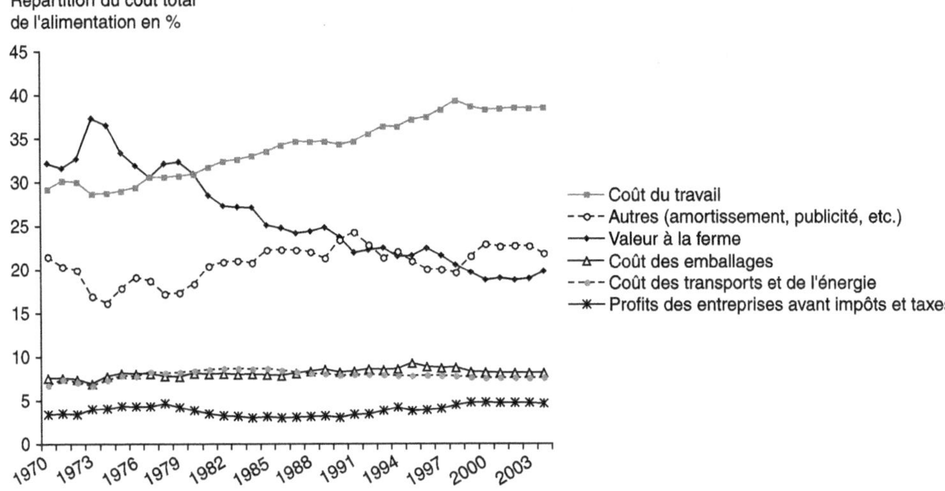

Figure 1.9. Répartition du *marketing bill* pour les produits alimentaires, États-Unis 1970-2004.

Source : nos calculs sur données USDA-ERS, 2006.

On constate à travers ce très intéressant « compte d'exploitation » du système alimentaire l'importance du coût de la main-d'œuvre (près de 40 % du coût total, hors emplois agricoles), de l'emballage et de la fiscalité (plus de 8 % chacun) et on confirme la faible proportion de la valeur totale créée revenant à l'agriculteur (moins de 20 % en 2004, contre 35 % au début des années 1970). Entre 1970 et le milieu des années 2000, l'agriculteur est le grand perdant du partage des recettes du système alimentaire, aux États-Unis comme dans la plupart des pays du monde. Contrairement à ce que l'on constate dans l'ensemble de l'économie, la « valeur-travail » des opérateurs aval de l'agriculture augmente dans les 34 dernières années au sein du chiffre d'affaires global du système alimentaire des États-Unis (300 milliards de $ en 2004 pour 790 milliards de dépenses alimentaires totales, soit une augmentation de 10 points sur la période). Dans le même temps, les profits des entreprises sont restés stables, autour de 3 à 4 %. Les actionnaires du système alimentaire seraient-ils moins exigeants que dans les autres secteurs ?

Derrière les agrégats économiques, il y a les acteurs qui assurent les fonctions productives, répartitives et régulatrices du système. Nous étudierons dans le paragraphe suivant les entreprises et dans la section consacrée au sous-système de décision les institutions.

Caractérisation du système alimentaire par les populations d'entreprises

Il s'agit là d'un champ très peu exploré, car les données statistiques sont difficilement accessibles et généralement peu fiables. De plus, les estimations concernant la part « alimentaire » des entreprises périphériques du système alimentaire sont délicates à faire, comme nous l'avons mentionné en ce qui concerne les agrégats économiques. Pourtant, il paraît indispensable de compléter la vision du sous-système opérant par un minimum d'analyse de ses acteurs.

Encadré 1.1. La base de données Systalim-Fr.

Cette base comprend 44 secteurs pris au niveau 4 (ou 3) chiffres de la nomenclature d'activités française (NAF), lorsque cela était possible et pertinent, à l'exception de l'agriculture prise au niveau 2. Ces secteurs se répartissent comme suit :

Sous-système	Nombre de secteurs
Agrofourniture	8
Agriculture	1
IAA	5
Commerce de gros et de détail	19
RHF	7
Services	4
Total système alimentaire	44

Nous avons pu vérifier, par recoupement avec d'autres sources statistiques (notamment la Comptabilité nationale), que les secteurs retenus donnent une représentation acceptable du système alimentaire, les secteurs mixtes compensant les secteurs purs absents. Un travail approfondi sur la base devrait permettre d'affiner l'approche.

Pour chaque secteur, Le fichier Suse fournit 160 indicateurs économiques et financiers, avec un taux de représentativité compris entre 70 et 95 % de la population totale d'entreprises. Les indicateurs sont fournis globalement pour le secteur et pour 5 tranches de salariés (malheureusement la borne supérieure est à 250 salariés, ce qui ne permet pas d'étudier les grandes entreprises). La période disponible en janvier 2008 était 1997-2005.

La base de données Systalim-Fr est organisée par secteur. Pour chacun, un classeur Excel a été créé comportant les informations de base, les données brutes et 4 feuilles permettant les analyses :
− 1 feuille comportant les 160 indicateurs non ventilés par tranche de salarié, pour les 8 années 1997-2005 ;
− 1 feuille comportant une liste restreinte de 27 indicateurs pour les années extrêmes (1997 et 2005) et leur évolution ;
− idem pour les indicateurs ventilés par tranche de salarié.

Nous avons, avec cet ensemble considérable (environ 300 000 données primaires), créé un classeur de synthèse rassemblant 11 indicateurs (nombre d'entreprises, chiffre d'affaires total, chiffre d'affaires à l'exportation, effectif, valeur ajoutée, masse salariale, immobilisations brutes, résultat d'exploitation, résultat net). Ces indicateurs nous ont permis d'établir 10 ratios de performance (moyennes du chiffre d'affaires, de la valeur ajoutée et de l'effectif par entreprise, profitabilité, rentabilité, productivité du travail, rotation du capital, taux d'exportation, taux de valeur ajoutée et part des salaires dans la valeur ajoutée), soit au total 21 feuilles. Les résultats présentés ici sont tirés de ce classeur de synthèse.

Nous avons construit une base de données à cet effet (Systalim-Fr)[15], à partir des séries fournies par l'Insee dans son fichier Suse[16]. Ce fichier permet de saisir un grand nombre d'indicateurs économiques et financiers issus des liasses fiscales. Nous présenterons ci-dessous quelques résultats agrégés permettant d'avoir un aperçu des différents maillons composant le système alimentaire.

Le système alimentaire en France comptait un peu plus de 900 000 entreprises en 2005, pour un chiffre d'affaires cumulé de 742 milliards d'euros et 3,6 millions d'emplois et un résultat net de 13 milliards d'euros. On notera le poids considérable du secteur tertiaire (270 000 entreprises et près de 2 millions d'emplois).

Tableau 1.7. Le système alimentaire français décrit à partir de ses entreprises, 2005.

Segments	Nombre d'entreprises	Chiffre d'affaires	Effectif au 31/12	Résultat net
Agrofourniture	1 %	4 %	4 %	4 %
Agriculture	63 %	8 %	24 %	-21 %
IAA	6 %	20 %	16 %	37 %
Commerce de gros et détail	10 %	53 %	26 %	47 %
RHF	15 %	5 %	15 %	19 %
Services	5 %	9 %	14 %	14 %
Total système alimentaire	100 %	100 %	100 %	100 %
Total système alimentaire	902 280	742 Mds €	3,6 millions d'actifs	13 Mds €

Source : notre base Systalim-Fr à partir de données Insee, SUSE, extraction du 16/01/2008.

Les entreprises constituant le système alimentaire sont très nombreuses et leurs formes d'organisation très hétérogènes. Le système alimentaire foisonne d'entreprises différentes selon le mode de gestion, la taille, le statut juridique, le type d'activités, marchande ou non marchande. Les théories économiques et les sciences de gestion nous proposent deux cadres d'analyse complémentaire pour caractériser les entreprises et leur dynamique : celui de l'économie industrielle (Arena *et al.*, 1988) qui considère les structures de marché et celui de l'entrepreneuriat qui explicite les formes de gouvernance des entreprises (Boutillier et Uzunidis, 1999).

Les entreprises du système alimentaire selon l'économie industrielle

L'*Industrial organization* est la branche de l'économie qui va s'intéresser au côté de l'offre (*supply side*) – en considérant principalement le nombre –, à la dimension des entreprises et à la manière dont ces deux variables structurent le marché. On

---

15. Merci à Nadia Gagnon, étudiante en maîtrise à la Faculté des sciences de l'agriculture et de l'alimentation de l'université Laval qui s'est chargée du très lourd travail de constitution de cette base de données par compilation des séries statistiques.

16. Système unifié de statistiques d'entreprises.

aura, selon les cas, une configuration atomistique (grand nombre d'entreprises), oligopolistique (petit nombre d'offreurs) ou monopolistique (un seul offreur réel ou virtuel, dans le cas de la concurrence monopolistique de Chamberlin). Un cas intermédiaire, typique de l'industrie agroalimentaire, est l'oligopole à franges (Rastoin, 1994), combinant un oligopole restreint de tête de marché entouré d'une multitude de petites et moyennes entreprises (PME) et de très petites entreprises (TPE). L'indicateur principal sera ici le taux de concentration, généralement calculé pour les 4 (C4) ou 8 premières entreprises (C8), ou encore dans les classements d'entreprises (*ranking*), cumulant la part de marché des 10, 50, 100 premières (top 10, top 50 ou top 100)[17]. L'économie industrielle fournit des outils pour mesurer et interpréter le pouvoir de marché des entreprises, la formation des prix qui en résulte et *in fine* le partage de la valeur (cf. *supra*). Dans le système alimentaire, qui comporte plusieurs niveaux ou maillons, on aura donc en présence plusieurs marchés s'emboîtant les uns dans les autres, jusqu'au stade du consommateur final. L'Insee fournit le C4 dans son fichier SUSE. Nous présentons ces données dans le tableau ci-après. On note un niveau élevé de concentration dans l'agrofourniture et le commerce alimentaire, conforme à notre étude historique (tableau 1.8).

Tableau 1.8. Part (%) des 4 premières entreprises dans le système alimentaire français.

Secteurs	1997	2005	Var. 97-05
Agrofourniture	52	53	2
IAA	55	nc	nc
Commerce de gros et de détail	64	74	16
RHF	19	24	23
Services	22	14	-34

Source : notre base Systalim-Fr, données SUSE-Insee, extraction le 16/01/2008.

La part de marché ou l'indice de concentration posent de difficiles problèmes de mesure et d'appréciation en raison des lacunes de l'appareil statistique (notamment pour les TPE) et surtout de la non-prise en compte par les statistiques de la consolidation financière de très nombreuses entreprises au sein de groupes. En effet, l'unité recensée est habituellement l'entité juridique déclarée (société anonyme ou autre statut), qui peut être une filiale de groupe. Il est clair que le pouvoir de marché, c'est-à-dire la capacité à influencer significativement le fonctionnement des échanges, doit s'apprécier à travers le groupe et non la filiale. Ainsi, l'enquête annuelle d'entreprise de l'Insee en France recensait, en 1997, 209 groupes dans l'IAA rassemblant 811 entreprises sur les 3 257 que totalisait le secteur. Ces groupes, en petit nombre, réalisaient 78 % de la valeur ajoutée globale du secteur. Ce type de considération (liaisons financières entre firmes et actionnariat) nous amène à la frontière des questions de gouvernance qui seront abordées dans le paragraphe suivant.

---

17. L'unité mixte de recherche Moisa (laboratoire Ciheam-Iamm, Cirad, Inra, Ird, Supagro, à Montpellier) dispose de la base de données Agrodata sur les cent premiers groupes agroalimentaires mondiaux, créée en 1975, qui permet de multiples classements hiérarchiques au sein du secteur (Rastoin *et al.*, 1998 et Ayadi *et al.*, 2004).

Notre banque de données Systalim-Fr permet également de préciser la part des entreprises de plus de 249 salariés selon quelques indicateurs économiques[18]. On constate ainsi que ces entreprises, avec une petite fraction de la population sectorielle occupent la majorité des emplois salariés et du chiffre d'affaires dans la plupart des secteurs industriels, à l'exception des IAA et de la fabrication de matériel agricole et pour les IAA. Les secteurs de l'agrofourniture et de l'emballage sont très concentrés ainsi que la grande distribution. En revanche, la restauration (traditionnelle et rapide) et l'entreposage frigorifique demeurent peu concentrés. L'évolution 1997-2005 montre une forte progression de la concentration dans les centrales d'achat, l'emballage, les engrais et les transports et une stabilité dans les autres secteurs (tableau 1.9).

Tableau 1.9. Une estimation de la concentration dans le système alimentaire français, 2005.

Part des entreprises de plus de 249 salariés dans le total du secteur	Chiffre d'affaires (%)	Effectif salarié au 31/12 (%)	Entreprises	
			Part (%)	Nombre
Industrie phytosanitaire	85	73	7,70	9
Engrais	69	55	2,40	4
Emballages plastique	63	65	5,00	31
GMS	62	61	2,70	159
IAA	52	38	0,60	337
Centrales d'achat	41	73	8,50	18
Entreposage frigorifique	34	30	1,10	3
Machinisme agricole	34	16	0,10	5
Transport routier	20	17	0,30	113
Restauration rapide	15	15	0,10	13
Restauration traditionnelle	11	11	0,00	28
Matériel pour IAA	10	10	0,60	5

Source : notre base Systalim-Fr, données SUSE-Insee, extraction le 16/01/2008.

Les entreprises du système alimentaire selon le mode de gouvernance

La gouvernance d'entreprise ou *Corporate governance* est entendue ici au sens large de « système de pilotage et de contrôle stratégique dans les organisations et institutions », ce qui conduit à identifier les sources de pouvoir « global », le type d'organisation du niveau hiérarchique détenteur de la décision stratégique et les processus de régulation de ce niveau.

---

18. Les résultats ne sont pas totalement cohérents avec le C4 présenté ci-dessus pour les raisons évoquées : il s'agit ici des entités juridiques et non des groupes, alors que dans le calcul du C4, une certaine consolidation a dû être effectuée.

M. Marchesnay fournit une grille de classement pertinente pour les entreprises en distinguant, sur le critère de la gouvernance, des formes patrimoniale, entrepreneuriale et managériale (Marchesnay, 1993). La forme patrimoniale est la plus classique, elle est encore très présente dans les « très petites entreprises » (TPE) et les PME et consiste à adopter un mode de gestion préservant la valeur des actifs, qui reste donc prudent. Cette forme est typique des entreprises fortement ancrées dans leur territoire et peu sensible aux signaux des marchés. La forme entrepreneuriale caractérise des entreprises dont les chefs prennent des risques et sont innovants (entrepreneur schumpétérien). La forme managériale est la plus récente. Elle consiste à appliquer les connaissances techniques issues des sciences de gestion (compétences dans les domaines fonctionnels classiques : production, finance, *marketing*, gestion des ressources humaines et stratégie), de manière à optimiser le fonctionnement de l'entreprise. Ces 3 formes sont bien présentes dans le système alimentaire. Nous avons pu le vérifier dans une étude portant sur le Languedoc-Roussillon dont le tableau 1.10 présente les résultats (Couderc *et al.*, 2002).

Tableau 1.10. Les différentes formes de gouvernance d'entreprise dans le système alimentaire du Languedoc-Roussillon, 1998.

Forme de gouvernance	Nombre d'entreprises (*)	Part du chiffre d'affaires (%) des entreprises réalisée dans la région
Patrimoniale	247	86
Entrepreneuriale	110	13
Managériale	36	12

(*) Entreprises de conditionnement et transformation de produits alimentaires.
Source : Couderc *et al.*, 2002.

Le caractère patrimonial est largement majoritaire au sein de cette population d'entreprises, avec une orientation principale vers le marché régional. En revanche, les deux autres formes de gouvernance s'accompagnent d'une ouverture nationale et internationale des clientèles.

Il n'est pas possible, en dehors d'enquêtes spécifiques comme celle qui a été menée dans le Languedoc-Roussillon, d'aller plus loin dans l'identification des formes de gouvernance dans le système alimentaire. Tout au plus, peut-on présenter une segmentation de la population totale d'entreprises en se limitant à une distinction entre entreprises « dominantes » (exerçant un pouvoir de marché du fait de leur taille et de leurs moyens financiers) et « dominées » en classant les premières plutôt dans les formes patrimoniales et entrepreneuriales et les secondes plutôt dans la forme managériale.

Le système alimentaire français comptait environ 1 million d'entreprises, en 2005. Le gros des troupes est constitué par des entreprises individuelles, sans statut juridique, les exploitations agricoles, mais aussi par plusieurs dizaines de milliers d'artisans, de restaurateurs et de petits commerçants. À la tête de cette immense cohorte des TPE on trouve parfois de véritables chefs d'entreprises, de par leur mentalité, leur compétences managériales, leur chiffre d'affaires et leur niveau d'investissement (par exemple les « agri-*managers* » dans le secteur agricole, des industriels du terroir, certains traiteurs). À côté de cette sous-catégorie « managériale », on trouve de nombreux « patrons » d'organisations de type familial, souvent très déphasées par rapport à l'environnement économique et institutionnel et donc en situation particulièrement précaire. Si la très grande majorité du tissu du système alimentaire est constitué de petites organisations, il existe également des entreprises de taille moyenne à importante et l'on observe, dans tout le système alimentaire, un processus de concentration important, même s'il est moins rapide que dans d'autres secteurs (tableau 1.11).

Tableau 1.11. Typologie « sectorielle » des organisations dans le système alimentaire français 2005.

Maillon du système alimentaire	Gouvernances patrimoniale et entrepreneuriale	Gouvernance managériale
Agrofourniture	Ont pratiquement disparu	Forte oligopolisation
Agriculture	Très grande majorité	Environ un tiers d'agrimanagers
IAA	Important secteur artisanal	Nombreuses PME et quelques grandes firmes
Distribution	Nombreux petits commerces	Oligopole restreint très dominant
Restauration	Prépondérance artisanat	Quelques grands groupes
Services marchands	Atomisation importante	Secteur financier concentré
Services non marchands	Associations non lucratives	Services État et collectivités (management public émergent)

La forme de gouvernance influence la dynamique des différents sous-systèmes. Dans l'agrofourniture, le processus de concentration est très avancé et une poignée de très grandes firmes multinationales contrôle la quasi-totalité des ventes. Dans l'agriculture et une bonne partie des services, les entreprises dominées sont beaucoup plus nombreuses que les dominantes, ce qui se traduit par des pouvoirs de marché asymétriques. Dans l'industrie agroalimentaire, la structure reste relativement équilibrée.

Finalement, ce qui frappe le plus, c'est l'extraordinaire disparité de la population d'entreprise du système alimentaire dans les pays industriels. Quoi de commun entre Carrefour ou Auchan, leurs dizaines de milliers d'employés et leurs dizaines de milliards d'euros de chiffres d'affaires et une petite exploitation agricole polyvalente de l'Aubrac ou un restaurant familial traditionnel de Marseille ? Pourtant, ces acteurs si différents contribuent, chacun à sa manière, au fonctionnement du système alimentaire français.

En résumé, le sous-système opérant au sein du système alimentaire agroindustriel se caractérise par une forte capacité de production, une tertiarisation croissante et une grande variété d'acteurs.

Ce sous-système opérant, de niveau I, fonctionne grâce à des réseaux d'information (niveau II) et à des centres de décisions (niveau III).

Le sous-système d'information

L'information est devenue vitale dans nos sociétés pour le bon fonctionnement de tout système économique et sa production s'est développée de façon exponentielle. On parle d'ailleurs aujourd'hui d'économie de réseaux. L'un des réseaux les plus importants est celui de l'information. Il convient de distinguer l'information sur les biens publics et l'information sur les biens privés.

L'information publique

Comme l'a démontré Joseph E. Stiglitz, prix Nobel d'économie[19], les asymétries d'information provoquent des dysfonctionnements du marché en créant des rentes anormales pour certains acteurs par le biais de prix élevés, en masquant les externalités négatives de la production et en limitant les anticipations innovantes ou régulatrices aussi bien des entreprises que des consommateurs ou des citoyens. De plus, l'obtention et la détention d'information par le *lobbying* va avantager les organisations disposant d'importants moyens financiers au détriment des plus petites, favorisant par là la concentration de moyens, avec des risques de cartellisation et de destruction d'emplois (Stiglitz *et al.*, 2007). Enfin, l'information est souvent à la base du savoir et donc de l'amélioration du capital de connaissances indispensables à toutes formes de développement. En conséquence, l'un des rôles essentiels des pouvoirs publics est la production, la sécurisation et la diffusion d'informations. La mise en place d'un appareil de production de statistiques fiables et d'analyse est donc essentielle dans tous les secteurs.

Dans le système alimentaire, l'information publique va concerner principalement le fonctionnement des marchés, la sécurité alimentaire et l'environnement.

Les institutions publiques et l'information
sur le système alimentaire

On peut citer l'exemple de l'*US Department of Agriculture* (USDA) qui dispose probablement du meilleur service d'information existant à ce jour sur un système alimentaire (celui des États-Unis) et même sur le système alimentaire mondial, à travers le *National Agricultural Statistics Service* (NASS), l'*Economic Research Service* (ERS) et le *Foreign Agricultural Service* (FAS). Ces trois services rassemblaient, en 2006, plus de 2 000 personnes donc 1 440 au NASS et 460 à l'ERS, pour un budget avoisinant 250 millions de dollars. Fait notable, ce budget est en hausse depuis 2000, ce qui doit constituer une exception dans les pays à hauts revenus.

Les thèmes traités par l'USDA-ERS dans les années récentes ont été les suivants (Kimpton, 2007) :
– compétitivité (31 % des ressources) ;
– questions nutritionnelles (25 %) ;
– développement rural (2 %) ;
– agriculture et environnement (18 %) ;
– sûreté alimentaire (6 %).

---

19. En 2001, avec George Akerlof et Michael Spence, pour leurs travaux sur l'économie de l'information.

Les problèmes de sécurité alimentaire au sens large (cf. chapitre 6) viennent donc à égalité avec ceux de la compétitivité. Dans ce dernier thème, l'impact des politiques publiques et notamment des subventions sur les exploitations agricoles est devenu un sujet prioritaire.

Les informations rassemblées par l'USDA sont traitées et mises en ligne sur Internet gratuitement sur un site très performant (bases de données statistiques et cartographiques, études, faits et alertes).

La FAO est également une bonne source d'information sur le système alimentaire mondial, mais les données ne sont que très rarement primaires, l'essentiel provenant de services nationaux. La base de données Faostat qui constitue une source intéressante pour effectuer des comparaisons internationales est malheureusement devenue payante en 2007 (pour des téléchargements importants) et certains de ses modules se sont appauvris. On regrette par ailleurs que des enquêtes essentielles pour la compréhension du système alimentaire mondial comme l'enquête sur la consommation alimentaire aient été abandonnées pour des raisons à la fois financières et politiques.

Au Canada, nous avons déjà mentionné les études très complètes d'Agriculture Canada et du MAPAQ (Québec). Toutefois, l'accès à certaines informations sur le site Internet de *s*atistiques Canada est payant[20].

En France, les statistiques agricoles sont produites par le Service central d'enquêtes et d'études statistiques (SCEES) du ministère de l'Agriculture et de la Pêche qui dispose d'un dispositif de diffusion appelé Agreste. Le site Internet d'Agreste qui a été modernisé récemment est très efficace sur la statistique agricole et les industries alimentaires. Ce site est gratuit. Cependant, le champ couvert reste trop limité. Pour les IAA, l'enquête annuelle d'entreprises ne couvre pas les TPE (moins de 20 salariés) et il n'y a aucune vision en termes de système alimentaire (agrofourniture et services absents). À signaler également l'excellent site Internet de l'Insee, gratuit, grâce auquel nous avons pu procéder à de nombreuses analyses quantitatives présentes dans cet ouvrage.

Au niveau européen, l'organisation et l'accès rapide aux informations pertinentes laissent à désirer, aussi bien dans les directions générales qu'à Eurostat. Il faut dire que la tâche n'est pas facile avec 27 sources d'information à mobiliser et coordonner. On est cependant en droit d'attendre plus d'une institution de ce type. À signaler un très bon outil, le RICA (Réseau d'information comptable agricole) qui permet des comparaisons entre exploitations agricoles par spécialisation entre pays.

L'information sur les marchés

Elle est indispensable aux anticipations et aux décisions des acheteurs et des vendeurs sur les marchés. Du fait des caractéristiques du système alimentaire, on a plusieurs « strates » de marché entre le producteur de matières premières et le consommateur. Les différents prix verticaux sont liés entre eux par une plus ou moins bonne transmission et les prix horizontaux sont caractérisés par un niveau de

---

20. Les pratiques en matière d'accès à l'information numérique diffèrent selon les organismes et les pays. On peut toutefois s'étonner que des services publics facturent ces produits alors que l'impôt est supposé les financer.

concurrence élevé et une forte volatilité au stade agricole. Il n'existe pas de système d'information globale sur les prix dans l'agroalimentaire. Celle-ci est dispersée et rarement analysée de façon verticale[21]. Au niveau agricole, on dispose de mercuriales, aujourd'hui logées sur des sites Internet, mais de qualité très inégale. On peut citer le SNM (Service des nouvelles des marchés) en France ou le ZMP en Allemagne. Nous étudierons cette question un peu plus loin dans ce chapitre et dans celui consacré aux filières.

L'information sur la sécurité alimentaire

Trois types de crises alimentaires ont incité les pouvoirs publics à mettre en place des dispositifs de veille sur les problèmes en matière d'alimentation : historiquement en premier, les pénuries souvent très graves frappant les pays pauvres, puis après les incidents sanitaires survenus en Europe dans la chaîne alimentaire à la fin des années 1990 et récemment la croissance rapide de certaines maladies d'origine alimentaire, notamment l'obésité.

Le premier point concerne la sous-alimentation brutale de certaines populations à la suite de conflits armés ou de catastrophes naturelles ou encore de défaillance économique, politique ou logistique. Il existe, dans tous les pays des dispositifs gouvernementaux de surveillance du niveau des stocks de matières premières alimentaires de base afin de prévenir les pénuries et tenter d'y remédier. Ce type d'information ayant un caractère stratégique relève souvent du ministère de la Défense. Au plan international, la FAO a créé le Système mondial d'alerte et d'information rapide (SMAIR) sur la sécurité alimentaire, qui tient à jour une série d'indicateurs de prévention et d'intervention, à l'aide notamment de géo-satellites de télédétection[22]. Le niveau des stocks est surveillé pour chaque pays dans le monde. En janvier 2008, 37 pays risquaient une pénurie alimentaire conjoncturelle ou structurelle et nécessitaient une aide alimentaire. On peut ainsi estimer le ratio stocks/production[23], comme signal caractérisant la sécurité alimentaire. Fin 2007, les stocks mondiaux retrouvaient le niveau très faible de la fin des années 1980, sans toutefois atteindre le record de 1996. Une valeur de 20 % du ratio stocks/utilisation de blé est considérée comme un minimum par les spécialistes pour ne pas compromettre la sécurité alimentaire. Ce stock équivaut à un peu plus de deux mois de consommation (figure 1.10).

Le second point est relatif au risque de contamination accidentelle des aliments. Il s'agit là encore d'anticiper des incidents par un dispositif de déclaration obligatoire – par les producteurs et fabricants de produits alimentaires – à l'autorité administrative compétente, d'une possibilité d'occurrence d'un problème sanitaire. Chaque pays est doté de ce type de dispositif. La Commission européenne (DG Santé et consommateur, Sanco), compile et publie les informations résultant de ces déclarations au sein d'un service appelé Système d'alerte rapide sur l'alimentation

---

21. À l'exception des États-Unis (USDA-ERS) et du Canada (Agriculture Canada et MAPAQ). L'originalité et la qualité des travaux réalisés au MAPAQ doivent beaucoup à la pertinence des orientations données par Pascal Van Nieuwenhuyse, directeur des études économiques, et à la compétence de son équipe.

22. Cf. notamment le site (http://www.fao.org/crisisandhunger).

23. En toute rigueur, il faut considérer le ratio stocks final/utilisation au cours d'une campagne donnée qui caractérise mieux le niveau de sécurité alimentaire par pays. Au niveau mondial, le ratio stock/production en est proche.

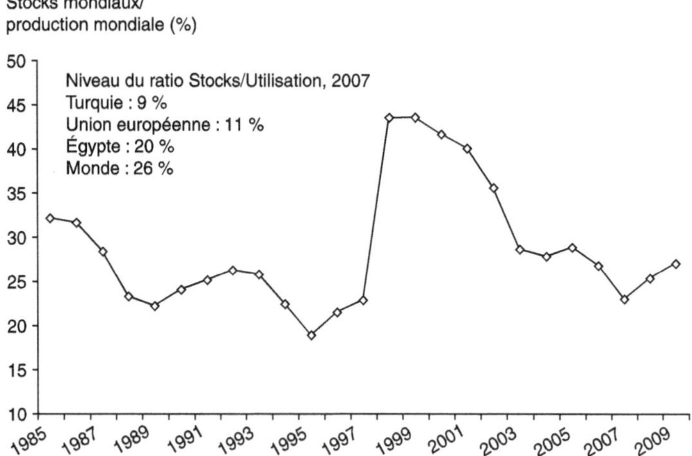

Figure 1.10. Un exemple de signal d'alerte mondial : le ratio stocks/utilisation du blé.
Source : Nos calculs sur données FAO Outlook, 2008.

humaine et animale, RASFF (*The Rapid Alert System for Food and Feed*). Le rapport 2005 nous apprend ainsi que 3 158 notifications ont été adressées au RASFF en 2005 (EC, 2006).

Le troisième niveau d'information sur la sécurité alimentaire est celui de la santé publique et plus précisément du recensement des maladies d'origine alimentaire non transmissibles (MOANT) et de leurs effets. Ce domaine relève des ministères de la Santé. Ainsi en France, une Agence nationale de veille sanitaire (ANVS) collecte étudie et diffuse ce type d'information. Au plan mondial, cela relève des missions de l'OMS qui a créé des bases de données sur les maladies. Dans ce domaine, les informations nationales et donc internationales sont souvent incomplètes et presque toujours publiées avec beaucoup de retard, ce qui est regrettable, car le problème des MOANT est très préoccupant (cf. chapitre 7).

L'information privée et la traçabilité économique et technique

Au sein du système alimentaire, l'information privée est souvent plus complète et toujours plus rapide que l'information publique, ce qui vient confirmer la théorie de l'information.

Dans le domaine économique, les entreprises disposent (en payant généralement fort cher) de panels de suivi de consommation (cf. chap. 5) et d'abondantes études de marché, dans les pays à hauts revenus. Dans les PVD, l'information est beaucoup plus rare, ce qui explique souvent les contre-performances des entreprises.

La nature et les supports de l'information ont profondément changé depuis 20 ans dans le système alimentaire et sont en passe de modifier radicalement le sous-système opérant lui-même. Cette mutation date du début des années 1970, avec l'apparition du code-barres optique ou UPC (*Universal Product Code*) aux États unis et Gencod (Groupement d'étude de normalisation et codification, aujourd'hui GS1) en France, pour référencer les produits vendus dans la grande distribution.

Encadré 1.2. La naissance du code-barres optique, date historique dans la mutation du commerce et celle de son successeur potentiel, la RFID.

Il y a trente ans, un comité de représentants de l'industrie et de la distribution alimentaire travaillait avec des ingénieurs de sociétés informatiques comme IBM et de fabricants de caisses enregistreuses comme National Cash Register, aux États-Unis, en vue d'améliorer les performances des systèmes de paiement et de comptabilité dans les supermarchés. Le 3 avril 1973, le « comité de sélection du symbole » parvenait à un accord sur un symbole unique, le désormais universel « code-barres » (Tofler, 1990).

Cet outil d'identification des produits est devenu obligatoire pour les industriels du monde entier qui utilisent les canaux de distribution modernes. En effet, il est exigé par tous les points de vente équipés d'un système informatique de gestion, même simple et peu coûteux, comprenant une caisse électronique, un micro-ordinateur et un lecteur de carte bancaire. On comprend aisément l'intérêt, pour un gestionnaire, de relier ces éléments entre eux et en amont/aval au produit acheté : optimisation du niveau des stocks, calcul des coûts de revient, statistiques de ventes, etc.

En 2003, les chercheurs travaillent sur des identifiants de produits qui devraient à terme remplacer le bon vieux code-barres : les « étiquettes intelligentes » (*smart tags*). Ces étiquettes, qui intègrent une mémoire à puce et émettent des signaux de radio-fréquence, connues sous le nom de *Radio Frequency Identification Devices* (RFID), assureront une véritable multifonctionnalité :

– traçabilité du lot et gestion des stocks ;

– information sur l'état du produit ;

– débit automatique à la sortie du magasin permettant de supprimer le passage aux caisses ;

– transmission d'informations à l'appareil ménager en vue de la préparation culinaire du produit.

Cette nouvelle technologie est expérimentée dans le Massachusetts pour le compte d'un *consortium* de 83 entreprises (dont Coca Cola, Pfizer, Procter & Gamble) et en Andalousie pour le jambon Pata Negra. Elles seront appliquées, du fait de leur coût, dans un premier temps aux lots palettisés. Bien que ces dispositifs concernent principalement les fabricants, les distributeurs et les compagnies de transport, ils pourraient aussi être utilisés au niveau agricole pour suivre le bétail.

Mais au-delà de ces aspects, ces nouvelles techniques de l'information et de la communication (NTIC) accélèrent le transfert du pouvoir vers les détaillants, en « externalisant » les coûts de stockage vers les fournisseurs et surtout en générant une masse d'informations numérisées, c'est-à-dire facilement exploitables, au niveau du distributeur. En effet, les données saisies au point de transfert du produit vers le consommateur concernent tout l'environnement de l'acte d'achat : lieu, date, assortiment, profil de l'acheteur si celui-ci utilise un moyen de paiement interne à la chaîne de magasins (carte magnétique). Les études de comportement du consommateur sont ainsi très rapidement disponibles et peuvent être utilisées par le groupe de distribution ou même faire l'objet d'une valorisation externe auprès des industriels dans le cadre d'une filiale spécialisée. La « norme » devient source de valeur.

Une application du code-barres est rapidement apparue à travers le concept d'ECR (*Efficient Consumer Response*) ou « efficacité continuellement renouvelée ». Il s'agit, dans le cadre d'un partenariat entre un industriel et un distributeur[24], de générer un surplus de marge par un suivi rapproché des préférences d'achat des consommateurs et une compression des coûts de transfert des produits. Grâce à une analyse fine et quotidienne des ventes des magasins, il devient possible de programmer avec précision les chaînes de fabrication de manière à minimiser les stocks (tout en évitant les ruptures), à maîtriser le lancement de nouveaux produits et à synchroniser les campagnes de promotion. Les flux de transport sont également optimisés entre sites de fabrication et de distribution. Le surplus de marge [25] est en principe partagé entre les protagonistes (ou rétrocédé au consommateur à travers une baisse de prix), mais les retombées attendues vont au-delà. Le concept d'ECR est en effet sous-tendu par l'idée de *Quick Response* comme élément de maximisation de la satisfaction du consommateur, et devient donc un élément de différenciation d'enseigne, particulièrement utile dans un contexte de forte concurrence entre distributeurs.

Un autre domaine important d'échanges d'informations entre les différents niveaux d'opérateurs du système alimentaire est le marché : des réseaux privés de partenariat inter-firmes se constituent qui relient producteurs, intermédiaires commerciaux et transporteurs pour obtenir les commandes des distributeurs puis satisfaire les cahiers des charges imposés. Il s'agit essentiellement d'un problème d'accès en temps réel à l'information, puis de traitement pour répondre à un appel d'offres, ce qui suppose, outre une parfaite transparence et une véritable coalition entre les partenaires, de disposer d'un logiciel et d'un équipement informatique performants[26].

J.-C. Montigaud fournit une illustration de ce type d'alliance en étudiant le cas d'AMS qui, créé en 1990 en Provence, rassemblait, en 1996, 90 producteurs de fruits et légumes, 44 stations d'emballage et 9 points de vente traitant au total près de 70 000 t de produits. AMS est un prestataire de services dont l'activité essentielle est l'acquisition et le traitement de l'information, sur le marché, en provenance des distributeurs (prévisions de commandes) et vers eux (*marketing* des produits, notamment par la création de marques et le contrôle de qualité). AMS est un initiateur de réseau, dont la configuration est celle d'un groupe « virtuel », sans liaisons financières entre eux, mais tous actionnaires d'AMS, et fonctionnant sur la base de projets dont la durée de vie n'excède pas 2 jours (temps séparant le montage d'une offre de sa livraison) (Montigaud, 1996). Il s'agit là d'un exemple intéressant de création d'activité (courtage d'information bilatérale contre une franchise), générée, non pas par les coûts de transaction au sens de Coase et Williamson (Williamson, 1975),

---

24. Largement répandue aux États-Unis entre les majors de l'agroindustrie et les grands distributeurs, en cours de mise en place en France. L'innovation sémantique étant le gagne-pain des consultants, le vocabulaire se renouvelle rapidement, mais les concepts vraiment originaux restent rares. On parle aujourd'hui de « Supply Chain Management » (SCM), plus volontiers que d'ECR, pour signifier à peu près la même chose.

25. Une étude menée aux États-Unis montre que les économies générées dans l épicerie sèche par l'ECR sont de l'ordre de 11 % du prix – consommateur, dont 8,5 % de baisse du coût d'exploitation et 2,3 % de baisse des charges financières, réparties à raison de 54 % chez le producteur et 46 % chez le distributeur (Kurt Samon Associates, 1993).

26. On parle alors d'EED, échange électronique de données, domaine en voie de réorganisation complète, dans le cadre Internet/Intranet.

mais par le pouvoir de marché des distributeurs et le « déficit organisationnel » des agents producteurs dans le système alimentaire.

Les progrès rapides dans le secteur de l'information et de la communication et des matériaux font apparaître de nouveaux dispositifs comme la RFID (cf. encadré 1.2) et les nanotechnologies. La convergence de ces disciplines laisse entrevoir d'importantes évolutions. Par exemple, des nanocapteurs (10^{-9} m) pourraient relever des informations sur la récolte, la météo, la santé des sols et des plantes, et la santé des animaux. Les RFID pourraient intégrer ce type de capteurs, modifiés à l'échelle nanométrique et être ainsi utilisés dans les chaînes logistiques afin d'augmenter la traçabilité des produits (Hsiao and Fong, 2004).

Au total, on voit se développer rapidement au sein du système alimentaire, le sous-système d'information. Élément stratégique de la décision des acteurs du sous-système opérant, il devrait multiplier les « boucles » internes et constituer à terme un maillage très dense du système, prenant largement appui sur Internet ou des réseaux concurrents s'ils apparaissent. La performance des acteurs-opérateurs va de plus en plus dépendre de leur aptitude à intégrer le sous-système d'information global du système alimentaire. Ainsi, pour les producteurs agricoles, leur éloignement « physique » du consommateur pourra être, dans une large mesure, compensé par un ancrage au marché à l'aide d'une chaîne d'information pertinente.

Le sous-système de décision

Il constitue le 3e niveau du SA. Lié par de nombreuses relations de tout ordre aux opérations et aux informations, il ne possède pas, bien entendu d'existence globale. La dynamique du système n'est, en économie de marché, que la résultante des décisions prises par les responsables des organisations (définies ci-dessus par référence à leur degré d'autonomie) et des réponses des consommateurs, dans un contexte institutionnel donné, qui lui-même peut influencer le comportement du marché par la production de normes ou l'encadrement du contexte concurrentiel.

Institutions, marchés et organisations

Le cadre général de la décision des opérateurs sera fourni par les institutions, c'est-à-dire, pour reprendre la définition de Claude Ménard, « un ensemble de règles socio-économiques, mises en place dans des conditions historiques, sur lesquelles les individus ou les groupes d'individus n'ont guère de prise dans le court et moyen termes. Du point de vue économique, ces règles visent à définir les conditions dans lesquelles les choix individuels ou collectifs d'allocation ou d'utilisation des ressources pourront s'effectuer » (Ménard, 1995). Cette définition, au demeurant intéressante et qui permet ensuite à C. Ménard de distinguer institutions, marchés et organisations [27], laisse cependant de côté (en amont dirons-nous) les producteurs

---

27. « …*L'institution* se caractérise par le fait qu'elle réagit à des contraintes structurelles en produisant de nouvelles contraintes, et *le marché* par le fait qu'il concerne les mécanismes d'ajustement de choix effectués sous contraintes, …essentiellement conjoncturelles. *L'organisation* apparaît alors à la charnière de ces deux dimensions », Ménard, *op. cité*, p 18.

« d'institutions » (au sens ci-dessus), qui en fait ne seraient qu'une catégorie particulière d'organisations.

Pour lever l'ambiguïté entre organisations et institutions, et bien marquer le caractère spécifique des institutions au sens d'organismes à vocation réglementaire ou pré-réglementaire, nous proposons d'englober sous le terme « institutions » les corps constitués à caractère régalien (l'État et les collectivités publiques territoriales pour simplifier) et les organismes consultatifs et associatifs chargés de défendre des intérêts particuliers « collectifs », dont le rôle est très important dans la définition réglementaire. Le système alimentaire français présente la caractéristique d'une extraordinaire diversité « institutionnelle » et d'une pratique intense du *lobbying* : syndicats agricoles « généralistes », dominés par le couple FNSEA-CNJA, syndicats patronaux des IAA coiffés par l'ANIA, fédérations de « branches » de produits agricoles, d'industries alimentaires et du commerce, chambres d'agriculture, etc. Démultipliées par le niveau géographique (départemental, régional et national), ces institutions sont au nombre de plusieurs centaines en France et contribuent puissamment à « complexifier » le système alimentaire [28] (tableau 1.12).

La densité des « OPA » (organisations professionnelles agricoles) s'explique par l'histoire des luttes paysannes contre la misère et la précarité et par une prise de conscience (en France à la fin du XIXe siècle) de l'efficacité des solidarités dans un environnement naturel et économique instable. À l'âge agroindustriel, ces OPA ont évolué vers un modèle « corporatiste sectoriel » qui peut s'interpréter, dans le cadre de la théorie des choix publics, à partir du modèle des groupes de pression (Olson, 1965 ; Stigler, 1971) et de celui de la *rente seeking* (Krueger, 1974) : l'objectif prioritaire est devenu la maximisation de la subvention publique attachée au produit et le moyen est la revendication allant jusqu'à l'épreuve de force. Cependant, les contradictions se font de plus en plus vives entre les intérêts des différents acteurs des filières. Par exemple, l'agriculteur veut vendre ses produits le plus cher possible et l'industriel de l'agroalimentaire l'acheter au prix minimum (ainsi que le distributeur vis-à-vis de ses fournisseurs). Comme par ailleurs le nombre d'agriculteurs ne cesse de diminuer et que leur poids politique tend à s'effriter (malgré un découpage électoral qui sur-représente encore cette catégorie sociale dans la plupart des pays européens), on peut penser que le centre de gravité « politique » du système alimentaire se déplace inexorablement vers l'aval. Ceci pose un épineux problème stratégique aux organisations professionnelles agricoles (affrontement, alliance ou contournement des groupes de pression amont et aval, verticalement ou horizontalement ?). Les départements ministériels sont eux aussi dans la tourmente. Le ministère de l'Agriculture ne peut plus être que le ministère des agriculteurs comme au temps de Jules Méline. Son enlisement dans ce rôle conduit à son démantèlement entre les ministères de l'Environnement, de la Santé et de l'Économie, voire à son absorption par l'un ou l'autre. Dans certains pays, le ministre de l'Agriculture vient du parti écologiste, ce qui annonce d'importantes modifications de la ligne politique.

---

28. Sur le domaine agricole, on consultera avec profit Coulomb *et al.*, 1990.

Tableau.1.12. Les institutions du SA en France au début des années 2000.

Secteur	Organisations administratives et professionnelles		Communauté épistémique	Médias
Agrofourniture	Syndicats patronaux de branche : chimie fine, métallurgie (MEDEF), Union des industries de protection des plantes (UIPP)	Interprofessions par filière	Universités et Grandes Écoles, CNRS, INSERM, IRD, IFREMER, INRA, CIRAD, CEMAGREF, AFFSA, EFSA	Presse spécialisée, Presse généraliste, TV, radio, Internet
Agriculture	Syndicats agricoles : FNSEA – CNJA			
	Chambres d'agriculture – APCA			
	Crédit – Mutualité – Coopération			
IAA	Syndicats patronaux : ANIA – ARIA – FNCA			
	ILEC (grandes entreprises), FEEF (PME)			
	Syndicats de salariés : CFDT, CGT, FO			
Distribution	Fédération du commerce et de la distribution (FCD) ; Union du commerce de centre-ville (UCV) ; Commerce de gros et internat. (CGI)			
Restauration	Chambres des métiers			
	Fédération française de l'industrie hôtelière et de la restauration (FFIHR)			
État	Ministère de l'Agriculture			
	Ministère de la Santé			
	Ministère de l'Environnement et du Développement durable			
	Ministère de l'Économie (DGCCRF)			
UE	Conseil,	Lobbies		
	Commission / DG Agri, DG Sanco, DG Concurrence			
Consommateurs	Union de consommateurs (UFC, CGCV, INC)			

Les règles ou normes légales[29] encadrant le fonctionnement du système alimentaire procèdent *in fine* du législateur. À cet égard, on constate, en France comme partout dans le monde, un désengagement de l'État des activités productives et de contrôle économique de la production (notamment par l'abandon de l'intervention directe sur les prix[30], particulièrement sensible en ce qui concerne les biens alimentaires)

---

29. Il existe aussi des règles ou normes privées, émanant des entreprises et des associations. Par exemple, un cahier des charges émis par un industriel à l'attention d'un fournisseur va constituer une norme privée.
30. Abrogation, en France, le 1er décembre 1986, de l'ordonnance du 30/6/45, relative au contrôle des prix.

et un renforcement des actions réglementaires touchant à la qualité normative et sanitaire des produits[31].

Interviennent également les politiques sectorielles définies par les gouvernements. Les deux plus influentes dans le système alimentaire sont :
– les politiques agricoles qui remontent aux années 1930 en Amérique du Nord et en Europe et qui visaient principalement la protection des revenus des agriculteurs, classe active et sociale de première importance à cette époque ;
– les politiques alimentaires, encore embryonnaires, qui résultent de préoccupations de santé publique.

La politique industrielle peut concerner certains éléments du système alimentaire comme le soutien aux biotechnologies, aux nanotechnologies ou aux TIC (traçabilité).

Ces règlements s'inscrivent tous désormais dans le cadre communautaire européen. Ils génèrent, au niveau des entreprises, une forte demande de « certification » ou de labellisation des produits, considérées comme un moyen de différenciation par la signalisation de la qualité. La certification, le marquage des produits font également partie du sous-système informationnel, puisqu'elles permettent d'émettre des « signaux » vers les acheteurs.

La régulation du système alimentaire va donc se faire en conjuguant les forces du marché (confrontation offre-demande) et celles émanant des institutions publiques et privées, ce qui donne naissance à des « formes hybrides » de coordination telles que les organisations de filières. La figure 1.11. constitue un essai de représentation synthétique de cette situation complexe.

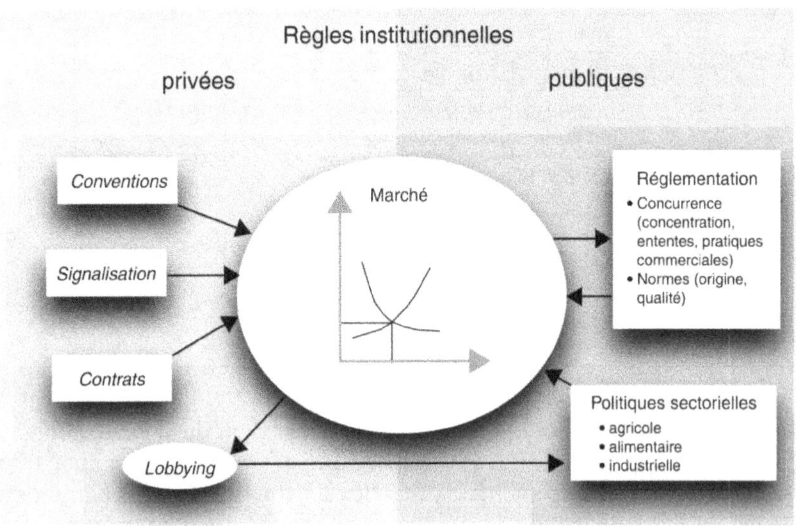

Figure 1.11. Une représentation de la régulation mixte dans le système alimentaire.

---

31. Dans le cadre de ce que l'on appelle désormais la « sécurité alimentaire », dont l'une des manifestations institutionnelles est la création des agences ou autorités de sécurité alimentaire (cf. chapitre 6).

Les institutions de la concurrence

Un autre domaine où l'action institutionnelle devient plus présente est celui du droit de la concurrence. C'est aux États-Unis, avec le *Sherman Act* (1890), que prend corps le premier texte consacré à la surveillance du comportement concurrentiel des entreprises, considérant comme délictueuse toute tentative de « monopoliser une partie quelconque du commerce entre les différents états de l'Union ou avec l'étranger ». Renforcée en 1914 par le *Clayton Act*, et en 1936 par le *Robinson-Patman Act*, la doctrine de la nécessité de protéger les petites entreprises, supposées seules capables de maintenir la concurrence, contre le « grand capital prédateur et monopolistique », fut appliquée de façon systématique par la *Federal Trade Commission* jusqu'au milieu des années 1980 : entre 1950 et 1985, plus de 500 opérations de fusion furent contestées par la justice américaine (Glais, 1996).

Depuis, le renouvellement de la théorie économique, avec notamment l'émergence du concept de marché contestable[32], et les exigences de maintien de la compétitivité internationale des entreprises « nationales » sur des marchés de masse ont conduit les autorités américaines à se montrer plus compréhensives à l'égard des opérations d'absorption/fusion. Le droit communautaire européen (articles 85 et 86 du traité de Rome) est d'inspiration proche du droit américain et en particulier comporte, dans son règlement de 1989, la notion de « bilan économique » qui peut amener à considérer favorablement un projet de fusion faisant apparaître « un progrès économique partagé ». Cependant, la méfiance des autorités vis-à-vis des entreprises de grande taille et des « abus de position dominante » reste sourcilleuse. Ceci a conduit les fonctionnaires de la Commission européenne à élaborer une panoplie très sophistiquée d'outils d'identification du marché « pertinent » (*Relevant Market*)[33] et de mesure de la concentration sur lesdits marchés.

Encadré 1.3. Le droit de la concurrence

Le droit de la concurrence est devenu, au fil des années, un corpus juridique extrêmement important (plusieurs milliers de pages en ce qui concerne l'Union européenne). Cette branche du droit comporte trois domaines distincts :

– le droit des ententes et abus de position dominante qui traite de la création de liens de dépendance économique entre fournisseurs et clients (toute entreprise ou particulier doit garder la possibilité de choisir ses fournisseurs) ;

– le droit de la concentration qui stipule qu'une entreprise ne peut contrôler plus de 25 % du marché pertinent (mais concentration n'est pas coopération, voir dans la leçon sur la distribution, le problème des centrales d'achat européennes) ;

– le droit des pratiques commerciales (obligation de facturation, interdiction de revente à perte, interdiction de discrimination, caractère public des conditions de vente, interdiction des « fausses coopérations commerciales », c'est-à-dire que toute prestation d'un fournisseur à son client doit être facturable).

---

32. Théorie selon laquelle l'intensité de la rivalité concurrentielle existant sur un marché n'est pas fondamentalement liée au nombre de ses participants, due à Baumol *et al.*, 1982).

33. Généralement défini par la substituabilité des produits présents sur le marché, notion éminemment subjective. La Commission européenne (DG concurrence) a lancé dans les années 1970, selon une méthodologie élaborée par Remo Linda, un vaste programme de mesure de l'intensité concurrentielle par pays et par secteur.

Dans l'agroalimentaire, la Commission européenne a ainsi obligé Nestlé à se séparer d'un certain nombre d'actifs dans le secteur des eaux minérales, suite au rachat de Perrier, en 1992. De la même façon, lors de la fusion Carrefour-Promodès intervenue en 2000, le nouveau groupe a dû se défaire d'un certain nombre de magasins dans les zones où sa part de marché était trop forte.

En France, où la tradition colbertiste a longtemps prévalu et reste vivace, l'émergence d'un droit de la concurrence est récente (ordonnance de 1986). La loi Galland (juillet 1996), reste en deçà des textes en vigueur dans les autres pays européens, en matière de protection et de renforcement de la concurrence, en particulier dans le domaine du refus de vente qui continue d'être un délit dans ce pays. Les lois Sarkozy (2005) et Chatel (2007), venues modifier la loi Galland, sont censées intensifier la concurrence dans le commerce de détail en rendant possible la répercussion des baisses de prix des fournisseurs au niveau du consommateur. En matière de contrôle des opérations de concentration, le seuil d'intervention est fixé depuis 1985 à 25 % des ventes sur le marché considéré (40 % en 1977). Ce seuil est pourtant dépassé sur plusieurs marchés agroalimentaires par les groupes *leaders* en place (notamment sucre, huiles végétales, café, pâtes), par le biais de la filialisation d'activités concurrentes au sein d'une même firme.

Dans un contexte de mondialisation, les limites imposées par les pouvoirs publics aux opérations de concentration peuvent créer des distorsions entre pays. Le *leadership* sur les marchés est lié à la taille critique qui est devenue considérable dans l'agroalimentaire. Empêcher, au nom de la politique de concurrence, certaines fusions peut interdire cet accès et menacer la survie des firmes concernées[34] et, en conséquence, la position d'un pays sur le marché mondial dans un secteur. En même temps, d'autres considérations doivent jouer. En premier lieu, la protection de « champions » nationaux, comme Danone en France qui fait l'objet de tentatives récurrentes d'absorption (en dernière date par Pepsi Cola en 2006). En second lieu, la nécessaire limite à apporter au pouvoir devenu colossal de géants privés. Il y a là un équilibre à trouver qui ne peut l'être que dans une régulation au niveau international. Bien que l'on soit très loin d'une gouvernance mondiale dans ce domaine comme dans beaucoup d'autres, une préfiguration se met en place avec un groupe informel de coopération des services de la concurrence des États-Unis et de l'Union européenne.

Les institutions de la sécurité alimentaire

En matière de sécurité alimentaire, on est passé en quelques années, depuis les crises alimentaires de la deuxième moitié des années 1990 en Europe, d'une notion quantitative (suffisamment de nourriture pour la population) à une conception qualitative (assurer la non-toxicité des aliments). Aujourd'hui, la réglementation sur la qualité sanitaire des produits alimentaires est devenue pléthorique dans la plupart des pays du monde, même si elle n'est pas toujours appliquée. Le principal problème rencontré ici est le foisonnement des institutions administratives intervenant dans le domaine de la sécurité alimentaire ce qui complique à la fois le diagnostic des crises et leur gestion. C'est pourquoi la plupart des États se sont dotés d'agences de

---

34. On l'a vu dans le secteur du matériel électrique avec l'affaire Legrand en 2005.

sécurité alimentaire chargées de réaliser une expertise scientifique indépendante sur les risques pathologiques des aliments, d'émettre un avis autorisé sur ces risques et de conseiller les gouvernements sur leur gestion. Il existe parfois un niveau de coordination régionale, comme c'est le cas en Europe, avec l'Autorité européenne de sécurité alimentaire (AESA/EFSA) et, au plan international un organisme intergouvernemental de normalisation, le comité mixte FAO/OMS du *Codex alimentarius*[35] (cf. chapitre 6).

Dans le même temps, au nom du « principe de précaution » et en vue de protéger leurs responsabilités, les institutions privées (entreprises et organisations professionnelles), créent leurs propres normes de qualité alimentaire et de traçabilité à chaque niveau des filières (par exemple WorldGap, IFS, GFSI, etc.). Compte tenu de la configuration du système alimentaire agroindustriel, le pilotage par les normes appartient désormais aux très grandes entreprises de la distribution[36]. Il est certain que l'on va vers un renforcement de la réglementation

Renouveau des missions de l'État : de la politique agricole à la politique alimentaire et environnementale ?

On a signalé, en introduction, la révision des politiques publiques dans le domaine agricole (domaine institutionnel par excellence), avec, en Europe, la réforme Mc Sharry de la PAC (1992), marquée par une volonté d'abandon du soutien direct aux prix, ruineux pour le contribuable et socialement injuste en période d'offre abondante et de concentration des exploitations. Une nouvelle réforme lui a succédé (Agenda 2000) qui accentue le déclin des interventions sur les marchés et la montée des dispositions relatives au soutien des entreprises, dans un cadre élargi à la pluri-activité « territoriale », ainsi qu'à la protection de l'environnement et au développement rural (multifonctionnalité de l'agriculture). Le cadre institutionnel du système alimentaire, considérablement étoffé depuis 1958 en Europe (traité de Rome) devrait connaître, dans les années à venir de très importantes évolutions, sous la pression de forces agissant au niveau mondial (libéralisation commerciale internationale) et de nouvelles exigences citoyennes (santé publique et gestion des ressources naturelles).

Ces exigences vont conduire à remanier en profondeur les politiques agricoles et à probablement diminuer leur importance. La hausse brutale du prix des matières premières agricoles intervenue depuis 2006 sur les marchés internationaux – imputable au triple phénomène de la croissance économique chinoise, de mauvaises récoltes dans certains pays et d'un nouveau débouché (agrocarburants) -, va inciter les gouvernements à maintenir des dispositifs d'amortissement des variations de prix sur les marchés intérieurs. Mais ceci ne va pas modifier radicalement les tendances observées depuis la réforme Mc Sharry, avec un basculement probable à partir de 2013, du budget du soutien à l'agriculture vers le budget du deuxième pilier de la PAC, le développement rural, c'est-à-dire en réalité le développement socio-économique local par la pluriactivité (tourisme vert et télé-travail).

---

35. Une partie spécifique du chapitre sur la consommation alimentaire sera consacrée à la question de la sécurité/sûreté alimentaire et présentera en détail ces institutions et leur rôle.
36. Cf. chapitre 4 pour une analyse de cette question.

Les deux autres orientations des politiques publiques ne pourront que se confirmer :
– amélioration de la diète pour prévenir les maladies d'origine alimentaire qui connaissent une croissance inquiétante dans les pays pauvres comme dans les pays riches, ce qui relève de la politique alimentaire ;
– préservation de l'environnement (limitation des pollutions et gaz à effet de serre dont l'origine est imputable au système alimentaire dans une proportion de 20 à 30 % selon les pays), c'est alors du domaine de la politique écologique[37].

Finalement, le système alimentaire, comme tous les secteurs, devra progressivement intégrer l'ensemble des paramètres du développement durable, avec des niveaux d'exigence élevés en raison de sa nature (tableau 1.13).

Tableau 1.13. Principaux domaines de régulation institutionnelle du système alimentaire.

Sous-système	Domaine « critique » appelant une régulation	
Agrofourniture	Innocuité et protection de l'environnement OGM	Développement durable (3 E : économie, environnement, équité + GP : gouvernance participative)
Agriculture	Modèle de production Revenus	
Industries agroalimentaires	Concurrence Sécurité alimentaire	
Distribution	Concurrence Sécurité alimentaire	
Consommation	Santé-nutrition Patrimoine culinaire	

Après l'ère de la dérégulation reagano-tatchérienne des années 1980, la décision dans les entreprises est désormais autant contrainte par les conditions du marché et les contraintes internes que par les institutions. En effet, on est passé, dans le système alimentaire comme dans les autres systèmes économiques en France, d'une situation de pénurie dans les années d'après-guerre à une situation d'abondance (société de satiété, selon l'expression de L. Malassis). Il en résulte que la capacité concurrentielle est une condition de survie. Or cette capacité est très liée à l'atteinte d'une taille minimale (taille critique), par rapport au marché d'exercice. On observe ainsi que pour les PME (et plus encore pour les TPE), le problème du fonds de roulement (liquidité) reste très sensible et qu'en conséquence, l'horizon de décision est rapproché (moins d'un an). Pour les grandes firmes, le problème prioritaire est le maintien des parts de marché et s'apprécie sur un pas de temps beaucoup plus long (plusieurs années). Mais pour les petites comme les grandes entreprises, le renforcement du cadre réglementaire économique, environnemental et sanitaire impose

---

37. Cf. notion de *food miles* dans le chapitre 7.

de nouvelles contraintes. Nous verrons plus loin quelles stratégies génériques apportent des réponses à ce type de préoccupations.

Les contraintes internes relèvent de la capacité à mobiliser les ressources humaines de l'entreprise pour préparer, puis faire exécuter de manière efficiente les décisions. Cette capacité est très dépendante du niveau de formation des collaborateurs de l'entreprise. Dans le système alimentaire, ce point constitue généralement une faiblesse, notamment dans les PME et TPE.

En raison de la très grande diversité des *organisations* composant le système alimentaire, il n'est pas nécessaire d'aller plus loin dans l'analyse des décisions, sauf à s'interroger sur leur nature et sur leurs déterminants, ce qui relève alors nécessairement de l'étude monographique, toujours très éclairante, mais qui n'a pas sa place ici.

Ceci nous conduit à relever l'une des faiblesses de la théorie des systèmes en tant que modèle explicatif et d'aide à la décision. Théorie globale, elle met l'accent, à travers ses formes canoniques (temps, espace, forme/opération, information, décision), sur les niveaux structurant le système en rendant bien compte de leur complexité et de l'importance des inter-relations. Cette approche reste marquée par une vision d'ingénieur ou de chercheur en sciences « dures », malgré les tentatives d'intégration des travaux sur les organisations. Le passage du global au local, du groupe social à l'individu et inversement reste un problème mal résolu, comme en témoigne les recherches menées, par exemple, par les sociologues M. Crozier et E. Friedberg (1977).

Il reste à jeter un pont entre le corpus scientifique s'intéressant aux stratégies individuelles et celui relatif aux stratégies d'organisation, et, dans les deux cas, entre la représentation/modélisation, relativement aisée, et l'aide à la décision/action, toujours beaucoup plus difficile à formaliser.

▸▸ Les performances économiques du système alimentaire

On présentera successivement les bases méthodologiques de l'analyse de performance puis une application très partielle au système alimentaire, car on manque de publications sur le sujet.

Qu'est-ce que la performance, comment la mesurer ?

Le terme de performance vient d'un verbe du vieux français (XVIe siècle), « parformer », qui signifiait « accomplir, exécuter ». Comme le terme *management*, ce verbe nous est revenu des États-Unis avec une petite modification « performer ». De nos jours, la performance est une notion relative qui doit se définir par rapport à un concurrent et/ou un objectif et des moyens. En sciences économiques et de gestion, on construit un triangle qui croise une prévision, avec une réalisation et les ressources engagées pour obtenir le résultat. En considérant les 3 couples ainsi formés, on définit les concepts de pertinence, d'efficacité et d'efficience (figure 1.12).

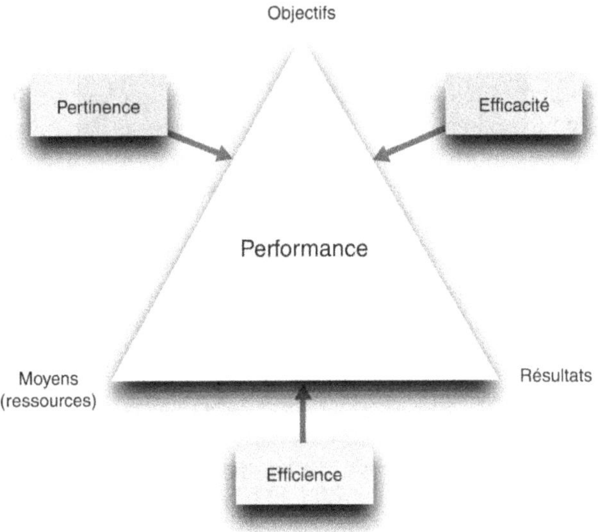

Figure 1.12. Le triangle de la performance.

Être performant (pour une entreprise, un secteur, un pays) signifierait donc être pertinent, efficace et efficient :
— la pertinence est la cohérence entre objectifs et moyens (principe stratégique de proportion des forces) ;
— l'efficacité est la capacité à atteindre les objectifs ;
— l'efficience est le niveau des ressources utilisées pour atteindre l'objectif (un niveau faible correspond à une forte efficience et réciproquement, un niveau fort à une faible efficience).

On est donc renvoyé à la question des objectifs, des moyens et des résultats : plusieurs définitions de la performance sont alors possibles en fonction des objectifs assignés à l'organisation et des moyens mobilisés. Pour mesurer la performance, il est donc nécessaire de clarifier les objectifs, de proposer des indicateurs à partir des objectifs fixés, puis de mesurer les moyens utilisés. Du point de vue de la méthode, la pertinence peut être mesurée par comparaison intersectorielle, inter-régionale ou internationale (*benchmarking*). L'efficacité peut s'apprécier par les écarts entre prévision et réalisation. L'efficience pourra être évaluée par les marges dégagées.

Ces méthodes sont couramment appliquées dans les entreprises où l'on dispose de fondements théoriques et de techniques robustes (Lorino, 2001), mais beaucoup moins et toujours partiellement, au niveau méso-économique et macro-économique. En effet, les objectifs sont rarement quantifiés ou réajustés fréquemment, ce qui leur enlève toute signification (c'est le cas par exemple du taux de croissance économique).

En ce qui concerne le système alimentaire, à notre connaissance, aucune étude globale de performance n'est disponible. Le champ est donc largement ouvert pour les chercheurs. Tout au plus dispose-t-on d'études de compétitivité internationale de filières[38], ou de sous-systèmes (agriculture, IAA).

La compétitivité est l'aptitude d'un pays (d'une entreprise) à maintenir ou à accroître de façon durable (en moyenne pluriannuelle), sa part de marché sectorielle en valeur. On en a vu une illustration à propos de la position du système alimentaire français sur les marchés internationaux qui s'est maintenue en ce qui concerne les produits agricoles et a sensiblement progressé pour les produits des IAA. Les économistes distinguent la compétitivité « prix » ou « coûts » et la compétitivité « hors coûts » (Taddei et Coriat, 1993).

La compétitivité « coûts » se manifeste lorsqu'une baisse du prix de vente unitaire, autorisée par une baisse des coûts de production, est plus que compensée par l'augmentation des quantités vendues : il existe alors une élasticité-prix positive de la demande qui permet d'augmenter la part de marché de l'entreprise. Les facteurs explicatifs de la compétitivité-coûts sont présentés dans le tableau ci-dessous. La compétitivité-coûts peut faire jouer plusieurs leviers :
– la productivité du travail (physique : horaire ou temps de travail, ou/et économique : niveau relatif des salaires) ;
– la productivité du capital (horaire, durée d'utilisation des équipements, réduction des pertes à la fabrication) ;
– la « productivité » des intrants (meilleure utilisation, économie d'énergie) ;
– la politique fiscale (distorsions internationales) ;
– la qualité des services publics (efficience).

La compétitivité hors-coûts se traduit par une hausse des taux de marge pour les mêmes quantités vendues ou une hausse des quantités vendues pour les mêmes taux de marge. La croissance de la part de marché n'est plus imputable ici à des causes strictement économiques, mais à :
– l'augmentation des capacités de production mettant fin à des « rationnements » ;
– la qualité d'une gamme donnée de produits et de services offerts (efficacité des réseaux commerciaux et de coopération technologique, image de la firme) ;
– le raccourcissement des délais de mise en marché ;
– la capacité de différenciation (économie de variété) ;
– la spécialisation (choix volontairement restreint de couples produits x marchés).

Compétitivité-coûts et hors-coûts sont largement dépendantes d'une part de la capacité d'innovation à l'échelle collective ou individuelle et aux compétences managériales (capital humain).

Par exemple, le système alimentaire brésilien mobilise sur le marché international le levier de la compétitivité-coûts, grâce à une dotation en facteurs favorables (disponibilité en terre et en travail peu coûteux, innovation technologique et management performant des entreprises).

La mesure de compétitivité est une bonne illustration d'une approche purement technique (économiciste) de la mesure de performance. Nous insistons sur le fait que le système alimentaire ayant une place très spécifique, vitale, dans les activités humaines, il est urgent d'entreprendre une **évaluation globale de performance**

---

38. Cf. Rastoin *et al.*, 2007, sur les fruits et légumes dans l'Euro-Méditerranée.

intégrant, à côté des critères économiques ou socio-économiques, des indicateurs de santé et de conditions de production. Bref, il s'agit de prendre en considération tous les aspects du développement durable. Il est donc recommandé de construire un indicateur synthétique incluant 4 composantes :
– économie,
– écologie,
– social,
– gouvernance.

La composante « économie » (ECO) la plus classique, est basée sur le calcul de ratios de profitabilité, rentabilité, productivité, compétitivité (part de marché), bref des indicateurs de poids et de marges.

La composante « écologie » ou environnement et ressources naturelles (ENV) va intégrer des éléments tels que : bilan énergétique (kcal primaires / kcal produites), bilan carbone et azote (émissions de GES), mesures d'autres pollutions (pesticides, résidus), normalisation et certification qualité et traçabilité, effet sur le paysage.

La composante « social » (SOC) sera appréhendée à travers le niveau de sécurité alimentaire (accidents sanitaires, morbidité imputable aux maladies d'origine alimentaire), l'emploi (taux de chômage), les revenus relatifs *per capita* (VA sectorielle/actif, comparaison avec PIB/actif régional et national), le niveau de protection sociale, le niveau de qualification, la démographie (natalité, mortalité, croissance), les équipements collectifs (écoles, santé, loisirs)

Le volet « gouvernance » (GOV) prendra en considération le statut des entreprises (% formes coopératives), les organisations professionnelles et interprofessionnelles (nombre, influence), les institutions publiques : densité et niveau de transparence et de participation démocratique et professionnelle.

Pour permettre des comparaisons régionales, nationales et internationales, un indice synthétique sera construit sous la forme :

$$SISD = [(ECO) \times \alpha + (ENV) \times \beta + (SOC) \times \lambda + (GOV) \times \theta]$$

avec α, β, λ, θ, coefficient de pondération[39].

En l'état actuel de la recherche sur le thème de la performance globale des systèmes alimentaires, encore dans un stade de réflexion exploratoire[40], nous nous limiterons ici à une mesure d'efficacité socio-économique sur la base d'objectifs implicites, à travers des études longitudinales sur la longue période portant sur quatre domaines :
– l'ouverture internationale ;
– l'emploi ;
– les niveaux relatifs de prix au sein du système alimentaire ;
– la profitabilité des entreprises.

---

39. Cf. la méthode d'établissement d'un indice synthétique de *benchmarking* dans Rastoin *et al.*, 2007 et une application à la filière fruits et légumes dans le chapitre 3.
40. On pourra consulter avec profit pour nourrir cette réflexion une synthèse de l'Inra sur la durabilité de la consommation alimentaire (Redlingshöfer, 2007) et un document du ministère français de l'Agriculture sur les indicateurs du développement durable appliqués à l'agriculture (Pingault, 2007).

L'internationalisation des échanges commerciaux extérieurs du système alimentaire : une croissance rapide

On se réfère ici à un objectif de progression des exportations et d'intégration au marché mondial en vue de stimuler la croissance économique nationale, qui n'est que l'une des manifestations de la mondialisation[41]. Cet objectif est partagé par la quasi-totalité des pays de la planète si on en juge par le nombre d'adhérents à l'OMC (plus de 150 en 2008)[42]. Nous examinerons donc l'efficacité du système alimentaire par rapport à cet objectif d'ouverture commerciale internationale en nous basant sur le cas français.

Le système alimentaire est, nous l'avons vu, un système ouvert sur l'extérieur, quoiqu'encore faiblement, contrairement à une idée répandue. En effet, les exportations mondiales de produits agricoles et alimentaires ne représentent encore aujourd'hui qu'environ 10 % de la production. Les chiffres sont toutefois sensiblement différents selon les produits : faibles (5 %) pour les produits périssables comme le lait et ses dérivés (à l'exception de la poudre), les fruits et légumes, forts pour le sucre (25 %), moyens pour les grains (15 %)[43].

La France, depuis le milieu des années 1970 connaît une forte croissance de son commerce extérieur agricole et surtout agroalimentaire, tiré par les branches céréales, vins et spiritueux et produits laitiers, comme le montre la figure 1.13.

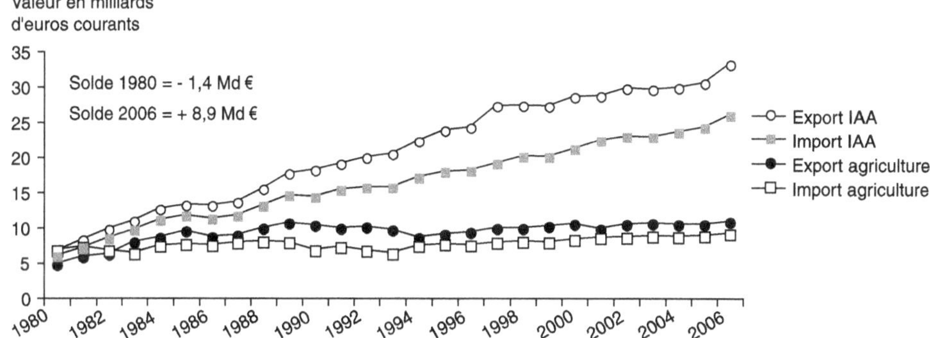

Figure 1.13. Évolution du commerce extérieur du système alimentaire français, 1980-2006.

Grâce à une vigoureuse politique de modernisation et de promotion des exportations, le déficit commercial du système alimentaire français du début des années 1970, s'est transformé en un excédent considérable qui a atteint en 2007, pour les branches

---

41. Cf. chapitre 5 sur les marchés internationaux.

42. Une faible majorité des études sur le lien entre ouverture extérieure et croissance économique indique une corrélation positive, ce qui fait douter certains économistes du bien-fondé absolu de cet objectif, au moins dans les pays pauvres. Par ailleurs, les problèmes de gaz à effet de serre et d'épuisement des énergies fossiles devraient inciter à une évolution des politiques dans ce domaine. Ces points seront abordés plus loin (chapitre 7).

43. Cet aspect sera développé dans le chapitre sur les marchés internationaux.

« agriculture » et « industries agroalimentaires », près de 9 milliards d'euros courants. Toutefois cet excédent s'est érodé depuis ce pic, particulièrement pour l'industrie agroalimentaire, et considérablement amoindri en 2009 du fait de l'intensification de la concurrence internationale et du renchérissement de l'euro (tableau 1.14).

Tableau 1.14. Évolution du solde commercial international des branches agriculture et IAA, France.

Solde exportations -importations	Valeur en M. euros courants		Évolution 2000-2009
	2000	**2009**	
Agriculture	2 183	1 671	-23 %
Industries agroalimentaires	7 139	3 742	-48 %
Ensemble	9 322	5 413	-42 %

Source : Insee, Banque de données macroéconomiques, BDM, 19 mars 2010.

La performance sectorielle internationale peut s'apprécier à travers 3 indicateurs :
– le taux d'exportation (export/production effective ou VA de la branche) ;
– le taux de dépendance extérieure (import/consommation ou production ou VA de la branche) ;
– le taux de couverture des importations par les exportations, ce qui revient à estimer le solde du commerce extérieur.

Tableau 1.15. Ratios d'ouverture internationale pour quelques pays, 2004.

Agriculture	Export/VA (%)	Import/VA (%)	Export/Emploi (US $)	Taux de couverture
Australie	107	23	54 821	4,5
Brésil	71	9	1 477	7,5
Cambodge	3	10	14	0,3
Chine	7	11	167	0,6
France	106	78	44 511	1,4
États-Unis	40	32	23 460	1,2

VA et emploi dans l'agriculture, export et import de produits agricoles et agroalimentaires. En toute rigueur, on devrait rapporter ces postes aux VA cumulées de l'agriculture et des IAA, ce qui n'est pas possible dans tous les pays du fait des lacunes statistiques.
Source : données Banque mondiale, WDI, 19/01/2008.

On voit bien les disparités considérables entre pays du point de vue des critères liés au commerce extérieur (tableau 1.15). Le taux d'exportation varie de 1 à 30 entre le Cambodge, petit pays ne parvenant pas assurer son autosuffisance alimentaire et l'Australie, grande puissance agri-exportatrice. Cet écart est homothétique à celui des productivités du travail (export/emploi). La France bénéficie également d'une large ouverture internationale et d'une bonne productivité, du double de celle des États-Unis. Le Brésil connaît une rapide expansion de ses exportations. La Chine et, dans une moindre mesure, les États-Unis ont à fournir un gros marché intérieur avant de pouvoir exporter. Ces situations se reflètent dans la dépendance vis-à-vis des importations : très élevée pour la France et les États-Unis. Mais il s'agit là d'une caractéristique des échanges internationaux de notre époque qui a vu s'intensifier le commerce intra-branche. Le taux de couverture qui représente la capacité d'une branche à générer des devises étrangères par un solde positif des échanges est particulièrement élevé pour l'Australie et dans une moindre mesure pour la France et les États-Unis.

Cependant, la majeure partie du courant d'échanges est régionale et non pas mondiale : en 2005, les 3/4 des exportations françaises de PAA et 70 % des importations étaient réalisées avec des pays membres de l'Union européenne (UE). Le terme de « mondialisation » ne peut donc être utilisé ici en toute rigueur. Il semble même que sur la longue période, l'extraversion du système alimentaire français sur le marché international (pays-tiers de l'UE), bien qu'ayant progressé en valeur absolue, ait diminué en part relative. Ceci s'explique par les différentiels de croissance des exportations enregistrés par les différents compétiteurs : ainsi, la part de marché relative [44] de la France pour les PAA est passée de 20,1 % en 1965 à 21,1 % en 1994, soit une quasi-stagnation, tandis que l'Allemagne augmentait de 8 points (de 5,4 à 13,4 %) et que le Royaume-Uni accusait une baisse de 4,6 points (10,5 à 5,9 %) (Pouch, 1996).

Pour bien saisir les enjeux de cette insertion du SA dans l'économie internationale, il faut analyser d'une part la « spécialisation » du pays et de la zone par la méthode des avantages comparatifs et la replacer dans un contexte planétaire de « fragmentation concurrentielle » en blocs économiques (UE, ALENA, ASEAN, MERCOSUR) ou au contraire de « fusion » à travers le processus de libéralisation engagé par l'OMC. Sur ce point, il semble que la logique de fragmentation ou régionalisation doive l'emporter dans les décennies à venir du fait des facilités procurées par les « proximités » (géographiques, culturelles, politiques) et de l'extraordinaire complexité du « système mondial ». Ce mouvement probable n'implique pas nécessairement, pour les entreprises, comme pour les nations, une possibilité de repli sur un « sanctuaire régional ». En effet, la compétitivité, définie comme la capacité à maintenir ou à faire progresser durablement la part de marché détenue, est liée à la taille critique d'activités, qui dans de nombreux secteurs, ne peut être atteinte qu'à travers une mondialisation (présence sur les trois marchés de la Triade).

Qu'en est-il de la spécialisation internationale de la France ? Une méthode mise au point par le CEPII et appliquée par l'APCA au secteur agri-alimentaire montre que, compte tenu de son poids relatif dans le commerce extérieur total du pays, la performance de ce secteur est très supérieure à celle des autres excepté les transports (indices d'avantage comparatif en 1995 : – 12 pour l'énergie, – 3,9 pour le textile, + 1,6 pour la chimie, + 6 pour les PAA, + 8,8 pour le matériel de transport. De plus, cet avantage comparatif se renforce dans le temps : ainsi, le taux de couverture X/M est resté proche de 100 sur toute la période 1986-1995 pour les produits manufacturés tandis qu'il progressait régulièrement de 106 en 1986 à 129 en 1995 pour les IAA et qu'il avait tendance à régresser pour l'agriculture (136 en 1995). La

---

44. On appelle PDMR (part de marché relative), le rapport Xij/Xkj entre les exportations mondiales d'un produit j par un pays i et la somme des exportations d'un groupe de pays d'une zone k à laquelle appartient le pays i. Dans notre cas, la zone est l'UE à 12 et Xj représente la totalité des exportations du produit j intra et extra-UE.

France semble donc disposer d'une assez forte spécialisation « compétitive » sur 2 secteurs : transports et alimentation (Genre et Pouch, 1997).

L'intégration internationale crée des opportunités (croissance), mais aussi des contraintes (dépendance, car la réciprocité joue en cas de conflit). De même, la spécialisation signifie qu'il y a une bonne dotation en facteurs « valorisée » dans un secteur, mais que d'autres facteurs doivent être importés, si l'économie est diversifiée, ce qui est le cas de la plupart des pays de la Triade Europe – Amérique du Nord – Japon. Nous sommes ici au cœur de la géopolitique.

Emploi : des gagnants et des perdants, mais une relative stabilité globale

Pour calculer l'emploi total dans le système alimentaire, il est nécessaire de procéder à des estimations pour les branches périphériques au cœur productif spécialisé (agriculture et IAA). En effet, ces branches ne travaillent pas que pour le système alimentaire (par exemple, la branche chimie qui inclut les engrais et les produits phytosanitaires fabrique bien d'autres produits). Nous avons donc procédé en appliquant des coefficients empiriques à l'emploi total de chaque branche pour estimer la part concernant le système alimentaire.

Nous avons évalué à 4,7 millions le nombre d'emplois occupés en France dans le SA en 2003[45], contre 5,3 millions en 1980. En un peu plus de 20 ans, la population n'a augmenté que de 12 %, ce qui signifie, toutes choses égales par ailleurs, que la productivité du travail a considérablement augmenté sur la période : un actif du SA nourrit, en 2003, 13 personnes sur le territoire national contre 10 en 1980[46]. La productivité agricole a plus que doublé en 20 ans sous la conjonction de la baisse des effectifs et du progrès technique.

Le déclin global de l'emploi masque cependant de profondes disparités sectorielles : l'agriculture a payé le plus lourd tribut, avec la disparition d'un million d'emplois (et donc, a enregistré les plus forts gains de productivité du travail), l'IAA est restée stable. En revanche, il y a eu création nette d'emplois dans l'aval du SA : la distribution et la restauration ont vu leurs effectifs progresser de plus de 370 000 personnes[47] et les autres services de 170 000. Le commerce alimentaire totalise près de 1,3 million d'emplois en 2003 et dépasse désormais l'agriculture (1 million), la restauration représente plus de 600 000 actifs, tandis que les services marchands et non marchands liés à l'alimentation peuvent être estimés à 710 000 personnes. Ces évolutions contrastées sont bien traduites lorsque l'on examine la part relative des composantes du SA dans l'emploi total (tableau 1.16).

---

45. Ce chiffre est supérieur à celui obtenu à partir de la base de données Systalim-FR car d'une part les sources sont différentes (Comptabilité nationale ici et données individuelles d'entreprise dans Systalim-Fr et d'autre part l'estimation faite à partir de la Comptabilité nationale est plus complète).
46. Comme dans le même temps, le taux d'exportation du CPAI (part du chiffre d'affaires réalisé à l'étranger) s'est sensiblement accru, passant de 15 à 20 %, on se trouve en présence de gains de productivité supérieurs à 20 % sur la période. En réalité, un actif du système productif alimentaire français nourrit plus de 50 personnes.
47. C'est essentiellement la grande distribution qui a généré de nouveaux emplois, en compensant, avec un solde fortement positif, la disparition de nombreux petits commerces.

Tableau 1.16. L'emploi dans le système alimentaire français, 1980-2003.

(en milliers de personnes et en %)	1980	2003	Évolution 1980-2003	
			Nombre d'emplois	**(%)**
Agrofourniture	187	147	-40	-21
Autres industries, BTP, énergie	440	313	-127	-29
Agriculture	1 955	906	-1 048	-54
IAA	623	591	-32	-5
Distribution	1 123	1 265	142	13
Restauration	391	620	229	59
Services marchands	387	572	185	48
Services non marchands	154	240	85	55
Population active du CPAI (A + IAA)	2 578	1 497	-1 081	-42
Population active des canaux de vente (distribution et RHF)	1 514	1 885	371	25
Population active du système alimentaire	5 260	4 654	-606	-12
Population active totale	22 191	24 881	-567	-3
Population totale	55 113	61 800	6 687	12
Ratios				
Population active SA / totale (%)	24	19	-5	
Productivité globale du SA (nombre d'habitants/actifs SA)	10	13	3	27
Productivité du CPAI (nombre d'habitants/actifs CPAI)	21	41	20	93
Productivité agricole (nombre d'habitants/actifs agricoles)	28	68	40	142

Source : nos calculs d'après Insee, 2005, Comptes nationaux.

Aux États-Unis, on observe une productivité apparente de l'agriculture très supérieure à celle de la France (près de 138 nationaux nourris par actif contre 68). En revanche, la productivité globale du système alimentaire est proche (autour de 12 habitants par actif)[48]. Ce constat s'explique par la dimension des entreprises et la puissance mécanique déployée, supérieure outre-Atlantique, mais aussi des taux de tertiarisation voisins. On ajoutera que le secteur de l'agrofourniture aux États-Unis comporte plus d'emplois dans les services (610 000) que dans la fabrication d'intrants (450 000), ce qui confirme une fois de plus la tertiarisation du système alimentaire. À noter la faiblesse de l'emploi rural dans le système alimentaire (87 % des travailleurs résident en ville, alors que cette proportion s'élève seulement à 46 % d'agriculteurs), reflet d'un habitat groupé et d'un taux élevé d'urbanisation aux États-Unis.

---

48. Toutefois, les statistiques qui adoptent une approche agroindustrielle comptabilisent également le secteur textile (qui représente beaucoup moins d'emplois que l'agroalimentaire).

L'évolution sur 10 ans est conforme aux observations faites dans tous les pays industrialisés (tableau 1.17).

Tableau 1.17. L'emploi dans le système alimentaire aux États-Unis, 1993-2002.

Emploi et population en millions	1993	2002	Variation (%)
Emplois agricoles	2,2	2,1	-4,8
Emplois dans le système alimentaire et textile	24,0	23,2	-3,3
Économie nationale	129,2	144,9	12,2
Agriculture/système alimentaire et textile	9,20 %	9,00 %	-0,1
Système alimentaire et textile/économie nationale	18,60 %	16,00 %	-2,6
Population totale	260,3	288,6	10,9
Habitants par emploi agricole	118	138	16,5
Habitants par emploi dans le système alimentaire et textile	11	12	14,6

Source : données U.S. Department of Labor, Bureau of Labor Statistics, 2005.

Si l'on élargit les comparaisons à d'autres pays dans le monde, on est frappé par les écarts de productivité énormes existant entre les Nords et les Suds, pouvant atteindre un facteur 1 000 entre un agriculteur du Tchad et un *farmer* nord-américain.

Au-delà d'une approche quantitative telle qu'elle vient d'être pratiquée, il est possible de caractériser l'emploi par sa nature qui a profondément évolué dans le cadre des révolutions technologiques successives qu'ont connues les sociétés. Robert Reich propose ainsi de distinguer 3 catégories d'emplois de l'avenir, à partir d'une typologie des services (Reich, 1991) :
– les services de production courante, fournis par les « travailleurs routiniers » ; dans le système alimentaire, cette catégorie correspond à toutes les activités basiques de la fabrication des intrants, emballages et produits alimentaires ;
– les services personnels, impliquant aussi des tâches répétitives et simples, mais fournies de personne à personne ; la restauration en est une bonne illustration ;
– les services de « manipulation de symboles » qui nécessitent des activités abstraites d'identification et de résolution de problèmes ; il s'agit ici principalement d'emplois liés au recueil et au traitement de l'information à l'aide d'outils informatiques (métiers d'expertise) et de responsabilités d'animation d'équipes et de direction (métiers du management).

Globalement, le système alimentaire reste tourné vers les activités de production courante et de services personnels. Cependant, la sophistication des canaux de distribution, le développement de la logistique et les exigences de traçabilité des produits entraînent l'essor des manipulations de symboles (cf. *supra* les considérations sur le code-barres).

Un autre type d'analyse, complémentaire, est suggéré par D. Cohen qui découpe l'économie en trois secteurs, à l'instar de C. Clark ou de J. Fourastié :
– le secteur de la production d'objets (biens et services) par les entreprises et leurs prestataires ; ce secteur serait stable avec 40 % des emplois depuis 1920 en France et aux États-Unis ;

– le secteur de l'intermédiation, finance et commerce, qui s'est légèrement accru entre 1920 et 1990, passant de 15 % à 20,5 % de l'emploi en France ;
– enfin le reste de l'économie (40 %) constitue un sous-ensemble hétérogène où cohabitent des secteurs en fort déclin d'emplois comme l'agriculture et d'autres qui connaissent une très forte croissance tels les services sociaux (santé, éducation).

Ainsi, pour D. Cohen, on passerait de la production de l'homme par la terre (agriculture), à la production de l'homme par l'homme (éducation, santé) (Cohen, 1999).

Niveaux relatifs de prix dans le système alimentaire : domination de l'aval

Les prix constituent un bon indicateur de performance des différents acteurs du système alimentaire. En effet, le prix payé par l'acheteur est représentatif de la valeur perçue par le client et donc de la valeur créée par l'entreprise. Le prix doit aussi être considéré du côté de l'offre et traduit alors la capacité de l'entreprise à maîtriser ses coûts, puisque, selon la théorie micro-économique, le marché tend à égaliser prix et coût marginal. Enfin, l'analyse stratégique montre la possibilité de s'affranchir de la pression du marché par le mécanisme de la concurrence monopolistique, c'est-à-dire de la différenciation des produits.

Afin de montrer la diversité des situations au sein du système alimentaire, nous avons relevé des indices de prix au niveau de trois branches (agriculture, industries animales, autres IAA) et de différents stades :
– consommations intermédiaires (agrofourniture et autres fournisseurs de l'agriculture et des IAA) ;
– production (prix agricoles à la production ou prix usine) ;
– consommation finale (prix de détail).

On constate d'importantes distorsions entre sous-systèmes qui traduisent une hiérarchie défavorable au secteur agricole. La méthode utilisée pour mettre en évidence ces distorsions de prix est bien connu des contrôleurs de gestion et pratiquée lors de l'élaboration budgétaire. On raisonne non pas en évolution des valeurs absolues, mais en « glissements de prix », c'est-à-dire en différentiel entre prix payés et prix perçus. L'objectif du chef d'entreprise est de gagner la bataille des différentiels, c'est-à-dire de maintenir ou d'accroître ses marges en essayant de faire payer plus cher ses produits et en tentant de faire baisser la facture de ses fournisseurs. Dans le tableau ci-dessous, on calculera donc, sur une base 100 en 1990, les écarts de prix entre fournisseurs et clients (agriculteurs et IAA, puis IAA et commerce de détail), jusqu'au consommateur, mesurés en 2000, et on comparera les différentes branches du système alimentaire à l'ensemble de l'économie (tableau 1.18).

Pour l'agriculture, il existe un écart très important entre les prix payés à la production, les prix payés par les exploitants agricoles pour acquérir leurs facteurs de production et les prix de détail. Cela signifie que l'agriculteur est pris dans un « ciseau » défavorable : il paye plus cher ses intrants, mais ne peut valoriser ses produits, car ses clients (industrie, distribution) disposent vis-à-vis de lui d'un « pouvoir de marché » dû aux effets d'envergure.

Tableau 1.18. Évolution des prix dans le système alimentaire en France.

Indices 2000 des prix des branches, base 100 en 1990	Prix payés par le consommateur	Prix payés aux producteurs	Prix payés aux fournisseurs	Écart Prod-Fourn	Écart Conso-Prod
Agriculture	110,7	97,4	104,8	-7,4	13,3
Industries de la viande et du lait	109,2	96,0	90,0	6,0	13,2
Autres industries agricoles et alimentaires	129,4	110,2	100,7	9,5	19,2
Ensemble des biens et services	120,1	112,7	108,9	3,8	7,4

Source : données Insee, 2001, Comptes nationaux.

Pour l'IAA, la situation est sensiblement différente entre les industries de transformation animales, pénalisées par une demande stagnante ou en déclin et les industries de transformation végétales qui au contraire bénéficient de marchés porteurs.

Le prix reflète un équilibre de marché, mais aussi un pouvoir de marché. Cela signifie que des pressions peuvent être exercées par les acteurs les plus puissants (aujourd'hui dans le système alimentaire agroindustriel, les firmes de la grande distribution) sur leurs fournisseurs. Une étude menée par les économistes de l'USDA sur l'évolution des marges dans la filière porcine le confirme (figure 1.14.).

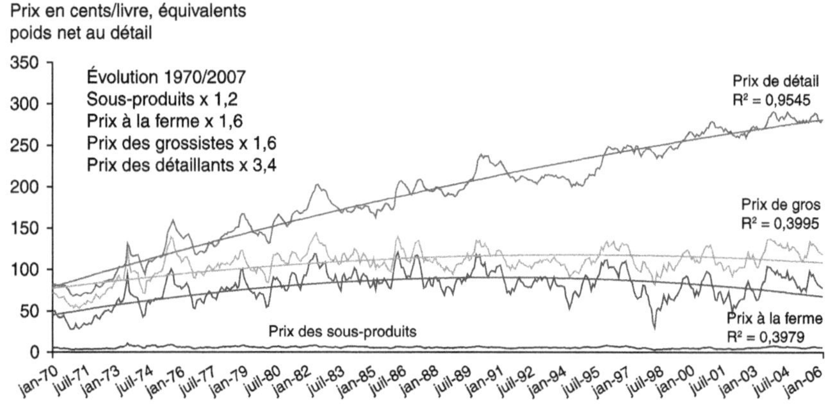

Figure 1.14. Évolution des prix payés à différents niveaux du système alimentaire, viande de porc, États-Unis, 1974-2006.

Source : nos calculs sur données USDA, 2008.

Les niveaux de prix dans la filière porc ont varié aux États-Unis sur une longue période de manière très contrastée. Les prix à la ferme ont été multipliés par 1,61 en 36 ans. La transmission des prix vers le stade de gros (abattoirs) a été bonne, avec une légère progression (coefficient multiplicateur de 1,65). En revanche, l'augmentation dans le commerce de détail a été deux fois plus importante (coefficient de 3,44). Toutefois, l'interprétation en termes de marges n'est pas possible avec ces données. Il s'agit en effet de marges brutes apparentes estimées par différence entre les prix de deux marchés successifs (*spreads*). Sur ces marges brutes doivent être financées les coûts industriels et commerciaux des transformateurs et des distributeurs. Les marges nettes, comme nous l'avons vu plus haut sont assez comparables dans le système alimentaire – et d'un faible montant unitaire, car nous avons affaire à des produits de masse basiques -, mais généralement négatives, hors subventions, pour les producteurs agricoles.

Cependant, les situations sont très différentes selon les produits. Les prix de gros (et donc le niveau de la transformation ou du conditionnement) ne sont pas disponibles pour tous les produits, mais il est aisé de constater, à partir du tableau suivant qui représente des variations d'indices de prix à la ferme et de détail sur une période récente, que les variations sont assez comparables au stade du consommateur, mais très inégales pour les producteurs. Lorsque la part de la matière première est faible dans le prix de vente final, on enregistre des baisses de prix (ici en termes réels) au niveau des producteurs agricoles. C'est le cas des huiles et corps gras et de la boulangerie, dont la caractéristique, est de constituer, aux États-Unis des industries lourdes exerçant un fort pouvoir de marché sur leurs fournisseurs agricoles et élaborant des produits très industrialisés et marquetés, ce qui est moins le cas – en moyenne – pour les autres produits agroalimentaires dans ce pays (tableau 1.19).

Tableau 1.19. Les variations des écarts de prix dans le système alimentaire des États-Unis entre 1997 et 2005.

Produit	Prix de détail (1)	Prix à la ferme (2)	Écart de prix (1) – (2)	Part du prix à la ferme dans le prix de détail	Part du prix à la ferme dans le prix de détail en 2005
	Variation indiciaire entre 1997 et 2007 (%)*				%
Produits laitiers	22	18	25	-1	31
Fruits	21	23	29	-2	28
Légumes	34	18	39	-5	25
Fruits et légumes transformés	28	32	27	0	19
Huiles et corps gras	17	-1	19	-4	17
Céréales et boulangerie	16	-15	18	-1	6
Moyenne	24	12	26	-2	21

* Indice 2007 – indice 1997, base 100 en 2001, paniers moyens de produits ;
Source : nos calculs sur données USDA et USDL, 2008.

Une des conclusions majeures de l'analyse comparée des performances des systèmes alimentaires présents dans le monde et au sein des systèmes alimentaires nationaux est la révélation d'une extraordinaire diversité. L'explication économique de ces situations contrastées est à rechercher dans les structures de marché (distorsions de taille, asymétries d'information) et dans les capacités d'adaptation à la dynamique de la consommation finale (stratégies d'acteurs).

Les performances d'entreprises dans le système alimentaire

Les prix ne sont pas les marges. Pour mieux apprécier les performances relatives des entreprises de chacun des maillons du système alimentaire, nous avons estimé leur taux de marge nette ou profitabilité (ratio résultat net/chiffre d'affaires) à partir de la base de données Systalim-Fr. La figure 1.15 est riche d'enseignements sur les niveaux relatifs des marges et leur dynamique dans le système alimentaire français.

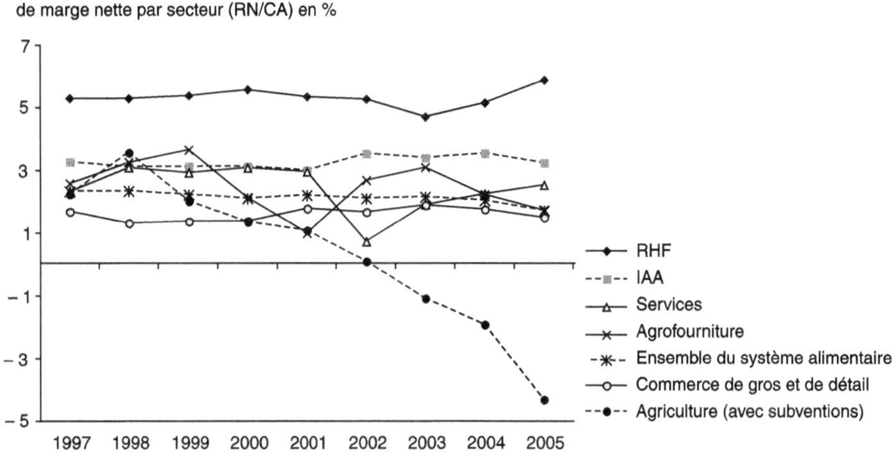

Figure 1.15. Évolution de la profitabilité dans le système alimentaire français, 1997-2005.
Source : d'après les données de l'Insee, Suse, janvier 2008 et Agreste, 2007.

On constate premièrement que le taux moyen de profitabilité dans le système alimentaire français est très faible, de l'ordre de 2 %. Il s'échelonne, en moyenne arithmétique de1997-2005 de 0,3 % pour l'agriculture[49] à 5,3 % pour la RHF. Contrairement à une idée répandue, le commerce alimentaire enregistre un taux de marge net sensiblement inférieur à celui des IAA. Si l'on examine un peu plus en détail la situation du commerce alimentaire, on constate que la profitabilité s'établit en moyenne à 1,8 % pour les GMS et 0,8 % pour les centrales d'achat. Bien entendu, ces taux s'appliquent à des masses financières considérables (les plus importantes du système alimentaire puisque l'on se trouve en aval), ce qui explique les liquidités très conséquentes détenues par ces entreprises leur permettant notamment d'investir à l'étranger. Dans ce secteur ce sont les commerces spécialisés, généralement de petite taille qui bénéficient des taux de marge nette les plus élevés (5,3 %). Le commerce de gros est toujours à un taux inférieur à 2 %. L'agrofourniture est un secteur très

---

49. Le taux de marge net pour l'agriculture est calculé à partir des Comptes nationaux publiés par le ministère de l'Agriculture (Agreste). Nous retranchons du « revenu net d'entreprise » défini par Agreste (production + subventions – charges réelles) un salaire fictif pour le chef d'exploitation, sur la base du SMIC.

soumis à son marché, l'agriculture et donc instable. Les services progressent dans la période récente ainsi que la RHF (tableau 1.19)[50].

On notera la situation très déprimée de l'agriculture qui, à partir de 2002, voit ses marges nettes devenir négatives, malgré d'énormes subventions (plus de 7 milliards d'euros). En dépit d'une augmentation de 24 % des subventions entre 1997 et 2005, le taux de marge nette sectoriel passe de 2,2 % à - 4,3 %[51]. Si l'on calcule un résultat net de subventions, le ratio, bien évidemment devient fortement négatif (- 14 % en moyenne sur la période). Ces chiffres tendent à démontrer probablement une légère sous-efficience globale de l'agriculture[52], mais surtout l'impossibilité pour ce secteur, dans les conditions françaises (tableau 1.20) et européennes (mais aussi nord-américaines) d'être compétitif au regard des critères de l'économie de marché.

Tableau 1.20. La profitabilité sectorielle dans le système alimentaire français.

Secteur	Moyenne 1997-2005 * (%)	Évolution 1997-2005 (%)
RHF	5,30	0,60
IAA	3,20	0,00
Services	2,40	0,20
Agrofourniture	2,50	-0,80
Ensemble du système alimentaire	2,10	-0,60
Commerce de gros et détail	1,60	-0,20
Agriculture (avec subventions)	0,30	-6,60

* Profitabilité : taux de marge nette (résultat net/chiffre d'affaires).
Source : Systalim-Fr, données primaires Insee, SUSE, extraction du 16/01/2008 et Agreste, 2007.

▶▶ Conclusion : de la nécessité d'une approche compréhensive du système alimentaire

En résumé, le système alimentaire constitue une branche de l'économie de toute première importance. Il se caractérise par son extrême complexité associant des acteurs de nature et de taille très différentes. L'information et les signaux émis par ces acteurs sont d'une importance cruciale pour l'orientation et le fonctionnement du système. En raison de son caractère vital et stratégique, le système alimentaire fait l'objet de multiples pressions et d'une régulation mixte privée (par le marché) et publique (par la réglementation). Les nouvelles contraintes du développement

---

50. Les performances sectorielles seront étudiées de manière plus approfondie dans les chapitres de la troisième partie de l'ouvrage.
51. La situation s'est considérablement améliorée en 2007 du fait de la hausse du cours des matières premières agricoles.
52. Ce point mériterait d'être étudié car les ¾ de la production agricole en France sont désormais assurés par un tiers des exploitations, par définition les plus modernes.

durable devraient entraîner de profonds changements dans la structure et dans le fonctionnement du système alimentaire à l'échelle locale, nationale et mondiale.

Nous avons présenté dans ce chapitre une vision de l'alimentation à partir de l'approche systémique qui a le grand mérite de révéler l'importance des interactions entre agents pour le bon fonctionnement du système. Cependant, cette approche est explicative, analytique et synthétique, mais elle n'est pas compréhensive. Pour théoriser ce fonctionnement, c'est-à-dire trouver et organiser de manière cohérente les hypothèses permettant de comprendre les mécanismes à l'œuvre, il est nécessaire d'avoir recours aux disciplines scientifiques qui ont produit des théories générales ou paradigmes.

Nous en avons évoqué plusieurs dans ce chapitre, notamment la théorie néo-classique du marché, et celle de l'économie néo-institutionnelle qui insiste à juste titre sur les autres formes de coordination des acteurs comme l'intégration ou les contrats.

Une autre théorie du comportement des producteurs et des consommateurs est proposée par des économistes et des sociologues, celle de l'économie des conventions, courant postérieur à l'économie néo-institutionnelle, mais complémentaire plus que concurrent. L'économie des conventions, rompant avec le dogme de la rationalité substantive des agents, fonde son paradigme sur l'incertitude (rationalité limitée) et sur la pluralité des justifications de l'action en raison de l'appartenance des individus et des organisations à différents collectifs, les « mondes », au nombre

Tableau 1.21. Une interprétation du système alimentaire par la théorie de la justification.

Monde	Principe supérieur	Application au système alimentaire	
		Production	**Consommation**
De l'inspiration	Génie créateur	Artistique, haute cuisine, gastronomie	Luxe, initiatique et épicurienne ou ostentatoire
Domestique	Famille et tradition intergénérationnelle	Familiale et artisanale transmise, PME/TPE de terroir	Modèle de consommation régional/national
De l'opinion	Notoriété	Tendances orientées par les prescripteurs et relayées par les médias	Contre-pouvoir des associations et de l'éducation
Civique	Conscience collective	Composantes environnementale et éthique, relayées par le mouvement associatif	Éclairée, engagée
Marchand	Concurrence par le rapport perçu qualité/prix	Grandes firmes, distribution de masse	Produits standard du quotidien
Industriel	Efficacité et performance	Grandes firmes, production standardisée de masse	Consommation de masse

Source : adaptation de la grille d'analyse de Boltanski et Thévenot (2001).

de six. Il peut exister des conflits entre ces six mondes, car ils sont contemporains. Il est donc nécessaire, pour que la société ou l'économie puisse fonctionner, que des conventions soient passées entre les acteurs. Ces conventions permettent de concilier l'approche sociologique (conformité à des normes) et l'approche économique (rapports de pouvoir). Ce modèle, développé par Luc Boltanski et Laurent Thévenot (2001) constitue une avancée majeure dans la compréhension des phénomènes économiques et sociaux. Il peut être appliqué au système alimentaire (tableau 1.21).

On voit bien dans cette grille que le système alimentaire relève des différentes sphères de l'activité humaine qu'elles soient fondées sur des principes marchands (mondes industriel et marchand, aujourd'hui entre les mains des grandes firmes) ou beaucoup plus individuelles comme la création technico-artistique des grands chefs cuisiniers. Entre les deux se situe le monde domestique qui fait appel aux transmissions intergénérationnelles et à la culture. Les PME et TPE de terroir relèvent de cette catégorie. Les mondes civiques et de l'opinion interviennent de façon déterminante dans le système alimentaire, mais sous d'autres formes, par la prescription et par l'éducation, la première puissamment relayée par les technologies de l'information et de la communication.

Ces différentes approches paraissent indispensables pour appréhender correctement la nature du système alimentaire. Elles nous confirment les limites de l'analyse purement quantitative et mécaniciste de l'économie classique.

▸▸ Références bibliographiques

AGRESTE, 2007. Base de données statistiques, ministère de l'Agriculture, Paris, http://www.agreste. agriculture.gouv.fr/

ALEXANDRATOS N., ÉD., 1996. Agriculture mondiale, horizon 2010, étude de la FAO, Polytechnica, Paris, 442 p.

ARENA R., BENZONI L., DE BANDT J., ROMANI P.R., 1988. *Traité d'économie industrielle*, Economica, Paris, 965 p.

ARIÈS P., 1997. *La fin des mangeurs, Les métamorphoses de la table à l'âge de la modernisation culinaire*, Desclée de Brouwer, Paris, 173 p.

AUDROING J.F., 1995. *Les industries agroalimentaires*, Economica, série Économie-poche, Paris, 112 p.

AURIER PH., AUTRAN F., COUDERC J.P., GALAS J., RASTOIN J.L., 2000. *Dynamiques des entreprises agroalimentaires : regards croisés sur le Languedoc Roussillon*, Agreste – Graal, Montpellier, 223 p.

AYADI N., RASTOIN J.L., TOZANLI S., 2005. Les opérations de restructuration des firmes agroalimentaires multinationales entre 1997 et 2003, Agrodata, *Agia-Alimentation, Working Paper* 6-2006, UMR Moisa, Montpellier, 52 p.

BAUMOL W., PANZAR J.C., WILLIG R.D., 1982. *Contestable Markets and the Theory of Industry Structure*, Harcourt College Pub, 510 p.

BEAULIEU M., RINGUETTE M., 2006. Le complexe de production-transformation en agroalimentaire. Saisir la dynamique dans lequel évolue le secteur et évaluer son efficacité économique, *Cahier économique*, n° 2, juin, MAPAQ, GAPT, Québec, 12 p.

BEAULIEU M., RINGUETTE M., HITAYEZU F., 2005. Le dollar dépensé par le consommateur : une histoire de marge, de profit, de valeur ajoutée, ou quoi encore ?, *Cahier économique*, n° 1, janvier, MAPAQ, GAPT, Québec : 11 p.

BENCHARIF A., RASTOIN J.L., 2006. Libéralisation et désintégration des filières agroalimentaires : le cas des blés en Algérie, *Working Paper* n° 7-2007, UMR Moisa, Montpellier, 23 p.

BERTALANFFY L. VON, 1956. *The theory of open systems*, General System Yearbook

BOLTANSKI L., THÉVENOT L., 2001. *De la justification, les économies de la grandeur*, NRF essais, éditions Gallimard, Paris, 483 p.

BOTTERO J., 2002. *La plus vieille cuisine du monde*, Seuil, coll. Points et éd. Louis Audibert, Paris, 199 p.

BOULDING K., 1956. General System Theory, the Skeleton of Sciences, *Management Science*, April : 197-208.

BOUTILLIER S., UZUNIDIS D., 1999. *La légende de l'entrepreneure, Le capital social ou comment vient l'esprit de l'entreprise*, alternatives économiques, Syros, Paris, 152 p.

CARLTON D.W., PERLOFF J.M., 1998. *Économie industrielle, Prémisses*, De Boeck Université, Bruxelles, 1 086 p.

CASTRO J. DE, 1951. *Geopolitica da fome, Ensaios sobre os problemas de alimentaçao e de populaçao do mundo*, Casa do estudante do Brasil, Rio de Janeiro, 348 p.

CÉPÈDE M., LENGELLÉ M., 1953. *Économie alimentaire du globe, essai d'interprétation*, Librairie Médicis, éd. M-Th. Génin, Paris, 654 p.

CHEVALIER J.M., 1995. *L'économie industrielle des stratégies d'entreprises*, Montchrestien, Paris, 264 p.

COHEN D., 1994. *Les infortunes de la prospérité*, Ed. Julliard, Agora, Paris, 230 p.

COHEN D., 1999. *Nos Temps modernes*, Flammarion, Paris, 160 p.

COHEN D., 2006. *3 leçons sur la société post-industrielle*, Seuil, Paris, 91 p.

COMBRIS P., 1995. La consommation alimentaire en France de 1949 à 1988 : continuité et ruptures, *in* Etzner N., éd., *Voyage en alimentation*, 1995, éditions ARF, Paris, 20-62.

CORIAT B., WEINSTEIN O., 1995. *Les nouvelles théories de l'entreprise*, Livre de Poche – Références, librairie générale française, Paris, 218 p.

CONNOR J.M., SCHIEK W.A., 1997. *Food Processing : an Industrial Powerhouse in Transition*, John Wiley & Sons, New York, 666 p.

COUDERC J.P., RASTOIN J.L., REMAUD H., 1997. De la nature de l'entreprise agroalimentaire, étude de cas en Languedoc-Roussillon, *Revue d'économie méridionale*, 45, (180), Montpellier, 439-456.

COUDERC J.P., FALQUE A., RASTOIN J.L., REMAUD H., 2002. Configurations stratégiques de la petite entreprise agroalimentaire, *11ᵉ conférence de l'AIMS*, ESC-EAP, Paris 2002, 5-7 juin, 23 p.

COULOMB P., DELORME H., HERVIEU B., JOLIVET M., LACOMBE PH., 1990. *Les agriculteurs et la politique*, presses de la fondation nationale des sciences politiques, Paris, 594 p.

CROZIER M., FRIEDBERG E., 1977. *L'acteur et le système, Les contraintes de l'action collective*, éd. du Seuil, coll. Sociologie politique, Paris, 500 p.

DAVIS J.H., GOLDBERG R.A., 1957. *A concept of Agribusiness, Harvard University*, Boston, 136 p.

ENGEL J.F., BLACKWELL R.D., EUROPEAN COMMISSION, HEALTH, CONSUMER PROTECTION DIRECTORATE-GENERAL, 2006. The Rapid Alert System for Food and Feed, *Annual Report 2005*, OOPEC, Luxembourg : 40 p.

FANFANI R., 2009. *Il sistema agroalimentare in Italia, I grandi cambiamenti e le tendenze recenti*, Edagricole, Bologna, 251 p.

FISCHLER CL., 1990. *L'homnivore*. Odile Jacob, Paris., 414 p.

FLANDRIN J.L., MONTANARI M., (SOUS LA DIR. DE), 1996. *Histoire de l'alimentation*, Fayard, Paris, 915 p.

FORRESTER J.A., 1968. *Principles of Systems*, Pegasus Communication.

FOURASTIÉ J., 1979. *Les Trente Glorieuses, ou la révolution invisible de 1946 à 1975*, Fayard, Paris : 300 p.

FROMONT P., 1957. *Économie rurale*, Ed. Genin, Librairie de Médicis, Paris, 528 p.

GENRE V., POUCH TH., 1997. L'économie française, puissance industrielle ou puissance agricole ?, *Chambres d'agriculture*, 852, 1-4.

Glais M., 1992. *Économie industrielle, les stratégies concurrentielles des firmes*, Litec éco., Paris, 578 p.

Goldberg R.A., 1968. *Agribusiness coordination, A system approach to the Wheat, Soybean and Florida Oranges Economies*, Harvard Business School, Boston, 256 p.

Griffon M., 2006. *Nourrir la planète*, O. Jacob, Paris, 456 p.

Henderson D.R., Handy C.R., Neff S.A., eds, 1996. Globalization of the Processed Foods Market, USDA, ERS, *Agricultural Economic Report*, Nr 742, Washington, DC, 217 p.

Hsiao J.C., Fong K., 2004. Making Big Money from Small Technology, *Nature*, (428), 218-220.

Insee, 2007. Comptes nationaux, Paris. <http://www.insee.fr/>.

Julien P.A., Marchesnay M., 1997. *Économie et stratégies industrielles*, Economica, série Économie poche, Paris, 112 p.

Kimpton H., 2007. *Rôles de l'État : les incontournables en information économique*, note interne non publiée, MAPAQ, Québec, 19 p.

Klatzmann J., 1975. *Nourrir dix milliards d'hommes*, P.U.F., Paris, 268 p.

Kurt Samon Associates Inc, 1993. *ECR : Enhancing Consumer Value in the Grocery Industry*, Food Marketing Institute, Washington, DC.

Lemoigne J.-L., 1977. *La théorie du système général, théorie de la modélisation*, PUF, Paris, 258 p.

Lemoigne J.-L., 1995. *La modélisation des systèmes complexes.* Dunod, Paris, 178 p.

Leontief W., 1941. *The Structure of American Economy, 1919-1929*, Harvard University Press, Cambridge, MA.

Longtin K., 2006. *Vue d'ensemble du système agricole et agroalimentaire canadien*, Agriculture et Agroalimentaire Canada, Ottawa, 119 p.

Lorino Ph., 2001. *Méthodes et pratiques de la performance, le pilotage par les processus et compétences,* Éditions d'organisation, Paris : 551 p.

LSA, 1998. Labels et signes de qualité : le client s'y perd, *Libre-service Actualités*, février, Paris.

Malassis L., 1979. *Économie agroalimentaire, tome 1. Économie de la consommation et de la production agroalimenta*ire, Cujas, Paris, 437 p.

Malassis L., 1994. *Nourrir les Hommes, Flammarion*, coll. Dominos, Paris, 126 p.

Malassis L., 1997. *Les trois âges de l'alimentation, t. 2, l'âge agroindustriel*, Cujas, Paris, 367 p.

Malassis L., Padilla M., 1986. *Économie agroalimentaire, t.2, l'économie mondiale*, Cujas, Paris, 449 p.

Malassis L., Ghersi G., 1992. *Initiation à l'économie agroalimentaire*, Hatier-AUPELF, Paris, 335 p.

Malassis L., Ghersi G., 1996. *Traité d'économie agroalimentaire, t.1, économie de la production et de la consommation, méthodes et concepts*, Cujas, Paris, 392 p.

Marchesnay M., 1993. *Management stratégique.* Eyrolles, Paris, 198 p.

Marion B.W., edit., NC 117 Committee, 1985. *The Organization and Performance of the US Food System*, Lexington Books, D.C., Heath and Cy, Lexington, Mass, Toronto, 533 p.

Martinez S.W., 2007. The U.S. Food Marketing System : Recent Developments, 1997-2006, USDA, ERS, *Economic Research Report*, n° 42, Washington : 50 p.

Meade B., Rosen S., 1996. Income and Diet Difference Greatly Affect Food Spending Around the Globe. *Food Review*, 19(3), USDA, Washington, 39-44.

Meadows D.H., Randers D.L., Behrens J.W.W.III, 1972. *The Limits to Growth*, MIT, Cambridge, MA.

Méraud J., 1989. L'évolution et les perspectives des besoins des Français et leur mode de satisfaction, Rapport au Conseil économique et social, 1989, *Journal officiel*, tomes 1 et 2, Paris.

Ménard C., 1995. *L'économie des organisations*, Repères, La Découverte, Paris. 120 p.

Miclet G., Sirieix L., Thoyer S., éd., 1998. *Agriculture et agroalimentaire en quête de nouvelles légitimités*, Economica, Paris, 371 p.

Milhau J., 1954. *Traité d'économie rurale*, 2 tomes, PUF, Paris.

Miloszyk S., Achelhaifi J., El Masloui Y., Rastoin J.L., éd., 2002. *Marchés, filières et systèmes agroalimentaires en Europe*, ENSA, CIHEAM-IAM, Montpellier, 213 p.

Miniard P.W., 1990. *Consumer Behavior*, The Dryden Press, Chicago, 520 p.

Montigaud J.C., 1975. *Filières et firmes agroalimentaires : le cas des fruits et légumes transformés*, Thèse, Faculté de droit et sciences économiques, Montpellier.

Montigaud J.C., 1996. Alliance Strategy in the Fruit and Vegetable Sector : the Example of Agro-Marchés-Stratégies, *Acta Horticulturae*, 429, ISHS, 197-204.

Morin E., 1977. *La Méthode, 1. La Nature de la Nature*, Seuil, Paris.

Morvan Y., 1991. *Fondements d'économie industrielle, Economica*, Paris, 639 p.

Nefussi J., 1989. *Les industries agroalimentaires*, Que sais-je ?, PUF, Paris, 127 p.

Nilsson J., Dijk, G. van, eds, 1997. *Strategies and Structures in the Agro-food Industries*, Van Gorcum, Assen, 277 p.

OCDE, 1996. *Politiques, marchés et échanges agricoles*, Paris, 521 p.

OCDE, 1998. *Se nourrir demain, Perspectives à long terme du secteur agroalimentaire*, Paris, 231 p.

Padilla M., 1996. Les politiques alimentaires, Traité d'économie agroalimentaire L. Malassis, T. IV, Cujas, Paris.

Padilla M., Le Bihan G., 1997. La dynamique internationale de la consommation alimentaire, *Économies et sociétés*, série AG, 23, PUG, Grenoble, 11-26.

Pérez R., Rastoin J.L., coord., 1989. Les stratégies agroindustrielles, *Économies et sociétés*, série AG, 20, PUG, Grenoble, 225 p.

Perroux F., 1969. *L'économie du xxe siècle*, PUF, Paris.

Pingault N., Préault B., 2007. Indicateurs de développement durable, un outil de diagnostic et d'aide à la décision, *notes et études économiques, NEE*, 28, ministère de l'Agriculture et de la Pêche, Paris, 7-43.

Pinstrup-Andersen P., Pandya-Lorch R., 1998. Incertitudes et risques majeurs affectant l'offre et la demande alimentaire à long terme, *in* : OCDE, *Se nourrir demain*, p. 61-79, OCDE, Paris.

Porter M., 1993. *L'avantage concurrentiel des nations*, InterEditions, Paris, 883 p. et Dunod, 1999.

Pouch Th., 1996. L'Union européenne, un précurseur de la régionalisation des échanges mondiaux, *Chambres d'griculture*, 847, Paris, 1-4.

Quesnay F., 1758. *Tableau économique*, Versailles. In Théré C., Charles L. Perrot J.C., 2005. *François Quesnay, Œuvres économiques complètes et autres textes*, 2 vol., Paris, Ined, 2005, 1618 p.

Rastoin J.L., 1994. L'industrie alimentaire mondiale : vers un oligopole à franges, *in* : Politiques agricoles dans les PVD, ouvrage collectif sous la direction de M. GRIFFON, tome 2, n° spécial revue *Économie politique*, Paris, 113-127.

Rastoin J.L., 1995. Dynamique du système alimentaire français », *Économie et Gestion agroalimentaire*, Cergy, 5-14.

Rastoin J.L., 1996a. Les systèmes alimentaires urbains en PVD, *Agroalimentaria*, 2, CIAAL, FACES, Universidade de los Andes, Mérida, 49-55.

Rastoin J.L., 1996b. Le marché mondial de la banane : entre globalisation et fragmentation, *Économie rurale*, 234-235, Paris, 16-53.

Rastoin J.L., 1998. Mondialisation et trajectoires stratégiques des entreprises agroalimentaires, *Purpan*, 186-187, Toulouse, 30-48.

Rastoin J.L., Ghersi G., Pérez R., Tozanli S., 1998. *Structures, performances et stratégies des firmes agroalimentaires multinationales*, Agrodata, CIHEAM, Ensa, Montpellier, 450 p.

Rastoin J.L., Vissac-Charles V., 1999. Le groupe stratégique des PME de terroir, *Revue internationale des PME*, 12, (1-2), Montréal-Paris, 171-192.

Rastoin J.L., 2005. Vers un modèle agroalimentaire européen ? Une lecture perrouxienne, *Sociétal*, 48, Paris, 14-1.

Rastoin J.L., Ayadi N., Montigaud J.C., 2007. Vulnérabilité régionale à l'ouverture commerciale internationale : le cas des fruits et légumes dans l'Euro-Méditerranée, *in* : Regnault H. Deblock C., dir., *Nord-Sud, reconnexion périphérique*, Outremont, CEIM, Editions Athéna, Montréal, 275-301.

Rastoin J.L., 2007. Comment engager le système alimentaire dans le développement durable ?, *in* : Rémésy *et al., Nutrition préventive, évolution de l'offre alimentaire, alimentation durable*, Université d'été de nutrition, CRNH/Inra, Clermont-Ferrand, 126-149.

REDLINGSHÖFER B., 2007. Vers une alimentation durable, ce qu'enseigne la littérature économique, *Courrier de l'environnement*, 53, décembre, Inra, Paris, 83-102.

REICH R.B., 1991. *The Work of the Nations : Preparing ourselves for the 21st century capitalism*, AA Knopf Inc., New York, NY.

RIO Y., 2000. Le concept de filière dans un contexte de mondialisation, *Économies et sociétés*, Cahiers de l'Ismea, série AG, 24, Grenoble, 213-222.

ROCHEFORT R., 1995. *La société des consommateurs*, Odile Jacob, Paris, 280 p.

SAY J.B., 1803. *Traité d'économie politique ou simple exposition dont se forment, se distribuent et se composent les richesses*, Crapelet, Paris.

SEBILLOTTE M., 1996. *Les Mondes de l'agriculture. Une recherche pour demain*, coll. Sciences en questions, Éditions Inra, Paris.

STIGLITZ J., WALSH C.E., LAFAY J.D., 2007. *Principes d'économie moderne*, De Boeck, Bruxelles, 928 p.

TADDEI D., CORIAT, B., 1993. Made in France, l'industrie française dans la compétition mondiale, Livre de Poche/biblio, essais, Paris, 471 p.

THIEL D., ÉD., 1998. *La dynamique des systèmes : complexité et chaos*, Hermès, 317 p.

TOFFLER A., 1991. *Les nouveaux pouvoirs, Fayard*, Paris, 658 p.

TORDJMAN A., 1988. *Le commerce de détail américain : des idées nouvelles pour l'Europe*, Les Éditions d'Organisation, Paris.

TOUTAIN J.C., 1971. La consommation alimentaire en France de 1789 à 1964, *Économies et Sociétés*, série AG, 11, Genève.

TRAILL B., 1996. *Structural Change in the European Food Industries*. Final Seminar Proceedings, University of Reading, 106 p.

UNITED NATIONS, 1997. *World Population Prospects : The 1996 Revision*. UN, New York.

USDA, 2006. *Food Marketing Bill*, ERS Report, Washington.

USDA, 2008. *Meat Price Spreads Data*, Set, ERS, Washington. <http://www.ers.usda.gov/data/meatprice/spreads>.

WILLIAMSON O.E., 1975. *Markets and Hierarchies: Analysis and Antitrust Implications*, The Free Press, New-York. 286 p.

Chapitre 2

Le partage de la valeur : approche par la Comptabilité nationale

L'objectif du présent chapitre est de décrire, au travers des Comptes nationaux, l'ensemble des relations économiques qui contribuent à la production des aliments. C'est sur la base de ces comptes qu'il est possible de décrire le système agroalimentaire en identifiant et en analysant les flux qui s'y forment. Ces informations permettent de mesurer et de comprendre les relations d'échanges qui s'établissent entre tous les acteurs qui participent au fonctionnement du complexe alimentaire. C'est ainsi que la valeur des aliments achetés dans les supermarchés ou les repas pris dans les restaurants intègrent l'ensemble des contributions des différents secteurs fonctionnels qui acheminent les aliments sur la table du consommateur. L'évolution de l'ensemble de ces données permet d'observer, et de suivre le rythme et l'amplitude des transformations des systèmes alimentaires dans le temps et dans l'espace.

Après un bref rappel des fondements qui constituent la base des Comptes nationaux, ce chapitre aborde l'étude des Tableaux d'entrées-sorties (TES). Dans un deuxième temps, et sur la base de ces tableaux, on procède à l'analyse du complexe alimentaire, en mettant plus particulièrement l'accent sur les points suivants :
— la création d'un compte spécifique au système alimentaire au sein des Comptes nationaux ;
— l'estimation des coefficients fondamentaux des branches agroalimentaires ;
— l'analyse de l'évolution du complexe alimentaire dans sa structure interne et dans ses relations avec le reste de l'économie ;
— la mesure de la répartition de l'euro payé par le consommateur pour son alimentation entre les différents acteurs qui sont intervenus le long des filières alimentaires ;
— la description de la structure interne du complexe alimentaire par l'approche des grappes industrielles ;
— l'évaluation de la performance des composantes des systèmes alimentaires ;
— et enfin la mesure de la répartition qui s'est faite des surplus économiques ainsi dégagés entre les secteurs et les entreprises, clients et fournisseurs des SA.

▸▸ Le Tableau d'entrées-sorties : « maquette » de l'économie

Cette section qui rappelle les fondements de la Comptabilité nationale s'avère nécessaire à la compréhension du fonctionnement des tableaux d'entrée-sortie que nous avons utilisés plus avant pour décrire le complexe agroalimentaire dans l'ensemble de l'économie et pour analyser les mécanismes d'échanges intersectoriels par lesquels ce dernier fonctionne et se transforme.

De l'approche agricolo-centrique... à celle du « complexe alimentaire »

Nous avons mentionné en introduction deux auteurs « fondateurs » de l'approche agroalimentaire, R.A. Goldberg et M. Davis, qui ont réalisé les premiers travaux sur l'agribusiness. Ces auteurs ont adopté une méthode d'analyse dont l'agriculture constitue le pivot et que nous qualifierons ici d'« agricolo-centrée », dans la mesure où ils ont pris pour la première fois en compte dans leurs analyses, l'ensemble des flux de biens et services échangés par l'agriculture, qu'il s'agisse des consommations nécessaires à la production ou des produits qui en naissent (Goldberg et Davis, 1957).

Tandis que « l'énergie alimentaire » utile diminue le long de la chaîne agroalimentaire, la valeur des produits alimentaires augmente. Leur valeur marchande finale se forme ainsi par addition des valeurs ajoutées par l'ensemble des sous-secteurs fonctionnels qui concourent à l'activité agroalimentaire, auxquelles s'agrègent la valeur des biens intermédiaires et celle des équipements (amortissements) fournis par les secteurs auxiliaires de l'agroalimentaire. L'ensemble de ces sous-secteurs fonctionnels constitue le « complexe alimentaire ».

Ce complexe alimentaire peut être mis en évidence de façon détaillée en se basant sur les données de la Comptabilité nationale. Il est en particulier possible à partir des Tableaux d'entrées-sorties (TES), de représenter et de simuler dans un modèle unique, l'ensemble des activités économiques de la nation.

Ce tableau à l'étude duquel nous consacrons ce chapitre permet de mesurer :
– les échanges entre les acteurs regroupés en branche ou en secteur ;
– les facteurs qui interviennent dans les processus de production ;
– le niveau de leur rémunération ;
– et enfin les emplois et les ressources par branche et pour l'ensemble de l'activité.

Bien que le niveau de désagrégation varie selon les pays, on retrouve ainsi individualisées dans les Comptes nationaux de nombreuses branches de l'activité agroalimentaire.

Il est donc possible, sur cette base :
– de caractériser le complexe alimentaire dans le détail ;
– de décrire et de simuler les échanges internes nécessaires à la production d'aliments ;
– et d'établir les relations que ce dernier entretient avec le reste de l'économie.

Dans son ouvrage *Studies in the structure of the american economy*. W. Leontief jette, dès le début des années cinquante, les bases de l'analyse « entrées-sorties » qui sont à l'origine de ces tableaux. Il parvient ainsi à représenter, de façon assez simple, la grande complexité des relations industrielles d'une économie (Leontief, 1953).

Bien que le niveau de désagrégation demeure variable suivant les pays, on retrouve dans les Comptes nationaux et dans les TES les informations relatives aux branches concernant l'agroalimentaire et permettant de décrire les flux des échanges contribuant à la production et au transfert des aliments.

La Comptabilité nationale : outil d'analyse économique

La macro-économie, qui décrit et analyse les relations économiques qui s'établissent entre les grands acteurs au sein de l'économie nationale, exige que l'on puisse extraire d'une masse considérable de données un petit nombre de grandeurs particulièrement importantes et significatives et que l'on étudie les lois économiques qui les relient (figure 2.1).

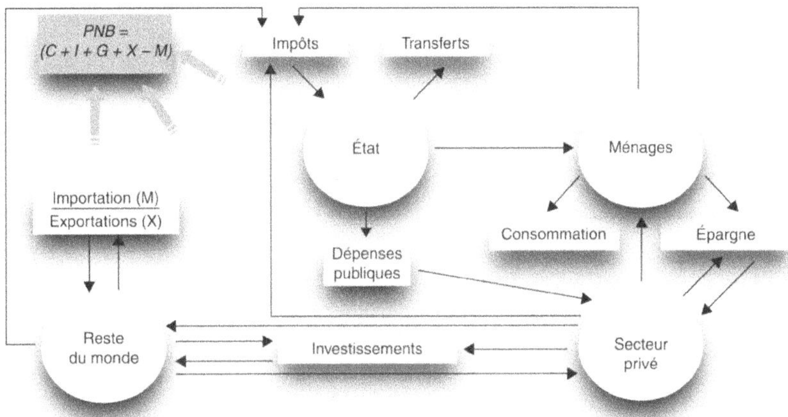

Figure 2.1. Les grands flux au sein de l'économie.

La Comptabilité nationale n'est rien d'autre que la présentation des grands équilibres d'ensemble de ces indicateurs économiques fondamentaux, sous une forme comptable qui permet de mieux en percevoir les interdépendances. Une introduction aux outils et méthodes de la Comptabilité nationale peut être utile avant de se plonger dans l'analyse du système alimentaire au travers des Comptes nationaux (Grelet-Terriou et Diard, 2005 et Lequiller et Blades, 2004).

Les origines

La crise des années 1940 ébranle les assises du libéralisme. Elle conduit à une réévaluation approfondie de l'économie et à la mise en place d'outils de régulation

(Vanoli, 2002). Cette nouvelle approche exige un renforcement et une systématisation de la collecte de l'information. Ces efforts amènent certains pays à regrouper au sein de systèmes comptables cohérents les informations statistiques diverses concernant l'ensemble des activités économiques de l'ensemble des agents qui opèrent sur le territoire national et à y ajouter les relations qu'entretiennent ces derniers avec le monde extérieur.

L'approche adoptée ici s'appuie sur ces outils d'analyse et s'intéresse :
– à l'étude des échanges marchands ;
– à la répartition des pouvoirs économiques le long de la chaîne agroalimentaire ;
– aux mécanismes de formation de la valeur marchande finale des produits alimentaires ;
– aux filières technologiques ;
– à l'importance relative des différents secteurs ;
– et à l'évolution des structures de production.

Les objectifs

La Comptabilité nationale fournit, en premier lieu, des informations économiques. Ces dernières conduisent à une grande diversité d'analyses :
– elles doivent permettre tout d'abord des études statistiques. À titre d'exemple, un chef d'entreprise doit ainsi pouvoir, à partir de ces informations, situer son entreprise au sein de la branche dans laquelle elle opère. ;
– en complément de cette approche micro-économique les Comptes nationaux fournissent les données de base nécessaires à des analyses plus méso-économiques et en particulier à l'étude des branches ou des grands marchés, à la compréhension du fonctionnement interne au complexe alimentaire, à ses relations avec son amont, son aval, etc ;
– elles doivent enfin permettre des analyses dynamiques. Ce sera le cas des mesures d'impact, des effets d'entraînement que nous aborderons plus loin dans ce chapitre.

▸▸ Le TES : image synthétique des Comptes nationaux

Notre analyse s'appuiera ici sur les données comptables de l'année 2005, fournies par le Tableau d'entrées sorties (Insee, 2008). Ce tableau constitue la forme la plus aboutie et la plus complète des informations disponibles dans les Comptes nationaux[1]. Il rassemble, dans un même cadre comptable, les comptes de biens et services par produit et les comptes de production et d'exploitation de l'ensemble des branches de l'économie. Il est donc possible d'isoler, à partir de ces informations, les branches qui constituent le complexe alimentaire et de positionner ce dernier dans le cadre global comptable de l'ensemble de l'économie. Les premières analyses du complexe agroalimentaire au travers des Comptes nationaux ont été réalisées

---

1. Les données de la comptabilité française sont disponibles sur le site de l'Insee où il est possible de télécharger les TES en 16 branches de 1949 à nos jours, en 40 branches à partir de 1959 et en 118 branches à partir de 1999 (Insee, 2008).
http://www.insee.fr/fr/themes/comptes-nationaux/souschapitre.asp?id=41.

par Louis Malassis et ces travaux ont permis de jeter les bases de l'économie agroalimentaire (Malassis 1983, Malassis et Ghersi, 1996).

Le schéma général et l'équilibre fondamental à la base du TES

La figure simplifiée des TES tel qu'il nous est fourni par l'Insee peut-être représenté de la manière suivante (figure 2.2) :

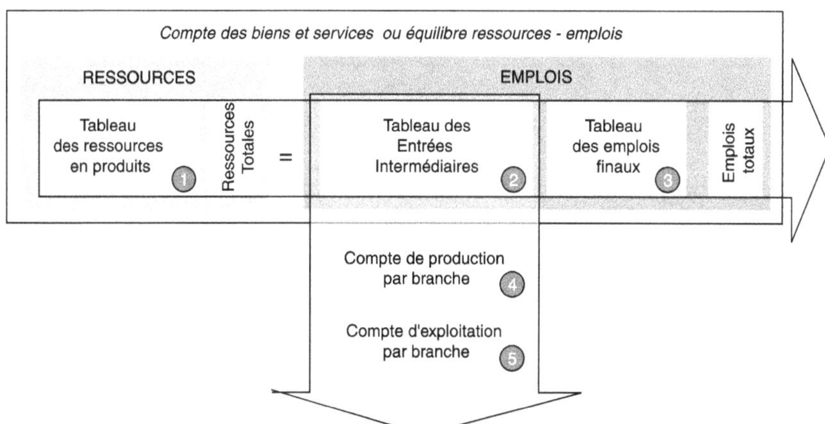

Figure 2.2. Schéma synthétique du Tableau des entrées-sorties (TES).

En premier lieu et horizontalement, le TES fournit le « Compte des biens et services » encore appelé « Équilibre ressources-emplois » (ERE) (1 + 2 + 3). Ce dernier permet de suivre, pour chacun des produits :
– quelle est la valeur des « ressources totales » disponibles une année donnée au niveau national et quelle en est l'origine, grâce au : « Tableau des ressources en produits » (1) ;
– et quels sont, en contrepartie, les « emplois » qui sont faits de ces ressources : qu'il s'agisse des utilisations consommées par les diverses branches de l'économie nationale : à partir du « Tableau des entrées intermédiaires » (2) en vue d'assurer leur processus de production, ou encore des consommations finales au travers du « Tableau des emplois finaux » (3).

Cette présentation est illustrée par le « compte des biens et services » ou « équilibre emplois-ressources » ci-après, établi pour la France en 2005 (tableau 2.1).

D'une manière synthétique et lu horizontalement, ce compte fait apparaître, pour chacun des produits, l'équilibre fondamental :

Ressources totales = Emplois totaux

En second lieu et verticalement, sont décrits dans le tableau des entrées-sorties (figure 2.1) les processus de production de chacune des branches de l'économie. On y trouve, en particulier, le détail des consommations intermédiaires nécessaires à la production des branches dans la matrice : « des Emplois intermédiaires » (2),

Tableau 2.1. Compte des « biens et services » de la France, en milliards d'euros, 2005.

	Ressources en produits				Total ressources
	Production	Imports	MC	Impôts	
Agriculture	71,1	8,9	20,7	-6,1	**94,6**
IAA	127,1	24,2	64,9	23,2	**239,4**
Autres secteurs	2 603,1	427,1	175,9	159,2	**3 365,2**
Commerce	311,9	4,5	-261,5	2,1	**57,0**
Total	**3 113,2**	**464,6**	**0,0**	178,3	**3 756,1**

	Entrées intermédiaires					Emplois finals	Total emplois
	Agriculture	IAA	Autres secteurs	Commerce	Total		
Agriculture	13,8	30,3	7,8	0,0	**51,9**	**42,6**	**94,6**
IAA	6,4	26,6	31,1	1,5	**65,6**	**173,8**	**239,4**
Autres secteurs	23,2	31,8	1 222,2	136,8	**1 414,0**	**1 951,1**	**3 365,2**
Commerce	0,2	1,1	20,6	12,0	**33,9**	**23,1**	**57,0**
Total	**43,6**	**89,7**	**1 281,7**	**150,3**	**1 565,4**	**2 190,7**	**3 756,1**

Source : nos calculs à partir de l'Insee, Comptes nationaux.

ainsi que les « Comptes de production (4) et d'exploitation (5) » qui combinent les consommations intermédiaires et la valeur ajoutée pour mesurer le niveau de production des branches. Analysons successivement ces matrices.

Le tableau des « Ressources en produits »

Il est donc possible d'évaluer à partir de ces informations, d'une part l'origine des biens et services mis sur le marché national durant l'année considérée et, d'autre part, la manière dont se sont formés les prix de ces derniers à la valeur du marché. On parle alors d'origine des « Ressources » des différentes branches de l'économie française en 2005 à partir du « Tableau des ressources en produits » ci-après, agrégées ici en quatre branches à des fins pédagogiques (tableau 2.2).

Ainsi pour les produits correspondant à la branche agricole, les ressources totales mobilisées en 2005 correspondent à :
– la production agricole française, exprimée aux prix à la ferme et estimée à 71,1 milliards d'euros ;
– à laquelle il convient d'ajouter 8,9 milliards d'euros correspondant aux importations qui se sont ajoutées à cette production nationale ;
– complétée par les marges commerciales et par les coûts de transport, évaluées à 20,7 milliards d'euros, nécessaires au transfert de ces produits aux industries ou au consommateur final. Ce qui permet d'apprécier ces ressources aux prix du marché ;
– au final, la valeur de ces disponibilités doit être corrigée par le solde « impôts – subventions » versé à l'agriculture, et estimé à - 6,1 milliards d'euros.

Tableau 2.2. Tableau des « Ressources en produits » de la France, en milliards d'euros, 2005.

	Ressources en produits				Total ressources
	Production	Imports	MC	Impôts	
Agriculture	71,1	8,9	20,7	-6,1	**94,6**
IAA	127,1	24,2	64,9	23,2	**239,4**
Autres secteurs	2 603,1	427,1	175,9	159,2	**3 365,2**
Commerce	311,9	4,5	-261,5	2,1	**57,0**
Total	**3 113,2**	**464,6**	**0,0**	**178,3**	**3 756,1**

Source : nos calculs à partir de l'Insee, Comptes nationaux.

Au total, les acteurs économiques français ont donc disposé, en 2005, d'un montant de « Ressources » agricoles de 94,6 milliards d'euros évalués au prix du marché.

Le Tableau des « Entrées intermédiaires »

Situé au centre de cet ensemble d'informations, le Tableau des entrées intermédiaires (TEI) décrit les échanges inter-branches et fournit une double information :

– on y trouve, en ligne, la ventilation des « Emplois intermédiaires » de chacun des produits qui ont été utilisés par les différentes branches ;

– et on accède, en colonne, au détail des « Consommations intermédiaires » de chaque branche, en biens et services, nécessaires à leur production.

Tableau 2.3. La matrice des « entrées intermédiaires » de la France, en milliards d'euros, 2005.

	Entrées intermédiaires					
	Agriculture	IAA	Autres secteurs	Commerce	Total	
Agriculture	13,8	30,3	7,8	0,0	**51,9**	Vente de la branche
IAA	6,4	26,6	31,1	1,5	**65,6**	« i » aux autres
Autres secteurs	23,2	31,8	1 222,2	136,8	**1 414,0**	branches
Commerce	0,2	1,1	20,6	12,0	**33,9**	$\Sigma X_{ij} = E.I._{\cdot i}$
Total	**43,6**	**89,7**	**1 281,7**	**150,3**	**1 565,4**	

Consommations intermédiaires de la branche « j » $\Sigma X_{ij} = C.I._{\cdot j}$

Source : nos calculs à partir de l'Insee, Comptes nationaux.

Le tableau 2.3 constitue un outil précieux, permettant d'analyser et de suivre dans le temps le processus productif de chaque branche. Il permet d'apprécier l'évolution de la structure des échanges interbranches, de mesurer la transformation des flux qui s'établissent au sein des systèmes alimentaires et avec le reste de l'économie, d'évaluer la manière avec laquelle se forme la valeur marchande finale des aliments ainsi que la part qui en revient à chaque acteur (branche) qui contribue à cette formation.

Sur chaque colonne de cette matrice figurent, pour une branche j toutes les consommations intermédiaires (CI) acquises par elle auprès des autres branches i, en vue d'assurer sa production. Sur les lignes, pour une branche i donnée, figurent les ventes effectuées par cette branche aux autres branches j de l'économie, ou emplois intermédiaires.

Dans cette matrice, chaque élément X_{ij} correspond à la fois à la valeur des ventes intermédiaires réalisées par chaque branche i auprès des différentes branches j (selon les lignes), et aux consommations intermédiaires de biens et services acquis par chaque branche j auprès des autres branches i, en vue d'assurer sa production (selon les colonnes). En faisant la somme de cette matrice selon les colonnes on obtient le total des consommations intermédiaires du secteur j, et selon les lignes l'ensemble des ventes intermédiaires du secteur i.

En 2005 en France, 51,9 milliards d'euros de produits agricoles ont été dépensés par les différentes branches de l'économie sous forme de matières premières. Une partie de ces ressources, soit 13,7 milliards d'euros, a été utilisée par l'agriculture au titre des intra-consommations de la branche (ventes de l'agriculture à l'agriculture) et ce sont les industries agroalimentaires qui en ont fait la plus importante consommation (30,5 milliards d'euros). On observe également une intra-consommation élevée de produits des IAA par les IAA elles-mêmes. Ce phénomène traduit le fait qu'au fur et à de son développement le secteur agroalimentaire produit des aliments de plus en plus élaborés, les ventes internes se multiplient et la branche se structure en industries de première, seconde et troisième transformation, correspondant à un niveau d'élaboration des aliments de plus en plus avancé (concentré de tomate, plat cuisiné, surgelé ou aliment montage pour les cuisines industrielles et la restauration collective).

Le Tableau de la « Demande finale »

Situé à droite du Tableau des entrées intermédiaires, le Tableau de demande finale (TDF), décrit dans le détail les consommations finales qui ont été faites, une année donnée, des biens et services produits par chaque branche (tableau 2.4).

Lue verticalement, cette matrice nous renseigne sur la façon dont se décomposent les utilisations finales des différents produits des branches. Lue horizontalement, elle indique comment s'est opérée la distribution finale des biens et services de chaque branche entre : la consommation finale (ménages et administrations), la Formation brute de capital fixe (FBCF), les exportations et les divers emplois (variation de stocks, pertes, etc.).

Tableau 2.4. La matrice des « demande finale » de la France, en milliards d'euros, 2005.

Emplois intermédiaires	Emplois finals					Total emplois
	Dépense totale	FBCF	Ajuste-ments	Expor-tations	Emplois finaux	
51,9	29,4	1,4	1,4	10,4	42,6	94,6
65,6	142,5		0,9	30,5	173,8	239,4
1 414,0	1 198,5	343,0	-38,7	439,3	1 942,1	3 365,2
33,9	19,8		0,0	3,4	23,1	57,0
1 565,4	**1 390,1**	**344,4**	**6,5**	**449,8**	**2 190,7**	**3 756,1**

Source : nos calculs à partir de l'Insee, Comptes nationaux.

C'est ainsi que sur les 94,6 milliards d'euros de ressources totales agricoles et disponibles 2005 dans l'économie française, 51,9 milliards d'euros ont été utilisés pour les emplois intermédiaires (cf. paragraphe précédent), et les 42,6 milliards restants et correspondant aux emplois finaux, se sont ventilés de la manière suivante :
– 29,1 milliards d'euros pour approvisionner les ménages et les administrations,
– 1,4 milliard en formation brute de capital fixe,
– 1,4 milliards en variation de stocks,
– et 10,4 milliards sous forme d'exportations.

Les « Comptes de production et d'exploitation » par branche

Le détail de la production de la branche qui constitue la première entrée du tableau des ressources peut-être obtenue au travers du « Compte de production » (tableau 2.5) et du « Compte d'exploitation » (tableau 2.6).

Déclinées verticalement, comme nous l'avons vu plus avant, le Tableau des « entrées intermédiaires » fournit le montant des achats faits par chaque branche aux autres branches de l'économie en biens et services en vue d'assurer sa production. En ajoutant à ces « Consommations intermédiaires » la rémunération des facteurs primaires (Valeur ajoutée), on obtient la valeur de la production de la branche :

Production de la branche = Consommations intermédiaires + Valeur ajoutée

C'est ainsi qu'en 2005, la production de la « branche agriculture » française a été évaluée à 78,9 milliards d'euros. Cette production a été obtenue grâce à l'utilisation de biens et de services fournis par les autres branches de l'économie et évalués à 43,6 milliards d'euros, auxquels la branche agriculture a inclu une valeur ajoutée estimée à 35,3 milliards d'euros. Si l'on rajoute à cette production de la branche un certain nombre d'ajustements (production pour emplois finaux propres et transferts divers) on obtient la valeur de la production disponible (71,1 milliards d'euros) qui figurera en entrée du tableau des ressources en produits.

Tableau 2.5. « Comptes de production » des branches de la France, en milliards d'euros, 2005.

Compte de production par branche				
C.I.	43,6	89,7	1 281,7	150,3	**1 565,4**
VAB	35,3	29,2	1 321,7	161,5	**1 547,8**
Prod. branches	**78,9**	**118,9**	**2 603,5**	**311,9**	**3113,2**
Ajustements	-7,8	8,2	-0,4	0,0	**0,0**
Total Production	**71,1**	**127,1**	**2 603,1**	**311,9**	**3 113,2**

Source : nos calculs à partir de l'Insee, Comptes nationaux.

Dans un deuxième temps et dans la partie basse du tableau, le « Compte d'exploitation par branche » (CEB) ventile la « Valeur ajoutée » entre ses différentes utilisations :

Valeur ajoutée = Rémunération des salariés + impôts – subventions
+ Excédent brut d'exploitation (EBE)

Ainsi, pour la branche agriculture française, on accède grâce à ce tableau (tableau 2.6) au détail de la répartition de valeur ajoutée. Cette dernière a ainsi été répartie en 2005 pour 8,5 milliards d'euros au travail salarié et pour 27,5 milliards sous forme d'excédent brut d'exploitation qui correspond, pour une part importante, à la rémunération du travail du propriétaire exploitant et de sa famille et en bénéfice d'exploitation. Les ajustements pour les impôts diminués des subventions, comptant pour – 0,7 milliard d'euros.

Tableau 2.6. « Comptes d'exploitation » des branches de la France, en milliards d'euros, 2005.

Compte d'exploitation par branche				
Salaires	8,5	16,1	767,6	106,0	**898,3**
E.B.E.	27,5	11,2	503,7	49,3	**591,7**
Impôts – subv.	-0,7	1,8	50,4	6,2	**57,7**
VAB	**35,3**	**29,2**	**1 321,7**	**161,5**	**1 547,8**

Source : nos calculs à partir de l'Insee, Comptes nationaux.

L'équilibre fondamental à la base des TES

Cette démarche étant avant tout comptable, le TES demeure fondé sur l'équilibre fondamental entre ce qui est disponible au cours d'une année donnée pour un bien ou un service, à savoir les « ressources » et ce qui est consommé et que l'on regroupe sous le terme d'« emplois » (figure 2.3).

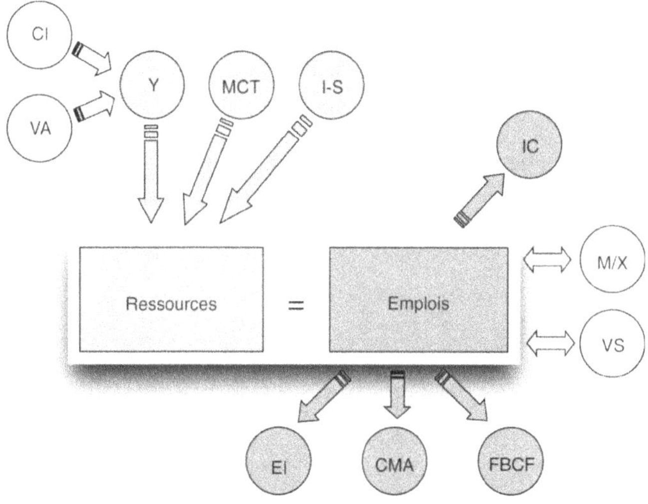

Figure 2.3. Équilibre « emplois-ressources » pour une branche.

Les « ressources » décrivent à l'origine des biens et services. Elles correspondent aux disponibilités d'un bien ou d'un service sur le marché et elles sont calculées « aux prix du marché ». Elles se composent de :
– CI = Consommations intermédiaires,
– VA = Valeur ajoutée,
– Y = Production nationale de la branche,
– M = Importations,
– I = Impôts,
– S = Subventions,
– MCT = Marges commerciales et coûts de transport.

La valeur des ressources totales d'une branche, aux prix du marché, sera donc donnée par l'équation suivante :

Ressources = Y + M + MC + I – S = VA + CI + M + MC + I – S

Les « emplois » quant à eux correspondent aux utilisations que l'on fait de ces biens et des services.

On distingue :
– IC = Intra-consommations (ventes internes à la branche),
– EI = Emplois intermédiaires,
– CMA = Consommations finales des ménages et des administrations,
– FBCF = Formation brute de capital fixe,
– VS = Variations de stock,
– X = Exportations.

Les « utilisations » ou « emplois » qui auront été faits de ces « ressources » fournis par une branche donnée, au cours de l'année, se ventileront ainsi :

Emplois = IC + EI + CMA + FBCF + VS + X

▸▸ Analyse des systèmes alimentaires au travers des Comptes nationaux

L'analyse des systèmes alimentaires et de leurs transformations dans le temps fournit des informations particulièrement riches qui illustrent la rapidité avec laquelle évoluent l'ensemble des acteurs qui contribuent à assurer notre alimentation. Les Comptes nationaux constituent une source exceptionnelle d'informations, tant sur le fonctionnement interne des systèmes alimentaires qu'à ce qui touche à leurs relations avec le reste des secteurs économiques.

La vision d'ensemble du complexe agro-industriel

À partir du TES en 118 branches publié annuellement par l'Insee dans les comptes de la Nation en 2005, il est possible d'identifier un « complexe de production agro-industriel » (CPAI) comportant (figure 2.4) :
• un « noyau central », regroupant les branches dites primaires : agriculture, pêche aquaculture et produits sylvicoles ;
• les industries de « l'agrofourniture », situées en amont et regroupant une dizaine de branches importantes :
– intrants agricoles (avec 4 branches importantes : alimentation animale, chimie/engrais et parachimie/produits phyto et zoo-sanitaires, produits pétroliers) ;
– agroéquipements (construction mécanique/machines agricoles, bâtiment et génie civil) ;
– agro-services (transports, services marchands aux entreprises). Au total, la branche agrofourniture (consommations intermédiaires non agricoles et services) a vendu, en 2005, pour 84 milliards d'euros de biens et services au complexe agroalimentaire ; plus précisément à l'agriculture (24 milliards d'euros) et aux IAA (33 milliards d'euros, 20 milliards d'euros pour les services et 23 milliards hors complexe agro-alimentaire). À noter que l'agriculture est également un fournisseur très important pour elle-même puisque 32 % de ses consommations intermédiaires sont fournies par la branche agriculture elle-même sous forme d'« intra-consommations » (14 milliards d'euros).

Et enfin en aval, on retrouve les branches clientes de l'agriculture qui sont avant tout les industries agricoles et alimentaires (IAA), ventilées en 5 branches dans le TES à 118 branches :
– industrie des viandes,
– industrie du lait,
– industrie des boissons,
– travail du grain et fabrication d'aliment,
– et les industries alimentaires diverses.

L'agriculture écoule 38 % de sa production auprès des IAA (30 milliards € en 2005).

À côté des IAA, de nombreuses branches achètent des produits agricoles :
– hôtels, restaurants,
– bois, meubles,

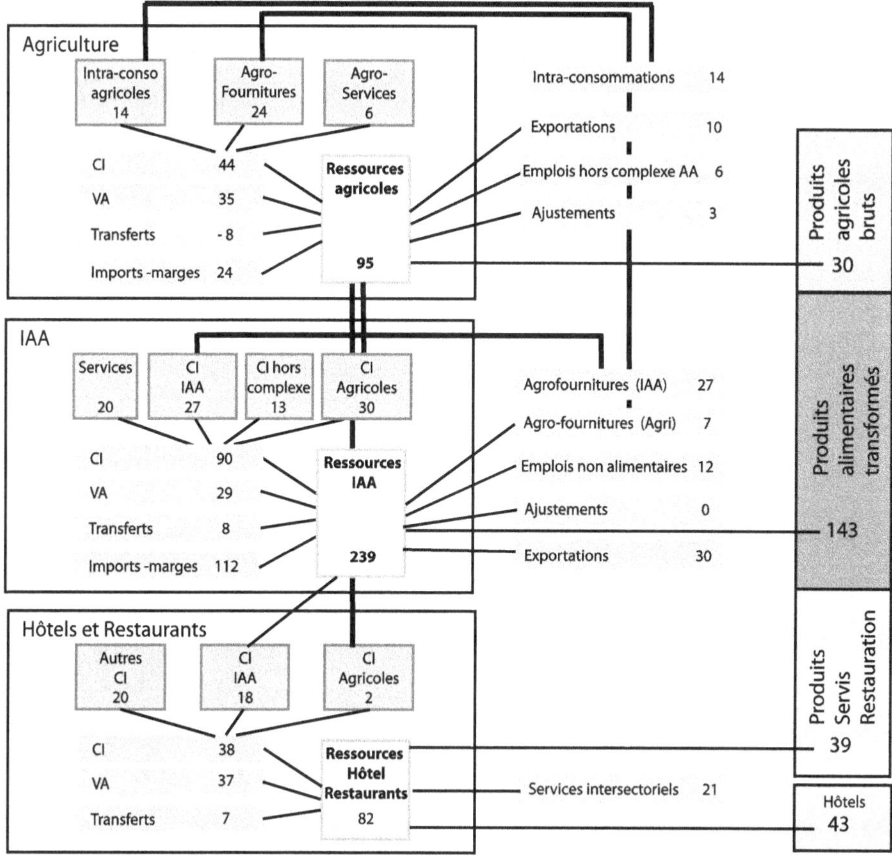

Figure 2.4. Le complexe agroalimentaire français, année 2005, en milliards d'euros.
Source : données Insee, 2008.

– services non marchands,
– papier, cartons,
– textiles, habillement,
– caoutchouc, matières plastiques,
– etc.

Les sous-branches travaillant majoritairement avec des produits agricoles peuvent être qualifiées « d'agro-industries non alimentaires » (AINA). Il s'agit principalement d'entreprises engagées dans la production d'agrocarburants et de dérivés chimiques (amidonnerie, dérivés du carbone organique). Leur poids reste peu important malgré les espoirs fondés il y a quelques années sur ce secteur. Entre l'agriculture, les IAA et les AINA, les flux d'échange sont des flux inter-entreprises (appelés *business to business* par les Anglophones).

La relation avec la consommation finale – c'est-à-dire les ménages – est assurée par la distribution. Les chiffres sont bien connus en ce qui concerne les produits alimentaires, beaucoup moins pour les AINA, en raison du mélange entre produits à base de matières premières agricoles et non-agricoles (cas des textiles, des plastiques, etc.).

Globalement le chiffre d'affaires du CPAI au stade final peut être estimé à environ 212 milliards d'euros en 2005, soit environ 18 % de la consommation totale des ménages. Le CPAI occupe donc une place très importante dans l'économie nationale, alors que l'on enregistre un déclin relatif et continu de l'agriculture (figure 2.5) :
− 7,2 % du PIB marchand en 1970,
− 4,7 % en 1980,
− 3,8 % en 1990,
− 2,3 % en 2005.

Dans le même temps, la valeur ajoutée des IAA dans le PIB diminue également, mais moins rapidement et tend donc à devenir équivalente à celle de l'agriculture :
− 2,9 % du PIB en 1980,
− 2,4 % du PIB en 1990,
− 1,9 % du PIB en 2005.

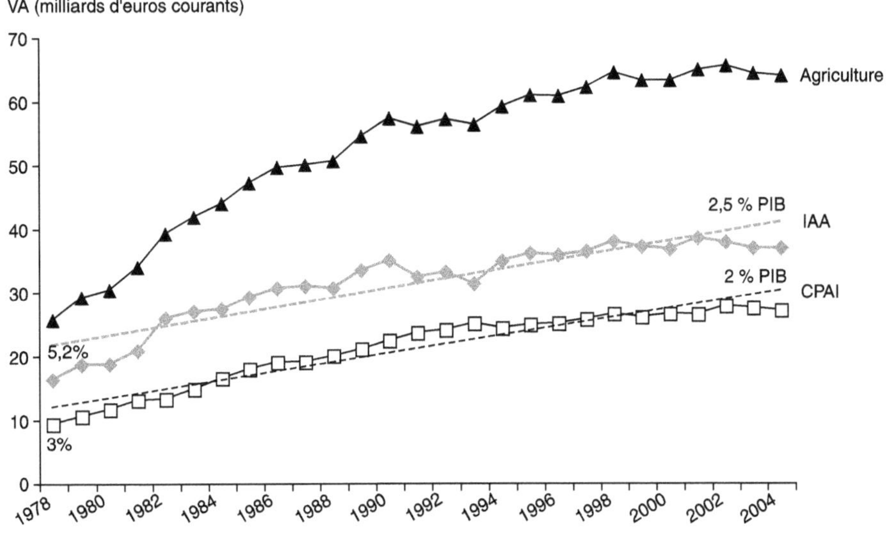

Figure 2.5. Évolution du CPAI français de 1978 à 2005.

Source : données Insee, 2008.

Ce ratio est influencé par l'évolution relative des prix. Les IAA sont favorisées par une progression de leurs prix tandis que l'agriculture subit une érosion, en valeur réelle (hors inflation), des siens. On constate également une croissance plus rapide des volumes produits par les IAA sur la longue période. Ainsi en 1993, les contributions de l'agriculture et des IAA au CPAI étaient équivalentes, puis elles ont légèrement divergé en faveur de l'agriculture pour à nouveau s'en rapprocher à la fin de la décennie. Ce phénomène traduit les préférences des consommateurs pour les produits transformés. Le graphique ci-dessus illustre ce phénomène que l'on peut qualifier de « convergence structurelle du complexe de production agroalimentaire ».

Ce type de calcul va permettre de distinguer différentes « étapes » dans le processus de développement du CAI (cf. *infra*). On peut dresser une typologie régionale : en croisant la part relative de l'IAA dans le CPAI (agriculture + IAA) à deux périodes différentes, et en mesurant ainsi le niveau d'industrialisation du complexe et sa dynamique (figure 2.6).

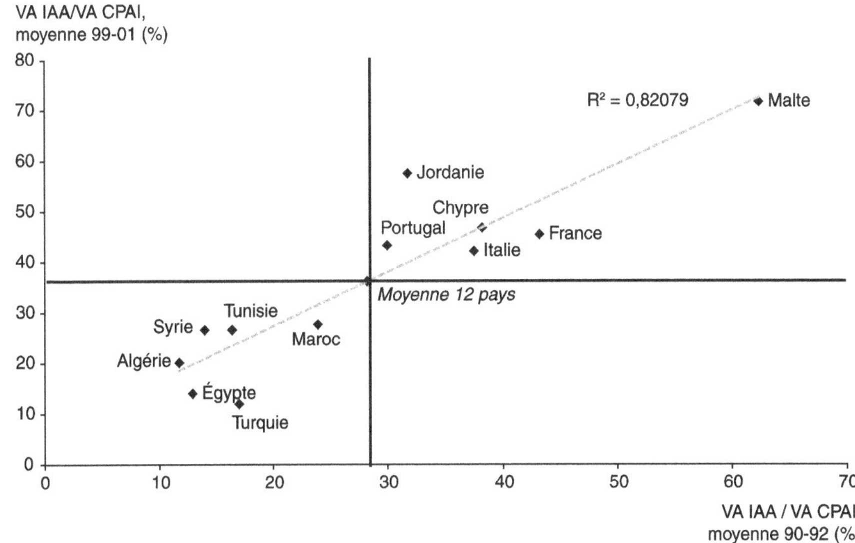

Figure 2.6. Poids comparé des IAA dans le CPAI, pays méditerranéens, 1990-1992 et 1999-2001.
Source : Données Onudi, 1998, 2003.

Le concept de CPAI, malgré l'intérêt qu'il présente dans la mesure où il permet de mettre en évidence l'importance de l'environnement économique amont et aval de l'agriculture, reste cependant limité :
– il ne prend pas en compte le rôle des marchés de consommation finale dans la dynamique des branches puisqu'il est construit à partir d'une base technique (les matières premières agricoles) et non à partir des débouchés ;
– pour cette raison, il constitue un ensemble hétéroclite ;
– il reste difficile à décrire correctement du fait des difficultés d'accès aux données fines nécessaires.

C'est pourquoi on lui préférera le concept de *système alimentaire*.

Les indicateurs de caractérisation du complexe agro-industriel

Pour apprécier et mesurer ces changements, il est intéressant de pouvoir faire appel à une batterie d'indicateurs simples calculés à partir des TES décrits précédemment :
– selon les colonnes des tableaux d'emplois intermédiaires, des comptes de production et d'exploitation des branches (coefficients verticaux) ;
– à partir de certains agrégats verticaux (coefficient structurel de branche) ;

– et enfin en travaillant selon les lignes, afin de suivre l'origine des ressources nationales par branche et d'apprécier la structure des utilisations qui en sont faites (coefficients horizontaux).

Les coefficients verticaux

La structure économique d'une branche est principalement caractérisée par l'importance relative des consommations intermédiaires achetées (CI) et par celle de la valeur ajoutée brute (VAB) dans la production finale de la branche (PFB).

La quantité de CI nécessaire à la production d'une unité dans une branche donnée : total CI/PB constitue le coefficient technique (CT) global de cette branche, et la quantité de consommation intermédiaire en provenance de chacune des branches et qui est nécessaire à la production d'une unité de la branche : X_{ij}/PB_i constitue le coefficient technique spécifique à chacune de ces branches (tableau 2.7).

Tableau 2.7. Coefficients verticaux des branches, TES (France 2005).

Branches	Agriculture	IAA	Industrie	Énergie	Construction	Commerce	Transports	Services	Total des EI
Agriculture	17	25	0	0	1	0	0	0	2
IAA	8	23	1	0	0	0	0	2	2
Industrie	16	8	51	5	25	7	5	5	16
Énergie	6	3	3	52	2	4	9	1	5
Construction	0	0	0	3	13	0	1	1	2
Commerce	0	1	1	0	1	4	2	1	1
Transports	0	1	1	1	1	5	20	1	2
Services	7	14	15	11	14	28	16	25	21
Total des CI	55	76	73	73	57	48	54	36	50
Valeur ajoutée	45	24	27	27	43	52	46	64	50
Prod. des branches	100	100	100	100	100	100	100	100	100

Source : nos calculs à partir de l'Insee, Comptes nationaux.

L'importance relative des consommations intermédiaires mesure la participation des autres branches à la production de la branche considérée et, d'une certaine manière, la dépendance technologique de cette dernière vis-à-vis de ses fournisseurs. Le pourcentage de la valeur ajoutée de la branche dans la valeur totale de la production de celle-ci exprime, quant à lui, la participation de la branche à l'élaboration de ses propres produits et, d'une autre manière, sa capacité à valoriser et à rémunérer correctement son capital et son travail.

En ce qui concerne l'agriculture, les coefficients techniques les plus élevés concernent aujourd'hui les autres industries (et plus particulièrement l'énergie

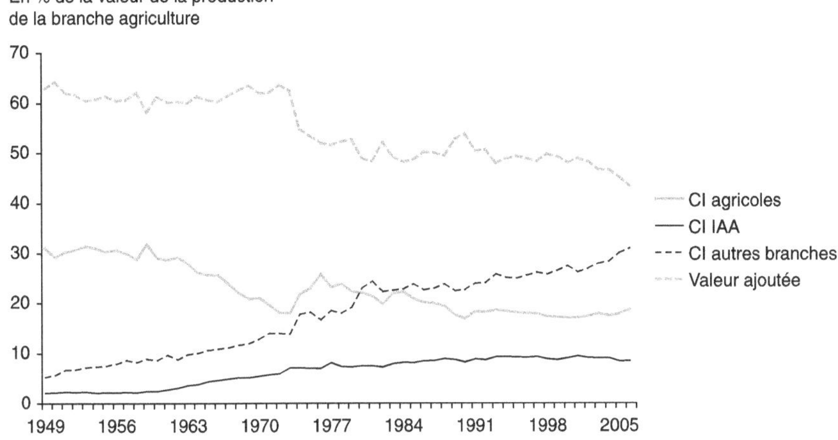

Figure 2.7. Évolution de la structure des consommations intermédiaires et de la valeur ajoutée, dans la branche agriculture (France 1949-2005).

Source : données Insee, 2008.

et l'industrie chimique qui fournit les engrais et biocides), les IAA (aliments du bétail) et les services. La croissance des consommations intermédiaires de l'agriculture exprime le rôle grandissant de l'agro-industrie d'amont dans la production agricole. La figure ci-après donne une bonne idée de ces évolutions, on peut y suivre l'évolution des coûts de production dans l'agriculture française de 1949 à nos jours. Ainsi, en 1949, lorsque l'agriculture française recevait 100 francs pour ses produits, 93 francs retournaient à l'agriculture (30 pour les consommations intermédiaires fournies par l'agriculture et 63 pour rémunérer la valeur ajoutée) et seulement 7 francs servaient à rémunérer les biens et services fournis par les autres branches de l'économie (2 aux IAA et 5 aux autres industries et services). De nos jours les chiffres traduisent une évolution profonde puisque pour 100 euros de produits vendus par l'agriculture, 62 euros retournent à l'agriculture (17 euros pour les intra-consommations et 45 euros pour la valeur ajoutée) et 38 euros vont aux branches et aux IAA qui fournissent l'agriculture en consommations intermédiaires (figure 2.7).

En ce qui concerne les industries agroalimentaires, c'est l'importance du coefficient technique de l'agriculture qui traduit la forte dépendance technologique des IAA vis-à-vis de son fournisseur principal. La figure ci-après traduit bien la substitution qui s'est opérée depuis 1949, entre les consommations d'origine agricole et celles fournies par les autres branches traduisant la dépendance accrue des IAA hors complexe agroalimentaire (figure 2.8).

Le coefficient structurel de la branche

La contribution relative d'une branche à sa propre production (VA/PB) ou en complément sa dépendance aux autres branches (CI/PB), peut être caractérisée par le coefficient : CS = CI/VA, appelé coefficient structurel (tableau 2.8).

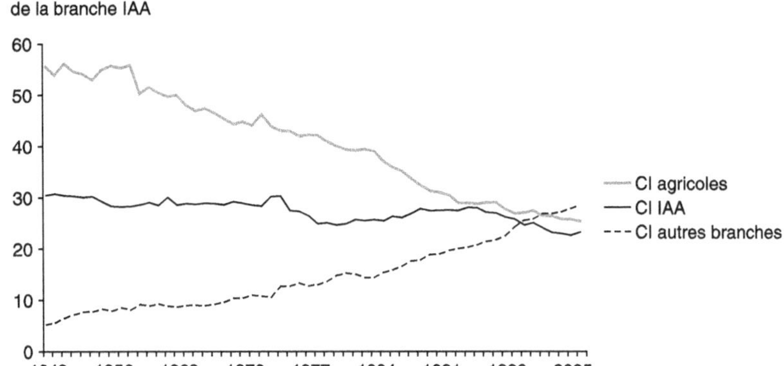

Figure 2.8. Évolution de la structure des coûts de production dans les IAA (France 1949-2005).

Source : données Insee, 2008.

Tableau 2.8. Coefficients structurels des branches, TES (France 2005).

Branches	Agriculture	IAA	Industrie	Énergie	Construction	Commerce	Transports	Services	Total des EI
Total des CI	43,3	91,1	458,2	89,5	116,3	150,4	75,9	532,0	1 556,7
Valeur ajoutée	35,3	28,9	168,3	32,6	88,7	161,7	64,6	959,5	1 539,6
Coefficient structurel	1,2	3,2	2,7	2,7	1,3	0,9	1,2	0,6	1,0

Source : nos calculs à partir de l'Insee, Comptes nationaux.

Les calculs réalisés à partir des Comptes nationaux de 2005 font apparaître deux catégories de branches :
– celles qui sont à base de VAB (agriculture, hôtels et restaurants, commerces et services) ;
– et celles qui sont à base de CI (IAA et autres industries).

L'agriculture qui était traditionnellement une branche à forte valeur ajoutée voit, au fur et à mesure qu'elle se modernise, sa consommation de biens intermédiaires augmenter de façon sensible et son coefficient structurel se rapprocher de celui de l'ensemble des autres branches. Ce dernier est passé de 0,6 en 1949 à 1,2 en 2005.

Ce coefficient doit être regardé comme une composante fondamentale de l'analyse économique : il est souvent explicatif des stratégies industrielles. Par exemple, les branches à base de consommations intermédiaires ont tendance à agir en amont, si l'ajustement des flux par le marché ne conduit pas à des résultats satisfaisants. C'est ainsi que les IAA sont souvent intervenues dans l'organisation de la production agricole ces dernières années, notamment par des mécanismes contractuels qui correspondaient dans certains cas à de la quasi-intégration.

La structure des branches évolue dans le temps : le coefficient structurel est croissant pour l'agriculture et décroissant pour les IAA. Cette tendance caractérise la transformation structurelle du Système alimentaire : la production agricole nécessite de plus en plus la participation des autres branches, entraînant le déclin relatif de la valeur ajoutée de cette branche, alors que les industries de transformation alimentaires, produisant des denrées de plus en plus élaborées et sophistiquées, ajoutent des quantités croissantes de valeur.

Les coefficients horizontaux

Les coefficients horizontaux sont calculés à partir des ressources en produits. Il est possible, à partir de ces informations, d'évaluer la part de la production nationale des branches, des importations, des marges commerciales et autres ressources dans la valeur totale de l'offre nationale pour chacun des produits (biens et services) détaillés dans le TES. Cette structure par origine des ressources est reprise dans le tableau 2.9.

Tableau 2.9. Coefficients horizontaux de l'offre des produits, TES (France 2005).

	Production des produits (1)	Total des importations	Correction CAF/FAB	Total des ressources nationales	Marges commerciales	Marges de transport	Impôts subventions	Total des ressources
Agriculture	75	9	0	**85**	20	2	-7	**100**
IAA	53	10	0	**64**	24	3	10	**100**
Industries	54	26	0	**80**	15	2	4	**100**
Énergie	52	23	0	**75**	6	1	18	**100**
Construction	91	0	0	**91**	0	0	9	**100**
Services	94	2	0	**96**	0	0	4	**100**
Total	**83**	**12**	**0**	**95**	**0**	**0**	**5**	**100**

Source : nos calculs à partir de l'Insee, Comptes nationaux.

Le second tableau des coefficients horizontaux est celui qui nous indique la structure de l'emploi qui est fait des biens et services produits par chaque branche. Il nous permet de classer ces dernières en quatre grandes catégories, selon la destination prédominante de ses produits (tableau 2.10). On repère ainsi :
— les branches qui produisent surtout des biens intermédiaires. Il en est ainsi de l'agriculture dont 55 % des produits sont destinés à d'autres branches en vue d'être transformés. Il s'agit principalement dans le cas présent, d'intra-consommations de la branche agriculture (15 %) et des ventes de l'agriculture aux IAA (32 %) ;
— les branches spécialisées dans la production de biens de consommation, dont les IAA avec 59 % de la production est destinée à la consommation finale ;
— les branches à production prédominante de biens d'équipement : ni l'agriculture, ni les IAA ne produisent de tels biens ;

– les branches orientées vers l'exportation, ce qui est le cas des produits industriels qui sont exportés dans une proportion de 26 %. Pour l'agriculture et des IAA françaises cette proportion n'est que de 11 et 13 %.

Tableau 2.10. Coefficients horizontaux de l'emploi des produits, TES (France 2005).

	Total EI	Ménages	Administrations publiques	FBCF	Variation de stocks	Exportations	Total EF	Total
Agriculture	55	31	0	**1**	1	11	45	**100**
IAA	28	59	0	**0**	1	13	72	**100**
Industries	43	21	2	**8**	0	26	57	**100**
Énergie	62	31	0	**0**	0	7	38	**100**
Construction	22	4	0	**74**	0	0	78	**100**
Commerce	61	33	0	**0**	0	6	39	**100**
Transport	60	23	1	**0**	0	15	40	**100**
Services	40	27	25	**5**	0	2	60	**100**
Total	**42**	**26**	**12**	**9**	**0**	**12**	**58**	**100**

Source : nos calculs à partir de l'Insee, Comptes nationaux.

Le processus de formation de la valeur marchande finale

La valeur marchande de la production agroalimentaire s'amplifie le long de la chaîne de production-distribution par consommation de biens intermédiaires (CIA) et d'équipements (CK) et par addition des valeurs ajoutées par les sous-secteurs fonctionnels de la chaîne.

Le processus de formation de la valeur marchande finale

Si l'on analyse les données du tableau des « Ressources en produit », les Valeurs marchandes finales (VMF) des produits agricoles (A) et des Industries agroalimentaires (IAA) disponibles en 2005 en France, se sont réparties de la manière suivante :

$$VMFA = CIA\ SA + CIA\ AI + VAA + MCA + TA + MA + IA$$

$$VMFIAA = CIIAA\ SA + CIIAA\ AI + VAIAA + MCIAA + TIAA \\ + MIAA + IIAA$$

$$VMFCAA = (CIA\ SA + CIA\ AI + VAA) + (CIIAA\ SA + CIIAA\ AI + VAIAA) \\ + (MCA + MCIAA) + (TA + TIAA) + (MA + MIAA) \\ + (I\text{-}SA + I\text{-}SIAA)$$

Ces informations sont synthétisées dans le tableau 2.11.

Tableau 2.11. Répartition de la valeur marchande finale des produits du complexe agro-alimentaire français en 2005.

	CI CA	CI AI	VA	MC	T	M	I-S	VMF
Agriculture								
Valeur 10^9 €	18,0	20,96	31,72	19,22	1,45	8,82	-6,13	**94,07**
Répartition (%)	19	22	34	20	2	9	-7	**100**
Industries agroalimentaires								
Valeur 10^9 €	61,6	35,80	30,87	57,5	6,67	24,13	23,27	**239,84**
Répartition (%)	26	15	13	24	3	10	10	**100**
Complexe agroalimentaire								
Valeur 10^9 €	79,62	56,76	62,59	76,72	8,12	32,95	17,14	**333,90**
Agriculture (%)	5,4	6,3	9,5	5,8	0,4	2,6	-1,8	**28,2**
IAA (%)	18,4	10,7	9,2	17,2	2,0	7,2	7,0	**71,8**
CAA (%)	23,8	17,0	18,7	23,0	2,4	9,9	5,1	**100**

Source : nos calculs à partir de l'Insee, Comptes nationaux.

À la lumière des informations contenues dans le tableau précédent, il est possible de suivre l'évolution de la répartition de l'euro consacré par le consommateur final pour son alimentation. On y constate qu'en 2005, pour 100 euros de produits agro-alimentaires achetés par l'ensemble des industries et des services et par les consommateurs finaux, seulement 14,9 euros retournent à l'agriculture française (9,5 servant à rémunérer les facteurs primaires et 5,4 correspondant à des achats de produits agricoles par le SAA), 27,6 euros vont aux IAA (9,2 rémunérant les facteurs primaires et 18,4 correspondant à des achats de produits des IAA par le SAA). Au total 41 euros sont destinés au Système alimentaire sous ces différentes formes. Alors que dans le même temps les industries et services liés récupèrent plus de 42,5 euros de cette valeur, les importations 9,9 euros et l'État 5,1 euros. En 2005, l'économie agro-alimentaire française n'est plus « agricolo-agricole », elle est devenue agro-industrielle, comme toutes les économies agroalimentaires du monde occidental.

L'évolution de la répartition de la VMF entre les acteurs des SA

L'évolution de la structure des ressources produites permet de dégager quelques tendances fondamentales de l'économie agroalimentaire.

En ce qui concerne le secteur agricole, le tableau suivant (tabl. 2.12) illustre le déclin relatif de l'agriculture dans la formation de la valeur marchande finale des ressources alimentaires (agriculture et IAA). Ainsi sur 100 euros dépensés pour les produits agricoles et agroalimentaires en France : 41 euros retournaient à l'agriculture en 1978, ce chiffre n'est plus que de 28 euros en 2005. Une fois retirées les intra-consommations internes au système alimentaire (CI SA), l'agriculture a disposé de 16 euros en 1978 (VA) et il ne lui reste que 9 euros en 2005 pour rémunérer ses facteurs primaires (essentiellement le capital et le travail). Dans le même temps, les coûts commerciaux (MC) ont pratiquement doublé (passant de 11 à 20 %). Ce déclin résulte d'un double processus : la croissance relative des consommations intermédiaires, de la transformation et de la distribution alimentaire en aval, et la croissance relative des achats sectoriels de l'agriculture en son amont.

Le secteur des IAA a, quant à lui, progressé en apparence, puisqu'au prix du marché et sur l'ensemble des produits alimentaires consommés, le poids des produits transformés passe de 59 à 72 %. Mais cette progression est toute relative puisque la part qui revient aux IAA passe de 32 à 27 %, soit moins du tiers de la valeur totale. Une fois retranchée la part qui correspond aux ventes internes au SA, ce qui revient au IAA pour rémunérer principalement le capital et le travail des IAA (VA) passe de 8 à 9 %. Ce retour offre une marge de manœuvre bien modeste pour valoriser les facteurs internes et dynamiser la croissance du secteur de la transformation alimentaire français. Parallèlement, on note, comme dans le cas de l'agriculture, une croissance rapide des coûts de mise en marché et une diminution sensible du coût relatif des matières premières internes au secteur (essentiellement originaires de l'agriculture).

Dans son ensemble, ce qui revient au CAA de la vente des produits alimentaires (CI SA + VA) a chuté de manière significative au cours de la période 1979-2005, passant de 59 à 43 % sur la période et la part allant à la rémunération des facteurs primaires a diminué de manière encore plus drastique en passant de 24 à 19 % (tableau 2.12).

On a coutume d'appeler « coefficient structurel du complexe agroalimentaire », le rapport VAIAA/VAA. Au cours de la période étudiée ici, ce rapport tend à croître, au fur et à mesure que se développe l'économie et que la part des produits trans-

Tableau 2.12. Évolution de la structure de la valeur marchande finale des ressources produites dans le SAA français (comparaison 1978-2005).

	CI CA	CI AI	VA	MC	T	M	I-S	VMF
Agriculture								
En % des ressources de la branche								
1978	27	12	39	11	1	10	1	**100**
2005	19	22	34	20	2	9	-7	**100**
En % des ressources du SA								
1978	11	5	16	4	0	4	0	**41**
2005	5	6	9	6	0	3	-2	**28**
Industries agroalimentaires								
En % des ressources de la branche								
1978	42	10	14	17	2	8	7	**100**
2005	26	15	13	24	3	10	10	**100**
En % des ressources du SA								
1978	24	6	8	10	1	5	4	**59**
2005	18	11	9	17	2	7	7	**72**
Complexe agroalimentaire								
1978	35	11	24	15	2	9	5	**100**
2005	24	17	19	23	2	10	5	**100**

Source : nos calculs à partir de l'Insee, Comptes nationaux.

formés progresse. De 1978 à 2005, le coefficient structurel du complexe agroalimentaire français est passé de 0,5 à 1, marquant au début du XXIe siècle le passage de l'économie agroalimentaire au stade agroindustriel.

Les coefficients structurels des branches du SAA, du complexe de production agroalimentaire et la structure de la valeur marchande finale, permettent de construire un modèle du développement agroalimentaire occidental et de mettre en lumière les principales transformations qui le caractérisent. Ainsi la comparaison, entre 1979 et 2005, de l'origine des ressources du complexe agroalimentaire met en évidence le glissement rapide d'une économie agroalimentaire au sein de laquelle les marges commerciales, le transport et les achats aux autres branches de l'économie pèsent de plus en plus lourd dans la valeur des ressources (32 % en 2005, contre 28 % en 1979), alors que la part qui retourne au complexe agroalimentaire sous forme des ventes internes au complexe et par le jeu de la rémunération du capital et du travail, n'a cessé de diminuer (59 % en 1979, contre 43 % en 2005), comme l'illustre la figure 2.9.

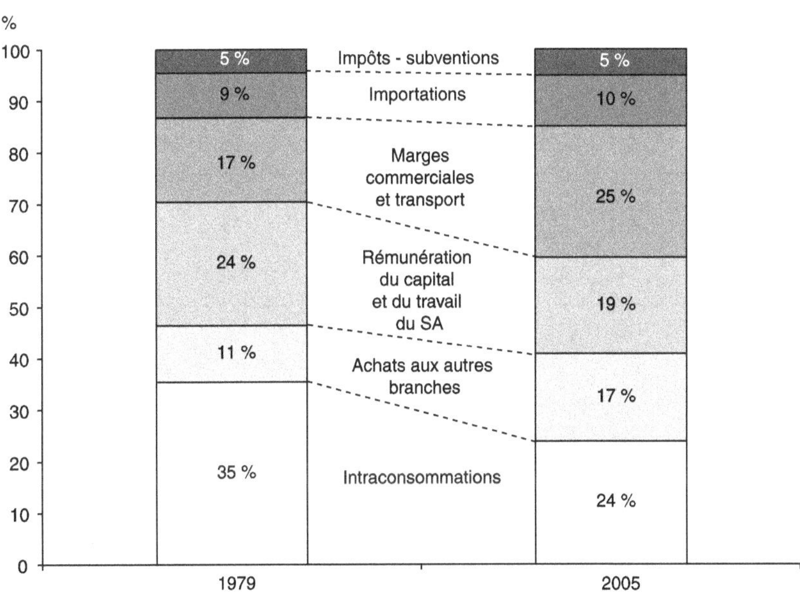

Figure 2.9. Évolution de la répartition par grandes masses de la valeur des ressources en produits alimentaires (IAA et agriculture) entre 1979 et 2005 en France.
Source : données Insee, 2008.

Le complexe agroalimentaire, composante stratégique de l'économie

Le concept d'effet d'entraînement

Lorsque la consommation d'un bien ou d'un service augmente, l'impact qu'aura cette croissance de la demande sur l'ensemble de l'économie s'avère d'autant plus fort que pour satisfaire la demande des consommateurs, on doit faire appel à des produits nationaux (importation de ces biens ou de ces services, faible ou inexistante) et que le secteur d'activité ainsi sollicité est étroitement lié pour ses approvisionnements (consommations intermédiaires) aux autres secteurs de l'activité économique nationale.

À titre d'exemple, lorsque le niveau de la consommation d'un bien alimentaire progresse, l'impact de cette croissance de la demande se fait sentir, *dans un premier temps*, sur les industries alimentaires nationales et sur les importations (plus la part des importations est faible, plus l'impact sur l'économie nationale s'avère important et inversement). Il s'agit des effets directs. *Dans un deuxième temps*, et pour répondre à cette augmentation de demande finale, les industries alimentaires vont faire appel à leurs fournisseurs qui vont augmenter à leur tour le niveau de leurs intrants, et ainsi de suite. On parle dans ce cas des effets indirects. Ces effets directs et indirects vont se faire sentir, à des niveaux variables selon les secteurs sollicités, et vont affecter à des degrés divers la production sectorielle, l'investissement et l'emploi.

La mesure des effets d'entraînement

Afin d'illustrer de façon plus concrète les modalités de calcul et d'interprétation des effets d'entraînement, nous utiliserons ici une version très simplifiée et agrégée du TES de la France en 2005 (tableau 2.13).

Tableau 2.13. Version simplifliée du TES de la France en 2005.

	Agriculture	IAA	Autres secteurs	Commerce	Emplois inter	Demande finale	Total Emplois
Agriculture	13,818	30,312	7,807	0	**51,9**	*42,6*	**94,6**
IAA	6,351	26,551	31,133	1,518	**65,6**	*173,8*	**239,4**
Autres secteurs	23,237	31,778	1 222,199	136,821	**1 414,0**	*1 951,1*	**3 365,2**
Commerce	0,2	1,1	20,583	12	**33,9**	*23,1*	**57,0**
CI	**43,6**	**89,7**	**1 281,7**	**150,3**	**1 565,4**	*2 190,7*	**3 756,1**
VAB	35,3	29,2	1 321,7	161,5	1 547,8		
Prod. branches	**78,9**	**118,9**	**2 603,5**	**311,9**	**3 113,2**		
Ajustements	15,6	120,5	761,7	-254,9	643,0		
Ressources totales	**94,6**	**239,4**	**3 365,2**	**57,0**	**3 756,1**		

Source : nos calculs à partir de l'Insee, Comptes nationaux.

La mesure des effets d'entraînement s'appuie sur les tableaux d'échanges intersectoriels et sur le calcul matriciel. L'objet des lignes qui suivent est de présenter les modalités de calcul de ces effets sur l'ensemble de l'économie à partir de ce modèle simplifié de TES. Partons de la façon la plus simple et la plus conventionnelle de représenter un TES en traduisant, comme nous l'avons présenté en introduction au présent chapitre, l'équilibre entre l'offre et la demande sous la forme de l'équation fondamentale :

CI + EI = EF

En simplifiant cette expression, il est possible d'exprimer la production totale d'un secteur sous la forme de la somme des emplois intermédiaires et des consommations finales nécessaires à cette production, soit :

$$\sum_{j=1}^{n} X_{ij} + F_i = Y_i \tag{1}$$

X_{ij} = les achats du secteur « j » au secteur « i »

F_i = la demande finale de biens du secteur « i »

Y_i = production totale du secteur « i »

Cette écriture algébrique fait directement référence aux valeurs inscrites dans le TES. À partir de ce système d'équations, il est possible de calculer quel niveau de consommation intermédiaire le secteur j fait de l'intrant fourni par le secteur i pour assurer la production d'une unité. Dans cette *matrice des coefficients techniques*, chaque élément correspond à la valeur de l'intrant consommé, divisé par la valeur de la production totale du secteur, selon la formule suivante :

$$a_{ij} = X_{ij}/X_j \qquad et \qquad X_{ij} = a_{ij} X_j$$

En remplaçant X_{ij} dans l'équation (1) par cette nouvelle valeur, on obtiendra le système d'équation suivant :

$$F_i = Y_j + \sum_{j=1}^{n} X_{ij}$$

Sous forme matricielle, le système 2 d'équations va s'écrire :

$$[F] = [Y] - [A] \cdot [Y]$$

avec :

$$[F] = [I - A] \cdot [Y]$$

De cette équation on peut tirer le vecteur Y des productions totales à promouvoir en vue d'assurer une demande finale F, compte tenu d'un système technique de production (rigide) traduit par la matrice A :

$$[Y] = [I - A]^{-1} \cdot [F] \tag{2}$$

Par similitude, nous appellerons : matrice B, la matrice $[I - A]^{-1}$ (matrice inverse)

$$[B] = [I - A]^{-1}$$

L'équation (2) précédente s'écrira ainsi :

$$[Y] = B \cdot [F] \tag{3}$$

Selon cette équation, la production totale Y peut être considérée comme étant égale à la somme des productions nécessaires à la satisfaction d'une demande finale F. Les mêmes observations peuvent être faites pour chacune des composantes de la demande finale Y_i. Ce qui signifie que, quand la demande finale d'un bien F_1 varie de 1 %, la production de la branche 1 variera de b_{11} %, et celle de la branche i de b_{1i} %.

L'illustration : la matrice des effets d'entraînement

Il est donc possible sur cette base, de calculer les variations de la production entraînées par la modification de la demande finale. Ce que nous ferons avec les données de 2005 (tableau 2.14).

Tableau 2.14. Modalités de calcul de la matrice des effets d'entraînement à partir du TES simplifié de la France en 2005.

Matrice d'échanges intersectoriels			
13,8	30,3	7,8	0,0
6,4	26,6	31,1	1,5
23,2	31,8	1 222,2	136,8
0,2	1,1	20,6	12,0
Matrice des coefficients techniques			
0,15	0,13	0,00	0,00
0,07	0,11	0,01	0,03
0,25	0,13	0,36	2,40
0,00	0,00	0,01	0,21
Matrice I			
1	0	0	0
0	1	0	0
0	0	1	0
0	0	0	1
Matrice (I-A)			
0,85	-0,13	0,00	0,00
-0,07	0,89	-0,01	-0,03
-0,25	-0,13	0,64	-2,40
0,00	0,00	-0,01	0,79
Matrice (B), inverse de (I-A)			
1,1866	0,1702	0,0071	0,0272
0,0952	1,1414	0,0178	0,0926
0,5066	0,3403	1,6247	4,9493
0,0077	0,0097	0,0127	1,3055

Source : nos calculs à partir de l'Insee, Comptes nationaux.

Les modalités de calcul sur la base du TES français sont illustrées dans le tableau précédent qui reprend toutes les étapes du calcul à partir de l'exemple simplifié du TES français de 2005. À partir de la matrice des effets d'entraînement [B] obtenue dans ce tableau, il est possible de simuler les effets directs et indirects sur la production de l'ensemble des secteurs [Y], d'un changement de la demande finale [F].

Le tableau 2.15 illustre l'impact d'un changement de la demande finale dans l'équation (3). Quatre situations y sont simulées. La première reproduit la situation de départ. Les trois suivantes simulent une augmentation de 10 milliards d'euros, successivement appliquée à chacun des secteurs. On observe que les effets d'entraînement d'une augmentation de 10 milliards d'euros de la demande

Tableau 2.15. Mesure des effets des variations de la demande finale sur la production des branches du TES de la France en 2005.

	Sans modification		Augmentation de 10 milliards de la demande finale des produits agricoles		Augmentation de 10 milliards de la demande finale des produits des IAA		Augmentation de 10 milliards de la demande finale des produits des autres secteurs		Augmentation de 10 milliards de la demande finale des produits du commerce	
	Demande finale	Total emplois	Demande finale	Total emplois	Demande finale	Total emplois	Demande finale	Total emplois	Demande finale	Total emplois
Agriculture	43	95	53	106	43	96	43	95	43	95
IAA	174	239	174	240	**184**	251	174	240	174	240
Autres secteurs	1 951	3 365	1 951	3 370	1 951	3 369	**1 961**	3 381	1 951	3 415
Commerce	23	57	23	57	23	57	23	57	33	70
Total	**2 191**	**3 756**	**2 201**	**3 774**	**2 201**	**3 773**	**2 201**	**3 773**	**2 201**	**3 820**
Variations	0,0	0,0	10,0	18,0	10,0	16,6	10,0	16,6	10,0	63,7
Coef. de variation		*0*		*1,8*		*1,7*		*1,7*		*6,4*

Source : nos calculs à partir de l'Insee, Comptes nationaux

finale des produits agricoles et des produits alimentaires transformés sont aussi importants que ceux observés pour une augmentation similaire des biens des autres secteurs.

Intégration, dépendance et grappes industrielles

L'intégration croissante des différents secteurs du complexe

La complexité croissante des processus de production alimentaires, qui se caractérise par l'augmentation du nombre d'intervenants (opérateurs) et d'activités (fonctions), conduit à la diversification de réseaux d'échanges et d'élaboration des aliments, au sein desquels se renforcent certaines relations « fournisseur-client ». Analysés de façon exhaustive, ces flux se présentent sous la forme d'un réseau en toile d'araignée plus ou moins dense compte tenu du degré d'industrialisation du complexe alimentaire. Cette représentation qui met en évidence les flux de biens et/ou de services s'opérant entre les divers sous-secteurs qui composent le complexe agroalimentaire est appelée grappe industrielle. Ce type d'analyse prenant en compte ces relations d'échanges, non en termes absolus, mais plutôt en termes relatifs permet de faire apparaitre les liens les plus forts qui se sont tissés entre les secteurs impliqués dans ce réseau.

Cette façon de représenter l'ensemble des industries d'un même secteur d'activités qui se regroupent et interagissent, part du constat que les rapports de complémentarité et de concurrence qu'entretiennent ces firmes entre elles sont à la base du renforcement stratégique de leur position particulière et stimulent la croissance des secteurs auxquels elles appartiennent. Ces liens ont un sens particulier qui reflète les relations de pouvoir économique s'établissant à l'intérieur de la structure, et qui traduit « l'agencement global du système de transaction ».

La typologie des relations inter-branches

En mesurant l'importance absolue et surtout relative des échanges qui lie les partenaires impliqués dans ce réseau, il est possible d'évaluer la nature et la densité des relations et le pouvoir économique, commercial et technologique qui caractérisent les grappes industrielles. Ainsi, si on analyse plus finement les données disponibles dans les TES et plus particulièrement dans la matrice des échanges intermédiaires, au niveau de deux branches i et j, les relations d'échanges possibles entre ces branches peuvent revêtir quatre types de relations : dépendance, interdépendance, intradépendance et indépendance[2].

Une industrie peut, en effet, dépendre d'un secteur particulier pour ses approvisionnements. Cette *dépendance technique* sera d'autant plus grande que la part des achats qu'elle réalise avec ce secteur sera élevée dans le total des ses consommations intermédiaires. En contrepartie, un secteur ou une entreprise peut dépendre de

---

2. Cette mesure se fait à partir des coefficients d'échanges permettant de mesurer l'importance relative du lien (d'achat et de vente) d'un secteur i à un secteur j, comparé au total des échanges totaux effectués par le secteur i ou le secteur j.

manière importante d'un autre secteur ou d'une autre entreprise pour l'écoulement de ses produits. On parlera alors de *dépendance commerciale.* Cette dépendance sera d'autant plus grande que la part des ventes d'un secteur à un autre représentera une part majeure du total des ventes de ce secteur. Dans les deux cas ces formes de *dépendance* qui ne conduisent pas forcément à une situation de *domination,* sont stratégiques à diagnostiquer dans la mesure où ces points de passage obligés des biens et services alimentaires constituent autant de nœuds névralgiques et éventuellement de goulots d'étranglement ou d'espaces de domination au sein du système agroalimentaire.

Il y a *interdépendance* lorsque la branche i vend à la branche j une quantité relativement importante de biens ou de services x_{ij} et lui achète en même temps une quantité également importante de biens et de services x_{ji}. Par exemple, l'agriculture et les IAA sont en général fortement interdépendantes, mais l'agriculture vend aux IAA beaucoup plus qu'elle ne lui achète. Lorsque deux branches sont interdépendantes, chacune est cliente de l'autre, mais l'une des deux est souvent meilleure cliente.

L'intradépendance signifie qu'une branche j achète à elle-même une quantité x_{jj}. Ces intra-consommations correspondent aux valeurs portées sur la diagonale de la première matrice du TES.

Enfin, deux branches sont *indépendantes* lorsqu'il n'existe aucune ou bien de très faibles relations d'échange entre elles.

Le concept de grappes industrielles appliqué au complexe alimentaire

Sans rentrer dans le détail des modalités de calcul utilisées, nous avons reproduit ici la grappe industrielle de l'agroalimentaire français en 2005. La taille des nœuds correspondant aux branches retenues a été calculée proportionnellement à l'importance du secteur (chiffre d'affaires), comme l'a été la taille des flèches qui traduit l'intensité des liaisons entre les secteurs (valeur des ventes ou des achats). On retrouvera enfin la part de ces échanges (ventes et achats) en fonction des emplois ou des consommations intermédiaires totales du secteur à l'extrémité des flèches, comme l'illustre et le commente la figure 2.10.

L'analyse des relations qui unissent, d'une part, les branches composant le complexe alimentaire et, d'autre part, ce dernier au reste de l'économie donne une bonne idée des types de dépendances qui se sont tissées au cours des temps entre l'ensemble des agents qui contribuent à la production des aliments.

Au sein de ce schéma, le secteur agricole, à cause de son importance et de par le niveau et la nature des liens qui l'unissent aux autres branches du complexe, occupe la place centrale du complexe agroalimentaire et constitue la base sur laquelle s'organise la production des aliments. Ce schéma met également en valeur l'importance des échanges internes au complexe alimentaire, l'agriculture vendant au sein du complexe 92 % des produits destinés à la transformation (62 % aux autres branches du complexe et 30 % à elle-même). L'importance des échanges internes au système alimentaire illustre l'importance qu'il y a de raisonner en terme de complexe agro-alimentaire puisque : 70 % de l'ensemble des biens intermédiaires produits par les

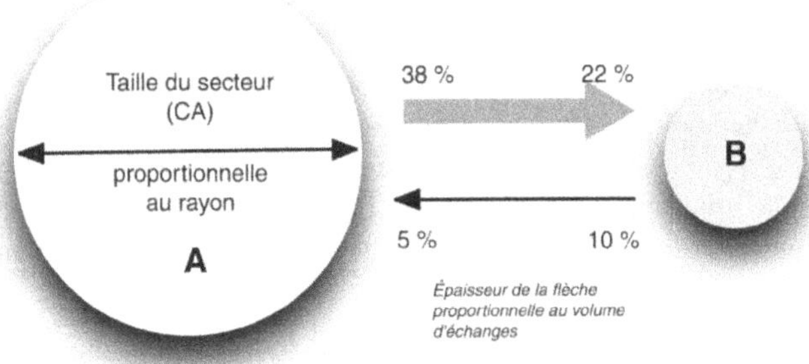

– 38 % des produits intermédiaires de A sont vendus à B
– 22 % des consommations intermédiaires de B sont achetées à A
– 5 % des consommations intermédiaires de A sont assurées par B
– 10 % des produits intermédiaires de B sont destinés à A

Figure 2.10. Conventions utilisées dans la construction d'une grappe industrielle.

branches du complexe sont vendus à l'intérieur du complexe et que les branches du complexe s'approvisionnent pour 60 % de leurs consommations intermédiaires entre elles (figure 2.11).

En partant de ces informations, il est possible de mettre en évidence les divers types de dépendances décrits plus avant, comme suit.

Les relations qui unissent le secteur agricole aux industries agroalimentaires se caractérisent par une forte *dépendance commerciale* de l'agriculture vis-à-vis des IAA. Ainsi, la production agricole qui est à 55 % transformée (52 milliards d'euros d'emplois intermédiaires, contre 43 milliards d'emplois finaux) est à 92 % transformée au sein du complexe alimentaire. De ce constat, il faut retenir l'impérieuse nécessité qu'il y a, en matière d'économie alimentaire, de construire des ensembles homogènes et des filières équilibrées au sein desquels les produits circulent d'un niveau à l'autre sans perte de charge et sans diminution de qualité. Enfin la performance des branches d'amont (essentiellement l'agriculture et la première transformation), dépendant du dynamisme de celle d'aval (IAA de deuxième transformation et service de restauration et de distribution), il est essentiel que ces dernières soient à même de valoriser dans les meilleures conditions possibles, les produits des secteurs de l'agriculture, de la pêche et de la forêt.

L'agriculture quant à elle, se caractérise comme un secteur fortement *intradépendant* puisque 30 % de ses consommations intermédiaires sont d'origine agricole. Cependant, et bien que l'autofourniture ait été traditionnellement l'apanage du secteur, on assiste, sous l'effet de la croissance économique et des processus d'industrialisation, à un rééquilibrage de ces approvisionnements au profit des branches non agricoles.

Au sein du complexe agroalimentaire, c'est la situation d'*interdépendance* qui est le plus souvent la règle entre les industries alimentaires et le secteur agricole. Cette dernière apparaît plus clairement dans la figure précédente au niveau des échanges entre l'agriculture et les industries du travail des grains, puisque, d'une part, 50 %

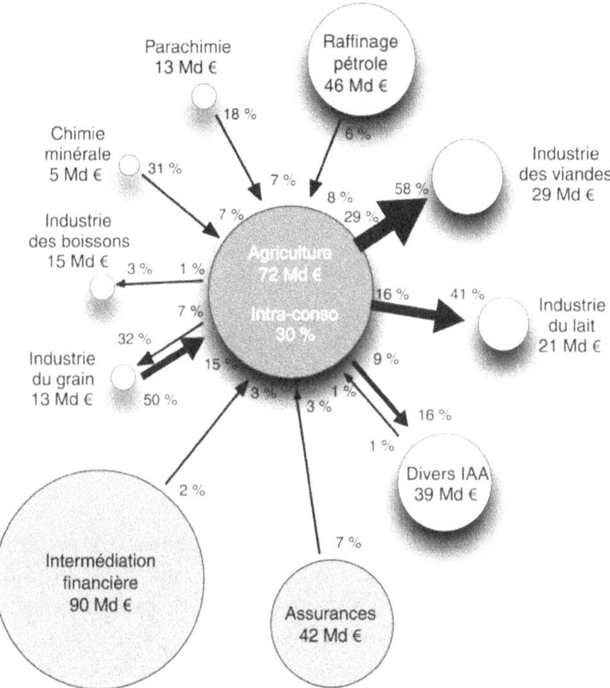

Figure 2.11. Grappe du secteur agroalimentaire de la France en 2005.
Source : données Insee, 2008.

de la production de la branche « industrie du grain » sont destinés à l'agriculture,
(il s'agit essentiellement des aliments du bétail), ces consommations intermédiaires
pesant pour 15 % du total des achats de l'agriculture aux autres branches, que
d'autre part, 32 % des consommations de la branche sont agricoles (les céréales
essentiellement) et qu'enfin ces ventes représentent 7 % des ventes intermédiaires
de l'agriculture. Il n'est donc pas étonnant dans ces conditions que les mécanismes
de régulation de ces échanges aient fait, au cours des dernières années l'objet d'une
contractualisation croissante.

Enfin, dernier cas de figure, les situations d'*indépendance* qu'illustrent de manière
paradoxale le faible lien qui unit les trois composantes assurant les productions
primaires que sont l'agriculture, la pêche et la forêt.

Le partage de la valeur créée au sein du CAA

Placés dans un contexte technico-économique donné, les entrepreneurs des SA
opèrent en permanence des choix en vue d'optimiser leur appareil de production et
de maximiser leurs profits. Qu'il s'agisse de choix technologiques, de choix dans le
volume ou la combinaison de leurs facteurs de production, ou encore du volume ou
du type de produits fabriqués, ces choix induisent des résultats économiques dont

le partage entre les acteurs correspond au surplus économique dégagé par ces gains de performance.

Dans la formation de la valeur marchande finale, nous l'avons vu, les flux sont pris en compte à la valeur de la transaction. Il est donc possible de décomposer cette valeur en quantités et en prix selon :

Valeur des biens achetés ou vendus = Quantités produites ou consommées
× prix unitaire

À chaque niveau de la filière où s'opère la transformation des produits qui vont devenir les aliments (offre agroalimentaire), les entreprises achètent une certaine quantité d'intrants (biens et services) qu'elles combinent et transforment en une certaine quantité de biens ou de services. Le rapport du volume produit au volume consommé mesure la productivité de ces processus de production.

La notion de performance et le concept de productivité globale des facteurs

On comprend ainsi que le volume de l'offre agroalimentaire dépendra de la capacité qu'auront chacun des partenaires du système alimentaire de produire un volume maximum de produits avec un minimum de facteurs de production. On dira qu'il y a eu *gain de productivité* globale au niveau d'un secteur – ou au niveau d'une entreprise – lorsque, entre deux périodes d'observation, on pourra démontrer que cette entreprise – ou que ce secteur – est parvenue à fabriquer relativement plus de produits, avec relativement moins de facteurs.

Deux sources alimentent ces gains de productivité :
– d'une part, une meilleure combinaison des facteurs de production ;
– et, d'autre part, le progrès technique.

En ce qui concerne la *combinaison des facteurs,* la théorie de la production démontre comment l'entrepreneur cherche dans un premier temps à combiner ses facteurs de production pour en minimiser l'utilisation sans référence aux prix. Dans un deuxième temps, on observe comment, avec la prise en compte des prix auxquels l'entreprise paie ses intrants et des prix qu'elle reçoit de la vente de ses produits, cet entrepreneur combine ses facteurs et détermine sa production en vue de maximiser ses profits. Dans ce contexte la qualité de l'ajustement de chaque entreprise agroalimentaire, et en conséquence du système alimentaire tout entier, dépendra de la capacité de gestion de chaque entrepreneur impliqué dans le processus de « production-transformation-mise en marché » des aliments.

La deuxième source de performance réside dans le progrès technique, c'est-à-dire dans la capacité d'innovation et d'adoption des nouvelles technologies des entreprises du système alimentaire. Une bonne gestion de l'innovation est donc celle qui favorise, en premier lieu, le renforcement du potentiel de recherche et de développement des firmes et des institutions impliquées dans la production d'aliments. Elle suppose, en second lieu, que soient faits les bons choix parmi ces technologies et que soit intégrée dans cette sélection une évaluation de leurs impacts économiques, sociaux et environnementaux. Une bonne politique de gestion de l'innovation dépend, enfin, de la qualité du transfert de ces techniques et de la vitesse avec

---

Encadré 2.1. Théorie de la production et productivité des facteurs.

Au cours des dernières années, de nombreuses recherches ont été consacrées, en Europe, aux États-Unis et au Canada, à l'étude des gains de productivité dans les différents secteurs industriels, à leur source, aux variations des prix payés et des reçus et au partage des fruits de la croissance.

À l'origine de ces travaux, André Vincent s'intéresse à la mesure de la productivité et propose une méthode d'évaluation exhaustive de la performance technique à partir d'un indice de productivité globale. (Vincent, 1968). Pierre Massé partant de ces travaux présente dès 1969, dans le premier numéro de la revue du Centre d'étude des revenus et des coûts, un modèle quantitatif liant l'évolution de la performance technique à celles de la rémunération des facteurs de production et des prix des produits vendus (Massé et Bernard, 1969). Cette méthode dite des « comptes de surplus » a été le point de départ de nombreuses applications aux grandes entreprises publiques : Gaz et Électricité de France, Société nationale des chemins de fer français (Insee, 1969) et à des secteurs comme les secteurs agricoles et agroalimentaires (Ghersi, 1976 et Butault, 2008). C'est cette « méthode du surplus de productivité globale » que nous présentons ici.

De la notion de productivité globale…

La façon qui semble la plus logique pour aborder l'étude de l'évolution des prix et des revenus en agriculture est de lier ces derniers à la performance technique du secteur concerné. La mesure de ces performances, qui doit tenir compte de l'ensemble des facteurs de production, peut s'exprimer simplement à l'aide du compte d'exploitation de la branche agricole. Ce compte d'exploitation que l'on obtiendra sous une forme plus ou moins désagrégée à partir des informations fournies par la Comptabilité nationale, constitue le cadre comptable servant de point de départ à la mesure. À partir de ce compte et en raisonnant à prix constants[3], c'est-à-dire en volume, il est possible d'établir si, entre deux années données, le volume de production a progressé plus rapidement que le volume de l'ensemble des facteurs qui ont été nécessaires à cette dernière. On pourra ainsi mesurer s'il y a eu « gain » ou « perte » de productivité globale des facteurs de production.

… à celle de surplus.

Ainsi réalisée, cette mesure de « productivité globale » permet d'apprécier non seulement la performance technique de l'agriculture, mais encore le « surplus » qui est né de cette performance. Ce surplus, que l'on appellera « surplus de productivité globale », pour en marquer l'origine, mesure le « gain sur la nature » obtenu en agriculture grâce à une meilleure combinaison des facteurs de production et à l'introduction du progrès technique.

Considérons, dans un premier temps et aux fins d'analyse, que les prix et les salaires demeurent fixes entre les deux années et supposons qu'il y a eu dans le même temps progrès de la productivité globale des facteurs. Les gains de productivité ainsi dégagés entraînent une diminution des coûts de production (à prix

…

---

3. Cette mesure de productivité globale qui agrège et compare des variations de volume de produits et de facteurs de nature très différente ne peut se faire qu'à partir d'une unité de mesure commune. Pour rendre possible cette comparaison, sur une base homogène, tout en conservant la notion de volume, on fait appel à l'unité monétaire et on élimine les variations dues aux prix en exprimant cette dernière aux prix de l'année de base (prix constants).

> …
>
> constants) permettant ainsi de dégager un surplus monétaire dit « surplus de productivité globale des facteurs ». Dans la réalité, les choses sont plus complexes puisque, parallèlement à leurs variations de volume, le prix des produits et des facteurs sont soumis à de nombreuses fluctuations. Les prix des produits et des facteurs variant, l'approche proposée par P. Massé établit un équilibre rigoureux entre ce qui est produit et ce qui est partagé : le surplus ainsi réalisé au niveau d'une branche sera distribué entre cette dernière, ses clients et ses fournisseurs, par le jeu de ces variations des prix et de rémunération des facteurs.
>
> Dans la réalité, ces variations de volume et de prix sont simultanées, comme sont simultanés : création et partage du surplus de productivité. Et ce n'est qu'en dissociant la mesure de ces deux phénomènes qu'il devient possible de les analyser séparément.

laquelle ces dernières seront adoptées et maîtrisées par les entreprises. Le progrès scientifique, la diffusion de l'information et la formation peuvent influencer la combinaison des facteurs de production et, par là, la performance de l'entreprise. Mais ce processus illustre aussi combien cette intervention extérieure ne constitue qu'une partie de l'information qu'intègre le chef d'entreprise dans son processus de décision.

La mesure du surplus de productivité globale

Pour mieux saisir ces concepts fondamentaux, nous allons à partir d'un exemple volontairement simplifié et observer une branche d'activité du système alimentaire[4]. Supposons que pour produire un volume Q de produits cette branche fasse appel à un seul facteur : le travail mesuré en terme de nombre de travailleurs N et à un seul intrant dont elle consomme un volume F. Si les prix de ces produits et facteurs sont respectivement : p, s, f, il est possible d'établir pour la première année l'égalité comptable suivante :

$$Q \cdot p = F \cdot f + N \cdot s + B, \text{ dans laquelle B est le bénéfice (ou la perte)} \qquad (1)$$

La deuxième année, volume des facteurs et des produits évolueront et un nouvel équilibre comptable s'établira selon :

$$(Q + dQ).(p + dp) = (F + dF).(f + df) + (S + dS).(s + ds) + B + dB \qquad (2)$$

En développant cette équation et en éliminant les infiniment petits du type : $dp \cdot dQ$, $df \cdot dF$, $ds \cdot dS$, on obtient la nouvelle équation :

$$Q \cdot p + Q \cdot dp + p \cdot dQ = F \cdot f + F \cdot df + f \cdot dF + S \cdot s + S \cdot ds + s \cdot dS + B + dB \qquad (2)$$

Si l'on compare maintenant les évolutions observées des prix et des volumes, à la fois pour les produits et pour les facteurs de production, entre deux années : (2) – (1), et si l'on regroupe les variations de volume dans le membre de gauche de l'équation et les variations de prix dans celui de droite, on obtient l'équation suivante :

$$p \cdot dQ - (f \cdot dF + s \cdot dS) = - Q \cdot dp + F \cdot df + S \cdot ds + dB \qquad (3)$$

---

4. Le raisonnement serait le même si l'on observait une entreprise.

Dans le cas où l'augmentation du volume de la production dQ, évaluée aux prix de l'année de base : p · dQ[5], s'est opérée à un rythme plus rapide que l'augmentation du volume des facteurs qui ont été nécessaires à cette production : dS et dF, eux aussi exprimés aux prix de l'année de base (f · dF + s · dS), on peut dire que cette branche est parvenue à améliorer la productivité globale des facteurs et qu'elle a, grâce à ces gains de productivité, diminué ses coûts de production. Ce faisant, elle aura généré un surplus économique, véritable « gain sur la nature » dont la traduction économique s'exprime en valeur monétaire et que l'on appellera : « Surplus de productivité globale » (SPG), pour en marquer l'origine.

Surplus de productivité globale = p · dQ – (f · dF + s · dS)

Si l'on divise maintenant les deux membres de l'équation par la valeur de la production au cours de la première année soit par Q · p., en appelant α la part des consommations intermédiaires dans la production, β la part du travail et γ la part des bénéfices et en utilisant la lettre r pour exprimer les taux de croissance respectifs des volumes produits et consommés et des prix, il est possible de mesurer la variation du *taux de productivité globale* ΔPG en retranchant du taux de croissance de la production la part expliquée par la croissance des effectifs employés et des consommations intermédiaires supplémentaires utilisées.

$$\Delta PG = r_Q - (\alpha \cdot r_F + \beta \cdot r_S) = - r_p + \alpha \cdot r_f + \beta \cdot r_s + \gamma \cdot r_B$$

Ce taux de productivité globale correspond ainsi à la part de la croissance de la production qui n'est pas expliquée par l'augmentation du niveau des intrants. Cette augmentation du volume produit s'explique par une meilleure combinaison des facteurs de production, par le jeu du progrès technique : introduction d'une innovation ou d'inputs améliorés (semences sélectionnées, engrais, etc.) ou incidemment par des conditions climatiques favorables, dans le cas de l'agriculture.

La formation des prix et les mécanismes de partage

S'il est pratique d'isoler les variations de prix des variations de volume pour mesurer dans un premier temps la performance technique, il est intéressant de mesurer parallèlement comment le surplus économique généré par ces gains de productivité a été réparti par les mouvements des prix. Cette répartition figure au deuxième membre de l'équation (3) et s'exprime selon l'égalité suivante.

Surplus de productivité globale = – Q · dp + F · df + S · ds + dB

$$\Delta PG = - r_p + \alpha \cdot r_f + \beta \cdot r_s + \gamma \cdot r_B$$

L'équation : *surplus de productivité globale = partage par les prix*, formulée par la théorie des comptes de surplus démontre que « croissance économique » et « répartition » fonctionnent à l'intérieur « d'un jeu à somme nulle dans lequel il ne peut être partagé que ce qui a été produit » (Massé, 1969). Cette théorie stipule qu'en même temps que le processus de production génère un *surplus économique* (surplus positif dans le cas d'un progrès de productivité, négatif dans le cas contraire) le jeu des mouvements des prix en oriente le partage. Dans ce processus, les fournisseurs de

---

5. On note ici que la mesure de ces évolutions en volume, exprimée aux prix de l'année de base permet d'additionner et de soustraire ces observations et de raisonner en termes économiques.

matières premières et de services prélèvent une part du surplus dégagé en vendant leurs produits et leurs services plus chers. Ils « alimentent » en retour ce surplus chaque fois qu'ils vendent leurs biens et services à des prix plus bas. On parle dans ce dernier cas d'*héritages*, et la somme du surplus de productivité globale et de ces héritages se définit comme le *surplus distribuable*.

De la même façon : *travail* et *capital* prélèvent ou alimentent ce surplus par le jeu de l'augmentation ou de la diminution des salaires et des taux d'intérêt. À l'inverse, les *clients* prélèvent une part de ce surplus chaque fois que les prix auxquels ils achètent leurs produits diminuent. Ils alimentent le surplus dans le cas contraire. Avec l'ultime prélèvement ou contribution que l'entreprise effectue sous la forme de l'évolution de ses bénéfices, au total c'est l'ensemble du surplus de productivité globale qui aura été alimenté puis partagé sur la période étudiée (figure 2.12).

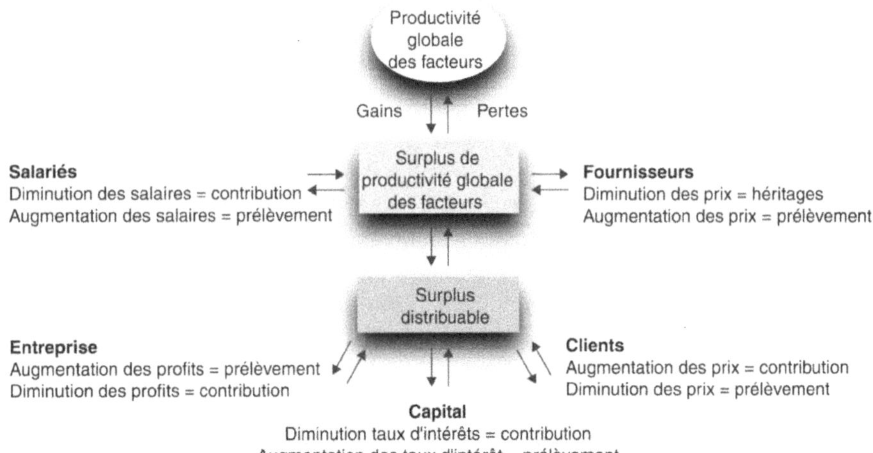

Figure 2.12. Compte de surplus de productivité globale.

Innovation et performance des systèmes agroalimentaires

L'offre des produits alimentaires se caractérise aussi bien par le type et la qualité des produits mis sur le marché, que par les quantités offertes, leurs disponibilités dans le temps et dans l'espace ainsi que par les prix auxquels ils seront accessibles. Nombre de variables abordées au cours de ce chapitre expliquent la situation de l'offre alimentaire sur un marché donné. Il convient maintenant de les intégrer dans une théorie de l'offre agroalimentaire qui complète la théorie néo-classique de la production.

À la base, nous l'avons vu, ce sont les comportements des producteurs qui expliquent pour une large part le type de produit et les quantités mises sur le marché. Dans une perspective purement économique, les choix que le producteur opère sous contrainte sont rationnels et obéissent à des règles rigoureusement décrites dans la théorie de la production. Mais nous avons vu aussi que ces choix demeurent sensibles à la perception qu'a ce producteur de son environnement (prix, technologies, etc.), de ses coutumes, de son caractère (aversion au risque), de son niveau de formation, des coûts d'opportunité que lui offre le marché du travail (travail à l'extérieur de l'exploitation) ou le marché du capital (investissement dans des secteurs d'activité non agricole), de la législation et de bien d'autres facteurs. Dans ce contexte une analyse des comportements uniquement basée sur la seule maximisation des profits peut, dans de nombreux cas, refléter de manière déformée la réalité observée.

Nous avons vu aussi que parmi les facteurs qui vont influencer le plus la performance d'une entreprise figure une bonne capacité de gestion, ainsi que l'existence de bonnes technologies facilement transférables. Dans ce domaine, les outils d'aide à la prise de décision (systèmes comptables, de simulation, systèmes experts), les outils de calcul (informatique de gestion), l'accès à l'information (accès à des réseaux sur les marchés, l'agriculture de groupe, la législation, etc.) et surtout la capacité qu'aura le chef d'entreprise d'analyser une information de plus en plus abondante et diversifiée (formation de base, formation continue, conseil de gestion) sont autant d'instruments d'une politique d'appui aux entreprises agroalimentaires à promouvoir à tous les niveaux de la filière.

En ce qui concerne le progrès technique, son adoption sur une grande échelle suppose qu'existe dans l'environnement de l'entreprise une importante capacité d'innovation et que cette dernière puisse passer sans difficulté du laboratoire au champ. La gestion de l'innovation demeure une priorité pour les pays industriellement avancés et une préoccupation constante pour les pays en développement : ces derniers risquant de conserver leur retard ou de devenir grandement dépendants. L'innovation dans l'agroalimentaire demeure essentiellement concentrée dans les pays riches et principalement dans les grandes entreprises. Dans ce contexte, l'intervention des pouvoirs publics vise essentiellement à renforcer cette capacité de recherche et d'innovation nationale et à s'assurer que les filières de progrès – qui du choix des technologies à leur adoption impliquent un grand nombre de personnes et d'institutions – fonctionnent efficacement et en adéquation avec les stratégies de développement que la société s'est fixée.

L'intervention peut également se faire au niveau des marchés, la stratégie de l'entreprise s'ajustant à son environnement et aux stratégies des firmes concurrentes.

Analysée sur l'ensemble de la filière l'offre alimentaire demeure ainsi dépendante de la performance de chacune des entreprises impliquées et du partage qu'elle fera des fruits de cette performance. La productivité et l'efficience économique du système agroalimentaire ainsi que la qualité de l'offre des aliments demeurent étroitement liées aux comportements des entreprises. De ces comportements naîtront les produits et leurs caractéristiques, les choix des filières pour leur écoulement et les types d'agents impliqués, ainsi que le coût de production et de distribution des aliments.

Création et partage du surplus
dans le système alimentaire français (1970-2005)

Ces études qui ont conduit à la mise au point de la méthode dite des « comptes de surplus » présentée dans ce chapitre, ont permis de démontrer comment certains secteurs qui assurent l'approvisionnent de l'ensemble de l'économie en biens et services de base (énergie, transport et aliments) à des prix exceptionnellement bas, transfèrent en leur aval une partie des fruits nés des efforts qu'elles ont déployés en vue de réduire leurs coûts de production et d'améliorer leur productivité.

Les acteurs des systèmes alimentaires, et en particulier les agriculteurs, ne s'y trompent pas. Ils savent bien que, pour obtenir une meilleure rémunération de leur capital et de leur travail, tous les efforts qu'ils peuvent entreprendre pour mieux produire doivent être appuyés par une évolution des « prix reçus et payés » qui ne leur soit pas défavorable. En effet, toute amélioration de leurs techniques de production, conduisant à une meilleure productivité, permet, nous l'avons vu, un abaissement des coûts de production mesurés à prix constants et génère, dans le même temps, un « surplus économique » au sein de l'agriculture. Or, ce « surplus », véritable gain sur la nature obtenu dans les systèmes alimentaires est le plus souvent transféré aux autres secteurs de l'économie sous la forme d'une diminution relative du prix des produits alimentaires, permettant en général de maintenir, au moins dans la phase de décollage des économies, les salaires des autres secteurs à un niveau relativement bas.

Ainsi, l'histoire du développement agroalimentaire occidental s'est-elle caractérisée, au cours des deux derniers siècles, par une série de bouleversements importants qui sont à la base de la formation des systèmes alimentaires modernes. Il y a seulement deux cents ans, la plupart des activités liées à l'alimentation se réalisaient au sein de l'exploitation agricole qui constituait à la fois une unité de production et de consommation et qui fournissait, à elle seule, la quasi-totalité de sa nourriture au ménage, ainsi que la plupart des autres produits qui lui étaient nécessaires à sa survie (habillement et chauffage). Les échanges avec l'extérieur étant alors très limités, le paysan n'échangeait qu'une petite partie de sa production pour acquérir les quelques outils sommaires, les quelques biens et les quelques services que son environnement immédiat ne pouvait lui fournir.

Aujourd'hui, moins de 1 % d'agriculteurs (0,85 % en 2008) parviennent en Amérique du Nord à nourrir l'ensemble de la population du pays et à dégager des excédents importants pour l'exportation. L'autoconsommation ne constitue plus dans les pays du Nord qu'une part très marginale de la production agricole. La distribution, la transformation et le commerce national et international des produits agricoles et alimentaires sont devenus des fonctions indispensables. Ces fonctions occupent une place de plus en plus importante dans l'économie de ces pays. Et cette mondialisation des échanges alimente l'internationalisation des transferts par les mécanismes de prix et par la construction d'une chaîne de valeur qui ne s'avère que très rarement favorable au secteur agricole.

La formation d'un surplus de productivité : important reflet de changements profonds

L'analyse de la création et du partage du surplus de productivité globale du système alimentaire français, décrit ci-après, illustre ce propos. Elle permet d'apprécier, au travers de la mesure de ses rythmes d'évolution et de transformations structurelles, l'impact qu'a eu, au cours de la fin du XXe siècle, l'ouverture de son économie sur la transformation du système alimentaire, sur l'évolution de la performance de ses principales composantes et sur la répartition qui a été faite de ces gains de productivité entre les différents acteurs de l'économie agroalimentaire française.

La première des caractéristiques de ces changements réside dans la perte de poids de l'agriculture et des IAA dans l'ensemble de l'économie. Cette diminution est un fait universellement observé qui accompagne de manière assez systématique la modernisation des agricultures. Cette perte de poids relatif s'opère d'abord au profit des secteurs industriels, puis progressivement au profit du commerce et des services. Ce faisant, le système français contribue de moins en moins – en valeur – à la création de richesses nationales : la part de la valeur ajoutée par l'agriculture passant de 5 % à 2 % du PIB de 1978 à 2005 et celle des IAA s'infléchissant de 2,6 % à 2,2 %. Cette diminution s'explique essentiellement par la baisse des prix relatifs puisque mesurée à prix constants la part de l'agriculture dans le volume d'activités nationales demeure stable, alors que celle de l'agroindustrie progresse légèrement. L'ouverture à la concurrence internationale s'est donc accompagnée de forts gains de productivité qui ont rendu possible une baisse des prix des produits agricoles et agroalimentaires, comme le mettent en évidence les comptes de surplus présentés ici.

Ainsi, l'activité économique, presque exclusivement rurale avant la révolution industrielle, se diversifie peu à peu. C'est ainsi que la population active agricole qui était d'environ 80 % en France avant 1800, diminuait lentement pour atteindre les 50 % à la fin du XIXe siècle et passait en dessous de la barre des 4 %, au début de la présente décennie.

Cette diminution drastique de la main-d'œuvre agricole s'est accompagnée malgré tout d'une augmentation sensible de la production agricole. En effet, cette dernière n'a cessé de progresser en vue d'alimenter une population en forte croissance. Elle est même devenue excédentaire à partir de la fin des années 1970 pour faire de la France un des tout premiers pays exportateurs de produits agroalimentaires. Les gains de productivité réalisés par et dans l'agriculture, se sont donc accélérés dès la fin de la seconde guerre mondiale, sous l'effet de politiques agricoles nationales et européennes. Elles ont rendu possible une réallocation des facteurs de production et favorisé une substitution du travail par le capital et par les consommations intermédiaires fournies par l'industrie et par les services.

Les travaux conduits dans le cadre de l'Inra par Jean-Pierre Butault à partir des Comptes nationaux, et sur lesquels nous nous appuyons ici, nous permettent de suivre la création et le partage des gains de productivités du système alimentaire français de 1979 à 2004 (Butault, 2008).

Comment évoluent les gains de productivité du SA français et quelles en sont les sources ?

Entre 1978 et 2005 le volume de la production du SA français n'a cessé de progresser, mais les rythmes qui ont marqué ces évolutions restent assez variables selon les secteurs et dégagent des tendances nettes au fléchissement des performances. Ainsi, la croissance annuelle moyenne observée de 1979 à 2004 qui est de 1,2 % pour l'agriculture et d'environ 1,5 % pour les IAA n'a pas été régulière au cours de cette période. On observe en effet une rupture et un déclin aux environs de l'année 1992, date à laquelle se met en place la réforme de la PAC. Jusqu'à cette période, la croissance de la production de l'agriculture française s'opère au rythme élevé de 1,7 % (moyenne 1979-1991) chaque année, passé cette date elle chute à 0,7 % (moyenne 1991-2004). Dans le même temps, la progression de la production des IAA connaît les mêmes tendances (de 2,5 à 0,7 pour le secteur de la viande et du lait et de 2,3 à 0,7 pour les autres IAA).

En agriculture, les volumes des facteurs qui ont été nécessaires à la production du secteur ont évolué, mais à un rythme moins rapide que les produits, expliquant les gains de productivité observés (dans le cas contraire les gains de productivité moyens auraient été négatifs). Cette économie relative des facteurs s'explique essentiellement par une très forte décroissance du nombre de travailleurs en agriculture, auxquels se sont substitués les consommations intermédiaires et le capital.

En ce qui concerne le secteur des IAA, on constate que si l'augmentation du volume de la production s'est faite à un rythme légèrement plus rapide que celle observée en agriculture, cette dernière ne s'est pas accompagnée, comme cela a été le cas pour cette dernière, d'une diminution (ne serait-ce que relative) du volume des facteurs de production. Le différentiel entre l'évolution du volume de la production et de celui des facteurs étant faible, le secteur des industries alimentaires n'aura dégagé, sur la période, que de faibles progrès de productivité globale.

En comparant les niveaux de consommation des principaux facteurs de production au volume de la production[6], on mesure les productivités partielles de ces facteurs. En pondérant et en combinant les productivités partielles de l'ensemble des facteurs de production, on obtient la productivité globale des facteurs de chacun des secteurs qui composent le système alimentaire français. Ces données sont synthétisées dans les graphiques suivants qui regroupent les progrès de productivités du SAF sur la période 1979-2004 (Butault., 2008).

Qui profite des gains de productivité du système alimentaire français ?

Certaines conclusions ressortent de ces mesures. La première est liée à l'importance du surplus de productivité dégagé par le complexe agroalimentaire français au cours de la période 1979-2004 que l'on peut évaluer à 42 milliards d'euros de 2000, sur toute la période. Ce montant important provient presque essentiellement du secteur agricole qui y a contribué pour plus de 90 %.

Les grands traits de la répartition qui a été faite de ce surplus sont synthétisés dans la figure 2.13 et peuvent se résumer ainsi :
– Les premiers bénéficiaires de cette distribution du surplus de productivité globale du complexe agroalimentaires ont été les clients de l'agriculture et des IAA qui ont prélevé sous forme d'abaissement des prix réels des produits agricoles l'équivalent de près de 36 milliards d'euros de l'année 2000 de ce surplus. Une partie toutefois de cette diminution des prix agricoles a profité au secteur agricole lui-même, par le biais des intra-consommations de la branche (11,2 milliards d'euros de l'année 2000). Ces derniers (héritages de l'agriculture à l'agriculture) ont contribué pour

---

6. Par exemple, la production blé par unité de surface, exprime la productivité partielle de la terre en quintaux à l'hectare.

près du tiers au surplus de productivité dégagé par ce secteur. Une autre part importante du surplus agricole a été transférée aux IAA (20 milliards) et le solde, relativement modeste (4,2 milliards d'euros de l'année 2000), a profité aux autres secteurs de l'économie.

– Finalement, ce sont les branches clientes des industries alimentaires qui ont profité des héritages que l'agriculture (20 milliards d'euros) et les autres branches (14 milliards d'euros) ont transmis aux IAA, puisque ces dernières ont obtenu près de 25,5 milliards d'euros de 2000, sous forme de diminution du prix des prix de leurs consommations intermédiaires. Ces 25,5 milliards d'euros se répartissaient pour moitié aux IAA elles-mêmes (13,2 milliards en intra-consommations), pour 1,6 milliard à l'agriculture et pour 10,3 milliards aux autres branches.

– Malgré l'importance du surplus de productivité globale mobilisé par l'économie agroalimentaire soit 42 milliards d'euros de l'année 2000, et malgré les transferts importants qui ont été opérés par l'agriculture et par les IAA à leurs clients industriels, on est frappé par la faiblesse des transferts destinés aux consommateurs finaux. Ces derniers sont proches de zéro au sortir du système alimentaire, soit légèrement négatifs pour l'agriculture (-0,2) et très faibles pour les IAA (4,5). Cette situation s'explique sans doute par le jeu des prélèvements opérés par le commerce qui a relevé de manière importante ses marges au cours de la période (Butault, 2008).

– Parmi les autres partenaires, le monde extérieur (par le jeu des exportations) a profité de la dégradation de la balance alimentaire de la France au cours de la période : près de 5,3 milliards d'euros de 2000 ont ainsi été transférés aux clients étrangers.

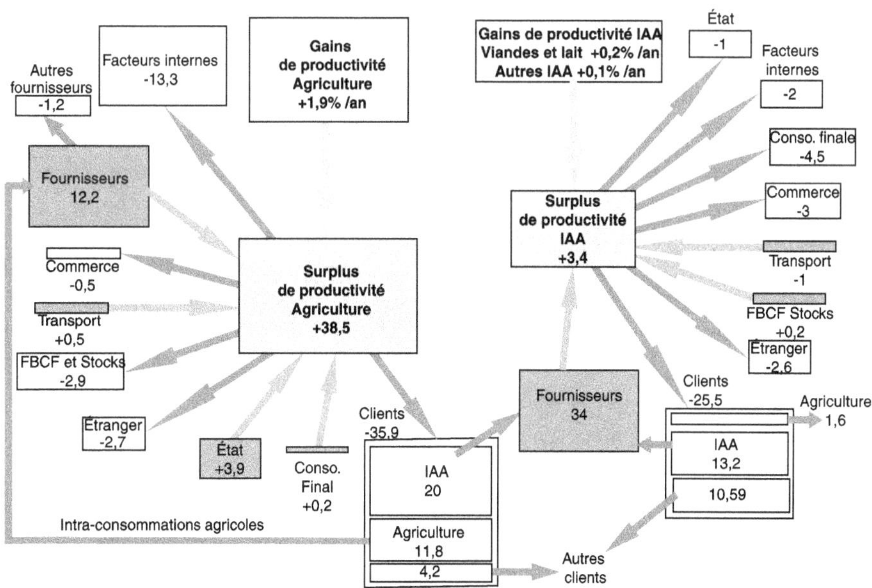

Figure 2.13. Partage du surplus de productivité globale du système alimentaire français, sur la période 1979-2004 (en milliards d'euros de 2000).

Source : élaboré à partir des travaux de J.-P. Butault, 2008.

– Enfin, ces chiffres laissent apparaître qu'une part non négligeable du surplus de l'agriculture française (13,3 milliards d'euros, soit plus du tiers) est allée aux facteurs de production interne (capital et travail agricole) à l'origine de la formation de ce surplus (productivité du travail en particulier) et qui avait besoin d'un grand rattrapage. Cependant, le secteur des IAA qui n'a pas fait preuve d'une grande performance technique ni d'une forte capacité concurrentielle n'a pas été en mesure d'améliorer la rémunération de ses facteurs internes.

▸▸ Conclusion

L'histoire du développement agroalimentaire occidental particulièrement rapide au cours des deux derniers siècles se caractérise par une série de bouleversements importants qui expliquent la formation de l'économie agroalimentaire actuelle. Il y a deux cents ans, la plupart des activités liées à l'alimentation se réalisaient au sein de l'exploitation agricole qui constituait à la fois une unité de production et de consommation. Les analyses précédentes mettent en valeur ces mutations rapides des systèmes alimentaires sous l'effet de la croissance économique. On observe que la division technique et spatiale du travail s'est accompagnée d'une spécialisation et d'une répartition des tâches. Des exploitations agricoles de plus en plus spécialisées y assurent exclusivement la production végétale et animale, et toutes les activités qui ne sont pas strictement agricoles ont été transférées vers d'autres secteurs industriels ou artisanaux, d'aval ou d'amont et vers les entreprises de services et le commerce. L'agriculture achète de plus en plus de produits industriels (engrais, produits phytosanitaires, services, machines, énergie, etc.) pour améliorer sa productivité et intensifier sa production. Elle fournit, en retour, de plus en plus de matières premières aux industries de transformation et de produits aux entreprises commerciales qui se sont intercalées entre elles et le consommateur.

La « fonction alimentation » n'est plus assurée uniquement par l'agriculture, mais par un grand nombre d'unités de production et de distribution qui constituent le champ de l'économie agroalimentaire dont l'agriculture n'est qu'une composante. Dans le même temps, l'agriculture et l'industrie agroalimentaire s'internationalisent et deviennent chaque jour plus dépendantes économiquement et technologiquement de leurs partenaires nationaux et étrangers et de plus en plus vulnérables face aux influences internationales.

▸▸ Références bibliographiques

BRAUN-LEMAIRE I., 2001. Évolution et répartition du surplus de productivité, Insee, série des documents de travail de la direction des études et synthèses économiques, Paris.

BURDA M., WYPLOSZ C., 1993. *Macroéconomie, une perspective européenne*, de Boeck, Bruxelles, 577 p.

BUTAULT J.P., 2008. La répartition des gains de productivité dans la filière agroalimentaire entre agriculture, IAA, commerce et consommateurs, France : analyse 1978-2005, Inra, Paris.

BUTAULT J.P., 2008. La relation entre prix agricoles et prix alimentaires. *Revue française d'économie*. XXIII (2). Paris. 215.241.

Courbis R., Templé P., 1975. Méthode des « comptes de surplus » et ses applications macroéconomiques, collections de l'Insee : comptes et planification. Série C ; n°. 35, Insee, Paris.

Documents du CERC, 1969. Productivité globale et comptes de surplus de la S.N.C.F. 3-4, Paris.

Ghersi G., 1976. Création et partage du surplus de productivité globale dans l'agriculture : application au cas de l'agriculture française et québécoise, Montpellier : IAM, 1976/04, n. 3.

Ghersi G., Lalonde L.G., 1996. Introduction à l'analyse macroéconomique du complexe agroalimentaire, *Économies et sociétés : série développement agroalimentaire*, 26 (6).

Goldberg R.A., Davis M., 1957. *A concept of agribusiness*, Harvard university, Boston, 136 p.

Grelet-Terriou C., Diard M.-C., 2005. *La nouvelle Comptabilité nationale*, Vuibert, Paris, 232 p. <http://gallica.bnf.fr/ark:/12148/bpt6k106140h.image.f1>. <http://www.oecd.org/dataoecd/38/19/2674307.pdf>.

INSEE, 2008. Tableaux de synthèse, Les comptes de la Nation en 2007 – Base 2000, mise à jour du 15 mai 2008, <http://www.insee.fr/fr/themes/comptes-nationaux/souschapitre.asp?id=41>.

INSEE, 2008. Comptes nationaux, séries annuelles.

Institut de la statistique du Québec, 2008. Méthode de qualification des grappes industrielles québécoises, Québec, 511 p.

Leontief W., 1953. *Studies in the Structure of the American Economy*, Oxford University Press, New York, 561 p.

Lequiller F., Blades D., 2004. *Comptabilité nationale : manuel pour étudiants avec cédérom de la base de données Insee*, Economica, Paris, 356 p.

Malassis L., Ghersi G, 2000. Sociétés et économie alimentaire. In : Les cinquante premières années de la SFER : quel avenir pour l'économie rurale ? *Économie rurale*, Paris, 255-256.

Malassis L., 1983. Filières et systèmes agroalimentaires, *Économies et sociétés*, n° 17, série A, G (mai 1983).

Malassis L., Ghersi G, 1996. *Économie de la production et de la consommation : méthodes et concepts*, Cujas, Paris, 396 p.

Massé P., Bernard P., 1969. *Les dividendes du progrès*, Édition du Seuil, Paris.

OCDE, 1993. Système de Comptabilité nationale, Paris, 61 p. <http://www.oecd.org/dataoecd/38/19/2674307.pdf>.

Onudi, 1998-2003. Statistiques industrielles. Vienne.

Quesnay F., 1759. Tableau économique, suivi de Extrait des économies royales de M. de Sully. <http://gallica.bnf.fr/ark:/12148/bpt6k106140h.image.f1>.

Vanoli A., 2002. *Une histoire de la Comptabilité nationale*, éditions La découverte, Paris, 656 p.

Vincent A. L., 1968. *La mesure de la productivité*, Éditions Dunod, Paris.

Chapitre 3

L'analyse
de filières agroalimentaires

L'idée de filière est née de l'observation des relations amont-aval apparaissant entre agents dans tout système économique en croissance. Ces relations sont d'ordre technique (des facteurs de production aux produits finis), marchand, et s'établissent par le jeu du marché, et d'ordre relationnel et font alors appel aux analyses des coordinations entre acteurs.

La définition classique d'une filière est donnée par Y. Morvan : « une filière de production est une succession d'opérations de transformation dissociables entre elles et liées par des enchaînements techniques. Ces opérations donnent lieu à un ensemble de relations économiques et commerciales, qui débouchent elles-mêmes sur des stratégies de la part des acteurs de la filière. » (Morvan, 1991). On constate que le marché final, c'est-à-dire l'appareil de distribution et le consommateur sont absents de cette définition. Pour certains auteurs, le consommateur est partie prenante de la filière. Il paraît en effet légitime et opérationnel de considérer le côté de la demande pour déboucher sur des recommandations pertinentes en terme d'orientation et de pilotage des filières. L'analyse du consommateur relève toutefois des spécialistes de l'économie expérimentale ou du *marketing* et va donc nécessiter des approches spécifiques qui ne sont pas traitées ici mais dans le chapitre suivant.

Le concept de filière a ainsi été formalisé par les économistes industriels pour faire référence à un ensemble d'activités liées dans un processus de production-transformation-distribution d'un bien ou d'un service[1]. Les travaux fondateurs remontent à l'entre-deux-guerres (Mason, 1939) et ont donné naissance à une branche des sciences économiques appelée *Industrial organization* (économie industrielle en français)[2] développée dans le cadre de la théorie SCP (Structure-Comportement-Performance), dont la formalisation la plus aboutie est

---

1. Ce chapitre a tiré parti de discussions au sein de l'UMR Moisa et lors du séminaire Acralenos II, Libéralisation commerciale agricole et pays en voie de développement : des effets attendus aux impacts effectifs, 4 enjeux décisifs, GDR CNRS EMMA – CEPALC, Santiago de Chile, 9-10 novembre 2006 autour d'une communication préparée par Bencharif et Rastoin (2006).
2. Ces travaux ont été développés en France dans le cadre universitaire par l'ADEFI (1978 et 1985). Ils doivent beaucoup aux travaux de Jacques de Bandt (de Bandt, 1982) et d'Yves Morvan (Morvan, 1991).

due à Scherer, (Scherer, 1973), adaptée en France, notamment par Jean-Marie Chevalier, (Chevalier, 1995). L'économie industrielle appliquée à l'analyse de filière a fait l'objet de développement au sein de 3 courants théoriques : la micro-économie standard qui mobilise des outils mathématiques sophistiqués (Laffont et Moreaux, 1991), l'économie et la stratégie industrielle (Julien et Marchesnay, 1997) dont le spécialiste le plus connu est M. Porter (Porter, 1980, 1986, 1993) et enfin l'économie néo-institutionnelle, dont le courant principal est la théorie des coûts de transaction (Williamson, 1975), et dont l'une des branches, l'économie des conventions (Boltanski et Thévenot, 1987, Eymard-Duvernay, 1989) est proche de la sociologie des organisations. Une approche historique et empirique des filières alimentaires depuis l'Antiquité est présentée par Warren Belasco et Roger Horowitz, de l'université de Pensylvanie (Belasco & Horowitz, ed., 2009). Pour être complet sur cette période épistémologique, il convient de mentionner la théorie des systèmes imaginée par les biologistes (von Bertalanffy, 1968) et ensuite transposée dans le domaine de l'économie et de la gestion (Lemoigne, 1977), même si ces travaux relèvent plus d'une méthode que d'une théorie. Ces différentes approches apparaissent aujourd'hui beaucoup plus complémentaires que concurrentes et exclusives, en dépit de vigoureuses polémiques académiques. En effet, la filière est un objet complexe qui nécessite une analyse nécessairement multidisciplinaire pour déboucher sur des validations empiriques robustes. Ce foisonnement, à la fois sémantique, paradigmatique et instrumental, conduit à l'absence aujourd'hui d'une méthode d'analyse de filière unifiée et reconnue dans le monde académique.

Il nous semble néanmoins que le cadre méthodologique dénommé *Global Value Chain Analysis* (Chaîne globale de valeur), dont l'un des promoteurs est Gary Gereffi (Gereffi and Korzeniewicz, 1994) est une tentative intéressante pour fédérer sinon unifier les approches. En effet, la CGV, d'une part intègre les approches socio-politiques de la production et du marché (Granovetter, 1985), qui apparaissent de plus en plus prégnantes dans l'organisation des filières et, d'autre part, prend en compte la dimension géostratégique de la mondialisation. Par mondialisation (ou *globalization* en anglo-américain), on entend ici : internationalisation croissante des échanges de toute nature (commerce de biens et services, mouvements de capitaux, flux humains et informationnels), accompagnée d'une réorganisation de l'espace territorial à l'échelle mondiale. Comme l'a fort bien démontré Suzanne Berger (Berger., 2005), cette réorganisation se fait à 3 niveaux : macro-économique (les accords gouvernementaux, multilatéraux), méso-économique (les filières) et micro-économique (les entreprises) et s'inscrit dans le contexte général de la libéralisation économique.

L'analyse de filière appliquée au système agroalimentaire, dans la perspective historique d'une intégration au marché et à la mondialisation constitue la trame contextuelle, théorique et empirique des travaux récents consacrés aux filières. Nous proposerons dans une première partie, après une revue de la littérature et des différentes méthodes mobilisées pour l'analyse de filières, un modèle simple de caractérisation des filières agroalimentaires. Dans un second temps, nous illustrerons cette approche par trois études de cas de la filière : les blés en Algérie, le porc au Québec, les fruits et légumes dans l'Euro-Méditerranée. Nous conclurons ce chapitre par une évaluation et une discussion du concept de filière.

▸▸ Fondements théoriques et principales méthodes de l'analyse de filières dans l'agroalimentaire

Nous avons vu dans le chapitre 1 que les premières analyses de filière ont été réalisées aux États-Unis par R.A. Goldberg sur le soja de la *Corn Belt* et les agrumes de Floride (Goldberg, 1968). En France, nous avons mentionné les nombreux travaux des économistes de l'Inra et des établissements d'enseignement supérieur agronomique sous l'impulsion de J. Le Bihan et L. Malassis, également à partir des années 1960.

Selon R.A. Golberg, « l'approche filière » (*commodity system*, en anglais) englobe « tous les participants impliqués dans la production, la transformation et la commercialisation d'un produit agricole. Elle inclut les fournisseurs de l'agriculture, les agriculteurs, les entrepreneurs de stockage, les transformateurs, les grossistes et détaillants permettant au produit brut de passer de la production à la consommation. Elle concerne enfin toutes les « institutions », telles que les institutions gouvernementales, les marchés, les associations de commerce qui affectent et coordonnent les niveaux successifs sur lesquels transitent les produits. » (Goldberg, 1968). Cette définition n'a pas pris une ride. Elle a été largement confortée par l'approche systémique développée par la suite (Rastoin, 1995 ; Thiel, 1998). Tout au plus, nous suggérons de remplacer dans la dernière partie « associations de commerce » par « associations professionnelles et associations de consommateurs », pour mieux prendre en compte l'ensemble des acteurs concernés. L'agroalimentaire a été un secteur de prédilection pour l'analyse de filières. On trouvera dans Lauret et Pérez (1992) et Montigaud (1992) un exposé détaillé de la méthode d'analyse de filière inspirée par l'économie industrielle et les sciences de gestion.

La notion de filière a une base technique, mais elle n'a de sens que par rapport à une viabilité économique. On peut ainsi proposer une définition plus synthétique que celle de Goldberg : une filière est un ensemble d'acteurs et de processus technologiques et économiques qui concourent à l'élaboration et à la commercialisation d'un produit ou d'un groupe de produits. On va retrouver ici l'analogie avec le cours d'eau utilisée pour définir le système alimentaire.

À partir de là, il est possible d'adopter deux démarches :
– une approche amont -> aval, c'est-à-dire partant d'une matière première et aboutissant aux produits commercialisés vers le consommateur final ou vers d'autres entreprises. Cette démarche est utile pour les producteurs de matières premières. Elle leur permet de raisonner dans l'optique « valorisation d'un potentiel », mais elle doit être complétée par l'approche suivante.

– une approche aval -> amont, qui part du marché (consommateur final) et remonte vers la ou les matières premières de base. Par exemple, la filière « sucre » comporte deux matières premières classiques, canne et betterave, et de nouvelles origines comme le maïs, ces trois denrées étant en concurrence sur le marché des produits sucrants. Cette approche nous paraît indispensable à mener, car elle permet de piloter les filières par la demande et de faire apparaître les problèmes de concurrence entre produits génériques.

La figure 3.1 présente les deux approches (approche technique descendante et approche économique remontante).

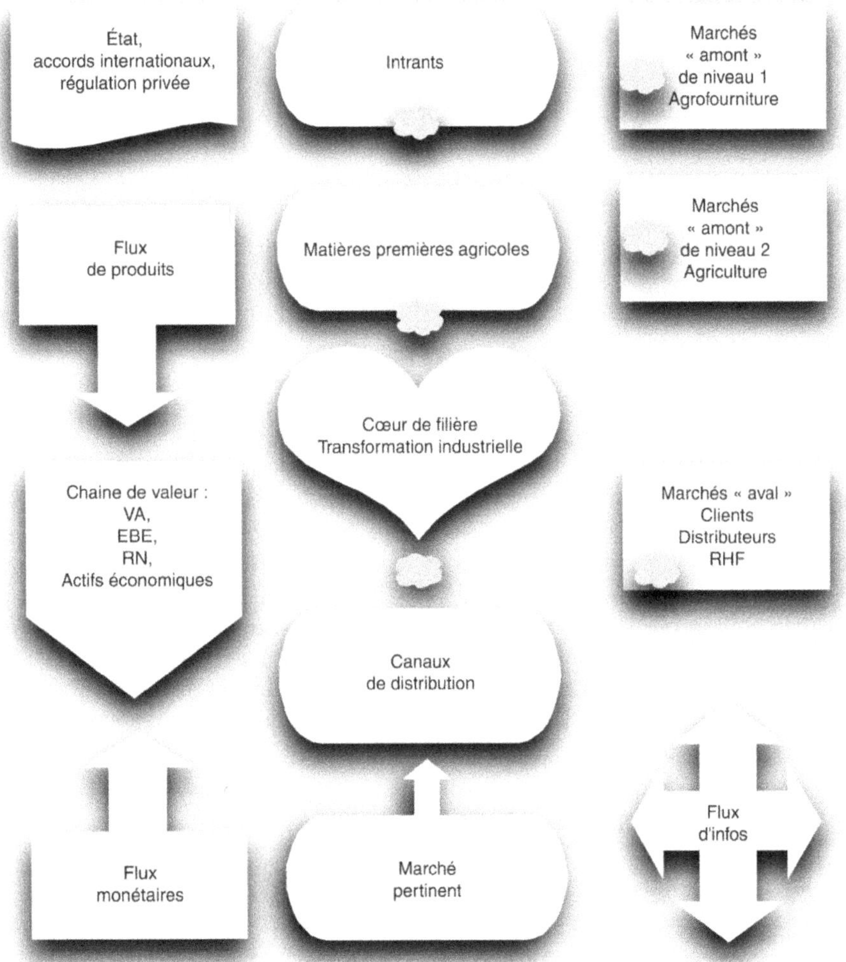

Figure 3.1. Deux conceptions de la filière.

VA : valeur ajoutée ; RBE : résultat brut d'exploitation ; RN : résultat net ; RHF : restauration hors foyer.

Cette figure est très simplifiée par rapport à certaines situations rencontrées notamment dans les pays en voie de développement (multiplicité des circuits de commercialisation du fait de leur grande spécialisation sur un segment de la filière : commerce de gros, de demi-gros, par type de produits, par exemple banane et plantain). Le nombre de niveaux de la filière peut donc être supérieur à 4. Dans les pays riches, au contraire, le circuit de commercialisation est simplifié à l'extrême, car les firmes de la grande distribution intègrent le stade du grossiste dans leurs centrales d'achat. En revanche, on assiste dans ces pays à une fragmentation de l'industrie de transformation qui peut comporter 3 ou 4 niveaux (*cracking*, ingrédients, assemblage) et à la présence de nombreux fournisseurs spécialisés dans l'agrofourniture ou les services à l'entreprise. On trouvera ci-dessous plusieurs exemples de formalisation de filière (céréales et fruits et légumes en France, fruits et légumes dans l'espace euro-méditerranéen, bananes dans les Îles-Sous-le-Vent et tomates d'industrie en Europe) montrant la densité du maillage des filières et confirmant l'intérêt de disposer de telles représentations, véritables maquettes, pour poser, de manière synthétique, la problématique de recherche et d'étude. Les modélisations mathématiques très sophistiquées pratiquées par certains économistes gagneraient souvent en pertinence par rapport à un objectif d'aide à la décision si elles étaient précédées de telles formalisations et discutées sur leur base.

Les méthodes d'analyse susceptibles d'être mobilisées sont nombreuses. Les premières sont issues de la Comptabilité nationale. Elles ont été complétées par les travaux des planificateurs. Par la suite, on a appliqué les méthodes de l'économie industrielle (paradigme structure-comportement-performance, SCP, puis analyse concurrentielle et stratégique). Les approches les plus récentes des sciences économiques et sociales débouchent sur le concept OID (opérations-information-décision) issu de l'analyse de système que nous avons présenté dans le chapitre 1, et sur celui de chaîne globale de valeur. Tous deux mobilisent plusieurs disciplines.

Nous présenterons successivement ces différentes méthodes, sachant qu'elles se complètent et se recoupent, en les organisant comme suit :
– l'analyse structurelle,
– l'approche de l'économie industrielle,
– l'approche concurrentielle et stratégique,
– l'approche institutionnaliste,
– l'approche systémique,
– le concept de chaîne globale de valeur.

L'analyse structurelle des filières

Les premières analyses de filière ont été pratiquées par des économistes des services de planification qui s'intéressaient à la formation des valeurs ajoutées et des marges au sein des filières, aux niveaux relatifs des prix, aux échanges extérieurs des filières, à la productivité des facteurs de production, etc. Ce type d'analyse tombé en désuétude à la fin des années 1970, retrouve une actualité du fait de la mondialisation et des tensions entre acteurs à propos du partage de la valeur créée dans la filière.

L'approche de l'École francophone d'économie agroalimentaire a permis de mettre en évidence la dépendance et les effets d'entraînement dans les filières agroindustrielles et entre les filières (chapitre 2) ainsi que la création et la répartition des gains de productivité au sein du complexe agroindustriel (chapitre 2).

Il est aujourd'hui relativement facile (dans la limite des statistiques disponibles et notamment de l'existence d'un TES de Comptabilité nationale) de représenter et d'analyser les filières avec de tels outils. Comme nous l'avons montré dans le chapitre 1, le couplage d'une analyse macro-économique issue du TES avec une analyse micro-économique permise par les bases de données sur les entreprises (publique telle que Alisse-Suse en France ou privée telle qu'Amadeus), permet d'aller en profondeur dans la compréhension de la structure et du fonctionnement des filières.

Les organigrammes de filière

La méthode consiste, dans un premier temps, à matérialiser sous forme de schéma de type organigramme liant des cases (acteurs) entre elles et chiffrant les productions, les stocks et les flux de produits au sein de l'espace national entre les différents maillons de la filière et en provenance (importations) ou vers l'extérieur (exportations). Généralement, il est possible d'indiquer des grandeurs physiques (volumes en milliers ou millions de tonnes selon l'importance de la filière), chiffre d'affaires et emplois.

On trouvera ci-dessous des formalisations de ce type pour les filières suivantes, dans le cas de la France :
– filière céréales,
– filière fruits et légumes.

La filière céréales en France

L'organigramme économique présenté (figure 3.2)[3] procède de la démarche descendante. Il concerne l'ensemble des céréales dont les trois principales en France sont le blé, le maïs et l'orge (respectivement 58 %, 25 % et 17 % au niveau de la production). Il peut s'interpréter comme suit, d'amont en aval. L'amont de la filière est constitué de 331 500 exploitations agricoles déclarant, en 2004-2005 une production de céréales et oléoprotéagineux (COP). Les exploitations spécialisées en grande culture sont de taille importante (121 000 de 80 ha en moyenne et 11 % de plus de cent hectares). La production pour cette campagne a légèrement dépassé 70 millions de tonnes (10 milliards d'euros de chiffre d'affaires), dont 10 millions ont été auto-consommées (alimentation animale principalement). Les rendements sont élevés (7,5 t/ha pour le blé). La collecte (58 millions de tonnes) correspond à la fraction de la production commercialisée par les agriculteurs. Elle est complétée par 500 000 t d'importations. Le disponible est majoritairement exporté (61 %).

Les utilisations intérieures correspondent aux semences (négligeable, car les agriculteurs s'approvisionnent sur le marché), à la première transformation et aux pertes (non estimées ici, mais probablement très faibles). L'industrie de premier niveau concerne surtout l'alimentation animale (44 % des utilisations de matières premières céréalières), la meunerie (22 %), et l'amidonnerie (19 %), puis la malterie (7 %), la semoulerie (3 %) et la maïserie (moins de 2 %). En deuxième transformation figurent la fabrication de pâtes et semoules, la brasserie, la panification, la biscuiterie, les autres IAA et AINA (agro-industries non-alimentaires). Cet organigramme permet de révéler et quantifier les principaux débouchés de la matière première « céréales », son haut niveau technologique (productivité) et son excellente performance internationale (taux d'exportation élevé, peu d'importations). Toutefois, la plus grande partie de la matière première reste exportée sans valorisation industrielle. La filière céréales en France, avec la filière des oléoprotéagineux et celle du sucre constitue le puissant secteur des « grandes cultures » doté d'entreprises agricoles et agroindustrielles très performantes.

---

3. Cet organigramme d'excellente facture a été élaboré par les économistes d'Unigrains que nous remercions ici pour leur collaboration à ce traité. Unigrains constitue le pôle financier et d'étude de la filière française des céréales.

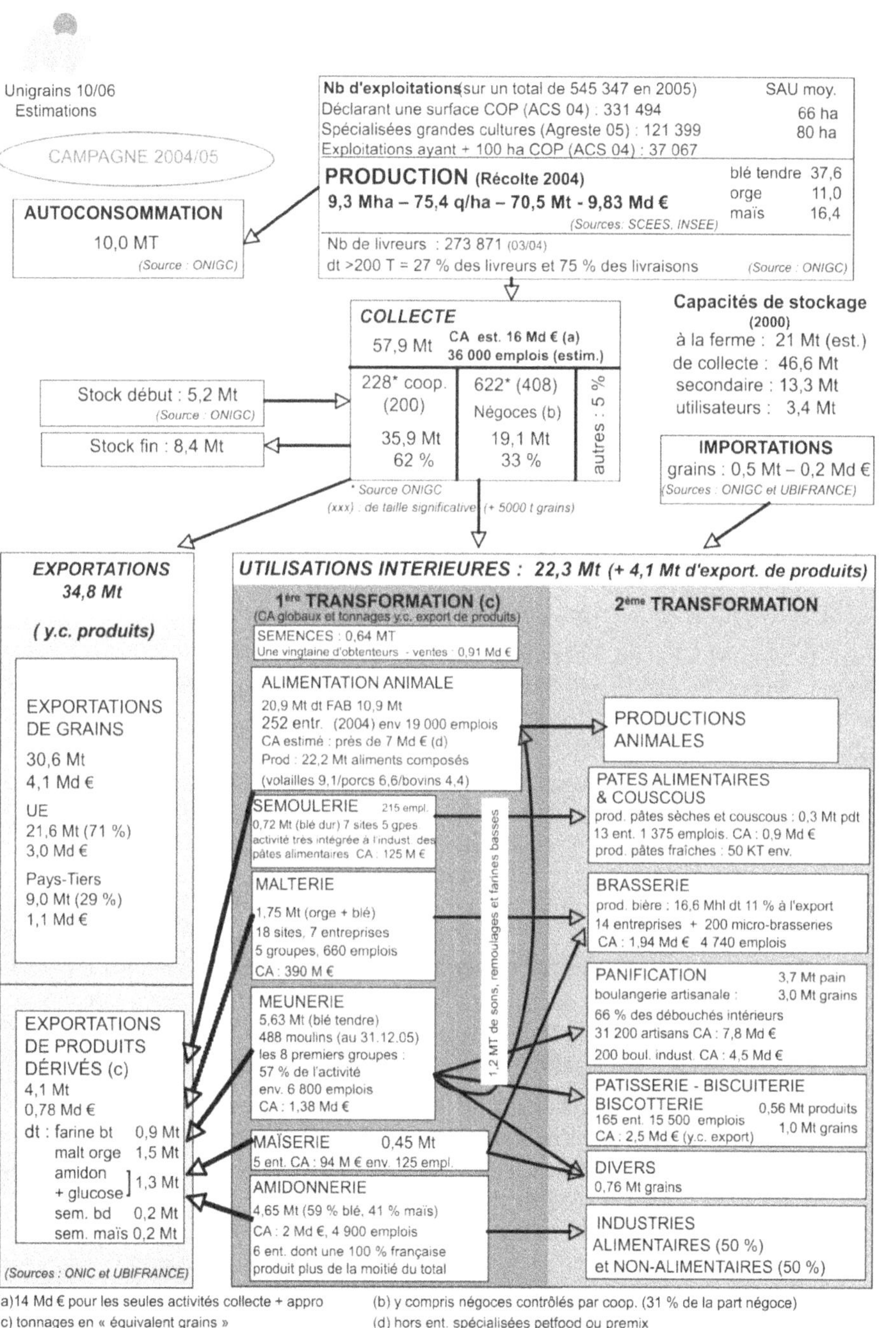

Figure 3.2. La filière française des céréales, 2004-2005.
Source : Unigrains, 2007.

La filière fruits et légumes

Cette filière constitue en réalité un ensemble très hétérogène, car elle rassemble des produits différents, de façon quelque peu artificielle : qu'y a-t-il de commun entre une pêche qui relève d'une culture pérenne de plein champ et dont la période de production s'étend sur 3 mois et une tomate sous serre qui comporte plusieurs rotations sur une année et relève d'une technique « hors-sol » totalement artificialisée ? Les conditions économiques sont également très éloignées entre ces deux produits (très lourds investissements dans le deuxième cas) ainsi que les marchés (légumes présents toute l'année dans les supermarchés et fruits de saison). Toutes ces raisons font que pour une étude approfondie, il est indispensable de descendre au niveau du produit.

Toutefois, certains points sont communs et justifient une approche de l'ensemble des fruits et légumes. En premier lieu et du point de vue technique, les fruits et les légumes font partie de la catégorie « produits frais » de l'univers alimentaire, c'est-à-dire qu'ils sont consommables en l'état (même si, bien entendu, ils peuvent être transformés par un processus industriel ou artisanal). Cette caractéristique implique notamment un traitement (chaînes de lavage, calibrage et conditionnement), des emballages (un *packaging*) et une logistique particuliers (transport et stockage sous froid positif). En second lieu, les structures et le fonctionnement des marchés sont identiques pour les deux types de produits, à quelques nuances près.

Jean-Claude Montigaud, chercheur à l'Inra, a élaboré un schéma à partir du cas français (mais valable dans la plupart des pays européens) décrivant ces marchés et faisant apparaître une typologie de comportement d'opérateurs et différents niveaux de mise en marché entre le producteur en amont et le consommateur en aval (Montigaud, 1975). Les opérateurs, en fonction de leur taille et de leur forme managériale peuvent être qualifiés d'autarciques (jardins familiaux destinés à la consommation domestique), de familiaux (petite production dont une partie est vendue), de semi-industriels (exploitations agricoles ayant un volume de production suffisant pour justifier des équipements spécifiques de culture et de récolte) et d'industriels (exploitations agricoles spécialisées de dimension importante, par exemple 50 ha de pommes ou 5 000 m ^{2} de serres légumières). Les deux premières catégories de producteurs ont pratiquement disparu en France, mais on observe une certaine stabilité de la production familiale destinée à l'autoconsommation (de l'ordre de 3 à 5 % de la consommation totale).

Les niveaux de mise en marché sont au nombre de 4 (figure 3.3) et correspondent à autant de « nœuds » de transaction commerciale et de fixation de prix. Le premier niveau correspond à un marché « physique », c'est-à-dire que les produits sont présents et font l'objet d'accords de gré à gré entre vendeurs et acheteurs ou de cotation par un système d'enchères (marchés au cadran en Bretagne ou veilings aux Pays-Bas). Ces marchés physiques sont très importants, car ils assurent la confrontation entre l'offre et la demande et la transparence des prix. C'est pourquoi ils sont souvent organisés par les pouvoirs publics (cas des MIN, marchés d'intérêt national, créés en France dans les années 1960-1970[4]). Sur ces marchés sont présents des

---

4. Le marché de gros de Rungis a été créé en 1969. Il s'agit du plus grand marché de produits alimentaires frais du monde. Chiffres-clés en 2007 : 1 213 entreprises sur 212 ha, employant 12 000 salariés, 7,6 milliards de CA, 1,5 millions de tonnes de produits échangés et 18 millions de consommateurs approvisionnés.

expéditeurs qui, avec les grossistes, formant le niveau de deuxième mise en marché. Les grossistes vendent leurs produits aux détaillants (formation du prix de gros), qui eux-mêmes approvisionnent les consommateurs finaux (ménages). Avec le développement de la grande distribution, on peut avoir des circuits plus courts, les centrales d'achat traitant directement avec des expéditeurs qui peuvent être des coopératives ou des gros producteurs. Il y a donc intégration d'une bonne partie de la filière, pour de gros volumes, au sein d'une même entreprise, ce qui confère à cette entreprise un pouvoir de marché considérable.

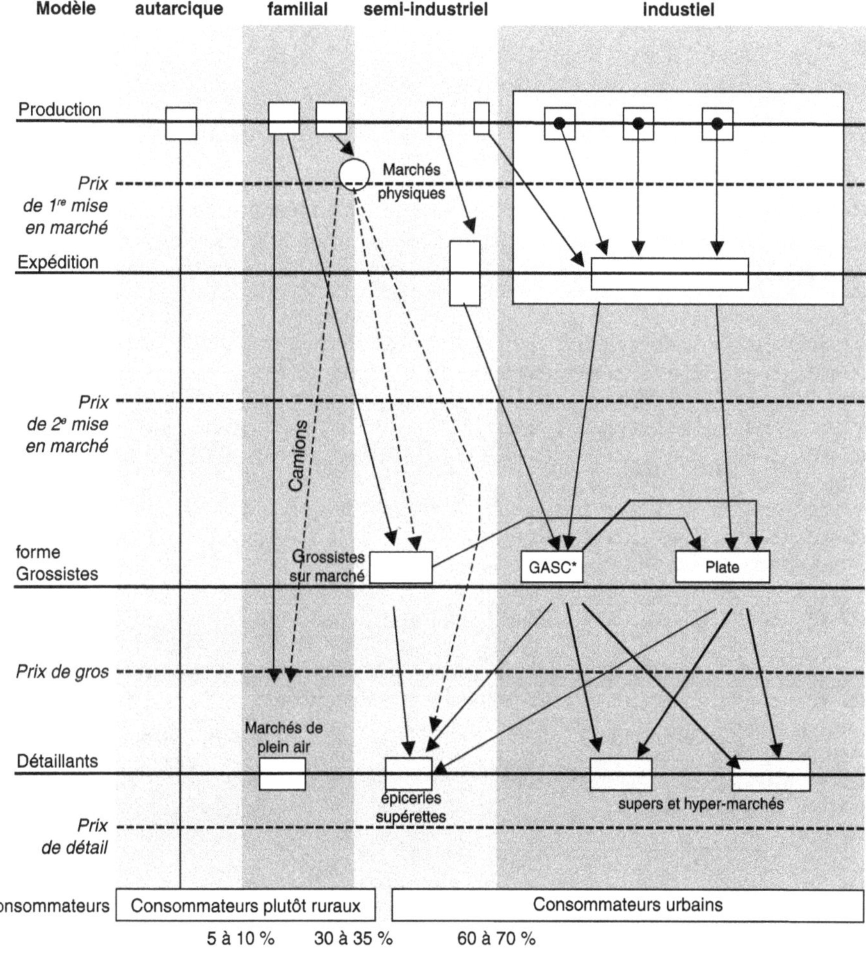

Figure 3.3. Les filières fruits et légumes frais (France 1980-2007).

Source : Montigaud J.C., 2008. La filière fruits et légumes en France, séminaire CIHEAM, Saragoza, 20-24 octobre, non publié.

On trouvera un peu plus loin dans ce chapitre (section 3.4) une analyse quantitative de la filière fruits et légumes dans les pays méditerranéens de l'Union européenne.

L'analyse économique structurelle

Pour aller plus loin, il est nécessaire de calculer, pour chaque maillon de la filière, les marges ou soldes intermédiaires de gestion (SIG) présentés dans le tableau 3.1. Le chaînage du premier des SIG, la valeur ajoutée, va expliquer de façon claire la formation des prix et le partage du chiffre d'affaires final entre acteurs de la filière. On a en effet, dans un modèle simple du système alimentaire (sa) à 3 secteurs, agriculture (a), industries agroalimentaires (iaa) et commerce de produits alimentaires (c) :

$$CAsa = (CAa - CIa) + (CAiaa - CIiaa) + (CAc - CIc),$$

soit :

$$CAsa = VAa + VAiaa + VAc$$

Avec CA, chiffre d'affaires, CI, consommations intermédiaires et VA, valeur ajoutée.

Pour parvenir aux marges nettes, il convient de retirer les autres coûts, selon le schéma classique de la comptabilité d'entreprise (très proche de celui de la Comptabilité nationale, cf. chapitre 2) :

Tableau 3.1. Les soldes intermédiaires de gestion dans un compte de résultat simplifié.

Charges (-)	Produits (+)
Achats d'approvisionnements	Production
Autres charges externes	
= Valeur ajoutée	
Impôts et taxes (hors TVA)	Subventions d'exploitation
Salaires et charges sociales	
= Excédent brut d'exploitation (EBE)	
Dotations aux amortissements et provisions	
= Résultat d'exploitation (RE)	
Charges financières (intérêts)	Produits financiers
= Résultat courant avant impôt (RCAI)	
Charges exceptionnelles	Produits exceptionnels
Impôts / bénéfices	
= Résultat net (RN)	

Source : d'après Comptabilité nationale française.

Nous recommandons d'utiliser 3 des soldes intermédiaires de gestion (SIG dans le jargon des gestionnaires) figurant dans le tableau 3.1 : la valeur ajoutée, le résultat d'exploitation qui donne un indicateur de l'intensité en main-d'œuvre et en capital du processus de production et le résultat net ou marges nettes qui mesure l'ensemble du processus managérial.

On aura donc ces trois indicateurs qui pourront être représentés sous forme de ratio par rapport au chiffre d'affaires, pour chacun des niveaux de la filière. Il est également possible de procéder à des comparaisons entre filières aux différents stades. À titre d'exemple, on donne ci-dessous les calculs faits pour les entreprises de transformation dans deux filières en France (tableau 3.2).

Tableau 3.2. Soldes intermédiaires de gestion pour les entreprises de transformation de deux filières en France, 2007.

SIG en % du chiffre d'affaires hors taxes	Vinification	Fabrication de bière
Valeur ajoutée	18,6	37,0
Excédent brut d'exploitation	5,1	14,9
Résultat net comptable	1,0	6,3

Source : données Agreste, 2008.

Sur la base des trois ratios retenus, on constate des écarts de performance importants entre ces deux filières qui se situent sur le marché des boissons alcoolisées. La bière génère une valeur ajoutée deux fois plus élevée que le vin, un EBE trois fois supérieur et un résultat net six fois plus grand. Sur trois critères du management – gestion des achats, gestion des facteurs travail et capital, gestion financière – le secteur de la brasserie obtient de meilleurs résultats que celui de la vinification. Cette situation s'explique principalement par les structures de marché (fortement atomisé pour le vin) et les tendances de la consommation (en déclin marqué pour le vin).

La méthode des effets

Un approfondissement de l'utilisation des outils de la Comptabilité nationale a été beaucoup utilisé dans les années 1960-1970 dans le cadre des travaux de planification en PVD. On peut faire référence notamment à la « méthode des effets » ou méthode Chervel (Chervel, 1987). Il s'agit d'une méthode d'évaluation économique des projets d'investissement productif. Cette méthode a pour but, entre autres, d'estimer la rentabilité économique d'un projet de filière intégrée, tout en faisant apparaître la contribution à la croissance, les distributions de revenus et l'impact sur les échanges extérieurs par rapport à une situation de référence. Elle a été formalisée sous le vocable « évaluation de projets » par la Banque mondiale, la FAO et l'Onudi et utilisée, par exemple, pour analyser la filière sucre et cacao en Côte-d'Ivoire. Cette méthode suscite à nouveau de l'intérêt dans les projets de création de filières territorialisées (par exemple filière soja dans le Mato Grosso brésilien ou filière agrocarburants en Champagne).

On peut synthétiser la démarche proposée par Chervel en 3 étapes :
– identification des objectifs poursuivis par les autorités politiques (le revenu national ou régional et sa répartition), et de l'ensemble des contraintes pesant sur l'économie, il sera ensuite procédé à une analyse de l'impact du projet sur l'économie nationale ou locale. Cela permet, d'une part, de mesurer les effets sur les revenus des diverses catégories d'agents et, par ailleurs, de mesurer ses prélèvements sur les ressources rares dans l'économie ;

**Encadré 3.1. L'évaluation d'impact dans une filière intégrée
à l'aide de la méthode du taux de rentabilité interne.**

Le taux de rentabilité interne (TRI) se calcule en résolvant l'équation suivante :

TRI = r, tel que :

Investissement initial $- [RN_1 / (1 + r) + RN_2 / (1 + r)^2 + ... + RN_n / (1 + r)^n] = 0$

avec : R, taux d'actualisation ; RN, rentrée nette de trésorerie ; n, nombre d'années

Comme la formulation l'indique, le TRI est un taux d'actualisation qui a la propriété d'établir une stricte égalité entre le montant (au besoin actualisé à ce taux) des capitaux investis et la valeur (actualisée elle aussi à ce taux) des flux de revenus.

Contrairement à d'autres méthodes d'analyse de projets d'investissement, le TRI ne fournit pas de règles de décision. Il faut en effet le comparer au coût du capital (ou taux de rejet) pour obtenir un critère de choix : ainsi, si le TRI est supérieur ou égal au taux k, le projet doit être jugé rentable. Un TRI supérieur au coût du capital a donc nécessairement la même signification qu'une VAN positive.

Le TRI est par conséquent :
– le taux qui rendrait nul le résultat de l'opération d'investissement si les capitaux investis étaient « empruntés » à ce taux ;
– pour la durée de vie n de l'investissement, le taux de rendement que l'on percevrait en moyenne (avec des revenus variables d'une année sur l'autre) sur la période, ce qui ne veut pas dire que l'on toucherait chaque année le même rendement.

Il est donc clair qui si la VAN d'un projet est positive, le TRI de ce même projet doit être supérieur au taux k.

En conclusion, le TRI est, comme la VAN, inapte à évaluer la liquidité d'un projet. Le TRI comporte d'autres limites :
– il a d'abord la particularité d'être un pourcentage, ce qui est souvent confortable du point de vue pédagogique, le rend ainsi très sensible au montant des capitaux investis, au profil des flux de revenus et à la durée de l'activité ;
– il a ensuite le désavantage de se présenter, sur le plan mathématique, comme la racine d'un polynôme à x degrés dont les termes peuvent être tantôt positifs, tantôt négatifs. En résolvant ce polynôme, on risque de trouver autant de racines (et donc autant de TRI) qu'il y a de changements de signes dans les termes. C'est la raison pour laquelle son calcul manuel et sa détermination à l'aide d'un tableur se font par « tâtonnement », c'est-à-dire par des essais successifs de taux et par interpolations linéaires de plus en plus rapprochées.

Synthèse rédigée par A. Coelho, chercheur associé à l'UMR Moisa, 2000.

– quantification : à partir de l'analyse précédente, il est proposé un critère global, susceptible de répondre aux objectifs de développement ;
– évaluation : après une analyse critique des objectifs de développement établis, on sera en mesure d'identifier les limites de la démarche suivie et, par la suite, les limites des objectifs retenus, ce qui autorise une progression itérative.

La complexité ne provient pas de la démarche en elle-même, mais plutôt de la nature des problèmes qui sont posés par le processus de développement. Le critère global du TRI, faisant appel à des itérations successives, est celui qui présente le moins d'inconvénients. Toutefois, l'évaluation n'est qu'une étape particulière du problème de mise en œuvre du projet. Des discussions avec les autorités politiques sont nécessaires pour l'étude des moyens et des mesures à mettre en œuvre (aménagements fiscaux, prêts à taux préférentiels, subventions), aussi bien que pour la réalisation de choix et la prise de décisions.

L'intérêt premier de la méthode des effets était d'aider à la programmation des volumes de production, des investissements et à la fixation de prix de référence. Aujourd'hui, avec la généralisation de l'économie de marché et avec le désengagement de l'État du secteur productif, ce type d'objectifs est devenu obsolète. En revanche, l'analyse méso-économique des filières garde son intérêt pour une vision globale des filières et des comparaisons inter-régionales ou internationales. Il s'agit alors d'estimer les coûts et les prix aux différents « maillons » de la filière, pour faire apparaître la formation des soldes intermédiaires (marge commerciale, valeur ajoutée et, si possible excédent brut d'exploitation et marge nette). Ce type d'analyse économique, baptisé aujourd'hui « partage de la valeur » dans les filières est curieusement absent, sous sa forme quantifiée, alors que les débats sont nombreux dans les milieux politiques et professionnels. S'agissant de mesurer des performances, on pourrait raccorder à ces travaux à ce qui s'intitule aujourd'hui Supply Chain Management et qui relève des sciences de gestion (Beamon, 1998). Un des enseignements de ce courant est la mise en évidence de l'importance croissante de la logistique dans le fonctionnement des filières. Il débouche sur des études en termes de compétitivité des filières, avec des éclairages néo-institutionnalistes. Ce courant est bien représenté au Brésil, pays dans lequel le complexe agroindustriel a connu un essor considérable depuis une vingtaine d'années (Farina et Zylbersztjan, 1999).

La méthode des bilans alimentaires

Par la suite, on a mis l'accent sur la nécessité de bien identifier, en volume et valeur, les flux de produits entre les différents maillons de la filière : production de matières premières, transformation, distribution. Cette approche débouche sur les concepts très actuels de réseaux et de logistique, mais aussi de gestion de la qualité. Elle peut être pratiquée à partir de la construction de « bilans alimentaires » *Food Balance Sheet* tels que ceux publiés par la FAO et accessibles sur la base de données Faostat.

À travers les bilans alimentaires, on évalue les flux de produits et on estime la production d'une filière en équivalents pondéreux de matière première ou encore en contenu énergétique (calories) et en nutriments (protides, lipides, glucides). Ces bilans présentent, par produit agricole de base, l'équilibre emplois-ressources. Les emplois sont constitués de la production nationale et des importations ; les ressources des utilisations agricoles (semences), animales (aliments du bétail), industrielles et humaines, ainsi que des exportations. Cet outil est donc spécifique de l'analyse de filière agroalimentaire. L'encadré 3.2 indique la méthode suivie par la FAO jusqu'à une période récente (2006).

Encadré 3.2. Les bilans alimentaires.

Les bilans alimentaires[5] procèdent du même principe que celui de la Comptabilité nationale, à savoir, l'équilibre en termes de ressources et d'emplois. Pour chaque pays et par catégorie de produits, on mesure les disponibilités en poids d'équivalent de matière première, en calories et en nutriments, au cours d'une période donnée. Les postes retenus sont les suivants (tableau 3.3) :

Tableau 3.3. Présentation simplifiée d'un bilan ressources-emplois.

Ressources	Emplois
Y = Production	AB = Aliment du bétail
M = Importations	SE = Semences
X = Exportations	TH = Transformation pour l'alimentation humaine
ΔS = Variations de stocks (+/-)	AUI – Autres utilisations industrielles
	AH – Alimentation humaine
	PE – Pertes
Total disponibiltés intérieures (DI)	Total utilisations intérieures (UI)

On a l'équilibre fondamental :

$$Y + M + \Delta S - X = AB + SE + AUI + AH + PE$$

Connaissant la population, on peut exprimer des calories et des grammes de nutriments par personne et par jour pour les rapprocher des standards des nutritionnistes.

Aujourd'hui, dans Faostat[6], ces bilans sont malheureusement présentés avec une réduction du nombre de postes et un accès limité aux abonnés, contrairement à la version précédente dont nous avons présenté ci-dessus les éléments. On donnera l'exemple des fruits en France (tableau 3.4).

La production nationale de fruits est en France insuffisante pour satisfaire la consommation, malgré sa faible progression en 15 ans. On a en conséquence de fortes importations qui ne sont pas couvertes par les exportations, elles aussi considérables. Le déficit extérieur s'établit à près de 40 %. La consommation par tête est relativement élevée, mais loin de celle des autres pays méditerranéens de l'Union européenne. Il n'est pas possible, en raison de la présentation agrégée de la FAO, d'analyser la part de la production et de la consommation représentée par les fruits transformés. Néanmoins, une étude nutritionnelle peut être réalisée puisque les quantités de nutriments sont publiées.

---

5. Cette méthode sera reprise et développée dans le chapitre 4 sur la consommation alimentaire.
6. Base de données statistiques de l'Organisation des Nations unies pour l'agriculture et l'alimentation, FAO (Food and Agriculture Organization). Il s'agit de la base la plus complète dans son domaine. Elle est accessible en ligne sur le site <http://faostat.fao.org/>.

Tableau 3.4. Bilan alimentaire des fruits, France, 2005.

Quantités	Total (1 000 t)	Évolution 1990-2005 (%)	Quantités par tête (kg/an)
Production	8 599	12	137
Importations (fruits frais et transformés en équivalents matière première)	5 179	176	82
Exportations (fruits frais et transformés en équivalents matière première)	3 065	291	49
Plants et alimentation animale	541	62	9
Autres utilisations	1 053	2	17
Consommation alimentaire humaine (fruits frais et transformés en équivalents matière première)	9 118	24	145
Disponibilités = utilisations	13 778	45	219

Source : données FAO, Faostat, 13 oct. 2007.

L'approche de l'économie industrielle : analyse fonctionnelle ou sectorielle

Sous ce vocable, nous mettons les théories et les méthodes qui relèvent de l'économie industrielle et qui tentent de représenter à la fois les structures et le fonctionnement des secteurs. Ces approches sont utilisables pour analyser un segment de filière (par exemple le marché des produits des industries alimentaires) et doivent être juxtaposées pour réaliser une analyse de filière.

On distinguera 3 courants :
– l'économie industrielle classique, avec le cadre théorique structure-comportement-performance (SCP) ;
– la micro-économie néo-classique ;
– la nouvelle économie industrielle représentée par la théorie de l'avantage concurrentiel de Michael Porter, que nous étudierons séparément, car cette discipline se trouve à l'interface entre l'économie industrielle et les sciences de gestion.

Le modèle SCP

Les fondateurs de l'économie industrielle ont introduit un raisonnement en termes d'analyse sectorielle en repérant les liaisons entre structure des marchés (concentration), comportement stratégique des firmes et enfin rentabilité et pérennité d'un secteur *market structure analysis* Cette approche fait l'objet d'une controverse articulée autour de deux courants de pensée. D'une part, le courant structuraliste qui accentue le caractère déterministe des structures sur les choix stratégiques des acteurs et des performances d'une industrie. Et, d'autre part, le courant comportementaliste, lequel, ne mettant pas en cause l'effet des structures sur la performance, préfère insister davantage sur l'effet des choix stratégiques dans la détermination des niveaux de performance et sur la possibilité dont les acteurs disposent afin de modifier les structures de l'industrie.

Ces deux courants ont débouché sur le concept clé de « barrières à l'entrée » de nouveaux concurrents dans l'industrie. Ainsi, l'idée générale contenue dans ce genre d'analyses consistait à affirmer que plus les barrières à l'entrée étaient élevées, plus seraient importantes les entraves à l'arrivée de nouveaux concurrents et, donc, les chances de maintenir un niveau de rentabilité élevé au sein de l'industrie seraient plus importantes.

Encadré 3.3. Le modèle SCP : présentation synthétique.

Pour les économistes industriels, une structure de marché se caractérise par le nombre de vendeurs et d'acheteurs, et on peut alors se trouver dans une configuration atomisée, d'oligopole, de monopole, etc., au sens de la théorie classique (un bon indicateur sera alors la part de marché détenue par les n premières firmes). Cependant, on retiendra d'autres paramètres ignorés par les classiques : la différenciation des produits (qui est une donnée majeure des marchés contemporains dont on connaît l'hyper-segmentation), les barrières à l'entrée (réglementaires, financières, technologiques), la structure des coûts (notamment la proportion des coûts fixes traduisant l'intensité capitalistique du secteur), le degré d'intégration des entreprises. Des conditions de base relatives à l'offre (disponibilité en matières premières, par exemple) et à la demande (élasticité-prix, caractère saisonnier, etc.) vont déterminer, à un instant donné, la structure de marché (figure 3.4).

La structure de marché va, à son tour, expliquer le comportement (ou la conduite) des firmes dans les différents domaines de la décision managériale : prix, niveau de production, innovation (R & D), publicité, contractualisation (figure 3.4). Ainsi un marché fortement concurrentiel va amener les entreprises soit à diminuer leurs prix, soit à différencier leur offre. On se trouve ici dans le domaine des stratégies d'entreprises, bien exploré par M. Porter, lui aussi professeur à Harvard, à partir des années 1980.

Ces stratégies vont conduire à des résultats (performances) au niveau de chaque firme et du point de vue global (efficacité dans la production, l'allocation des ressources, l'emploi, le progrès technique). Les performances sectorielles seront ainsi expliquées par les comportements des firmes :
– atteinte de l'optimum de Pareto (allocation optimale des ressources et satisfaction du consommateur, mais pas d'innovation)
– déséquilibre au sens de Pareto (allocation non optimale des facteurs, existence de super-profits et de « pouvoirs de marché », mais aussi « destruction créatrice schumpétérienne » = innovation)

À partir de là, il devient possible d'expliquer les boucles mettant en mouvement l'ensemble du secteur (figure 3.4). Supposons que le niveau de la production soit sous-optimal, de nouveaux entrants vont s'installer sur le marché (par exemple attirés par une demande non ou mal satisfaite par les opérateurs actuels) et développer une stratégie qui, à son tour, va changer la structure de marché (modification des parts de marché). De la même façon, des résultats médiocres pour une firme vont se traduire soit par un retrait du secteur, soit par une réorientation des activités et donc entraîner une modification de la structure de marché, etc.

...

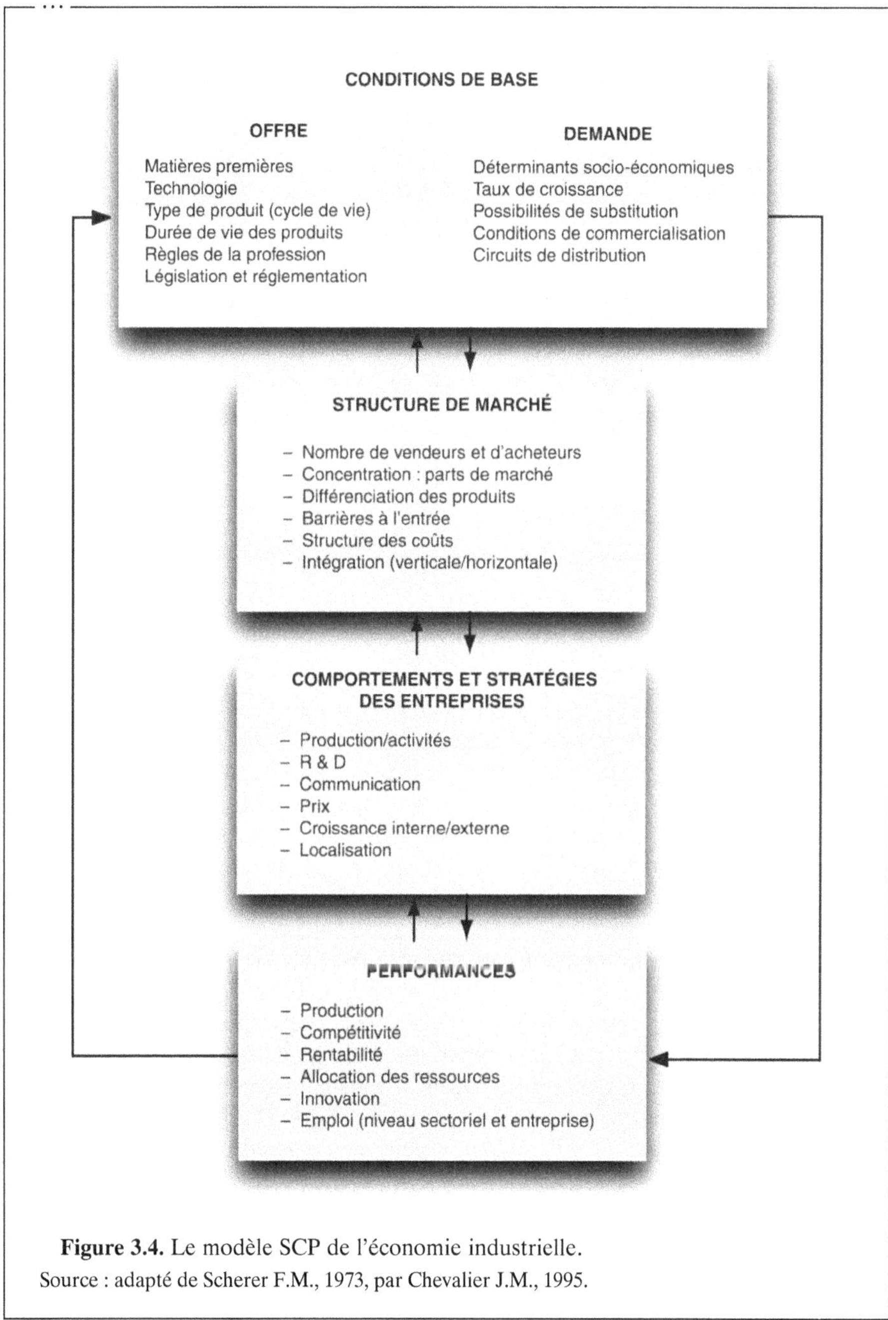

Figure 3.4. Le modèle SCP de l'économie industrielle.
Source : adapté de Scherer F.M., 1973, par Chevalier J.M., 1995.

Le modèle SCP peut s'appliquer à tous les secteurs économiques. Cependant, on se trouve souvent confronté à deux séries de difficultés :
– il peut s'agir d'un secteur très hétérogène et diversifié (ce qui est le cas de l'agroalimentaire). Il faut alors identifier le *Relevant market*, c'est-à-dire le

marché pertinent pour l'analyse et la nature de ce marché peut être subjective, sinon arbitraire ;

– le modèle SCP ne rend pas compte des phénomènes informationnels/décisionnels dans le secteur et doit donc être complété par une approche systémique.

Rappelons enfin que ce modèle ne peut prétendre décrire l'ensemble du système alimentaire, mais des binômes fournisseurs/clients puisqu'il est fondé sur le marché (tableau 3.5).

Tableau 3.5. Utilisation de la méthode SCP dans l'analyse de filière.

Niveaux de la filière	Les 5 champs des approches SCP
Agrofourniture	1 – Marchés des produits nécessaires à l'agriculture
Agriculture	2 – Marché des matières premières alimentaires issues de l'agriculture
IAA	3 et 4 – Marché intermédiaire des produits agroalimentaires
Distribution et RHF	5 – Marché final des produits agroalimentaires frais et transformés
Consommateurs	

L'analyse de filière dans la micro-économie néo-classique

La micro-économie néo-classique s'est également intéressée à l'analyse de la filière agroalimentaire en portant son attention sur 3 points : en premier lieu les imperfections de marché et la mesure des pertes de bien-être (*welfare*) résultant des distorsions de concurrence ; ensuite les relations inter-agents par la théorie des contrats et des coûts de transaction ; enfin l'impact des politiques publiques et notamment des subventions sur le fonctionnement des marchés (Martimort et Moreaux, 1994). On peut mentionner dans ce domaine les travaux sur l'efficience des filières intégrées verticalement en présence d'un marché segmenté par les préférences des consommateurs (Giraud-Héraud *et al.,* 1999). Le recours à des modèles mathématiques d'équilibre pose le problème de l'actualité et de la fiabilité des coefficients d'élasticité utilisés. En effet, ces coefficients sont difficiles à établir et fluctuants pour les produits alimentaires. Par ailleurs, l'hypothèse de rationalité qui sous-tend les décisions des agents économiques (producteurs et consommateurs) n'est que très rarement vérifiée dans le secteur agricole et agroalimentaire. De plus, ces modèles sont statiques. Enfin, l'approche micro-économique néo-classique n'est que très rarement, pour ne pas dire jamais, appliquée sur la totalité d'une filière (cf. les 5 niveaux de l'analyse de filière ci-dessus). Pour toutes ces raisons, nous estimons qu'il ne peut s'agir d'un outil pleinement satisfaisant pour appréhender la réalité complexe des filières agroalimentaires.

Toutefois, les modèles micro-économiques de type équilibre partiel calculable, peuvent servir utilement à deux stades de l'analyse de filières. En amont, pour procéder à un formatage des données, toujours utile dans un domaine où le qualitatif est très présent et où la rigueur apportée par le quantitatif est indispensable. On s'efforcera alors de modéliser l'ensemble de la filière et non pas seulement deux de ses maillons. En aval, pour réaliser des simulations, utiles pour tester la réaction de la filière à un choc interne (par exemple, hausse de prix des matières premières) ou externe (par exemple modification des barrières tarifaires et non-tarifaires internationales).

L'approche stratégique : le modèle de l'avantage concurrentiel de M. Porter

Michael Porter est professeur d'administration des entreprises à la Harvard Business School. Dans la longue lignée des spécialistes américains de l'économie industrielle (Mason, Bain, Baumol), il a renouvelé, dans les années 1980, l'analyse de la concurrence en y ajoutant des matériaux tirés des recherches sur la stratégie d'entreprise (notamment Ansoff).

Auteur de 14 ouvrages et d'une cinquantaine d'articles, M. Porter a jeté les bases de sa théorie de l'avantage concurrentiel et exposé une méthode d'analyse originale dès 1980 dans « *Competitive strategy : Techniques for analyzing industries an competitors* » (Choix stratégiques et concurrence : techniques d'analyse des secteurs et de la concurrence dans l'industrie). Cet ouvrage fondateur a ensuite été complété par deux épais manuels : « *Competitive advantage : creating and sustaining superior performance* » (L'avantage concurrentiel : comment devancer ses concurrents et maintenir son avance), en 1985 (Porter, 1993 dans l'édition française) et plus récemment « *The competitive advantage of nations* » (L'avantage concurrentiel des nations), 1990 (Porter, 1993). Porter est devenu un grand classique de l'économie industrielle. Sa méthode est présente dans de très nombreuses recherches et publications ainsi que dans d'innombrables travaux d'étudiants et de consultants. Cependant, la méthode est souvent mal assimilée ou utilisée de manière maladroite ou inadéquate. Nous estimons donc qu'il n'est pas inutile d'en faire une présentation rapide, d'autant plus que Porter, catalogué dans la spécialité « sciences de gestion », est souvent oublié dans les manuels d'économie

L'approche de Porter est, sur la base de concepts forgés dès 1980, en « perfectionnement » progressif. Les critiques les plus pertinentes sont intégrées dans les nouvelles constructions méthodologiques et théoriques comme en témoigne la prise en compte du rôle de l'État ou du hasard dans ses écrits récents. Par ailleurs, les conceptualisations de Porter procèdent d'une démarche empirico-inductive qui procure une indéniable robustesse aux avancées théoriques de l'auteur : ainsi « L'avantage concurrentiel des nations », s'appuie sur l'analyse de 50 secteurs (17 grappes) dans 10 pays (Allemagne, Corée, Danemark, États-Unis, Italie, Japon, Royaume-Uni, Singapour, Suède, Suisse), par 24 chercheurs de 9 nationalités. Porter s'intéresse fondamentalement aux mécanismes de la concurrence. Le cadre d'analyse porterien est l'industrie c'est-à-dire un ensemble d'entreprises directement en concurrence sur un marché.

Le paradigme de l'avantage concurrentiel

Le paradigme construit par Porter peut s'énoncer autour de 4 concepts interdépendants : la concurrence s'exerçant au sein d'une industrie résulte du jeu de cinq forces dont l'intensité va dépendre de la structure de l'industrie et déterminer un niveau moyen de rentabilité. Une entreprise ne peut prospérer et se maintenir sur un marché (dans une industrie) que si elle dispose d'un avantage concurrentiel durable. Les sources de l'avantage concurrentiel se situent dans la manière dont l'entreprise va organiser et mener ses activités pour créer une valeur à ses produits : c'est la chaîne de valeur qui génère les marges. La chaîne de valeur permet à l'entreprise de se positionner favorablement en mettant en œuvre l'une des deux stratégies concurrentielles suivantes au sein de l'industrie : soit une stratégie de domination par les coûts, soit une stratégie de différenciation. Au plan global/international, l'avantage concurrentiel d'un pays relève de la combinaison de 4 paramètres : la dotation nationale en facteurs, la nature de la demande, la présence d'industries « apparentées », la stratégie, la structure et la rivalité des entreprises (figure 3.5).

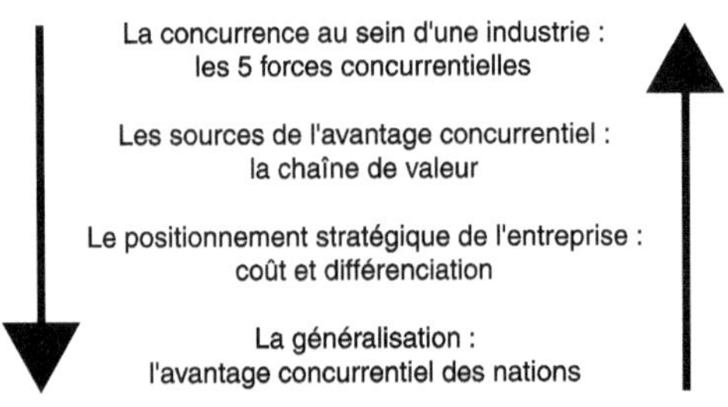

Figure 3.5. Le paradigme de l'avantage concurrentiel selon M. Porter.
Source : d'après Porter M., 1993, © Dunod 1998.

Les cinq forces concurrentielles

Selon Porter, dans toute industrie, au plan national comme international, le jeu concurrentiel résulte de 5 forces :
– la menace de nouveaux entrants,
– la menace de produits de remplacement,
– le pouvoir de négociation des fournisseurs,
– le pouvoir de négociation des clients,
– la rivalité entre firmes du secteur.

Chaque industrie est caractérisée, à un moment donné, par une combinaison et une intensité spécifique des 5 forces qui détermine un niveau de rentabilité moyen. Ainsi l'existence de produits de quasi-substitution conduit à limiter les prix dans la branche ; les nouveaux entrants amènent des capacités de fabrication supplémentaires et obligent les firmes souhaitant maintenir leur part de marché à rogner sur leurs marges ou à investir pour baisser leurs coûts unitaires de fabrication ; les pressions exercées par les clients et certains fournisseurs obligent à céder des avantages sous forme de baisse/hausse de prix ; enfin la concurrence entre firmes du secteur conduit à rechercher un meilleur impact commercial en différenciant les produits (R&D) ou en augmentant les dépenses publicitaires. La rentabilité de la branche va dépendre de l'intensité cumulée des forces qui s'exercent sur les firmes. Par ailleurs, une faible intensité des forces concurrentielles peut permettre la présence d'entreprises relativement nombreuses dans la branche. À travers ses études sectorielles, Porter établit que plus l'intensité concurrentielle est forte dans une industrie, plus cette industrie est attractive et connaît une forte croissance en procurant une bonne rentabilité aux entreprises et réciproquement.

C'est la structure de l'industrie, c'est-à-dire les caractéristiques fondamentales de la branche (nombre de firmes, concentration, barrières à l'entrée) qui va déterminer l'intensité des forces concurrentielles : c'est pourquoi, chaque industrie est unique et possède une structure spécifique. Ainsi, *l'industrie pharmaceutique* est caractérisée par des barrières à l'entrée, particulièrement élevées (R&D très coûteuse), des fournisseurs peu influents, des circuits de prescription/distribution largement captifs, mais aussi une intense rivalité entre firmes du secteur. Il en résulte de hauts niveaux de rentabilité et une forte concentration des entreprises. Dans l'industrie agroalimentaire, il existe également des barrières à l'entrée, mais de nature différente et fragmentaire : les coûts de communication pour accéder aux marchés de masse. Cependant, la structure du marché laisse place à des produits non marqués et nécessitant relativement peu d'investissements matériels. Cette configuration se traduit par la présence d'une population d'entreprise nombreuse et hétérogène caractéristique d'un oligopole à franges et un niveau moyen de rentabilité assez bas.

La structure d'une industrie est plutôt stable à moyen terme. Elle évolue cependant sur la longue période sous l'influence de multiples facteurs : changements technologiques, mutations des circuits de distribution et des méthodes commerciales, stratégies des firmes la composant (c'est le fameux paradigme SCP, stratégie/structure/ performance de Mason et Bain).

On peut mentionner enfin que le type de structure caractérisant une industrie va avoir une grande importance quant à son attractivité pour d'éventuels investisseurs et à sa compétitivité internationale. Par exemple, l'industrie laitière en France, par son niveau de sophistication technologique et *marketing* intéresse régulièrement des géants étrangers pour une implantation (figure 3.6).

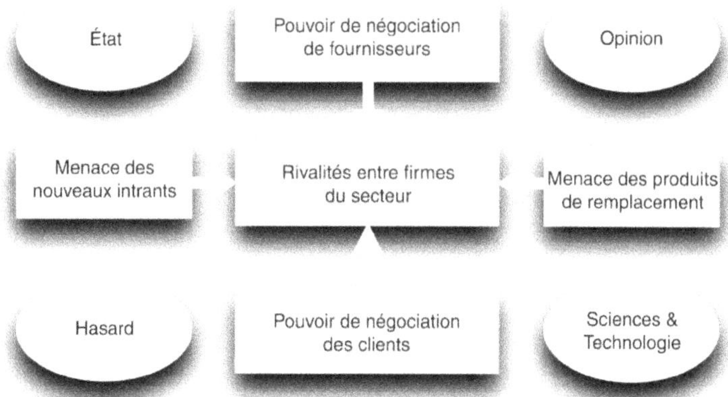

Figure 3.6. L'analyse industrielle de M. Porter. Concept 1 : les cinq forces concurrentielles agissant dans un secteur.

Source : d'après Porter M., 1986, © Dunod 2003.

On peut faire quelques commentaires sur cette figure ultra-célèbre. Le premier est déjà pris en compte, puisqu'il concerne la disposition des forces : nous avons disposé à la verticale fournisseurs et clients pour mieux figurer le flux physique amont-aval d'un marché. Le second tient aux difficultés du découpage sectoriel déjà mentionnées dans la présentation faite en introduction : quel est le marché pertinent. Le troisième pointe les difficultés d'appréciation des nouveaux facteurs de la concurrence, notamment le hasard et l'innovation.

La chaîne de valeur

L'avantage concurrentiel possédé par une entreprise va dépendre de la manière dont l'entreprise va être capable de créer une valeur pour ses produits. Cette valeur se mesure sur un marché à travers le prix payé par les clients. Une entreprise n'est rentable (et donc ne parvient à créer de la valeur) que si ce prix est supérieur aux coûts générés par les activités qu'elle déploie. Les activités faisant l'objet d'une concurrence peuvent être classées en deux catégories (principales et de soutien), au sein de la chaîne de valeur de l'entreprise et orientées vers la création de marges. Le repérage et le renforcement, la combinaison optimale des activités permettant de développer un avantage concurrentiel constituent l'essentiel de la gestion des entreprises (figure 3.7).

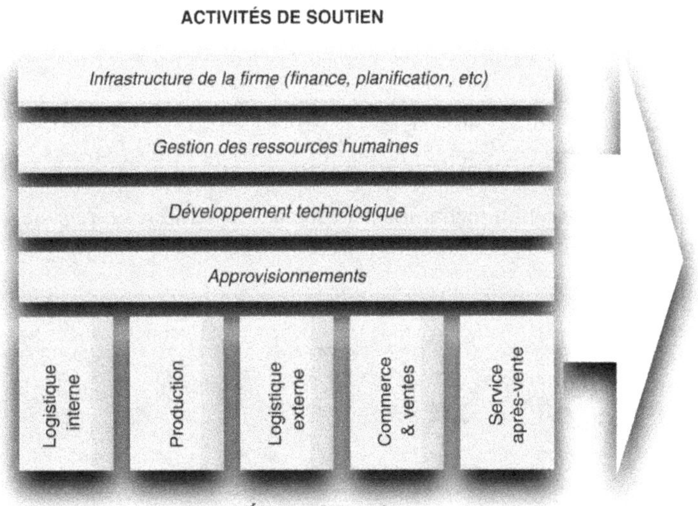

Figure 3.7. L'analyse industrielle de M. Porter. Concept 2 : la chaîne de valeur.
Source : d'après Porter M., 1986, © Dunod 2003.

Cette représentation, par rapport à l'approche fonctionnelle classique des sciences de gestion (*marketing*, finance, GRH, production et stratégie), insiste sur des processus linéaires très important en termes de construction de la valeur (fonctions logistiques et service après-vente) et sur la nécessité de focaliser l'ensemble des énergies de l'entreprise vers cette construction.

Porter fait l'hypothèse que les chaînes de valeur des entreprises situées en amont et en aval d'une industrie donnée (par exemple l'industrie biscuitière insérée entre les producteurs de farine, de beurre, de sucre, etc., et ses différents canaux de distribution) doivent se combiner de façon à permettre une différenciation des produits ou des coûts inférieurs à ceux des concurrents, au niveau de chaque acteur (figuré ici par entreprise X). La valeur d'usage du produit final de la filière, comme des produits intermédiaires a son importance : un produit générant des économies chez un client pourra être préféré, même si son prix d'achat est supérieur, d'où l'importance des attributs intrinsèques (qualité) et extrinsèques (environnement, services associés) du produit, apportés à chaque stade de la filière (figure 3.8).

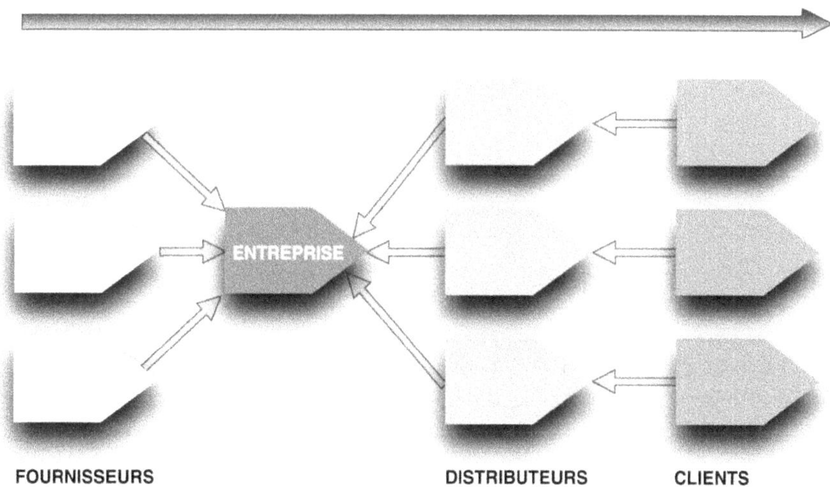

Figure 3.8. Combinaison des chaînes de valeur dans une filière.
Source : d'après Porter M., 1986, © Dunod 2003.

Dans les filières agroalimentaires, cette visualisation est fondamentale puisqu'elle montre la solidarité nécessaire entre les maillons de la chaîne pour parvenir à la compétitivité. Elle inspire également une organisation en réseau pour favoriser les échanges d'information (traçabilité).

Le positionnement stratégique de l'entreprise

M. Porter postule qu'il existe deux grands types d'avantages concurrentiels pour une entreprise ou un secteur :
— la domination par les coûts,
— la différenciation.

En considérant que ces avantages peuvent être exercés sur des marchés (champ concurrentiel) larges ou au contraire étroits, Porter construit une matrice stratégique à quatre cases, selon une figure très prisée outre-Atlantique et qui a été imaginée, dès le début des années 1960, par I. Ansoff.

Un avantage par les coûts signifie que l'entreprise est capable de produire en dépensant moins par unité. De multiples possibilités de réduction des coûts existent depuis la conception jusqu'à la commercialisation d'un produit et doivent être systématiquement recherchées par les entreprises.

La différenciation est la capacité à fournir à l'acheteur un produit qu'il va considérer comme unique et supérieur aux autres au niveau d'un ou plusieurs de ses attributs. Porter utilise ici le concept de concurrence monopolistique mis au point par Chamberlin.

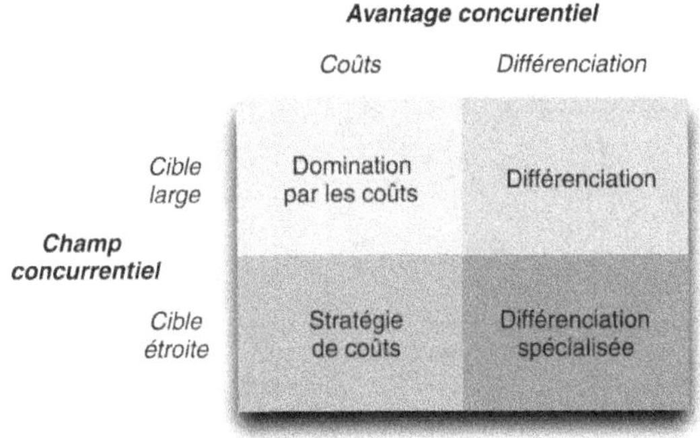

Figure 3.9. L'analyse industrielle de M. Porter. Concept 3 : les stratégies de base.
Source : d'après Porter M., 1986, © Dunod 2003.

Dans les deux cas (figure 3.9), l'avantage concurrentiel traduit va manifester une productivité plus grande, par le dénominateur (coût des facteurs) ou le numérateur (prix). Porter qualifie de stratégie de base les quatre alternatives de sa matrice concurrentielle. On peut illustrer son schéma par l'exemple de l'industrie laitière :
– domination par les coûts : produits basiques (lait UHT[7]),
– différenciation : lait UHT aromatisé ou supplémenté,
– stratégie de coût : poudre de lait technique,
– différenciation spécialisée : laits maternisés.

On fournira, dans le chapitre consacré à l'industrie agroalimentaire une lecture des stratégies de base des entreprises du secteur à l'aide de cette grille, en montrant qu'elle s'applique bien, des multinationales aux PME de terroir (Rastoin, 1998).

Enfin Porter fustige l'enlisement dans la voie médiane que l'on pourrait également baptiser « stratégie de Buridan », c'est-à-dire la poursuite de plusieurs objectifs à la fois (exemple : les chantiers navals britanniques et espagnols).

Dans cette formalisation des formules stratégiques, on peut s'interroger sur la pertinence de certaines cases, en particulier celles de la diagonale sud-ouest/nord-est. Par ailleurs, cette schématisation n'apporte pas d'éclaircissement sur le « comment ? » Va-t-on procéder par affrontement des concurrents, évitement ou coopération, qui constituent les 3 figures classiques de la manœuvre stratégique ? Enfin, le modèle est applicable à une ligne de produits, mais reste muet sur l'intérêt d'une diversification en vue de répartir les risques.

---

7. Lait stérilisé à haute température (UHT : Ultra High Température).

L'avantage concurrentiel national

Porter pose dès la première ligne de son ouvrage de 1993 (trad. française) la question à laquelle il va tenter de répondre : « pourquoi certaines nations réussissent-elles sur le plan de la concurrence internationale tandis que d'autres échouent ? ».

Porter récuse ensuite le terme de compétitivité – notion floue – pour lui préférer celui de productivité des ressources nationales (humaines et en capital), qui, selon lui, explique les différences de revenu sur la longue période (l'objectif des pays étant l'augmentation du niveau de vie des habitants). Le discours manque ici de rigueur et n'est pas convaincant, car il cède manifestement à une coquetterie de chercheur à la recherche de singularité.

M. Porter explique les insuffisances des théories classiques et néo-classiques de l'échange international (Smith, Ricardo, puis Hecksher-Ohlin). Ces théories raisonnent uniquement sur des écarts de dotation en facteur de production entre pays, avec des postulats pour le moins frustrants : produits indifférenciés, niveau des facteurs de production fixes, non mobilité internationale de facteurs tels que la main-d'œuvre qualifiée et les capitaux, technologie équivalente, absence d'économie d'échelle. Ceci amène Porter à proposer un nouveau paradigme basé sur la notion d'avantage concurrentiel « national », qu'il construit à partir de sa théorie sectorielle, rappelée ci-dessus.

Porter insiste sur le rôle du changement dans la concurrence, rappelant le mot de Schumpeter selon lequel la compétition ne connaît pas de « point d'équilibre », c'est un processus dynamique de « destruction créatrice », de transformation permanente. En conséquence, pour créer un avantage concurrentiel, l'entreprise doit modifier les données de la compétition puis préserver la position acquise en l'améliorant suffisamment vite par rapport aux compétiteurs.

Selon Porter, la réussite d'une entreprise (d'une filière) est fortement liée à son pays d'origine, puis à sa capacité à exploiter ses compétences sur de nouveaux territoires.

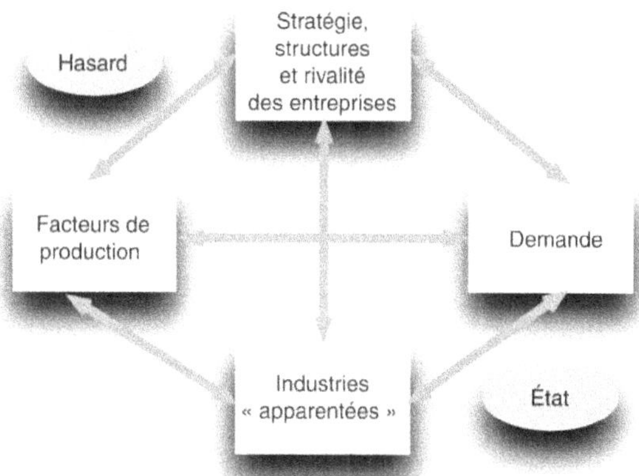

Figure 3.10. L'analyse industrielle de M. Porter. Concept 4. : les déterminants de l'avantage national.

Source : d'après Porter M., 1993, © Dunod 1998.

La compétitivité internationale d'une industrie résulte des performances de ses entreprises et de 3 autres paramètres, l'ensemble composant le désormais fameux « losange des déterminants de l'avantage national » (figure 3.10) :
• la dotation en facteurs, regroupés en 5 grandes catégories et hiérarchisés :
– ressources humaines (notamment qualification et coût),
– ressources physiques (terre, climat, situation géographique),
– ressources en savoirs (création et diffusion des sciences et techniques),
– ressources en capital (structure et coût, facilité d'accès),
– infrastructures (transports, communication, services de santé, culturels, logements, etc.),
• la demande (segmentation, sophistication, internationalisation) ;
• les industries d'amont et apparentées (état de développement et compétitivité) ;
• la stratégie, la structure et la rivalité des entreprises (objectifs, durabilité de l'engagement, rythme de création).

Porter complète son « losange de l'avantage concurrentiel » par deux acteurs :
– le hasard (inventions et ruptures technologiques, volatilité de certains agrégats macro-économique tels que les prix, les taux d'intérêt ou de change, l'apparition de nouvelles demandes régionales ou mondiales, les bouleversements politiques, les guerres) ;
– l'État (influence sur les quatre déterminants par les normes, les réglementations, les subventions, les politiques monétaires, l'éducation, la recherche, l'efficacité administrative, etc.).

Les 4 déterminants et les 2 acteurs sont liés par des relations multiples et croisées, conférant à l'industrie et à son environnement le caractère d'un véritable « système dynamique ». Ainsi, par exemple, le développement des industries amont et apparentées est stimulé par la croissance de la demande *via* les entreprises du secteur et par la valorisation locale de certains facteurs, le processus favorisant l'apparition de grappes d'activités régionales (par exemple : grappe alimentaire en Émilie-Romagne, grappe viti-vinicole en Californie).

Porter a recours à l'analogie biologique pour expliquer la genèse, l'essor et le déclin des grappes concurrentielles. Il peut alors en déduire des recommandations de politique économique : « une nation a des perspectives d'avantage concurrentiel si les déterminants sous-jacents sont propices ou peuvent être développés. Les nations perdent leurs avantages, par exemple, quand les clients domestiques perdent leur sophistication, si (…) certaines industries amont font défaut, si les institutions créatrices de facteurs ne répondent plus – ne forment plus les compétences nécessaires, etc. », et encore -réflexion très intéressante pour un économiste industriel : « une nation prospère dans les industries où les éléments de sa spécificité historique et de sa personnalité sont le plus profondément inscrits » (Porter 1993).

Au fond, on pourrait résumer la pensée porterienne en disant que Michael est un descendant de Ricardo (avantage relatifs) et Schumpeter (innovation) ayant bien analysé Morita, Watson, Gates et les autres (stratégie).

Sa théorie semble robuste dans la mesure où elle est aujourd'hui suffisamment englobante et où elle est validée par de très nombreuses études empiriques.

Les limites du paradigme porterien

Il est difficile de trouver des lacunes dans le discours de Porter, tant ses publications sont foisonnantes. Peut-être, outre les remarques ponctuelles faites à propos de chacun des concepts, pourrait-on observer qu'il sous-estime la dynamique des sociétés humaines, avec des phénomènes puissants tels que l'individualisme, le clanisme, les intégrismes, etc. ainsi que le rôle de l'opinion publique dans des paysages de plus en plus médiatisés ; or le poids de ces phénomènes dans l'évolution des marchés risque de croître. Enfin, il n'y a dans Porter aucune présentation des effets négatifs des distorsions internes et internationales nées de la concurrence (exclusion) ; mais sans doute est-ce volontaire, car M. Porter est un apôtre convaincu des bienfaits de la concurrence.

Application de la méthode de l'avantage concurrentiel aux filières agroalimentaires

En dépit des réserves faites ci-dessus, le paradigme proposé par M. Porter reste très intéressant pour représenter et analyser les filières agroalimentaires. Nous rappelons à nouveau que, comme pour la méthode SCP, il est indispensable de procéder à un empilement et à une combinaison des analyses aux 5 niveaux mentionnés plus haut. Le concept 1 (forces concurrentielles) présente cependant l'avantage par rapport à la méthode SCP de permettre l'enchaînement des différents niveaux du système alimentaire. Ainsi, l'agriculture est cliente de l'agrofourniture et fournisseur de

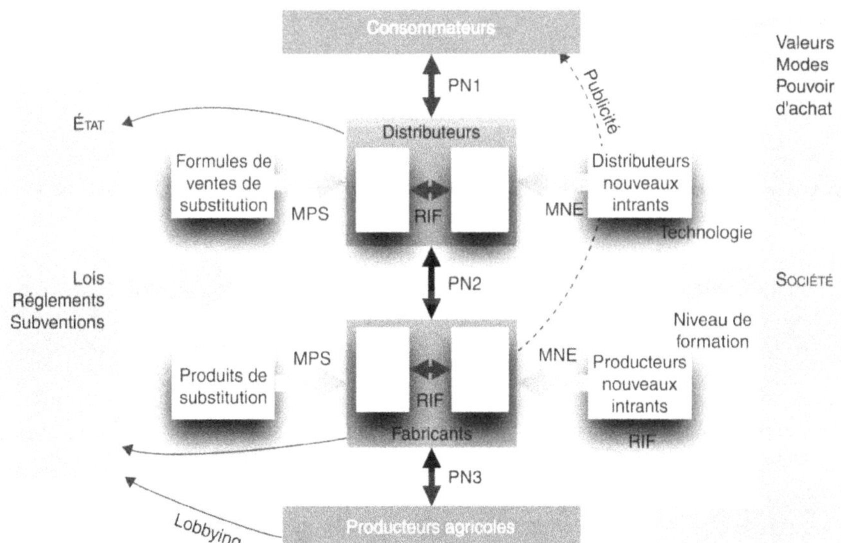

Figure 3.11. Une représentation du système alimentaire selon le modèle des forces concurrentielles de M. Porter.

Source : Bardou G., 1997.

MPS : menace des produits de substitution ; PN : pouvoir de négociation ; RIF : rivalité interne des firmes ; MNE : menace des nouveaux entrants.

l'industrie agroalimentaire, etc. G. Bardou a appliqué ce modèle aux relations fournisseurs distributeurs, comme on peut le voir dans la figure 3.11 (flux présentés de l'aval vers l'amont).

La grille d'analyse de M. Porter peut finalement être synthétisée de la manière suivante aux fins d'application à une filière agroalimentaire (tableau 3.6) :

Tableau 3.6. Grille d'analyse d'une filière agroalimentaire à partir des concepts de Porter.

Niveau / Concept de Porter	Forces concurrentielles	Chaîne de valeur	Formule stratégique	Avantage concurrentiel national
Critère	Intensité et forces contraignantes	Nombre d'opérateurs	Coûts et/ou différenciation	Compétitivité coût et/ou hors-coûts
1 – Marchés des produits nécessaires à l'agriculture				
2 – Marché des matières premières alimentaires issues de l'agriculture				
3 et 4 – Marché intermédiaire des produits agroalimentaires		(Compléter chaque « case » par une évaluation du type +/–)		
5 – Marché final des produits agroalimentaires frais et transformés				
Synthèse filière				

L'analyse de filière par l'économie néo-institutionnelle

Les limites de l'approche dite fonctionnelle justifient le recours à des approches de type néo-institutionnaliste et notamment la théorie des coûts de transactions (cf. encadré 3.4).

La mobilisation de la TCT se justifie dans l'analyse de filières agroalimentaires pour plusieurs raisons. Tout d'abord, on est le plus souvent en présence, dans les filières agroalimentaires, non pas de formes de coordination hiérarchiques ou par le marché, relevant clairement de l'économie néo-classique, mais plutôt de formes hybrides (Ménard, 2004). Ensuite, les agents ont une rationalité limitée, les risques sont importants du fait des aléas climatiques et de la volatilité des marchés, et les actifs à forte spécificité, ce qui entraîne des coûts de transaction élevés et un mode de gouvernance original (Raynaud *et al.*, 2005). On a pu également démontrer, par le recours à l'économie institutionnelle, le rôle moteur des signes de qualité, en particulier les labels et les indications géographiques (Sylvander, 1997, Lagrange *et al.*, 1999), ainsi que des normes dans le fonctionnement des filières et les décisions des agents (Bouhsina *et al.*, 2002).

> **Encadré 3.4. La théorie des coûts de transaction.**
>
> À la suite de R. Coase, O. Williamson a formalisé la théorie des coûts de transaction qui constitue l'un des socles fondateurs de l'économie néo-institutionnelle qui s'inscrit dans une posture critique de l'économie néo-classique. La TCT fournit une explication des mécanismes de coordination entre acteurs économiques. En effet, le monde économique est régi par des relations entre agents qui peuvent prendre différentes formes à travers les mécanismes suivants :
> – le marché (jeu de l'offre et de la demande),
> – la hiérarchie (intégration dans la firme de la fabrication du produit cherché sur le marché),
> – une forme hybride, le contrat (accord formel ou informel entre fournisseur et client ne passant pas par le marché).
>
> Le choix de l'un des mécanismes de coordination précédents est déterminé par les facteurs suivants caractérisant le produit recherché, qui vont déterminer le coût de transaction résultant de l'accès au produit :
> – spécificité des « actifs » (produits échangés ou technologies de fabrication),
> – incertitude sur les transactions (prix, respect des conditions par le fournisseur),
> – fréquence des transactions
>
> Si spécificité, incertitude et fréquence sont élevées, le coût de transaction sera important et l'agent économique aura tendance à préférer une forme moins risquée que le marché c'est-à-dire l'intégration ou la forme hybride (Williamson, 1975).

On trouvera, dans le tableau 3.7 une typologie des filières agroalimentaires basée sur la théorie néo-institutionnelle, inspiré par un travail de Marc Leusié sur la filière soja au Brésil.

Tableau 3.7. Typologie de filières selon l'économie néo-institutionnelle.

Type de filières	Standard (marché)	Contractuelle (hybride)	Coordonnée (intégrée)
Caractéristiques des produits	Normes obligatoires	Normes définies par l'agent dominant	Normes co-définies
Type de régulation	Marché « spot »	Contrat spécifique court et moyen terme	Contrat spécifique moyen long terme
Construction juridique	Transfert de propriété	Élaboration de chaînes de contrats	Structures spécifiques cogérées
Agent de contrôle	État + sociétés de services	État + sociétés de contrôle + service interne	État + organismes certificateurs spécifiques
Forme d'organisation	Libre	Par agent dominant	Cooptation
Risques	Volatilité du marché	Minimisation	Prise en compte de la complexité
Résultat économique	Prix du marché	Déterminé par contrat court et moyen termes	Définition de règles partenariales moyen et long termes

Source : adapté de Leusié, 2003.

Le cadre institutionnel comprend, comme nous l'avons vu dans le chapitre 1 l'ensemble des organisations publiques et privées à caractère collectif. Parmi ces dernières, on a vu se développer en France dans les années 1940 un dispositif original s'inspirant des corporations ou corps de métier créés au Moyen Âge en Europe, les interprofessions. Les interprofessions ont initialement concerné le secteur viti-vinicole (cognac, champagne, vins doux naturels), puis ont été étendues à d'autres filières par la loi d'orientation agricole du 5 août 1960 et précisées par la loi du 10 juillet 1975[8].

Aujourd'hui en France, il existe des interprofessions dans la plupart des filières agroalimentaires (une soixantaine tant pour les produits animaux que végétaux).

Le principe d'une interprofession est de rapprocher, au sein d'une structure associative, les différents acteurs d'une filière : producteurs agricoles, transformateurs industriels et distributeurs. Le but d'une interprofession est de discuter de questions d'intérêt commun aux acteurs de la filière et de décider et mettre en œuvre des opérations collectives. Les principaux domaines couverts sont :
– la recherche et l'expérimentation techniques ;
– la fixation de règle de qualité et de normes concernant les produits et leur fabrication ;
– la promotion des produits (publicité générique) ;
– la production de statistiques ;
– le *lobbying* auprès des instances gouvernementales et intergouvernementales (notamment européennes) ;
– la régulation de la production et des prix (sous certaines conditions).

Les dispositions législatives françaises prévoient que les secteurs souhaitant constituer une interprofession doivent se structurer à travers leurs organisations représentatives (généralement sous forme d'association sans but lucratif) et mettre en place des contrats-types ou des « accords interprofessionnels à long terme ». Ces accords peuvent être homologués par les pouvoirs publics et étendus à l'ensemble des acteurs de la filière, c'est-à-dire prendre un caractère obligatoire. Ceci a pu donner lieu à des tensions entre parties prenantes, car l'interprofession est financée par des taxes parafiscales[9] ou le concept très subtil et « courtelinesque » de CVO (cotisation volontaire obligatoire). Lorsqu'une interprofession est mise en place, l'État lui délègue largement ses pouvoirs pour gérer la filière (transfert de compétences).

Les interprofessions à la française ont été transposées au niveau de la Communauté économique européenne à partir de 1995 sous la forme d'organisations communes de marchés (OCM) dans les filières tabac, fruits et légumes, vins et produits de la pêche et l'aquaculture, lait.

Ce type d'institution surprend, voire choque, les tenants de l'économie de marché. En effet, il s'agit rien moins que de confier à une structure privée et hors-marché la régulation d'une filière. Cette régulation a pu aller très loin puisque, jusqu'à la fin des années 1980, en France, les interprofessions pouvaient intervenir sur les prix en ordonnant des retraits de produits du marché (destruction ou stockage),

---

8. Pour une présentation analytique et critique des interprofessions, cf. Rio (2000).
9. Ces taxes, non conformes à la réglementation de l'Union européenne sont en cours de suppression.

dans le contexte de la politique agricole commune et des offices nationaux d'intervention[10].

La Commission de Bruxelles et la DGCCRF en France n'ont jamais bien accepté le dispositif des interprofessions au motif de soupçon d'entrave au bon fonctionnement de la concurrence. La gestion quantitative des produits et l'intervention sur les prix est bannie depuis plusieurs années déjà[11]. Dans le cadre de la réforme de la PAC en cours, toutes les OCM sont révisées en les vidant de leur contenu « régulateur » et en les cantonnant dans des missions de modernisation des entreprises, de gestion de la qualité, de protection de l'environnement et de promotion générique des produits. Il existe un projet de fusion des 21 OCM existantes au sein d'une OCM unique au nom de la simplification administrative (il y a actuellement 650 règlements) et de Léonard de Vinci « la simplification est le stade ultime de la sophistication ».

La flambée des cours des matières premières agricoles intervenue depuis 2006 incite les institutions agricoles dominantes à demander une plus grande libéralisation des marchés et des filières. On peut s'interroger sur les risques d'une telle attitude. En effet l'instabilité chronique des marchés agricoles pourrait causer de graves problèmes en termes de prix des aliments et nécessiter une anticipation régulatrice, profitable autant au producteur qu'au consommateur sur la longue période.

Les conditions de « réussite » d'une filière sont très dépendantes de 3 paramètres (Rio, 2000) :
– l'unité de lieu en ce qui concerne le stade productif, c'est-à-dire généralement un « bassin de production » qui peut avoir un caractère transfrontalier, notamment dans les zones de marché unique (exemple les légumes dans le Nord, (France/Benelux) ;
– l'homogénéité des acteurs (distorsions de taille et culturelles réduites) ;
– le niveau d'intégration optimal du point de vue des coûts de transaction.

La modeste filière du pruneau d'Agen (France) témoigne d'une telle réussite, dans la durée (cf. encadré 3.5).

Les approches par l'économie néo-institutionnelle, comme celles de l'économie industrielle, sont également statiques et surtout péchent par la grande difficulté à mesurer les coûts de transaction. Elles permettent de traiter de manière approfondie certains problèmes d'organisation et de coordination d'acteurs dans les filières (par exemple la question de l'élaboration des normes sanitaires et de leur administration dans la filière fruits et légumes comme l'ont fait les chercheurs de l'équipe « Économie institutionnelle appliquée aux filières » de l'UMR Moisa). Toutefois, elles s'intéressent peu aux caractéristiques économiques globales et aux performances des filières. Elles devront donc être resituées, précédées ou complétées à l'aide d'autres outils et notamment ceux de l'analyse systémique.

---

10. La France a mis en place très tôt des offices de gestion des marchés agricoles pour répondre aux variations brutales de cours et stabiliser le revenu des agriculteurs : ONIC (céréales) en 1936, et à partir de 1982 ONIBEV (viandes), ONILAIT, ONIVINS, ONIFLHOR (fruits et légumes et horticulture). Ces offices sont en cours de fusion et de restructuration (par exemple VINIFLHOR regroupe les 2 derniers offices).
11. Sauf dans le secteur laitier où le prix du lait est fixé d'un commun accord entre les producteurs et les industriels en raison de l'existence d'un encadrement de la production par un système de quotas.

**Encadré 3.5. Un exemple d'organisation de filière performante :
le BIP (Bureau interprofessionnel du pruneau).**

Le pruneau d'Agen est une production typique du Sud-Ouest de la France. Cette production est très localisée puisque 94 % du total national proviennent de la région Aquitaine et 68 % du seul département du Lot-et-Garonne. Ajoutons que la France représente 20 % de la production mondiale derrière la Californie, 61 % et le Chili, 10 %. Ces 3 pays constituent donc un oligopole restreint, mais néanmoins très concurrentiel au plan international. L'Union européenne est de loin le premier marché mondial avec 34 % de la demande.

Le BIP a été créé en 1963, peu de temps après la promulgation de la loi créant les interprofessions en France, ce qui témoigne d'une bonne réactivité et d'une capacité de coopération élevée au sein de la filière. La filière rassemble en 2006, 1 800 producteurs de pruneaux (prune d'Ente) regroupés en 8 organisations (4 coopératives et 4 syndicats de mise en marché), 12 entreprises de transformation (séchage et conditionnement), dont 4 privées (55 % de la récolte), les 4 coopératives mentionnées plus haut (44 % de la récolte) et quelques producteurs-transformateurs individuels (1 % de la récolte), ainsi que les importateurs. La totalité des acteurs de la filière (à l'exclusion des canaux de commercialisation) sont donc présents dans le BIP. La filière génère globalement 20 000 emplois et pèse d'un poids significatif dans l'économie du Lot-et-Garonne (16 % du chiffre d'affaires agricole du département, soit 114 M. €, pour une production d'environ 67 000 t de pruneaux séchés). Son influence politique est indéniable, d'autant que le président du conseil général de ce département et initiateur du BIP est un ancien ministre.

Le comité interprofessionnel de la prune d'Ente, qui coiffe le BIP, fixe annuellement un accord qui définit les relations contractuelles entre ses membres, en particulier les conditions de qualité et de prix. Le mécanisme de régulation de la filière est basé sur le différentiel de coût de revient entre la France et la Californie[12] qui génère une aide compensatoire au kg, sous réserve du respect de critères qualitatifs. Cet accord, de moins en moins orthodoxe par rapport à la réglementation nationale et européenne, a cependant toujours été reconduit, ce qui s'explique par le pouvoir de *lobbying* mentionné et la modestie de la prune d'Ente en comparaison des autres filières.

On a là, l'exemple d'une filière de terroir, contrôlant la qualité de ses produits et gérant les équilibres économiques. Cette gestion apparaît comme finalement peu coûteuse puisque la filière pruneaux a un taux de subvention au produit de 0,1 % du chiffre d'affaires, alors que le taux moyen pour l'ensemble des produits agricoles du département du Lot-et-Garonne s'élève à 4,1 % en 2006.

Source : <http://www.pruneau.fr/filière>.

L'analyse systémique de filières

Le recours à la théorie des systèmes constitue une solution intéressante. En effet, on peut représenter une filière par un modèle systémique qui prend en compte les interactions entre acteurs, notamment entre producteurs et consommateurs, par le

---

12. Ce qui suppose un dispositif d'information assez pointu et témoigne du niveau de compétence managériale élevé atteint par la filière.

biais de l'innovation technique (produit ou *process*) ou organisationnelle (canaux de distribution) et de la communication de masse, et permet ensuite d'élaborer des scénarios de prospective (Rastoin, 1995). Il est ainsi possible de mesurer l'effet d'un changement technique ou informationnel par des boucles de rétroaction (Thiel, 1998).

Nous avons présenté en détail dans le chapitre 1 la théorie et la méthode des systèmes complexes. Ce corpus peut parfaitement être mobilisé pour une analyse de sous-systèmes verticaux du système alimentaire que constituent les filières. On appliquera alors la même approche en procédant en 3 temps :
– le découpage de la filière ;
– l'analyse de ses relations avec son environnement (intrants-extrants, commerce extérieur, aspects réglementaires) ;
– l'analyse de la boîte noire constituée par la filière à l'aide de la forme canonique à 3 ou 9 niveaux : opérations, informations, décisions (OID).

Cependant, comme nous l'avons expliqué à propos du système alimentaire, l'analyse de système est plus une approche, une méthode qu'une théorie et ne fournit donc pas d'interprétations conceptuelles généralisables. Il convient donc, la encore, de compléter ce type d'analyse par d'autres.

Le concept de chaîne globale de valeur peut constituer ce cadre théorique multidisciplinaire et fédérateur des différentes approches présentées ci-dessus.

La chaîne globale de valeur

La mobilisation de la sociologie des organisations apporte un éclairage nouveau sur la construction de l'offre et la structuration des acteurs dans les filières agroalimentaires, en mettant en évidence le rôle du pouvoir (variable endogène) et de l'environnement technico-économique et éthico-politique (variables exogènes) dans le projet productif. Une application intéressante de ce cadre théorique a été réalisée sur la filière des produits biologiques en France (Bréchet et Schieb-Bienfait, 2005).

La spécialisation des domaines scientifiques a permis des avancées successives ou simultanées de la connaissance des filières agroalimentaires (Raikes *et al.*, 2000). Il manquait un cadre fédérateur dont la production a été stimulée par le phénomène de mondialisation (Gereffi et Korzeniewicz 1994). À la suite des travaux de Braudel, puis de Hopkins et de Wallerstein sur l'économie-monde, on disposait d'un référentiel expliquant, sur la base des échanges internationaux, la reconfiguration, sous forme polaire, des activités productives, à l'échelle macro-régionale, puis mondiale. C'est sur cette base empruntée aux historiens qu'a été construit le modèle de la chaîne globale de valeur (CGV). Une CGV est un réseau inter-organisationnel construit autour d'un produit[13], qui relie des ménages, des entreprises et des États au sein de l'économie mondiale (Palpacuer, 2000). Une CGV peut être décrite à travers 4 éléments :

---

13. On lève ainsi l'une des difficultés de l'analyse de filière classique, centrée sur un secteur, par exemple l'agriculture, en étudiant l'ensemble des flux amont ou aval de ce secteur. L'approche « goldbergienne » de l'*agribusiness* relève de ce type de démarche. Au contraire, l'identification du relevant *market* (marché pertinent du produit final) caractérise une filière par son débouché, ce qui permet ensuite de décrire la séquence d'activités de façon plus ou moins large.

– une séquence d'activités de la conception à la réalisation (structure et flux intrants/extrants) ;
– un espace géographique et économique, estimé à travers la localisation et la concentration des activités (parts de marché) et les échanges internationaux ;
– un contexte institutionnel (politiques publiques, réglementation, conventions et normes publiques ou privées) ;
– un système de gouvernance (stratégies d'acteurs et relations de pouvoir qui déterminent l'allocation des ressources humaines, financières et matérielles dans la CGV).

On voit bien quels sont les raccordements théoriques et méthodologiques du concept de CGV.

La séquence d'activité peut être appréhendée par la comptabilité de branche, la méthode des effets et les bilans de produits. Cette dimension nous paraît essentielle, car elle permet d'apporter un contenu quantifié et de déboucher sur une modélisation de la filière. Elle est toutefois encore peu présente dans les études empiriques proposées dans le cadre CGV.

L'espace géo-économique est décrit par les structures de marché (Zylhersztajn 1999).

Le contexte institutionnel de la chaîne globale de valeur relève de l'économie néo-institutionnelle et de l'économie politique.

Le système de gouvernance emprunte aux sciences de gestion (*corporate governance*), à la théorie des coûts de transaction, à la sociologie des organisations et aux sciences politiques.

Ces 4 dimensions permettent de caractériser un type de filière. Le système de gouvernance conduit à distinguer des filières pilotées par l'aval (*Buyer-driven chains*, ce qui est le cas de l'agroalimentaire) et des filières pilotées par l'amont (*Producer-driven chains*, par exemple l'automobile ou l'informatique). Dans des travaux plus récents, Gereffi, Humphrey et Sturgeon (Gereffi *et al.*, 2005) distinguent 5 types de gouvernance des CGV : le marché, la modularité (travail à façon), le réseau relationnel (basé sur des critères de réputation, ou familiaux ou ethniques), le réseau captif (dépendance d'acheteurs de grande taille, c'est le cas de l'agroalimentaire dans les pays riches), et enfin la hiérarchie (intégration). On peut déduire des formes de gouvernance des politiques publiques ou des stratégies d'entreprises ou inter-entreprises (Tienekens and Zuurbier, 2000). Une cinquième dimension mérite d'être intégrée dans la méthode CGV, la dimension temporelle. La compréhension de la dynamique d'une filière ne peut se faire que sur une période suffisamment longue pour déceler les tendances lourdes ayant œuvré et les ruptures susceptibles de se produire (Kaplinski, 2004).

Une telle perspective historique permet de mettre en évidence l'accélération du mouvement de mondialisation du système agroalimentaire à partir du début des années 1990 (Rastoin et Ghersi, 2000). Les échanges de produits agricoles et alimentaires ont été ainsi multipliés par 6 en volume entre 1950 et 2000, tandis que la production n'a progressé que d'un multiple de 3. Les investissements directs étrangers (IDE) ont augmenté encore plus rapidement que le commerce international ainsi que les flux touristiques (plus de 700 millions de touristes étrangers en 2005 et de 600 milliards de dollars de recettes en devises, chiffre comparable à l'IDE la même année). Quant aux flux d'informations, ils sont à la mesure du nombre d'ordinateurs connectés à l'Internet (plus de 200 millions en 2005). Cette internationalisation s'accompagne d'une globalisation de l'espace et des firmes : la concentration sectorielle augmente et les plus grosses entreprises multinationales réalisent désormais l'essentiel du commerce international. Les firmes agroalimentaires ont tendance à se spécialiser et à répartir leurs activités à la surface de la planète en fonction du coût total d'approche du client au sein duquel les coûts de la matière première agricole et du transport n'ont cessé de décroître dans le dernier demi-siècle.

Parmi les travaux intégrant implicitement certaines des composantes de la grille CGV, on peut citer une étude portant sur le complexe agroindustriel argentin dans laquelle sont identifiés 3 facteurs prépondérants dans la dynamique temporelle (Gutman *et al.*, 2006) : la libéralisation commerciale internationale, les changements technologiques (notamment ceux induits par les industries de l'agrofourniture et la logistique) et les firmes multinationales (FMN).

Cependant, d'autres paramètres doivent être pris en compte pour expliquer la configuration d'une filière à un moment donné, comme le suggère le modèle CGV, en particulier, le cadre institutionnel et la structure de gouvernance.

L'approche CGV peut être illustrée par le cas de la filière fruits et légumes frais (figure 3.12) qui s'est construite entre un bassin de production situé en France, en Espagne et au Maroc et la zone de consommation européenne (espace géographique), avec la mise en place d'opérateurs privés et publics (gouvernance) et de circuits logistiques spécifiques (analyse *input/ouput*).

Un autre exemple de CGV est celui de la banane qui fait également apparaître les différentes dimensions de l'analyse, avec les aspects physiques (flux de produits), l'espace géographique (production en zone tropicale et consommation en Europe), le cadre institutionnel (notamment la réglementation de l'UE avec l'organisation commune du marché de la banane, OCMB, les normes de qualité et les labels écologiques et équitables), les acteurs dominants (exportateurs des pays producteurs et importateurs européens), avec de vives tensions entre les producteurs des régions ultra-périphériques de l'UE (Antilles, Madère, Canaries, Açores) et les pays-tiers au motif de distorsions concurrentielles (Rastoin et Loeillet, 1994). Le schéma ci-dessous (figure 3.13) présente un diagramme illustratif de cette filière très intéressante du point de vue théorique et empirique, en considérant le cas particulièrement complexe des Îles Sous-le-Vent (*Windward Islands*), dans les Caraïbes. On notera la présence dans ces territoires d'une sorte de *Marketing Board*, la Wibdeco, détenue à 50 % par les 4 États constituant ces îles (La Dominique, Sainte-Lucie, Grenade et Saint-Vincent) et à 50 % par les groupements de producteurs locaux, au prorata de leurs volumes exportés dans les années 1992-1994. Il existe un bureau de vente basé à Fareham, au Royaume-Uni. La Widbeco a un rôle important, outre la commercialisation (19 références courantes de qualité et de conditionnement bananes pour satisfaire aux exigences de la grande distribution), dans l'appui technique aux producteurs (normes), la logistique (flux *input/output* : le coût du fret est dépendant du taux de remplissage des navires) (Côte *et al.*, 2007). On est en présence d'une chaîne de valeur pilotée par l'aval, (gouvernance de type *buyers driven chain*).

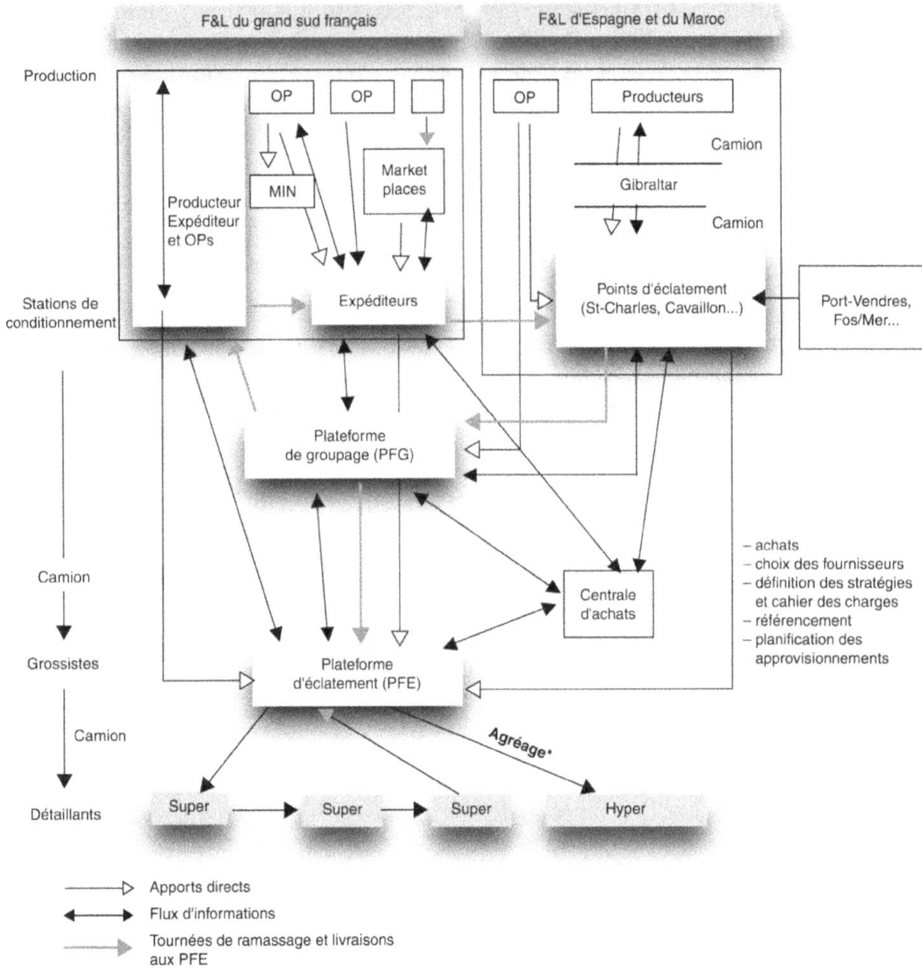

Figure 3.12. La filière fruits et légumes frais euro-méditerranéenne.

Source : Montigaud J.C., 2008.

L'ensemble des cinq « entrées » caractérisant une CGV va ainsi permettre de décrire un processus historique de construction puis de déconstruction des filières en nous appuyant sur la grille imaginée par Louis Malassis sous le nom « les 3 âges de l'alimentaire » (Malassis, 1997) et complétée pour la période récente par un quatrième âge (cf. chapitre 1). Cette grille (tableau 3.8) est appliquée ici à l'Europe et sera adaptée dans notre étude empirique sur l'Algérie.

On retrouve dans ce tableau les séquences historiques décrivant l'évolution du système et des filières agroalimentaires de la période primitive de l'exploitation agricole, lieu d'intégration de tous les actes alimentaires, à la période contemporaine des filières longues, segmentées, tertiarisées et mondialisées.

L'approche CGV nécessite des investigations généralement longues et l'accès à des informations qui ne sont pas toujours disponibles. Il est parfois nécessaire de

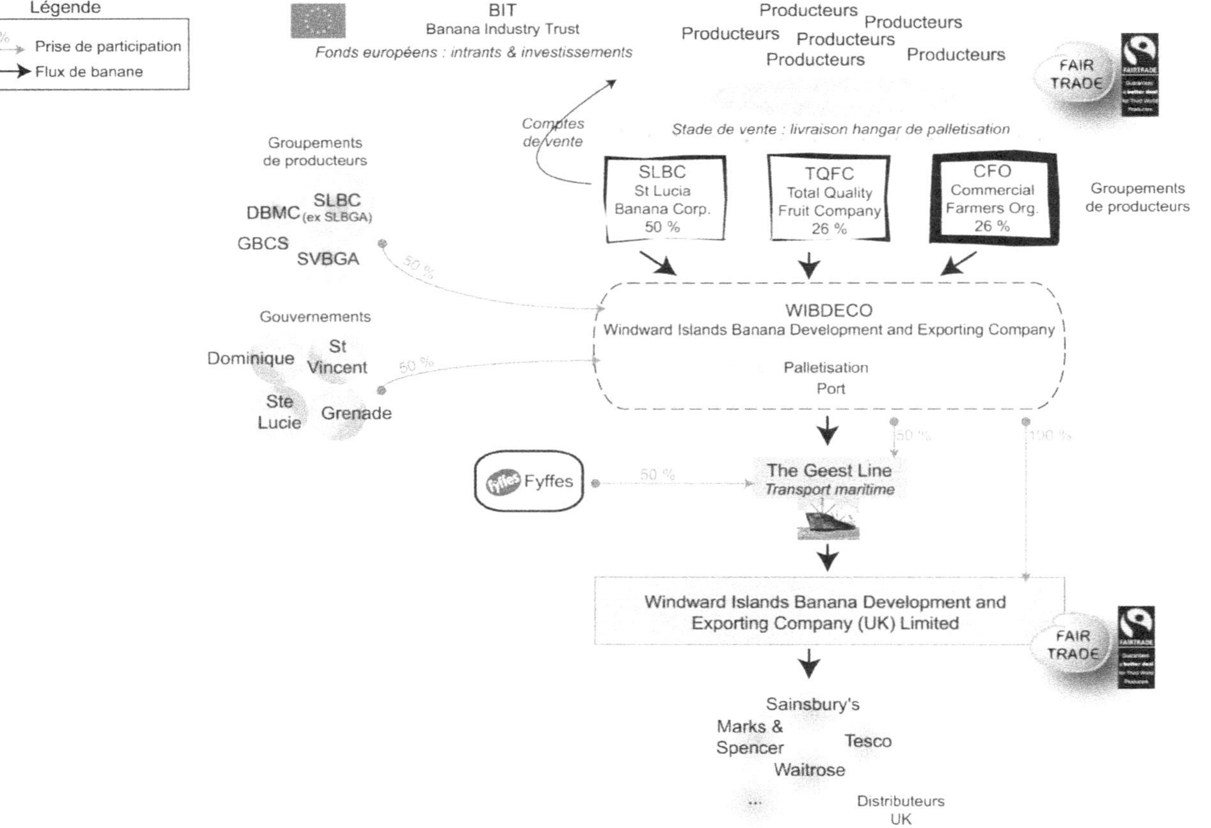

Figure 3.13. Un exemple d'organigramme de filière faisant apparaître les flux (analyse *input/output*), l'espace géographique et les acteurs (gouvernance), la filière banane dans les Îles Sous-le-Vent.

Source : Loeillet *in* Côte *et al.,* 2007.

Tableau 3.8. Un modèle qualitatif de caractérisation des filières agroalimentaires en Europe par la méthode de la chaîne globale de valeur.

Étape historique du système alimentaire	Séquence d'activités	Espace géographique	Environnement institutionnel	Structure de gouvernance
Agricole, filière « point »	Unité de lieu, d'action et de temps (exploitation agricole autarcique)	Limité – terroir de proximité (quelques km)	Coutumes, édits seigneuriaux et religieux	Féodalité, religion (réseau relationnel)
Artisanale, filière « courte »	Division du travail : agriculteur-artisan-marchand, flux d'échanges limités (autoconsommation rurale importante)	Localisé – Région naturelle (quelques dizaines de km)	Ordonnances royales, codes déontologiques corporatistes	Royauté, corporations (réseau modulaire)
Agroindustrielle, filière « fragmentée »	Forte spécialisation/diversification des activités, standardisation des produits, production de masse, essor du commerce de détail LS	Élargi – Continent (quelques milliers de km)	Lois, décrets et directives, accords internationaux (PAC, GATT, *Codex alimentarius*), organisations professionnelles, contrats	États, organisations intergouvernementales régionales ou multilatérales, FMN (réseau captif)
Agrotertiaire, filière spatialement « déconstruite »	Tendance au recentrage sur le cœur de métier, prépondérance des services dans le coût final, généralisation de la RHF	Globalisé – Monde (40 mille km)	Normes internationales (OMC, ISO 22000), codes de bonnes pratiques	États, organisations intergouvernementales régionales ou multilatérales, FMN (réseau captif)

Source : Bencharif et Rastoin, 2007.

recourir à une méthode simplifiée. Dans ce cas, trois éléments sont à considérer, qui font l'originalité et l'intérêt de la CGV : les fonctions technico-économiques présentes dans la filière (analyse amont-aval), les acteurs présents et les dispositifs de coordination. La figure 3.14 illustre cette approche simplifiée à partir du cas du concentré de tomates en Europe.

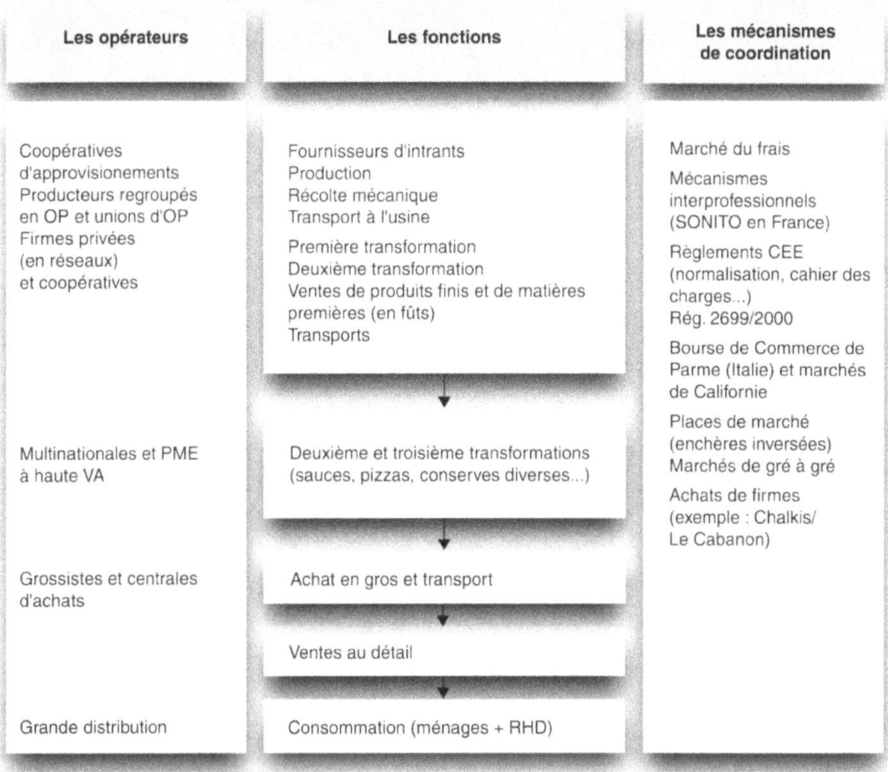

Figure 3.14. Une approche simplifiée de la CGV, la filière « concentré de tomates » en Europe.

OP : organisations de producteurs ; RHD : restauration hors domicile.

Source : Montigaud J.C., 2006. Le cas Jean Martin, séminaire de spécialisation Agromanager, Montpellier SupAgro, non publié.

En se plaçant dans une perspective historique longue, on peut avancer que la mondialisation désintègre ou déconstruit[14] les filières par une division croissante du travail

---

14. Le concept de déconstruction fait ici référence à l'abbau germanique ou démantèlement et aux travaux du philosophe J. Derrida, en les transposant du domaine de l'esprit au domaine matériel. Ce courant philosophique précise que déconstruction n'est pas destruction (Derrida, 1967). Dans le cas des filières, il s'agit bien d'une nouvelle forme d'organisation contingente à l'environnement géoéconomique et institutionnel et non d'une disparition de la chaîne alimentaire.

et un allongement des distances entre, d'une part, le site de production des intrants de toute nature nécessaires à la fabrication des produits finis et, d'autre part, le lieu d'achat et de consommation de ces produits. Il s'agit donc fondamentalement d'une déconstruction des activités par référence à un territoire : on passe d'une filière « nodale » ou « point » (l'exploitation agricole) à une filière « courte » (stade artisanal), puis « fragmentée » (stade agroindustriel), et enfin « éclatée » mondialement (stade agrotertiaire).

Dans ce qui suit, on utilisera la grille méthodologique proposée dans le tableau 3.8 pour analyser l'évolution de la filière « blés » en Algérie, en montrant que c'est le contexte institutionnel qui détermine la gouvernance de la filière.

▸▸ Étude de cas : la désintégration de la filière blés en Algérie[15]

La filière « céréales » revêt une importance singulière en Algérie. En effet, les céréales constituent la base du modèle de consommation alimentaire dans ce pays, comme dans la plupart des pays méditerranéens (Padilla, Oberti, 2000) : 54 % des apports énergétiques et 62 % des apports protéiques journaliers provenaient de ces produits en 2003 et le blé représentait 88 % des céréales consommées. L'Algérie arrive au premier rang mondial pour la consommation de blé *per capita*, avec plus de 200 kg en 2003, l'Égypte se situant à 131 kg et la France à 98 kg (tableau 3.9).

Tableau 3.9. Consommation de blé par tête dans quelques pays, 1961-2003, en kilogrammes.

	1961	1970	1980	1990	2000	2003	Var. 1961-2003 (%)
Algérie	110	120	182	193	190	201	82
Tunisie	146	153	195	205	202	194	33
Maroc	130	129	153	180	172	179	38
Italie	162	176	173	149	150	152	-6
Égypte	79	87	125	148	136	131	65
France	126	97	96	92	97	98	-22
Monde	55	57	65	70	68	67	22

Source : données FAOSTAT, 2008.

On note que la consommation par tête est en augmentation constante sur la période 1961-2003 dans les pays du sud de la Méditerranée et en déclin en Italie et surtout en France. La consommation totale connaît une progression encore plus importante du fait de la démographie dans les pays du Maghreb. En Algérie, on est ainsi passé de 1,2 million de t en 1961 à 6,4 M.t en 2003 (+ 427 %).

---

15. Cette étude de cas est tirée d'un *working paper* de l'UMR Moisa (Bencharif et Rastoin, 2007).

On comprend, à travers ces chiffres, que le blé et ses dérivés basiques destinés à l'alimentation humaine (pain et semoule) constituent des produits qualifiés de stratégiques et font en conséquence l'objet d'une politique gouvernementale attentive.

À partir de l'examen des 5 critères utilisés dans la méthode CGV, on établira que la filière céréales en Algérie est industrialisée, très liée au marché international, fortement encadrée et enfin qu'elle est en transition entre une gouvernance étatique et une gouvernance privée.

La séquence d'activités dans la filière blés

La séquence d'activités est schématisée à travers les flux de produits entrants (*inputs* ou ressources) et sortants (*outputs* ou emplois). Les flux sont mesurés en quantités de produits bruts ou de leur équivalent lorsqu'ils sont transformés. Les ressources de la filière sont constituées de la production locale et des importations corrigées des variations annuelles de stocks. Les emplois peuvent être des exportations et une utilisation domestique qui se répartit entre la consommation humaine en l'état ou après transformation industrielle, les semences, l'alimentation animale, les usages non-alimentaires et les pertes. On a choisi de travailler sur les blés et non sur l'ensemble des céréales afin de disposer d'une filière homogène.

Tableau 3.10. Les ressources de la filière blé en Algérie, 1963-2003.

Années	% des ressources			Total ressources (1 000 t)
	Production	**Importations**	**Variation de stocks**	
1963	101	24	-25	1 576
1973	47	33	20	2 445
1983	20	77	3	3 898
1993	18	72	10	5 748
2003	42	73	-14	7 138

Source : données FAOSTAT, © OAA, division de la statistique, 2006.

On note que depuis les années 1980, l'essentiel (plus de 70 %) de l'intrant national en blé est constitué par des importations, avec de fortes variations de stocks qui suggèrent un équilibre fragile de la filière (tableau 3.10). En 2003, le blé dur représentait environ 47 % des intrants de la filière et le blé tendre 53 %, ce qui traduit une mutation dans la structure de la consommation alimentaire, avec une « occidentalisation » du modèle (substitution du pain à la semoule).

Le maillon agricole de la filière blé constitue la base nationale d'approvisionnement. Il se caractérise en Algérie par une faible ampleur et surtout par une grande instabilité en termes de production, s'agissant d'une production soumise à des aléas climatiques importants (*dry farming*). On constate sur la figure précédente (figure 3.15) un net progrès dans les rendements à partir de la fin des années 1990, qui permet de conférer une tendance légèrement positive à la production sur la longue période.

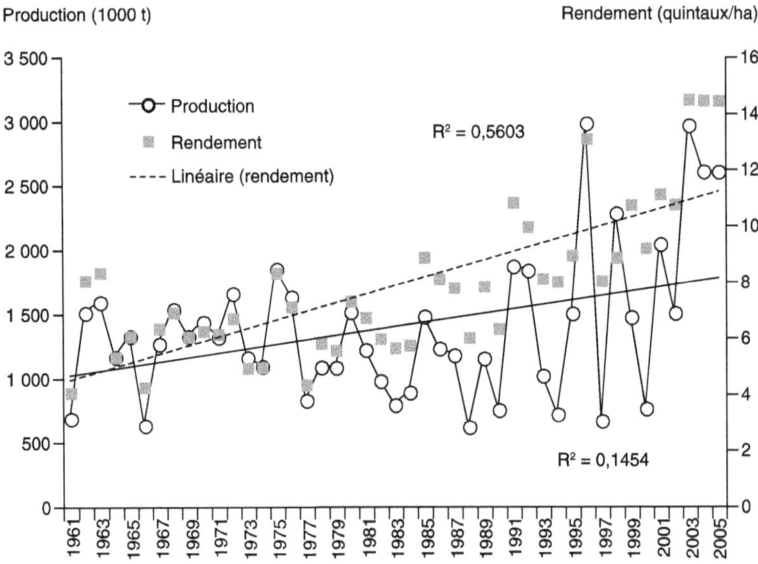

Figure 3.15. Production et rendements du blé en Algérie, 1961-2005.
Source : données FAOSTAT. © OAA, division de la statistique, 2006.

Ce phénomène semble plutôt dû à des causes institutionnelles (privatisation des terres et investissements) que techniques (faiblesse du dispositif de recherche et de vulgarisation).

Tableau 3.11 Les emplois de la filière blés en Algérie, 1963-2003.

Années	En pourcentage du total par année					Total emplois (1 000 t)
	Exportations	Alimentation animale	Semences	Industrie alimentaire	Pertes	
1963	2	0	10	79	9	1 576
1973	0	0	8	85	7	2 445
1983	0	0	4	91	5	3 898
1993	0	1	2	92	5	5 748
2003	0	0	2	90	8	7 138

Source : données FAOSTAT. © OAA, division de la statistique, 2006.

La destination essentielle du blé en Algérie (plus de 90 % dès 1980) est la transformation industrielle en minoterie (fabrication de farine) et semoulerie (couscous et pâtes alimentaires). La farine donne lieu à une 2e transformation (boulangerie-pâtisserie et biscuiterie). On a donc ici une stratégie de valorisation locale de matières premières importées plutôt que d'importation de produits de consommation finale (tableau 3.11). Pour accompagner la croissance de la population (triplement en 40 ans, pour atteindre 33 millions en 2005), de lourds investissements ont été consentis dans l'outil industriel de la filière : les capacités de trituration des minoteries/semouleries sont passées de 76 400 quintaux de blé par jour en 1982 à 437 600 q en 2003, soit une multiplication par 5,7 en 20 ans. Cependant, l'utilisation de cette capacité reste faible (problèmes de *management* examinés ci-dessous). En conséquence, les disponibilités de produits céréaliers par habitant ont baissé de 23 % entre 1990 et 2003.

Les frontières de la filière

Comme on l'a vu, la filière blé en Algérie est très fortement dépendante du marché international pour ses importations de matières premières. Néanmoins, l'Algérie n'est pas exportatrice de produits céréaliers. La filière est donc internationalisée par son amont et également par ses besoins en équipement pour l'industrie de trituration puisqu'il n'y a pas de fabricant local. Les quantités de blé importées ont été multipliées par plus de 10 entre 1961 et 2004 (de 442 000 t à 5 millions de t)[16]. La facture des achats de blé à l'étranger a dépassé 1 milliard de dollars en 2004. Cette facture est influencée d'une part, par les volumes importés qui fluctuent dans des proportions importantes sur une très courte période (par exemple + 32 % entre 2001 et 2002), en fonction de la récolte intérieure, et d'autre part, par les variations de prix sur le marché international (+ 36 % entre 2000 et 2005), lui-même piloté par le CBOT (*Chicago Board of Trade*). La sensibilité de la filière algérienne du blé à l'environnement économique extérieur est donc très importante.

Tableau 3.12. Les principaux fournisseurs en blé de l'Algérie.

Rang	1990	2000	2004
1	France (30 %)	Canada (28 %)	France (38 %)
2	USA (25 %)	France (24 %)	Canada (12 %)
3	Italie (22 %)	Allemagne (17 %)	USA (8 %)
4	Canada (19 %)	USA (13 %)	Argentine (7 %)
5	Espagne (4 %)	Mexique (10 %)	Brésil (6 %)
Total 5 premiers	100 %	92 %	71 %
Volume importé (k tonnes)	3 377	5 382	5 034

Source : données FAOSTAT. © OAA, division de la statistique, 2006.

On observe, du point de vue des fournisseurs de l'Algérie en blés (tableau 3.12), un *leadership* alterné entre la France et l'Amérique du Nord. On a donc un effet de proximité historique et géographique, mais la filière est largement ouverte à l'international. Outre le top 5, on comptait, en 2004, 18 autres pays fournisseurs dont 7 à plus de 100 000 t. On remarque également dans cette liste la présence

---

16. Source : FAOSTAT, octobre 2006. Ce chiffre doit être interprété en tenant compte d'une modification importante dans la structure des importations. En effet, l'Algérie est passée d'une phase d'achats importants à l'étranger de produits finis (farine et semoule), et donc de faible importation de grains, à des importations croissantes de grains, en raison de l'augmentation considérable de la capacité industrielle de trituration.

d'importateurs nets de blé, comme le Brésil, l'Allemagne, l'Italie. Ceci laisse supposer que les flux portants sur ce produit sont, dans certains cas, croisés avec d'autres produits, ce qui permet d'abaisser les coûts logistiques. La filière blé constitue donc, pour l'Algérie, un puissant levier d'intégration commerciale internationale. On peut aussi noter que la CGV ne s'étend pas aux pays voisins : le commerce avec les pays du sud et de l'est de la Méditerranée est inexistant, alors qu'une stratégie de spécialisation régionale aurait pu être envisagée au moment de la création de l'UMA (Union du Maghreb arabe), sur la base du puissant outil industriel public disponible dès la fin des années 1980 en Algérie (Bencharif *et al.*, 1995 : 206-216).

Le cadre institutionnel

La politique alimentaire menée par l'État, depuis l'indépendance du pays jusqu'à la veille des réformes économiques engagées à partir de l'année 1988, visait essentiellement à satisfaire les besoins alimentaires de l'ensemble de la population. La priorité a ainsi été accordée aux produits considérés comme étant des « produits de base », car faisant l'objet d'une large consommation.

Pour mettre en œuvre une telle politique, l'État a développé ses capacités de production, d'importation et de distribution à travers la mise en place d'entreprises nationales et d'offices publics. Les investissements importants accordés au secteur agroalimentaire ont permis à l'État d'occuper une place largement dominante dans l'approvisionnement des produits alimentaires. En outre, l'importation massive de ces produits et la politique de subvention des prix à la consommation sont devenues les principaux instruments de régulation des filières agroalimentaires.

Une telle politique n'a été possible que grâce au monopole exercé par l'État sur le commerce extérieur, et surtout grâce à la rente pétrolière. L'aisance financière qui a caractérisé la période 1974-1985 avait permis à l'Algérie de poursuivre sa politique industrielle sans exercer une pression sur la consommation ; ce qui a permis à l'État de maintenir des entreprises agro-industrielles, pour la plupart déficitaires, et de faire face à des dépenses croissantes pour assurer les importations et le soutien des prix.

À partir de l'année 1986, la chute des recettes des exportations des hydrocarbures a mis en relief les limites et les effets pervers des politiques antérieures. Par la suite, l'augmentation de la dette a encore réduit considérablement les capacités financières de l'État, tandis que la dévaluation du dinar algérien a eu des conséquences néfastes sur la situation financière de la plupart des entreprises agroalimentaires, et sur la caisse de compensation dont le déficit va croissant à partir de l'année 1988. À cette période fut engagé un ensemble de réformes qui visait à l'autonomie des entreprises, puis à leur privatisation.

Dans un objectif de libéralisation économique[17], la dynamique de la filière des blés et dérivés en Algérie illustre bien le processus de désintégration des filières agroalimentaires, filières où l'intervention de l'État a été la plus forte. Le passage d'une filière totalement administrée par l'État à une coordination par le marché se traduit

---

17. Cf. sur ce sujet, l'analyse très pertinente de J. Ould Aoudia (Ould Aoudia, 2006).

par l'émergence d'un cadre concurrentiel et d'un paysage institutionnel beaucoup plus complexe, du fait de la multiplicité des acteurs économiques et des institutions concernés directement ou indirectement par le fonctionnement des filières. Dans ce contexte, la diachronique de la filière des blés en Algérie peut être caractérisée à travers trois périodes :
– 1965-1982 : monopole et politique d'investissement ;
– 1983-1996 : décentralisation et désengagement partiel de l'État ;
– depuis 1997 : montée en puissance du secteur privé.

Le monopole public et la politique d'investissement : l'OAIC et la SN SEMPAC

Sur toute la période 1964-1982, la filière des blés en Algérie était régulée par deux organismes publics :
– l'Office algérien interprofessionnel des céréales (OAIC),
– la Société nationale des semouleries, meuneries, fabriques de pâtes alimentaires et couscous (SN SEMPAC).

En outre, la production de grains était issue d'un petit nombre de grands domaines autogérés, relevant d'une planification par le ministère de l'Agriculture.

L'Algérie présentait une originalité certaine quant à l'organisation de la filière des céréales dans les années 1970. C'était le seul pays (avec l'Albanie) où l'industrie céréalière, totalement étatique, été concentrée en une seule entreprise qui disposait du monopole en matière de transformation des blés, et d'importation des produits finis.

Cette période est également caractérisée par un développement très rapide de l'industrie céréalière, et un renforcement de la déconnexion industrie de transformation – agriculture. Les deux plans quadriennaux (1970-1973 et 1974-1977), avaient prévu une augmentation des capacités de trituration des blés d'environ 78 000 quintaux /jour, alors que les capacités existantes en 1964 se situaient autour de 43 700 quintaux /jour. À la fin de la décennie 1980, les capacités de trituration des blés ont été multipliées par 3, et plus de 70 % des quantités des blés destinées à la transformation provenaient des importations

L'OAIC, organisme public à caractère administratif et commercial, a exercé un monopole sur la collecte, le stockage, l'importation et la distribution des grains de céréales et de légumes secs, jusqu'à l'année 1995. L'Office a constitué un important instrument de la politique céréalière, puisque son rôle essentiel était d'organiser et de réguler le marché national d'une part, et d'assurer la réception et le stockage des céréales et des légumes secs importés d'autre part. Pour remplir ses missions, l'OAIC s'appuyait sur un réseau très dense comprenant 39 Coopératives de céréales et de légumes secs (CCLS) regroupées en cinq Unions de coopératives agricoles (UCA).

La SN SEMPAC, a été créée en mars 1965, par un regroupement des unités de production qui avaient été nationalisées en mars 1964. Elle a été restructurée au cours de l'année 1983. Elle avait pour principales missions :
– d'exploiter et de gérer toutes les unités industrielles du secteur de la transformation de céréales ;

– de satisfaire les besoins de la consommation en dérivés de céréales et d'assurer les importations en produits finis ;
– de procéder à la construction, l'installation ou l'aménagement de tous moyens industriels nouveaux conformes à son objet ;
– d'assurer la distribution des produits finis sur l'ensemble du territoire national.

La SN SEMPAC a toujours eu comme objectif prioritaire la couverture des besoins nationaux en produits dérivés des céréales, particulièrement les semoules et les farines des blés ; la fonction planification de l'entreprise consistait en fait à réguler l'ensemble de la filière des blés. Cependant, il convient de souligner que l'organisation de la filière des blés, ainsi que les procédures de planification nationale mises en œuvre au cours de cette période, n'ont pas permis à l'entreprise d'assurer cette mission de coordination dans le processus de régulation de la filière.

En relation avec l'augmentation importante de la consommation des semoules et des farines, la SN SEMPAC a connu un développement très rapide : à la fin des années 1980, les capacités installées ont ainsi été multipliées par trois ; plus des deux tiers des capacités de production correspondent donc à des unités nouvelles.

Cette forte progression de la production des semoules et farines n'a pas permis de répondre à l'évolution plus rapide de la demande. À partir de l'année 1974, le déficit est comblé par des importations massives de produits finis. Ceci est particulièrement vrai pour la semoule supérieure dont les importations ont dépassé les sept millions de quintaux en 1982.

Décentralisation et désengagement partiel de l'État

Dans le cadre de l'économie planifiée, l'entreprise publique était considérée comme un simple agent d'exécution des décisions prises par le ministère de Tutelle et subissait le contrôle de plusieurs autres administrations. Les orientations économiques adoptées au début des années 1980 remettent en cause le système de planification et visent une certaine décentralisation. C'est ainsi que le Plan quinquennal 1980-1984 voulait « s'appuyer de façon déterminante sur la décentralisation réelle de la gestion de l'appareil économique au niveau régional et local. La décentralisation constitue l'outil fondamental d'élargissement de la base humaine de développement, de clarification des fonctions et des attributions, et de renforcement déterminant de l'autonomie de gestion ». La restructuration organique et financière engagée à partir de 1982 est une composante fondamentale des réformes économiques qui se sont succédées depuis. Cette réorganisation visait un redimensionnement de la taille des entreprises en fonction du niveau d'intervention et des compétences territoriales. Concrètement, elle s'est traduite par un découpage donnant naissance à des entreprises régionalisées spécialisées par produit et par fonction.

Le diagramme régional ci-contre (figure 3.16) illustre l'ampleur du dispositif mis en place et son caractère très centralisé, sachant que la tutelle gouvernementale était très prégnante dans le système de pilotage.

Au cours de l'année 1983, la SN SEMPAC a été restructurée en six entreprises : 5 entreprises des industries alimentaires céréalières et dérivés (ERIAD) ont été chargées de la transformation des céréales et de la distribution des produits finis. Les

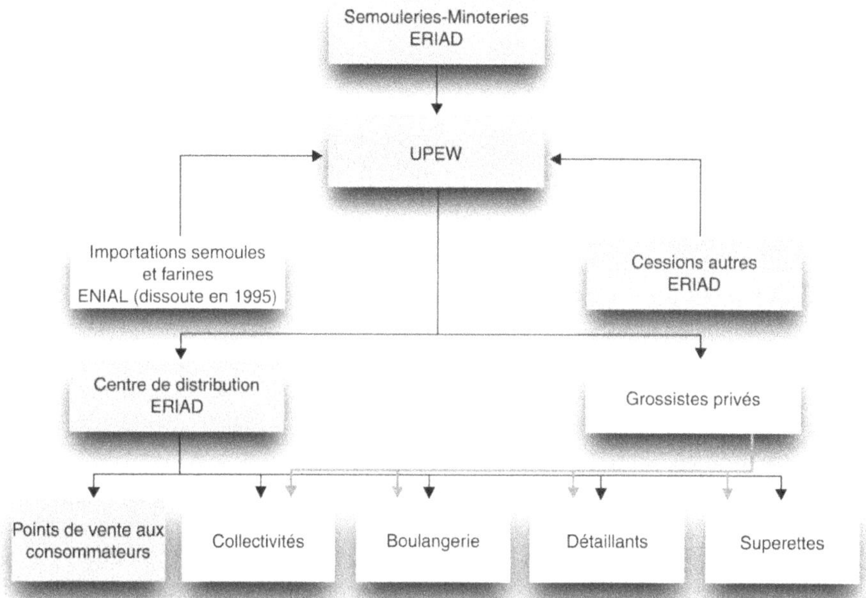

Figure 3.16. Organisation régionale de la filière des blés en Algérie, 1983.
Source : adapté de Bencharif A. *et al.*, 1996.

activités de développement de la branche des industries alimentaires et de régulation du marché par l'importation de semoules et de farines ont été confiées à l'Entreprise nationale de développement des industries alimentaires : ENIAL. Entre les années 1982 et 1992, les capacités de trituration des blés ont été multipliées par 2,2.

Entre-temps, une série de réformes macro-économiques a enclenché le mouvement de libéralisation/privatisation en Algérie :
– 1982 : restructuration organique et financière de l'État ;
– 1988 : loi de libéralisation économique (autonomie des entreprises dans un cadre concurrentiel, création du Fonds de participation des industries agroalimentaires (FPIA), détenant le capital social des entreprises publiques économiques(EPE)) ;
– 1990 : l'ENIAL et les ERIAD obtiennent le statut d'EPE ;
– 1995-1996 : mise en œuvre du programme d'ajustement structurel du FMI (désengagement de l'État du secteur productif, équilibre budgétaire)
– 1995 : création de 2 *holdings* agroalimentaires par éclatement du FPIA, en vue d'une ouverture du capital des entreprises publiques aux investisseurs privés.

Jusqu'à l'année 1992, les cinq entreprises publiques du secteur céréalier (ERIAD) détenaient la totalité des capacités de trituration des blés. Les six premières entreprises privées ont été installées au cours de la période 1993-1997.

Dans le secteur agricole, cette période a vu le démantèlement des grands domaines autogérés et une redistribution des terres, ce qui a provoqué une augmentation considérable du nombre des exploitations agricoles.

Dans les canaux de distribution, l'apparition d'opérateurs privés a contribué à fragiliser les succursales de vente des ERIAD.

La montée en puissance du secteur privé.

À partir du milieu des années 1990, le mouvement de privatisation et de désintégration de la filière s'est accéléré avec la chronologie suivante :
– 1995-1996 : levée du monopole d'importation des farines et semoules de l'ENIAL et des grains de l'OAIC ;
– 1996 : dissolution de l'ENIAL et disparition de la coordination des ERIAD ;
– 1997 : restructuration, par éclatement, des ERIAD (création de 43 filiales, afin de faciliter les rachats par des capitaux privés) ;
– 2001 : création des Sociétés de gestion des participation (SGP), qui prennent le relais des *holdings* agroalimentaires, avec un rôle de coordination industrielle et d'assainissement financier des EPE. L'une des SGP est chargée du secteur des céréales (ERIAD).

On constate cependant que l'objectif de privatisation de la filière par l'acquisition des outils publics n'a été que très partiellement atteint. En effet, les investisseurs privés ont préféré créer de toutes pièces de nouvelles entreprises, plutôt que d'avoir à assumer le passif financier des sociétés d'État et surtout pour s'affranchir de la contrainte des salariés du secteur public, tant sur le plan de la charge salariale que du management. On note par ailleurs que la gestion financière des fonds propres des entreprises publiques agroalimentaires n'a jamais été efficiente comme en témoignent les 3 réformes successives de 1988, 1995 et 2001.

Enfin, dans le cadre institutionnel public subsiste le contrôle des prix des produits sensibles dérivés des céréales, avec des hausses administrées selon des critères politiques. L'augmentation importante des prix des céréales et dérivés s'est échelonnée sur les cinq années 1992 à 1995. Depuis les prix ont été maintenus au même niveau. La hausse du prix réglementé de la semoule et du pain a été réalisée de manière progressive. Cette approche « douce » impliquait le maintien de subventions à la consommation par le moyen déjà utilisé antérieurement du financement des écarts entre le prix de référence et le prix de cession des grains aux minoteries et semouleries. La hausse progressive du prix à la consommation donnait cependant un caractère dégressif à la subvention qui passera ainsi de 205,01 DA/quintal de blé dur en juin 1992 à 72,53 DA/q en juin 1995 avant de disparaître totalement en avril 1996. Aux mêmes dates, pour le blé tendre, cette subvention est passée de 338 DA/q à 275 77 DA/q (tableau 3.13).

Tableau 3.13. Évolution du prix (DA) du pain et de la semoule en Algérie depuis 1989.

	De 1989 au 19/06/92	Du 20/06/92 au 23/03/94	Du 24/03/94 au 15/12/94	Du 15/12/94 au 02/04/95	Du 03/04/95 au 08/07/95	Du 09/07/95 au 02/04/96	Depuis avr-96
Pain (250 gr)	1	1,5	2,5	4	5	6	7,5
Semoule (kg)	2,3	4,5	7	11	14	16	31

Source : Journal officiel de la République algérienne.

La fragmentation des terres agricoles s'est poursuivie durant cette période. Le recensement général de l'agriculture de 2001 dénombrait 588 621 exploitations (soit 60 % de l'effectif global) dans lesquelles la céréaliculture était la spéculation dominante. Au cours de la même année, la superficie en céréales était de l'ordre de 3,2 millions d'ha dont 2,6 consacrés aux blés (blé dur 1,6 million d'ha, blé tendre, 1 million), soit environ 5 ha par producteur (Chehat, 2006).

La gouvernance de la filière

Rappelons que la gouvernance peut être définie comme la manière dont le pouvoir de décision est structuré et exercé dans une organisation, qu'elle soit autonome (cas d'une entreprise) ou multi-agents (cas d'une filière). On a vu, dans l'historique qui vient d'être fait, que la filière blés était considérée comme stratégique en Algérie de par sa participation à l'alimentation de base des citoyens. De ce fait, dès l'indépendance du pays en 1962, les Autorités ont mis en place un système de planification centrale de la filière par le ministère de l'Agriculture. À la fin des années 1980, principalement sous la pression des institutions économiques intergouvernementales (FMI) et de la géopolitique (disparition de l'URSS qui portait le modèle de planification), une libéralisation de la filière a été lancée. On est donc passé d'une gouvernance étatique de la filière céréales, avec un pilotage ministériel à une régulation mixte État/Marché, pour s'acheminer vers une libéralisation totale à l'horizon 2015.

C'est à partir de l'année 1998 que le secteur privé a connu un développement remarquable. En 2003 le patrimoine du secteur privé est constitué de 259 minoteries et semouleries totalisant une capacité de transformation de 274 800 quintaux par jour, soit 2 fois et demies, les capacités de l'ensemble du secteur public (ERIAD), au cours de l'année 1990.

Les capacités totales des entreprises publiques n'ont pas évolué ; elles sont restées au même niveau sur toute la période 1997-2003, soit 162 800 quintaux par jour. Cependant, il convient de noter la réalisation d'un important programme de reconversion de semouleries en minoteries (11 200 q/jour).

Tableau 3.14. Évolution des capacités de trituration des blés en Algérie, 1990-2003.

Quintaux/jour	1990	1997	2003	Indice (2003/1997)
Secteur public	113 000	162 800	162 800	100
Secteur privé	-	7 200	274 800	38 200
Total	113 000	170 000	437 600	257

Source : adapté de Bencharif *et al.*, 1996.

En 2003, le secteur privé contrôlait environ 63 % des capacités totales de production : 71 % pour le blé tendre, et près de 54 % pour le blé dur (tableau 3.14). Le secteur privé privilégie ainsi la transformation du blé tendre qui constitue 60 % de ses capacités. À l'inverse, 60 % des capacités du secteur public sont consacrées à la production de blé dur, et ce, malgré les nombreuses conversions de semouleries en minoteries. Les entreprises privées sont, à l'évidence, stimulées par les signaux du marché, ce qui n'est pas le cas des entreprises publiques qui assument leur rôle de « tampon » économique et social dans une phase de transition.

En ce qui concerne les approvisionnements en blés, l'OAIC avait le monopole des importations et de la commercialisation jusqu'en 1995. Depuis, le secteur privé, constitué de négociants ou de minotiers, s'est développé rapidement, mais d'une manière désordonnée : les importateurs privés achètent lorsque les prix sur le marché mondial sont relativement bas, et se retirent pour laisser l'OAIC se charger des importations, lorsque les prix sont élevés. La part du secteur privé dans les approvisionnements en blés oscille entre aujourd'hui entre 25 % et 30 %

Toutefois, malgré les tentatives du secteur public, l'ajustement des capacités productives aux conditions du marché intérieur a beaucoup de mal à se réaliser comme l'indique le tableau 3.15.

Tableau 3.15. Comparaison des capacités de trituration et des disponibilités des blés destinées à la consommation humaine en Algérie.

kg /habitant	1990	1997	2003
Capacités de trituration	140,6	176,8	427,9
	1987-92	**1992-97**	**1997-03**
Disponibilités des grains consommation humaine	199,3	181,7	179,4
Disponibilités des produits finis importés	47,8	54,5	11,9
Disponibilités totales /consommation humaine	247,1	236,2	191,3

Source : adapté de Bencharif *et al.* ; 1996.

La libéralisation de la filière des céréales, et le développement rapide du secteur privé a eu plusieurs conséquences dont les plus remarquables sont :
– la multiplication des centres de décision et l'absence de structure de coordination en dehors du marché ;
– une disparition des circuits d'information antérieurs, sans construction de systèmes adaptés à la nouvelle situation ;
– la surcapacité de production liée aux investissements massifs des entrepreneurs privés ;
– une plus forte dépendance des importations des blés : à partir de l'année 1997, les importations des blés en grains ont remplacé celles de semoules et de farines ;
– la régression des taux d'utilisation des capacités et de la production du secteur public ;
– des meuniers et des importateurs souvent peu compétents et/ou mal équipés, ce qui se traduit par une faible qualité des produits.

Du point de vue de la gouvernance de la filière, le système de transition vers l'économie de marché génère actuellement une forte sous-efficience économique globale qui entraîne le maintien du contrôle des prix à la consommation des produits de base (pain et semoule). La contrainte amont du monopole d'importation a été relâchée, cependant le levier essentiel de la libre fixation du prix par les opérateurs privés n'est pas disponible. En conséquence, ces opérateurs se tournent vers des produits non administrés (biscuits et pâtes) et laissent entière la question de la régulation du marché des produits de première nécessité.

Conclusion : les mutations contingentes du modèle de filière

À partir du concept de chaîne globale de valeur, nous avons procédé à une caractérisation multifactorielle de la filière des blés en Algérie synthétisée dans le tableau 3.16.

Tableau 3.16. Trajectoire de la filière des blés en Algérie depuis l'indépendance.

Étape historique de la filière	Séquence d'activités	Espace géographique	Environnement institutionnel	Structure de gouvernance
Monopole (1964-1982)	Production et importation Matières premières Minoterie et panification Semoulerie (couscous et pâtes) Distribution	Territoire national + gros fournisseurs étrangers	Planification centrale	Entreprises publiques : domaines agricoles autogérés, monopole d'importation (OAIC), monopole industriel et commercial (SN SEMPAC) : HIÉRARCHIE
Décentralisation (1983-1996)			Forme hybride : encadrement étatique et transactions privées	Loi de libéralisation Éclatement SN SEMPAC en ENIAL + 5 ERIAD : RELATIONNEL
Émergence des entreprises privées (depuis 1997)	Production et importation Minoterie et panification Semoulerie (couscous et pâtes) Distribution	Territoire national + diversification fournisseurs étrangers	Vers une économie de marché	Déclin des ERIAD Nombreuses créations d'entreprises agricoles, industrielles et commerciales : RELATIONNEL

M : importations, Y : production
Source : adapté de Bencharif *et al.*, 1996.

En l'espace de 40 ans, on observe de profondes mutations dans les différentes dimensions de la CGV. La séquence d'activités connaît une très forte croissance tout au long de la période en raison, dans un premier temps, des lourds investissements de modernisation/extension par les plans nationaux de développement ; puis, dans la période récente, d'une création d'unités industrielles par le privé, qui provoque globalement une surcapacité de fabrication. L'espace géographique de la filière est, dès le début de la période, fortement internationalisé en raison des importations massives imposées par la stagnation de la production céréalière nationale et la croissance démographique. La « déformation » de cet espace est due à une diversification des origines. Le cadre institutionnel passe d'une économie centralement planifiée à une forme hybride puis à une économie de marché (non achevée à ce jour). En conséquence, la gouvernance de la filière est exercée par des entreprises publiques dans la première phase, puis s'achemine vers une prépondérance des entreprises privées. Toutefois, « l'effacement » des entreprises publiques ne résulte pas – comme attendu par les autorités gouvernementales – d'un processus de privatisation, mais bien d'un déclin. Le secteur privé monte en puissance, mais *ex nihilo*. Les coûts économiques et sociaux de cette trajectoire sont élevés. Pour des raisons politiques, le consommateur reste protégé par un contrôle du prix des aliments de base (pain et semoule).

La déconcentration du secteur public et, surtout, le développement accéléré du secteur privé, ont entraîné un foisonnement des centres de décision. Le paysage économique et institutionnel devient plus complexe, fragmenté et cloisonné, dès lors que les systèmes d'information, sur lesquels reposait la coordination hiérarchique, ont été en grande partie démantelés.

Le désengagement de l'État s'est en effet traduit par l'allégement, voire la disparition de certains circuits d'information ; le secteur privé aurait dû prendre en charge certaines fonctions d'organisation et de coordination de la filière. Or l'absence d'organisations professionnelles réellement représentatives et opérationnelles n'a pas permis la construction du cadre de concertation souhaité. Enfin, l'encadrement sectoriel par les normes de qualité est défaillant.

Dans cette situation, les institutions et les opérateurs économiques ne disposent pas de bases de données fiables, leur permettant d'apprécier la compétitivité réelle des produits algériens, l'adéquation de l'offre à la demande des consommateurs, les progrès accomplis et les besoins d'amélioration prioritaires. L'absence des informations, ou leur asymétrie, augmente également les coûts de transaction et pénalise les performances le long de la filière.

Finalement, d'un point de vue théorique et empirique, l'observation de la dynamique des filières tant en Europe qu'en PVD suggère plusieurs remarques :
– le mouvement de spécialisation des entreprises et de « recentrage sur le métier » (pays riches) ou le changement institutionnel (PVD) a conduit à un abandon des stratégies privées ou étatiques d'intégration verticale (désintégration des filières). En économie de marché généralisée, toute entreprise se trouve en relation avec des marchés « amont » (approvisionnements) et « aval » (commercialisation), de plus en plus différenciés, mondialisés et « normés ». En conséquence, l'entreprise peut opérer des choix en fonction des rapports qualité/prix des biens et services qu'elle est amenée à acheter ou à commercialiser. L'enfermement dans une « filière » peut alors constituer un handicap si des contreparties n'existent pas en termes de valorisation de produit ;
– la dynamique de la demande provoque une réduction de la diversité et une nouvelle organisation de l'alimentation, en privilégiant des « univers de consommation » au sein desquels la substituabilité entre produits s'accentue : univers des entrées/*snacks*, des plats cuisinés végétaux/animaux, des desserts, des boissons alcoolisées et non alcoolisées.
– dans le même temps, les entreprises elles-mêmes s'éloignent de la monoproduction : les grandes firmes agroalimentaires sont de plus en plus « multiproduits » (tout

en restant dans un périmètre correspondant à un « métier » en vue de répondre aux exigences des marchés financiers axés sur une gouvernance actionnariale), les PME diversifient leurs gammes pour rentabiliser un outil industriel et bénéficier de la dynamique de la consommation (effets « innovation » et « territoire ») ;

La « coordination » des filières devient un exercice délicat, l'exemple de la filière céréales en Algérie en témoigne, mais l'optimum est rarement atteint dans les pays à hauts revenus.

Dans les PVD, la période de transition vers l'économie de marché, qui voit coexister des entreprises publiques et privées, se caractérise par une désintégration du système étatique d'information et de coordination et par un certain nombre de rigidités dans l'ajustement de l'offre et de la demande, dans le management des entreprises et dans la construction du portefeuille de produits des entreprises. En conséquence, on observe des gaspillages et des dysfonctionnements. Dans les pays à hauts revenus inspirés par le modèle économique libéral de type anglo-américain, les filières sont déconstruites par l'élargissement de la CGV à l'échelle mondiale.

En dépit d'indiscutables acquis techniques, économiques et sécuritaires, les filières agroalimentaires contemporaines se caractérisent, en aval, par une inadéquation du modèle de consommation alimentaire aux exigences de la sûreté nutritionnelle, et, en amont, par des nuisances environnementales croissantes et des distorsions dans l'occupation de l'espace. Il y a donc urgence, dans un contexte à venir de pénurie globale très fortement asymétrique des ressources naturelles et d'aggravation probable des externalités négatives du modèle agroindustriel, à lancer une réflexion prospective sur le système agroalimentaire. Deux scénarios contrastés sont envisageables : le premier, de continuité « maîtrisée », basé sur l'envergure (modèle techno-globalisé), l'autre, de rupture, s'appuyant sur la proximité (filières courtes, territorialisées).

Du point de vue méthodologique, le concept de CGV se révèle un outil puissant et relativement complet d'analyse de filière et de caractérisation d'une dynamique sur la longue période. Cet outil peine cependant à révéler une performance de filière, du fait de l'absence d'instruments de mesure d'impact. Il sera donc utilement complété par un dispositif d'évaluation basé sur des indicateurs économiques, sociaux et environnementaux, facilitant des comparaisons sur différents modèles organisationnels de filières et donc aidant à la décision des acteurs publics et privés.

▸▸ Étude de cas : compétitivité et partage de la valeur dans la filière porcine au Québec[18]

Cette étude de cas constitue une référence d'excellente qualité, très utile tant au plan conceptuel qu'au plan empirique.

---

18. La recherche sur laquelle se fonde cette section été réalisée par Hervé Herry, économiste à la Direction des études économiques du ministère de l'Agriculture, des Pêcheries et de l'Alimentation du Québec (MAPAQ). Nous tenons à le remercier bien vivement ainsi que sa hiérarchie pour sa contribution à cet ouvrage. Cette recherche a fait l'objet d'une publication par le MAPAQ (Herry, 2007).

La méthode utilisée pour réaliser cette étude de cas comporte trois volets :
– une caractérisation des acteurs de la filière et une mesure de leurs performances économiques comparées ;
– une évaluation de la compétitivité de la filière au plan régional (Québec), national (Canada) et international (États-Unis et marché mondial) ;
– une analyse des perceptions de la filière par ses acteurs et son environnement.

Nous présenterons ici une brève synthèse des principaux résultats de l'étude du MAPAQ (Herry, 2007)[19].

Caractérisation économique des acteurs

La filière porcine représente un enjeu important au Québec pour deux raisons : d'une part son poids notable dans le système alimentaire provincial et les contraintes à affronter dans un contexte de plus en plus concurrentiel, d'autre part son profil institutionnel qui en fait une filière à régulation mixte.

La filière porcs constitue la seconde activité de l'agriculture québécoise derrière le lait. Si l'on fait l'hypothèse que dans l'aval de la filière, 10 % des activités lui sont imputables, cette filière représente environ 36 000 emplois, dont 8 % dans l'agro-fourniture, 24 % dans l'agriculture, 39 % dans l'industrie de transformation et 28 % dans la commercialisation (tableau 3.17).

Tableau 3.17. La filière porcs au Québec, 2005.

Segments	Nombre d'entreprises	Nombre d'emplois	Ventes (M. CN$)
Fournisseurs d'aliments du bétail	109	2 909	689
Producteurs de porcs	2 060	8 767	1 560
Transformateurs	139	14 126	3 416
Sous-total amont filière	2 308	25 802	5 665
Grossistes*	138	4 051	4 038
Détaillants*	2 508	106 187	14 697

* Lorsque l'on descend dans la filière, une part croissante de l'activité comprend d'autres produits alimentaires que la viande de porc.
Source : Herry, 2007.

En comparaison avec les autres provinces canadiennes, le Québec dispose de structures de filières plus atomisées : les tailles des élevages porcins et des établissements d'abattage et de transformation sont plus faibles (382 porcs en moyenne par exploitation au Québec contre 1 035 au Manitoba et 480 dans l'ensemble du Canada) et l'intégration entre les élevages et leur amont (production d'aliments du bétail,

---

19. L'enquête de perception ne sera pas présentée ici, ses résultats venant confirmer l'analyse économique et traduisant donc un bon niveau de connaissances des acteurs sur leur entreprise et sur leur filière. Cette connaissance est redevable pour une large part – outre le bon niveau de formation des opérateurs – à une organisation professionnelle très bien structurée et à un suivi rapproché des pouvoirs publics.

principalement maïs et soja). Ainsi 80 % de ces aliments sont issus des exploitations porcines dans l'Ouest canadien et seulement 23 % au Québec.

Le secteur de la production de porcs tire une part non négligeable de ses recettes des subventions publiques : 8,9 % en moyenne sur 2001-2005, alors que l'ensemble de l'agriculture se situe à 7,5 %. Compte tenu de l'évolution des cours du porc dans les années récentes, le soutien gouvernemental a fortement progressé, ce qui soulève l'éternelle question de l'équilibre entre marché et régulation, d'autant plus que l'ensemble de la filière québécoise enregistre des résultats financiers inférieurs à ceux des autres provinces canadiennes et des États-Unis. Ainsi, la profitabilité de la production de porcs était de 2,8 % au Québec en 2005, contre 10 % en Alberta et 26 % aux États-Unis. Les autres maillons de la filière sont à l'avenant. Si l'on considère ces maillons au Québec, on note le très faible niveau des marges unitaires sur chiffre d'affaires : entre 0,8 % pour les supermarchés et 3,2 % pour les producteurs (ce chiffre incluant les subventions), en moyenne quinquennale 2001-2005, avec des chiffres intermédiaires pour l'abattage et l'industrie de transformation. Les taux d'endettement sont élevés pour l'ensemble de la filière, entre 65 % pour les industriels et 77 % pour les producteurs. En revanche, la rentabilité des capitaux propres est faible dans la production de porcs et maximum dans le petit commerce de détail (boucheries). C'est donc le critère de l'intensité capitalistique qui distingue les différents acteurs de la filière, plus que les performances de la gestion courante (tableau 3.18). Cette constatation pose le problème de l'attractivité des capitaux pour l'agriculture. En effet, pour une majorité d'exploitations agricoles, le rendement du capital est très inférieur à celui de l'industrie et du commerce (cf. chapitre 1).

Tableau 3.18. Performances économiques des maillons de la filière porcs au Québec, moyenne 2001-2005.

Activité*	Nombre	Profitabilité	Taux d'endettement	Rentabilité
	(en 2005)	RCAI/CA %	Dettes/Passif %	RCAI/CP %
Producteurs de porcs	870	3,21	0,77	7,51
Abattoirs	45	2,74	0,66	19,05
Transformateurs	57	1,89	0,65	12,67
Grossistes	109	1,22	0,74	14,08
Supermarchés	1 133	0,76	0,71	11,72
Boucheries	445	1,57	0,67	21,32
Industries manufacturières	12 811	3,02	0,67	14,93

Entreprises de moins de 5 millions de dollars de chiffre d'affaires.
Source : Herry, 2007 d'après Statistique Canada.

Compétitivité de la filière porc du Québec

La compétitivité d'un pays, pour un produit donné se mesure par l'évolution de sa part de marché intérieur et à l'international.

Le Québec est passé en quelques années d'une large maîtrise de son marché domestique (93 % de la consommation était satisfaite par la production provinciale en 2001) à un partage de ce marché. En 2006, les producteurs locaux avaient cédé 30 % de leur marché intérieur aux autres provinces du Canada et, de manière marginale, au Danemark. Par contre, la filière québécoise du porc s'est montrée compétitive sur le marché international, en grignotant des parts de marché à ses concurrents (progression de 1,5 point entre 2000 et 2004). Le Québec se situe au cinquième rang mondial des exportateurs de porcs avec une part de marché de 8 % en 2004. Il est performant sur les marchés asiatiques (principalement Japon et Corée du Sud), L'analyse des flux commerciaux internationaux montre que les États-Unis, deuxième exportateur mondial après l'Union européenne, au coude à coude avec le Canada, délaissent leur marché intérieur au profit de l'exportation plus lucrative pour eux, laissant le Canada compléter leur approvisionnement. La logique de construction de filières se fait selon des critères de maximisation de marges, sachant que le poste essentiel de coût dans le complexe de production-transformation reste l'alimentation des animaux (près de 40 % du coût total sortie usine au Québec) et le travail (près de 20 %), et que la maîtrise des réseaux commerciaux est aussi un élément essentiel de la configuration des marchés. Ces deux éléments expliquent la situation apparemment paradoxale du Québec et des États-Unis qui se détournent de leur marché intérieur au profit de l'exportation. Cette structuration selon des critères purement micro-économiques n'est pas nécessairement satisfaisante du point de vue macro-économique ou environnemental.

►► L'évaluation de la performance des filières par l'indice de vulnérabilité-compétitivité régionale

En nous appuyant sur le cadre théorique de la chaîne globale de valeur, nous proposons dans cette section une méthode d'évaluation de la compétitivité d'une filière mise au point pour les besoins d'une étude sur la filière fruits et légumes dans les pays méditerranéens de l'Union européenne.

La problématique de la recherche[20] repose ici sur l'hypothèse d'une libéralisation du commerce international des produits agricoles et agroalimentaires dans le cadre de la future zone euro-méditerranéenne de libre-échange dont l'achèvement est envisagé pour 2015. Cette libéralisation ne manquera pas d'avoir des effets sur les secteurs concernés à la fois au sein de l'Union européenne et dans les pays du sud et de l'est de la Méditerranée (PSEM). L'objet de la recherche est d'évaluer ces impacts et de suggérer des mesures de politique publique tendant à en atténuer les chocs négatifs. On s'est attaché ici à caractériser l'une des filières impliquée au premier chef dans les 5 pays méditerranéens de l'Union européenne (Espagne, France, Grèce, Italie, Portugal), la filière fruits et légumes frais, puis à mesurer la « vulnérabilité »

---

20. Synthèse réalisée à partir du programme de recherche EuMed Agpol « Impacts of agricultural trade liberalization between the UE and Mediterranean countries », [contrat SSPE-CT-2004-502457], UMR Moisa, Montpellier, coordonné par Florence Jacquet du Ciheam-Iamm. Rapports disponibles sur le site Internet www.iamm.fr. Certains tableaux et paragraphes de cette section sont tirés de Deblock C., Regnault H. (dir), 2006 p. 275-301 et reproduits avec l'aimable autorisation de l'éditeur.

des régions concernées de ces pays à une intensification de la concurrence en provenance des PSEM. Cette évaluation conduit à réaliser un diagnostic comparé inter-régional, en pointant les forces et faiblesses des régions européennes à forte spécialisation dans le secteur des fruits et légumes (F&L). Les fondements conceptuels de la recherche se trouvent principalement dans les théories de l'organisation industrielle (méso-économie), des ressources, compétences et *capabilities* (stratégie) et des chaînes globales de valeur (analyse de filières)[21].

L'analyse des flux

La caractérisation du secteur s'est faite à partir d'une double entrée : géographique (l'UE considérée globalement et par pays méditerranéen producteur) et par produit (avec un focus sur les deux plus importants dans la zone euro-méditerranéenne, la tomate pour la filière légumes et les agrumes pour la filière fruits). On a analysé successivement la positionnement international de l'UE sur le marché des fruits et légumes puis le potentiel productif de l'Union, la dynamique de la consommation et le dispositif institutionnel communautaire (OCM fruits et légumes).

L'Union européenne élargie à 25 membres est, en 2004, la deuxième entité économique mondiale de production de fruits et légumes avec 9.5 % de l'offre mondiale qui dépasse 1350 millions de tonnes. Le *leader* a, de tout temps, été la Chine. Cependant, la suprématie chinoise s'est affirmée dans les années récentes du fait d'une forte croissance de sa production : la Chine a doublé sa part de marché en 15 ans, passant de 18 % en 1990 à 37 % en 2004. L'Inde est désormais le *challenger* de l'Europe avec 9,4 % de l'offre mondiale. L'ALENA et le MERCOSUR constituent les 3e et 4e grands offreurs de fruits et légumes avec respectivement 7,1 et 4,1 % de la production totale en 2004. Il apparaît de plus en plus que dans le secteur des F&L, comme dans de nombreux autres, on assiste, dans le contexte de la globalisation et de la croissance économique différenciée, à une montée en puissance rapide des grands pays asiatiques (Chine et Inde) et à un « basculement du monde ».

Cependant, l'UE demeure le premier acteur commercial mondial. Sur la base des statistiques des Nations unies (Comtrade), l'UE-15 assurait, en 2003, plus de 45 % des exportations mondiales de fruits et légumes frais estimées à près de 63 milliards de dollars[22]. Le deuxième exportateur mondial étant l'ALENA avec 19 %. Les autres entités n'occupent qu'une place marginale, notamment les PSEM (6 %) et la Grande Chine (5 %). Toutefois, on connaît l'importance des échanges intra-zones qui vient nuancer le partage du marché réellement « international ». Ce marché peut être estimé à environ 25 milliards de dollars en 2003 et se répartit de la façon suivante : UE-15 et ALENA à égalité avec 18 %, PSEM en 3e position avec 14 % et la Grande Chine au 4e rang avec 12 %. Si la production de fruits et légumes stagne dans l'UE, il n'en va pas de même pour ses exportations vers les pays tiers qui ont progressé de 136 % entre 1990 et 2003[23], à un rythme identique à celui de la Chine

---

21. On trouvera dans Rastoin *et al.*, (2006), un exposé complet de la méthode et des résultats.

22. Les sources statistiques divergent quelque peu du fait des nomenclatures et des méthodes d'élaboration. Le chiffre donné par FAOSTAT pour les exportations mondiales de fruits et légumes frais est de 56 milliards de dollars.

23. Source FAOSTAT, fruits et légumes frais et transformés, en valeur.

et de l'Inde. À noter que l'Iran a, dans la même période, triplé ses exportations qui ont dépassé en 2003, 1 milliard de dollars. Ces chiffres traduisent une montée de l'intensité concurrentielle sur le marché international.

Les clients sont également très concentrés. Toujours selon les données de Comtrade pour 2003, l'UE-15 est le premier importateur mondial avec 53 % en valeur, suivi de l'ALENA, 19 % : les pays à haut revenu de la Triade forment encore plus de 80 % du marché mondial. Si l'on exclut le commerce intra-zone, la taille du marché chute de plus de 60 %, et la répartition est sensiblement modifiée : UE-15, 38 %, ALENA, 16 %, le « reste du monde », c'est-à-dire principalement les échanges entre les pays d'Asie, atteint 40 %.

Les produits les plus exportés dans le monde sont incontestablement les fruits : agrumes (plus de 10 millions de t pour 5 milliards de dollars, soit 10 % de l'ensemble fruits et légumes, en moyenne annuelle 2001-2003)[24], puis banane (9 %). La tomate est le troisième grand produit avec 4,3 millions de t et 3,5 milliards de dollars (7,2 %). L'UE est de loin le premier exportateur mondial d'agrumes avec 56 % du marché. Sa position sur la tomate est également forte, avec 58 %, ainsi que sur les pommes (50 %), les pommes de terre (72 %), les poivrons (59 %) et la laitue (74 %). Tous ces produits ont dépassé 1 milliard de dollars d'exportations en 2003. Il convient toutefois de rappeler qu'environ 70 % des exportations de l'UE se font sur le marché intérieur, ce qui, tout en ramenant les chiffres des produits du top 10 pour les destinations extra-communautaires à environ 20-25 % des exportations mondiales, n'en reste pas moins considérable (tableau 3.19).

Tableau 3.19. Matrice du commerce international des fruits et légumes, moyenne 2001-2003.

M. US $, CAF	Importations							
Export =>	EU	NAFTA	SEMC	MER-COSUR	Chine	Reste du monde	Total des export.	Parts de marché
EU		418	244	25	7	4 527	5 221	18 %
NAFTA	1 308		139	25	66	2 593	4 131	14 %
SEMC	1 758	137		11	6	2 230	4 142	15 %
MERCOSUR	612	210	15		1	643	1 481	5 %
Chine	288	167	45	17		1 662	2 179	8 %
Reste du monde	4 527	2 973	204	106	564	2 978	11 352	40 %
Total Importations	8 493	3 905	647	184	645	14 633	28 507	100 %
Parts de marché	30 %	14 %	2 %	1 %	1 %	51 %	100 %	

Incluant les fuits et légumes surgelés et partiellement préservés ;
EU : Union européenne (15), NAFTA : North Atlantic Free Trade Association, SEMC : Southern and Eastern Mediterranean Countries ; CAF Coût assurance et fret.
Source : données UN, Comtrade, 2005 et Emlinger, 2005.

---

24. Source FAOSTAT.

On retrouve, sur la liste des 10 premiers fruits et légumes importés par l'UE-15 en 2001-2003, les mêmes produits que précédemment et également pour des montants supérieurs au milliard de dollars : agrumes (11,5 % des importations en valeur), tomates (7,7 %), pommes (6,6 %), raisins (5,3 %), poivrons (4 %), pommes de terre (3,9 %), laitue (3 %). Ces chiffres reflètent l'intensité des échanges intra-zone, sachant que pour les tomates et les agrumes, les PSEM n'assurent pas plus 6 à 8 % des approvisionnements communautaires (y compris le commerce intra-UE), ce qui renforce l'intérêt de la question de l'ouverture.

La place des fruits et légumes dans l'économie agricole européenne est importante : plus de 16 % de la production agricole finale (PAF) en valeur de l'UE à 15 est assurée par ce secteur en 2004, soit environ 48 milliards €, à comparer aux céréales, 38 milliards. Les légumes occupent une place de premier plan avec 29 milliards, contre 19 milliards € pour les fruits. La part des F&L dans la PAF a progressé dans les 10 dernières années en raison de prix plus favorables que dans les autres secteurs, alors que la production est restée stable (déclin des volumes de fruits compensés par une progression des légumes).

On observe nettement une spécialisation productive des pays européens, qui a tendance à s'accentuer, venant confirmer la théorie des avantages comparatifs, mais exposant par ailleurs les économies locales aux fluctuations du marché. Exprimé en proportion de la PAF sur le triennal 2001-2003, le secteur des fruits et légumes représente 34,5 % en Grèce, 32,3 % en Espagne, 30,8 % au Portugal, 25 % en Italie, 11 % en France[25]. Ces chiffres viennent confirmer l'acuité du problème des fruits et légumes dans les relations euro-méditerranéennes, mais aussi les divergences d'intérêt entre pays de l'UE.

La concentration de la production européenne dans quelques pays et quelques régions est relativement importante, tant dans le sous-secteur des fruits que dans celui des légumes (tableau 3.20).

Tableau 3.20. Part des 5 principaux pays dans la production de l'UE-15 de fruits et légumes, (volumes, 2001-2003).

Pays	Fruits	Légumes
1 – Espagne	29 %	22 %
2 – Italie	29 %	28 %
3 – France	19 %	16 %
4 – Allemagne	8 %	7 %
5 – Grèce	7 %	7 %

Source : données FAOSTAT. © OAA, division de la statistique, 2006.

Les données du RICA[26] qui permettent d'identifier les exploitations spécialisées par OTEX[27] par pays et par région, viennent confirmer le taux de spécialisation élevé de

---

25. Source : Commission européenne, DG Agri, 2004.
26. RICA : Réseau d'information comptable agricole, Eurostat.
27. OTEX : orientation technico-économique des exploitations.

la production chez les membres méditerranéens de l'UE : sur la période moyenne 1999-2002, l'Espagne est le *leader* incontesté avec 38 % de la production de F&L en valeur des 5 pays[28], suivie de l'Italie (28 %) et de la France (25 %). Dans la zone sud de l'Europe, 48 régions ont un chiffre d'affaires sectoriel supérieur à 1 million €, mais L'Espagne domine avec 3 régions dans les 5 premières : Andalousie (16,6 %), Communauté valencienne (9,2 %) et Murcie (5,6 %). La France, avec la région Provence-Alpes-Côte-d'Azur (PACA) représente 6 % et la Sicile 5 %. Au total, 20 régions espagnoles, françaises, italiennes, et 2 grecques, cumulent 78 % du chiffre d'affaires des exploitations de fruits et légumes des 5 pays méditerranéens de l'UE (13,6 milliards €).

Les structures de production restent fortement atomisées dans l'UE, avec environ 715 000 exploitations en 2002, soit une dimension moyenne de 7 ha de SAU dans les fruits et 4 ha dans les légumes. Le nombre d'exploitations subit une érosion de l'ordre de 2 % par an dans les légumes et 3 % dans les fruits, ce qui conduit à l'émergence de grands producteurs qui font jouer les économies d'échelle. L'emploi en équivalant temps plein peut être estimé à environ 1,3 million de travailleurs, ce qui est considérable. Dans certaines régions, comme nous l'avons vu, le secteur des F&L est vital au plan économique et social.

Les niveaux techniques restent hétérogènes. À titre d'exemple, les rendements moyens apparents dans la production d'oranges sont de 27 t/ha en Grèce, 20 t en Espagne, 16 t en Italie et en France. Pour la tomate, ils atteignent 110 t/ha en France, 60 t en Espagne et 58 t en Italie. Les performances économiques sont également variables. Une étude du cabinet Ernst & Young réalisée à la demande de l'Oniflhor[29] (Paris) montre pour la tomate grappe des écarts de plus de 30 % entre pays : la France se situait en 2003 à 1,02 €/kg, les Pays-Bas à 0,86, l'Espagne à 0,68 et l'Italie à 0,67.

La consommation apparente de fruits et légumes dans l'Union européenne s'établissait en 2003 à 372 kg par habitant, soit l'un des niveaux les plus élevés du monde, tiré par les habitudes alimentaires dans les pays méditerranéens : 456 kg/tête en Grèce, 450 kg en Italie. Les nutritionnistes ont de longue date préconisé une diète alimentaire diversifiée faisant une large place aux fruits et légumes. Le désormais fameux « modèle de consommation alimentaire méditerranéen » (MCAM) constitue une formidable opportunité pour développer le secteur. Paradoxalement, les pays concernés et l'UE valorisent encore peu cet atout, alors que les États-Unis, les pays scandinaves, la Chine, dans le cadre de la lutte contre les pathologies liées à une alimentation déséquilibrée, ont élaboré de véritables programmes nutritionnels basés sur le MCAM. Ainsi, la consommation de fruits et légumes stagne en Europe et change de nature : on observe une substitution des produits frais par les produits élaborés surgelés et de 4e et 5e gammes, induite par les modes de vie (urbanisation, journée continue de travail, croissance du temps de loisir et du nombre de monoménages, etc.). Le paramètre essentiel dans le comportement d'achat du consommateur demeure le prix et non pas la qualité, ce qui vient laminer les marges des acteurs de la filière (en particulier les agriculteurs) et donc limiter les capacités d'adaptation par l'innovation et la communication.

---

28. Soit 13,6 milliards € pour l'échantillon extrapolé des exploitations spécialisées du RICA.

29. Office intégré au sein de Viniflhor, puis, en 2009, dans France AgriMer.

Les canaux de distribution jouent un rôle essentiel dans cette évolution. En effet, la concentration du commerce de détail et la tendance à l'intégration verticale des services liés à la mise en marché des produits (les firmes de la grande distribution contrôlent en Europe selon les pays entre 50 et 90 % des ventes de produits alimentaires au consommateur) exacerbent la concurrence qui s'exerce désormais essentiellement par les prix et favorise la croissance des discompteurs. En France, les ¾ des achats de fruits et légumes passent par la grande distribution (GD). Les stratégies des firmes de la GD privilégient la maîtrise des coûts et mobilisent principalement 2 leviers : le *sourcing* (approvisionnement au meilleur prix par mise en concurrence systématique des fournisseurs dans des espaces géographiques de plus en plus vastes) et la logistique (pratique des flux tendus). Ces stratégies d'acteurs dominants ne laissent guère d'alternatives aux opérateurs des filières qui sont amenés à faire aussi des économies d'envergure sous peine de disparaître. Pour un petit nombre d'entre eux, des stratégies interstitielles de différenciation sont encore possibles, mais pour environ 10 à 15 % du marché seulement (soit tout de même 5 à 7 milliards € en Europe). Le *sourcing* va de pair avec la traçabilité et donc la mise en place de réseaux informationnels performants où l'adoption de normes et de logiciels compatibles sont déterminantes. On observe que ces normes (BRC, IFS, EFSIS, EUREP-GAP) ont pour la plupart été créées par la GD, ce qui renforce encore son pouvoir sur l'amont industriel et agricole.

Les institutions de la filière

Le dispositif institutionnel européen d'accompagnement de la filière F&L est l'OMC qui a été refondue en 1997 (règlement CE 2200/96). Un fonds opérationnel a été créé en vue d'appuyer les OP (organisations de producteurs s'engageant dans la voie de la consolidation (taille critique) et de la modernisation (notamment commerciale), à hauteur de 50 % des investissements réalisés. Au total, les dépenses du FEOGA consacrées au secteur des F&L ont légèrement fléchi (3,6 % du fonds en 2002 contre 4 % en 1996[30]), ce qui s'explique par l'inertie des producteurs et une certaine réticence à la restructuration et à l'action collective, ainsi que par les lourdeurs bureaucratiques des administrations communautaires et nationales. Le taux d'organisation en OP était, en 2002, de 75 % aux Pays-Bas de 46 % en France, 36 % en Espagne, 30 % en Italie, 11 % en Grèce et 5 % au Portugal (taux moyen dans l'UE : 38 %).

En résumé, les déterminants stratégiques de la dynamique de la filière F&L en Europe sont au nombre de 4 : les structures et performances des producteurs, la densité et la qualité des opérateurs de mise en marché (aval), la capacité de la filière à créer de la valeur par la différenciation territoriale, les conditions de l'environnement économique et institutionnel régional.

---

30. Un peu moins de 600 millions € en 2003 pour les fruits et légumes frais et de 700 millions pour les produits transformés, ce qui reste dérisoire par rapport au chiffre d'affaires du secteur, en comparaison avec le pactole distribué aux producteurs de céréales, de lait et de sucre. Conformément à l'évolution de la PAC (découplage), les sommes allouées au soutien des marchés ont fortement diminué au profit des actions structurelles.

Le concept d'indice de vulnérabilité/compétitivité régionale

Dans le cadre de la problématique posée ci-dessus et sur la base d'une approche théorique empruntée, non pas au courant néo-classique du positionnement compétitif des pays dans l'arène internationale, mais aux approches novatrices des sciences de gestion, à savoir la *Resource-based view*, nous proposons d'adopter une méthode comparative au niveau régional (espace plus homogène et plus légitime que le pays), du type *benchmarking* (ou évaluation de performances par comparaison d'entités d'un même sous-ensemble), dont la première étape consiste à imaginer une fonction score combinant les 4 déterminants stratégiques identifiés, qualifiée d'IVR (indice de vulnérabilité régionale)[31]. Par la suite, il devient possible de procéder à un classement hiérarchique des régions entre elles, ce qui va suggérer un diagnostic forces/faiblesses et des préconisations.

La fonction score IVR combine les 4 déterminants stratégiques qui font chacun l'objet d'une quantification à partir d'une batterie d'indicateurs (tableau 3.21).

Tableau 3.21. Composition de l'IVR.

Déterminants stratégiques	Indicateurs
Structure et performances des producteurs agricoles (SRICA)	Dimension, concentration, croissance du CA, taux d'investissement, taux de subvention, taux de marge, productivité du travail
Densité et qualité des opérateurs de mise en marché (SEA)	Nombre, CA, effectif, actifs, taux de marge brute, productivité, rentabilité
Capacité de la filière à créer de la valeur par la différenciation territoriale (SV)	Nombre d'AOP et d'IGP
Conditions de l'environnement économique et institutionnel régional (SIQER)	Densité de population, pouvoir d'achat, flux de transport intra et transrégionaux, dépenses de R&D

Source : Rastoin *et al.*, 2007.

L'indice de vulnérabilité régionale est inversement proportionnel à la somme des scores des quatre composantes. Il est calculé d'après l'équation suivante :

$$IVR = 1/[\,(SRICA) \times \alpha + (SEA) \times \beta + (SV) \times \lambda + (SIQER) \times \theta\,]$$

α, β, λ, θ étant des coefficients de pondération.

L'IVR peut également être interprété comme l'inverse d'un indice de compétitivité.

Les régions retenues pour le calcul de l'IVR sont celles qui ont réalisé le chiffre d'affaires annuel moyen le plus important sur les années 1999 à 2002 : 23 pour la production de fruits, 24 pour celle de légumes, soit au total 34 régions euro-

---

31. La justification théorique de l'approche est la suivante : la vulnérabilité est une manière d'appréhender le risque de défaillance sectorielle face à un choc externe (ici la levée des protections aux frontières). Finalement, la vulnérabilité constitue un estimateur de la résilience sectorielle (cf. Nussbaum and Sen, 1993).

péennes comptant 324 000 exploitations spécialisées en production de fruits et/ou de légumes et réalisant une production d'une valeur de près de 12 milliards € en moyenne annuelle (tableau 3.22).

Tableau 3.22. Régions retenues pour le calcul de l'IVR.

Pays	Fruits	Légumes	Total
Espagne	Andalucia, Aragon, Cataluna, Valencia, Murcia	Andalucia, Canarias, Castilla, Valencia, Murcia	151 264 exploitations.
	112 841 exploitations 2 369 M.€**	3 8423 exploitations 2 612 M.€	4 981 M.€
France	Languedoc-Roussillon, Midi-Pyrénées, PACA, Rhône-Alpes	Bretagne, Languedoc-Roussillon, Pays-de-la-Loire, PACA, Rhône-Alpes	12 729 exploitations.
	6 203 exploitations 882 M.€	6 526 exploitations 1 496 M.€	2 378 M.€
Grèce	Ipiros-P-NI, Makedonia-Thraki, Thessalia	Ipiros-P-NI, Sterea-Elias-NE-Kriti	39 885 exploitations.
	32 910 exploitations 481 M.€	6 975 exploitations 247 M.€	728 M.€
Italia	Alto-Adige, Calabria, Campania, Emilia-Romagna, Piemonte, Sicilia, Trentino, Veneto	Capania, Emilia-Romania, Lazio, Liguria, Puglia, Sicilia, Toscana, Veneto	96 669 exploitations.
	73 230 exploitations 1 851 M.€	23 439 exploitations 1 623 M.€	3 474 M.€
Portugal	Alentejo-Algarve, Ribatejo-Oeste, Tras os Montes-Beira	Açores, Alentejo-Algarve, Entre Douro-Minho-Beira litoral, Ribatejo-Oeste	23 419 exploitations
	16 093 exploitations 170 M.€	7 326 exploitations 154 M.€	324 M.€
Total	241 277 exploitations 5 750 M.€	82 689 exploitations 6 133 M.€	323 966 exploitations 11 883 M.€

*Nombre d'exploitations spécialisées dans l'OTEX.
**Valeur de la production finale moyenne 1999-2003.
Source : Rastoin *et al.*, 2007.

Le score « structure et performances des producteurs agricoles » (SRICA) revêt une valeur moyenne de 3,52 pour le secteur des fruits. Les 3 régions les plus performantes sont dans l'ordre : le Languedoc-Roussillon (7,25), Midi-Pyrénées (6,15) et l'Andalousie (5,78), du fait de grandes structures de production. Les 3 régions en difficulté sont l'Alentejo-Algarve (1,47), la Macédoine (0,19) et le Tras-os-Montes (- 1,52). Les écarts de score sont considérables (de 1 à 9) et rendent peu probable un rattrapage. Dans le secteur des légumes, le score moyen est plus élevé (4.13). On trouve en tête l'Émilie-Romagne (8,35), les Açores (7,41) et les Canaries (7,35), ce qui est probablement imputable à un effet « primeurs ». En queue se situent, Murcia (0,59), la Toscane (0355) et le Lazio (0,49), soit un écart de 1 à 8.

Le score « densité et qualité des opérateurs de mise en marché » (SEA) est établi à partir d'une analyse des entreprises de commerce de gros implantées dans les régions productrices, en émettant l'hypothèse que la présence de ces firmes dynamise l'amont en assurant des débouchés et en transmettant des signaux en provenance de la GD. Nous avons recensé à l'aide de la base de données européenne 1 150 entreprises dans le secteur du commerce de gros de fruits et légumes, réalisant 38 milliards € de CA et employant 105 000 salariés. Il a été possible de localiser les activités pour 505 de ces entreprises totalisant 17 milliards € de CA, dans 28 régions de notre échantillon. À partir d'une analyse financière de ces entreprises, on a construit un score dont la valeur moyenne est de 3,64 mais dont les bornes sont très éloignées (de - 1 à 27), ce qui témoigne d'une très forte hétérogénéité dans la « dotation » des régions. Ce facteur, très discriminant, nous paraît essentiel pour évaluer la performance des filières. Les 3 régions *leaders* sont les Pouilles (26,7), Valence (56,1) et le Trentin (9,16). Les 3 lanternes rouges sont 3 régions espagnoles peu spécialisées : Castille (- 0,36), Galice (- 0,47), Canaries (- 0,77).

Le score « capacité de la filière à créer de la valeur par la différenciation territoriale » (SV) a été calculé à partir du nombre d'AOP et IGP détenues par chaque région. Il en résulte une note moyenne pour 29 régions de 0,14 (24 appellations d'origine au total). L'Épire-Péloponèse arrive en tête avec un score de 0,38 (9 appellations), suivie de Valence (0,33 ; 8 appellations) et de Sterea-Ellada (0,25 ; 6 appellations). La Calabre, le Piémont et les Pouilles font jeu égal en queue de liste avec un score de 0,04 et 1 seule appellation. La détention d'AOP et dans une moindre mesure d'IGP peut permettre de créer une « compétence distinctive » des entreprises régionales et trouver des marchés de haut de gamme sous réserve d'une bonne maîtrise du *marketing* et de la relation-client. Le tourisme vert constitue à cet égard une opportunité la plupart du temps sous-valorisée.

Le score « conditions de l'environnement économique et institutionnel régional » (SIQER) nous semble particulièrement décisif, car il traduit l'existence de prérequis à la création et à la croissance d'activités, comme l'a formalisé la théorie des districts industriels de Marshall actualisée par Beccatini et aujourd'hui reprise sous le concept de *cluster*. C'est en effet, comme l'ont montré de nombreuses études empiriques, la présence d'infrastructures et d'investissements immatériels (R&D, formation, communication) sur un territoire donné qui créent les conditions d'un apprentissage inter-sectoriel propice à la dynamique entrepreneuriale. Le score mesuré dans 33 régions s'établit en moyenne à 9,22 et va de 26,81 pour Rhône-Alpes, 21,36 pour Provence-Alpes-Côte-d'Azur et 18,54 pour Midi-Pyrénées à 2,99 pour Sterea-Ellada, 2,97 pour les Açores et 2,54 pour la Thessalie.

Ces différents scores permettent d'estimer l'indice de vulnérabilité régionale (IVR) pour chacun des deux sous-secteurs. Cet indice s'échelonne entre 0,07 (Valencia) et 1,60 (Anatolie-Macédoine-Thrace) pour les fruits, soit un *benchmark* très ouvert de 1 à 23 (moyenne 0,41) et de 0,06 (Pouilles) à 0,66 (Alentejo-Algarve) pour les légumes, soit une dispersion plus faible de 1 à 11 (moyenne 0,33). Ces scores traduisent l'extrême diversité des régions européennes en terme de niveau de développement.

Discussion

Nous avons croisé l'IVR avec un indice de spécialisation régionale afin de construire une typologie des régions au début des années 2000. Cette typologie traduit des disparités élevées entre régions, qui vont être interprétées par des facteurs internes à la filière et à l'environnement.

Tableau 3.23. L'exposition des régions européennes productrices de fruits au choc de la libéralisation commerciale internationale.

Indice de vulnérabilité	Faible spécialisation	Forte spécialisation
Forte vulnérabilité (0.41 < IVR < 1.60)	Macédoine	Ipiros
	Thessalie	
	Tras-os-Montes	(Menaces + + +)
	Alentejo-Algarve	
	Aragon	
	Sicile	
Faible vulnérabilité (0.07 < IVR < 0.41)	Campania	
	Émilie Romagne	Ribatejo
	Catalogne	Murcie
	Veneto	Andalousie
	Piémont	Alto Adige
	Calabre	Trentino
	Midi-Pyrénées	Provence-Alpes-Côte-d'Azur
	Languedoc-Roussillon	Valencia
	Rhône-Alpes	

Une forte vulnérabilité combinée à une forte spécialisation fragilise les régions et les expose à un niveau élevé de menaces. *A contrario*, faible vulnérabilité (c'est-à-dire performances élevées selon les 4 batteries d'indicateurs choisis) et diversification des systèmes de production agricole permettent d'envisager des stratégies alternatives.

Dans le secteur des fruits (tableau 3.23), une seule région, Ipiros en Grèce, sur 23 apparaît comme fortement menacée par la libéralisation et 6 autres devraient subir un impact significatif. Une majorité de régions est relativement protégée du fait de l'orientation variée des productions et de bons indices structurels.

Dans le secteur des légumes (tableau 3.24), la situation n'est pas aussi favorable, probablement en raison des hauts niveaux d'intensification atteints par les modèles de production. 4 régions sont fortement exposées aux risques de la libéralisation, dont le *leader* européen, l'Andalousie (27 000 entreprises agricoles, 1.8 milliard € de CA). 8 autres régions sont menacées à un moindre degré. C'est donc la moitié des régions européennes spécialisées qui encourent des risques non négligeables.

La vulnérabilité concerne, selon nos calculs d'IVR, 31 % des exploitations agricoles réalisant 1,1 milliard € de CA et environ 100 000 emplois dans le secteur primaire

Tableau 3.24. L'exposition des régions européennes productrices de légumes au choc de la libéralisation commerciale internationale.

Indice de vulnérabilité	Faible spécialisation	Forte spécialisation
Forte vulnérabilité (0,33 < IVR < 0,66)	Alentejo-Algarve	Ipiros
	Entre Douro	Ribatejo
	Sicilia	Murcia
	Toscane	Andalousie
	Sterea	
	Castille	(Menaces + + +)
	Açores	
	Lazio	
Faible vulnérabilité (0,06 < IVR < 0,33)	Campania	
	Pays-de-la-Loire	
	Veneto	Canaries
	Languedoc-Roussillon	Ligurie
	Émilie Romagne	Provence-Alpes-Côte-d'Azur
	Bretagne	Valencia
	Rhône-Alpes	
	Pouilles	

Source : Rastoin *et al.*, 2007.

des fruits et 68 % des entreprises pour 3,4 milliards € de CA et 175 000 emplois dans celui des légumes. Il n'est pas mesuré la vulnérabilité induite dans les activités périphériques à l'agriculture, mais on rappelle qu'un emploi agricole est généralement accompagné de 2 à 3 emplois amont et aval dans le système alimentaire. Une contraction de l'activité agricole va entraîner inexorablement un repli des activités en milieu rural et dans la proximité amont/aval.

Une application de la méthode de diagnostic SWOT aux régions européennes spécialisées dans la production de fruits et légumes dans les 5 pays méditerranéens membres de l'UE met en évidence les faiblesses suivantes dans les régions caractérisées par un IVR élevé :
– atomisation des structures agricoles avec difficultés d'agrandissement ;
– fortes contraintes techniques sur les systèmes productifs (eau, pollution, facteur travail coûteux) ;
– produits de bas ou de milieu de gamme peu compétitifs face à une offre potentielle des PSEM ; déficience des metteurs en marché, sous dimensionnés et mal gérés ;
– situation géographique périphérique pénalisante en termes de coûts d'approche des marchés de masse :
– déficit d'accompagnement institutionnel (formation, R&D).

Une estimation de l'impact de la suppression des barrières commerciales euro-méditerranéennes, indique, à l'horizon 2015, dans le contexte d'un scénario d'ouverture totale du marché de l'UE et d'amélioration de la compétitivité des acteurs des

PSEM, une perte de marché d'environ 2 milliards d'euros pour l'ensemble des exportateurs de fruits et légumes frais des pays membres, soit environ 5 % du CA réalisé dans la zone en 2001-2003 par les producteurs européens (30 000 exploitations spécialisées et 80 000 emplois)

Des pistes de consolidation des filières fruits et légumes dans les pays méditerranéens de l'UE sont à explorer tout d'abord au niveau du portefeuille-produits qui devrait être recentré sur un haut de gamme adossé à la typicité et à la haute qualité organoleptique ; et ensuite dans le cadre des complémentarités européennes et Nord-Sud : effets complémentaires sur les gammes de produits et mise en commun de *capabilities* dans le cadre de partenariats stratégiques d'entreprises.

À défaut d'un « sursaut » euro-méditerraéen, les opportunités offertes par le très dynamique marché mondial de la diète méditerranéenne risquent d'être captées par d'autres régions que celles du berceau historique de ce modèle alimentaire. Ainsi, des études sont actuellement menées à l'instigation du département de l'agriculture des États-Unis (Regmi, 2004) pour estimer les conséquences d'un développement des produits entrant dans la diète méditerranéenne (notamment fruits et légumes) sur l'agriculture américaine. L'Australie, le Chili, la Californie ont mis en place de véritables plans stratégiques pour conquérir le marché international du vin. Ces plans sont couronnés de succès si l'on en juge par l'effritement de la position des pays producteurs traditionnels (et notamment la France) sur le marché emblématique et très concurrentiel du Royaume-Uni. D'autres schémas directeurs sont en préparation pour la plantation massive d'oliviers. Une vision prospective européenne inciterait au volontarisme de la politique économique « façonneur d'espaces » enseigné par F. Perroux.

⠕ Conclusion : évaluation des méthodes d'analyse de filière

Nous avons présenté dans ce chapitre, 5 cadres d'analyse de filières. Ce nombre élevé est le reflet plus d'un *corpus* méthodologique procédant d'objectifs propres à chaque équipe de recherche (ce qui explique aussi la diversité observée), que d'une approche théorique, par définition unificatrice du champ empirique. Nous les synthétisons dans le tableau 3.25.

Ces différents types d'approche sont complémentaires plus que concurrents. Toutefois, une analyse de filière, dans une démarche scientifique, doit s'appuyer sur une définition rigoureuse du concept de filière et donc comporter au minimum :
– un volet « produits et technologies », qui présente les produits élaborés par la filière et le processus technique de fabrication et de commercialisation, le rôle de l'innovation et établit une typologie des produits ;
– un volet « économique », avec une identification de la filière comme un système de production/consommation comportant plusieurs éléments ou maillons, une caractérisation des flux de produits et des agrégats macroéconomiques (production et échanges extérieurs en volumes, valeurs, prix unitaires), et une évaluation de performance (valeur ajoutée, marges, compétitivité), aux niveaux décisifs de la filière et pour l'ensemble de la filière ;

Tableau 3.25. Méthodes, outils et utilisation de l'analyse de filière.

Méthode	Principaux outils	Utilisation
Analyse structurelle	Organigramme technique, maquette économique	Visualisation d'ensemble des composants de la filière
	Comptabilité (CA, SIG et emploi) nationale de branche et d'entreprises	Caractérisation par des chiffres-clefs, calcul d'indicateurs de performance
	Bilans alimentaires	
Analyse fonctionnelle Économie industrielle	SCP	Identification des facteurs déterminant la structure et la dynamique de niveaux de filière
	Avantage concurrentiel (Porter)	
	Micro-économie quantitative	Modélisation économétrique et simulations
Analyse institutionnaliste Économie néo-institutionnelle	Théorie des coûts de transaction	Étude des modes de coordination entre agents ou groupes d'agents pris deux à deux
Analyse systémique	Variables d'environnement et forme canonique O-I-D (opérations-informations-décisions)	Représentation d'ensemble des composants et des relations au sein d'une filière
Chaîne globale de valeur	Analyse de flux et de jeux d'acteurs privés et publics, mode de gouvernance, sociologie économique	Vision globale de filière, typologie de filières, repérage des acteurs dominants

– un volet « institutions et entreprises », qui liste les acteurs de la filière (entreprises organismes publics administratifs, de recherche et formation, organisations professionnelles, organisations internationales, ONG), les caractérise (par exemple pour les entreprises : indicateurs économiques et financiers), et analyse leurs stratégies (entreprises et organisations) ou leur politique (États et organismes publics), y compris les accords et conventions les liant (modes de gouvernance) ;
– un volet « territoire », qui situe, dans son cadre géographique, la filière en repérant les effets de grappes industrielles ou *clusters* qui peuvent apparaître. En effet, le concept de terroir peut suggérer de nouvelles stratégies de différenciation, tout comme la notion de réseau peut faire émerger des filières transfrontières (Veltz, 1995).

Ce dernier volet, difficile à instruire, est désormais d'une importance capitale. Toute analyse de filière qui l'omettrait serait incomplète et peu opérationnelle.

Une vision « historique » de la filière nous paraît enfin indispensable à la bonne compréhension de sa dynamique et à une réflexion prospective. Cette vision se fera sur la longue période (plusieurs décennies) et pour chacun des volets indiqués. Une telle approche est proposée à travers le concept de « chaîne globale de valeur ».

L'évolution des marchés introduit cependant plusieurs limites importantes à l'opérationnalité du concept de filière :

– le mouvement de spécialisation des entreprises et de « recentrage sur le métier » a conduit à un abandon des stratégies d'intégration verticale de type « filière » (externalisation de plus en plus privilégiée : *buy vs make*). En économie de marché généralisée, toute entreprise se trouve en relation avec des marchés « amont » (approvisionnements) et « aval » (commercialisation), de plus en plus différenciés et mondialisés ou au moins régionalisés. En conséquence, l'entreprise peut opérer des choix en fonction des rapports qualité/prix des biens et services qu'elle est amenée à acheter ou à commercialiser. L'enfermement dans une « filière » peut alors constituer un handicap si des contreparties n'existent pas en termes de valorisation de produit (cela peut être le cas pour les produits à forte liaison territoriale) ;

– la dynamique de la demande provoque une nouvelle organisation de l'alimentation, en privilégiant des « univers de consommation » au sein desquels la substituabilité entre produits s'accentue : univers des entrées/*snacks*, des plats cuisinés hybrides végétaux/animaux, des desserts (avec, à côté des fromages et des fruits, les spécialités de l'ultra-frais laitier, les pâtisseries-viennoiseries), des boissons alcoolisées et non alcoolisées ;

– les entreprises, dans le même temps, s'éloignent de la monoproduction : les plus grandes et les plus performantes firmes agroalimentaires sont « multiproduits » (Nestlé, Danone, Kraft), même si elles sont poussées par les marchés financiers à simplifier leur portefeuille d'activités comme indiqué ci-dessus. Les PME diversifient leurs gammes pour rentabiliser un outil industriel et bénéficier de la dynamique de la consommation (par exemple fabrication de *sandwiches*, puis de *pizzas*, puis de salades conditionnées, etc.) ;

– la « coordination » des filières est un exercice délicat, surtout lorsqu'il y a confusion entre visions politiques (souvent démagogiques ou molles) et économiques (impératifs concurrentiels).

L'évolution récente du comportement des consommateurs, avec une montée des « angoisses alimentaires » et des préoccupations nutritionnelles, renforce les exigences de qualité et de traçabilité des produits. Ce mouvement associé à la double pression des exigences environnementales et de la crise énergétique pourrait impulser un renouveau du concept de filière. On passerait ainsi d'une phase de désintégration/globalisation (modèle d'envergure) vers une phase de rapprochement géographique (filières de proximité), comme nous le développerons en conclusion.

▸▸ Références bibliographiques

ADEFI, 1978. *Filières industrielles et stratégies*, colloque Économie industrielle, Economica, Paris.

ADEFI, 1985. *L'analyse de filière*, Actes du colloque E.S.C.-Nantes, Economica, FNEGE, Paris, 147 p.

AURIER PH., AUTRAN F., COUDERC J.P., GALAS J., RASTOIN J.L., 2000. *Dynamiques des entreprises agroalimentaires : regards croisés sur le Languedoc Roussillon*, Agreste – Graal, Montpellier, 223 p.

BARDOU G., 1997. *Les relations producteurs-distributeurs dans le système alimentaire français*, Thèse de doctorat en sciences de gestion, université Montpellier 1.

Beamon B.M., 1998. Supply chain design and analysis : Models and Methods, *International Journal of Production Economics*, n° 55, Elsevier : 281-294.

Belasco W., Horowitz R., ed., 2009. *Food Chains : From Farmyard to Shopping Cart*, University of Pennsylvania Press.

Bencharif A., Chaulet C., Chehat F., Kaci M., Sahli Z., 1996. *La filière blé en Algérie, Le blé, le pain, la semoule*, Karthala-Ciheam.

Bencharif A., Rastoin J.L., 2007. *Concepts et méthodes d'analyse de filières agroalimentaires : application par la chaîne globale de valeur au cas des blés en Algérie*, Working Paper n° 7/2007, UMR Moisa, Montpellier, 23 p.

Berger S., 2005. *How We Compete : What companies around the world are doing to make it in today's global economy*, Doubleday Broadway, Random House, *Inc*.

Bouhsina Z., Codron J.M., Hernandez-Sanchez A., 2002. Les déterminants de l'adoption de standards génériques : le cas de la filière française des fruits et légumes frais, *Economies et Sociétés,* Tome XXXVI, n° 9-10, série Systèmes agroalimentaires, AG, n° 25, Les presses de l'Ismea, Paris, 1617-1632.

Bréchet J.P., Schieb-Bienfait N., 2005. *Projets et pouvoirs dans les régulations concurrentielles : la question de la structuration d'une filière biologique*, XIVe conférence internationale de management stratégique, AIMS, Angers.

Chalmin Ph., 1983. L'analyse par filière, *Revue des études coopératives*, (8), Paris, 27-40.

Chehat F., 2006. *Les politiques céréalières en Algérie, in : Agri. Med, Agriculture, pêche, alimentation et développement rural durable dans la région méditerranéenne*, Rapport annuel du CIHEAM, Paris.

Chervel M., 1987. *Calculs économiques publics et planification : les méthodes d'évaluation de projet*, Publisud.

Chevalier J.M., 1995. *L'économie industrielle des stratégies d'entreprises*, Montchrestien, Paris, 264 p.

Côte F., De Wulf C., Imbert E., de Lapeyre L., Lassoudière A., Lescot T., Loeillet D., Roquigny S., 2007. La banane, Les dossiers de Fruitrop, *Fruitrop*, n° 145, mai, Cirad, Montpellier, 32 p.

De Bandt J., 1982. Les filières de production : mythes ou réalités, *Revue économique et PME*, n° 3, Paris.

Deblock C., Regnault H., 2006. *Nord-Sud, reconnexion périphérique*, Outremont, CEIM, Athéna éditions, Montréal, 308 p.

Derrida J., 1967. *L'écriture et la différence*, Seuil, Paris.

Eymard-Duvernay F., 1989. Conventions de qualité et formes de coordination, *Revue économique*, vol. 40, n° 2, Paris.

Fabre P., 1994. *Note méthodologique générale sur l'analyse de filière : utilisation de l'analyse de filière pour l'analyse économique des politiques*, FAO, Cappa, n° 35, Rome, 105 p.

FAO/OAA, 2005 à 2008. Foastat, base de données. Division de la statistique. Rome, <http://faostat.fao.org/>

Farina E, Zylbersztajn D., 1998. *Competividade no Agribusiness Brasileiro*, Pens/Fia/Fea/USP, Sao Paulo.

Gereffi G., Korzeniewicz M. (ed.), 1994. *Commodity Chains and Global Capitalism*, Westport : Greenwood Press.

Gereffi G., Humphrey J., Sturgeon T., 2005. The Governance of Global Value Chains, *Review of International Political Economy*, 12 (1), 78-104.

Giraud-Heraud E., Soler L.G., Tanguy H., 1999. Avoiding Double Marginalisation in Agro-Food Chains, *European Review of Agricultural Economics*, 26 (2), Oxford, 179-198.

Goldberg R.A., 1968. *Agribusiness Co-ordination, A System Approach to the Wheat, Soybean and Florida Oranges economies*, Harvard Business School, Boston, 256 p.

Goldberg R.A., Davis M., 1957. *A concept of Agribusiness*, Harvard University, Boston, 136 p.

Granovetter M., 1985. Economic Action and Social Structure : The Problem of Embeddedness, *American Journal of Sociology*, 91, 481-510.

Gutman G., Bisang R., Lavarello P., Campi M., Robert V., 2006. Les mutations agricoles et agroalimentaires argentines des années 90 : Libéralisation, changement technologique, firmes multinationales, in Petit M., Rastoin J.L., Regnault H. (coord.), Libéralisation agricole et pays en développement, *Régions et Développement*, 23, L'Harmattan, Paris, 215-244.

HERRY H., 2007. *La filière porcine québécoise, vol. 1 : Ses acteurs et leurs performances financières, vol. 2 : Sa compétitivité*, Direction générale des politiques agroalimentaires, Direction des études économiques, MAPAQ, Québec, 51 p. et 98 p.

PETIT M., RASTOIN J.L., REGNAULT H., (COORD.), 2006. Libéralisation agricole et pays en développement, *Régions et Développement*, n° 23, L'Harmattan, Paris : 215-245.

JULIEN P.A., MARCHESNAY M., 1997. *Économie et stratégies industrielles*, Economica, série Économie-poche, Paris, 112 p.

KAPLINSKY R.K., 2004. Spreading the Gain from Globalization : What Can Be Learned from Value-Chain Analysis ?, *Problems of Economic Transition*, Vol. 47, N° 2 : 74-115.

LAFFONT J.J., MOREAUX M., 1991. *Dynamics, Incomplete Information and Industrial Economics*, Basil Blackwell, London.

LAGRANGE L., BRIAND H., TROGNON L., 1999. *Importance économique des filières agroalimentaires de produits sous signes officiels de qualité. Étude comparée de leur évolution en France, dans le Massif central et dans l'Union européenne*, Actes du colloque SFER Inra Enita, Les signes officiels de qualité – Développement agricole, aspects techniques et économiques, Éd. Tec & Doc Lavoisier, Paris, 15-33.

LAURET F., PÉREZ R., 1992. Méso-analyse et économie agroalimentaire, *Économies et Sociétés,* cahiers de l'Ismea, Tome XXVI (6), série Développement agroalimentaire, AG, 21, Grenoble, 99-118.

LEMOIGNE J.L., 1977. *La théorie du système général, théorie de la modélisation*, PUF., Paris.

LEUSIÉ M., 2003. Vers un renouveau de la notion de filière ?, *in* : Fanfani R. et Brasili C., (ed.), *Perspective of the Agri-food system in the New Millenium*, Clueb/AIEA2, Bologna, 687-698.

MALASSIS L., (DIR.), 1983. Filières et systèmes agroalimentaires, *Économies et Sociétés* – Cahiers de l'Ismea, série Développement agroalimentaire, AG, 17, Grenoble.

MALASSIS L., GHERSI G., 1996. *Traité d'économie agroalimentaire, t.1, Économie de la production et de la consommation, méthodes et concepts*, Ed. Cujas, Paris, 392 p.

MALASSIS L., 1997. *Les trois âges de l'alimentation, t. 2, l'âge agro-industriel*, Ed. Cujas, Paris, 367 p.

MARION B.W., EDIT., NC 117 COMMITTEE, 1985. *The organization and Performance of the US Food System*, Lexington Books, D.C., Heath and Cy, Lexington, Mass, Toronto, 533 p.

MARSHALL A., 1890. *Principles of Economics*, Macmillan, London, 823 p., traduction française : *Principes d'économie politique*, Giard et Brière, 1906, Paris.

MARTIMORT D., MOREAUX M., 1994. *La nouvelle micro-économie et l'analyse du secteur agroalimentaire : quelques développements récents*, document de travail n° 35, IDEI, université des sciences sociales, Toulouse, 28 p.

MASON E.S., 1939. Price and Production Policies of Large Scale Enterprise, *American Economic Review*, 29 (1), 61-74.

MÉNARD C., 2004. The Economics of Hybrid Organizations, *Journal of Institutional and Theoretical Economics*, 160, Mohr Siebeck, 345-376.

MONTIGAUD J.C., 1975. *Filières et firmes agroalimentaires : le cas des fruits et légumes transformés*, Thèse de doctorat d'État, faculté de droit et de sciences économiques, Montpellier.

MONTIGAUD J.C., 1992. L'analyse des filières agroalimentaires : méthodes et premiers résultats, *Économies et Sociétés* – Cahiers de l'Ismea, tome XXVI, n° 6, série développement agroalimentaire, AG, n° 21, Grenoble : 59-84.

MONTIGAUD J.C., 2008. *Logistics and Competitiveness of F&V exports from Mediterranean countries towards EU : the Moroccan case*, IV World Congress of Agronomists and Professionals in Agronomy, Madrid.

MORVAN Y., 1991. *Fondements d'économie industrielle*, Economica, Paris, 639 p.

NILSSON J., DIJK G. VAN, (ED.), 1997. *Strategies and Structures in the Agro-food Industries, Van Gorcum*, Assen, NL, 277 p.

OULD AOUDIA J., 2006. Croissance et réformes dans les pays méditerranéens et arabes. *Notes et documents*, 28, AFD, Paris, 175 p.

PADILLA M., OBERTI B., 2000. *Alimentation et nourritures autour de la Méditerranée*, Karthala – Ciheam, Paris.

PALPACUER F., 2000. Competence-based Strategies and Global Production Networks : A Discussion of Current Changes and their Implications for Employment, Competition and Change, *The Journal of Global Business and Political Economy*, 4, New York, 353-400.

PÉREZ R., RASTOIN J.L., (COORD.), 1989. Les stratégies agro-industrielles, *Économies et Sociétés*, série A, G, 7, PUG, Grenoble, 225 p.

PORTER M., 1980. *Competitive Strategy*, The Free Press, A Division of MacMillan Publishing Co, Inc., New York

PORTER M., 1986. *L'avantage concurrentiel, Comment devancer ses concurrents et maintenir son avance*, InterEditions, Paris, 647 p.

PORTER M., 1993. *L'avantage concurrentiel des nations*, InterÉditions, Paris, 883 p.

RAIKES P., FRIIS JENSEN M., PONTE S., 2000. *Global Commodity Chain Analysis and the French filière Approach : Comparison and Critique*, Economy and Society, 29 (3), Routledge, Abingdon, 390-417.

RASTOIN J.L., 1995. Dynamique du système alimentaire français, *Économie et Gestion agroalimentaire*, 36, Cergy, 5-14.

RASTOIN J.L., LOEILLET D., 1996. *Le marché mondial de la banane : OCM contre OMC*. Économie et sociologie rurales, série Études et recherches, 106, Ensam-Inra, Montpelllier, 57 p.

RASTOIN J.L., 2000. Une brève histoire économique de l'industrie alimentaire, *Économie rurale*, SFER, 255-256, Paris, 61-85.

RASTOIN J.L., GHERSI G., 2000. La mondialisation des échanges agroalimentaires, *Économies et Sociétés*, XXXIV (10-11), série Systèmes agroalimentaires, AG, 24, Les Presses de l'Ismea, Paris, 161-186.

RASTOIN J.L., AYADI N., MONTIGAUD J.C., 2006. Vulnérabilité régionale à l'ouverture commerciale internationale : le cas des fruits et légumes dans l'Euro-Méditerranée, *In :* Deblock C., Regnault H. (dir.), 2006 *Nord-Sud, Reconnexion périphérique*, Outremont, CEIM, Éditions Athéna, Montréal, 275-301.

RAYNAUD E., SAUVÉE L., VALCESCHINI E., 2005. Marques et organisation des filières agroalimentaires : une analyse par la gouvernance, *Économie et Sociétés*, 39 (5), Paris, 837-854.

RIO Y., 2000. Le concept de filière dans un contexte de mondialisation, *Économies et Sociétés*, XXXIV (10-11), série Systèmes agroalimentaires, AG, 24, Les Presses de l'Ismea, Paris, 213-221.

SCHERER F.M., ROSS D., 1990. *Industrial Market Structure and Economic Performance*, Rand Mc Nally, Chicago, 578 p.

SYLVANDER B., 1997. Le rôle de la certification dans les changements de régime de coordination : l'agriculture biologique, du réseau à l'industrie, *revue d'Économie industrielle*, 80, Paris.

THIEL D., (ÉD.), 1998. *La dynamique des systèmes : complexité et chaos*, éd Hermès, 317 p.

TIENEKENS J., ZUURBIER P., (EDS), 2000. *Chain Management in Agribusiness and the Food Industry*, Wageningen University Press, Wageningen.

WILLIAMSON O.E., 1975. *Markets and Hierarchies : Analysis and Antitrust Implications*, The Free Press, New York.

ZYLBERSZTJAN D., SAWAYA JANK M., 1998. Agribusiness in Mercosur : Building New Institutional Apparatus, *Agribusiness,* 14 (4), J. Wiley, 257-266.

Chapitre 4

Tendances et déterminants de la consommation alimentaire

Dès sa naissance, pour l'être humain, se nourrir demeure un acte fondamental de survie. Durant des centaines de milliers d'années, la nourriture a occupé l'essentiel du temps éveillé des hommes. Elle a ensuite accompagné les lents progrès des techniques et des arts, et, beaucoup plus récemment à l'échelle de l'histoire, ceux de l'économie. L'émergence des premières civilisations, il y a 5 000 ou 6 000 ans, s'est faite en grande partie autour des pratiques alimentaires, tant du point de vue social (le banquet), que du point de vue culturel (les arts de la table), et économique (la terre, source de richesse). Après avoir essayé, mais sans toujours y parvenir, à résoudre le terrible problème de la faim en temps de paix, l'humanité s'est attachée à diversifier et à « sécuriser » son alimentation. Cette dynamique est née d'une subtile dialectique entre l'expression des besoins des consommateurs et le développement progressif du « système alimentaire », vaste et complexe ensemble d'acteurs-producteurs, agriculteurs et industriels, de distributeurs, d'entreprises périphériques telles que les fournisseurs d'équipement et de services, d'administrations publiques et d'associations.

Dans les pays à hauts revenus, la fonction alimentaire n'occupe plus qu'une petite part des dépenses et du temps des ménages. Les facteurs économiques qui ont longtemps permis d'expliquer l'essentiel du comportement du consommateur dans le domaine alimentaire demeurent certes importants, mais font une place croissante à des considérations d'ordre ethnique, psychologique et sociologique. En conséquence, les concepts et les outils permettant d'analyser et de comprendre la dynamique de la consommation alimentaire sont nécessairement empruntés à plusieurs domaines scientifiques : l'économie, le *marketing*, la stratégie, mais aussi la sociologie, l'ethnologie, les sciences de la vie et de l'ingénieur.

De nombreux autres facteurs interviennent évidemment à côté, ou mieux autour, de la démographie pour expliquer la dynamique de la consommation alimentaire. Nous avons adopté dans cette présentation synthétique, une approche pluridisciplinaire afin de mieux saisir les évolutions à moyen terme de la consommation alimentaire.

Ce chapitre traitera de la consommation alimentaire envisagée dans un cadre méso-économique. Nous rappellerons les principaux courants théoriques d'interprétation de la consommation, puis nous présenterons les tendances sur la longue période de la demande de produits alimentaires, et enfin les facteurs économiques et sociologiques influençant cette demande. Nous conclurons sur les implications de cette dynamique pour les offreurs. Les paramètres qui relèvent de l'approche comportementale du consommateur sont plus du ressort du *marketing*[1].

⏩ Fondements théoriques de l'étude de la consommation

La consommation peut prendre de multiples formes. Il est donc intéressant de revenir sur quelques-uns des travaux les plus marquants que leur ont consacrés les économistes et les sociologues afin de saisir toute la mesure de cette complexité.

La consommation vue par les économistes

En définissant la consommation comme un concept représentant « les différentes formes d'utilisation de biens et de services produits », les économistes témoignent de leur grande capacité à simplifier la réalité dans le souci de mieux la décrire. Ainsi, partant des travaux des économistes qui les ont précédés sur la justification des choix des consommateurs par la maximisation de leur satisfaction ou par leur niveau d'utilité (W. Pareto, A. Marshall et C. Menger), J.R. Hicks a considéré que chaque individu se comportait comme un être autonome, rationnel et libre de choisir les biens qu'il achète. Ces économistes classiques affirmaient dans un même temps que, bien que leurs désirs demeuraient subjectifs, ces derniers variaient de manière identique dans les différents groupes sociaux.

Ces auteurs ont mis en valeur le fait que c'était les prix des biens et des services d'une part et le revenu disponible d'autre part qui expliquaient les comportements des consommateurs. Au fur et à mesure que le rapport revenus-prix évoluait, les individus qui s'étaient efforcés de satisfaire leurs besoins élémentaires (se nourrir, se loger) procédaient progressivement à des achats plus raffinés (produits et services alimentaires plus sophistiqués, appartements plus spacieux, loisirs, etc.). Ce faisant, les individus les plus pauvres, lorsque leurs revenus augmentaient, rattrapaient peu à peu les consommations de ceux disposant de revenus supérieurs, en adoptant leurs comportements.

Quelques années plus tard John Meynard Keynes (Keynes, 1933) fait du revenu la variable qui rend le mieux compte des comportements d'achats et J. Duesenberry intègre dans ses modèles l'effet d'imitation sociale ou de *standing*. Les notions de « besoin » et de « diffusion » sont donc centrales dans ces théories qui présupposent que tous les biens sont perçus de manière uniforme et universelle et que la réduction des différences sociales s'effectue par le seul rapprochement des revenus.

---

1. Pour une étude approfondie de ces aspects, on consultera le manuel de *marketing* agro-alimentaire de P. Aurier et L. Sirieix (Aurier et Sirieix, 2009).

Ce résultat est compatible avec une vision libérale de la société, qui prévoit que les conditions de vie des individus convergent, dès lors que le niveau de leurs revenus s'égalise. La hausse des revenus constitue donc pour les économistes, le moteur de l'évolution des systèmes alimentaires en transformant la demande alimentaire.

Cette évolution du comportement des consommateurs a été vérifiée par de très nombreuses enquêtes menées au cours du siècle dernier dans la plupart des pays industrialisés. On y observe les tendances convergentes des comportements des consommateurs, particulièrement en ce qui concerne la part de leurs revenus qu'ils consacrent à leur alimentation.

Par la suite, Kelvin Lancaster (Lancaster, 1966) et Gary Becker vont renouveler l'approche classique de la consommation en mettant en évidence le rôle important joué, à côté des variables strictement économiques (prix et revenus), par d'autres « attributs » du produit tels que l'image, la confiance, la notoriété, les services rendus, etc., ces derniers étant appréciés subjectivement par le consommateur. Gary Becker précise que le consommateur apparaît comme le « façonneur » de sa propre utilité et suggère ainsi une symétrie entre comportements du consommateur et du producteur (1981, mis à jour en 1991). En ce sens, Lancaster et Becker viennent confirmer la théorie de la concurrence monopolistique de Chamberlin. Comme on le sait, cet auteur insiste sur la composante « symbolico-représentative » du bien dans le choix des clients qui va permettre à la firme de construire un monopole virtuel pour ses produits. Plus récemment, les travaux s'inscrivant dans le courant de l'économie néo-institutionnelle (Williamson, 1975) ont renforcé ce point de vue à travers différentes approches du produit : nouvelle typologie des biens (Nelson, 1970), et de leurs mondes (Boltanski et Thévenot, 2001).

La consommation vue par les sociologues

Une autre tradition de recherche, qui s'est développée à la fin du XIXe siècle, fait de la consommation un objet assez différent. De nombreux auteurs et plus particulièrement les marxistes ont critiqué l'idée d'une liberté de choix des individus, surtout dans les populations les plus déshéritées, tandis que des anthropologues ont démontré la faible valeur théorique de la notion de « besoin », trop naturaliste, et qu'il valait mieux remplacer par celle d'« impératif culturel » (B. Malinowski).

Avec Thornsten Veblen, qui parle de consommation ostentatoire dans sa « Théorie de la classe oisive » (1899) et G. Simmel (1905) pour qui l'accent doit être mis sur les comportements de rivalité et de différenciation inscrits au cœur des actes de consommation, et sur les « comportements complémentaires de fusion » avec un groupe social.

La présence de phénomènes comme la mode démontre que les individus ne sont pas sensibles seulement aux biens matériels en eux-mêmes, mais aussi à la satisfaction procurée par leur utilisation.

Les sociologues se sont orientés vers une analyse fine des mécanismes de diffusion des pratiques de consommation avec les travaux des auteurs américains P. Lazarsfeld et E. Katz, inventeurs de la théorie du flux de communication en deux temps, selon laquelle les choix individuels de consommation sont en partie guidés par des *leaders* d'opinion et non déterminés directement par les émissions télévisées ou les publicités. En France, la théorie de la distinction de Pierre Bourdieu, selon laquelle les comportements sociaux sont toujours des comportements de différenciation active, a fait l'objet de nombreuses enquêtes de vérification qui en ont démontré à la fois la justesse et les limites[2].

À partir du moment où l'on n'observe pas seulement les quantités de biens achetées ainsi que les sommes dépensées par les individus dans les divers groupes sociaux et que l'on regarde aussi les produits consommés et leur qualité, on remarque que des groupes qui consacrent les mêmes sommes à la consommation par personne et par ménage n'ont pas les mêmes types de consommation de biens alimentaires, vestimentaires ou culturels. Cette observation rappelle le fait que des cultures sociales existent et qu'elles modèlent fortement les pratiques (ainsi, les viandes consommées ou les alcools achetés ne sont pas les mêmes dans les différentes catégories socioprofessionnelles, même lorsque les dépenses dans ces deux rubriques sont identiques).

Il se produit cependant des évolutions qui tendent à transformer et uniformiser les comportements des consommateurs dans les sociétés industrielles et postindustrielles. Jean Baudrillard est le premier à avoir évoqué, dans les années 1960, la consommation de masse qu'il explique par un « fétichisme » pour les objets et une addiction à la possession de biens matériels. Les mécanismes des économies d'abondance ont été démontés et qualifiés par Gilles Deleuze et Bernard Stiegler. Ces auteurs proposent une théorie du « formatage » des individus et de leurs désirs par un univers marchand piloté par des grandes firmes dont la prospérité dépend de l'homogénéisation psychique des comportements des clients (Stiegler, 2004). En effet, ces firmes tablent sur la standardisation des produits dans un modèle de production de masse. La généralisation du monde marchand s'étend aux industries de la culture et des loisirs et emplit ainsi tout l'espace-temps du consommateur. Le libre arbitre tend à se diluer dans un consensus sociétal et l'on assiste à l'émergence d'une « fabrique du consentement » à consommer qui vient renforcer le modèle de production dominant dans le cadre général des « sociétés de contrôle » (Deleuze, 2003).

Simultanément, Robert Rochefort, statisticien de formation et spécialiste des sondages d'opinion et des études sociologiques nous confirme que les frontières entre le monde de la production et celui de la consommation s'estompent et que l'on assiste peu à peu à l'émergence du « consommateur-entrepreneur » (Rochefort, 1997).

▸▸ Les outils d'analyse économique de la consommation

Pour pouvoir étudier la consommation, comme tout objet de recherche, il faut être capable de le « nommer » et d'identifier ce phénomène. On s'appuiera donc sur des nomenclatures des biens et services consommés permettant de construire des catégories et de les interpréter.

---

2. Ainsi, P. Bourdieu a-t-il peut-être trop tendance à négliger les éléments culturels propres à certains milieux sociaux comme ceux des mondes ouvriers ou paysans.

Les grands postes de dépenses

On s'intéresse ici uniquement à la consommation finale, les deux autres catégories de consommation de biens et services de la Comptabilité nationale : consommation intermédiaire et formation brute de capital fixe, ayant déjà été présentées dans le chapitre 3.

Il est en effet important de bien distinguer les différentes formes de consommation en s'appuyant sur la nature des produits consommés et sur leurs fonctions. Dans les statistiques consacrées à la consommation, on rencontre trois grands types de nomenclatures (par fonctions, par durabilité et par produits).

Les nomenclatures dites **fonctionnelles** distinguent les dépenses selon les types de besoins que satisfont les produits consommés. Elles proviennent de la Comptabilité nationale[3]. On regroupe par exemple en France ces dépenses en douze postes : l'alimentation, l'habillement, le logement, l'équipement du logement, le transport, la santé, les communications, les loisirs, l'éducation, les hôtels, cafés et restaurants et une rubrique résiduelle. L'alimentation est présente dans trois postes (01, 02 et partiellement dans 11) :
– 01 : produits alimentaires et boissons non alcoolisées,
– 02 : boissons alcoolisées et tabac,
– 11 : hôtels, cafés et restaurants.

La consommation effective des ménages inclut les consommations faites dans des administrations publiques (APU : hôpitaux, établissements d'enseignement, musées, théâtres) et les institutions sans but lucratif au service des ménages (ISBLSM : ciné-clubs, spectacles amateurs, offices religieux). La nomenclature fonctionnelle est utilisée dans les modèles de consommation et dans les calculs d'élasticité de la consommation par rapport au revenu aussi bien qu'aux prix et dans les projections. Cette nomenclature de fonctions a fait l'objet d'une harmonisation avec la nomenclature internationale des Nations unies, COICOP, celle de l'Organisation de coopération et de développement économiques (OCDE) et de l'Office statistique de l'Union européenne (Eurostat).

Les nomenclatures basées sur la **durabilité** regroupent les produits selon la durée de leur utilisation : les *biens durables* comme l'électroménager, ou l'automobile qui s'opposent aux *biens semi-durables* comme l'habillement ou encore aux *biens non durables* qui sont consommés peu de temps après avoir été achetés comme c'est les cas des produits alimentaires. Cette nomenclature est intéressante pour les études de conjoncture. Elle est également issue de la Comptabilité nationale.

Enfin, les nomenclatures dites de **production** demeurent liées aux caractéristiques des produits consommés qui regroupent les dépenses par branche d'activités (correspondant à la nomenclature NAF en France) ou par produit (nomenclature CPF). Cette nomenclature comporte 305 postes élémentaires dans la Comptabilité nationale française. Il existe des listes plus détaillées établies dans le cadre de la Comptabilité nationale. Cette nomenclature est à privilégier pour des études de marché ou lors de rapprochements avec des chiffres d'affaires.

---

3. Toutes ces nomenclatures sont disponibles sur le site Internet de l'Insee : <www.insee.fr>.

L'alimentation se retrouve dans les branches de production agriculture et pêche (code DA), industries agricoles et alimentaires (EB) et services aux particuliers (FP1, hôtels et restaurants).

L'alimentation dans la consommation des ménages

Les séries chronologiques de consommation sont fort utiles pour repérer les tendances lourdes d'évolution. On observe en France de profondes mutations depuis la deuxième guerre mondiale du point de vue des fonctions de consommation. En 2006, le logement reste le premier poste, suivi des consommations individualisables des administrations (notamment sécurité sociale et enseignement), viennent ensuite le transport suivi de l'alimentation, qui ne se trouve ainsi en quatrième position. Les évolutions s'avèrent considérables au cours des dernières années (figure 4.1). On assiste au quadruplement des dépenses globales et à des évolutions très variables entre 1960 et 2006 selon les postes de dépense : importants pour la santé et les loisirs (10 fois plus), moyens pour le logement et les transports et communications, faibles pour l'alimentation et l'éducation. En 2006, la dépense de consommation des ménages a atteint en France 975 milliards d'euros courants et la consommation effective près de 1 300 milliards. Les dépenses des APU ayant représenté 21,3 % de cette consommation effective, l'État apparaît comme un contributeur important du pouvoir d'achat réel des ménages

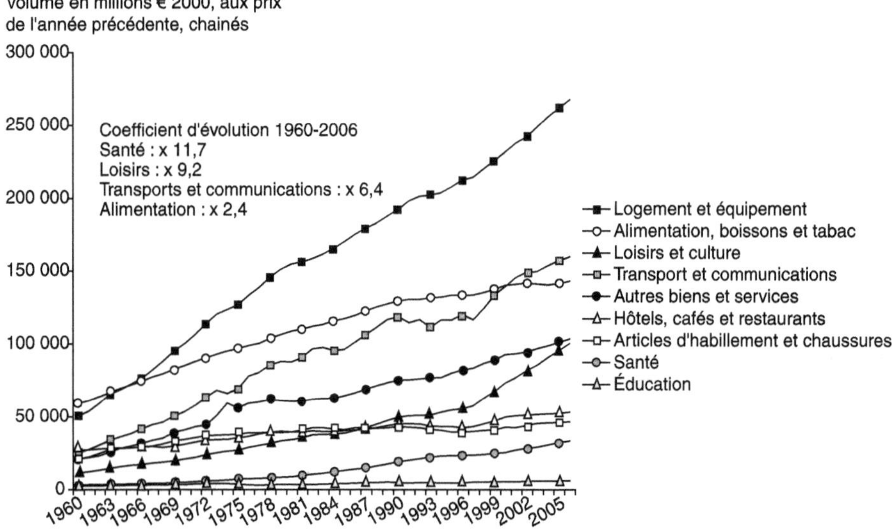

Figure 4.1. Évolution des dépenses des ménages en France par fonction, en volume.

Source : Insee, Comptes nationaux, 2007.

On constate, dans la plupart des pays, un fléchissement relatif des dépenses alimentaires et de l'habillement (fonctions basiques) et une montée plus ou moins rapide du logement, des transports et télécommunications et de la santé (besoins de confort). Il est prouvé qu'une relation existe entre la santé et l'alimentation, qui fait d'ailleurs l'objet d'une branche des sciences médicales de création relativement récente appelée « nutrition ».

Longtemps masquée par l'essor des thérapies basées sur des médicaments de la chimie de synthèse, cette relation est faite de manière implicite à travers la popularité croissante des aliments dits « de forme » observée au cours des dix dernières années. La relation santé-alimentation se situe au cœur des préoccupations du consommateur contemporain, et la crise européenne de l'encéphalopathie spongiforme bovine (ESB) ou maladie de la vache folle de 1996 n'a pu que renforcer cette tendance. Cette crise a cristallisé les vieilles peurs ancestrales des nourritures empoisonnées et provoqué un engouement pour les produits « naturels ».

Au-delà de ce phénomène, se pose la question du prix que les consommateurs sont prêts à payer pour des aliments « sûrs » et donc du transfert à opérer entre certains postes budgétaires. L'observation des courbes respectives des dépenses d'alimentation et de santé, avec le déclin des premières et l'envolée des secondes, peut suggérer, s'agissant de domaines liés scientifiquement et de plus en plus psychologiquement, que l'on atteindra peut-être prochainement les asymptotes : la courbe « services médicaux et de santé » pourrait ainsi rejoindre celle de l'alimentation. Dans ce cas, les ressources libérées par des économies sur un poste (santé) pourraient naturellement aller à un autre (alimentation)[4]. Ce n'est qu'à cette condition que les marchés des produits biologiques pourront connaître un réel développement. En effet, les prix versés aux producteurs sont encore à ce jour, insuffisamment rémunérateurs pour compenser les baisses de rendement subies par rapport au système de l'agriculture intensive. En revanche, le marché connexe des « alicaments »[5] est hautement profitable, car la valeur ajoutée par l'industrie est très élevée.

Des gagnants et des perdants

Les branches les plus importantes du point de vue de la consommation alimentaire en France sont les restaurants, avec près de 15 % des dépenses en 2006, suivis des produits carnés (viandes de boucherie, 8 % et préparation à base de viande, 7 %), puis du pain et des pâtisseries (6 %) et des cantines d'entreprises (6 %). Ces biens et services alimentaires pèsent chacun plus de 10 milliards d'euros de chiffre d'affaires (tableau 4.1). Toutefois, si on les agrège, les fruits et légumes représentent le second poste de consommation avec plus de 16 milliards d'euros et 8 % de l'ensemble. Les fromages constituent également un poste considérable. Enfin, le poids de la restauration hors foyer est significatif (près de 50 milliards d'euros et 24 % du budget alimentaire des ménages).

La dynamique de la consommation alimentaire peut s'apprécier à l'aide de séries chronologiques relativement longues (depuis 1959) et permet de constater, pour les produits alimentaires, de très grandes différences entre produits. Nous avons classé

---

4. Cette hypothèse serait d'autant plus plausible que le « ticket modérateur » des remboursements des dépenses de santé augmenterait de façon substantielle, entraînant une « monétarisation » plus visible de ces dépenses. Une autre possibilité serait la taxation de certains composants pouvant entraîner des pathologies, comme les corps gras afin de dissuader les industriels de les utiliser en grande quantité
5. Ou aliments fonctionnels, nutraceutics, selon le vocabulaire anglo-américain.

Tableau 4.1. Principaux postes de la dépense alimentaire des ménages en France, 2006.

Code CN	Rang	Postes	Dépenses (M. €)	Poids (%)
P10.C	1	Restaurants	29 175	14,5
B01.A	2	Viandes de boucherie et d'abattages	15 231	7,6
B01.C	3	Préparations à base de viande	14 844	7,4
B05.G	4	Pain et pâtisserie	11 709	5,8
P10.E	5	Cantines d'entreprises et restauration sous contrat	11 355	5,6
B02.D	6	Fromages	9 825	4,9
A01.O	7	Fruits	8 486	4,2
A01.L	8	Légumes frais	7 764	3,9
P10.D	9	Cafés et discothèques	7 554	3,8
B05.A	10	Poissons et produits de la mer préparés	7 363	3,7
		Sous total : 10 premières branches	123 306	61,3
		Sous total : restauration hors foyer	48 152	23,9
		Total dépenses de consommation alimentaire	201 222	100,0

Source : données Insee, Comptes nationaux, 2007.

dans le tableau 4.2 les produits alimentaires et boissons (46 au total) selon leur taux de croissance en volume entre 1966 et 2006, en indiquant également les taux pour la période la plus récente (1996-2006). Il apparaît clairement, d'une part une forte évolution sur quarante ans (+ 88 % en moyenne), d'autre part, un ralentissement de la progression pour tous les produits dans les dix dernières années (+ 15 %). Les produits gagnants enregistrent d'énormes progressions de marché sur quarante ans, et des taux annuels qui se situent encore autour de 2 à 5 %, alors que la moyenne est à moins de 1 %. D'autres produits (les perdants) connaissent une baisse en valeur absolue. Ceci indique qu'il n'y a pas, en agroalimentaire, de déclin inexorable pour tous les produits, et même que des produits considérés comme « perdus » peuvent retrouver du dynamisme, par exemple le miel ou la pomme de terre, sous réserve d'une réflexion stratégique sur les marchés.

À partir des années 1960, période qui correspond en France au démarrage d'une période de forte croissance économique, on assiste à la poursuite de certaines évolutions de comportements alimentaires dites « de longue durée » et notamment au déclin de la consommation de céréales, de pommes de terre et de légumes secs. En parallèle, on observe une croissance rapide de la consommation des produits laitiers, du poisson et des huiles végétales, doublée d'une stagnation de la consommation des viandes, du beurre et des fruits et légumes et surtout d'une forte diminution des boissons alcoolisées conventionnelles (vin et bière).

Toutefois, une telle analyse demeure insuffisante. En effet, au sein de chaque catégorie de produits se manifestent des évolutions contrastées, renforcées par les pratiques du *marketing* alimentaire, à savoir la différenciation des produits et la

Tableau 4.2. Dynamique de la consommation alimentaire en France, 1966-2006.

Code CN	Rang	Postes	2006 (M. €)	Évolution en volume (€ 2000)	
				1966-2006 (%)	1996-2006 (%)
B04.E	1	Aliments pour animaux de compagnie	2 427	6990	30
B02.F	2	Glaces et sorbets	1 640	1295	41
B05.C	3	Jus de fruits et de légumes	1 885	1276	64
B02.B	4	Yaourts et desserts lactés frais	3 977	1242	39
B05.M	5	Condiments et assaisonnements	1 467	553	27
B03.I	6	Eaux et boissons rafraîchissantes	5 823	450	50
B05.A	7	Poissons et produits de la mer préparés	7 363	390	28
B03.C	8	Champagne et mousseux	2 399	251	26
P10.C	9	Restaurants	29 175	229	30
B05.D	10	Préparations, conserves de fruits	1 860	174	26
		Moyenne	4 374	88	15
A03.A	42	Produits de la pêche	3 381	-2	-19
B02.E	43	Autres produits laitiers	164	-21	-15
B03.E	44	Cidre	199	-50	-12
B05.I	45	Sucre	595	-50	-15
B04.C	46	Produits amylacés	12	-81	-21
		Total	201 222	88	15

Source : données Insee, 2008, Comptes nationaux – Base 2000, Insee.

segmentation des marchés. Ainsi, aux États-Unis (tableau 4.3), dans le groupe des produits laitiers, si le lait et le beurre stagnent ou diminuent, l'ultra frais (yaourts et desserts lactés) prend la relève et permet de préserver la dynamique du secteur. De la même façon, le sucre de bouche est relayé par les édulcorants (glucose de maïs) et plus encore par le sucre « industriel » qui entre dans les fabrications de très nombreuses spécialités alimentaires (confiserie, chocolaterie, desserts, etc.). Si la rubrique « fruits et légumes » plafonne, c'est en réalité la résultante d'une hausse des légumes et d'une baisse des fruits. Dans le groupe des viandes, on constate un déclin de la viande bovine compensé par une progression des viandes blanches de monogastriques (volaille, porc), à la fois pour des raisons économiques (prix) et sanitaires. Dans les boissons, les liquides alcoolisés basiques (vin, bière) sont remplacés par les boissons non alcoolisées (sodas, jus de fruits et surtout eaux minérales).

On notera que les plus fortes progressions concernent les eaux embouteillées, ce qui témoigne de préoccupations diététiques, mais aussi les fromages, les huiles et graisses, lourdement incorporés dans les produits de type « *snacking* », les volailles et les confiseries qui confirment la tendance au grignotage. Ces produits sont consommés tout au long de la journée et sont venus remplacer des denrées traditionnelles du fait de la modification des habitudes alimentaires et de l'attrait de la

Tableau 4.3. Évolution de la consommation alimentaire aux États-Unis.

Produits	1992	2001	Var 01/92 (%)
Aliments (kg/tête)			
Yaourts	2,0	3,2	55,6
Fromages	11,8	13,6	15,8
Huiles et graisses	30,1	34,9	15,8
Volailles	27,4	30,1	9,6
Confiseries (équivalent sec)	61,8	66,8	8,1
Œufs	13,7	14,7	7,6
Farine et produits dérivés des céréales	83,8	88,8	6,0
Fruits et légumes (équivalent frais)	307,3	312,7	1,8
Poissons et coquillages	6,6	6,7	0,7
Viande bovine et porcine	51,5	50,5	-1,9
Crèmes glacées	11,9	11,4	-4,2
Boissons (litres/tête)			
Eaux embouteillées	36,6	71,9	96,4
Jus de fruits et légumes	58,5	64,7	10,6
Sodas	182,2	185,1	1,6
Boissons alcoolisées	98,0	94,4	-3,7
Lait	98,2	86,2	-12,3

Source : données USDA, ERS Database, 2003.

nouveauté. Ils dénotent la « sujétion » de l'alimentation à d'autres activités, notamment de loisirs et conviviales (d'Hauteville et Sirieix, 2005).

Ces quelques chiffres révèlent également la profonde mutation subie, dans les pays à hauts revenus et à revenus intermédiaires, par le régime alimentaire, avec une forte baisse des produits énergétiques (céréales, féculents) et une progression des produits protéiques (laitages et viandes) et lipidiques.

Les outils d'analyse économique de la consommation

Consommer est un acte complexe, dans lequel la dimension *nutritionnelle* se combine aux dimensions *culturelles, religieuses, économiques* ou *technologiques* pour former la demande alimentaire.

Revenus et prix comme facteurs du niveau de consommation

Pour les économistes, la consommation totale d'un produit i donné va dépendre à la fois du nombre de bouches à nourrir et de ce que chacune d'elles consommera en moyenne.

$$C_i = n.\,c_i \tag{1}$$

- C_i = consommation totale du produit i
- n = nombre de consommateurs pour le produit i
- c_i = consommation moyenne par tête du produit i

La croissance de la consommation globale d'un produit i (rC_i) dépendra donc, à la fois de la croissance de la population (r_n), et de celle de la consommation par tête (rc_i), selon :

$$rC_i = r_n + rc_i \tag{2}$$

Dans les pays à économie de marché, la presque totalité des biens alimentaires est achetée. Le niveau de la demande alimentaire d'un consommateur pour un bien i dépendra dans ce cas, essentiellement du niveau de son *revenu*.

$$c_i = f(r_r) \tag{3}[6]$$

Mais ce consommateur demeure également sensible au *prix* du produit i dont le niveau varie dans le temps. En plus de l'impact qu'aura le niveau de ses revenus, la consommation du produit i de notre consommateur sera affectée à la fois par l'amplitude des variations de prix et par sa sensibilité à ces variations[7]. Ce que l'on peut formuler selon :

$$c_i = f(r_r, p_i) \tag{4}$$

Ce modèle, d'un intérêt pédagogique évident, est toutefois trop général pour avoir une portée opérationnelle. Comme nous le verrons plus loin, l'analyse de la demande alimentaire doit être envisagée par catégorie de produits ou de nutriments, et doit prendre en compte l'ensemble des variables susceptibles d'avoir des effets sur le comportement des consommateurs (notamment les possibilités de substitution).

Supposons ainsi que i soit le bien considéré, sa consommation variera non seulement avec r le revenu moyen par tête et p_i le prix du bien i, mais elle sera également affectée par : p_s le prix d'un bien substitut (le blé ou le riz pour les céréales locales) et p_c le prix d'un produit complémentaire (les congélateurs par exemple pour les produits surgelés). Et la fonction demande (c_i) de ce bien s'écrira selon :

$$c_i = f(r, p_i, p_s, p_c)$$

Toutefois, le comportement alimentaire des consommateurs varie sensiblement d'un groupe à l'autre. Le milieu de vie suivant qu'il est rural ou urbain, la profession, le niveau des revenus, la taille et la composition du ménage, l'éducation, l'appartenance ethnique ou religieuse, sont, parmi bien d'autres, les facteurs qui expliquent les comportements des consommateurs, particulièrement en ce qui a trait aux biens alimentaires. Afin de mieux refléter ces influences dans les comportements des différents groupes qui composent une population, il est essentiel de segmenter cette analyse au niveau des sous-groupes de population qui sont les plus caractéristiques de ces comportements alimentaires.

Revenons à présent sur quelques rappels de la théorie économique permettant de simuler les comportements des consommateurs et les variations de sa consommation

---

6. Ce lien entre la variation de la consommation d'un produit et celle du revenu (λ) s'appelle : élasticité-revenu, et sera traitée plus loin dans ce chapitre.

7. Le lien entre la variation du prix et celle de la consommation d'un produit (λ') s'appelle quant à lui élasticité-prix, il en sera également question plus loin dans ce chapitre.

alimentaire lorsque certains paramètres économiques de son environnement se modifient (essentiellement les revenus et les prix). Dans un second temps, on élargira la théorie économique à une vision plus large du comportement du consommateur en mettant en évidence les variables non économiques qui, dans une économie marchande, influencent aussi le comportement des consommateurs.

Rappel sur la notion d'utilité

Lorsque la science économique aborde l'étude du comportement du consommateur, elle suppose que tout individu disposant d'un niveau de ressources limité exerce naturellement un choix entre les différents biens X, Y, Z… qui s'offrent à lui, et que la combinaison de ses achats en volume : x, y, z… lui assure le plus grand niveau de satisfaction possible.

En terme économique, ce comportement s'exprime sous la forme d'une fonction d'utilité que chaque consommateur cherche à maximiser (figure 4.2). Cette fonction est du type :

$$U = f(x, y, z, \ldots) \tag{1}$$

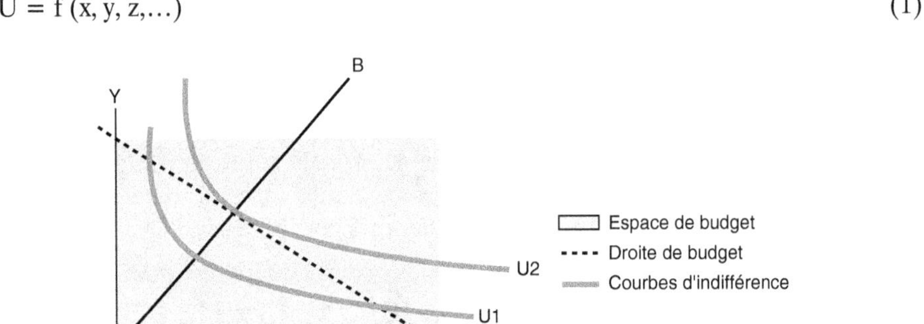

Figure 4.2. Fonctions d'utilité, courbes d'indifférence et droite de budget pour deux produits.

La théorie du consommateur postule que les consommateurs préfèrent consommer plus de biens que moins de biens. Lorsqu'il se déplace sur la droite OB (en direction de B), l'individu accroît son niveau d'utilité. Le niveau de satisfaction que retire un individu des biens qu'il consomme se traduit, en théorie économique, par le concept *d'utilité*. Et l'on peut mesurer l'utilité directe que représente une quantité de biens pour un consommateur (exprimée en termes monétaires) : comme la somme maximale qu'il est prêt à payer en échange de ces derniers.

Le concept d'utilité suppose implicitement que chaque consommateur peut comparer différents paniers de biens x et y, et établir un ordre de préférence entre eux. Cela signifie que le niveau de bien-être reste constant d'un panier à un autre sur une même courbe d'indifférence et qu'il peut substituer des biens alimentaires à des biens non alimentaires et se trouver tout aussi satisfait.

Sans doute, les quantités ainsi achetées par notre consommateur vont-elles dépendre de ses goûts et de ses préférences exprimées dans la fonction d'utilité, mais elles seront également fonction de son pouvoir d'achat, c'est-à-dire de son niveau de revenu et du prix de chacun des produits disponibles sur le marché. Cette contrainte financière s'exprime par l'équation de la droite de budget qui s'assure que la somme des dépenses pour chaque produit (quantité × prix) est, au maximum, égale à ses revenus. Elle constitue la frontière que le consommateur ne peut dépasser, faute de revenus suffisants.

En général lorsqu'un consommateur voit ses revenus évoluer, il ajuste dans le temps ses dépenses de consommation et modifie progressivement ses comportements alimentaires. Ce constat n'est pas nouveau puisqu'il a été à la base des tous premiers travaux menés sur la consommation par Christian Lorenz Ernst Engel, statisticien allemand du XIXe siècle[8].

Les lois d'Engel

Si l'on se réfère à la figure précédente qui illustre les choix économiques du consommateur disposant d'un revenu donné, lorsque ce revenu évolue à prix constant, la droite de budget qui symbolise dans le cas de deux biens consommés le pouvoir d'achat du consommateur glisse vers le haut ou vers le bas suivant qu'il s'agit d'une augmentation ou d'une diminution du pouvoir d'achat. À chaque déplacement de la droite de budget correspond un nouveau point d'équilibre qui maximise l'utilité du consommateur. Et chacun de ces points d'équilibre engendre une courbe dite de revenu-consommation ou de niveau de vie. La forme de cette courbe dépend des préférences et du comportement des consommateurs qui varient avec la perception qu'il se fait de chacun des produits qu'il consomme, à un moment donné (figure 4.3).

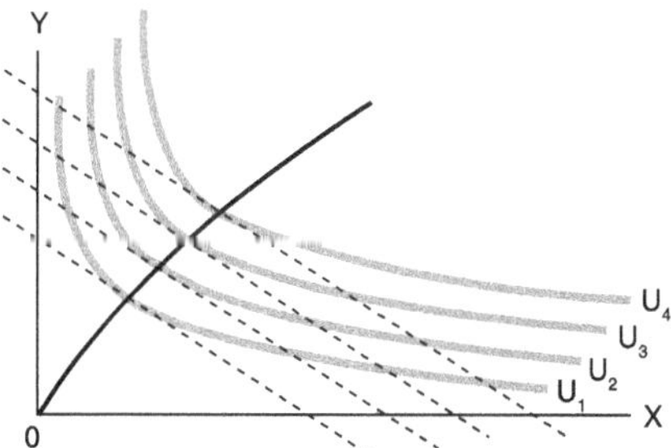

Figure 4.3. Courbe de revenu-consommation ou de niveau de vie.

Ernst Engel a été l'un des premiers à étudier la consommation à partir des enquêtes sur les budgets familiaux (menées en Belgique en 1853 et 1891). Sur la base de ses observations, reposant sur des comparaisons à un moment donné de temps, il a formulé la loi suivante : « ... plus une famille est pauvre, plus forte est la proportion des débours (dépenses totales) qu'elle doit affecter à la nourriture ». Cette loi, dite loi de la consommation d'Engel, a un corollaire ainsi formulé : « à mesure que le revenu s'accroît, les dépenses consacrées aux différents postes du budget changent

8. Disciple de Quetelet, il fut directeur des Bureaux royaux de statistiques de Saxe et de Prusse.

de proportions, celles qui étaient affectées aux besoins urgents (l'alimentation par exemple) allant en diminuant, tandis qu'augmentent les dépenses concernant les articles de luxe et de demi-luxe ». Il importe de souligner que cette loi est *statique* et qu'elle se rapporte à la dépense.

Les fonctions de demande

Les différentes formes fonctionnelles qui relient la quantité achetée d'un bien Ci au niveau du revenu monétaire ont été appelées courbes d'Engel en référence à cette loi et en souvenir de celui qui en avait consolidé les fondements. Leur utilisation est très utile dans les études appliquées en économie du bien-être et dans l'analyse du comportement du consommateur et des ménages.

La forme de ces fonctions doit pouvoir traduire des situations différentes caractéristiques à la fois de la modification du comportement des consommateurs en fonction de leurs revenus (déplacement le long de la courbe pour des valeurs de revenus qui augmentent) et du type de produit envisagé. La figure 4.4 illustre deux situations classiques de comportement des consommateurs vis-à-vis de biens de base et de luxe.

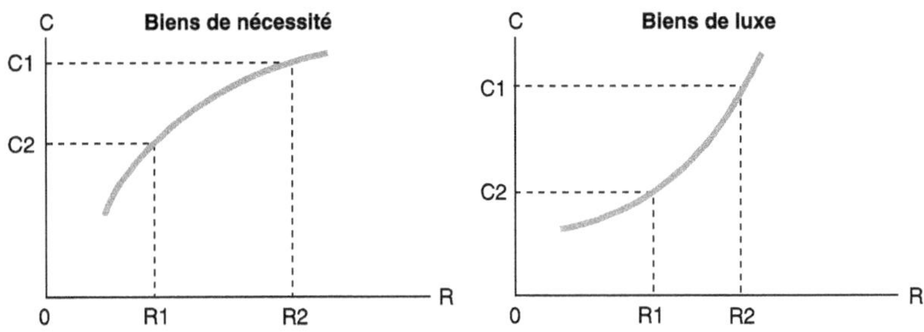

Figure 4.4. Différentes formes des courbes d'Engel pour les biens de nécessité et de luxe.

Dans la partie de gauche de la figure, la courbe traduit le comportement des consommateurs vis-à-vis de biens de première nécessité. Il s'agit dans le cas des produits alimentaires des biens de base que le consommateur doit acquérir en priorité. Pour les ménages disposant de revenus faibles, l'élasticité-revenu pour ces produits sera relativement forte et ces achats représenteront une part importante de leurs dépenses alimentaires. Une fois ces besoins de base comblés, les régimes alimentaires se diversifiant, une augmentation de revenus n'entraînera qu'une augmentation faible de la consommation de ces produits (et dans certains cas une diminution).

Dans la partie droite de la figure, la courbe traduit le comportement des consommateurs vis-à-vis de biens de luxe. Pour ces produits, la pente de la courbe est fortement positive et à un pourcentage donné d'une augmentation de revenu correspondra une augmentation plus que proportionnelle de la consommation du bien Ci.

Dans la pratique on retient un nombre limité de fonctions de demandes parmi toutes celles qui décrivent le mieux la réalité observée. Ces fonctions dites d'Engel présentent toutes des intérêts et des défauts, mais leur utilisation pour des variations de revenus raisonnables s'avère très utile pour prévoir le comportement des consommateurs vis-à-vis de leur consommation de différents produits alimentaires (tableau 4.4).

Tableau 4.4. Les principales formes fonctionnelles des courbes d'Engel et de leur élasticité.

	Type de loi en fonction du revenu R	Élasticité	Propension marginale à consommer
L-	Linéaire $C_j = a\,R + b$	$\dfrac{a R}{C_j}$	a
LL-	Log Log $\text{Log } C_j = a \log R + b$	a	$\dfrac{a\,C_j}{R}$
SL-	Semi Log $C_j = a \log R + b$	$\dfrac{a}{C_j}$	$\dfrac{a}{R}$
LI-	Log inverse $\text{Log } C_i = b - \dfrac{a}{R}$	$\dfrac{a}{R_j}$	$\dfrac{a\,C_j}{R^2}$
BLI-	Bilog inverse $\text{Log } C_i = -\dfrac{a}{x} + b + c \log x$	$\dfrac{a}{R} - c$	$\dfrac{C_j \cdot (a - C \cdot R)}{R^2}$

Élasticités de la demande

Afin de mesurer l'impact que peut avoir une variation de revenu sur la demande d'un bien i, on a coutume de comparer le pourcentage de ces deux variations. La variation proportionnelle de la consommation d'un bien divisée par la variation proportionnelle du revenu est un rapport appelé l'*élasticité-revenu de la demande*. On compare en général l'évolution du niveau de consommation de chaque produit par rapport à l'évolution des dépenses totales de consommation alimentaire, dans la mesure où, en général, seules ces dernières sont fournies par les enquêtes.

En posant C = dépenses alimentaires, R = revenu, l'élasticité-revenu s'exprime sous la forme suivante :

$$\text{Élasticité revenu} = \frac{\text{Pourcentage de variation de la consommation d'un bien}}{\text{Pourcentage de la variation du revenu}} = \frac{\dfrac{\Delta C}{C}}{\dfrac{\Delta R}{R}} = \frac{\Delta C}{\Delta R} \times \frac{R}{C}$$

Sachant que la propension moyenne à la dépense alimentaire (PMC) ou coefficient budgétaire de l'alimentation mesure la part de la dépense alimentaire dans la dépense totale ou son poids dans le revenu (si l'épargne est considérée comme nulle), PMC = C/R, et que la propension marginale (pmc) correspond à la variation de la dépense alimentaire chaque fois que le revenu augmente d'une unité, pmc = $\Delta C/\Delta R$, l'élasticité-revenu de la demande s'écrira sous la forme :

$$\eta R = \text{Élasticité revenu} = \text{pmc/PMC}$$

Les élasticités-revenus sont utilisées pour distinguer les différents types de biens inférieurs ou de base, normaux et de luxe ou supérieurs, comme le synthétise le tableau 4.5.

Tableau 4.5. Classification des biens selon leur élasticité par rapport au revenu.

$\eta R > 1$	Biens supérieurs ou de luxe
$0 \leq \eta R \leq 1$	Biens normaux
$\eta R < 0$	Biens de base ou inférieurs

Le département américain de l'Agriculture a établi une base de données internationale (Seale *et al.*, 2003), compilant des calculs d'élasticité-prix pour une centaine de pays, autour de l'année 1996[9]. Le tableau 4.6 reprend quelques fonctions de consommation pour une dizaine de pays diversifiés. Une première remarque est que, à l'exception de l'alimentation, les valeurs sont étonnamment proches alors que les pays sont économiquement, socialement et culturellement très différents. Concernant les produits alimentaires, on a néanmoins une bonne validation empirique des lois d'Engel : le coefficient d'élasticité varie de 1 à 7 entre les États-Unis et le Congo.

Tableau 4.6. Élasticités-revenus dans quelques pays et pour certaines fonctions de consommation.

Pays	Alimentation, boissons et tabac	Santé	Éducation	Transport et communication	Loisirs
Congo	0,74	1,597	1,082	1,28	2,003
Indonésie	0,686	1,429	1,078	1,237	1,605
Maroc	0,65	1,375	1,076	1,219	1,503
Égypte	0,643	1,367	1,076	1,217	1,489
Brésil	0,622	1,348	1,075	1,21	1,455
Russie	0,617	1,343	1,075	1,208	1,447
France	0,332	1,249	1,069	1,169	1,299
Canada	0,284	1,243	1,069	1,166	1,29
États-Unis	0,103	1,227	1,067	1,159	1,268

Source : données USDA, 2003.

---

9. <http://www.ers.usda.gov/data/InternationalFoodDemand/>.

Les différents éléments de la théorie de l'utilité tiennent compte du fait que les quantités des biens X, Y, Z, etc. demandées par un consommateur dépendront du prix de ce produit, du prix des autres produits et de son revenu. Ainsi, la quantité demandée x d'un produit X s'exprimera selon la fonction de demande déjà exposée :

$$x = f(p_x, p_y, p_z, ..., R)$$

Sur cette base, il est possible de construire une courbe de demande individuelle du bien X en fonction du prix unitaire de ce bien (figure 4.5).

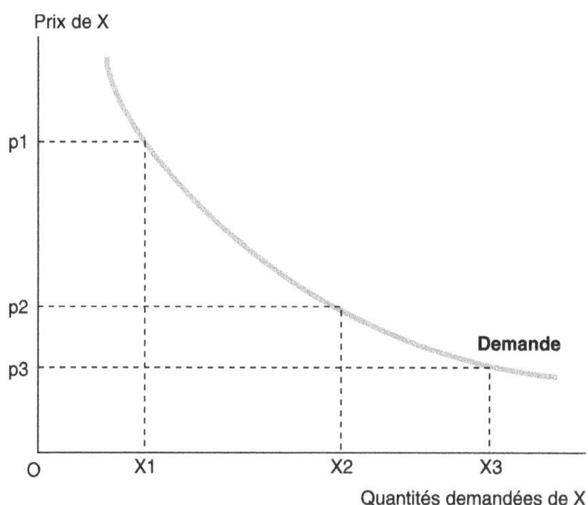

Figure 4.5. La courbe de demande.

En général, il s'agira d'une courbe à pente négative qui traduit une augmentation des quantités demandées lorsque le prix des produits baisse. Il existe cependant quelques exceptions, par exemple lorsque les quantités demandées augmentent avec les prix : on parlera alors d'effet de démonstration, faisant appel au snobisme de certains consommateurs.

L'effet-revenu : de fortes disparités internationales

Les lois d'Engel sont très importantes car elles permettent de tirer deux conclusions, largement vérifiées par les enquêtes de terrain :
− les marchés agroalimentaires progressent au rythme de la croissance démographique et économique ;
− les coefficients budgétaires relatifs à l'alimentation diminuent lorsque les revenus augmentent, mais avec des disparités selon le niveau des revenus individuels.

Ainsi, en France (figure 4.6), la variation annuelle moyenne de l'indice de volume de la consommation alimentaire sur la période 1960-2006 a été de 2,2 % (avec un minimum de 0,0 % en 1996 et un maximum de 4,7 % en 1962, 63 et 64). Ces valeurs étant légèrement inférieures à l'indice général (moyenne 3,2 %, maximum +7,3 %, en 1962 et 63, minimum de 0,5 %, en 1993), tandis que pour un bien très sensible à la conjoncture, l'automobile, il s'est élevé à 5,7 % en moyenne (minimum, - 15,9 %

en 1997, maximum, +29,9 % en 1976). La restauration, bien qu'étant un service, a suivi la courbe de l'alimentation à domicile (minimum à – 2,1 % en 1996, moyenne à 1,7 % et maximum à 6,5 % en 2000 avec probablement un effet « euro »).

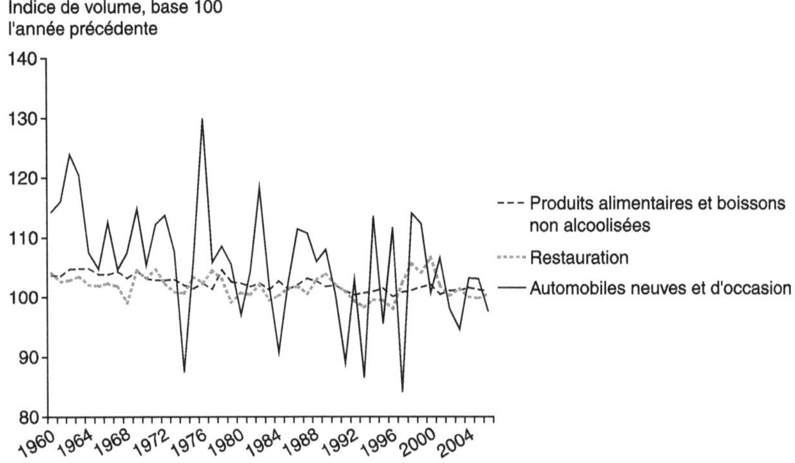

Figure 4.6. Variation de la consommation pour trois biens et services, France 1960-2005. Source : Insee, Comptes nationaux, 2007.

L'alimentaire constitue donc une « valeur » stable du point de vue de la dynamique des marchés, qui s'explique aussi bien à la fois par la progression de la population (de l'ordre de 0,8 % par an sur la période considérée) et par celle du pouvoir d'achat du revenu disponible par tête (environ 1,2 %). En d'autres termes, l'élasticité-revenu de la demande alimentaire est faiblement positive, alors qu'elle est très élevée pour les biens durables comme l'automobile, ce qui s'explique par la valeur unitaire des produits (importante pour les véhicules) et les possibilités de différer ou non l'achat. Les implications de ces considérations en termes de gestion d'entreprise sont particulièrement fortes : stabilité du chiffre d'affaires dans un cas (alimentaire), grande volatilité dans l'autre (automobile). Pour l'agroalimentaire, il s'agit de trouver des relais satisfaisants à la faible « croissance naturelle » des marchés. Ces relais sont l'innovation-produit et la segmentation (cf. chapitre 7).

Le coefficient budgétaire mesure la part de chaque poste de dépense de consommation annuelle totale des ménages (et non sur la consommation effective qui inclut les dépenses individualisables assumées par les secteurs associatifs sans but lucratif et les administrations publiques). Il peut se calculer sur les fonctions de consommation ou les produits. Le coefficient « alimentation » au sens large[10] est passé en France d'environ 42 % en 1950 à 37 % en 1960 et 21,6 % en 2006 (figure 4.7). Le fait que le coefficient budgétaire diminue ne signifie pas que la dépense diminue. Pour l'alimentation une progression continue lui a permis d'atteindre 215 milliards d'euros en 2006 (dont près de 16 milliards pour le tabac). Comme nous l'avons souligné plus haut, l'industrialisation du système alimentaire conduit, au sein des dépenses

---

10. Alimentation, boissons et tabac, restauration hors foyer.

alimentaires totales à voir une diminution relative des achats de nourriture dans le commerce de détail pour une préparation des repas à domicile et une progression des repas pris à l'extérieur (restaurants et *snacking*). Le phénomène est particulièrement marqué aux États-Unis où, selon les statistiques très complètes de l'USDA et du Bureau du travail[11], la part de la restauration hors foyer (RHF) atteignait, en 2006, 42 % des dépenses alimentaires de ménages, contre 19 % cinquante ans plus tôt et 13 % en 1929. Le déferlement de la RHF est donc un phénomène relativement récent dans ce pays et encore plus en Europe. La restauration de rue est également très présente dans les PVD, mais ne capte pas des budgets aussi colossaux (près de 400 milliards de dollars aux États-Unis en 2006).

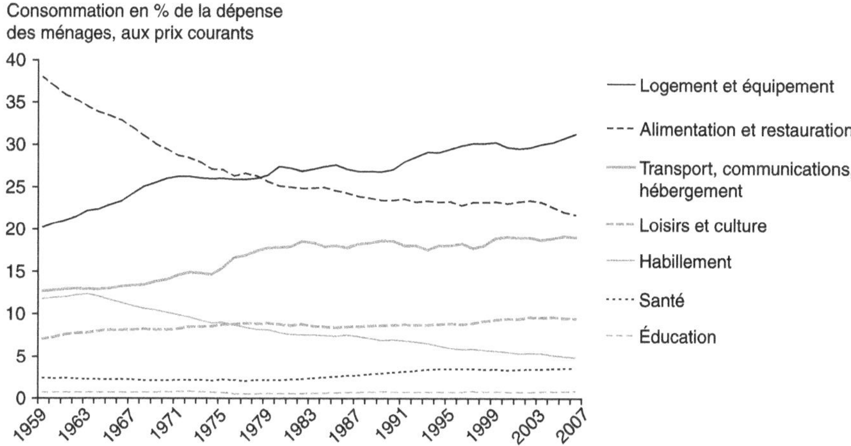

Figure 4.7. Évolution des coefficients budgétaires, France 1959-2005.
Source : Insee, Comptes nationaux, 2007.

En France, l'évolution des lieux de consommation alimentaire est plus lente qu'aux États-Unis et la RHF tend à plafonner depuis le début des années 2000, à un peu moins du quart des dépenses alimentaires totales. Les boissons alcoolisées régressent au profit des boissons sans alcool (tableau 4.7).

Tableau 4.7. Structure de la dépense alimentaire des ménages en France (en pourcentage).

Postes	1960	1980	2000	2006
Produits alimentaires	71	68	63	63
Boissons non alcoolisées	4	5	5	5
Boissons alcoolisées	11	9	8	7
Restauration	14	19	24	24
Total dépenses alimentaires	100	100	100	100
Dépenses alimentaires / consommation des ménages	35	24	21	20

Source : Insee, 2007, Comptes nationaux – Base 2000.

---

11. Cf. en particulier l'étonnant rapport sur 100 ans de dépenses des consommateurs aux États-Unis, à New York City et à Boston (Chao and Utgoff, 2006).

Le coefficient budgétaire est très dépendant du niveau de revenu : sa valeur est inversement proportionnelle à celle du PIB par tête. Dans la figure ci-dessous, établie pour l'année 1996 et pour 111 pays, le coefficient de détermination de la courbe exponentielle d'ajustement entre la part de l'alimentation dans le budget des ménages et le PIB par tête, exprimé en en parité de pouvoir d'achat (PPA, en $ international) est de près de 0,8. Le coefficient budgétaire moyen pour l'alimentation est de 36 % et correspond à une dépense alimentaire moyenne de 2 033 $ PPA pour un PIB de 8 821 $. Le coefficient budgétaire varie de 73 % en Azerbaïdjan et en Tanzanie à moins de 10 % aux États-Unis. En faisant trois classes de revenus par tête (figure 4.8) moins de 5 000 $, correspondant à 51 pays pauvres, de 5 à 10 000 $, pour les pays à revenu intermédiaire et au-dessus de 10 000 $ pour les pays riches, on obtient respectivement des coefficients alimentaires moyens de 50 %, 33 % et 18 %. La loi d'Engel s'applique donc de façon universelle sur la carte du monde. Les points qui s'écartent le plus de la courbe d'ajustement peuvent s'expliquer par des conditions particulières au niveau du coût des aliments (cas de l'Islande).

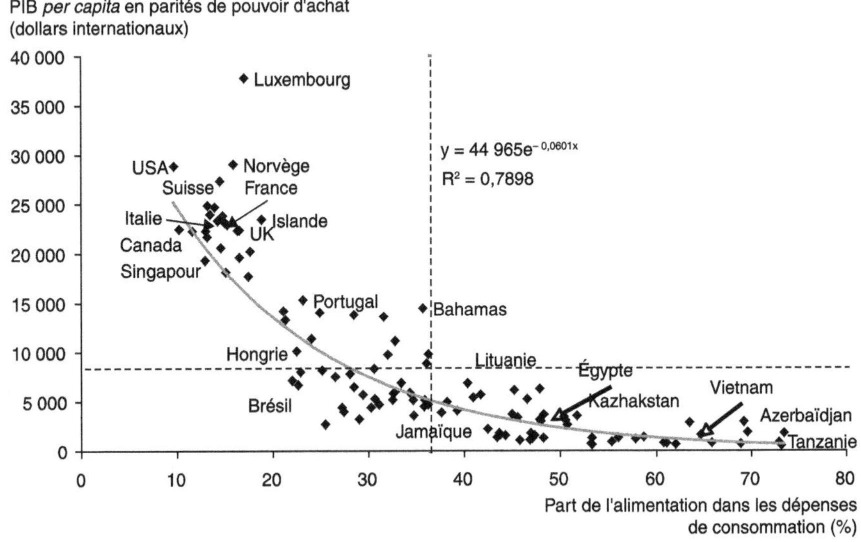

Figure 4.8. Une bonne illustration des lois d'Engel.

Sources : données USDA, ERS, 2003 et Banque mondiale, WDI, 2008.

On va retrouver la même vérification empirique en comparant, au sein d'un même pays, les catégories socioprofessionnelles (CSP), dont les disparités de revenu induisent des coefficients budgétaires différents.

Si l'on examine le cas de la France à travers les enquêtes de l'Insee (figure 4.9), on s'aperçoit que l'écart entre la dépense alimentaire moyenne de la CSP économiquement la plus défavorisée (autres inactifs, chômeurs pour la plupart) et les cadres supérieurs est de 1 à 2,1 en 2006, alors que l'écart de revenu entre ces groupes sociaux se situe dans un rapport de 1 à 2,4. On observe que retraités et ouvriers, d'une part, autres inactifs et agriculteurs d'autre part et artisans, professions intermédiaires et employés enfin ont des coefficients budgétaires proches (23, 22 et 21 %). Les cadres ont un ratio nettement plus faible (19 %). Ces trois paliers s'inscrivent toutefois très bien dans une corrélation inverse entre revenu et dépense alimentaire, ce qui vient apporter une confirmation de plus aux lois d'Engel, même si la sensibilité des dépenses alimentaires au revenu est moins forte dans les pays riches que dans les pays pauvres.

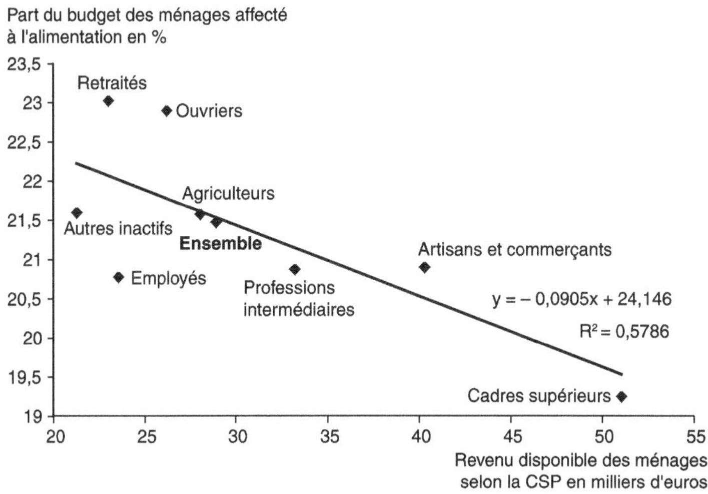

Figure 4.9. Coefficient budgétaire de l'alimentation et catégories socio-professionnelles, France, 2006.

Source : Insee, 2007, Comptes nationaux.

Pour compléter cet aperçu sur les coefficients budgétaires, il faut souligner que ce type d'indicateur mesurant des dépenses relatives, toute progression d'un coefficient se trouve compensée par une diminution d'un ou plusieurs autres.

L'effet-prix : une influence déclinante

De nombreux travaux ont été consacrés par les économistes à l'établissement de modèles explicatifs de la consommation du type :

$Cj = f(Rn, Pjn) + k$

La consommation d'un produit j est habituellement une fonction croissante du revenu R de la période n considérée et décroissante du prix Pjn, k étant un facteur aléatoire. Nous avons présenté ci-dessus les relations entre C et R. L'outil utilisé ici sera l'élasticité-prix dont on a vu la définition plus haut.

On vérifie bien que les pays pauvres ont une assez forte élasticité-prix pour les biens alimentaires (facteur 1 à 5 environ pour l'ensemble des produits entre les États-Unis et le Maroc), à l'inverse des pays riches, par contre. Le pain et les céréales, denrées de base vitales ont généralement la plus faible élasticité-prix, alors que les boissons et, dans une moindre mesure, les produits laitiers ont des coefficients plus élevés. Fruits et légumes et viandes sont dans une position intermédiaire. Dans tous les pays retenus, le poisson est plutôt considéré comme un bien de luxe (tableau 4.8). D'une manière générale, on restera très prudent sur l'utilisation de tels coefficients en modélisation, car ils sont calculés sur des bases statistiques souvent fragiles et rarement actualisées.

Tableau 4.8. Élasticités-prix pour quelques pays et certains groupes de produits alimentaires, 1996.

Pays	Boissons et tabac	Pains et céréales	Viandes	Poisson	Produits laitiers	Huiles et corps gras	Fruits et légumes	Alimentation boissons et tabac
Maroc	-0,787	-0,366	-0,561	-0,642	-0,613	-0,382	-0,455	-0,393
Égypte	-0,726	-0,332	-0,554	-0,623	-0,599	-0,354	-0,445	-0,393
Brésil	-0,709	-0,327	-0,536	-0,604	-0,581	-0,347	-0,431	-0,391
Indonésie	-0,735	-0,304	-0,59	-0,654	-0,633	-0,34	-0,468	-0,391
Russie	-0,706	-0,326	-0,532	-0,6	-0,576	-0,346	-0,428	-0,39
Congo	-1,186	-0,459	-0,642	-0,768	-0,717	-0,47	-0,528	-0,368
France	-0,348	-0,129	-0,286	-0,314	-0,305	-0,152	-0,225	-0,251
Canada	-0,304	-0,125	-0,245	-0,271	-0,262	-0,14	-0,194	-0,218
États-Unis	-0,108	-0,04	-0,089	-0,098	-0,095	-0,047	-0,07	-0,082

Sources : USDA, 2003.

P. Combris (1995) a construit un modèle sur des séries françaises couvrant la période 1949-1988. Il confirme l'existence d'une relation inverse entre l'évolution des prix et celle des consommations, particulièrement nette dans le cas des fruits et légumes et dans celui des viandes : par exemple sur les 40 années étudiées, le prix des légumes transformés a diminué en France de 2 % par an tandis que la consommation progressait en volume de 5 % par an. La viande de volaille a connu les mêmes évolutions. L'existence du lien prix/dépense alimentaire suggère une causalité, que l'on a pu vérifier lors des années de crise économique en Europe (report massif des acheteurs sur les « premiers prix » des GMS et succès des *discounters*). La plupart des auteurs insistent cependant désormais sur la présence probable d'autres variables explicatives dans les changements constatés : d'une part, les phénomènes de substitutions entre produits, particulièrement nets dans le cas des viandes (volailles et porc / bovins), d'autre part les modifications de comportement des consommateurs pour des raisons autres qu'économiques (on a évoqué plus haut les facteurs psychologiques). Nous avons là sans doute une caractéristique potentiellement importante des marchés alimentaires dans les pays à hauts revenus : le prix tendrait à céder le pas à la qualité et à la valeur émotionnelle des produits.

On observe, par ailleurs sur la période 1960-1982 (figure 4.10), une progression de l'inflation, et depuis 1983, une décroissance générale de la hausse des prix qui cependant présentera une légère progression globale (et une hausse accentuée pour les produits agricoles) dans les années suivantes du fait des tensions sur les marchés mondiaux (forte demande et offre stagnante). Le pic de 1982 (+ 12 points d'indice dans l'agriculture et le commerce) constituait déjà une manifestation de la volatilité

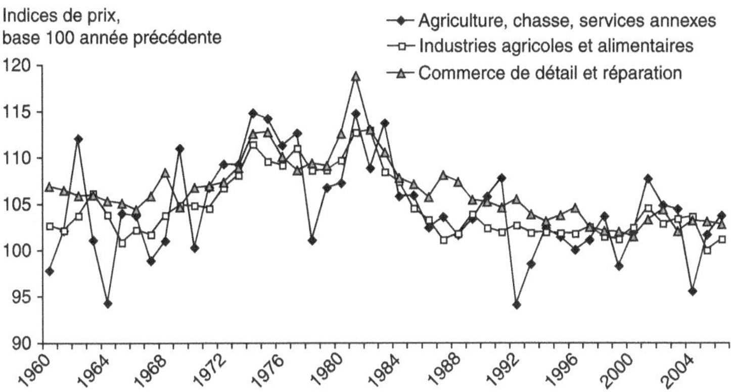

Figure 4.10. Volatilité des prix de détail en France.

Source : Insee, Comptes nationaux, 2007.

des prix dans l'amont du système alimentaire et d'une transmission brutale et assez inexplicable (sinon par des facteurs d'ordre spéculatif) vers l'aval. En effet, entre les deux secteurs, l'industrie alimentaire jouait le rôle d'amortisseur, avec une hausse modérée de son indice (+ 3 points).

On retrouvera illustré dans la figure 4.11, l'indice des prix de détail pour les produits alimentaires et les boissons non alcoolisées et l'indice relatif aux boissons alcoolisées et au tabac, pour les pays de l'Union européenne et pour la période 2005-2007.

On note qu'il y a une nette différence entre les pays nouveaux membres de l'Union européenne et les autres. La hausse des prix est plus vive chez les premiers en raison d'une faible intégration au marché unique. La Pologne constitue une exception, car ce pays dispose d'une base agricole importante. Pour expliquer les écarts constatés entre pays, on peut, en première hypothèse, avancer la conjoncture économique

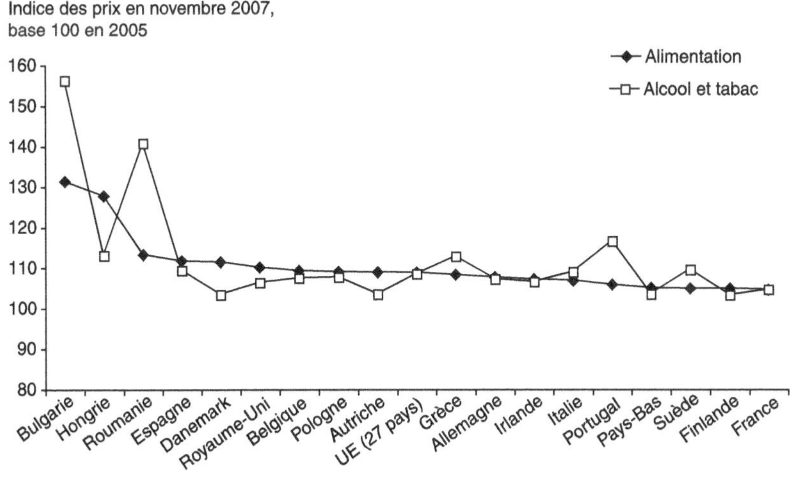

Figure 4.11. Les prix alimentaires dans l'UE.

Source : Eurostat, 2008.

nationale puis l'incidence du soutien direct à l'agriculture, du poids de l'alimentation dans le budget des ménages et des performances de l'industrie agroalimentaire. Les boissons alcoolisées et le tabac, du fait d'une pression fiscale élevée et de politiques de santé publique plus ou moins offensives, affichent dans quelques pays, des indices de prix notablement supérieurs à l'indice général et à celui des produits alimentaires. Au total, la variabilité des prix reste importante entre pays, ce qui témoigne d'une relativement faible circulation des produits alimentaires (habitudes alimentaires, rigidité des circuits de commercialisation).

La dimension démographique

La démographie est évidemment la variable fondamentale en matière d'alimentation puisque nous sommes tous des consommateurs potentiels. Il existe bien sûr un « mur des estomacs » dans les deux sens, celui de la faim et celui de la satiété qui, comme nous l'avons vu conduisent à des rythmes différents d'évolution de la consommation. D'autres variables en dehors du nombre de personnes sont à prendre en compte pour comprendre cette évolution : la structure par âge, l'habitat et l'activité.

Quelques rappels historiques

Dès 1730, Richard Cantillon établissait que les hommes, lorsqu'ils n'étaient pas soumis à la contrainte de se nourrir par eux-mêmes par suite d'une amélioration de leur niveau de vie se reproduisaient comme « des souris dans une grange » et qu'en conséquence leur nombre croissait de façon exponentielle, déclenchant des famines, car les terres fertiles se trouvaient alors insuffisantes. Cette théorie a été reprise par Thomas Malthus (1798) qui lui a laissé son nom, puis par David Ricardo (1817). Pour ces auteurs, la variable d'ajustement était la démographie et non pas les revenus[12]. Ils estimaient en effet que la rareté des bonnes terres conduisait immanquablement à une hausse des prix insupportable pour les budgets des ménages. J. Fourastié (1979) a démontré que la productivité du travail, en progressant de manière considérable durant la révolution industrielle, avait permis aux revenus d'augmenter suffisamment[13] pour écarter le spectre de la famine dans les pays occidentaux et permettre une croissance économique. Les perfectionnements de la théorie de la croissance économique, notamment par l'introduction du progrès technique (Solow, 1957) et du capital (Kaldor, 1961)[14] ont définitivement établi le caractère erroné des thèses malthusiennes sur la démographie[15].

Aujourd'hui la démographie reste l'un des paramètres essentiels pour expliquer non pas la croissance économique (ou la non-croissance), mais tout simplement la dimension de la demande alimentaire. Les chiffres de l'évolution de la population mondiale

---

12. Ces auteurs appuyaient leurs hypothèses sur les terribles famines du milieu du XIVe siècle et de la fin du XVIIe et du XVIIe, qui faisaient suite à des périodes de relative prospérité en Europe du Nord.

13. Fourastié a calculé que la productivité avait été multipliée en France par 7.5 entre 1898 et 1975 et le revenu par 11 entre 1700 et 1975.

14. Pour un excellent exposé de ces théories, on consultera Cohen (1994).

15. D'autant plus que, simultanément, les démographes établissaient une corrélation négative entre le taux de croissance démographique et le taux de croissance économique.

montrent combien récente et explosive est cette demande, et en conséquence, combien les efforts déployés pour la satisfaire ont été considérables : le premier milliard d'habitants a été atteint en 1800, alors que la population du globe était estimée à environ 250 millions de personnes au début de l'ère chrétienne ; le second milliard en 1927, soit 127 ans plus tard. Il a fallu ensuite 47 ans (1974) pour que le nombre des terriens double à nouveau. Les démographes des Nations unies, dans leurs dernières projections, tablent en hypothèse moyenne sur 7,9 milliards en 2025, soit 51 ans pour un quasi-doublement supplémentaire. Nous sommes donc probablement entrés, à l'échelle de la planète, dans ce que les spécialistes qualifient de « transition démographique ». La transition démographique correspond à un ralentissement de la croissance de la population[16] qui prélude à un état stationnaire du nombre d'habitants (autour de 9 milliards à l'horizon 2050 ?), puis à un éventuel déclin[17] : de 86 millions de bouches supplémentaires à nourrir chaque année entre 1990 et 1995, on devrait passer à 78 millions entre 2020 et 2030 et 52 millions entre 2040 et 2050.

Le tableau 4.9 ci-dessous présente les chiffres essentiels par continent. La croissance de la population mondiale entre 2005 et 2050 sera de 50 %[18], avec un taux élevé pour l'Afrique, l'Asie centrale (Inde) et occidentale (Moyen-Orient), c'est-à-dire dans les régions les plus pauvres de la planète[19]. Les deux Amériques connaîtront une croissance démographique modérée. La Chine verra sa population stagner et l'Europe sera le seul sous-continent où le nombre d'habitants risque de diminuer. Il en résulte que les grandes masses de population « continentales » seront constituées par trois blocs d'environ deux à trois milliards de personnes : les deux Asies et l'Afrique, puis des blocs de 500 à 800 millions d'habitants : Amérique latine, Europe et Amérique du Nord. Bien entendu, l'organisation géopolitique pourra faire émerger des ensembles différents : par exemple, dans une conception « méridiennique » du monde, les deux Amériques (1,2 milliard), l'Eurafrique (2,7 milliards). Dans un contexte commercial, on s'oriente vers des unités de compte à 1 milliard de personnes.

Ce tableau fait clairement apparaître, sur les 30 premières années du 3e millénaire, le déclin démographique de la vieille Europe (- 42 millions d'habitants), qui pourrait toutefois rester une zone importante sous réserve de la poursuite de l'unification économique et politique, avec près de 700 millions de personnes (en y incluant la Russie), et la forte croissance des PVD actuels (plus de 2 milliards), ainsi que celle de l'Amérique du Nord (+ 29 %). En 2030, plus de 85 % des consommateurs de produits alimentaires se situeront en Asie et en Afrique, dont 60 % sur le continent asiatique. Ces chiffres impressionnants légitiment à eux seuls une bonne partie des décisions géostratégiques des dirigeants des firmes multinationales agroalimentaires (Rastoin *et al.*, 1998).

---

16. La transition démographique correspond au moment où la fécondité ne permet plus qu'un remplacement des générations. Néanmoins, le nombre de naissances ne diminue que très lentement, lorsque baisse de la fécondité et baisse du nombre de femmes en âge de procréer se conjuguent.

17. L'écart entre les variantes hautes et basses des projections est tel, à plus de 20 ans (une génération), que les chiffres perdent de leur intérêt.

18. Selon des discussions récentes dans la communauté scientifique, il n'est pas impossible que l'on s'oriente plutôt vers un chiffre compris entre la variante moyenne (9,2 milliards) et la variante basse des Nations unies qui donne 7,8 milliards d'habitants en 2050.

19. Ceci est conforme aux observations des démographes : la natalité est inversement corrélée au revenu par tête.

Tableau 4.9. Projections 2050 de la population mondiale (en millions d'habitants).

Projection (variante moyenne)	2005		2050		Variation 2005-2050 (%)
	Millions	**Part (%)**	**Millions**	**Part (%)**	
Afrique	922	14	1 998	22	117
Asie de l'Est et du Sud	2 080	32	2 358	26	13
Asie centrale et occidentale	1 858	29	2 908	32	57
Europe	731	11	664	7	-9
Amérique latine	558	9	769	8	38
Amérique du Nord	332	5	445	5	34
Océanie	33	1	49	1	46
Monde	6 515	100	9 191	100	41
dont régions moins développées	5 299	81	7 946	86	50

Source : division de la population des Nations unies, secretariat, DB, février 2008.

L'évolution à long terme de la population est imputable au ralentissement de la fécondité, lui-même sous la dépendance de la structure par âge, de l'augmentation générale de l'espérance de vie, des conditions sociales et économiques. On observe dans les PVD une accélération de la baisse de la fécondité, à tel point que, dans les grandes villes des pays du Sud, la fécondité est déjà descendue au niveau de celle des pays d'Europe. En conséquence, ces pays devraient accomplir leur transition démographique beaucoup plus vite que ne l'ont fait les pays développés, contrairement à ce que l'on pronostiquait il y a quelques années.

Cependant, les caractéristiques structurelles de la population vont rester, pour de longues années encore, sensiblement différentes au Nord et au Sud. Les paramètres démographiques qui vont le plus influencer la consommation alimentaire seront la répartition de la population par tranche d'âge, la taille des familles, l'urbanisation et les migrations internationales.

On peut schématiser ainsi les évolutions à moyen terme : une population jeune, de plus en plus urbaine et très mobile au Sud, vieillissante, très urbaine et peu mobile au Nord. Aux États-Unis, les importantes minorités d'origine africaine et hispanique et le comportement face au travail, feraient que les tendances se rapprocheraient plutôt, du point de vue démographique, de la moyenne mondiale. Considérée à l'échelle planétaire, c'est au fond l'Europe, qui, en l'absence d'inflexions socio-politiques assez radicales, devrait constituer une « exception ».

L'impact de la structure par âge et de la taille des familles

En 2000, un peu moins d'une personne sur trois dans le monde a moins de 15 ans. Mais la proportion est de 43 % en Afrique et de 18 % en Europe occidentale. À l'autre extrême de la pyramide des âges, les plus de 60 ans représentent 10 % en moyenne mondiale, 5 % en Afrique et 20 % en Europe (tableau 4.10). Globalement, on devrait assister à une réduction du poids relatif des jeunes et à une augmentation des personnes du troisième et du quatrième âge (plus de 80 ans). La structure par âge des PVD en 2025 sera très proche de celle observée dans les pays développés en 1950 et le rapport de dépendance des inactifs (moins de 15 ans et plus de 64 ans) par rapport aux actifs théoriques (de 15 à 64 ans) convergerait à terme : 58 % dans les pays développés, 51 % dans les PVD en 2025. L'Europe, outre son problème de dépeuplement, aura à affronter un important vieillissement (près de 35 % de personnes de plus de 65 ans en 2050, contre 24 % en Asie). Ces deux paramètres influencent la consommation par le biais des comportements alimentaires (apparition de marchés spécifiques pour les personnes âgées) et par l'incidence des revenus (retraités).

Tableau 4.10. Population âgée de plus de 65 ans par continent.

% du total de la population	2005	2025	2050
Europe	20,7	28,0	34,5
Amérique du Nord	16,8	24,2	27,0
Océanie	13,9	20,1	25,0
Amérique latine	8,8	14,5	24,1
Asie	9,3	14,9	23,6
Afrique	5,2	6,4	10,0
Monde	10,4	15,1	21,7

Source : UN, 2006, Variante médiane.

La taille des familles va en diminuant du fait de la baisse de la fécondité et de l'amplification du phénomène des « mono-ménages ». Dans les PVD, le nombre moyen d'enfants par femme passe de 5,4 en 1975 à 3,5 en 1995 et devrait tomber à 2,5 en 2025 contre respectivement 2,1 ; 1,7 et 1,9 dans les pays riches. On semble donc aller vers le standard du couple avec 2 enfants ou moins. Les personnes vivant seules (mono-ménages) représentaient en 1995, 28 % du nombre total des ménages en Europe de l'Ouest, avec des extrêmes allant de 37 % en Finlande à 13 % en Espagne : du Nord au Sud, la taille de la famille augmente, tout en enregistrant une chute régulière depuis quelques décennies. Cette contraction de la cellule de consommation entraîne des modifications de l'offre de produits alimentaires, le lot de conditionnement étant de plus en plus la portion individuelle, ou le groupage d'unités en fonction de la date limite de consommation (par exemple, pots de yaourt emballés par 2 ou 4).

Le lieu de résidence

L'urbanisation modifie les comportements alimentaires en ce sens qu'elle rompt la chaîne ancestrale du producteur-consommateur et qu'elle s'accompagne d'une organisation du temps différente, avec, en particulier, la prise des repas sur les lieux de travail et durant certains loisirs. En 1960, un habitant sur trois dans le monde était urbain. Cette proportion a atteint 47 % en 2000 et devrait dépasser 60 % en 2030, dont 82 % dans les pays à hauts revenus et 57 % dans les PVD (figure 4.12). Les emprises urbaines et économiques sur le foncier ne sont pas sans poser de problèmes pour les disponibilités en terres agricoles. En Europe, la situation devient préoccupante dans certains pays comme l'Allemagne. Par ailleurs, les villes et les activités industrielles génèrent de fortes émissions de gaz à effet de serre, directement (par exemple le chauffage), ou indirectement (les transports). Le monde comptait seulement 2 mégalopoles (villes de plus de 10 millions d'habitants) en 1950 (New York et Tokyo), 4 en 1975, 20 en 2003. Si les tendances se maintiennent, ce chiffre sera de 22 en 2015 : Tokyo devrait compter 36 millions d'habitants, Mumbai (Bombay), Dehli et Mexico City 21 millions, Sao Paulo 20 millions (Projections des Nations unies).

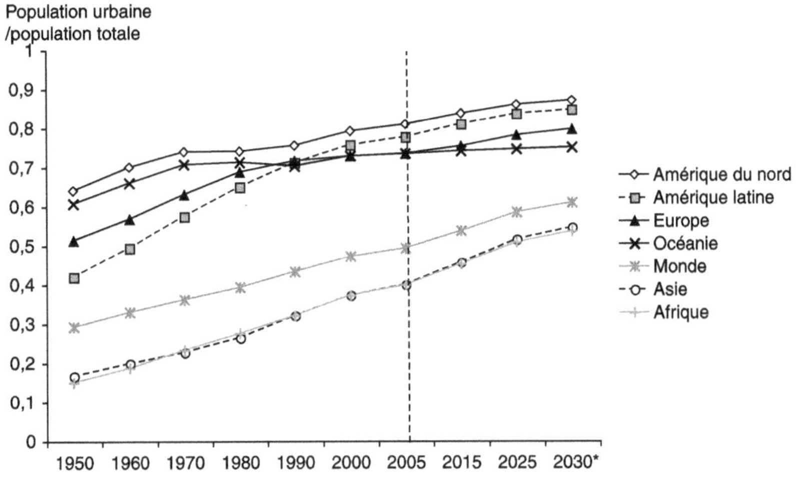

Figure 4.12. Vers un monde urbain ... la ruralité en déclin.

Source : Nations unies, projection de la population mondiale, 2006.

Les problèmes posés par ces très grandes agglomérations sont considérables : infrastructures, administration, sécurité, santé publique. Pour le système alimentaire, l'enjeu essentiel, outre les disponibilités en nourriture, est la logistique. Plusieurs études montrent que, dans ce domaine au moins, les capacités d'ajustement de l'offre à la demande, sont bonnes, pour peu que les systèmes économiques soient ouverts (Rastoin, 1996). Les problèmes de sous-alimentation sont bien plus prégnants dans les zones rurales que dans les villes, car très liés à la pauvreté, très présente dans les campagnes des PVD.

L'approche néo-institutionnelle et l'économie de la qualité

Certes, l'économie (les prix et les revenus) et la démographie constituent deux déterminants essentiels du comportement des consommateurs. Toutefois, ils sont loin de tout expliquer.

La remise en cause du modèle classique du marché s'est faite principalement sur les notions d'information et de qualité, les deux étant très liées puisque la décision d'achat par le consommateur va résulter de son appréciation de la qualité et donc de son niveau d'information – objective ou subjective – sur le produit convoité. Au début des années 1970, trois auteurs ont jeté les bases de ce que l'on appelle généralement « l'économie de la qualité ». G. Akerlof, P. Nelson et M. Darby avec E. Karni.

George A. Akerlof, dans un article qui serait le plus cité de la littérature économique et qui lui a valu le « prix Nobel d'économie » en 2001, démontre à partir du marché des voitures d'occasion que du fait des vices cachés de certaines de ces voitures (*lemons* en anglais ou rossignols en français, d'où le titre de l'article), le prix moyen des véhicules d'occasion diminue. En effet, même les véhicules en bon état voient leur prix baisser en raison de cette suspicion. En conséquence, les propriétaires de voitures bien entretenues seront peu incités à les mettre en vente et le marché de l'occasion aura tendance à ne recevoir que des véhicules en mauvais état. Ce paradoxe provient de l'impossibilité, pour les acheteurs potentiels, de repérer les voitures défectueuses, ce que les économistes nomment une asymétrie d'information. Il est évident que si l'information était parfaite, du côté de l'acheteur, comme de celui du vendeur, le marché fonctionnerait différemment (Akerlof, 1970). Cet article établit donc clairement un lien entre niveau d'information et qualité des produits sur le marché et met en évidence le rôle important joué par les capacités d'acquisition de l'information par les acteurs dans le fonctionnement des échanges.

L'apport simultané de P. Nelson (1970) puis de Darby et Karni (1973) a été de proposer une nouvelle typologie des produits en trois classes :
– les *biens de recherche*[20], pour lesquels le consommateur a une très bonne information sur la qualité avant l'achat, à travers une prospection personnelle, ce qui suppose que cette information est accessible et partagée (symétrie) ;
– les *biens d'expérience*, pour lesquels la qualité est connue à partir d'un usage répété (expérience), et c'est cette expérience qui va orienter la décision du consommateur ;
– les *biens de confiance*, pour lesquels ni l'information disponible ni l'expérience ne permettent au consommateur d'apprécier la qualité du produit. Pour ces biens, les références facilitant le choix sont donc à rechercher en dehors du produit.

Les produits alimentaires peuvent entrer dans les trois catégories définies par Nelson, Darby et Karni. Les *biens de recherche* sont les produits standard de masse bénéficiant de gros budgets de publicité qui contribuent à créer une forte notoriété au produit (exemple les barres chocolatées de Masterfood, le Coca Cola ou le Pepsi Cola, les yaourts Danone). De plus, pour ces produits et dans certains pays des réglementations ont obligé les industriels à fournir une information nutritionnelle ou valeur nutritive (*nutritional facts*) sur les emballages. C'est le cas en Amérique du Nord et cela devrait se généraliser en Europe dans le cadre d'une directive sur le sujet de l'étiquetage des produits qui tarde à sortir du fait de réticences des industriels de l'agroalimentaire.

---

20. Traduction habituelle pour *research goods*, mais pas heureuse car ressemble à du mot à mot. *Research* doit être entendu ici au sens d'informé ou de documenté.

Les *biens d'expérience* alimentaires sont ceux qui sont familiers au consommateur du fait d'une consommation traditionnelle. Il s'agit souvent de produits de firmes nationales réputées (comme Poulain pour le chocolat ou Bonduelle pour les légumes en conserve en France), ou encore d'entreprises régionales à un échelon plus restreint (par exemple le cassoulet de Spanghero ou les glaces de Sud Régal en Languedoc-Roussillon). Ces entreprises ont un caractère patrimonial et ont une clientèle fidèle due à leur ancienneté dans le pays ou la région (rente informationnelle).

Ces deux catégories de produits doivent intégrer aujourd'hui, outre la réglementation sur les emballages (informations obligatoires), le développement des normes de qualité qui se traduisent par l'obtention de signes réputés universels (mais coûteux, ce qui est discriminatoire) comme les normes ISO ou les certifications.

Les *biens de confiance* dans l'agroalimentaire regroupent plutôt la catégorie des produits gastronomiques ou de luxe ou de terroir, ou encore un mode de fabrication. Pour ces produits, il peut y avoir une variabilité des caractéristiques dans le temps et dans l'espace (avec l'exemple typique des vins) et une subjectivité qui vient des perceptions différentes du goût. Ces caractéristiques incitent le consommateur à chercher des références externes, soit sous forme de label, soit sous forme de prescription (guide Parker, conseil des œnologues pour le vin, critiques gastronomiques pour les restaurants), soit une combinaison des deux (plats cuisinés marqués Joël Robuchon, célèbre chef français). Les biens de confiance posent ainsi la grande question des labels privés ou publics, si importants dans l'agroalimentaire aujourd'hui. Ceci concerne la qualité intrinsèque du produit ou de son mode d'élaboration (par exemple label AB, agriculture biologique, ou commerce équitable, Label rouge du ministère français de l'Agriculture) ou son origine (indication géographique ou IG). Les biens de confiance posent de difficiles questions aux *managers* et aux économistes. En effet, pour ces biens, la consommation n'apporte pas d'information supplémentaire et il ne peut donc y avoir de rente informationnelle pour les producteurs. Pourtant, un label constituant un signal vers les acheteurs n'est pas toujours souhaité par les entreprises les plus performantes, car le label pourrait leur faire perdre leur « prime à la qualité » en homogénéisant aux yeux des acheteurs les produits (Bonroy et Constantatos, 2003).

Finalement, on peut résumer les relations entre qualité du produit et consommateur par la présentation suivante (tableau 4.11) proposée par Lucie Sirieix (Sirieix, 1999) à partir des travaux de Oude Ophuis et Van Trijp (Oude *et al.*, 1995).

On voit bien que les caractéristiques de qualité sont appréciées non seulement en fonction de la connaissance du produit (expérience) et des caractéristiques tangibles et intangibles de ce produit, mais également des signaux émis par les indicateurs portés sur l'emballage. On observe à cet égard une récupération plus ou moins rapide des mouvements militants qui ouvre de nouvelles pistes aux comportements des consommateurs et des producteurs par la sphère marchande. J.M. Codron, L. Sirieix et T. Reardon (2006) ont démontré ce phénomène à partir de l'exemple européen des couples radicaux/réformistes formés par l'agriculture biologique et l'agriculture intégrée d'une part et par le commerce équitable et le commerce éthique d'autre part.

Les IG constituent selon certains une véritable « marque collective » ou encore un « bien *club* » car elles rassemblent un certain nombre de producteurs qui vont

Tableau 4.11. Indicateurs et caractéristiques de qualité d'après Oude Ophuis et Van Trijp (1995).

Indicateurs de qualité	
Indicateurs de qualité intrinsèque	Indicateurs de qualité extrinsèque
Apparence	Prix
Couleur	Marque
Forme	Pays d'origine
Taille	Magasin
Structure	Information nutritionnelle
	Information sur la fabrication
Caractéristiques de qualité	
Caractéristiques de qualité tangible pour lesquelles l'expérience permet une vérification	Caractéristiques de qualité intangible, liées aux croyances pour lesquelles l'expérience ne permet pas de vérification
	Santé, caractère naturel
Goût	Respect des animaux et de l'environnement
Fraîcheur	Salubrité / hygiène
Commodité	Caractère exclusif / rare
	Conditions de production

Source : Sirieix, 1999.

Tableau 4.12. Typologie de certains biens et services alimentaires au sens de l'économie politique.

Critères d'appréciation	Rivaux	Non rivaux
Exclusifs	Biens privés	Biens club
	Produits alimentaires	Indications géographiques
Non exclusifs	Ressources communes	Biens publics purs
	Bibliothèques, musées	Environnement

Note : les cases grises indiquent un bien public collectif
Source : Samuelson, 1954.

l'utiliser ensemble, tout en gardant une possibilité de marque individuelle[21]. Ces biens-*clubs* s'insèrent dans la célèbre typologie des produits de Samuelson présentée dans le tableau 4.12 (Samuelson, 1954).

Le système alimentaire est présent dans les quatre catégories de bien. Si l'on raisonne de manière fonctionnelle, on peut estimer que l'alimentation pourrait être

---

21. Sur cette question cf. Rangnekar (2004), Ilbert (2005), Sylvander (2006).

considérée, globalement, comme un bien public pur ou l'un des droits fondamentaux de l'humanité.

La science économique s'est fondamentalement intéressée à la circulation des richesses et aux mécanismes du marché. Dans ce contexte, la consommation alimentaire ne pouvait être envisagée que comme l'une des composantes de la demande solvable. Elle était ainsi « fondue » dans une théorie abstraite à prétention universelle du comportement du consommateur.

Or, si les lois de la consommation formulées par les économistes, et en particulier par Engel, restent d'un grand intérêt pour la compréhension l'économie de marché, elles demeurent d'une trop grande incomplétude. Cela s'avère particulièrement vrai pour une partie importante de l'humanité qui n'est jamais vraiment entrée dans l'économie alimentaire marchande, comme c'est le cas des zones d'agriculture de subsistance et pour une autre partie, non moins importante, qui en sont sortis et qui vivent une phase de transition vers une économie de marché (Malassis et Ghersi, 1996).

Il est donc indispensable de compléter (ou de faire précéder) l'analyse économique par une analyse en termes de modèle de consommation alimentaire.

▸▸ Les modèles de consommation alimentaire

Les aliments sont disponibles dans la nature. Historiquement, l'homme a prospecté le règne végétal et animal et « découvert » la partie des espèces vivantes comestibles, le lieu et le moment de leur disponibilité. La cueillette, la chasse et la pêche ont constitué les premières formes de l'activité de l'homme en vue de se nourrir.

L'homme consomme encore aujourd'hui des produits d'origine essentiellement agricoles qui ont subi, sur la chaîne alimentaire, des transformations successives : animale, agro-industrielle et culinaire, et auxquels s'incorporent, de plus en plus souvent, des services pour en faire des « aliments service » ou des « aliments servis ».

Ainsi, dans certains cas, les produits alimentaires demeurent assez proches des produits agricoles de base et les chaînes alimentaires sont dites « courtes ». Dans les pays industrialisés, l'aliment tend à se différencier de plus en plus du produit agricole de base. De ce fait, comme nous l'avons vu, dans les pays à hauts revenus, la fonction alimentaire n'occupe plus qu'une moindre part des dépenses des ménages.

Les facteurs économiques qui ont longtemps permis d'expliquer l'essentiel du comportement du consommateur dans le domaine alimentaire demeurent certes importants, mais laissent une place croissante à des considérations d'ordre ethnique, psychologique et sociologique.

En conséquence, les concepts et les outils permettant d'analyser et de comprendre la dynamique de la consommation alimentaire sont nécessairement empruntés à plusieurs domaines scientifiques : l'économie, le *marketing*, la stratégie, mais aussi la sociologie, l'ethnologie, les sciences de la vie et de l'ingénieur.

On peut définir le modèle de consommation alimentaire (MCA) comme la façon dont les hommes s'organisent pour consommer, c'est-à-dire à la fois la nature et la qualité des aliments consommés, les rapports de consommation et les conduites alimentaires, bref les « pratiques alimentaires ».

Nous présenterons successivement dans cette section les instruments d'analyse des MCA, les principaux travaux qu'ils permettent d'effectuer à partir de ceux-ci et les résultats obtenus par les chercheurs dans ce domaine.

Les instruments d'analyse des modèles de consommation alimentaire

Les outils indispensables à l'étude des MCA sont les enquêtes de consommation et les bilans alimentaires.

Les enquêtes de consommation alimentaire

Les informations macro-économiques et les moyennes nationales par habitant, telles que nous les avons étudiées dans le paragraphe précédent ne suffisent pas à la connaissance de la consommation alimentaire pour plusieurs raisons :
– elles ne donnent aucune idée de la façon dont se répartissent les aliments en quantité et en qualité entre les différents groupes socio-économiques ;
– elles ne permettent pas non plus d'appréhender de façon satisfaisante l'auto-consommation ou la transformation domestique qui constituent les fondements de l'économie alimentaire de la plupart des pays du Sud.

La connaissance de la couverture des besoins doit donc se faire à partir d'enquêtes susceptibles de fournir à la fois les bases quantitatives et qualitatives de la consommation, et ce, par type de ménage.

Les enquêtes de consommation ont comme objet essentiel de collecter les informations sur les différentes composantes des MCA et les variables qui expliquent le mieux les comportements des consommateurs. Le tableau 4.13 synthétise quelques-unes de ces informations recherchées.

Plusieurs sources d'informations faisant appel à différents types d'enquêtes sont disponibles :
– les *enquêtes classiques de consommation*, comme celles que réalisent régulièrement les instituts nationaux de statistique. Ce type d'enquête peut être conduit par *la méthode de l'*interview réalisée par des enquêteurs, *la méthode du carnet* où l'information est régulièrement enregistrée par le ménage, *la méthode des pesées directes des denrées consommées* qui présente un caractère plus nutritionnel. Toutes ces informations sont précieuses lorsqu'elles sont récoltées de manière régulière et avec des méthodologies standardisées[22].

---

22. En France, par exemple, on dispose de l'enquête de consommation des ménages réalisée par l'Insee dans le cadre de la Comptabilité nationale. Cette enquête est conçue dans une optique « produits » et « fonctions de consommation » et se fonde sur les dépenses de consommation des ménages. Elle constitue donc une approche économique. Concernant l'alimentation, une enquête spécifique dite « INCA » (Enquête individuelle et nationale sur la consommation alimentaire) est conduite par le ministère de l'Agriculture, le Crédoc et l'Afssa. Il s'agit d'une enquête à visée nutritionnelle qui relève le poids des aliments consommés et différents facteurs explicatifs (sexe, âge notamment). La première enquête INCA a eu lieu en 1999 et la seconde en 2006-2007. Le Crédoc réalise périodiquement une autre étude intitulée Comportement et consommation alimentaire en France » (CCAF). La dernière remonte à 2004 (Hébel, 2007).

Tableau 4.13. Informations à réunir en vue de caractériser un modèle de consommation alimentaire.

Rubriques	Indicateurs
1 – Caractéristiques socio-économiques des ménages	Dimension
	Lieu de résidence
	Composition
	Revenus
	Répartition des activités et temps consacré à l'alimentation
2 – Pratiques alimentaires	Approvisionnement
	Stockage
	Préparation des repas
	Compostion des repas
	Élimination des déchets
3 – Structure et volume de l'alimentation	Régime alimentaire
	Régime nutritionnel
	Dépenses alimentaires
4 – Comportement alimentaire	Fréquence et durée des prises alimentaires
	Conduite alimentaire
	Lieu d'alimentation

– les *enquêtes d'approvisionnement,* comme les bilans alimentaires donnent seulement la *consommation apparente.* Suffisante pour le macroéconomiste, cette approche ne saurait l'être pour le microéconomiste, le sociologue ou le nutritionniste.

– les *enquêtes sur les comptes des ménages,* effectuées dans un but socio-économique, permettent de calculer la dépense alimentaire totale, la part de cette dernière dans les revenus ou dans les dépenses de consommation totale et les coefficients budgétaires alimentaires par produit et par groupe de produits.

– enfin, les *panels de consommateurs et de distributeurs*[23] et les *études de marché,* beaucoup plus ciblés, apportent des réponses précises à des questions plus pointues.

En fonction des objectifs, des méthodes et des populations concernées, chaque enquête de consommation a ses caractéristiques spécifiques et doit être interprétée en conséquence. Dans le cas des *pays du Nord* où l'approvisionnement alimentaire passe essentiellement par le marché, l'accent est mis sur les ressources et les utilisations monétaires. Dans les pays où l'autoconsommation est beaucoup plus importante les enquêtes se feront à l'intérieur du ménage. Elles privilégieront la mesure de ce qui est consommé en fin de course, au moment de la consommation.

---

23. La consommation est observée soit au niveau des ménages, soit à celui du commerce de détail en libre-service. Les principaux panélistes sont : AC Nielsen, TNS Sofres et IRI Secodip.

Sur la base des informations ainsi recueillies, la caractérisation des MCA s'effectuera à travers une double analyse : la structure (ce qui est consommé) et les modalités de la consommation (comment est-ce consommé ?).

Les bilans alimentaires

Pour décrire un MCA, il faut d'abord effectuer le calcul des disponibilités à partir du bilan d'approvisionnement[24]. Cette démarche consiste à reconstituer, au niveau national, la consommation alimentaire humaine à partir des ressources et des emplois agricoles et agroalimentaires, puis de ramener cette consommation alimentaire globale à une consommation par tête.

Le point de départ de ce calcul est donc la mesure des disponibilités produit par produit. Elle se fait à partir des bilans d'approvisionnement alimentaires (BAA). Ce bilan d'approvisionnement alimentaire constitue la première étape de la construction d'un bilan de disponibilité alimentaire (BDA).

Encadré 4.1. Un exemple d'établissement d'un bilan de disponibilité journalière alimentaire.

Pour un produit donné, par exemple le maïs, les ressources totales (RT) dont dispose un pays au cours d'une année sont fournies par la production nationale (Y) et les importations (M) de l'année, auxquelles s'ajoutent les prélèvements effectués sur les stocks au cours de cette même année (DS).

Supposons qu'en 2007, dans un pays A :
— la production nationale soit de 179 000 tonnes,
— les importations de 57 000 tonnes,
— le prélèvement sur les stocks nul.

Sur cette base, il est possible de calculer les ressources totales selon :

RT = Y + M + DS

RT = 179 000 + 57 000 = 236 000

La deuxième étape revient à calculer les utilisations qui sont faites des produits alimentaires dont on vient d'évaluer les disponibilités. Ainsi, au cours d'une année donnée, les ressources totales (RT) seront consommées pour des fins d'alimentation animale, de transformation alimentaire ou non alimentaire, d'utilisation agricole, de stockage, seront perdues ou consommées par les êtres humains.

Revenons à notre exemple simplifié et supposons que ces utilisations que l'on appelle « emplois » vont être les suivantes au cours de l'année :
— les exportations (X) sont nulles,
— Les semences (S,) de 5 000 tonnes,
— l'alimentation du bétail (AB) est nulle,
— la transformation alimentaire (TA), de 10 000 tonnes,
— les transformations non alimentaires (TNA) sont inexistantes,

...

---

24. On évoque ici – mais du point de vue de la consommation – les bilans alimentaires qui ont été présentés dans le chapitre 4 sur l'analyse de filière. Rappelons que ces bilans sont accessibles sur la base de données Faostat.

> **...**
>
> – les pertes (P) sont évaluées à 5 000 tonnes,
> – les produits stockés (RS) à 29 000 tonnes.
>
> Sur cette base il est possible de calculer par différence : la consommation annuelle de l'ensemble de la population pour le produit que nous avons retenu, à savoir le maïs. Il suffit de retrancher des ressources totales, tout ce qui n'est pas destiné à l'alimentation humaine.
>
> Au cours de l'année, la consommation alimentaire humaine (CH) de maïs se ventile de la manière suivante :
>
> CH = RT – (X + S + AB + TA + TNA + P + RS)
>
> CH = 236 000 – (0 + 5 000 + 0 + 10 000 + 0 + 5 000 + 29 000) = 187 000
>
> Enfin, si l'on considère que la population était, l'année considérée, de 2 691 388 habitants, la consommation de maïs – journalière et par habitant – sera de :
>
> CH / (365 × 2 691 388) = 0,19 kg par habitant et par jour.

Les bilans alimentaires que nous venons de présenter exprimés en poids, sont également établis en contenu énergétique (calories) et en nutriments (protides, lipides glucides). Ils constituent donc de précieux outils pour analyser, non pas la consommation alimentaire réelle, mais les disponibilités alimentaires totales pour un pays et par habitant.

La structure de la consommation alimentaire

Il s'agit ici de réunir les éléments quantitatifs et qualitatifs permettant de définir le volume et la composition de l'alimentation. Cela conduit à analyser la consommation alimentaire dans ses trois composantes fondamentales :
– le *régime alimentaire* qui définit la nature et le volume des aliments ;
– le *régime nutritionnel* qui permet de déterminer la valeur énergétique de la ration alimentaire, l'origine des calories (végétales ou animales) et leur qualité nutritionnelle : protéines, lipides ou glucides, micronutriments (vitamines et minéraux) et fibres végétales[25] ;
– le *budget alimentaire* qui donne la valeur et la répartition de la dépense alimentaire, ainsi que l'importance de cette dernière dans l'ensemble des dépenses de consommation du ménage.

Les régimes alimentaires

Première composante des modèles de consommation alimentaires : le « régime alimentaire » permet de définir la nature et le volume des aliments et de décrire de

---

25. Les bilans alimentaires que nous avons présentés plus haut exprimés en poids, sont également établis en contenu énergétique (calories) et en nutriments (protides, lipides glucides). Ils constituent donc de précieux outils pour analyser, non pas la consommation alimentaire réelle, mais les disponibilités alimentaires par habitant.

manière simple ce qui est consommé par un individu ou par un groupe d'individus. Il se définit par le volume (poids et calories) de chacune des grandes catégories d'aliments entrant dans la ration alimentaire ou diète. Ce calcul permet d'illustrer les différences importantes observées dans les régimes alimentaires et nutritionnels entre les grandes régions du monde (tableau 4.14).

Sur la base de ces informations, il est possible de définir quelques grands types de modèles de consommation, de les comparer et de dégager un certain nombre de tendances fondamentales. Ainsi, si l'on analyse les données réunies dans ce tableau précédent, on constate que la plupart des pays les plus pauvres disposent de régimes alimentaires riches en céréales pour les pays d'Asie (plus de 205 kg par tête/an pour le proche-Orient et 158 kg par tête/an pour la Chine), ou comme c'est le cas pour l'Afrique, de régimes à base de racines et de tubercules (130 kg par tête/an). La consommation de sucre et de produits sucrés varie sensiblement d'une région à l'autre. Elle est particulièrement élevée en Amérique du Nord (71 kg par tête/an), en Europe occidentale, en Océanie et en ex-URSS (plus de 36 kg par tête/an), et elle est beaucoup plus faible en Afrique, en Asie et en Chine.

La différence essentielle entre les modèles de consommation des pays du Sud et ceux du Nord concerne les produits de l'élevage : viande, œufs, lait. On constate que les pays occidentaux consomment en moyenne trois fois plus de viande par tête et par an que les pays du Sud à économie de marché (un Nord-Américain consomme huit fois plus de viande qu'un Africain), deux fois plus d'œufs et six fois plus de lait. Le modèle occidental est aussi beaucoup plus riche en produits de l'élevage que celui de l'ex-URSS et de l'Europe orientale. L'Américain du Nord et l'Océa-nien consomment en moyenne entre deux et une fois et demie leur propre poids en viande au cours d'une année.

L'évolution de la composition du régime alimentaire en France depuis deux siècles

Bien que constituant un sujet moins « noble » que les guerres, la politique ou l'économie, l'alimentation a intéressé d'éminents historiens (dont par exemple F. Braudel), car elle a longtemps été à la base de la dynamique des sociétés humaines. On dispose ainsi de travaux qui permettent d'en retracer l'évolution sur une période relativement longue, montrant d'importants changements, mais aussi une grande inertie dans les modifications des habitudes des consommateurs et l'existence de cycle de hausse et de baisse, selon les produits, en fonction principalement du niveau de l'offre ainsi que des conditions de vie et de l'importance numérique de la popula-tion. Nous prendrons l'exemple de la France.

La consommation de pain dans ce pays est passée d'environ 1100 g par jour et par personne au Moyen-Age [26] à 400 g à la veille de la Révolution, pour remonter à près de 600 g à la fin du XIXe siècle (Toutain, 1971), et tomber à moins de 165 g en 2001. La chute de consommation individuelle constatée entre le XIIIe et le XVIIIe siècle s'ex-plique par la pression démographique et la régression économique. La hausse du

---

26. Pour un « couple de corvéables » du domaine de Beaumont-le-Roger, en 1268 ; rapporté par A. Riera-Melis *in* : Flandrin, Montanari (1996), p. 415

Tableau 4.14. Niveau de consommation alimentaire par grandes régions du monde en 2003.

Régions	Consommation des principaux aliments en kg//tête/an							Calories par jour	
	Céréales	Racines & tubercules	Sucres et dérivés	Viande	Œufs	Poissons	Lait	Totales	D'origine animale
Amérique du Nord	111	66	71	123	15	2	262	3754	1045
Europe	121	77	41	92	13	26	255	3536	1083
Océanie	87	96	41	104	5	23	170	3000	873
Total PED	131	77	46	80	13	24	289	3331	877
Afrique	146	130	22	15	2	8	38	2437	178
Amérique du Sud	118	64	51	65	6	8	109	2884	592
Proche-Orient	205	18	39	21	3	10	89	3024	331
Extrême-Orient	161	47	22	28	9	20	39	2681	392
Total des PEMD	156	61	33	29	8	16	48	2669	370
Chine	158	74	8	55	18	32	17	2940	644
Ex-URSS	161	111	36	43	11	14	156	2951	632
Monde	151	65	30	40	9	18	81	2809	477

D'après FAOSTAT, données AgriMonde, pour l'année 2003.

xixᵉ peut s'interpréter par l'amélioration des revenus des ménages et la baisse sur la période contemporaine plutôt par les conditions de vie et le rôle des prescripteurs. La plupart des produits alimentaires ont connu de telles fluctuations.

On doit noter le rôle de l'innovation dans la diversification des régimes alimentaires, avec plusieurs vagues successives de nouveaux produits (tableau 4.15) : pénétration de plantes originaires d'Asie depuis l'Antiquité (nombreux fruits dont les agrumes, épices), mais surtout apparition des espèces vivrières du Nouveau Monde après 1492. Le maïs a été importé dès 1493 par Christophe Colomb et s'est rapidement répandu dans toute l'Europe du Sud. La pomme de terre, longtemps considérée comme nourriture pour les cochons, malgré les tentatives obstinées d'Antoine Augustin Parmentier pour en faire un substitut du pain, devra attendre le xixᵉ siècle pour être partout consommée, mais comme légume. La consommation de pomme de terre a connu un essor remarquable jusqu'à la seconde guerre mondiale, pour ensuite fortement décroître (Toutain, 1971), puis se stabiliser depuis quelques années, mais sous des formes différentes : variétés de bouche de haut de gamme en conditionnement d'un kilogramme et surtout produits précuits ou extrudés et surgelés.

Parmi les autres produits nouveaux apparus en Europe au xviᵉ siècle, mais qui souvent devront attendre plusieurs siècles avant de rencontrer la popularité qu'on leur connaît aujourd'hui, signalons la tomate, les haricots, les poivrons, les aubergines et les « plantes stimulantes » : café, thé cacao, de même que la « poule d'Inde » (ou dindon), mentionnée par Rabelais dans son *Gargantua* en 1534 (Flandrin, 1996).

Tableau 4.15. Évolution de la consommation alimentaire en France de 1803 à 2005.

Produits (kg/tête/an)	Moyenne 1803-1812	Moyenne 1960-1964	Variation (facteur x)	1970	2005	Évolution (%)
Pain	145	96	0,7	81	54	-33
Pommes de terre	21	110	5,2	96	72	-25
Fruits et légumes	60	210	3,5	219	235	7
Huiles	1	11	8	8	10	19
Sucre	1	31	61,4	20	7	-66
Poisson	3	12	4,8	10	11	16
Viande	20	79	4	86	95	10
Œufs	3	11	4,2	12	14	26
Lait	42	108	2,6	95	54	-43
Fromage	2	11	5,6	14	18	31
Beurre	2	8	3,4	9	8	-11
Vin (l)	120	119	1	104	48	-54
Bière (l)	12	37	3,1	41	32	-22
Eaux embouteillées (l)				40	171	328

Sources : Toutain, 1971, pour la période 1803-1964 ; Insee, 2008, pour les années 1970 et 2005, nos estimations.

Sur la période historique contemporaine (depuis le début de la révolution industrielle en France au XIXe siècle) et jusqu'à la rupture des années 1960, seuls trois produits ont connu un déclin quantitatif absolu : le pain et la pomme de terre déjà mentionnés et les huiles. Toutes les autres denrées alimentaires ont enregistré une forte croissance (tableau 4.15). Ainsi le sucre qui n'est pratiquement pas consommé en 1800 dépasse 30 kg en 1960-1964. Les produits animaux (poissons, viandes, fromages, beurre et œufs) voient leur niveau quadrupler, à l'exception du lait qui ne fait que doubler, les fruits et légumes triplent. Dans le même temps, la consommation de bière passe de 10 à 37 litres/tête/an, tandis que celle de vin se maintient à un niveau élevé de 120 litres seul produit présentant une grande stabilité sur ce siècle et demi[27]. Depuis 1970, on constate une forte chute de la consommation du vin, du sucre de bouche (compensé par une augmentation considérable du sucre industriel incorporé dans les aliments), du lait et du pain, tandis que les eaux embouteillées, le fromage et les œufs progressent.

La diversité des régimes alimentaires dans le monde

Afin de pouvoir comparer les régimes alimentaires, on regroupe les aliments en sous-ensembles relativement homogènes correspondant aux produits de base dont ils sont issus : céréales (CR), fruits et légumes (FL), légumineuses (LS), poissons (PS), viandes (V) et les œufs (O), laits et produits laitiers (LT), matières grasses (MG) et sucre et miel (SM). La figure 4.13 regroupe les aliments selon ces grandes catégories.

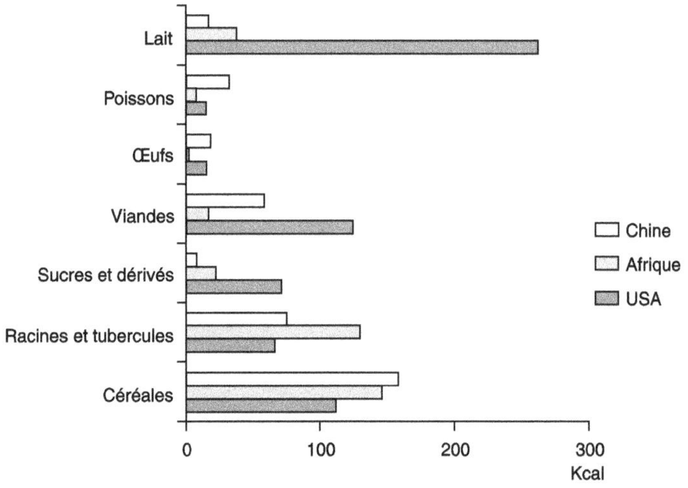

Figure 4.13. Comparaison entre le régime alimentaire américain, africain et chinois.
Source : FAOSTAT, 2008.

On constate que la plupart des pays les plus pauvres, et tout particulièrement les pays d'Asie, disposent de régimes alimentaires riches en céréales (plus de 200 kg par tête

---

27. À quelques accidents près, comme ce fut le cas du phylloxera à la fin du siècle dernier, et au cours de la deuxième guerre mondiale.

et par an en Chine et au Proche-Orient), ou comme c'est le cas pour l'Afrique, de régimes à base de racines et de tubercules. La consommation de sucre et de produits sucrés varie sensiblement d'une région à l'autre. Elle est particulièrement élevée en Amérique du Nord, en Europe occidentale, en Océanie et en ex-Urss (plus de 40 kg par tête/an), et elle est beaucoup plus faible en Afrique, en Asie et en Chine.

La différence essentielle entre les modèles de consommation des pays du Sud et ceux du Nord concerne les produits issus de l'élevage : viande, œufs, lait. On remarque à la lecture de la figure 4.13 que les pays occidentaux consomment en moyenne six fois plus de viande par tête et par an que les pays du Sud, neuf fois plus d'œufs et quatre fois plus de lait. Le modèle occidental est aussi beaucoup plus riche en produits de l'élevage que celui de la Russie et de l'Europe orientale. L'Américain du Nord et l'Océanien consomment en moyenne plus que leur propre poids en viande au cours d'une année.

Les régimes nutritionnels

Pour satisfaire ses besoins d'entretien, de croissance et d'activité, l'homme consomme des aliments dont les principes actifs sont les nutriments. Dans cette section, nous allons passer d'une approche plus quantitative qui, à partir du volume des aliments consommés, nous a permis de caractériser les régimes alimentaires, à des notions plus qualitatives. Ces dernières nous permettront, sur la base des nutriments, de définir les régimes nutritionnels.

Les sciences de la nutrition sont complexes. Aussi nous n'envisagerons ici que les principes de base nécessaires à l'analyse des régimes alimentaires et nutritionnels. Il s'agit du contenu de la ration journalière du point de vue énergétique (mesuré en calories), des nutriments (protides, lipides et glucides) et des oligoéléments (vitamines et minéraux)[28].

Les calories

Tout individu a besoin d'énergie pour entretenir son organisme, maintenir sa température corporelle et aussi travailler. L'énergie emmagasinée et dépensée par son organisme se mesure en calories [29]. L'apport calorique répond à plusieurs types de dépenses :
– le fonctionnement minimum des organes assurant la vie ;
– l'énergie mécanique nécessaire à la réalisation d'activités (se nourrir, digérer, marcher, lire, etc.).

En examinant, les données sur consommation alimentaire que la FAO collecte depuis les années 1960 à travers le monde, on constate que, dans toutes les zones

---

28. Le lecteur qui souhaite acquérir une bonne connaissance de la nutrition se reportera à des ouvrages spécialisés (cf., par exemple, Apfelbaum *et al.*, 2004)
29. L'unité de mesure officielle de l'apport énergétique est en réalité le joule (J). L'expression du joule, en unité de base du système international, est le kilogramme mètre carré par seconde au carré. Les nutritionnistes continuent d'utiliser, non pas la calorie, bien que cette mesure soit aujourd'hui obsolète (1 calorie = 4,1855 joules), mais la kilocalorie (1 kcal = 4 185 J). La thermie vaut 1 million de calories, soit 4,1855 millions de joules.

du monde[30], cette dernière augmente, mais avec des rythmes très différents selon les pays et, *grosso modo*, avec un maintien des écarts entre pays. Aujourd'hui, les pays à hauts revenus frôlent ou dépassent les 4 000 kcal/tête/jour[31] et continuent de progresser, alors que l'Afrique subsaharienne est à peine à 2 400 kcal, soit un écart de 67 %. Les courbes relatives à l'Amérique latine et à l'Asie sont en croissance rapide. Le Moyen-Orient atteint une asymptote.

Au niveau global, il est possible de calculer à partir des bilans alimentaires la disponibilité mondiale de nourriture exprimée en calories finales totales. À cet effet, on multiplie les disponibilités journalières par tête par la population et par 365 jours. On aboutit à des chiffres considérables, qu'il convient d'exprimer, non pas en kilocalories, mais en gigacalories (Gcal), soit 10^9 kcal. On constate que ces disponibilités alimentaires ne sont pas partagées de façon équitable, même si les distorsions sont moins frappantes que dans le cas de la richesse (PIB). Certains surconsomment, d'autres, plus nombreux se partagent une galette plus petite. Ainsi, l'OCDE qui regroupe 16 % de la population mondiale absorbe 21 % des calories, alors que l'Asie qui représente 54 % de la population ne dispose que de 49 % des calories.

Au total, 84 % des calories finales provenaient des produits végétaux en 2001-2003, faisant de l'agriculture *stricto sensu* la base de l'alimentation mondiale. Nutritionnellement parlant, les calories animales ne représentent que 16 % des calories finales disponibles, mais économiquement, leur importance est beaucoup plus grande.

Il est nécessaire à présent d'affiner l'analyse pour connaître l'origine de l'énergie fabriquée par le corps humain. Les éléments nutritifs essentiels susceptibles d'être « brûlés » dans l'organisme sont :
– les glucides ou hydrates de carbone qui libèrent 4 calories par gramme ;
– les protéines ou albumines qui libèrent 4 calories par gramme ;
– les lipides et graisses qui libèrent 9 calories par gramme et constituent donc, à poids égal, des nutriments deux fois et demie plus énergétiques que les glucides ou les protides.

Les calories *végétales* (CV) absorbées dans l'alimentation peuvent permettre de produire des calories *animales* (CA) ou bien des *calories finales* (CF) (quand elles sont absorbées par l'homme). Lorsqu'on mesure le niveau calorique de la ration alimentaire d'un individu ou d'une population, on peut tenir compte de l'ensemble des calories végétales nécessaires à la production des calories finales. On parlera alors de *calories initiales* (CI). Sachant qu'il faut en moyenne 7 calories végétales pour

---

30. À l'exception des pays de l'ex-Urss qui ont, comme on le sait, traversé une grave crise économique après l'effondrement du régime soviétique. Ces pays qui (si les statistiques sont exactes) avaient la plus forte consommation calorique au monde dans les années 1970, voient celle-ci se redresser depuis le début des années 2 000.

31. Ce qui est très supérieur à la norme moyenne des besoins énergétiques qui se situe autour de 2 500 kcal pour un individu adulte ayant une activité physique modérée, ce qui est le cas de la grande majorité des ressortissants frês pays de l'OCDE. Les moyennes calculées à partir des bilans en disponibilité alimentaire n'ont en fait pas de signification nutritionnelle car la population est évidemment composée d'individus de sexe, d'âge et de profils très différents. Ces calculs permettent aux économistes de réaliser des diagnostics globaux.

faire une calorie animale. On peut alors calculer la ration alimentaire (exprimée en calories initiales) selon :

$$CI = CV + CA \times 7$$

Il s'agit d'une approche qui présente un grand intérêt pour remonter ensuite vers les besoins en produits végétaux, puis en terre, en eau et en intrants à partir des coefficients techniques de production. On en verra une utilisation dans la présentation de la prospective 2050 réalisée dans le cadre d'Agrimonde.

On peut, avec cette méthode, refaire une estimation mondiale des disponibilités énergétiques alimentaires.

Tableau 4.16. Disponibilités énergétiques alimentaires exprimées en calories initiales.

Zones	Calories initiales totales (Gigacal)			Part des calories initiales d'origine animale (%)	
	Moyenne 1961-1963	Moyenne 2001-2003	Coefficient multiplicateur	Moyenne 1961-1963	Moyenne 2001-2003
Asie	1 389	5 852	4,2	24	50
OCDE	2 475	3 953	1,6	74	75
Amérique latine	398	1 299	3,3	57	63
Afrique sub-saharienne	263	810	3,1	32	30
Moyen-Orient et Afrique du Nord	204	785	3,9	46	44
Ex-URSS	650	726	1,1	64	64
Total monde	5 379	13 426	2,5	56	58
Population monde	3 134 586	6 200 194	2		

Source : Cirad-Inra, 2007, Agrimonde, données FAOSTAT.

On remarque, en tout premier lieu, que les calories initiales représentent au total deux fois les calories finales consommées par les humains (13 400 gigacalories contre 6 800 en 2001-2003). Ces chiffres confirment ensuite l'extraordinaire progression asiatique. En quarante ans cette consommation exprimée en terme de calories initiales a été multipliée par 4 contre 2,5 pour moyenne mondiale. Durant cette période la consommation de l'OCDE restait stable. Toutefois, cette zone demeure de loin la première pour l'utilisation des calories animales dans la diète. Enfin, la croissance des calories initiales est nettement supérieure, durant la période considérée, à celle de la population (multipliée par 2,5 contre 2). Sur la base de 7 calories végétales par calorie animale, les produits animaux représentent l'équivalent de 58 % des calories initiales utilisées dans le monde.

Voyons à présent la situation au niveau individuel (tableau 4.17). On relève que les écarts entre pays riches et pays pauvres sont de 3 à 1 en ce qui concerne les calories initiales totales, mais de 7 à 1 pour les calories initiales nécessaires à l'élaboration de produits animaux primaires (laits et viandes) et seulement de 30 % pour les produits végétaux consommés par l'homme.

Tableau 4.17. La consommation alimentaire exprimée en calories initiales par tête et par jour, moyenne 2001-2003.

Zones	kcal animales initiales	kcal végétales	Total calories initiales
OCDE	7 351	2 908	10 259
Ex-URSS	4 037	2 636	6 673
Amérique latine	3 878	2 584	6 462
Moyen-Orient et Afrique du Nord	2 189	3 103	5 292
Asie	2 300	2 446	4 746
Afrique au sud du Sahara	995	2 269	3 264
Écart	7,4	1,3	3,1

Source : Cirad-Inra, 2007, Agrimonde, données FAOSTAT.

Pourtant, la progression de la consommation de produits animaux (viandes, poissons et laits) était particulièrement rapide pour certaines zones. Alors que la hausse mondiale moyenne de la consommation de calories était de 18 % entre 1960 et 2003, celle de la viande en Asie croissait de 473 %. Elle atteignait 277 % pour le poisson et 113 % pour le lait. Sur la même période, au Moyen-Orient et en Afrique du Nord on notait une progression de la consommation de poisson de 180 % assortie d'une forte progression de la consommation de corps gras et de sucre.

La convergence (partielle) des habitudes alimentaires semble conduire à un *melting pot* continuant à emprunter à de nombreuses recettes nationales et régionales et plébiscitant dans le même temps des plats globalisés (*hamburger, pizza*, etc.). En quelque sorte, les consommateurs bâtiraient un régime alimentaire « métissé » selon un axe où les préoccupations relatives à la santé ne seraient encore que peu intégrées,

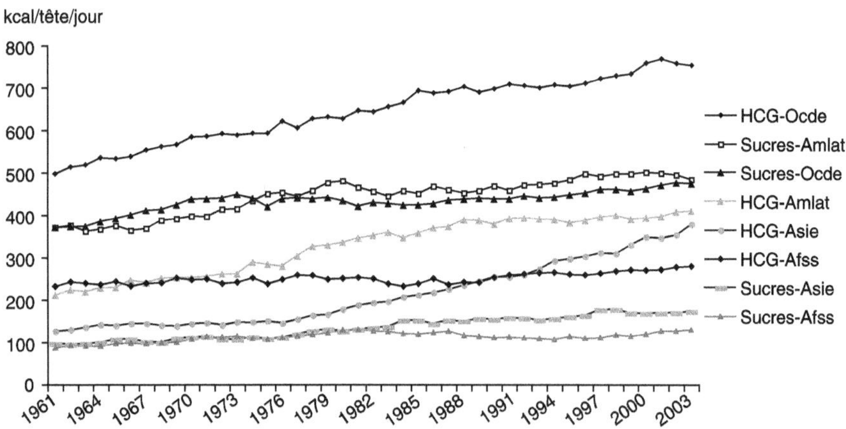

Figure 4.14. Évolution de la consommation de produits fortement énergétiques (corps gras et sucres) dans certaines zones du monde.

HCG : huiles et corps gras ; AFSS : Afrique au sud du Sahara ; AMLAT : Amérique latine ; OCDE : pays de l'Organisation de coopération et de développement économique (pays à hauts revenus).

Source : Cirad-Inra, 2007, Agrimonde, données FAOSTAT.

si l'on considère le développement des pathologies liées à la surconsommation de sucres et de lipides. Dans la figure 4.14, les corps gras ont enregistré des hausses allant de 50 à 180 %, l'Afrique au sud du Sahara ne progressant que de 16 % et les sucres de 30 à 90 %. L'Europe semble réduire – faiblement – depuis 1990, sa consommation de corps gras.

Qu'en est-il des fruits et légumes, dont la consommation est fortement recommandée par les nutritionnistes pour leurs vertus prophylactiques dans certaines affections graves (maladies cardio-vasculaires et cancers) ? On notera, dans le tableau 4.18, que leur poids dans la diète calorique totale est stagnant, en dépit d'une légère progression sur 40 ans, à l'exception de l'Asie où leur croissance a été forte. C'est dans les pays du sud et de l'est de la Méditerranée que la consommation de fruits et légumes reste la plus élevée.

Tableau 4.18. Les fruits et légumes dans la consommation de calories.

Zones	Poids dans les apports énergétiques totaux, 2001-2003	Évolution des apports, 1961-1963 à 2001-2003
Moyen-Orient et Afrique du Nord	7	49,2
Asie	5	157,4
Amérique latine	4,9	16,4
OCDE	4,6	37,4
Afrique au sud du Sahara	3,9	-6,4
Ex-URSS	3,4	55,6

Source : Cirad-Inra, 2007, Agrimonde, données FAOSTAT.

Le raisonnement en termes de calories est certes intéressant et révélateur, mais ne donne qu'une vision partielle de la diète, car le contenu énergétique est très variable selon les aliments. Une approche par les nutriments est donc nécessaire.

Les nutriments

La ration alimentaire doit d'autre part apporter les *nutriments* ou les facteurs nutritifs nécessaires à la construction et à la réparation des cellules suite à leur usure. L'homme satisfait quotidiennement ses besoins de croissance, d'entretien et d'activité en consommant des aliments dont ces nutriments constituent les principes actifs. Le corps humain est fait d'eau, de protides, de lipides et d'éléments minéraux.

Ces différentes composantes sont fournies par les nutriments que l'on regroupe sous la forme suivante :
– les protéines,
– les glucides ou hydrates de carbone,
– les lipides,
– l'eau,
– les éléments minéraux,
– les oligo-éléments,
– les vitamines.

Les protéines constituent l'élément essentiel des cellules. Tous les êtres vivants en sont constitués. Elles représentent, après l'eau, l'élément le plus important. Ces protéines ont une architecture étonnante et complexe formée de nombreux acides aminés de base,

L'efficacité des protéines dépend de la combinaison réelle des acides aminés dans la ration, par rapport à la combinaison optimale apte à satisfaire les besoins dans une situation donnée. L'acide aminé en quantité insuffisante limite l'efficacité de l'ensemble. Par exemple, dans les céréales (blé, riz poli), base de l'alimentation de nombreuses populations, la lysine est en quantité insuffisante.

Les protéines assurent la croissance de nos tissus et aucun autre nutriment ne peut les remplacer. Leurs fonctions essentielles sont les suivantes :
– les acides aminés essentiels apportés par les protéines sont les matériaux de base de la synthèse des tissus, synthèse indispensable pour assurer le remplacement des tissus usés (tryptophane, lysine, méthionine, phénylalanine, thréonine, valine, leucine, isoleucine) ;
– les protéines fournissent également les éléments nécessaires à la formation des sucres digestifs, des hormones, du plasma, des vitamines, des enzymes et de l'hémoglobine.

Elles peuvent constituer une source d'énergie lorsque l'apport calorique est insuffisant pour répondre aux besoins de l'individu. Dans ce cas, il y a gaspillage car des protéines sont utilisées pour remplacer les calories manquantes détournant ces protéines de leur fonction principale.

Le consommateur peut avoir recours à deux types de protéines :
– les *protéines animales* ont une valeur nutritive supérieure et sont plus riches en acides aminés essentiels ;
– les *protéines végétales* sont généralement plus pauvres en acides aminés essentiels. La plupart des produits végétaux sont dépourvus d'un ou plusieurs acides aminés. Seules les rations combinant plusieurs produits végétaux ne présentant pas les mêmes déficiences peuvent corriger ce défaut.

Les glucides, formés de carbone, d'hydrogène et d'oxygène fournissent l'énergie. On les trouve dans les sucres directement assimilables et dans les féculents du type : céréales et ses dérivés (farine, pain, pâtes, biscuits), fécule de pomme de terre, amidon, châtaignes, fruits secs, etc.. On distingue des sucres lents (pain complet, châtaigne, féculents) et des sucres rapides (sucreries, confiseries, sorbets, pain blanc, riz banc) selon leur vitesse d'assimilation dans le sang (glycémie).

Les lipides véhiculent les vitamines solubles dans les graisses, assurent la croissance et contribuent à la protection de l'organisme contre les agressions extérieures. Les lipides sont dits libres dans les beurres, la margarine et les huiles. Ils sont liés lorsqu'ils rentrent dans la composition d'autres substances comme le gras animal, le fromage, le yogourt, etc. Il existe trois types de lipides. Les acides gras mono-insaturés et poly-insaturés qui sont présents dans les huiles végétales et jouent un rôle protecteur contre l'athérosclérose. Les acides gras saturés que l'on trouve dans les graisses d'origine animale et provoquent des dépôts dans les parois des vaisseaux sanguins entraînant plusieurs maladies graves (infarctus du myocarde, insuffisance rénale et hypertension artérielle).

L'eau est le constituant principal de l'organisme (60 à 70 % du poids corporel). Les besoins en eau varient avec la température, l'âge et le niveau d'activité. L'apport de référence est estimé à 2,5 litres par jour, dont 40 % apporté par les aliments et 60 % soit 1,5 litre, apporté par les boissons.

Les éléments minéraux présents en abondance dans l'organisme sont : le calcium, le phosphore, le potassium, le sodium et en plus faible proportion le fer et le magnésium.

Les oligo-éléments sont des éléments minéraux présents en très petites quantités dans l'organisme, mais qui y jouent un rôle très important (biocatalyseurs). Les principaux oligo-éléments nécessaires à l'organisme sont : le cuivre, le cobalt, l'iode, le zinc et le fluor.

Les vitamines sont des substances complexes dont la présence est indispensable à l'entretien et à la croissance. L'absence durable d'une vitamine déterminée provoque une avitaminose caractérisée par des troubles plus ou moins graves (béri-béri, pellagre, etc.). Certaines vitamines sont solubles dans l'eau et d'autres dans les graisses végétales ou animales. La ration alimentaire devra fournir non seulement des calories en quantité suffisante, mais aussi constituer un apport nutritionnel équilibré. Elle représente donc un ensemble fort complexe et pourtant, par instinct, l'être humain parvient à sauvegarder certaines proportions fondamentales, surtout si la nature lui permet une alimentation variée.

Cette présentation relève plutôt de la biochimie et certains s'étonneront de la voir figurer dans un manuel de sciences sociales. Pourtant, ces notions sont indispensables à une bonne compréhension du fait alimentaire. Si elles étaient, sinon connues du moins présentes à l'esprit de nos dirigeants et de leurs conseillers lors de l'élaboration de politiques agricoles, de lourdes erreurs pourraient être évitées. Un des exemples les plus frappants est la répartition des subventions publiques entre les différentes filières. En Europe, comme en Amérique du Nord, 80 % vont à des productions pouvant entraîner des pathologies. Or les subventions diminuent le prix des matières premières de l'industrie alimentaire et celle-ci est donc incitée à les utiliser plutôt que de proposer des produits favorables à la santé. Il en résulte, du point de vue strictement économique, des surcoûts pour les budgets publics.

Les régimes agro-nutritionnels

On peut tout d'abord faire une présentation synthétique par grande zone du monde en considérant la proportion du régime nutritionnel dans les apports totaux de calories.

Le tableau 4.19 nous indique que l'essentiel de la ration énergétique provient des glucides (plus de la moitié des apports journaliers). Il s'agit essentiellement des grandes céréales (blé, riz, maïs), mais le sucre (de betterave ou de canne) est très présent dans les pays riches (12 % des calories totales), alors qu'il l'est beaucoup moins dans les pays pauvres (5 % en Afrique subsaharienne). On voit également le poids des matières grasses dans les pays de l'OCDE. Ces chiffres nous confirment la disparité des régimes nutritionnels dans le monde.

En regroupant les produits alimentaires disponibles en neuf grandes catégories, comme nous l'avons proposé plus avant, il est possible de définir un profil agro-

Tableau 4.19. Répartition des apports énergétiques par type de nutriment, selon les grandes régions du monde, moyenne 1999-2003.

Zones	Protéines (%)	Lipides (%)	Glucides (%)	Total (%)	Total kcal/tête/j
OCDE	13	38	50	100	3 941
Moyen-Orient et Afrique du Nord	12	21	66	100	3 411
Ex-URSS	13	24	63	100	3 144
Amérique latine	12	26	62	100	3 124
Asie	11	22	67	100	2 779
Afrique sub-saharienne	10	18	71	100	2 403

Source : Cirad-Inra, 2007, Agrimonde, données FAOSTAT.

Tableau 4.20. La base agro-nutritionnelle mondiale, 2003.

Sigles	Groupe de produits de base	Protéines		Lipides		Calories	
		Grammes	%	Grammes	%	Nombres	%
CRT	1- Céréales	31,6	41,7	5,5	6,9	1303,0	46,4
	Racines et tubercules	2,2	2,9	0,3	0,3	146,0	5,2
SM	2- Sucre et miel	0,1	0,1	0,0	0,0	247,0	8,8
FL	3- Fruits et légumes	4,9	6,5	1,2	1,5	155,0	5,5
LS	4- Légumineuses	3,6	4,8	0,3	0,4	57,0	2,0
VO	5- Viandes, abats et œufs	17,1	22,6	18,3	23,0	261,0	9,3
PS	6- Poissons et fruits de mer	4,5	5,9	1,0	1,2	29,0	1,0
LT	7- Laits et produits laitiers	7,4	9,8	6,8	8,5	124,0	4,4
MG	8- Noix et oléagineux	3,1	4,1	4,9	6,1	67,0	2,4
	Huiles et graisses végétales	0,0	0,0	31,4	39,4	278,0	9,9
	Huiles et graisses animales	0,1	0,1	7,0	8,8	63,0	2,2
BS	9- Boissons, alcools, épices	1,1	1,5	0,6	0,8	79,0	2,8
PV	Produits végétaux	46,6	61,6	44,2	55,5	2332,0	83,0
PA	Produits animaux	29,1	38,4	35,4	44,5	477,0	17,0
Total		76,0	100,0	80,0	100,0	2809,0	100,0

Source : nos calculs selon Cirad-Inra, 2007, Agrimonde, données FAOSTAT.

nutritionnel pour la plupart des pays du monde. Le tableau 4.20 agrège ces données au niveau mondial, ce résultat constitue la base agro nutritionnelle moyenne mondiale.

Quelques régimes agro-nutritionnels typiques

Pour l'ensemble d'un pays (moyenne nationale), il est ainsi possible de calculer ces apports selon les sous-catégories d'aliments de base que nous avons décrites précédemment, en agrégeant toutefois les viandes et les œufs (VO). Cette façon de procéder nous permet d'enrichir la grande variété des régimes alimentaires dans les différentes régions du monde.

Dans la figure 4.15 trois modèles agro-nutritionnels types ont été caractérisés décrivant la situation aux États-Unis, au Bangladesh et en Grèce[32]. Les régimes agro-nutritionnels y sont différenciés par les indices des disponibilités agro-nutritionnelles exprimés en calories finales par groupe de produits, et ramenés en pourcentage de la moyenne occidentale des années 1961 et 2003 (base = 100). Ces données qui sont rapportées sur huit axes, expriment les différences observées entre le niveau de consommation de chaque grande catégorie de produits alimentaires. En comparant les deux années, il est possible, de suivre l'évolution et d'une certaine manière, l'occidentalisation de ces modèles de consommation.

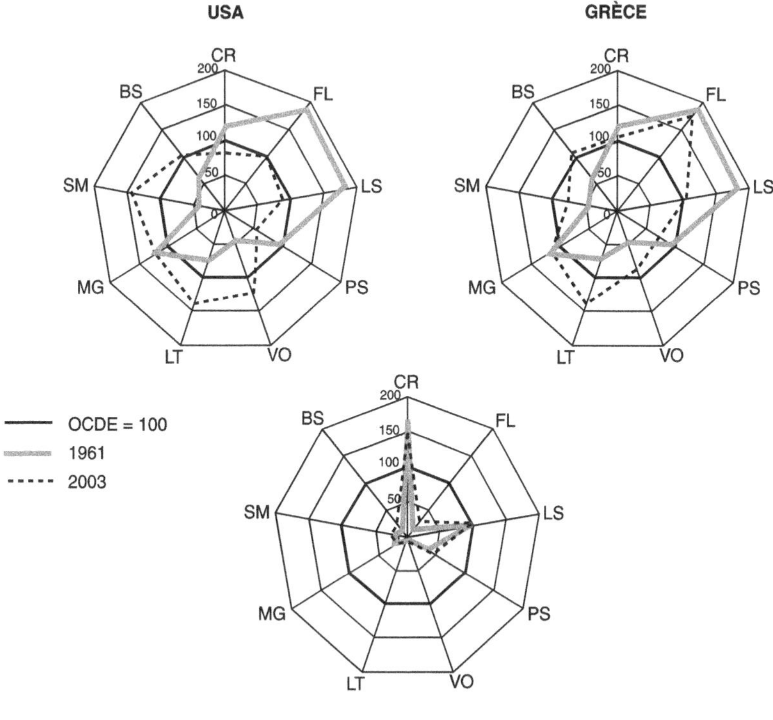

Figure 4.15. Trois régimes alimentaires caractéristiques de la diversité de la consommation alimentaire dans le monde[33].

Consommations calculées en pourcentage de la consommation moyenne des pays de l'OCDE en 1961 et 2003.

Source : données FAOSTAT, 2008.

CR : céréales et racines ; FL : fruits et légumes ; LS : légumineuses ; PS : poissons ; VO : viandes et œufs ; LT : lait et produits laitiers ; MG : matières grasses ; SM : sucre et miel ; BS : boissons.

---

32. Ces régimes agro-nutritionnels illustrent les bases d'une typologie mondiale qui fait l'objet d'une analyse détaillée dans L. Malassis et G. Ghersi, *op. cit.* p. 40 à 61.

33. La représentation donnée par la figure 4.15 de trois régimes alimentaires caractéristiques a été imaginée par Louis Malassis, et nommés modèles agro-nutritionnels (MAN) (Malassis, 1996).

Le régime agro-nutritionnel des États-Unis se caractérise par une consommation énergétique (3 754 calories) et protéique (115 g) particulièrement élevée. On y observe de fortes disponibilités relatives (indices supérieurs à 100) en produits de l'élevage, en sucre, en matières grasses et en fruits et légumes. Ce modèle implique une importante consommation de calories initiales, et son profil énergétique biologique s'avère par conséquent élevé et coûteux.

Le régime du Bangladesh est caractéristique d'un « modèle traditionnel » présent dans un certain nombre de pays parmi les plus pauvres. Il est dans ce cas essentiellement céréalier puisque les céréales y apportent 83 % des disponibilités énergétiques. C'est un modèle particulièrement pauvre et monotone, avec des protéines fournies par les légumes secs et le poisson, et une très faible consommation de produits de l'élevage.

Le régime grec illustre le modèle « méditerranéen » ou « crétois », souvent cité comme exemple d'une alimentation saine et équilibrée. Il se différencie par les fortes disponibilités relatives en céréales, fruits et légumes, légumineuses et de matières grasses. L'orientation vers les fruits et les légumes frais et secs y est particulièrement marquée. Toutefois, bien qu'importants en valeur relative, ces produits représentent moins de 10 % de l'ensemble des disponibilités énergétiques de ce régime. Les céréales y apportent 33 % du régime total, les matières grasses 21 % et dans une mesure moindre les viandes et les œufs 10 % qui sont deux fois moins importants que dans le modèle états-unien.

Vers une convergence des MCA ?

On peut aussi combiner les critères énergétiques et nutritionnels pour proposer d'autres typologies.

L'approche nutritionnelle, c'est-à-dire l'examen de la structure de la consommation alimentaire à partir des nutriments de base – protides, lipides, glucides – permet de distinguer, au plan mondial, plusieurs types de rations et fait aussi apparaître de fortes disparités entre pays et zones (figure 4.16).

On constate sur la figure 4-16 la présence de trois grands groupes de régimes nutritionnels, avec une bonne corrélation entre le niveau énergétique mesuré par les calories ingérées et le niveau protéique :
– groupe 1 : diète des pays riches, avec plus de 3 500 calories/tête/jour et plus de 90 g de protéines totales ;
– groupe 2 : diète des pays pauvres, avec moins de 2 200 calories et moins de 60 g de protéines ;
– groupe 3 : diète intermédiaire, située autour de 2 500 calories et de 90 g de protéines animales.

Les deux premiers groupes correspondent à une ration alimentaire déséquilibrée du point de vue des nutritionnistes[34] : excédentaire dans le premier cas, déficitaire dans le second, avec des conséquences néfastes sur la santé : obésité, diabète, maladies cardio-vasculaires et cancer, frappant toutes les catégories sociales, ou troubles

---

34. La FAO et l'OMS indiquent un « standard » de 2 500 cal et 30 g de protéines animales correspondant aux besoins moyens d'un adulte. Bien entendu, ce standard est à corriger selon les situations propres à chaque individu (âge, sexe, morphologie, état physiologique, activité, etc.).

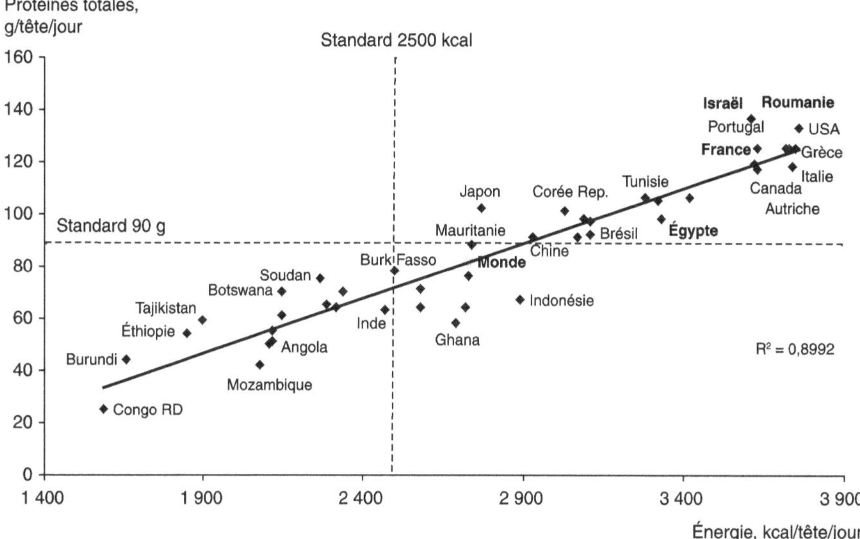

Figure 4.16. Régimes nutritionnels par pays, moyenne 2002-2004.
Source : données FAOSTAT ; 2006.

liés aux carences, particulièrement chez les groupes vulnérables (femmes enceintes, enfants, personnes âgées)[35]. Le troisième groupe se caractérise par une bonne correspondance entre les besoins et les apports tant énergétiques que protéiques. Il comprend en particulier, outre les pays d'Amérique du Sud, les pays asiatiques, et les pays adoptant la fameuse « diète méditerranéenne », considérée par les spécialistes comme très satisfaisante du point de vue de la santé et de l'économie.

En effet, cette diète incorpore relativement peu de graisses animales à risques pathogènes et coûteuses à produire, et incluant, au contraire, des éléments favorables : beaucoup de fruits et légumes et de dérivés du blé, un apport lipidique par de l'huile d'olive, la boisson de base étant constituée par le vin.

Le modèle méditerranéen va-t-il rassembler un nombre croissant de consommateurs comme le souhaitent les experts en alimentation ? La question reste posée. Si l'on a pu constater une certaine homogénéisation des disponibilités alimentaires à des niveaux moyens (amélioration au Sud, baisse au Nord) entre 1970 et 1990 (Padilla et Le Bihan, 1997), les tendances ultérieures montrent plutôt une convergence moyenne vers des rations hypercaloriques et glucidiques, avec l'exception notable de la stagnation de l'Afrique subsaharienne.

Les lois tendancielles de la consommation

L'analyse des modèles de consommation par les régimes alimentaires et les régimes nutritionnels doit être complétée par la dimension économique donnée par le

---

35. La FAO estime qu'en 2001, 21 % de la population des PVD, 6 % de celle des pays en transition et 1 % de celle des pays riches étaient sous-alimentés (cf. infra).

budget alimentaire des ménages. Ce budget est apprécié à travers les enquêtes de consommation alimentaire.

En effet, nous vivons dans un monde où l'accès aux aliments se faisant essentiellement par le marché, le consommateur doit dans un « univers du possible » que lui assure son revenu et un certain niveau d'offre, opérer constamment des arbitrages en fonction de ses désirs, de sa connaissance des produits et de leurs prix. Ces arbitrages conduisent, sur la longue période, à modifier en profondeur les MCA et ont suggéré l'établissement de lois d'évolution aux chercheurs.

Nous l'avons vu, les enquêtes de budget et de consommation permettent d'analyser les relations entre revenus, dépenses par catégorie de biens, dépense alimentaire totale et par produit. Les tendances nées de l'évolution des revenus peuvent ainsi être ajustées selon des fonctions dites d'Engel. Des études, nombreuses et répétées, effectuées au sein de l'économie occidentale ont permis de formuler un certain nombre de lois statistiques, liant la consommation (et en particulier la consommation alimentaire) aux revenus.

Certaines évolutions de l'économie de marché ont pu ainsi être mises en évidence par la comparaison des budgets de consommation à un moment donné, ou par l'analyse de la relation entre croissance du revenu et dépenses alimentaires dans le temps. Les études récentes sur l'économie alimentaire montrent une convergence entre les tendances déduites de la comparaison des revenus des ménages à un moment donné, et celles déduites des séries chronologiques

Les lois tendancielles de la consommation alimentaire en économie de marché, établies par L. Malassis (1996), permettent de décrire les comportements des consommateurs sur une base *individuelle* aussi bien que *globale*. Ces lois sont au nombre de trois :
— la première permet de décrire les comportements alimentaires des consommateurs étudiés en termes énergétiques ;
— la seconde décrit les transformations du contenu des MCA et permet de mettre en évidence les substitutions qui s'opèrent entre les produits lorsque le revenu des consommateurs augmente ;
— la troisième analyse les comportements économiques des consommateurs en suivant l'évolution des budgets des ménages et en particulier la structure de la dépense alimentaire.

Première loi – croissance de la consommation énergétique avec le revenu

Cette première loi de la consommation alimentaire peut s'énoncer de la façon suivante : « Lorsque le revenu du consommateur s'élève, la consommation énergétique exprimée en calories finales tend vers une limite, mais la consommation exprimée en calories initiales continue d'augmenter[36] ». Cette loi s'explique par la progression de la consommation alimentaire totale, justifiée par les lois d'Engel,

---

36. Rappel : Calories initiales = (calories végétales) + (calories animales x 7). Cette loi générale est précisée par des études de la FAO (cf. infra).

d'une part et par le jeu de la substitution de calories animales aux calories végétales, d'autre part[37].

Le niveau de la consommation, exprimé en calories finales, atteint environ 3 500 à 3 800 calories dans les pays du Nord. Il s'agit là d'un maximum et même d'un excès, particulièrement dans le contexte des sociétés modernes qui se caractérisent par une faible activité physique. Ce niveau est loin d'être atteint par les pays les plus pauvres. Dans ces pays, l'élasticité de la demande de calories finales est beaucoup plus forte que dans les pays riches (de l'ordre de 0,2 à 0,3) et la progression est donc rapide, dès que le revenu augmente (figure 4.17).

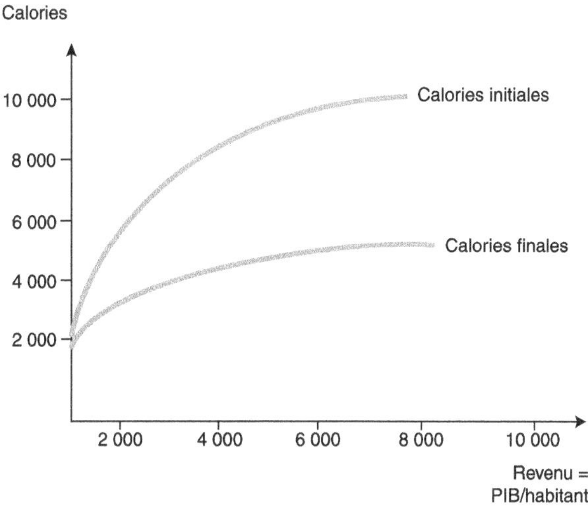

Figure 4.17. Disponibilités en calories initiales et en calories finales en fonction du PIB.

Deuxième loi – changements dans la structure de la consommation alimentaire ou loi des substitutions

« Lorsque le pouvoir d'achat s'élève, la structure des modèles de consommation – mesurée en termes nutritionnels – et le contenu des régimes alimentaires – apprécié par grandes catégories de produits – se modifie selon des règles universelles ». C'est la « transition nutritionnelle » mise en évidence à la FAO par M. Cépède et M. Lengellé (1953) qui a conduit ces auteurs à formaliser la « loi des substitutions alimentaires » selon laquelle « *lorsque le niveau énergétique de la ration s'élève, la quantité de calories apportée par les céréales, racines, tubercules, croît, passe par un maximum aux environs de 2 500 calories, puis diminue ; l'apport de légumes secs décroît, celui des sucres, des fruits et légumes, de la viande, du lait et des corps gras augmente* ». Cette loi a été vérifiée empiriquement dans de nombreux pays par Jean Périssé, François Sizaret et Patrick François (1969). Le pouvoir d'achat, le mode de vie,

---

37. Cet équivalent en consommation énergétique totale est de l'ordre de 11 000 calories initiales en Amérique du Nord et semble plafonner.

l'influence des prescripteurs de la santé – côté consommateurs – les modifications de l'offre du système alimentaire – côté producteurs – expliquent cette mutation.

Ces changements s'expliquent par le jeu des transformations économiques et sociales. Dans la société industrielle, les rythmes du changement sont fortement liés au processus d'innovation le long de la chaîne alimentaire industrialisée. On assiste ainsi à :
– des substitutions qui s'effectuent entre les grands groupes d'aliments : par exemple, les viandes ont tendance à se substituer aux glucides et aux corps gras. Mais ces possibilités de substitution demeurent limitées dans la mesure où ces groupes d'aliments ne remplissent pas les mêmes fonctions physiologiques ;
– en revanche, les substitutions à l'intérieur *d'une catégorie d'aliments* s'avèrent beaucoup plus fréquentes et plus importantes. C'est par exemple le cas de la substitution du poisson à la viande en ce qui concerne les protéines animales.
– un autre type de substitution beaucoup plus systématique est celui qui tend à s'opérer à l'intérieur *d'une même catégorie de produits.* C'est le cas de la substitution souvent observée entre les différentes viandes. Par exemple entre la viande de bœuf et celle de porc ou de volaille ;
– enfin, avec les changements dans les modes de vie (journée continue, société des loisirs, entrée des femmes sur le marché du travail, etc.) et la croissance des revenus, on observe de plus en plus des substitutions de *produits « industrialisés »* aux produits agricoles ou à ceux de la pêche peu transformés. C'est le développement des aliments-services et des aliments servis dans notre vie quotidienne.

Troisième loi – croissance absolue, mais baisse relative de la dépense alimentaire

« Lorsque le revenu du consommateur s'élève, la dépense alimentaire à prix réel augmente en relation avec l'évolution de la consommation par tête et du prix réel de la calorie alimentaire [38]. Dans le même temps, la dépense alimentaire diminue en proportion du budget du ménage ».

Si les disparités restent importantes entre les quantités de nutriments consommées au Nord, au Sud, à l'Est et à l'Ouest, le passage à l'étalon économique révèle de bien plus considérables écarts. Une étude du département américain à l'Agriculture établit qu'un habitant du Japon dépense, pour sa nourriture à domicile, 80 fois la somme utilisée par un habitant de la Tanzanie, tandis que le coût de la calorie japonaise est près de 40 fois plus élevé que celui de la calorie tanzanienne (Meade, Rosen, 1996). Ces cas extrêmes traduisent des situations moyennes qui restent considérablement hétérogènes si l'on raisonne par groupe de pays (tableau 4.21).

Les paramètres expliquant ces distorsions peuvent se ramener aux indicateurs de richesse économique d'une part (revenu/tête) et à la composition de la ration alimentaire. Le niveau de la dépense alimentaire va induire une plus ou moins grande

---

38. La loi de Bennett illustre bien le type de substitutions auxquelles on assiste dans la plupart des pays africains. L'auteur a mis en évidence le fait que la « proportion des produits féculents de base » diminue quand les revenus du ménage augmentent, le consommateur diversifiant son panier alimentaire en y introduisant des calories plus onéreuses que celles apportées par les féculents.

Tableau 4.21. Prix de la calorie selon les niveaux de revenus en 1993 (en US cents pour 100 cal).

Groupes de pays	Médiane	Maximum	Minimum
Hauts revenus PIB > 10 000 US $/tête/an	15	39 (Japon)	9 (Espagne)
Revenus intermédiaires 700 à 9 999 US $	5	11 (Chypre)	3 (Colombie)
Faibles revenus < 700 US $	1.5	2.5 (Sri Lanka)	0.7 (Tanzanie)

Source : nos calculs, d'après Meade, Rosen, 1996.

sophistication de la consommation[39] : dans les pays riches, on préférera des aliments à forte valeur ajoutée et donc relativement chers, du type plats cuisinés. La composition de la ration de base va elle-même dépendre fortement du potentiel productif local : lorsqu'il est limité (Japon, Chypre, Sri Lanka), les coûts de l'alimentation sont importants et inversement.

L'évolution de la dépense alimentaire dépend, nous l'avons vu, des quantités et des prix des produits disponibles sur le marché. Or l'évolution des prix alimentaires demeure étroitement liée à celle du niveau général des prix, donc au taux d'inflation. Il est donc nécessaire de considérer des séries à prix réels (séries déflatées). On observe ainsi qu'au fur et à mesure que progresse le niveau moyen des revenus dans une population, même si la consommation calorique demeure constante, la dépense alimentaire augmente. Cette situation s'explique par le fait que les consommateurs qui disposent d'un pouvoir d'achat plus élevé, ont tendance à substituer des calories alimentaires chères à des calories relativement bon marché[40].

Cette substitution s'observe tout le long de la chaîne agroalimentaire et revêt plusieurs formes :
– on assiste, en tout premier lieu, à une substitution de calories chères, provenant d'aliments plus élaborés comme les produits de l'élevage, les fruits et les légumes, à des calories relativement bon marché, fournies par des produits agricoles de base comme les céréales et les légumes secs. On observe, en parallèle, une substitution de calories apportées par des produits agro industriels de première transformation, puis de plus en plus sophistiqués – deuxième et troisième transformation – comme les pâtes alimentaires, les conserves, les plats cuisinés surgelés, etc., à des calories agricoles.
– ces évolutions dans le panier du consommateur sont renforcées par l'introduction de plus en plus systématique de produits dits de « commodité » (*convenience foods*) qui ont tendance à remplacer les produits dit « banals ». Ces produits incorporent des quantités croissantes de secondaire et de tertiaire qui en augmentent la valeur marchande.
– enfin, la mondialisation des échanges agroalimentaires et les possibilités nouvelles qu'offrent aujourd'hui les réseaux de transport et les chaînes du froid permettent

---

39. M. Porter a démontré dans ses études sectorielles que l'un des facteurs essentiels de la dynamique des marchés était le degré de sophistication de la demande (Porter, 1990).

40. Sur la base du prix au kg des aliments et de leur composition en nutriments, J. Trémolière calculait que le coût de 100 cal variait comme suit en France, en 1967 : pain : 0,4; pomme de terre : 0,6; lait entier : 1,1; jambon : 6; bifteck : 8.

d'étendre les possibilités de choix du consommateur dans le temps (production hors saison et importations) et dans l'espace.

La tendance générale de ces transformations est de stimuler la croissance du prix réel de la calorie alimentaire finale en relation avec l'évolution des conditions sociales de la consommation. Cependant, lorsqu'il y a croissance économique, le budget des ménages augmente plus vite que la consommation alimentaire, ou encore la progression de la dépense alimentaire est inférieure à celle des autres dépenses, le coefficient d'élasticité de la demande alimentaire étant inférieur à celui des autres biens (loi d'Engel).

▸▸ Une interprétation de l'évolution des MCA : la théorie des trois pouvoirs

En apprivoisant le feu, il y a cinq cent mille ans, l'homme a pu transformer des denrées comestibles en aliments. En inventant dans le croissant fertile de la Mésopotamie l'agriculture, il a franchi, voilà dix mille ans, une nouvelle étape de l'histoire alimentaire, grâce à la fabrication et au stockage de matières premières puis à leur conservation par des procédés physiques ou biochimiques. Pendant des siècles, un difficile équilibre entre la population et les ressources alimentaires a été recherché. Souvent rompu, il a conduit à d'épouvantables famines, dont les plus récentes ont concerné certains pays d'Afrique ou d'Asie. Cependant, le ralentissement de la croissance démographique conjugué au développement économique et aux progrès scientifiques et techniques permettent aujourd'hui d'entrevoir un possible ajustement global entre l'offre et la demande alimentaire mondiale. Cet équilibre va toutefois masquer la permanence de fortes disparités entre pays et au sein de chaque nation. On peut considérer aujourd'hui que les pays à hauts revenus ont atteint le stade de la satiété (Malassis, 1997) et certains même un état de surnutrition tandis que de nombreux pays du Sud souffrent encore de déficit alimentaire. Dans pratiquement tous les pays du monde, à des degrés divers, on retrouve des écarts considérables entre des groupes sociaux « sur-consommateurs » et des groupes qui, situés au-dessous du seuil de pauvreté, subissent encore l'épreuve de la faim. Comment interpréter ces disparités ?

Louis Malassis et Gérard Ghersi (1992) ont formalisé sous le nom de théorie des trois pouvoirs un modèle explicatif de l'évolution de la consommation alimentaire. Ces « trois pouvoirs » correspondent à la capacité d'achat des trois agents économiques suivants :
— le consommateur,
— le producteur,
— la nation (l'économie générale).

L'hypothèse sous-jacente à cette théorie est que la croissance des disponibilités alimentaires par habitant est la résultante, pour prendre une métaphore empruntée à la physique, de trois forces : la demande exprimée par le consommateur à travers ses décisions d'achat ; l'offre locale (la capacité de production du système alimentaire dans le pays considéré) ; l'offre internationale, c'est-à-dire la capacité du pays à importer. Ces trois pouvoirs ou « capacités » sont eux-mêmes expliqués par des variables, qui peuvent se ramener, pour la plupart à des agrégats macro-économiques. Comme l'indique L. Malassis (1997) : « C'est évidemment dans le contexte de l'économie globale que l'analyse des sous-ensembles [agricole, alimentaire et rural] prend toute sa signification. ». La théorie des trois pouvoirs d'achat permet également d'éclairer les séquences historiques ou simultanées observées dans les différents « âges » de l'agroalimentaire présentés ci-dessus.

Le pouvoir du consommateur

Comme nous l'avons largement démontré dans les paragraphes précédents, le choix du consommateur va être déterminé par plusieurs paramètres économiques : le revenu moyen disponible par famille, la fraction de ce revenu affectée à l'alimentation et les prix. À ces trois variables vont s'ajouter des facteurs personnels, d'ordre psychologique, éducatif et culturel, des facteurs sociologiques (effet de groupe) et enfin des facteurs dits d'environnement tels que les courants d'opinion, l'ambiance des lieux d'achat et la pression publicitaire.

Le comportement du consommateur est donc aussi « sous influence » (d'Hauteville et Sirieix, 2005), mais *in fine*, la décision lui revient et ceci lui confère un pouvoir de participation à la création du marché. C'est bien l'agrégation des décisions individuelles d'achat qui génèrent le chiffre d'affaires du système alimentaire puisque l'on est en présence, avec l'alimentation, d'un bien de consommation finale. Par ailleurs, se nourrir étant une fonction vitale et donc obligatoire, c'est la totalité de la population humaine qui est concernée et la démographie, la structure familiale, le lieu de résidence vont avoir une grande importance dans le profil et l'intensité de la consommation.

Les sondages récents en matière de consommation alimentaire montrent que trois arguments jouent actuellement dans les dépenses : la santé (ce qui tendrait à démontrer que le lien entre nutrition et santé se fait), le plaisir (recherche de sensations organoleptiques et psychiques) et la contribution citoyenne (préoccupation environnementale, à travers les produits biologiques ou éthiques, avec le commerce équitable).

Le pouvoir du producteur

Le pouvoir d'achat du producteur va déterminer la capacité de ce dernier à moderniser son activité en y investissant du capital fixe (équipements) et circulant (intrants). Ces investissements vont améliorer la productivité de son entreprise et en conséquence permettre un abaissement des coûts et donc des prix de vente des produits. L'agriculture a connu, dans les 50 dernières années, une hausse considérable de productivité : les rendements à l'hectare de blé ont ainsi crû en France de 1 quintal par an, pour atteindre aujourd'hui plus de 80 q. Dans le même temps, la population active agricole était divisée par 4 et la production multipliée par plus de 3. La productivité de la terre a ainsi été multipliée par 12 en un demi-siècle.

L'indice des prix agricoles à la production (IPAP) a, dans le même temps, fortement baissé en termes réels, en France, comme au niveau mondial. Les gains de productivité de l'agriculture ont été « cédés » en amont (industries de l'agrofourniture) et en aval (IAA et distribution). Le pouvoir d'achat du producteur s'est donc déplacé de l'agriculture vers d'autres acteurs.

Il nous semble désormais plus pertinent de parler de pouvoir du distributeur. En effet, le contact direct avec le consommateur crée une rente de situation – au sens propre du terme – pour les GMS[41], du fait de la rareté relative de l'espace de vente (en l'occurrence les mètres linéaires des gondoles) face à une offre abondante et très concurrencée. Le pouvoir du producteur est de plus en plus celui du distributeur et de l'industriel et de moins en moins celui de l'agriculteur. Néanmoins, le renouveau du concept de filière (mis en avant par le groupe Carrefour en France par exemple) peut redonner des opportunités aux producteurs de matières premières alimentaires capables de comprendre et de gérer les nouveaux enjeux créés par la perte de confiance des consommateurs dans certains de leurs aliments.

Le pouvoir de l'économie nationale

Le pouvoir d'achat de la nation est sa capacité à importer les produits nécessaires pour couvrir les besoins des consommateurs non satisfaits par une production domestique. Importations et exportations se compensent au plan global et vont constituer le commerce international.

En 2006, les importations mondiales de produits alimentaires ont atteint 938 milliards de dollars, en croissance de 60 % depuis 2000, alors que la population n'a augmenté que de 7 % dans le même temps.

La dépendance de certains pays vis-à-vis du marché international peut être très forte. On constatera ci-dessous et pour année 2004 (tableau 4.22), les valeurs très élevées atteintes pour certains pays par le ratio importations/valeur ajoutée agricole qui est un bon indicateur d'intensité des achats de produits à l'extérieur. La situation de Singapour est celle d'un État-Cité vivant du commerce international, mais principalement d'exportations de biens manufacturés et de services, alors que les Pays-Bas sont une grande puissance agricole et commerçante. Le Népal, pays très montagneux a peu de ressources agricoles. La France a un taux de dépendance[42] relativement élevé, mais sa balance agricole est largement excédentaire. Par contre, le Japon, la Chine et les États-Unis ne parviennent pas à équilibrer leurs échanges extérieurs agricoles[43]. Enfin, on notera la performance exceptionnelle des Pays-Bas, très largement excédentaire (ratio du solde agricole extérieur sur la VA de l'agriculture à 215 %). Le poids de la dette agricole par habitant peu être considérable comme dans le cas des PVD tels que le Népal. Il reste par contre modéré pour les pays très peuplés comme la Chine (33 $ par personne) et l'Inde (6 dollars). On

---

41. GMS : grandes et moyennes surfaces de distribution qui assuraient en 2000 plus des 2/3 des ventes de détail de produits alimentaires en France.

42. Le taux de dépendance est défini comme le rapport entre les importations agricoles et alimentaires et la valeur ajoutée de l'agriculture, ce qui n'est pas tout à fait rigoureux, car il faudrait utiliser la VA cumulée de l'agriculture et des industries alimentaires, mais cette dernière n'est pas disponible pour tous les pays.

43. Cet équilibre est apprécié par le ratio du solde commercial agricole (exportations – importations) à la VA agricole.

notera l'importance de la « productivité » à l'exportation agricole (définie ici par la valeur des exportations par habitant) des Pays-Bas (près de 4 000 dollars par tête), du Canada et de Singapour. Les États-Unis (271 dollars) n'obtiennent pas un score élevé par rapport à ces « champions ». Ces ratios sont bien sûr à considérer toutes choses par ailleurs car ils dépendent de la structure économique de chaque pays.

Tableau 4.22. Indicateurs du commerce extérieur agricole pour quelques pays à forte dépendance externe, 2004.

Pays	M/VA (%)	(X-M)/VA (%)	M/Pop (US $)	X/Pop (US $)
Singapour	6 088	-1 742	1 418	1 013
Népal	1 611	-1 611	1 503	0
Jordanie	526	-327	284	107
Pays-Bas	351	215	2 455	3 963
France	95	18	711	849
États-Unis	60	-6	300	271
Canada	79	85	606	1 254
Chine	17	-7	33	19
Japon	84	-77	512	43
Inde	6	1	6	8
Monde	57	-3	130	123

M : importations agricoles et alimentaires ; X : exportations agricoles et alimentaires ; VA : valeur ajoutée de l'agriculture ; Pop : population totale.
Source : WTO, 2 février 2008 ; WDI, 17 janvier 2008.

La contribution attendue dans le cadre du « pouvoir de l'économie internationale » est donc de parvenir à au moins équilibrer les importations alimentaires par des exportations, ce qui est le cas de 67 pays (soit 40 % de la population mondiale) sur 131 pour lesquels on pouvait calculer le solde commercial agricole en 2004.

▸▸ Les modalités de la consommation ou les pratiques alimentaires

C'est pourquoi, l'étude des moments, des lieux et des circonstances de consommation revêt une grande importance pour comprendre le comportement alimentaire.

Les lieux de consommation

Nous avons déjà évoqué cet aspect en distinguant la consommation à domicile (RAD) et la consommation hors foyer (RHF), encore appelée consommation hors domicile (RHD).

Une des manifestations les plus visibles de l'urbanisation est le développement de la RHF. Aux États-Unis, les repas pris hors domicile représentaient moins de 10 % du budget alimentaire des ménages au début du siècle. En 2006, la proportion dépassait légèrement 50 % (avec les boissons alcoolisées[44]), correspondant à une dépense d'environ 684 milliards de $ (figure 4.18). Ce chiffre fait du secteur des *Foodservices* une activité économique de tout premier plan, avec un chiffre d'affaires supérieur à celui de l'industrie automobile. En France, le cabinet d'études GIRA estimait en 2002 à 5.5 milliards le nombre de repas servis par la restauration (hors petits déjeuners), ce qui a généré un chiffre d'affaires de près de 51 milliards €. La part du budget alimentaire consacré à la RHF a fortement progressé dans ce pays jusqu'au début des années 1990, pour ensuite stagner autour de 30 %, phénomène qui ne traduit pas nécessairement un essoufflement de ce type de consommation, mais plutôt une baisse du prix unitaire des repas pris hors domicile. La RHF prend différentes formes qui seront étudiées dans le chapitre 9. On peut déjà noter ici qu'au sein des multiples possibilités d'alimentation hors domicile, la restauration rapide (*fast food*) plafonne aux États-Unis depuis la fin des années 1980 autour de 36 % des dépenses totales de RHF au profit d'une hausse très modérée des restaurants classiques (*full service*), aujourd'hui à 40 %. Ceci explique la recherche de développement international des firmes du *fast food* nord-américaines. Le *snacking* ou repas composé uniquement d'un *sandwich* ou d'un équivalent connaît une progression rapide en Europe.

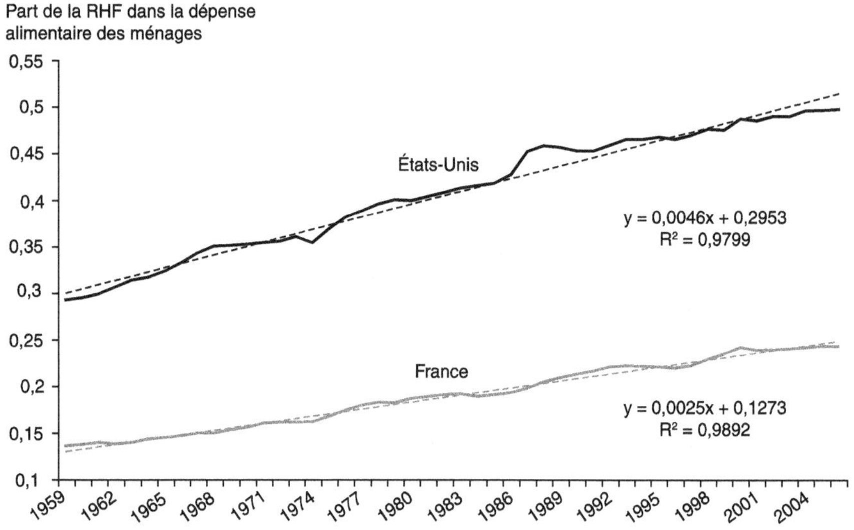

Figure 4.18. Évolution des lieux de consommation alimentaire en France et aux États-Unis.

Source : Insee, 2007 et USDA, 2007.

En ce qui concerne la RAD, on connaît l'essor prodigieux des magasins en libre-service dans les achats alimentaires des ménages. Aux États-Unis, selon les

---

44. La part des boissons alcoolisées dans le chiffre d'affaires de la RHF aux États-Unis est passée de 24 % en 1959 à 12 % en 2006, ce qui témoigne du fort développement des chaînes de *fast food* qui ne sont pas autorisées à servir de l'alcool.

statistiques de l'USDA, le mouvement est ancien, car dès 1948, ce type de magasin (appelé *supermarkets*) représentait 15 % de ces achats qui ont culminé à 64 % en 1988 et étaient à 58 % en 2006. Ce déclin a bénéficié aux centres commerciaux qui ont émergé au début des années 1980 et captent aujourd'hui 18 % des dépenses d'alimentation à domicile. En France, les grandes et moyennes surfaces (GMS) en libre-service ont démarré dans les années 1960 et semblent culminer à 68 % des ventes du commerce de détail alimentaire depuis 2004, les supermarchés et les hypermarchés faisant désormais jeu égal, alors que les hypermarchés dominaient depuis le début des années 1990. La croissance des GMS s'étend désormais rapidement aux pays émergents. La part de ce type de magasin atteindrait 50 % dans les grands pays d'Amérique latine (Reardon and Berdegué. 2002)[45].

On assiste ainsi à un bouleversement des pratiques d'accès à l'alimentation, avec la croissance rapide des *fast food* et des grandes surfaces commerciales, puis, semble-t-il, leur essoufflement dans les pays riches[46]. De nouvelles formes apparaissent comme la vente directe, ou plutôt sont de retour, car il s'agissait des formes dominantes dans le système alimentaire agricole ou artisanal.

Les moments de consommation

Les premiers repas pris en commun remontent à la nuit des temps, autour d'une carcasse d'animal sauvage, puis ont été progressivement structurés et codifiés, depuis l'utilisation du feu et l'apparition de la cuisine, pour atteindre un certain formalisme à partir des premières civilisations, notamment chinoise, grecque, romaine ou aztèque. Ce formalisme concerne les moments de prise des repas et leur arrangement. Avec des variantes selon les régions et les pays, trois repas principaux rythment la journée : le petit-déjeuner le matin, un repas à mi-journée (déjeuner) et un repas le soir (dîner). Cette chronologie correspond aux besoins physiologiques résultants de la combustion des aliments en quelques heures et à l'apparition de la sensation de faim. Avec la société industrielle, puis tertiaire, on a assisté à la déstructuration de cet agencement sous une double poussée, celle de l'offre qui a rendu accessible de la nourriture fragmentée à toute heure, et celle de la demande conditionnée par le style de vie (journée continue de travail, travail féminin, formes de loisirs et d'occupation du temps éveillé)[47]. Par ailleurs, dans tous les pays, le temps consacré aux repas est en diminution. Par exemple, selon une étude de Statistique Canada, ce temps est passé pour des personnes travaillant ; de 60 minutes par jour en 1986 à 45 minutes en 2005, pour les repas pris à domicile (Turcotte, 2006). Ce « temps alimentaire » représentait près de 8 % du temps éveillé en 1986 et moins de 6 % en 2005. La figure 4.19 donne une image assez préoccupante du style de vie dans les pays à hauts revenus, le Canada étant représentatif de la manière de vivre dans la plupart des sociétés industrielles. Les temps contraignants comme ceux passés dans les transports ne cessent d'augmenter, les loisirs deviennent largement passifs

---

45. Cf. chapitre 8 pour l'étude du secteur de la distribution alimentaire.
46. Ce phénomène toucherait même certains pays émergents comme le Brésil.
47. Peu d'études sont consacrées à cette question. On pourra consulter utilement Aymard, Grignon et Sabban (1993).

(télévision)[48] et les activités sociales et culturelles régressent. Ces chiffres apportent une validation empirique à la théorie développée par certains philosophes sous le nom de « société du consentement » (ou du formatage à la consommation de masse) présentée dans le chapitre 1.

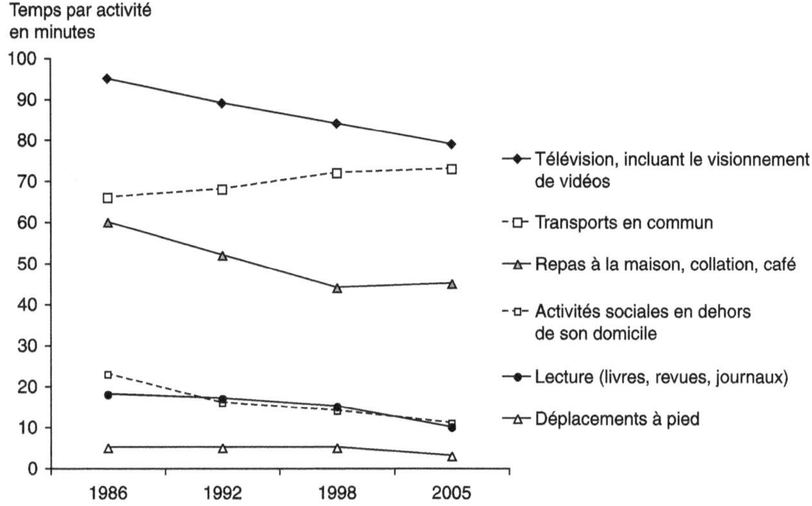

Figure 4.19. Usage du temps éveillé au Canada.
Source : Statistique Canada, ESG, 1986, 1992, 1998, 2005.

Le temps déclinant consacré à l'acte alimentaire correspond à une montée du grignotage ou *snacking*, dont les nutritionnistes nous disent qu'il n'est pas conforme à une pratique saine, du fait des produits consommés généralement trop riches en graisses et en sucre ou en sel et en raison de la précipitation de la prise alimentaire.

Les modalités sociales de consommation

Roland Barthes estimait à juste titre que « La nourriture est en même temps un système de communication, un corps d'images, un protocole d'usages, de situations et de conduites ». En effet, la consommation alimentaire ne va pas dépendre uniquement des caractéristiques intrinsèques du produit, mais également de sa perception par un individu ayant une histoire et une culture. Les dimensions sociales et symboliques sont à cet égard particulièrement importantes. L'observation des conditions de prise des repas le montre bien.

Un double phénomène se manifeste à cet égard. D'une part, le nombre de personnes prenant seules leurs repas augmente. Ceci résulte de la progression du nombre de

---

48. On sait que la diminution relative du temps capté par la télévision est en fait absorbée par un autre type d'écran, celui du micro-ordinateur qui est en passe de devenir un *média* plus puissant que cette dernière, *via* Internet. Fait symptomatique, les budgets publicitaires véhiculés par les portails Internet ont atteint en 2007 40 milliards de dollars aux États-Unis et doivent doubler entre 2009 et 2010. D'où l'intérêt de Microsoft pour Yahoo.

monoménages. Ainsi, en France, selon l'Insee, le nombre de personnes vivant seules est passé de 20 % de la population totale en 1968 à 31 % en 1999 et la taille moyenne du ménage de 3,2 personnes en 1960 à 2,3 en 2006. Au Canada, une étude a révélé que les travailleurs avaient tendance à manger seuls plus souvent en dehors de leur journée de travail, en semaine. En 2005, 42 % des travailleurs avaient pris au moins un repas seuls comparativement à 28 % en 1986 (Statistique Canada). D'autre part, la sociabilité alimentaire ou partage d'un repas progresse durant les fins de semaine et en raison d'événements familiaux ou amicaux ou encore en situation de vacances (Larmet, 2002). L'acte alimentaire tend à se dichotomiser entre une pratique quotidienne rapide et souvent solitaire et un temps festif plus long, dans un cadre familial ou amical.

Synthèse : des déterminants nombreux et complexes

Finalement, on peut résumer dans la figure 4.20 l'ensemble des multiples facteurs qui vont affecter le comportement du consommateur. On constate qu'ils sont aussi bien d'ordre économique que psychologique, social et biologique.

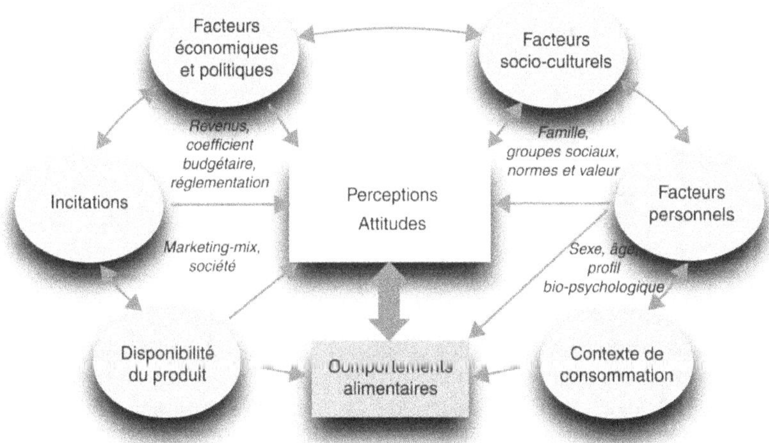

Figure 4.20. Les déterminants de la consommation alimentaire.
Source : D'Hauteville F., 2001, non publié, fichier EPS.

On voit apparaître dans cette présentation les facteurs politiques. Outre les aspects réglementaires contraignants pour la consommation (produits interdits ou limités comme l'alcool), il faut mentionner les principes qui guident les politiques publiques. À cet égard, on voit émerger sur la scène internationale depuis une trentaine d'années ce qu'il convient d'appeler aujourd'hui le « droit à l'alimentation », comme l'un des droits fondamentaux de l'homme, en lien avec la question lancinante de la sécurité alimentaire au niveau individuel, national et mondial[49].

---

49. Cette question sera traitée dans un chapitre spécifique (chapitre 7).

⊮ Le droit à l'alimentation

On a vu que les démographes s'accordaient pour prévoir une population mondiale d'environ 8 milliards d'habitants à l'horizon 2030 et 9 milliards en 2050. La question de la capacité de la planète à tous nous nourrir a fait l'objet de plusieurs études lourdes à l'approche du sommet mondial de l'alimentation organisé en 1996 à Québec dans le cadre du 50ᵉ anniversaire de la FAO. À cette occasion, on a beaucoup débattu du thème de la sécurité alimentaire. Pour les experts des PVD, la sécurité alimentaire est la capacité d'un pays et de la communauté internationale à assurer un approvisionnement suffisant aux populations des nations frappées structurellement ou conjoncturellement de déficits. On sait que dans les pays nantis, ce terme, apparu à la suite de la crise de la vache folle de 1996, traite de l'innocuité des aliments. Enfin, l'opinion publique a pris conscience des risques encourus par l'environnement du fait de l'activité productive agricole. Ces trois sujets : sécurité alimentaire « quantitative », sécurité alimentaire « qualitative » et protection de la nature sont aujourd'hui au cœur des débats de société portant sur le système alimentaire mondial.

Les études macro-économiques et sectorielles menées par la Banque mondiale et l'International Food Policy Research Institute (IFPRI) de Washington sont convergentes et ont été confirmées par un travail de l'équipe de prospective de la FAO (Bruinsma, 2003). Le rapport de la FAO montre clairement que le ralentissement de la demande alimentaire imputable à la décélération de la croissance démographique dans les PVD[50] pourrait lever globalement l'hypothèque d'un lourd déficit mondial redouté de manière récurrente depuis le premier choc pétrolier de 1973. Le secteur des céréales, qui est véritablement stratégique pour la question de l'équilibre alimentaire mondial[51], serait proche de l'équilibre à l'horizon 2015[52], avec un excédent exportable en provenance des pays développés et en transition qui parviendraient à couvrir les besoins d'importation des PVD estimés à 190 millions de tonnes en 2015 et 265 millions de tonnes en 2030, soit 14 % de la consommation de ces pays. La grande inconnue reste, dans ce domaine, l'évolution de la consommation de produits animaux en Chine. En effet si, par suite de la croissance économique, le modèle de consommation chinois évoluait vers le standard des pays riches, il faudrait considérablement augmenter la production animale et donc d'aliments du bétail à la fois en Chine et dans les pays traditionnellement producteurs, ce qui provoquerait un déficit important à l'échelle mondiale et donc des hausses de prix gravement pénalisantes pour les PVD. Si un tel *scénario* pessimiste était écarté, la croissance globale de la production alimentaire permettrait de réduire légèrement

---

50. La croissance démographique dans les PVD aura été divisée par 2 entre les années 1970 (2 % par an) et les années 2030 (moins de 1 %).

51. En effet, les grandes céréales constituent la base de l'alimentation humaine dans la quasi-totalité des régions du monde (blé dans la zone euro-nord-américaine ; riz en Asie et en Afrique, maïs en Amérique latine). Elles sont aussi des composants essentiels des aliments pour animaux.

52. Cette simulation, réalisée au début des années 2000 par la FAO ne prend pas en compte la nouvelle donne de la flambée des cours des matières premières en 2007, dont les experts s'accordent à penser qu'elle est plus structurelle que conjoncturelle et donc que les prix agricoles vont probablement se maintenir à un niveau relativement élevé sur une période de 5 à 10 ans. Cette question sera débattue dans notre chapitre sur la prospective.

le nombre absolu et le taux de personnes sous-alimentées chroniques dans les pays à faibles revenus.

Toutefois, la situation alimentaire des PVD[53] demeurerait largement en deçà de l'objectif fixé par la FAO au sommet mondial de l'alimentation de 1996, à savoir la réduction de moitié du nombre de sous-alimentés entre 1990 et 2015. Le tableau 4.23 montre que, dans la meilleure des hypothèses, cet objectif ne serait atteint qu'après 2030. En effet, les résultats de la décennie 1990 sont très décevants puisque le nombre de personnes en insécurité alimentaire a légèrement progressé, passant de 817 millions à 820[54] (plus faiblement que la population des PVD, ce qui a permis une légère baisse du ratio). Le millénaire pour le développement des Nations unies avait fixé un objectif moins ambitieux : réduire de moitié la proportion des habitants souffrant de la faim dans les PVD. Même ce niveau semble difficile à atteindre.

Tableau 4.23. La sous-alimentation dans les pays en voie de développement.

Indicateurs d'insécurité alimentaire	1990-1992	2001-2003	Objectif du SMA (Rome, 1996)	Objectif du MD (New York, 2000)
			2015	**2015**
Nombre de personnes sous-alimentées (millions)	816	820	412	590
Part de la population totale (%)	20	17	17	10

Source : FAO, 2007, SOFI 2006, Rome.

On compte actuellement (2001-2003) 23 pays en situation critique, avec une proportion de sous-alimentés supérieure à 30 % de la population totale. Cette proportion dépasse 50 % au Burundi, au Congo (RD), au Mozambique, en Sierra Leone, en Tanzanie, au Tchad, en Erythrée, en Afghanistan, et au Turkménistan (tableau 4.23). Un examen par sous-continent montre que la situation s'est notablement améliorée en Asie de l'Est (Chine) mais qu'elle s'est plutôt aggravée au Proche-Orient et surtout en Afrique. L'Inde reste le pays qui compte le plus de sous-alimentés dans le monde (plus de 200 millions).

À l'évidence, le problème de la faim ne constitue pas une priorité pour les dirigeants politiques. Et pourtant les déclarations solennelles n'ont pas manqué. Dès 1974, les gouvernements participant à la Conférence mondiale de l'alimentation avaient proclamé que « chaque homme, femme et enfant a le droit inaliénable d'être libéré de la faim et de la malnutrition afin de développer pleinement ses facultés physiques et mentales ». La Conférence s'était fixé pour objectif l'éradication de la faim, de l'insécurité alimentaire et de la malnutrition avant dix ans (tableau 4.24). Vingt en plus tard, du 13 au 17 novembre 1996, le sommet mondial de l'alimentation a réuni à Rome les représentants de 185 pays et plus de dix mille participants. 112 chefs d'État

---

53. Cette question fait l'objet d'une publication annuelle de la FAO très bien documentée intitulée « SOFI » (State of Food Insecurity) (Skoet et Stamoulis, 2007).

54. Le nombre total de sous-alimentés est de 854 millions en 2001-2003. Il y a donc 34 millions de personnes dans cette situation dans les pays à hauts revenus, soit environ 3 % de la population de ces pays.

Tableau 4.24. Projections de la situation alimentaire dans les PVD et objectifs SMA et MD.

Zones	Nombre de personnes sous-alimentées (millions)			Prévalence de la sous-alimentation (% de la population)		
	1990-1992	2015	Objectif du SMA	1990-1992	2015	Objectif de l'OMD
Afrique sub-saharienne	170	179	85	35,7	21,1	17,9
Proche-Orient et Afrique du Nord	24	36	12	7,6	7	3,8
Amérique latine et Caraïbes	60	41	30	13,4	6,6	6,7
Asie du Sud	291	203	146	25,9	12,1	13
Asie de l'Est et du Sud-Est	277	123	139	16,5	5,8	8,3

SMA : Sommet mondial de l'alimentation ; MD : Millénaire pour le développement.
Note : la période de base pour les projections est 1999-2001 et non pas 2001-2003.
Source : FAO, 2007, SOFI 2006, Rome.

et de Gouvernement et plus de 70 représentants de hauts niveaux d'autres pays ont adopté la « déclaration de Rome sur la sécurité alimentaire mondiale » et un plan d'action dont l'objectif a été indiqué ci-dessus (réduire de 50 % le nombre de sous-alimentés dans le monde avant 2015)[55]. En 2002, un rapporteur spécial des Nations unies (dans le prolongement du millénaire pour le développement) a défini le droit à une alimentation adéquate comme « un droit de l'homme, inhérent à tous, d'avoir un accès régulier, permanent et libre, soit directement, soit au moyen d'achats monétaires, à une nourriture quantitativement et qualitativement adéquate et suffisante, correspondant aux traditions culturelles du peuple dont est issu le consommateur, et qui assure une vie psychique et physique, individuelle et collective, libre d'angoisses, satisfaisante et digne ». Cette définition, très complète, ouvre beaucoup de pistes pour le développement du système alimentaire. Elle reste hélas à ce jour, pour plus de 800 millions de personnes, un mirage.

Il faut remarquer que parmi les principales causes de l'insécurité alimentaire on trouve les conflits armés, les accidents climatiques (sécheresse, inondation) et les difficultés économiques (pauvreté)[56]. La tâche n'est pas facile pour les gouvernants, mais il manque trop souvent une réelle volonté politique Les contraintes pour la réalisation des objectifs du SMA ou du MD tiennent aux disponibilités en ressources naturelles, aux possibilités de mobilisation du progrès technique et à la capacité de financement des États et de la communauté internationale, mais également à l'infléchissement des MCA au Nord comme au Sud. Nous étudierons ces questions dans le chapitre consacré à la prospective.

---

55. L'un des moyens de sensibilisation est l'instauration d'une « journée mondiale de l'alimentation » (JMA) qui se tient tous les ans le 16 octobre, date anniversaire de la fondation de la FAO au château Frontenac à Québec en 1945. L'efficacité de cet événement est des plus limitée.
56. Cf. chapitre 8 sur la sécurité alimentaire.

▸▸ Conclusion : de lourdes incertitudes

Nous avons vu, dans ce chapitre, que la consommation alimentaire était déterminée par des facteurs multiples et variés relevant de plusieurs disciplines scientifiques allant de l'économie à l'anthropologie en passant par la sociologie, la psychologie, la biologie et le *marketing* (qui constitue en quelque sorte un point de convergence mobilisant tous les savoirs relatifs au comportement de l'acheteur potentiel).

Finalement, on peut schématiser le processus de décision du consommateur par un tétraèdre dont le centre de gravité se trouverait déterminé par quatre forces : la disponibilité d'une offre, le lieu de consommation, le moment de consommation et enfin la culture. Ces quatre facteurs interagissent entre eux et avec l'environnement à la manière d'un système.

La disponibilité de l'offre conditionne l'assortiment de produits potentiellement mangeables, soit fabriqués localement, soit importés d'autres régions ou de l'étranger. On sait que la globalisation des marchés augmente partout l'offre, qui tend même à s'affranchir des saisons et des distances et qui se diversifie, au moins en apparence. Le lien entre le bassin de production et le lieu de consommation tend à s'estomper.

Le lieu de consommation est de moins en moins le domicile et de plus en plus l'extérieur et peut prendre différentes configurations : restaurant traditionnel, restaurant « debout », rue, site de loisir (pique-nique), bureau, etc.

Le moment de consommation signifie à la fois l'heure – et l'on assiste au développement du grignotage – ou la circonstance, qui peut être banale (alimentation du quotidien) ou exceptionnelle (alimentation dite « festive » de célébration d'événement ou de réunions, familiale ou amicale).

Enfin, l'histoire personnelle et collective a une grande importance. L'éducation, les usages familiaux, le groupe social d'appartenance, l'histoire locale déterminent en profondeur les habitudes alimentaires et leur donne une grande inertie. On note toutefois, à partir de la seconde moitié du XXe siècle une certaine accélération des changements alimentaires.

La consommation alimentaire demeure une fonction basique enracinée dans une histoire aussi ancienne que celle de l'homme, mais elle subit une évolution accélérée depuis que le stade de satiété est globalement atteint dans les pays à hauts revenus et que les pays émergents connaissent une croissance économique soutenue, c'est-à-dire à peine depuis quelques décennies dans une majorité de pays (Rastoin, 2005).

Satiété ne signifie pas saturation. On constate que de nouveaux facteurs prennent le relais de la croissance démographique, parvenue à son terme dans la vieille Europe : sophistication des produits par incorporation de valeur ajoutée, hyper-segmentation des marchés par l'identification toujours plus fine des groupes de consommateurs, modification des habitudes de consommation tant du point de vue du lieu que du moment, apparition de nouveaux comportements liés aux valeurs émergentes. Ainsi la recherche de la praticité, le développement de la restauration hors foyer tirent la dépense alimentaire ; la déstructuration des repas traditionnels, avec la montée du phénomène de grignotage à tout moment pousse à l'innovation-produit ; les besoins de confiance, d'authenticité, de gain de temps, de diversité, et d'hédonisme modifient les rapports à l'aliment.

Les facteurs démographiques, s'ils pèsent de moins en moins lourd en ce qui concerne le nombre des consommateurs dans les pays à hauts revenus (qui représenteront à peine 15 % de la population mondiale en 2020), seront présents à travers des indicateurs décisifs pour la consommation alimentaire : âge, taille de la famille, taux d'activité des femmes. À l'exception notable des États-Unis qui, du fait de leur politique multi-ethnique, garderont une proportion de jeunes relativement élevée dans leur population, tous les pays riches vont connaître un vieillissement important dans les prochaines années. Ainsi, en Europe occidentale, les personnes âgées de plus de 64 ans constitueront près du cinquième de la population totale en 2020, avec un nombre élevé – plusieurs millions – d'individus du 4e âge (plus de 80 ans). Le *papy-boom* crée les « produits-séniors » et les « alicaments », ces derniers trouvent des marchés spécifiques dirigés vers la petite enfance et certaines pathologies. Parallèlement, la taille de la cellule de consommation se réduit, avec l'augmentation des mono-ménages (plus du tiers des ménages en 2010 en Europe), tandis que la population active est de moins en moins nombreuse (réduction de la durée totale et hebdomadaire du travail) et qu'au sein de cette population active, le nombre des femmes ne cesse de croître. Ces changements dans la structure de la population renforcent la demande pour les « aliments-service ».

Les facteurs économiques fondamentaux sont au nombre de deux : les revenus et les prix. Les perspectives à moyen terme sont plutôt favorables pour les revenus, mais avec l'accentuation de disparités au sein des pays du fait de l'importance du nombre des « exclus » (seuil de pauvreté, en raison du chômage ou de difficultés personnelles ou sociales), d'où la nécessité de contenir les prix des produits alimentaires basiques dans le cadre d'une économie de marché généralisée. En dehors des groupes défavorisés, le prix des produits alimentaires apparaît de moins en moins comme une variable explicative satisfaisante dans les études menées sur la consommation, dès que le revenu atteint un certain niveau, d'autant que l'inflation semble maîtrisée.

On doit alors rechercher dans les variables psycho-sociologiques les déterminants du comportement du consommateur. On peut évoquer avec P. Ariès (1997) un « mangeur entre deux tables » pour signifier la recherche non pas du temps perdu mais du temps gagné : diminuer le temps des achats-corvée (pour augmenter en revanche celui des achats-plaisir), réduire le temps de préparation des plats (prêt-à-manger…), et même celui de la consommation (*snacking*…). Le consommateur est aussi devenu infidèle. Il recherche de la variété, de l'innovation : c'est le mangeur « cosmopolite » et « sans saison » (*ibid*). Il a besoin d'être rassuré, après les angoisses des poisons modernes (ESB, produits chimiques), mais aussi d'y voir plus clair dans la surabondance des informations qui le sollicitent de toutes parts (pression publicitaire : l'agroalimentaire est de loin le plus gros annonceur *multimédia*), extraordinaire diversité des prix et des produits (plus de 10 000 nouveautés chaque année aux États-Unis). C'est la « psychologisation » du mangeur (*ibid*). À l'insécurité répondent la « biologisation », avec les aliments détiétiques, les produits « tracés », les alicaments déjà mentionnés, et la « culturisation hédonique » : quête du plaisir et retour du goût à travers les aliments festifs, les aliments de terroir, les rites de la table.

Les chercheurs ont construit pour aider les responsables *marketing* des entreprises de nombreux modèles de simulation du comportement du consommateur. Ces modèles privilégient généralement les situations de consommation et le degré d'implication. Ils décrivent les étapes scandant le processus de décision en identifiant les indicateurs et les attributs de la qualité (organoleptiques, biologiques, psychologiques, économiques, cognitifs) et formalisent les choix comme des combinaisons, à un moment donné de trois éléments : le produit, la personne, l'environnement socio-économique. Les modèles de comportement laissent prévoir, au niveau mondial, un double mouvement paradoxal de convergence et de divergence de la consommation alimentaire. La convergence résulte de facteurs économiques : l'offre de firmes multinationales rencontre la demande du consommateur « global » forgé par la diffusion des informations à l'échelle planétaire et le déplacement à l'étranger des individus dans un cadre professionnel ou touristique. La divergence procède, dans ce monde standardisé et uniformisé par un modèle de consommation « universel » né du métissage culturel, de la recherche de la singularisation par les groupes sociaux (régionaux, ethniques, religieux…). Cette recherche d'identité se fait en réaction précisément à la globalisation : chaque groupe existe à travers une spécificité, une « exception ».

Ce paradoxe explique l'intérêt porté aux produits « marqués » par un terroir, une histoire, un savoir-faire. Il conduit les responsables d'entreprise de grande taille (les multinationales) à améliorer les segmentations transnationales, en construisant des produits globaux (pour maîtriser les coûts grâce aux effets d'envergure) à image locale (différenciation par l'emballage et le message). Cependant, de telles stratégies ont leurs limites : les exigences des consommateurs en terme d'authenticité des produits, qui laissent néanmoins un vaste espace économique aux « PME de terroir », lorsqu'elles parviennent au stade « entrepreneurial ».

Entre le consommateur du quotidien, pressé, soucieux d'hygiène et de prix et moins préoccupé « d'identité » et le gastronome à la recherche de ses racines et de la jouissance, on pourrait apercevoir un mangeur schizophrène. Rude est la tâche de l'entreprise alimentaire ! On parle même de « *unmanageable consumer* » : à la fois sélectionneur, communicateur, explorateur, artiste, victime, rebelle, activiste et citoyen (Gabriel et Lang, 1995). En effet, au-delà de toutes les exigences mentionnées et qui concernent le produit lui-même, on voit surgir de nouvelles contraintes : fabriquer certes de bons produits, mais en respectant la nature. C'est un défi supplémentaire qui s'ajoute à celui de nourrir une humanité de plus en plus nombreuse : 8 milliards d'habitants sur notre planète en 2025, probablement 9 vers 2050. Les ingénieurs agronomes pensent pouvoir apporter les solutions techniques avec le génie génétique combiné à la chimie fine et au *precision farming*. De fait, les progrès de la science ont permis de multiplier les rendements de l'agriculture et de l'élevage par près de 10 en moins de 100 ans ; les terres utilisables sont encore abondantes en Amérique latine, en Europe de l'Est, en Afrique tropicale.

Cependant, de fortes incertitudes pèsent sur les risques liés aux maladies d'origine alimentaire qui peuvent provoquer de véritables pandémies aux solutions encore incertaines. D'un autre côté, de lourdes contraintes pèsent sur la production potentielle des aliments. Celle de l'eau, qui risque de manquer au début du troisième millénaire dans de nombreuses régions du monde, qui sera de plus en plus chère et source de conflits politiques. Celle de l'écologie ensuite, avec les menaces sur la terre et le climat. La terre est menacée par l'urbanisation, la sanctuarisation et les autres usages que la production alimentaire (chimie dite verte), ainsi que par l'intensivité de certains modèles de production. Le climat est perturbé par l'émission de gaz à effets de serre dont l'agriculture est une source importante. La contrainte des choix juridiques internationaux, enfin, avec la réglementation en gestation sur les organismes génétiquement modifiés (OGM) et plus généralement sur le « vivant » ainsi que sur les droits de propriété intellectuelle (indications géographiques).

Un dernier aspect qui doit être désormais pris en compte aujourd'hui pour une étude complète de la consommation est celui des effets du MCA. En effet, les pratiques de consommation, à travers les produits choisis et la façon de les consommer, vont immanquablement avoir un impact sur l'ensemble du système alimentaire et de la société. L'étude de cette incidence fait l'objet d'une nouvelle littérature parfois intitulée « alimentation durable »[57].

Un difficile équilibre reste dès lors à trouver entre les exigences de la santé publique, le droit à l'alimentation des peuples, les contraintes environnementales et les impératifs de la compétitivité des entreprises et de la gouvernance.

▸▸ Références bibliographiques

AKERLOF G.A., 1970. The Market for Lemons : Quality and Uncertainty and the Market Mecanism, *Quaterly Journal of Economics*, 84 (3), 488-500.

APFELBAUM M., ROMON M., DUBUS M., 2004. *Diététique et nutrition*, Paris, 535 p.

AURIER P., SIRIEIX L., 2009. *Marketing agroalimentaire*, Dunod/LSA, Paris, 376 p.

ARIÉS P., 1997. *La fin des mangeurs. Les métamorphoses de la table à l'âge de la modernisation culinaire*, Desclée de Brouwer, Paris, 173 p.

AYMARD M., GRIGNON C., SABBAN F., 1993. *Le temps de manger, alimentation, emploi du temps et rythmes sociaux*, Editions MSH et Inra, Paris.

BAUDRILLARD J., 1970. *La société de consommation*, Denoël, Paris et Folio essais, Paris, 321 p.

BECKER G.S., 1981, MISE À JOUR EN 1991. *A Treatise on the Family*, Harvard University Press, Cambridge, MA.

BONROY O., CONSTANTATOS C., 2003. Biens de confiance et concurrence en prix : quand aucun producteur ne souhaite l'introduction d'un label, *Revue économique*, vol. 55, N° 3, mai, Paris, 527-532.

BRUINSMA J., ED., 2003. World Agriculture 2015-2030, Final Report, FAO, Roma.

CÉPÈDE M., LENGELLÉ M., 1953. *Économie alimentaire du globe, essai d'interprétation*, éd. Th. Génin, Paris.

CHAO E.L., UTGOFF K.P., 2006. 100 Years of U.S. Consumler Spending, Data for the Nation, New York city and Boston, USDL, report 99, Washington, 69 p.

CODRON J.M., SIRIEIX L., REARDON T., 2006. Social and Environmental Attributes of Food Products in an Emerging Mass Market : Challenges of Signaling and Consumer Perception, With European Illustrations, *Agriculture and Human Values*, 23 (3), 283-297.

---

57. En raison de la genèse du concept de développement durable, on fait souvent une assimilation trop rapide de ce concept à la protection de l'environnement. Or il s'agit bien aujourd'hui de traiter des quatre composantes du développement durable et non pas d'une seule. De ce point de vue l'appellation « alimentation durable » traitée par certains auteurs est une vision trop restrictive. Nous reprendrons cette question en définissant ce que nous entendons par « système alimentaire durable » dans le chapitre conclusif.

CᴏʜᴇN D., **1994.** *Les infortunes de la prospérité*, 230 p., éd. Julliard, Agora, Paris.

Cᴏᴍʙʀɪs P., **1995.** La consommation alimentaire en France de 1949 à 1988 : continuité et ruptures, *In : Voyage en alimentation*, p. 20-62, Éditions ARF, Paris.

Dᴇʟᴇᴜᴢᴇ G., **2003.** *Pourparlers*, Les éditions de Minuit, Paris.

FAO, **2005 à 2009.** Base de données FAOSTAT, Rome, www.faostat.fao.org.

FAO, **2003.** L'état de l'insécurité alimentaire dans le monde, SOFI, 40 p. Rome.

FAO, **1973.** Élasticités-revenus de la demande des produits agricoles. Rome. 1973.

Fɪsᴄʜʟᴇʀ C., **1990.** *L'homnivore*, Odile Jacob, Paris, 414 p.

Fʟᴀɴᴅʀɪɴ J.L., Mᴏɴᴛᴀɴᴀʀɪ M., (sᴏᴜs ʟᴀ ᴅɪʀ. ᴅᴇ), **1996.** *Histoire de l'alimentation*, Fayard, Paris, 915 p.

Gᴀʙʀɪᴇʟ Y., Lᴀɴɢ T., **1995.** *The Unmanageable Consumer*, Sage Publications, London, 213 p..

Hᴀᴜᴛᴇᴠɪʟʟᴇ F. ᴅ', Sɪʀɪᴇɪx L., **2005.** La consommation alimentaire dans les pays à hauts revenus, *In :* Encyclopédie des techniques de l'ingénieur, Traité génie des procédés, Paris.

Hᴇ́ʙᴇʟ P., **2007.** *Comportements et consommations alimentaires en France*, Éditions TEC & DOC, Lavoisier, Paris : 120 p.

Hᴇɴᴅᴇʀsᴏɴ D.R., Hᴀɴᴅʏ C.R., Nᴇғғ S.A., ᴇᴅ., **1996.** Globalization of the Processed Foods Markets, Report N° 742, USDA, ESR, Washington.

Iʟʙᴇʀᴛ H., ᴄᴏᴏʀᴅ., **2005.** Produits de terroir méditerranéen : conditions d'émergence, d'efficacité et modes de gouvernance, rapport final, Femise, Ciheam-Iam, Montpellier : 208 p.

Iɴʀᴀ-Cɪʀᴀᴅ, **2009.** *Agrimonde. Agricultures et alimentations du monde en 2050 : scénarios et défis pour un développement durable*, Inra-Cirad, Paris, 202 p.

Kᴇʏɴᴇs J.M., **1933.** *Théorie générale de l'emploi, de l'intérêt et de la monnaie*, édition française Payot, Paris.

Lᴀɴᴄᴀsᴛᴇʀ K., **1966.** A New Approach to Consumer theory, *Journal of Political Economy*, 74.

Lᴀʀᴍᴇᴛ G., **2002.** La sociabilité alimentaire s'accroit, *Économie et statistique*, n° 352-353, Insee, Paris : 191-211.

Mᴀʟᴀssɪs L., Pᴀᴅɪʟʟᴀ M., **1986.** *Traité d'économie agroalimentaire*, tome 3, Cujas, Paris.

Mᴀʟᴀssɪs L., **1994.** *Nourrir les hommes*, Flammarion, coll. Dominos, Paris, 126 p.

Mᴀʟᴀssɪs L., **1997.** *Les trois âges de l'alimentation*, t. 2, *l'âge agro-industriel*, éd. Cujas, Paris, 367 p.

Mᴀʟᴀssɪs L., Gʜᴇʀsɪ G., **1996.** *Économie agroalimentaire*, Cujas, Paris.

Mᴀʟᴀssɪs L., Gʜᴇʀsɪ G., **1992.** *Initiation à l'économie agroalimentaire*, Hatier-AUPELF, Paris. 335 p.

Mᴇᴀᴅᴇ B., Rᴏsᴇɴ S., **1996.** Income and Diet Difference Greatly Affect Food Spending Around the Globe. *Food Review*, 19 (3), USDA, Washington, 39-44.

Oᴜᴅᴇ Oᴘʜᴜɪs P., Vᴀɴ Tʀɪᴊᴘ H., **1995.** Perceived quality : a Market Driven and Consumer Oriented Approach , *Food Quality and Preference*, 6, 177-183.

Pᴀᴅɪʟʟᴀ M., Lᴇ Bɪʜᴀɴ G., **1997.** La dynamique internationale de la consommation alimentaire, *In : Éco-nomies et Sociétés, développement agroalimentaire*, série, AG, 23 (9), PUG, Grenoble. p. 11-26.

Pᴇ́ʀɪssᴇ́ J., Sɪᴢᴀʀᴇᴛ F., Fʀᴀɴᴄ̧ᴏɪs P., **1969.** Effet du revenu sur la structure de la ration alimentaire, *In : Bulletin de nutrition*, FAO, 7 (3), Rome.

Pɪɴsᴛʀᴜᴘ-Aɴᴅᴇʀsᴇɴ P., Pᴀɴᴅʏᴀ-Lᴏʀᴄʜ R., **1998.** Incertitudes et risques majeurs affectant l'offre et la demande alimentaire à long terme, *In :* OCDE, *Se nourrir demain*, OCDE, Paris, 61-79.

Pᴏʀᴛᴇʀ M.E., **1990.** The Competitive Advantage of Nations, The Free Press, Macmillan, New York, trad. française : Porter M.E., 1993, *L'avantage concurrentiel des nations*, InterEditions, Paris, 883 p.

Rᴀɴɢɴᴇᴋᴀʀ D., **2004.** The Socio-Economics of Geographical Indications, A Review of Empirical Evidence from Europe, Issue Paper, 8, ICSTD, UNCTAD, Geneva, 45 p.

Rᴀsᴛᴏɪɴ J.L., **1996.** Les systèmes alimentaires urbains en PVD, *In :* Agroalimentaria, 2, CIAAL, FACES, Universidade de los Andes, Mérida, 49-55.

Rᴀsᴛᴏɪɴ J.L., Gʜᴇʀsɪ G., Pᴇ́ʀᴇᴢ R., Tᴏᴢᴀɴʟɪ S., **1998.** Structures, performances et stratégies des firmes agroalimentaires multinationales, Agrodata, 1998, CIHEAM, ENSA, Montpellier, 450 p.

RASTOIN J.L., 2005. *La consommation alimentaire dans un contexte de mondialisation*, éd. techniques de l'ingénieur, Paris, 1-15.

REARDON T., BERDEGUÉ J.A., 2002. The Rapid Rise of Supermarkets in Latin America : Challenges and Opportunities for Development, *Development Policy Review*, 20 (4), 317-34.

ROCHEFORT R., 1995. *La société des consommateurs*, Odile Jacob, Paris.

ROCHEFORT R., 1997. *Le consommateur-entrepreneur*, Odile Jacob, Paris.

SAMUELSON P.A., 1954. The Pure Theory of Public Expenditure, *Review of Economics and Statistics*, 36, 387-89.

SEALE J., REGMI A., BERNSTEIN J., 2003. International Evidence on Food Consumption Patterns, Technical Bulletin, 1904, USDA, ESR, Washington, 70 p.

SIRIEIX L., 1999. La consommation alimentaire : problématiques, approches et voies de recherche, *Recherche et Applications en Marketing*, 14,3, Paris, 41-58.

SKOET J., STAMOULIS K., 2007. The State of Food Insecurity in the world, Eradicating world hunger – taking stock ten years after the World Food Summit, Sofi 2006, FAO, Roma.

STIEGLER B., 2004. *De la misère symbolique*, 1. *L'époque hyperindustrielle*, Galilée, Paris.

SYLVANDER B., ALLAIRE G., 2006. Qualité, origine et globalisation : justifications générales et contextes nationaux, le cas des indications géographiques, *Canadian Journal of Regional Science/ Revue canadienne des sciences régionales*, XXIX(1), 43-53.

TOUTAIN J.C., 1971. La consommation alimentaire en France de 1789 à 1964, In : Économies et *sociétés*, série Ag, 11, Ismea, Genève.

TRAILL B., 1996. Structural change in the European Food Industries. Final Seminar Proceedings, University of Reading, 106 p.

TURCOTTE M., 2006. Le temps passé en famille lors d'une journée de travail typique, 1986 à 2005, Tendances sociales Canada, 11(008), Statistique Canada, Ottawa, 1-13.

UNITED NATIONS, 2003. World Population Prospects, The 2002 Revision, UN, New York.

UNITED NATIONS, 2004. World Urbanization Prospects : The 2003 Revision, New York.

WTO/OMC, 2007 à 2009. Statistics Database, http://stat.wto.org/Home/WSDBHome.aspx? Langage=E.

Chapitre 5

Internationalisation, mondialisation, globalisation

Ce chapitre vise à comprendre les abondants débats qui sévissent sur le thème de la mondialisation/globalisation des économies et plus largement des sociétés humaines, dans le domaine du système alimentaire. Après une clarification conceptuelle, il traitera dans un premier temps du thème très actuel et controversé de la « mondialisation », en précisant les concepts, en analysant les flux et en interprétant les tendances par un éclairage théorique. Dans un second temps, on s'intéressera à caractériser le dynamique internationale du système alimentaire, à travers le commerce international et les investissements directs étrangers.

▸▸ Internationalisation, mondialisation et globalisation

Le terme de mondialisation est une transposition en français, au milieu des années 1990, de l'expression américaine *globalization*. Ce sont les spécialistes du *marketing* qui ont, les premiers, évoqué, de leur point de vue, le phénomène de globalisation : un article précurseur de Buzzell s'intitulait en 1968 « *Can you standardize global marketing ?* », pour caractériser l'extension mondiale de certains marchés. De façon encore plus explicite, Theodore Levitt parlait, dès 1983, de « globalisation des marchés » en publiant un ouvrage portant ce titre (Levitt, 1983). L'ouvrage d'Ohmae sur la Triade en 1985 popularisait la notion de mondialisation polarisée (Ohmae, 1985). Cet auteur, dans un livre paru quelques années plus tard parlait de « monde sans frontières » (Ohmae, 1990). Par la suite, le mot globalisation a également été utilisé dans la littérature scientifique francophone puis dans les médias grand public.

Aujourd'hui, certains spécialistes proposent une distinction entre internationalisation, mondialisation et globalisation (Crozet *et al.*, 1997) :
– l'internationalisation est relative à la croissance des échanges matériels et immatériels entre pays ;
– la mondialisation évoque une nouvelle organisation géopolitique et économique de l'espace mondial ;
– la globalisation traite des nouvelles formes d'organisation des entreprises et des institutions dans un contexte de marché étendu à toute la planète.

Bien qu'il n'y ait pas consensus dans la communauté scientifique sur ces définitions, nous les adopterons ici, car elles permettent de mieux catégoriser les questions, ce dont nous avons le plus grand besoin du fait de leur médiatisation et d'une approche souvent superficielle. On pourra donc parler de processus « IMG » (Internationalisation, Mondialisation, Globalisation). On précisera chacun des phénomènes avant de proposer quelques perspectives sur l'IMG.

Internationalisation

L'internationalisation peut être caractérisée par le développement des activités trans-frontières, c'est-à-dire en fait par la généralisation des flux d'échanges de toute nature : marchandises, services, mais aussi transactions financières, informations et savoirs technologiques, économiques et culturels.

De ce point de vue, historiquement, et bien que ces échanges aient démarré dès le tracé des premières frontières politiques, il y a des milliers d'années, on peut distinguer trois grandes périodes depuis environ 4 000 ans :
– l'Antiquité, avec les civilisations marchandes du Bassin méditerranéen dont les plus actives furent la Phénicienne (du IIe millénaire av. J.-C. à – 332, date de la conquête de la Phénicie par Alexandre le Grand : l'Odyssée nous dit « ...*des Phéniciens apportaient une foule de breloques dans leurs vaisseaux noirs.* »), puis l'Empire romain (44 av. J.-C. à 476, d'une étendue considérable, son hégémonie était assurée par une armée puissante et un réseau dense de voies de communication facilitant le commerce entre les provinces de l'empire). Les échanges concernaient avant tout les produits agricoles et les tissus ;
– la Renaissance en Europe et la « découverte » du Nouveau Monde en 1492. La recherche d'une route maritime atlantique pour parvenir en Asie obéissait à des motifs commerciaux (tissus et épices). Les Indes occidentales ont ensuite constitué un fabuleux gisement pour des transferts internationaux de métaux précieux (un pillage faudrait-il mieux dire), mais aussi de ressources alimentaires nouvelles ;
– la période située entre 1870 et 1914, marquée par un pic élevé du commerce international de marchandises et de circulation des capitaux, estimé à environ 15 % du PIB mondial de l'époque. Ce phénomène s'explique par la révolution industrielle et de nombreuses innovations technologiques, notamment dans le domaine des transports, ainsi que par la création des empires coloniaux britanniques et français. Il a été étudié par les historiens de l'économie (Bairoch, 1997, Madison, 2007). Le système alimentaire constituait alors l'assise majoritaire des échanges ;
– à partir du milieu des années 1970, on assiste à nouveau à une forte progression des échanges internationaux : entre 1970 et 2006, les exportations passent de 13 à 29 % du PIB mondial, les investissements directs étrangers de 0,6 à 2,2 % et les transferts de revenus des migrants de 1,4 % à 4,4 % entre 1975 et 2006.

Le commerce de marchandises

En 2005, le commerce mondial de marchandises a franchi la barre des dix mille milliards de dollars et les exportations totales de biens, de services et de revenus atteignent quinze mille milliards de dollars, tandis que les investissements directs

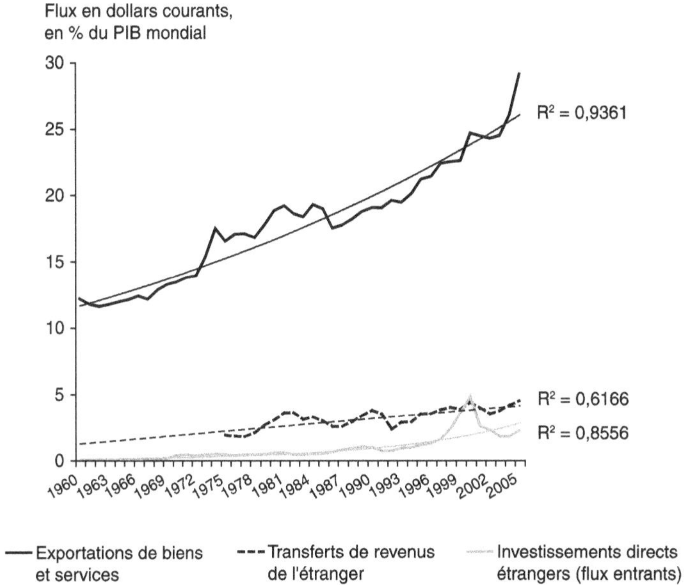

Figure 5.1. Évolution des flux économiques et financiers internationaux.

Source : données Banque mondiale, WDI. The World Bank Group, © 2006. <http://data.worldbank.org/data-catalog/world-development-indicators> (consulté le 6 fevrier 2006).

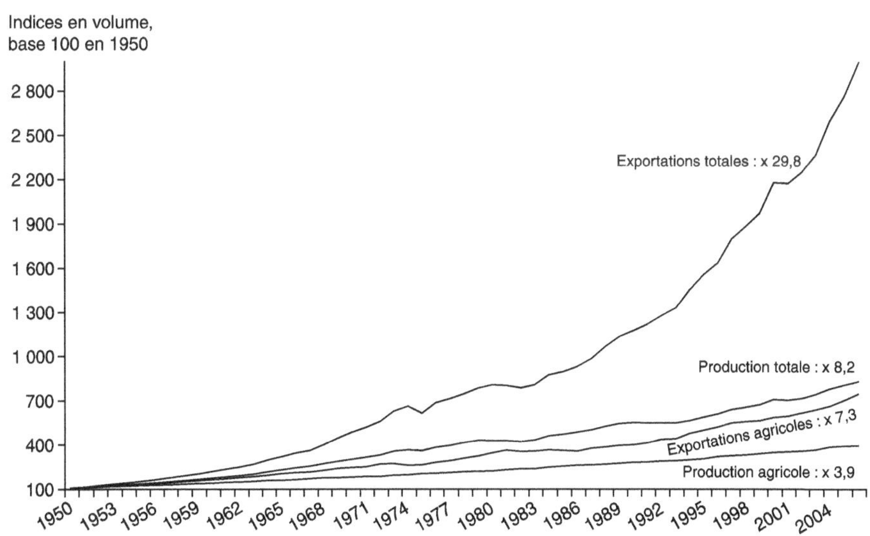

Figure 5.2. Évolution des exportations et de la production mondiale entre 1950 et 2006.

Source : données OMC, Statistics Database, © 2007.
<http://stat. wto.org/home/WSDBHome.aspx?Language=E> (consulté le 12 novembre 2007).

étrangers frôlaient mille milliards de dollars. Les courbes de longue période ci-dessous (figure 5.1) sont une excellente visualisation de cette évolution à marche forcée.

L'internationalisation est un phénomène centrifuge qui se manifeste à travers une progression rapide des échanges depuis un demi-siècle. Sur la longue période (entre 1950 et 2006) les exportations mondiales de marchandises ont été multipliées par près de 30 en volume (taux arithmétique annuel moyen de 6,3 %) tandis que la production n'a fait qu'augmenter de 8 fois (taux de 3,7 %). La croissance agricole est nettement plus faible : exportations multipliées par 7 (taux de 3,9 % par an), production multipliée par 4 (taux de 2,5 %). On peut en conclure que les exportations totales de marchandises ont crû trois fois plus vite que la production et les exportations agricoles ont peu moins de deux fois (figure 5.2).

Cet essor était essentiellement le fait, jusqu'au début des années 1990 de la « Triade » (Omhae, 1990) Amérique du Nord – Europe occidentale – Japon, qui concentre environ les 2/3 des imports/exports mondiales. Mais l'on sait que l'émergence de l'Asie du Sud-Est est très rapide dans les années récentes (le commerce intra-asiatique connaît des taux de croissance supérieurs à 10 % par an depuis 1990).

Les grandes migrations humaines

On note parallèlement des mouvements de personnes d'une ampleur jamais atteinte dans le passé. Ces déplacements massifs se font soit pour des raisons professionnelles, soit pour des loisirs. Ainsi le « stock » de migrants qui était d'environ 70 millions de personnes en 1960 et 1970 a dépassé 190 millions en 2005, soit respectivement 2,5 à 3 % de la population mondiale. Le nombre de touristes se déplaçant à l'étranger a également beaucoup progressé : de 524 millions d'arrivants en 1995 (9,3 % de la population mondiale) à 736 millions, 10 ans plus tard (11,4 %).

L'explosion des services

Cependant, ce qui est réellement nouveau dans la période récente, c'est l'explosion des échanges immatériels dans trois domaines : les services de transport (la logistique), les télécommunications et la technologie. En moins de 15 ans (1990 à 2004),

Tableau 5.1. L'explosion des services dans les échanges internationaux, 1990-2004.

Indicateurs mondiaux	2004	Facteur multiplicatif 1990-2004
Population (millions)	6 370	1,2
Transport aérien de passagers (millions)	1 888	1,8
PIB (milliards $)	41 552	1,9
Dépôts de brevets par des non-résidents	473 770	1,9
Fret aérien (millions t/km)	139 034	2,5
Exportations de services commerciaux (milliards $)	2 238	2,8
Nombre d'internautes (% population mondiale)	13,40	323,2

Source : données Banque mondiale, WDI, 6 février 2008.

tous les indicateurs mondiaux d'internationalisation des services ont augmenté plus rapidement que la population et souvent plus vite que le PIB. Les exportations de services commerciaux (notamment la logistique et le tourisme) ont presque triplé et le fret aérien (dont une grande partie se fait entre pays) a été multiplié par 2,5. En 2005, le nombre de passagers ayant emprunté l'avion a dépassé deux milliards. On notera que la technologie s'internationalise de plus en plus, avec près de 50 000 brevets déposés par des non-résidents au milieu des années 2000. Mais le phénomène le plus radical et massif est le bouleversement des télécommunications par le réseau Internet : en 2005, on approchait les 800 millions de micro-ordinateurs connectés (tableau 5.1) et en 2010, le cap du milliard et demi était dépassé.

L'internationalisation rapide des échanges dans la période contemporaine peut s'expliquer par les facteurs suivants qui constituent la mondialisation :
– explosion des marchés financiers suite à la déréglementation bancaire impulsée par Ronald Reagan. Aujourd'hui les flux financiers quotidiens dépassent largement 1 000 milliards de dollars ;
– effondrement des systèmes politiques centralement planifiés et généralisation de l'économie de marché à partir de 1989 (chute du mur de Berlin) ;
– réduction progressive des barrières tarifaires avec l'avènement de l'OMC ;
– accès en temps réel à l'information économique, diffusion très rapide des savoirs technologiques et, d'une manière générale, création de réseaux de communication très performants ;
– réduction des temps et des coûts des transports ;
– convergence des modèles de consommation de masse avec l'émergence d'un socio-style mondial qui résulte des points précédents (communication instantanée) et du développement correspondant d'un système productif.

La prophétie du sociologue canadien Herbert Marshall Mc Luhan, intellectuel en vue des années 1960, est en train de se réaliser : le village planétaire se parcourt en quelques heures et communique désormais en temps réel, tandis que le marché envahit la quasi-totalité de l'espace et du temps (Mc Luhan, 1967).

Mondialisation et/ou régionalisation ?

La mondialisation est une nouvelle organisation géoéconomique et géopolitique du monde. En moins d'un demi-siècle, après la seconde guerre mondiale qui a laissé une bonne partie de la planète exsangue, on est passé d'une configuration d'États-nations à une régionalisation rassemblant plusieurs pays dans le cadre d'unions économiques puis à l'esquisse d'une gouvernance mondiale. C'est l'Europe, ravagée et déchirée par le conflit le plus meurtrier de son histoire, qui donne le signal, avec la création de la Communauté européenne du charbon et de l'acier (CECA) en 1951, puis avec le Traité de Rome en 1957 regroupant six pays qui, en 2007, deviendront vingt-sept. Le projet européen porté par Jean Monnet, Robert Schuman et Paul-Henri Spaak a donné naissance à la Communauté économique européenne instaurant, dans un espace plurinational, la libre circulation des hommes, des marchandises et des capitaux, puis, en 1992, à l'Union européenne, dotée d'institutions politiques et juridiques. Toutefois, le projet fédéral n'a pu aboutir. L'Union européenne est cependant beaucoup plus qu'une union douanière, car dotée d'une réelle

gouvernance régionale et d'un embryon de politique extérieure commune. On retiendra ici pour notre propos la gouvernance économique. En effet, l'exemple de l'organisation économique européen (dite du marché unique) a fait florès dans plusieurs zones du monde, sous forme de traités constituant des « marchés communs ». Ces traités sont qualifiés par l'OMC (Organisation mondiale du commerce) d'ACR (Accord commerciaux régionaux) qui peuvent prendre deux formes de coopération entre deux (accord bilatéral) ou plusieurs pays (accord multilatéral) :
– la zone de libre-échange,
– l'union douanière.

La zone de libre-échange (ZLE) résulte d'un accord éliminant les droits de douane et les restrictions tarifaires à l'importation entre deux ou plusieurs pays qui conservent leur politique commerciale nationale vis-à-vis des pays tiers. Une ZLE constitue une exception à la clause de la nation la plus favorisée (NPF)[58] qui régit beaucoup d'accords commerciaux. L'union douanière va plus loin que la ZLE puisqu'elle définit également un tarif extérieur commun aux pays membres.

État des accords de coopération régionale en 2008

Au 30 janvier 2008, 380 ACR étaient recensés par l'OMC et 199 étaient en vigueur dont 19 UD, 50 accords d'intégration économique (formule intermédiaire entre l'UD et la ZLE), 117 ZLE et 13 accords partiels. Une trentaine, rassemblant plus de 330 pays[59] sont actifs et ont un certain poids économique. Parmi les plus importants, on peut relever :
• Unions douanières
– Union européenne (communauté européenne, CE, 27 pays et CE + Turquie)
– Mercosur (4 pays) ;
– Groupe andin (CAN, 5 pays) ;
– Conseil de coopération du Golfe (CCG, 6 pays) ;
– Marché commun de l'Afrique de l'Est et de l'Afrique centrale (COMESA, 20 pays) ;
– Communauté de développement de l'Afrique australe (SADC, 12 pays) ;
– Union économique et monétaire ouest-africaine (UEMOA, 8 pays) ;
• Zones de libre-échange
– Espace économique européen (EEE, 27 pays de l'UE + Islande, Liechtenstein, Norvège) ;
– Accord de libre-échange nord-américain (ALENA/NAFTA, 3 pays) ;
– AFTA (Asian Free Trade Agreement), portée par l'Association des nations de l'Asie du Sud-Est (ANASE-ASEAN, 11 pays) ;
– Accord de coopération commerciale et économique pour la région du Pacifique Sud (SPARTECA, 16 pays) ;

---

58. La clause NPF, également inscrite dans l'accord constitutif de l'OMC stipule que « ce qui est accordé à l'un, l'est à tous ». En d'autres mots, la NPF garantit à un partenaire commercial B d'un pays A que ses exportations ne seront pas taxées plus fortement par A que celles de ses autres partenaires signataires d'un accord commercial. Il s'agit là, on l'a compris, d'une mécanique destinée à faire baisser les droits de douanes.
59. Nombre très supérieur à celui des pays (environ 210) du fait de l'appartenance à plusieurs ACR de certains pays.

– Système global de préférence commerciale entre pays en développement (SGPC/ GSTP, 44 pays, qui porte le « G 40 », groupe de négociation à l'OMC).

On note une prolifération des accords depuis 1990, en particulier des accords bilatéraux, non nécessairement fondés sur une proximité géographique (par exemple l'accord États-Unis-Maroc de 2006). Ce mouvement inquiète l'OMC qui prône le multilatéralisme. Le virage politique de nombreux pays (y compris de l'UE[60]), résulte des déceptions nées des négociations à l'OMC et marque un repli sur les égoïsmes nationaux.

Encadré 5.1. Isaac Newton et le commerce international : le modèle de gravité appliqué aux échanges entre pays.

L'évaluation empirique des effets d'un accord de coopération régionale (ACR) se fait en estimant les effets de création ou de détournement de commerce à l'aide de modèles dits de « gravité ». Ce type de modèle, directement inspiré de la fameuse loi de l'attraction universelle de Newton[61], a été décrit par Jan Tinbergen[62] (Tinbergen, 1962) et perfectionné par James Anderson (Anderson, 1979). Il explique généralement plus des 2/3 des flux commerciaux entre deux pays à l'aide de deux variables gravitationnelles simples dont on fait le produit, la taille des pays (mesurée par leur PIB) et la distance les séparant. D'autres variables explicatives ont pu être identifiées : les écarts de richesse économique mesurée par le PIB par tête, les coûts d'approche (incluant les barrières tarifaires et non-tarifaires), la présence ou non d'une frontière commune, l'appartenance à un bloc commercial, la similitude de langue. On obtient l'équation générale suivante :

$$\ln(Cij) = a + b_1 \ln(PIBi \times PIBj) + b_2 \ln(PIBi/Pi \times PIBj/Pj) + b_3 \ln(Dij) + b_4(Fij) + b_5(Lij) + b_6(ACRij) + k$$

avec C, exportations+importations ; P, population ; D, distance entre les deux pays ; F, frontière commune ; L, langue partagée ; ACR, accord de coopération régionale ; i et j, pays ; a et k, constantes ; b, coefficients d'élasticité

Le modèle gravitationnel du commerce international a été utilisé dans de nombreuses études empiriques et montré sa simplicité et sa robustesse (Lemoine *et al.*, 2007). Il a établi en particulier que l'accroissement des échanges entre deux pays est moins que proportionnel à l'augmentation de leur taille des partenaires, ce qui signifie que les petits pays sont plus ouverts au commerce que les grands (cf. Hong Kong, Singapour, Malte, etc.). Un modèle de gravité a, par exemple, été utilisé pour estimer l'impact de la future zone euro méditerranéenne de libre échange sur les échanges de fruits et légumes (Emlinger, 2008).

---

60. L'UE a conclu de nombreux accords avec des pays tiers, par exemple les accords ACP, Afrique-Caraïbe-Pacifique, dits de Lomé, puis de Cotonou.

61. La force d'attraction entre deux corps est égale aux produits de leurs masses (m1 et m2), de l'inverse du carré de leur distance (d) et d'une constante gravitationnelle g : F = g x (m1 x m2)/(1/d2).

62. Professeur à l'université Erasmus d'Amsterdam et premier prix Nobel d'économie avec Ragnar Frisch en 1969.

Cette tendance traduit une tension entre le global et le régional ou local (Oman, 1996) et pose la question de l'intérêt des unions économiques traité dans la littérature sous le nom d'« effet-frontière ». Un effet-frontière est une entrave au commerce international résultant de facteurs économiques (par exemple différence de prix des produits et des facteurs de production, coût des transports, fiscalité douanière), sociologiques et culturels (mentalités, styles de vie). L'élimination de l'effet-frontière est l'un des objectifs poursuivis par les ACR et le cas de l'UE montre bien les résultats positifs pouvant en être tirés au plan économique et culturel. Cependant, les ACR peuvent conduire à un « détournement de trafic », à un protectionnisme rampant et à un désintérêt pour le multilatéralisme, préjudiciable pour l'économie mondiale (Deblock, 2002). Cette question sera reprise dans la discussion sur l'OMC (cf. *infra*).

Fondements théoriques de l'union douanière

Une union douanière (UD) va avoir deux effets contraires sur les pays qui l'ont créé :

– une création de commerce, puisque les échanges vont normalement augmenter entre ces pays du fait de la suppression des obstacles tarifaires ;

– un détournement de commerce, en cas de substitution d'importations peu coûteuses en provenance de l'extérieur de l'UD par des importations plus chères originaires de pays membres de l'UD (tarifs extérieurs communs de protection).

Selon la théorie économique néo-classique, la création de commerce va amener un surplus aux producteurs locaux par croissance de leur chiffre d'affaires, le détournement de commerce va provoquer une augmentation des prix et pénaliser les consommateurs des pays membres de l'UD. La somme des surplus conduit à un bilan favorable si la création de commerce est plus importante que le détournement.

La figure 5.3 permet de procéder au calcul du surplus, pour un pays donné X, de l'union douanière. Le prix mondial pour un bien quelconque Z est Pm. Ce prix, après application d'une taxe à l'entrée devient Px = P(1 + t). L'offre du produit est q1 et la demande q2. Les importations sont égales à l'écart entre q2 et q1. Supposons que X crée une UD avec Y et que pour Y, le prix intérieur du produit considéré (Py) soit supérieur au prix mondial, mais inférieur à Px. Dans ce cas, le produit devient compétitif sur le marché de X et ce pays va l'importer, au détriment du reste du monde. L'offre de X devient q3 (< q1) et la demande q4 (> q2). L'offre de X diminue, mais sa demande augmente : il y a création de commerce entre X et Y du fait de l'UD. Le surplus du consommateur est égal à la surface (a + b + c + d), calculée en multipliant la différence de quantité achetée par la différence de prix. Le producteur perd la surface (a). L'État perd des recettes fiscales pour un montant correspondant à (c + e). Le surplus net est égal à ((b + d) – e). Le terme (b + d) provient de la création de commerce : b représente des ressources affectées à la production de Z qui deviennent disponibles pour d'autres fabrications plus compétitives (les producteurs de Z qui sont au-dessus du coût marginal Py disparaissent) et d est le gain du consommateur. Le détournement de commerce se fait au profit du pays Y et au détriment du reste du monde.

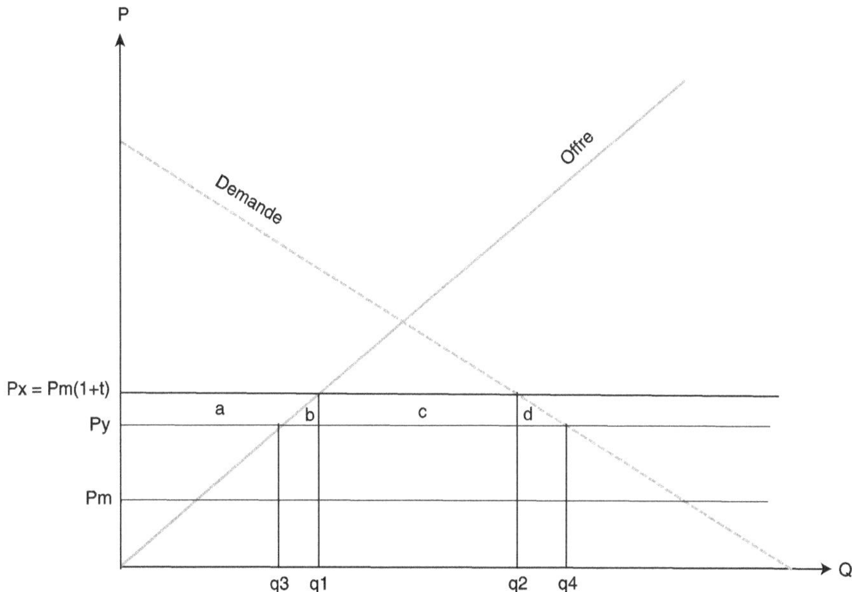

Figure 5.3. Surplus créé par une union douanière.

Source : adapté de M. Lemoine *et al.,* 2007, p. 273.

Le surplus résultant de l'UD sera d'autant plus important que les effets de création de commerce seront élevés et ceux de détournement faibles, ce qui sera le cas lorsque les écarts de prix entre le pays Y et le reste du monde sont faibles, ou que la protection tarifaire de X est importante ou encore que le tarif extérieur de l'UD est limitée. L'UD apparaît alors comme un « *second best* » par rapport au libre échange considéré comme un *first best* (exemple et commentaire tirés de Lemoine *et al.*, 2007).

Cette lecture théorique souffre cependant des limites inhérentes à l'approche ricardienne qui ne prend pas en compte les effets des stratégies des firmes (économies d'échelle, différenciation des produits, localisation), comme nous le verrons par la suite.

Globalisation

La globalisation est une nouvelle forme d'organisation adoptée par les entreprises et les institutions pour s'adapter aux phénomènes de l'internationalisation et de la mondialisation qui viennent d'être présentés.

Au cœur de cette tendance lourde se situent de **très grandes firmes multinationales** (TGFMN) qui ont à la fois accompagné la dynamique des marchés liée à la forte progression du pouvoir d'achat dans les Trente Glorieuses des pays de l'OCDE, et amplifié le mouvement par les effets de taille. Les TGFMN tendent à devenir des firmes globales, présentes dans de nombreux pays et s'organisant sur la base de sites spécialisés dans l'une des fonctions du management : production, R&D,

comptabilité-finance, GRH, avec une tendance à la concentration. Le portefeuille-produits se simplifie en se rationalisant pour diminuer les coûts de production.

Ainsi dans le secteur alimentaire, on a vu se créer un véritable oligopole au plan mondial, constitué d'une centaine de firmes de très grande dimension qui contrôle aujourd'hui plus du tiers de l'industrie mondiale, très performantes au plan financier, technologique et managérial (Rastoin, 1998, Ayadi *et al.*, 2005).

Ces firmes, par un processus actif de concentration par absorption-fusion qui n'est pas encore parvenu à son terme, exercent un pouvoir de marché absolu dans la quasi-totalité des secteurs de base de l'alimentation. Ce pouvoir, issu de la taille, est renforcé par celui de la prescription de normes privées, notamment dans la grande distribution.

Ce qui ne signifie pas la disparition totale du tissu des PME. En effet, sur de nombreux produits (charcuterie, fromages, dérivés des céréales, etc.), on assiste à une cohabitation entre TGE ET PME d'où l'expression oligopole à frange (Rastoin, 1994). Par ailleurs, ces PME ne pouvant jouer sur les économies d'échelle, adoptent souvent des stratégies d'ancrage territorial en valorisant des produits de « terroir ». On peut ainsi, dans une approche organisationnelle de la firme, opposer globalisation et territorialisation. Toutefois, territorialisation ne signifie pas nécessairement marché local. En effet, des PME, y compris les plus petites d'entre elles, peuvent très bien disposer de créneaux de vente à l'étranger, souvent dans plusieurs pays, lorsque la différenciation de leurs produits est très poussée, au point de créer des marchés de niche dans différentes régions du monde.

Les institutions subissent la même évolution. D'un côté, on assiste à l'émergence d'une esquisse de gouvernance mondiale par des organisations internationales (OMC, FMI par exemple), ou par de grandes ONG (Greenpeace ou Oxfam par exemple). De l'autre, on voit se multiplier les associations locales.

Dans le domaine alimentaire, les organisations relevant des Nations unies sont en crise (FAO), ou fragiles (OMS), car dotées de moyens financiers insuffisants et traversées par des oppositions politiques entre pays. Une organisation mixte, le *Codex alimentarius* (FAO/OMS) dispose cependant d'un pouvoir non négligeable, car elle définit des normes intergouvernementales. La flambée des prix agricoles de 2007 a provoqué un sursaut en faveur de la sécurité alimentaire. Malheureusement, la conférence de la FAO réunie sur ce thème en juin 2008 s'est soldée par un échec en raison des dissensions entre pays. Un domaine connexe, la gestion des ressources naturelles et la protection de l'environnement, qui implique une gouvernance mondiale appellerait la création d'une organisation internationale. Là encore, des oppositions entre pays bloquent toute avancée.

Fondements historiques et théoriques de l'internationalisation

Les premiers à avoir évoqué et formalisé avec des outils économiques théoriques le phénomène de la diffusion du capital à l'échelle mondiale, avec l'idée de franchissement des frontières et de « cosmopolitisme » sont les précurseurs du marxisme, en particulier V.O. Lénine dans son ouvrage « L'impérialisme, stade suprême du capitalisme ».

Beaucoup plus tard, à la fin des années 1970 et au début des années 1980, les décisions de Ronald Reagan aux États-Unis et de Margaret Thatcher en Grande-Bretagne, reprises ensuite dans la plupart des pays industrialisés conduisaient à la « révolution des 3 D » (décloisonnement, déréglementation, désintermédiation) sur les marchés financiers, selon l'expression d'H. Bourguignat (1987).

Il est désormais clair que c'est sur le marché des capitaux que la mondialisation est la plus avancée. En effet, nous avons là un marché « parfait » au sens de la théorie classique qui, du fait de l'utilisation des transferts électroniques d'information, fonctionne en temps réel et en continu (24 h sur 24) et présente une unité de lieu grâce à l'interconnexion des terminaux d'ordinateurs des différentes places boursières et des opérateurs financiers, dans le monde entier. Ce sont les spécialistes de la finance de marché qui « fabriquent » par leurs décisions, à l'aide de modèles mathématiques très sophistiqués, les marchés financiers. On a vu en 2007 et 2008 les résultats désastreux de ce mode de gouvernance (dérégulation) et de gestion technique (modélisation).

On sait que ces flux internationaux commerciaux et de capitaux, qui correspondent à « l'économie réelle » car ils sont liés directement à la production, se sont vus distancés dans les 30 dernières années par l'explosion des flux financiers « dérivés » constitués par les papiers émis par les institutions financières (titrisation). Ces titres, initialement conçus pour couvrir les risques menaçant la production et les échanges (taux de change, taux d'intérêt, solvabilité des entreprises et des particuliers) se sont progressivement déconnectés de leur base matérielle et emballés dans une dérive ayant conduit à la crise de l'ensemble des marchés initiée en 2007 par l'effondrement des *subprimes* immobilières aux États-Unis et suivie en 2008 par des faillites retentissantes dans le secteur bancaire.

Tableau 5.2. Les transactions économiques et financières en 2005.

Agrégat mondial (milliards US $)	Montant	Indice
PIB	44 795	1
Exportations de biens et services	13 019	0,3
Marché boursier	51 000	1,1
Marché des changes	566 600	12,6
Marché des produits financiers dérivés	1 406 900	31,4
Total des marchés	2 037 519	45,4

Source : d'après Jospin et Morin, 2008, données Banque mondiale, WDI, FMI, BRI, 2008.

Les chiffres ci-dessus (tableau 5.2) sont éloquents : l'économie mondiale est totalement financiarisée et devient virtuelle en ce sens que les marchés financiers (qui sont aujourd'hui totalement « numérisés ») ont pris une ampleur sans commune mesure avec la base matérielle de l'activité humaine, à savoir la production de biens et services. Ainsi le marché des devises est dix fois plus important que le PIB mondial (et représente 44 fois le montant du commerce international) et celui des produits financiers dérivés est 45 fois plus élevé. La dématérialisation de l'économie est accélérée par la fusion des grandes entreprises assurant la gestion des échanges virtuel. En avril 2007, le NYSE (New York Stock Exchange) absorbait le réseau de bourses européennes Euronext pour donner le NYSE Euronext. Avec 6 marchés au comptant dans 5 pays et 6 marchés dérivés, ce groupe boursier est devenu le numéro un mondial pour la cotation de valeurs, la négociation de produits au comptant et de produits dérivés et la diffusion de données de marché (plus de 30 000 milliards de dollars de capitalisation boursière à fin 2007). Les marchés au comptant de NYSE Euronext enregistraient une valeur moyenne d'échanges d'approximativement 141 milliards de dollars par jour (au 31 décembre 2007), soit plus d'un tiers des échanges mondiaux sur les marchés cash (<http://www.euronext.com/landing/landingGeneral-12600-FR.html> (consulté le 26 janvier 2009).

Cette situation, caractérisée par la déconnexion et la disproportion entre les sphères économiques et financières est considérée par certains experts comme absurde et dangereuse, car fondée sur un endettement croissant des entreprises, des ménages et des États, sur des spéculations totalement opaques et non garanties par des actifs réels, donc sans responsabilité des opérateurs. Le capitalisme est « aspiré et déréglé par sa finance » (Jospin et Morin, 2008).

Dans le domaine du commerce, les fondements théoriques de la mondialisation remontent aux écrits des mercantilistes, c'est-à-dire aux xvie et xviie siècles, après l'élargissement brutal, à partir de 1492, de la sphère d'échange consécutive à l'ouverture de nouvelles routes maritimes vers l'ouest et de très vastes espaces productifs. Il n'est pas inutile de rappeler ici que, pour les mercantilistes, le commerce est une guerre « où nul ne gagne ce que l'autre perd ». En effet, cette vision conduit à conseiller aux gouvernements de favoriser les exportations et limiter les importations, tout en spécialisant le pays dans les productions où il détient un avantage absolu.

Assez curieusement, quatre siècles plus tard, il semble y avoir un renouveau de la théorie mercantiliste, si l'on en croit le discours dominant des élites : dirigeants de partis politiques, chefs d'entreprises et même économistes (ou se déclarant comme tels), qui reprennent inlassablement le *leitmotiv* de la « guerre économique mondiale » et de la nécessité pour les nations de gagner le « combat de la compétitivité ». Paul Krugman (Krugman, 1996) a intitulé cette écholalie le *Pop internationalism*[63], en rappelant, non sans humour qu'un étudiant de première année en économie est capable de faire la différence entre un pays et une entreprise et de comprendre que le commerce n'est pas obligatoirement un jeu à somme nulle.

En effet, la théorie mercantiliste a été invalidée, avec le *concept d'avantage relatif* forgé par David Hume au xviiie siècle[64], concept repris par Ricardo (1817), puis perfectionné par les néoclassiques (Heckscher, 1919 – Ohlin, 1933 – Samuelson, 1942 : introduction du rôle de la mobilité des facteurs)[65].

Cette approche a été enrichie par les apports de l'économie industrielle (concurrence monopolistique de E. Chamberlin, 1933, cycle de produit de R. Vernon, 1966) et de l'économie spatiale (asymétrie de développement de F. Perroux).

---

63. Pop internationalism : théorie pop du commerce international.
64. Dans son essai « The Balance of Trade », 1750.
65. Cf. infra section « définition et calcul de l'avantage comparatif ».

M. Porter est l'auteur qui formalise le mieux la dynamique sectorielle internationale et le comportement stratégique des firmes avec son concept « d'avantage concurrentiel ». Porter (1986) est aussi probablement l'un des premiers économistes industriels à avoir utilisé le concept de mondialisation, sous le vocable anglo-américain de « *globalization* ».

En résumé la nouvelle théorie du commerce international affirme que les échanges internationaux sont « tirés par les économies d'échelle plutôt que par les avantages comparatifs et que les marchés internationaux sont naturellement en situation de concurrence imparfaite [...], ce qui ne fait que renforcer l'idée que les échanges sont toujours bénéfiques » (Krugman, 1998). Dans ce contexte, le rôle de l'État devrait être réorienté vers la récupération des superprofits résultant de marchés imparfaits et l'encouragement des branches produisant des externalités positives (principalement création de savoirs), dans le cadre d'une *strategic trade policy*.[66]

Perspectives : le processus est-il irréversible ?

En dépit de la crise de 2007-2008, sauf accident de l'ampleur d'une catastrophe de nature conflictuelle généralisée, climatique, écologique, ou économique, on peut répondre par l'affirmative à cette question. Les raisons en sont les suivantes.

Tout d'abord, l'internationalisation/mondialisation/globalisation des économies, même si elle se fait essentiellement selon une logique de proximité macro-régionale, est déjà allée très loin, si bien que l'insertion internationale d'une majorité de pays est déjà poussée. Ainsi les entreprises françaises produisent ¼ de leurs marchandises pour l'exportation. Dans l'agroalimentaire, le ratio exportation/production est de 25 % pour les IAA et de 15 % pour l'agriculture en 2005 en France. Ces chiffres sont en progression sur la longue période sauf pour l'agriculture, mais ceci masque un phénomène positif qui est une transformation croissante des matières premières agricoles par des entreprises localisées en France. Cela signifie, entre autres, qu'un emploi sur quatre dans l'industrie est financé par le marché européen et mondial.

On peut considérer aujourd'hui que la France a réussi l'internationalisation de son industrie alimentaire. Deuxième pays européen par le chiffre d'affaires réalisé dans les IAA, elle représente, avec 39 milliards de dollars en 2007, près de 8 % des exportations mondiales de produits alimentaires transformés, derrière l'Allemagne (40 milliards $) et devant les Pays-Bas (37 milliards). On notera également que les IAA se situent en France au premier rang en ce qui concerne le solde de la balance commerciale (plus de 10 milliards de dollars en 2007), loin devant la chimie et l'automobile. En 2005, 8 des 100 premières firmes agroalimentaires multinationales étaient françaises contre 3 quinze ans auparavant. Néanmoins, l'irrégularité des flux d'investissements français à l'étranger depuis 1989 pose cependant problème, car les restructurations d'entreprises sont loin d'être terminées à l'échelle mondiale et la compétition pour la conquête des énormes marchés d'Europe de l'Est et d'Asie est rude.

---

66. Les trois manuels de référence pour une approche théorique et méthodologique de l'économie internationales sont ceux de Krugman et Obstfeld (2003), De Melo et Grether (1997), Mayer et Mucchielli, 2005. Pour une approche néo-institutionnaliste, on consultera l'ouvrage de Masahiko Aoki, professeur à l'université Stanford (Aoki, 2001).

Deuxième raison fondamentale, la concurrence pousse à la concentration des entreprises qui pour assurer leur survie doivent absolument atteindre une taille critique, c'est-à-dire un volume d'activité suffisant pour se maintenir dans le secteur (à travers des investissements matériels et immatériels). L'élargissement des marchés par l'internationalisation constitue l'un des moyens d'atteindre cette taille critique.

Les facteurs potentiellement limitants pour la mondialisation sont :
— les tensions politico-militaires et les conflits nationaux-territoriaux liés à des aspirations identitaires « ethniques » et au contrôle et à l'acheminement des matières premières (Balkans, Europe centrale, Moyen-Orient, Afrique au sud du Sahara) ;
— l'accentuation des inégalités internes au sein d'un même pays (creusement des écarts entre les plus riches et les plus pauvres, paupérisation des classes moyennes), conduisant à la montée des mouvements populistes-protectionnistes (même s'il est avéré que les « délocalisations » n'expliquent qu'environ 1 % du chômage dans les pays à hauts revenus) ;
— la volatilité des marchés, lorsqu'elle est très vive, comme ce fut le cas en 2007-2008 montre bien les limites de la théorie économique classique et engendre un appel à plus de régulation.

Au total, ces forces ne semblent pas aujourd'hui suffisantes, malgré la crise, pour entraver la mondialisation qui « tire » la croissance économique globale par élargissement des marchés. Toutefois, la crise attire l'attention sur le caractère spécifique de certains marchés (dont celui des produits alimentaires) et suggère une adaptation des instruments de régulation en fonction des produits et des pays.

▸▸ Tendances globales du commerce international de produits agricoles et alimentaires

On établira dans cette section la nature des produits échangés à partir de différentes sources statistiques, puis l'intensité des échanges selon les produits, ensuite la polarisation du commerce international au sein d'un club qui a tendance à s'ouvrir du fait des pays émergents et enfin la question des prix.

Des nomenclatures très encombrées

Pour étudier l'évolution du commerce mondial des produits qui nous intéressent, il convient tout d'abord de rappeler que ces produits sont à la fois nombreux et variés. En se référant à la CTCI[67], on distinguera au sein du commerce total de marchandises 5 niveaux pour les produits agricoles au sens large :

---

67. CTCI : classification type du commerce international, SITC : standard international trade classification. Les chiffres indiqués sous cette source proviennent de la révision 3 de la CTCI. Le niveau de désagrégation des nomenclatures commerciales est devenu très important en raison des négociations très pointues qui se déroulent dans le cadre de l'OMC. Les nomenclatures à 8 chiffres conduisent à des listes de plusieurs milliers de positions (de produits) pour l'agriculture et l'agroalimentaire.

– produits de l'agriculture, de la pêche et des forêts (PAPF : sections 0, aliments et animaux vivants, 1, boissons et tabac, 4, huiles et corps gars, et 2, matières premières, moins divisions 27 et 28 de la CTCI) ;
– produits alimentaires bruts et transformés (PA : sections 0, 1, 4 et division 22, graines et fruits oléagineux) ;
– produits des industries alimentaires ou produits alimentaires transformés (PAT : divisions 01 à 09 de la section 0, sections 1 et 4, à l'exclusion des produits frais) ;
– produits alimentaires frais ou bruts (PAB : principalement fruits et légumes)[68] ;
– matières premières agricoles non comestibles ou commodités (MPA divisions 21, 23 à 26, 29), composées des cuirs, caoutchoucs, bois, fibres textiles, leurs dérivés et sous-produits.

Le terme « commodité » est une traduction de l'anglais « *commodity* », qui provient d'ailleurs lui-même du vieux français (xviie siècle) et désigne un bien de consommation finale ou intermédiaire disponible en grande quantité et pouvant provenir de nombreux fournisseurs. Il doit donc en toute rigueur être distingué du terme « matières premières » qui désigne uniquement des biens primaires (par exemple du blé ou de l'aluminium en vrac) qui doivent être transformés pour être utilisés par l'homme. Les commodités constituent une catégorie incluant certaines matières premières et des produits industrialisés. Elles ont pour caractéristiques d'être définies par des standards aujourd'hui internationaux en vue d'être échangées, le plus souvent sur des bourses commerciales internationales comme le CME (*Chicago Mercantile Exchange*), le CBOT (*Chicago Board of Trade*) ou le NYMEX (*New York Mercantile Exchange*)[69]. Ces bourses constituent des lieux de cotation et d'échange de contrats à terme portant sur d'énormes volumes où se forment les prix mondiaux (Giraud, 1989). Le CBOT est de loin la première bourse de traitement des produits agricoles et alimentaires. Londres, avec le LIFFE (*London International Financial Futures and options Exchange*)[70] constitue une deuxième place de marché importante pour l'agroalimentaire avec la cotation des boissons tropicales (café, cacao) et du sucre.

Les principaux produits alimentaires traités sur les bourses internationales de marchandise sont : le maïs, le blé, le soja (graines, farines, huiles et tourteaux), l'orge, le riz, le bétail vivant (bovins, ovins et porcs) et leurs carcasses congelées, le poulet congelé, les produits laitiers (lait, poudre de lait, beurre et fromages), le café, le cacao, le jus d'orange congelé. Nous reviendrons sur ces marchés à terme à propos du mécanisme de la crise de 2007-2008.

---

68. La distinction entre produits alimentaires bruts et transformés nécessite de longues et fastidieuses compilations sur la base de données Faostat. Comtrade, la base de données des Nations unies propose, dans la nomenclature BEC, un agrégat « produits alimentaires transformés » (BEC-12).
69. Ces trois entreprises ont fusionné en juillet 2007 pour créer le CME Group qui est lui même coté au NASDAQ (*National Association of Securities Dealers Automated Quotations*) à New York qui est une bourse d'action spécialisée sur les hautes technologies.
70. Le LIFFE a été absorbé en avril 2007, ainsi que d'autres bourses européennes, par le NYSE (*New York Stock Exchange*) pour donner le NYSE Euronext (cf. infra).

Tableau 5.3. Le panier des exportations mondiales de produits agricoles et alimentaires. 2007.

PAPF : Produits agricoles (*largo sensu*, incluant les produits aquatiques et de la forêt) et alimentaires : 1 128 milliards de $	PA : Produits alimentaires : 913 milliards de $ (81 %) MPA : Matières premières agricoles : 215 milliards de $ (19 %)	PAT : Produits alimentaires transformés : 612 milliards de $ (67 %) PAB : Produits alimentaires bruts : 301 milliards de $ (33 %)

Source : nos calculs, à partir des bases de données statistiques OMC, FAO, 2008.

On notera que les chiffres se référant à la CTCI diffèrent sensiblement selon les sources : Nations unies, FAO, OCDE, OMC, en raison de méthodes de comptabilisation et d'estimations non homogènes.

Les données les plus récentes proviennent de l'OMC. Elles indiquent, en 2007, un montant d'exportation de 1 128 milliards US $ pour les PAPF, de 913 milliards pour les PA et de 215 milliards pour les MPA (moins de 20 %). En ce qui concerne les PAT, un premier pointage donne environ 600 milliards, soit plus des 2/3 des exportations mondiales de produits alimentaires (tableau 5.3.)[71].

On peut, à l'aide de séries longues sur le commerce international établir quelques lois tendancielles :
— le commerce de PAPF régresse au sein des exportations mondiales de marchandises : sa part passe de 46 % en 1950 à un peu plus de 6 % en 2007. Les points perdus par les produits primaires sont gagnés par les produits manufacturés. Plus globalement, la proportion des services dans les exportations totales de biens et de services ne cesse d'augmenter, conformément à la théorie de la migration des activités productives du primaire vers le secondaire puis le tertiaire. En même temps, les variations de prix enregistrées sur les marchés internationaux bouleversent périodiquement la répartition du commerce mondial entre les différentes catégories de produits. La structure des exportations se modifie ainsi brutalement lors des chocs pétroliers (1973, 1979, 2006) comme on peut l'observer sur la figure 5.4 ;
— au sein du complexe agroalimentaire, les produits transformés tendent à supplanter les produits bruts : nous avons estimé à 67 % en 2007 la proportion de PAT dans l'ensemble des PA, contre 44 % en 1984. Cette évolution est conforme au modèle historique du système alimentaire qui voit progressivement les PAT s'imposer sur les marchés au cours de « l'âge agro-industriel ». En France, selon la Comptabilité nationale 83 % de la consommation alimentaire étaient constitués

---

71. Dans ce chapitre, nous utiliserons indifféremment le terme « exportations (ou importations ou solde commercial) agricoles (ou de produits agricoles) » ou encore « exportations agricoles et alimentaires (idem) » pour désigner les exportations de PAPF. En revanche, lorsqu'il s'agira uniquement des produits alimentaires, nous utiliserons ce vocable.

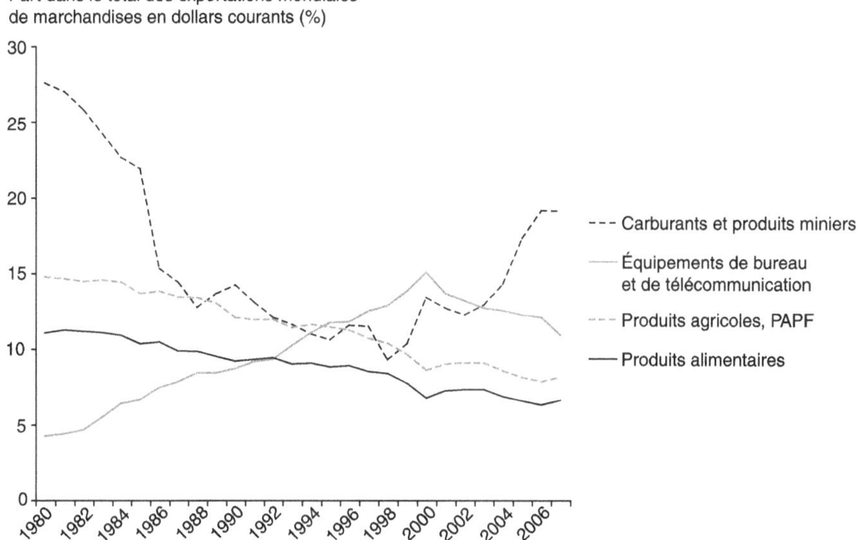

Figure 5.4. Une structure des exportations mondiales par produit, fluctuante.
Source : données OMC, Statistics Database, © 2008. <http://stat.wto.org/Home/WSDBHome.aspx?
Language=E> (consulté le 24 janvier 2009).

de produits des IAA en 2003, ce qui montre que de fortes marges de progression existent encore pour ce type de produits sur le marché international ;

— la régression des PAPF dans les exportations totales de marchandises ne signifie évidemment pas que ces produits chutent en valeur absolue. Bien au contraire, ils connaissent une croissance continue bien qu'irrégulière sur la longue période : les exportations mondiales de PAPF ont connu un accroissement annuel moyen en volume d'environ 4.2 % entre 1950 et 1963, 4 % entre 63 et 73, 2.1 % entre 73 et 90 et 3.9 % entre 1990 et 2003. Au sein des PAPF, la progression des produits alimentaires est beaucoup plus rapide que celle des matières premières non comestibles (figure 5.5) ;

— les exportations de produits agricoles et alimentaires (PAA), sur la longue période, augmentent, comme pour l'ensemble des marchandises, plus rapidement que la production. En conséquence, la part du système alimentaire ouverte sur l'international est croissante (Rastoin et Ghersi, 2000).

Les tendances lourdes que nous venons de dégager très rapidement sont de plus en plus sensibles aux paramètres démographiques. En effet, les produits alimentaires étant des produits de base, leur consommation est très dépendante du niveau de vie. La croissance économique ouvre de nouveaux et très importants marchés dans les pays très peuplés d'Asie et d'Amérique latine. En conséquence, l'adoption progressive, en Chine notamment, du modèle de consommation occidental (riche en viande) risque de provoquer, à terme, des tensions sur le marché mondial des *commodities* entrant dans la composition de l'alimentation animale. Les ajustements devraient se faire, conformément à la théorie, par stimulation de l'offre (prix attractifs) et baisse de la demande (modification du modèle de consommation). Ces questions

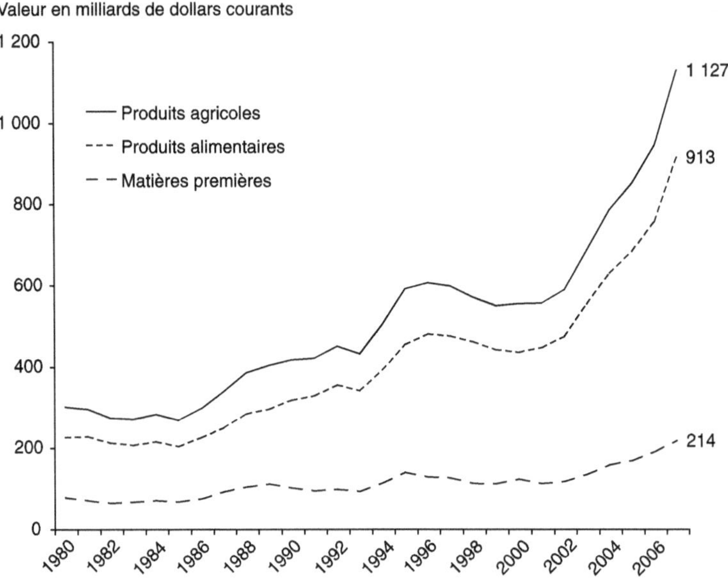

Figure 5.5. Évolution des exportations mondiales de produits agricoles et alimentaires.
Source : données OMC, Statistics Database. © 2008.

très préoccupantes pour l'avenir de l'humanité feront l'objet d'une analyse détaillée dans le chapitre consacré à la prospective alimentaire mondiale.

Intensité de l'insertion internationale

Cette section s'intéresse au degré d'internationalisation du système alimentaire, à travers 3 critères : le niveau des exportations par rapport à la valeur ajoutée sectorielle, la fraction de la production exportée selon les produits et enfin la taille des marchés internationaux de produits agricoles et alimentaires.

Ouverture internationale de l'agriculture

En 2005-2006, la moyenne mondiale du ratio Exports agricoles/PIBA[72] s'établissait à 56 %, avec des écarts considérables : on trouve une quinzaine de pays dont le ratio dépasse 100 %, principalement des pays à hauts revenus pour la plupart faiblement peuplés (Belgique, Hollande, Singapour, Irlande, Danemark, Nouvelle-Zélande, Australie, France). Ces pays se caractérisent soit par un fort potentiel productif (cas de la France, de l'Argentine et du Canada), soit par une situation privilégiée, une infrastructure logistique très performante (plateformes multimodales et un « talent » commercial (cas de la Hollande, de la Belgique et de Singapour). D'autres grandes puissances agricoles se situent à un niveau intermédiaire (entre 50 et 100 % d'ouverture internationale : États-Unis, Brésil). Ces pays ont une population nombreuse.

---

72. PIBA : Produit intérieur brut agricole.

Enfin, une cinquantaine de pays sont moins de 30 % (dont les pays les plus peuplés tels que la Chine, l'Inde, l'Indonésie). Cette situation traduit à l'évidence la concurrence entre marché domestique et marché international, d'une part et le degré de richesse économique, d'autre part. Toutefois, pour un nombre important de pays, on note une progression de l'ouverture internationale de l'agriculture. Cette ouverture a progressé de 20 % dans les 10 dernières années, confirmant l'avancée du phénomène IMG. Quelques exceptions notables cependant : États-Unis et Turquie, stagnent ou régressent (tableau 5.4). Le premier pour des raisons de perte de compétitivité, le second du fait de la croissance démographique.

Tableau 5.4. Ouverture agricole internationale de quelques pays.

Pays	Moyenne 2005-2006			Variation 2005-2006 / 1995-1996
	PIBA (M. US dollars)	**Exportations agricoles** (M. US dollars)	**Ratio X/PIBA** (%)	
Belgique	3 594	33 130	922	1,7
Pays-Bas	12 710	69 905	550	1,5
Danemark	3 572	18 312	513	2,0
Canada	17 515	42 712	244	1,2
France	42 464	54 392	128	1,3
Argentine	16 314	20 224	124	1,5
Brésil	45 128	37 290	83	2,1
États-Unis	139 055	87 669	63	0,9
Russie	39 625	15 724	40	1,8
Tunisie	3 390	1 305	39	1,8
Turquie	44 534	8 363	19	0,9
Chine	295 659	30 627	10	1,1
Japon	68 794	6 244	9	1,9
Bangladesh	11 670	607	5	1,2
Angola	3 181	61	2	0,2
Monde	1 610 671	896 341	56	1,2

Source : données Banque mondiale, WDI et Faostat, 2008.

On peut établir une corrélation négative entre PNB *per capita* et taux d'exportation agricole défini par le ratio Exports agricoles/Exports totales (Xa/Xt) : les pays riches (PIB supérieur à 10 000 $/tête/an) ont un faible taux Xa/Xt, sauf exception (Australie, Nouvelle-Zélande, Danemark). À l'inverse, les pays pauvres (moins de 1 000 $/tête) ont fréquemment un taux élevé (plus de 50 %). Cette dépendance de la balance commerciale pour un ou deux produits traduit une forte vulnérabilité économique. Une analyse plus fine montrerait probablement que les produits concernés dans le cas d'un ratio Xa/Xt élevé, caractéristique de pays en voie de développement, sont des matières premières beaucoup plus que des produits élaborés.

Internationalisation des produits

Le degré d'ouverture sur l'international peut être mesuré au niveau des produits par le ratio Xi/Yi (Exportation/Production, pour le bien i). On constate, là encore, une faible intensité. Environ 11 % de la production agricole et alimentaire mondiale sont exportés. En 20 ans (1985 à 2005), le ratio n'a progressé que de 2 points. Pour les céréales, les légumineuses, les fromages, les bananes et le vin, le taux se situe entre 20 et 30 % (tableau 5.5).

Tableau 5.5. Intégration des produits au marché international.

Produits	Exportations 2006 (t)	Ratio Export/Production	
		Moyenne 2004-2006 (%)	Évolution sur 20 ans
Kiwis	1 058 814	84	2,2
Huile de palme	29 948 917	78	1,1
Café vert	5 757 458	75	1,0
Fèves de cacao	2 993 718	74	1,0
Lait entier sec	2 153 113	72	1,7
Blé	126 212 306	20	1,0
Soja	67 881 648	30	1,1
Vin	8 352 554	27	1,8
Fromages et caillés	4 590 832	24	1,7
Bananes	16 789 032	22	1,3
Riz	30 536 667	5	1,2
Tomates	6 077 463	4	1,2
Pommes de terre	9 748 692	3	1,6
Lait frais	8 905 211	1	2,1
Mils	120 324	1	1,2
Ensemble	623 692 277	11	1,2

Source : FAO, FAOSTAT, 15 janvier 2009.

Parmi les produits très exportés figurent les plantes stimulantes (café, cacao, thé, au-dessus de 70 %) l'huile de palme et un fruit le kiwi, à plus de 80 %, alors que les agrumes et les pommes sont entre 10 et 15 %. Les grands produits de base (blé, soja) se situent dans une fourchette médiane entre 20 et 30 %, ainsi que le vin, le fromage et la banane. Les facteurs déterminants sont ici : la localisation de la demande (en zone tempérée pour les produits tropicaux) et la périssabilité des produits, bien que ce handicap soit beaucoup atténué aujourd'hui par la rapidité des transports et la baisse de leur coût. Le dynamisme manifesté par certains produits animaux et fruits et légumes qui nécessitent des procédés de conservation sophistiqués témoigne de l'importance des techniques de transport et stockage. Néanmoins, on voit la part du sucre brut exportée diminuer (aujourd'hui à moins de 30 %), ce qui traduit la montée de production et de la consommation domestique dans les pays producteurs du Sud, mais aussi de nouvelles localisations des raffineries qui deviennent exportatrices.

On constate, dans les 20 dernières années, l'émergence de nouveaux produits sur le marché international. Ainsi, la proportion exportée a été multipliée par 48 pour le haricot vert, 23 pour la quinoa, 9 pour les olives, 5 pour les mangues, sur la période 1985-2005[73]. Ces innovations s'expliquent à la fois par l'amélioration de la logistique et la baisse des coûts de transport et par des changements dans la demande des consommateurs. Les produits mentionnés accompagnent la montée des arguments « santé » (haricots verts) « équité » (quinoa) et « exotisme » (mangues) dans le modèle alimentaire.

Taille des marchés agricoles internationaux

La dynamique de croissance du commerce international des produits agricoles et alimentaires est globalement modérée. Toutefois, la taille des marchés et leur progression sont variables selon les denrées : l'hétérogénéité intra-sectorielle est très importante.

Quinze marchés internationaux de produits alimentaires avoisinaient ou dépassaient dix milliards de dollars en moyenne 2004-2006 (tableau 5.6). Le premier d'entre eux, avec près de 27 milliards, était constitué de préparations, c'est-à-dire de sauces, condiments et plats cuisinés. Dans cette liste ne figurent que 3 *commodities* : blé, soja, maïs. Tous les autres produits sont issus de l'industrie agroalimentaire, ce qui répond à l'évolution du modèle de consommation décrit ci-dessus (réduction du temps de préparation des repas). La structure du commerce alimentaire international a été profondément modifiée dans les 20 dernières années. Aux produits bruts se sont substitués les produits élaborés (tableau 5.6).

Six marchés, dépassant aujourd'hui chacun 1 milliard de dollars, étaient à des niveaux infimes il y a une vingtaine d'années. Les exportations mondiales de porcs approchent aujourd'hui 7 milliards de dollars contre 110 millions au milieu des années 1980 (coefficient multiplicateur de plus de 60). Les aliments pour animaux familiers atteignent 5,8 milliards (multiple de 60), les farines pour l'élevage sont à 3,3 milliards de dollars (70 millions en 1985). Ces flux traduisent le passage d'un élevage extensif ou à partir de déchets agricoles et alimentaires à un élevage intensif à base d'aliments industriels. Les 3 autres marchés milliardaires relèvent de l'alimentation humaine sophistiquée : crèmes glacées (2 milliards de dollars en 2005, contre 17 millions vingt ans plus tôt), pâtes pour boulangerie-pâtisserie (1,7 milliard contre 14 millions) et les yaourts (1,5 milliard en 2005, 460 millions en 1985, soit 3 000 fois plus). À noter que tous ces produits ont connu leur phase de croissance la plus élevée entre 1985 et 1995. Dans les dix années suivantes, les progressions se sont ralenties pour se situer tout de même entre 150 et 320 %. Dans tous les cas, la

---

73. Tous les exemples qui suivent dans cette section sont tirés de calculs effectués sur les exportations mondiales en valeur (dollars courants des États-Unis), à partir de Faostat (extraction faite en janvier 2009).

Tableau 5.6. Les grands marchés agroalimentaires mondiaux.

Rang	Produits	Valeur en Mds US $	Coefficient d'évolution	
		Moyenne 2004-2006	1985-1995	1995-2005
1	Préparations alimentaires*	26,6	3,5	1,9
2	Vin	20,9	2,3	2,1
3	Blé	19,1	1,2	1,1
4	Boissons alcoolisées distillées	17,9	2,9	1,6
5	Viande de bovins, désossée	16,5	2,6	1,8
6	Fromage, au lait de vache entier	16,0	2,5	1,6
7	Soja	15,8	1,3	1,9
8	Cigarettes	14,5	4,1	0,9
9	Produits cacaotés*	12,8	3,8	1,7
10	Pâtisserie	12,6	4,1	2,0
11	Maïs	12,1	1,3	1,1
12	Tourteaux de soja	11,4	1,6	1,8
13	Huile de palme	11,2	2,4	1,9
14	Viande de suidés	10,9	1,6	1,8
15	Viande de volaille	9,6	3,8	1,5
	Produits agricoles et alimentaires	599,4	2,0	1,6

Source : nos calculs, données FAO, FAOSTAT, 16 janvier 2009. * nda, note de l'auteur

théorie du cycle de Vernon s'applique bien (apprentissage sur le marché intérieur, puis développement international).

Au sein même de chaque catégorie de produits, les disparités sont fortes, ce qui vient confirmer qu'il n'y a pas de fatalité au déclin dans chaque sous-secteur du système alimentaire et que des stratégies « gagnantes » peuvent être trouvées. L'innovation, c'est-à-dire le fruit du capital de connaissances et donc des ressources humaines est ici fondamentale. Ainsi, dans les produits dérivés du blé, on a les progressions suivantes des exportations en valeur entre 1985 et 2005 :
– blé : multiple de 1,4,
– farine de blé : 1,7,
– pâtes alimentaires : 5,6,
– germe de blé : 7,7,
– pain : 9,8.

Autre exemple : le jus d'ananas concentré progresse d'un multiple de 11,4 alors que l'ananas en conserve est à 2,8 ; les abats et foies de canard ont un score de 138, alors que la viande de canard est à moins de 5 ; le lait en poudre est à 4 et le fromage fondu à 60, etc. Ces quelques chiffres illustrent parfaitement le mécanisme de création de valeur le long d'une filière agroalimentaire, lorsque les entreprises sont en phase avec la dynamique du marché.

Intensification des échanges intra-branches

Troisième phénomène important de la dynamique des systèmes alimentaires, le développement des échanges intra-branches : l'indice Grubel-Lloyd, qui mesure l'intensité du commerce au sein d'un même groupe de produits[74], est passé de 0.38 à 0.45 dans l'Union européenne entre 1980 et 1992. Cet indice était supérieur à 50 % pour 26 des 48 branches alimentaires de la classification SIC aux États-Unis en 1994 (Henderson *et al.*, 1997). En France, nos calculs donnent les résultats suivants (tableau 5.7) :

Tableau 5.7. Intensité des échanges intra-branches dans le commerce extérieur de la France.

Indice de Grubel-Lloyd – France – commerce en valeur		IGL 89 (*)	IGL 95 (**)	Var. IGL (%)	Var. export (%)
	Commerce total	0,95	0,98	3	47
01	Viande et préparations de viande	0,86	0,95	10	65
08	Nourriture destinée aux animaux	0,79	0,91	14	40
41	Huiles, graisses et cires d'origine animale	0,89	0,87	-3	43
22	Graines et fruits oléagineux	0,27	0,83	207	-56
42	Huiles végétales fixes	0,82	0,81	-1	46
05	Légumes et fruits	0,71	0,74	4	36
07	Café, thé, cacao, épices, et produits dérivés	0,53	0,70	32	144
02	Produits laitiers et oeufs d'oiseaux	0,52	0,63	19	40
09	Produits et préparations alimentaires divers	0,89	0,59	-33	244
06	Sucres, préparations à base de sucre, et miel	0,44	0,53	22	12
43	Huiles et graisses préparées, et cires	0,35	0,52	46	145
03	Poissons, crustacés et mollusques	0,51	0,47	-7	15
03	03Animaux vivants	0,50	0,44	-13	22
04	Céréales et préparations à base de céréales	0,32	0,42	30	6
11	Boissons	0,30	0,32	9	27
12	Tabacs bruts et fabriqués	0,27	0,28	2	79

(*) IGL : indice de Grubel-Lloyd, moyenne 1988-1990.
(**) IGL : indice de Grubel-Lloyd, moyenne 1994-1996.
Source : nos calculs d'après données OCDE, 1998.

---

74. L'indice de Grubel-Lloyd est calculé de la façon suivante GL = [(X+M) − |(X+M)|] / (X+M). si GL = 1, le commerce intra-branches représente la totalité des échanges : les importations du produit considéré sont entièrement couvertes par les exportations de ce même produit, en conséquence, il n'y a pas de « solde » positif ou négatif couvrant des échanges d'autres produits. Une valeur GL = 0 représente l'absence d'échanges intra-branches : cette branche ne fait qu'exporter (ou importer) le produit considéré.

On peut constater que les indices sont élevés (supérieurs à 0.5) pour la plupart des produits, à l'exception des poissons, des animaux vivants, des céréales, des boissons et du tabac, tous produits de type « matières premières ». Les IGL progressent fortement pour les oléagineux, les céréales et les boissons tropicales, traduisant un développement de la transformation de ces produits en France et de leur commerce extérieur. Par ailleurs, le commerce pour tous les produits, mesuré par les exportations, augmente de façon importante, sauf pour les graines oléagineuses et les céréales, par suite de la saturation du marché international.

Ce phénomène résulte de la segmentation poussée des marchés et donc de leur forte diversification, au sein de chaque catégorie de produits. Cela peut s'interpréter comme une infirmation de la thèse ricardienne selon laquelle un pays va se spécialiser dans les denrées pour lesquelles il possède un avantage relatif, ce qui devrait conduire à une baisse des échanges intra-branches. La nouvelle théorie du commerce international interprète cette divergence par les économies d'échelle internes (effet de la taille sur les coûts unitaires) et externes (gains procurés par la croissance globale du secteur engendrant des baisses de coûts de transaction). On peut observer l'un et l'autre à travers l'analyse des grandes firmes (cf. *infra*), ce qui conduit à souligner le rôle déterminant de ces firmes dans la compétitivité globale du secteur.

Polarisation du commerce international agricole et alimentaire

Deuxième caractéristique des échanges internationaux de produits agricoles et alimentaires, ce commerce est fortement polarisé : en 2007, 67 % des échanges mondiaux (exportations + importations) étaient réalisés par les blocs de la « Quadriade » (Union européenne, ALENA, Mercosur et Chine), avec un poids considérable des échanges « intra-régionaux ». Ainsi, le commerce entre les 27 pays de l'Union européenne représente plus du tiers des exportations mondiales de PAPF. Dans les dix dernières années (1997 à 2007), le commerce agricole chinois a été multiplié par 3,4, celui du Mercosur a doublé ainsi que celui de l'UE-27, et celui de l'ALENA s'est accru de 58 %, alors que la croissance mondiale atteignait 87 %. La cause de ce mouvement est à rechercher dans l'élargissement progressif de l'arène oligopolistique agroalimentaire mondiale. La « défragmentation » du monde à partir de 1989 (effondrement du bloc soviétique) et l'ouverture des marchés démographiques de l'Asie ont permis le dépassement des zones économiques traditionnelles. Le fondement du phénomène peut se situer là encore dans les théories de la différenciation de Chamberlin et du cycle du produit de Vernon.

La polarisation du commerce international renvoie également à la théorie de l'oligopolisation et de la divergence, c'est-à-dire de la concentration du pouvoir de marché entre les mains d'un petit nombre de pays et l'apparition de distorsions croissantes au niveau des recettes d'exportation. Les chiffres ci-dessus montrent clairement que les cartes sont en train d'être redistribuées. Les gagnants sont principalement les grands pays émergents[75], mais aussi quelques petits pays comme le Liban, le

---

75. Entre 1996 et 2006 (moyennes centrées) 7 pays dépassant, en 2007, les 10 milliards de dollars d'exportations agricoles ont plus que doublé leurs ventes sur le marché international : Vietnam, Pologne, Russie, Autriche, Brésil, Indonésie, Chine et Chili (taux de croissance s'échelonnant dans l'ordre des pays cités entre 833 % et 103 % sur la période). Dans cette liste, un seul pays développé, l'Autriche.

Sénégal, le Mozambique ou la Tunisie[76] qui se montrent très dynamiques dans la réponse à une demande internationale en croissance. Une des explications de ce succès est probablement à rechercher dans l'aptitude commerciale.

Enfin, la NEG (nouvelle économie géographique) fournit un cadre théorique pour expliquer la polarisation des espaces en fonction des caractéristiques des pays et des marchés. L'École classique des géographes allemands fondateurs de l'économie spatiale (Johann Heinrich von Thünen, Launhardt et Weber, au XIXe siècle et au début du XXe) assimilait l'espace à une surface homogène de transport – d'où le fameux théorème des « anneaux concentriques »[77]. Suite aux travaux de Hotteling montrant l'importance du comportement stratégique des agents économiques pour l'organisation de l'espace (Hotteling, 1929), Paul Krugmann a jeté, au début des années 1990, les bases d'un renouvellement de l'économie spatiale intitulé « nouvelle économie géographique (NEG) » (Krugmann, 1991). Tout naturellement, les bases de ce paradigme sont les mêmes que celles ayant inspiré la théorie du « commerce international stratégique ». Les modèles de la NEG utilisent les postulats suivants (Head et Mayer, 2004) :
– existence d'économies d'échelles à l'intérieur des entreprises et donc de rendements croissants ;
– concurrence imparfaite ;
– existence de coûts de transaction ;
– endogénéité de la localisation des entreprises qui dépend du taux de profit en chaque endroit ;
– endogénéité de la localisation de la demande, en fonction de celle des entreprises.

Les conditions (1) à (4) sont communes à la NEG et aux nouvelles théories du commerce international. Si les cinq postulats sont satisfaits, il peut exister des asymétries spatiales et une rupture des effets d'agglomération. Si l'hypothèse (5) n'est pas vérifiée, il peut exister un effet d'agglomération, mais celui-ci résulte d'une différence de taille dans les régions (Lemoine *et al.*, 2007).

Un effet d'agglomération se produit lorsque les forces centripètes qui poussent à la concentration spatiale des activités (c'est-à-dire à une polarisation sur certains sites géographiques) sont supérieures aux forces centrifuges. Les facteurs de polarisation sont : des rendements d'échelle qui poussent à la concentration des unités de production, une concurrence vive par les prix qui incite à la différenciation des produits, des coûts de transport faibles (qui permettent d'acheminer facilement vers les marchés éloignés les produits fabriqués au lieu de l'agglomération), des externalités positives, dites technologiques, liées à la proximité (déjà mentionnées par A. Marshall dans sa théorie des districts industriels qui signale l'importance des échanges verbaux directs entre les chefs d'entreprise : « *the secret of industry are in the air* »)[78].

---

76. Ces pays ont également doublé leurs exportations agricoles dans les 10 dernières années.

77. Les activités agricoles s'organisent en fonction de la distance par rapport au marché physique et de la surface disponible pour cette activité. En conséquence, la productivité marginale de la terre décroît lorsque l'on s'éloigne du marché et la carte de la rente foncière prend la forme d'anneaux dont le centre se situe à l'emplacement du marché.

78. Le « capital social » imaginé par le sociologue Pierre Bourdieu, qui résulte des contacts entre individus pour constituer un « portefeuille de connaissances », est aussi une externalité positive.

Les grands pays exportateurs

D'après les statistiques de la FAO, dans le club très fermé des 10 leaders mondiaux, des changements importants sont intervenus dans les 30 dernières années. Entre 1965 (moyenne triennale 64-66) et 2005 (moyenne triennale 04-06), 4 pays ont quitté le club (l'Argentine, le Royaume-Uni, l'ex-URSS et le Danemark), remplacés par l'Allemagne, la Belgique, l'Italie et l'Espagne. La part de marché du top 10 s'est considérablement accrue sur cette période, de 49 % à 61 % (plus de 10 points). Cependant, le dynamisme a été variable selon les pays : gain supérieur à 2 points pour la France (dont la position s'affaiblit cependant depuis le pic de 1990 à 10,2 %), proche de 3 points pour l'Allemagne et les Pays-Bas ; perte pour les pays « exclus » mentionnés ci-dessus et pour les États-Unis. Pour ces derniers, le recul s'est accentué depuis 1980 (5 %), après une progression dans les années 70 (+ 4.4 %) et un léger fléchissement sur 62-70. Ces chiffres expliquent l'agressivité nord-américaine dans les discussions sur la réforme des politiques agricoles, bien que les États-Unis demeurent très nettement la première puissance exportatrice agricole mondiale. Le Brésil enregistre la plus forte croissance du top 10 dans les 10 dernières années. Il bénéficie également du plus large potentiel de développement en raison de ses disponibilités en terre et de son agribusiness en plein essor (tableau 5.8).

Tableau 5.8. Classement sur 40 ans du top 10 mondial des exportateurs agricoles (PAPF).

Pays	Moyenne 2004-2006		Moyennes triennales centrées			
	Valeur (Mds US$)	Part de marché (%)	Variation 1995-2005 (%)	Rang 2005	Rang 1985	Rang 1965
États-Unis	67	10,1	11	1	1	1
Pays-Bas	51	7,8	41	2	3	4
France	48	7,3	24	3	2	3
Allemagne	43	6,5	73	4	4	16
Brésil	31	4,7	131	5	5	7
Belgique-Luxembourg	28	4,3	56	6	10	19
Italie	26	3,9	73	7	11	13
Espagne	25	3,8	94	8	16	22
Canada	22	3,4	73	9	8	5
Australie	21	3,2	54	10	6	2
Top 10	363	54,9	47			
Monde	661	100,0	53			

Source : nos calculs, données FAO, FAOSTAT, 16 janvier 2009.

Adoptons à présent un point de vue plus géopolitique, en utilisant les chiffres de l'OMC qui sont sensiblement plus élevés que ceux de la FAO en raison de nomenclatures différentes[79]. L'Union européenne à 27 pays représente, en 2007, 43 %

---

79. La moyenne 2004-2006 des exportations mondiales de PAPF s'établit à 859 milliards de dollars selon l'OMC et 661 milliards selon Faostat, soit un écart impressionnant de 30 % !

des exportations mondiales de produits agricoles et alimentaires en valeur et constitue donc, de loin, la première puissance mondiale selon ce critère puisque les États-Unis ne sont qu'à 10 %. Cependant, si l'on considère l'Union européenne comme un seul pays, en éliminant les échanges intra-communautaires (qui représentent 78 % des exportations agricoles totales de l'UE en 2007), on fait apparaître le poids croissant des pays émergents. Ces pays, dans le classement 2007, deviennent majoritaires, avec 23 % de part de marché mondiale contre un peu moins de 20 % pour les États-Unis et l'UE-27. On remarque également que si tous les pays émergents connaissent des croissances très soutenues entre 2000 et 2007 (+ 111 %) ce qui n'est pas le cas des États-Unis (+ 59 %), l'UE tire bien son épingle du jeu (+ 95 % en commerce extra-communautaire et + 112 % en exportations agricoles totales), c'est-à-dire mieux que la moyenne mondiale à 104 %. Ceci s'explique probablement par le contenu du panier d'exportation, mieux garni pour l'Europe en produits transformés (tableau 5.9).

Tableau 5.9. Le top 10 des exportateurs de produits agricoles et alimentaires.

Rang 2007	Pays	Année 2007		Variation 2000-2007 (%)
		Mds US $	Part de marché (%)	
1	États-Unis	113,5	10,1	59
2	*UE-27, exports extra UE*	*108,7*	*9,6*	*95*
3	Canada	48,7	4,3	40
4	Brésil	48,2	4,3	212
5	Chine	38,9	3,4	137
6	Argentine	28,8	2,6	141
7	Thaïlande	25,0	2,2	104
8	Russie	23,5	2,1	213
9	Indonésie	23,4	2,1	202
10	Australie	22,1	2,0	36
	Total Top 10	481,1	42,7	93
	Total pays émergents	258,8	23,0	111
	UE-27, total exports	487,7	43,3	112
	Monde	1 127,7	100,0	104

Source : nos calculs, données OMC, statistics Database, 2 février 2009.

Une segmentation plus fine des marchés d'exportation ciblés conduirait à un classement peu différent. Ainsi, en retenant les PAT, 4 pays se disputent le *leadership* mondial depuis plusieurs décennies : Allemagne, États-Unis, France, et Pays-Bas, avec environ 8 à 9 % de part de marché chacun. Toutefois, depuis le milieu des années 1990, la France et les Pays-Bas subissent un net recul et les États-Unis progressent. On notera surtout la percée spectaculaire de l'Allemagne, qui passe devant la France[80]. Cette situation est paradoxale et tend à montrer que l'effet de

---

80. Pour une analyse détaillée du cas français, cf. Genre et Pouch, 1997.

réputation est un argument moins convaincant que le savoir-faire dans les techniques d'exportation. La concentration au niveau des 10 premiers pays est identique pour les PA et les PIA (environ 55 % depuis 2000), et les pays sont les mêmes, avec des rangs légèrement différents à partir du 5ᵉ (tableau 5.10). Ceci tendrait à montrer que les grands pays exportateurs agricoles se sont tous ou presque engagés sur la voie de l'agroalimentaire (valorisation des matières premières) et confirmerait ainsi la théorie de l'évolution historique des systèmes alimentaires vers l'industrialisation, puis la tertiarisation.

Tableau 5.10. Le top 10 des exportateurs de produits agroalimentaires, 2007.

Rang 2007	Pays	Année 2007		Évolution 1998-2007 (%)	Rang 1998
		Valeur (M. US $)	Part de marché (%)		
1	Allemagne	39 869	7,8	135	4
2	France	38 940	7,6	57	1
3	Pays-Bas	36 590	7,2	108	3
4	États-Unis	34 734	6,8	70	2
5	Italie	24 088	4,7	106	7
6	Belgique-Luxembourg	23 656	4,6	101	6
7	Brésil	22 688	4,5	242	13
8	Chine	21 142	4,1	210	11
9	Royaume-Uni	18 351	3,6	55	5
10	Espagne	18 317	3,6	122	9
	Top 10	278 375	54,6	104	
	Monde	509 771	100,0	110	

Source : nos calculs, données Comtrade, BEC class. 1 & 12, 15 janvier 2009, extraction.

Les premiers importateurs

Dans la liste des dix premiers importateurs mondiaux de produits agricoles et alimentaires figure les mêmes pays que dans celle des exportateurs, à l'exception du Japon, présent (troisième importateur mondial derrière les États unis et l'Allemagne) et de l'Australie, absente. On confirme ici l'exceptionnelle croissance du marché chinois qui a été multiplié par 3,5 en 10 ans. Les autres pays connaissent une progression s'échelonnant entre 40 et 90 % sur les dix dernières années, ce qui représente un taux de l'ordre de 3 à 5 % par an, nettement supérieur à la croissance des marchés intérieurs. On constate dans le tableau 5.11 que l'UE-27 est de loin le premier marché agricole et alimentaire mondial, avec 46 % des importations mondiales et 12 % si l'on exclut les échanges intra-communautaires, et connaît une croissance honorable depuis 2000 (doublement). Les pays émergents ne réalisent que 38 % du chiffre d'affaires du top 10 et 16 % des importations mondiales, en raison de la présence dans le trio de tête du Japon et du nombre élevé de petits importateurs principalement dans le groupe des PVD.

Tableau 5.11. Le top 10 des importateurs de produits agricoles et alimentaires, 2007.

Rang 2007	Pays	Année 2007		Variation 2000-2007
		Mds US $	Part de marché (%)	(%)
1	UE-27, imports pays tiers	135	12	98
2	États-Unis	109	10	58
3	Japon	69	6	11
4	Chine	65	6	234
5	Canada	27	2	79
6	Russie	27	2	190
7	Corée du sud	22	2	71
8	Mexique	22	2	99
9	Hong Kong, Chine	13	1	14
10	Arabie Saoudite	12	1	120
	Total Top 10	503	44	76
	Pays émergents	189	16	122
	UE-27	529	46	108
	Total monde	1 147	100	95

Source : nos calculs, données OMC, statistics Database, 2 février 2009.

Les facteurs influençant le niveau des importations sont multiples et se combinent. Ils sont identiques à ceux que nous avons mentionnés en tant que déterminant de la consommation alimentaire domestique (Padilla et Le Bihan, 1997). Il s'agit fondamentalement d'une combinaison entre des besoins et une capacité à produire sur le sol national. Les besoins résultent de la démographie : importance de la population et pyramide des âges, mais aussi de paramètres socio-culturels et économiques, notamment le pouvoir d'achat du pays. Ce dernier va être influencé par le taux de change, ce qui explique la situation dramatique dans laquelle vont se trouver les pays pauvres, importateurs nets à monnaie faible, lorsque les prix alimentaires vont flamber sur le marché international (Égypte, Maroc, Tunisie par exemple en 2007-2008). La capacité à produire est une résultante du potentiel agro-climatique national, du niveau technique des producteurs et des investissements réalisés dans le système alimentaire, eux-mêmes influencés par les politiques publiques et l'organisation professionnelle. Les études empiriques convergent pour indiquer que la capacité à produire est très liée à la capacité organisationnelle des filières[81]. Le tableau 5.12 illustre la dépendance externe de 155 pays mesurée à l'aide du ratio importations agricoles/PIB. En moyenne 2005-2007, ce ratio s'établissait entre 0 et 37 %. Il confirme les hypothèses ci-dessus quant aux déterminants de cette dépendance, mais ne trouve aucune corrélation significative entre le PIB par tête et l'intensité de la dépendance, ce qui suggère que les facteurs naturels et politiques sont

---

81. Sur ce point, cf. Rastoin *et al.*, 1997.

prépondérants. Plus de 50 pays ont un taux de dépendance supérieur à 5 %, ce qui implique une facture alimentaire en devises élevée (tableau 5.12).

Tableau 5.12. Dépendance agricole commerciale internationale, moyenne 2005-2007.

Ratio Ma/PIB	PIB/tête (US $)	Nombre de pays	Exemples
> 10 %	287 à 8 813	12	Îles tropicales, Bosnie-Herzégovine, Jordanie, Sénégal, Guinée
5 à 9,9 %	233 à 70 450	42	Pays-Bas, Malaisie, Liban, Côte-d'Ivoire, Égypte, Bangladesh
2,5 à 4,9 %	100 à 51 850	57	Danemark, Autriche, Allemagne, Italie, Russie, Roumanie, Nigéria, Burundi
1 à 2,4 %	283 à 68 903	24	Norvège, Royaume-Uni, Japon, France, Canada, Australie, Israël, Mexique, Turquie, Chine, Soudan
< 1 %	130 à 44 653	20	États-Unis, Argentine, Brésil, Inde, Congo
Moyenne mondiale : 2,1 %	*Moyenne mondiale : 7 481*	*Total : 155*	

Ma : importations agricoles
Sources : nos calculs, données Banque mondiale, WDI, 2008 pour le PIB et OMC, 2008 pour les importations.

Les balances commerciales agricoles

La dépendance externe des pays peut aussi se mesurer avec le solde commercial international. Ce solde se calcule de façon absolue par la différence entre exportations et importations et relative, par le ratio exportations/importations. La encore, les situations par pays sont contrastées.

Le Brésil est devenu en quelques années le pays le plus performant au monde en termes de balance commerciale internationale grâce à une croissance soutenue de ses exportations et à un faible niveau d'importation. Son ratio export/import est le deuxième après celui de l'Argentine. La Nouvelle-Zélande, l'Uruguay, le Paraguay, le Chili, l'Équateur ont également des excédents très importants (ratio supérieur à 3). L'Amérique du Sud se signale comme un sous-continent très performant en matière d'exportation (tableau 5.13).

À l'inverse, les pays du Golfe arabe, l'Algérie, la Syrie enregistrent de lourds déficits commerciaux. En Europe, les Pays-Bas et la France font figure d'exception, la plupart des autres pays ayant des soldes très négatifs (de l'ordre de 20 à 30 milliards de dollars pour l'Allemagne, l'Italie, la Chine et le Royaume-Uni). Le Japon détient le record absolu avec un déficit de plus de 60 milliards de dollars, facilement explicable par la grande faiblesse de son potentiel productif et l'importance de sa population. Le Japon a mis en place une stratégie d'approvisionnement fondée sur des contrats à long terme avec des pays producteurs, voire l'investissement direct comme c'est le cas au Brésil.

Tableau 5.13. Soldes commerciaux agricoles positifs et négatifs les plus élevés.

Rang	Pays	Moyenne 2005-2007		Variation du solde sur 10 ans (%)
		Solde X-M (M. US $)	Ratio X/M	
1	Brésil	35 247	7,2	282
2	Pays-Bas	28 465	1,6	65
3	Argentine	21 462	14,2	95
4	Canada	20 454	1,8	1
9	France	9 210	1,2	-5
72	Allemagne	-18 101	0,8	-22
73	Italie	-18 914	0,6	14
74	Chine	-20 657	0,6	17 197
75	Royaume-Uni	-31 580	0,4	112
77	Japon	-60 129	0,1	-11

X : exportations, M : importations.
Source : nos calculs, données OMC, Statistics data, octobre 2008 et 14 janvier 2009.

Les évolutions dans les dix dernières années sont rapides pour certains pays. La Chine a ainsi creusé son déficit agricole de manière abyssale, passant d'un quasi-équilibre en 1995-1997 à un solde de – 21 milliards de dollars en 2002-2007 : si ses exportations ont doublé, ses importations ont quadruplé pendant cette période. Le développement des exportations agricoles de la Chine n'a pu compenser l'explosion des importations résultant de la croissance économique dont le corollaire a été l'adoption du modèle de consommation de masse de type occidental et notamment le passage à une alimentation plus riche en protéines animales qui entraîne des importations d'aliments pour l'élevage. Dans ce cas, comme dans celui des pays pétroliers, le déficit de la balance alimentaire peut être comblé par un excédent en provenance d'autres secteurs. Ce n'est malheureusement pas le cas de nombreux pays du Sud dont l'essentiel de l'activité économique provient de l'agriculture.

Matrice des échanges internationaux

Les flux de produits dessinent à la surface de la planète un écheveau de liens économiques dense, mais asymétrique. L'essentiel du commerce agricole et alimentaire mondial demeure cantonné, pour l'essentiel, à quelques « autoroutes » (maritimes, terrestres et aériennes) qui relient des puissances hégémoniques entre elles et laissent des miettes aux autres pays. Le monde du commerce agricole est multipolaire : 3 zones, Europe, Amérique du Nord et Asie assurent 81 % des exportations et 84 % des importations totales (tableau 5.14). Une seconde caractéristique lourde des échanges est la prépondérance des échanges intra-zones : 81 % pour l'Europe (effet « Union européenne »), 42 % pour l'Amérique du Nord (effet « ALENA ») et 56 % pour l'Asie (dans ce cas, il n'y a pas de zone de libre-échange, mais des relations d'affaires très actives). Ces considérations montrent la très grande efficacité des unions économiques pour stimuler les échanges commerciaux.

Tableau 5.14. Matrice du commerce international des produits agricoles et alimentaires, 2007.

Destinations Origines	Am. N.	Am.l.	Europe	C.E.I.	Afrique	M.-O.	Asie	Monde	Total (Mds US $)	Xorigine/ Xmonde
Amérique du Nord	42 %	7 %	12 %	1 %	4 %	3 %	31 %	100 %	177	16 %
Amérique latine	16 %	15 %	33 %	5 %	6 %	5 %	20 %	100 %	125	11 %
Europe	5 %	1 %	81 %	3 %	3 %	2 %	5 %	100 %	518	46 %
C.E.I.	2 %	0 %	24 %	33 %	7 %	6 %	27 %	100 %	38	3 %
Afrique	5 %	1 %	50 %	2 %	21 %	5 %	17 %	100 %	33	3 %
Moyen-Orient	2 %	0 %	17 %	5 %	8 %	59 %	9 %	100 %	18	2 %
Asie	13 %	1 %	17 %	2 %	4 %	6 %	56 %	100 %	213	19 %
Monde									1 122	100 %

Source : nos calculs, données OMC, Statistics Database, 17 janvier 2009.

En éliminant les flux internes aux unions douanières, le panorama change totalement : le marché international des produits agricoles est divisé par 2 (580 milliards de dollars au lieu de 1121), l'Asie passe au premier rang avec 210 milliards, suivie de l'Amérique latine, de l'Amérique du Nord et de l'Europe avec environ 100 milliards pour chaque sous-continent. En réalité, le marché que l'on peut réellement qualifier d'international ne représente qu'une très faible partie de la production mondiale. Il joue néanmoins un rôle pilote pour l'établissement des prix.

La matrice du commerce international permet également de visualiser la destination des produits (optique « débouchés ») ou l'origine des approvisionnements des différentes zones du monde (optique *sourcing*). Par exemple, l'Europe trouve ses principaux clients en son sein, puis en Asie et en Amérique latine et ses fournisseurs en Europe, en Amérique latine et en Asie, ce qui vient confirmer l'importance des échanges croisés, pour des raisons de logistique (remplissage des transporteurs) et de réseaux commerciaux (connaissance mutuelle des partenaires).

En superposant des matrices correspondant à des périodes différentes, il est possible d'observer les changements à l'œuvre dans la structure des échanges. La matrice 2000-2007 montre que les zones ayant constitué les marchés les plus dynamiques pour les exportateurs sont l'ex-URSS, puis l'Afrique, avec un coefficient multiplicateur de 3,5 pour la première et de 2,5 pour la seconde. Il s'agit toutefois de marchés de taille réduite (respectivement 50 et 43 milliards de dollars), mais qui font preuve d'un grand dynamisme. C'est l'Amérique latine qui a tiré le plus grand profit de ces marchés émergents (multiplé par près de 5). La CEI et le Moyen-Orient ont réalisé une percée remarquable en Afrique. Les autres zones enregistrent des progressions plus modestes, mais qui sont cependant proches d'un doublement en 7 ans, et ceci sur des masses économiques beaucoup plus consistantes (tableau 5.15).

Tableau 5.15. Évolution du commerce international de produits agricoles entre 2000 et 2007 (en %).

Destinations Origines	Am. N.	Am. l.	Europe	C.E.I.	Afrique	M.-O.	Asie	Monde
Amérique du Nord	1,5	1,9	1,3	2,1	2,1	1,6	1,5	1,5
Amérique latine	1,8	1,9	2,3	4,9	4,5	3,1	3,0	2,4
Europe	1,8	1,5	2,2	3,4	1,9	1,8	1,8	2,1
C.E.I.	1,8	0,8	2,2	3,4	12,1	8,3	2,7	3,0
Afrique	1,6	1,2	1,8	3,5	1,9	1,6	1,7	1,8
Moyen-Orient	1,8	1,7	1,8	3,2	5,8	2,7	2,6	2,6
Asie	2,0	3,1	2,3	4,4	3,4	2,6	1,9	2,1
Monde	1,7	1,9	2,1	3,5	2,5	2,3	1,9	2,0

Les chiffres représentent le ratio export 2007 / export 2000.
Source : nos calculs, données OMC, Statistics Database, 17 janvier 2009.

Les avantages comparatifs des pays dans la compétition mondiale

Le concept d'avantage comparatif, issu de la théorie ricardienne peut être défini de la façon suivante : tout pays trouvera intérêt à se spécialiser et à exporter les biens pour lesquels il dispose du plus fort avantage comparé ou du moindre désavantage comparé, en important en échange les autres biens de ses partenaires à la condition nécessaire et suffisante qu'il existe une différence entre les coûts comparés constatés en autarcie dans plusieurs pays. La source d'avantage comparatif est soit qualitative (productivité de la main-d'œuvre et compétence technique[82], dans la théorie classique de Ricardo), soit quantitative, dans la théorie néo-classique (disponibilité relative en facteurs de production : un pays exporte relativement plus qu'un autre pays le produit qui incorpore plus du facteur de production dont il est le mieux doté[83], théorème OHS) (Lassudrie-Duchêne et Ünal-Kesenci, 2001).

Les taux d'échanges internationaux étant dans la réalité différents des rapports des coûts nationaux du fait des coûts d'approche et des obstacles au commerce (qui explique par ailleurs la nature et les flux d'échanges entre pays), on utilise dans les études empiriques des indicateurs appelés « avantages comparatifs révélés », mis au point par un économiste hongrois, Bela Balassa (Balassa, 1965).

---

82. Ces éléments ont été repris de nos jours dans le cadre d'explications technologiques de l'échange international, la théorie du cycle du produit, par exemple, insiste sur le rôle des innovations dans l'évolution des avantages comparatifs des pays.

83. Les coûts relatifs des facteurs proviennent de l'utilité et de la productivité de ces facteurs, qui sont elles-mêmes dépendantes des quantités relatives de facteurs dont les pays ou les régions disposent. Les dotations factorielles, inégales d'un pays à l'autre, se traduisent par des différences de coûts comparés des biens.

L'avantage comparatif révélé (ACR) est donné par :

ACRi = (Xij / Xtj) / (Xin / Xtn),

pour une année n,

où Xij représente les exportations d'un produit i par un pays j

Xtj correspond aux exportations totales du pays j

Xin représente les exportations totales du produit i (au niveau d'une région ou du monde, n), et

Xtn les exportations totales de tous les produits (au niveau d'une région ou du monde, n).

Nous avons calculé l'ACR pour 185 pays et pour deux périodes. Les résultats montrent que 106 pays ont un indice supérieur à un qui correspond à la valeur du monde. Ceci traduit la structure à dominante « agricole » de leur commerce extérieur pour la majorité des pays de la planète. Les données concernant les plus hautes valeurs de l'ACR pour les pays ayant exporté en moyenne 2005-2007 plus de 3 milliards de dollars de produits agricoles et pour les plus gros exportateurs agricoles mondiaux et la Chine figurent dans le tableau 5.16.

Tableau 5.16. Avantages comparatifs révélés pour quelques grands exportateurs de produits agricoles.

Pays	Moyenne 2005-2007				Variation 1996-2006 (%)
	Exportations agricoles		ACR		
	M. US $	Rang mondial	Valeur	Rang mondial	
Nouvelle-Zélande	14 095	21	7,4	1	36
Argentine	23 084	13	6,1	2	25
Côte-d'Ivoire	3 591	48	5,5	3	-11
Équateur	3 802	46	3,9	4	-22
Brésil	40 934	6	3,7	5	20
Hollande	75 441	2	2,0	15	1
France	58 112	4	1,4	18	10
Canada	44 699	5	1,4	19	-2
USA	96 283	1	1,2	27	2
Allemagne	62 422	3	0,7	39	26
Chine	33 369	9	0,4	41	-50
Union européenne (27)	424 549		1,1		
Monde	973 450		1,0		0

Source : nos calculs, données OMC, Statistics Database, 14 janvier 2009.

Dans les cinq pays les plus performants selon l'ACR agricole, on trouve uniquement des PVD, dont trois gros exportateurs : la Nouvelle-Zélande, l'Argentine et le

Brésil et deux petits, la Côte d'Ivoire et l'Équateur. Tous ces pays, à l'exception du Brésil, sont spécialisés sur un petit nombre de produits. Leurs taux de progression d'ACR dans les dix dernières années sont élevés (entre 20 et 36 %), à l'exception de la Côte-d'Ivoire qui a souffert de troubles politiques. Parmi les *leaders* mondiaux, Les Pays-Bas se situent en tête avec un ACR proche de 2, très supérieur à celui des autres grands exportateurs, mais stagnent en termes de compétitivité. L'Allemagne et la Chine ont de faibles ACR du fait de la proportion minime des exportations agricoles dans leurs ventes totales à l'étranger.

Interprétation théorique de la dynamique du commerce international

On vient de vérifier, de façon empirique, la pertinence partielle de la théorie de l'avantage comparatif en tant qu'indicateur des différentiels de performance internationale des pays. Les avancées récentes de la théorie ont montré que la productivité (théorie classique ricardienne) ou l'intensité des facteurs de production (théorie néo-classique) demeurent influentes, mais ne constituent plus désormais les seules explications. C'est davantage des facteurs liés aux entreprises, tels que leur pouvoir de marché sur leurs fournisseurs et leurs clients, leur capacité d'investissement matériel et immatériel (R&D et publicité) qui contribuent à éclairer les écarts de performance et qui modifient en permanence la structure des marchés nationaux et internationaux. La concurrence, qui s'intensifie sur des espaces plus larges et plus ouverts conduit en permanence à redistribuer les cartes par le jeu des absorptions-fusions et des créations et disparitions d'entreprises (Lassudrie-Duchêne et Ünal-Kesenci, 2001).

En résumé, le commerce international de produits agricoles et agroalimentaires semble relever de 2 types de justifications théoriques, conformément aux observations et interprétations générales formulées par Lafay (1996) :
– une fraction – minoritaire aujourd'hui (environ 40 %) – des échanges repose sur la complémentarité des économies nationales et fait jouer les avantages comparatifs ricardiens, fondés sur les différences relatives de productivité. On a alors le schéma classique d'exportations de matières premières agricoles tropicales des pays du Sud vers les pays du Nord et, en retour, d'équipements des pays du Nord vers les PVD (café, cacao, soja, huile de palme contre machines et matériels mécaniques et électriques ou de télécommunications). Les pays sont ici conduits à rechercher des gains dans l'exploitation de leurs potentiels respectifs, en particulier agro-climatiques ;
– l'autre fraction du commerce trouve son origine dans l'hétérogénéité, au sein d'une même branche, des marchés et des performances des firmes, ce qui conduit les firmes à différencier leurs produits et à rechercher des rendements croissants par concentration de leurs unités de fabrication, conformément à la théorie de la concurrence monopolistique. C'est nettement le cas désormais pour une majorité de produits agroalimentaires comme en témoigne la mesure des indices GL. Les gains apparaissent alors chez les consommateurs (plus grande variété des produits offerts et baisse des prix) et chez les producteurs les plus performants (super-profits pour les firmes et emplois, réserves en devises et poids dans le concert des nations pour les pays).

La constitution d'espaces économiques de libre-échange (ALENA, MERCOSUR, ASEAN, etc.) devrait intensifier cette tendance, pour des raisons à la fois économiques (coût net des échanges) et réglementaires (barrières non tarifaires). À long terme, le démantèlement total des entraves tarifaires ne laissera subsister que les différentiels de coût d'approche (transport et stockage), les distorsions « normatives » si elles ne font pas l'objet d'une harmonisation internationale et, bien entendu les « compétences distinctives » des firmes et les potentiels « naturels » des territoires.

L'industrialisation du système alimentaire a généré des produits qui s'apparentent aux biens de grande consommation, ce qui explique que les théories économiques générales s'appliquent ici. Toutefois, les matières premières agricoles restent soumises à de fortes spécificités et légitiment des traitements spécifiques dans les dispositifs institutionnels nationaux et internationaux.

▸▸ Les discussions sur le commerce agricole international

La circulation des denrées agricoles entre pays a accompagné l'essor des civilisations. Elle constitue le nécessaire ajustement entre des lieux de production et de consommation qui s'éloignent du fait de la spécialisation productive et des migrations humaines. Le commerce du blé, du vin et de l'huile d'olive s'est développé sous les grands empires méditerranéens : phénicien, grec, puis romain. La croissance de la production, parfois plus rapide que celle de la consommation, tout comme la volatilité des prix provoquée par les variations de récolte dues aux aléas climatiques, aux ravageurs ou aux guerres ont conduit les responsables politiques – dès la plus haute antiquité et dans toutes les zones du monde – à « réguler » les échanges, principalement par le stockage, pour assurer une alimentation correcte des populations. Rien de bien nouveau sous le soleil ! Nous traiterons successivement dans cette section des principes généraux qui légitiment des politiques commerciales agricoles, puis de l'organisme international compétent, l'OMC et enfin des principaux dossiers spécifiques à la question agricole.

Genèse et légitimité des politiques commerciales internationales agricoles

Dans la période contemporaine, en gros depuis le début de la révolution industrielle marquée par la croissance démographique, le progrès technique et la complexification des marchés, tous les pays ont mis en place des politiques commerciales agricoles destinées à stabiliser les marchés dans le double objectif de procurer un revenu décent aux producteurs, tout en assurant la sécurité alimentaire des populations. Tant que la majorité des actifs d'un pays est engagée dans la production agricole, ce double objectif ne pose pas trop de problèmes, car les consommateurs sont aussi les producteurs. L'exode rural fait naître des tensions, car le nombre de consommateurs non producteurs augmente en proportion et leur souhait légitime est de payer leur nourriture le moins cher possible. C'est aussi l'objectif des capitaines d'industrie, car, comme l'a bien expliqué K. Marx, le niveau des salaires s'ajuste sur celui des besoins vitaux des travailleurs. Pour concilier ces deux exigences opposées, la solution est d'aider les agriculteurs par des transferts fiscaux, tout en les protégeant des importations à bas coût, et en subventionnant les exportations, ce qui désengorge les stocks. Lorsque la production, dopée par des prix stimulants, s'envole, on peut aussi utiliser un système de contingentement par quotas. Cet arsenal d'instruments d'intervention sur les marchés, devenu très sophistiqué au fil du temps, constitue l'essentiel des politiques commerciales agricoles[84].

L'histoire économique mondiale est évidemment fortement marquée par les événements politiques. À cet égard, la fin de la seconde guerre mondiale marque un tournant très important. En effet, trois phénomènes majeurs sont perceptibles : la nécessité de la reconstruction matérielle des pays ravagés par le conflit, la volonté des grandes puissances occidentales de bénéficier de marchés élargis puis la fin des empires coloniaux qui constituaient des « marchés captifs ». La théorie économique classique fournissait de plus un cadre conceptuel et méthodologique favorable au développement du commerce international. Tous ces facteurs ont conduit, dans la foulée de la création des Nations unies, à la signature, le 30 octobre 1947 à Genève, du GATT (*General Agreement on Tariffs and Trade*[85]), par 23 pays[86]. L'objectif du GATT était de stimuler le commerce international en assurant la liberté des échanges par l'abaissement des droits de douane et la réduction des restrictions quantitatives et qualitatives. Le GATT avait un caractère multilatéral. Le GATT fonctionnait par cycles de négociation. Sept cycles se sont succédés de 1947 à 1994. Les 4 premiers ont porté sur le démantèlement tarifaire, les 3 suivants (Kennedy Round, 1964-67 ; Tokyo Round, 1973-79 ; Uruguay round, 1986-94) se sont attaqués à une partie plus difficile, la réduction des BNT (barrières non tarifaires, telles que les subventions, les règlementations qualitatives sur les produits, les protections des marchés publics). Le GATT peut être considéré comme un succès puisque les droits de douane sur les produits manufacturés sont passés de 40 % en moyenne en 1947 à moins de 4 % en 1994, que d'importantes règles de « bonne conduite » ont été fixées dans le domaine des BNT, tandis que le nombre de signataires de l'accord atteignait 123 à la fin de l'Uruguay round.

Un organe de régulation multilatérale, l'OMC

Le 15 avril 1994, à Marrakech était signé par 124 pays l'accord du même nom créant, au 1er janvier 1995, l'OMC (Organisation mondiale du commerce), suite à l'accord concluant l'Uruguay round signé le 14 décembre 1993. L'avènement de l'OMC marque une rupture dans la discussion internationale sur le commerce. En effet, succède à une instance de dialogue, une institution intergouvernementale qui prend sa place aux côtés du Fonds monétaire international, de la Banque mondiale et des agences des Nations unies . Ces instances ont vu leur mission prendre un nouveau relief suite à la crise financière de 2007-2008, même si l'on est encore loin d'une

---

84. Pour une étude approfondie des soutiens à l'agriculture, on se reportera utilement à Butault, 2007
85. Accord général sur les tarifs douaniers et le commerce en français.
86. Il était prévu de créer une « Organisation internationale du commerce », mais le Sénat américain s'y est opposé. Il a fallu ensuite attendre près de 50 ans pour que ce projet aboutisse.

« gouvernance mondiale ». Pourtant, l'OMC, avec un instrument d'évaluation et de sanction, l'ORD (Organe de règlement des différends), introduit une innovation dans le panorama institutionnel international qui va dans ce sens[87].

L'ORD est composé de membres issus du Conseil général de l'OMC, c'est-à-dire des représentants des pays membres. L'ORD peut être saisi par tout membre qui s'estime lésé suite au non-respect des règles de l'OMC, dès lors qu'une consultation auprès du ou des pays incriminés n'a pas abouti dans un délai de 60 jours. Le plaignant peut alors demander la constitution d'un panel qui doit apprécier les éléments du conflit. Ce panel est formé de 3 experts non-ressortissants des parties et réputés indépendants. Il élabore un rapport exposant ses constatations et ses recommandations qui est examiné par l'ORD dans un délai de 60 jours. La durée maximum de la procédure est de 9 mois sans appel et 12 mois avec appel. L'ORD émet un jugement. Le pays condamné dispose de 30 jours pour prendre les mesures indiquées dans le jugement. En cas de refus, le plaignant peut adopter des mesures de rétorsion sous forme de barrières tarifaires[88]. L'intérêt et le bon fonctionnement de l'ORD sont avérés par sa consultation fréquente : 388 dossiers portant sur 149 sujets (dont 49 concernant des produits agricoles au sens large de PAPF) ont été traités entre le 1er janvier 1995 et le 19 décembre 2008[89].

Les grands domaines de compétence de l'OMC qui définissent ses missions et son champ d'action sont matérialisés par des accords dont les principaux sont résumés dans le tableau 5.17.

L'OMC a substitué aux cycles de négociation (les rounds) du GATT des discussions permanentes ponctuées par des conférences ministérielles tous les deux ans : Singapour, 1996, Genève, 1998, Seattle, 1999, Doha, 2001, Cancún, 2003, Hong Kong, 2005. Depuis Seattle, marqué par de violents affrontements avec les « anti-mondialistes »[90], ces conférences sont l'occasion de contestations publiques très médiatisées qui traduisent plus une opposition aux effets indésirables et non maitrisés de l'IMG, qu'à l'OMC, qui fait plutôt figure de bouc émissaire. En effet, on peut estimer que l'OMC et sa doctrine multilatéraliste constitue un forum plus démocratique que les instances bilatérales lorsqu'elles confrontent des pays de tailles inégales.

Les principes fondateurs de l'OMC sont l'égalité de traitement et la bonne foi (Lemoine *et al.*, 2007).

Le premier principe est celui de l'égalité accordée à tous les membres de l'OMC, avec :
– la clause de la Nation la plus favorisée (NPF)[91], qui stipule que tout avantage commercial accordé par un pays à un autre doit être immédiatement accordé à la totalité des membres de l'OMC ;

---

87. Pour une bonne analyse de l'OMC, cf. Rainelli, 2004.

88. Cette présentation est volontairement simplifiée car cet ouvrage relève des sciences économiques et non du droit.

89. La plupart des informations factuelles contenues dans cette section sont tirées de l'excellent site Internet de l'OMC : <www.wto.org>, consulté en janvier 2009.

90. Devenus depuis des « altermondialistes », ce qui est une reconnaissance du caractère inéluctable de la mondialisation…

91. MFN : Most Favoured Nation en anglais.

Tableau 5.17. Structure de base des accords de l'OMC.

Cadre	Marchandises	Services	Propriété intellectuelle
Principes fondamentaux (accords signés lors de la création de l'OMC en 1995)	GATT (General Agreement on Tariff and Trade) : démantèlement des droits de douane et élimination des obstacles au commerce	AGCS (Accord général sur le commerce des services)	ADPIC (Accord sur les aspects des droits de propriété intellectuelle qui touchent au commerce)
Détails additionnels (près de 60 accords complémentaires et annexes), dont…	· Agriculture et négociations sur l'agriculture · Inspection avant expédition · Mesures sanitaires et phytosanitaires (SPS) · Règles d'origine · Sauvegarde	Application spécifique des principes généraux	· Brevets · Santé publique (médicaments) · Indications géographiques (IG) · Savoirs traditionnels et biodiversité · Transferts de technologie
Accès au marché	Liste d'engagements des pays	Liste d'engagements des pays et exemptions NPF	
Règlement des différends	Rapports de l'ORD (49 dossiers sur l'agriculture sur 150, fin 2007)		
Transparence	Examen des politiques et des pratiques commerciales		

– le traitement national non discriminant, qui préconise que tout produit ou service importé ne doit pas subir de traitement moins favorable que celui réservé aux produits ou services nationaux.

Le second principe implique plusieurs obligations :
– la consolidation des engagements de réduction des droits de douane à l'importation, qualifiée d'ouverture du marché. Consolidation signifie que les tarifs déclarés lors de la signature de l'adhésion à l'OMC par un pays ont valeur juridique de traité international ;
– la protection par les tarifs plutôt que par tout autre moyen tel que les restrictions quantitatives (contingentements) ;
– l'interdiction des protections déguisées telles que les BNT, en dehors d'une liste positive d'objectifs ;
– l'interdiction des subventions ;
– la transparence et la loyauté (pas de pratique du *dumping*).

Ces principes admettent toutefois des exceptions de taille :
– l'agriculture, les industries agroalimentaires et les services sont exclus de ces règles, mais doivent faire l'objet d'un accord ultérieur (engagement de Marrakech, 1994, non suivi d'effet à ce jour du fait de l'échec des conférences ministérielles successives tenues depuis) ;

– les PVD peuvent bénéficier d'un traitement spécifique tenant compte de leur situation économique ;
– les unions douanières et les zones de libre-échange peuvent déroger à la règle de la NPF sous réserve que ces accords préférentiels ne conduisent pas à une augmentation des tarifs douaniers pour les non-participants.

Depuis le « programme de Doha pour le développement » (2001), les conférences interministérielles n'ont abouti à aucun accord, du fait de l'exigence d'un engagement unique sur tous les sujets figurant dans ce programme et des profondes divergences existant sur les 21 dossiers qu'il comporte, en particulier sur les sujets très sensibles de l'agriculture et des services. Toutefois, Doha marque une étape importante, car la négociation commerciale internationale s'inscrit désormais dans le contexte du développement durable en prenant par ailleurs en compte la situation fragile des PMA. L'OMC déborde donc la doctrine de l'économie de marché au sens de la théorie classique, ce qui devrait atténuer la virulence des attaques de certains de ses opposants. Il a été décidé d'autoriser les PVD à établir une liste de « produits spéciaux » ou sensibles dérogeant aux règles générales de l'OMC et d'utiliser la clause de sauvegarde spéciale (protection exceptionnelle aux frontières). Par ailleurs, ces pays se sont vus reconnaître le droit de produire eux-mêmes en cas de nécessité des médicaments protégés par des brevets, en dérogation à l'accord de protection sur la propriété intellectuelle. Enfin, trois des quatre « sujets de Singapour » ont été retirés de la liste du mandat de Doha : transparence des marchés publics, concurrence et investissements. Seule a été maintenue la question de la facilitation des échanges qui concerne tous les produits (y compris agricoles) et les services. Parmi les acquis de Doha figure l'engagement à démanteler les subventions à l'exportation (fixée à 2013 à la réunion de Hong Kong de 2005) et à faire des efforts pour réduire les autres formes de soutien à l'exportation.

La déclaration de Hong Kong acte également deux mesures : l'accès sans droits de douane ni quotas aux marchés des pays développés par les PMA et l'élimination anticipée des subventions au coton.

La conférence interministérielle, qui devait se tenir avant fin 2008 pour respecter le calendrier prévu, a été reportée faute de consensus entre les membres de l'OMC. Le point d'achoppement a été, comme toujours, le dossier agricole. Le cycle de Doha n'est donc pas conclu début 2010. Son issue va dépendre dans une large mesure de la position du nouveau président des États-Unis, Barack Obama, mais aussi de celle des « groupes » qui structurent désormais l'OMC.

En janvier 2009, l'OMC comportait 153 membres représentant plus de 90 % du commerce mondial de biens et services et 30 observateurs (dont, parmi les grands pays, la fédération de Russie et l'Algérie, en instance d'adhésion depuis quelques années). Au fil des années et des discussions au sein de l'OMC, ces pays se sont organisés en groupes régionaux et en coalitions plus géopolitiques pour défendre des intérêts communs. Ces groupes constituent aujourd'hui les acteurs essentiels des négociations et parlent souvent d'une même voix, par l'intermédiaire d'un porte-parole ou d'une équipe de négociation.

Les groupes régionaux sont au nombre de 5 :
– ACP (pays d'Afrique, des Caraïbes et du Pacifique), 56 pays, pour la plupart de petite taille et pauvres ;

– APEC (*Asia-Pacific Cooperation* ou forum de coopération économique Asie-Pacifique), 20 pays riverains du Pacifique dont les grandes puissances occidentales (États-Unis, Canada, Mexique, Chili, Nouvelle-Zélande) et les pays asiatiques, dont la Chine, l'Indonésie et le Japon. L'Inde n'en fait pas partie. Orientation très libérale ;
– groupes africains, avec 41 pays africains membres de l'OMC ;
– Mercosur rassemblant l'Argentine, le Brésil, le Paraguay et l'Uruguay ;
– Union européenne à 27 pays.

Les coalitions sont hétéroclites et nombreuses. L'OMC en a identifié 14 actives. Les principales sont indiquées dans le tableau 5.18.

Tableau 5.18. Les coalitions de pays les plus actives à l'OMC, 2008.

Noms	Objectifs	Nombre de pays	Principaux acteurs
Groupe de Cairns	Composé de pays exportateurs de produits agricoles qui militent en faveur de la libéralisation des échanges dans ce secteur. Bloc de pays émergents à agriculture puissante	19	Argentine, Australie, Brésil, Canada, Chili, Nouvelle-Zélande, Thaïlande
G-20	Pays en développement de grande taille qui souhaitent des réformes ambitieuses de l'agriculture dans les pays développés et une certaine flexibilité pour les pays en développement. Mêmes participants que le G-Cairns + pays d'Asie	23	Afrique du Sud, Argentine, Brésil, Chili, Chine, Égypte, Inde, Indonésie, Mexique, Pakistan, Thaïlande
G-33	Aussi dénommé « Amis des produits spéciaux » dans le secteur agricole. Pays en développement souhaitant une ouverture limitée de leurs marchés dans le secteur agricole. G-20, moins les pays développés, plus nombreux PVD	46	Chine, Corée, Côte-d'Ivoire, Indonésie, Turquie, nombreux petits pays
G-90	Pays d'Afrique, d'Asie, pays ACP et pays les moins avancés. Bloc des pays pauvres	64	Afrique du Sud, Bangladesh, Côte- d'Ivoire, Maroc, nombreux petits pays

Il faut bien entendu ajouter à ce tableau, pour avoir un panorama complet des forces en présence, le G-1, qui n'est pas une coalition, puisqu'il ne comporte qu'un seul acteur, (les États-Unis), mais dont la présence est hégémonique.

Les appellations initiales des coalitions n'ont plus de concordance avec le nombre de pays participants et un même pays peut émarger à plusieurs groupes. De plus, gravitent autour des tables de négociations de nombreuses ONG et organisations professionnelles. Il y a donc aujourd'hui quatre cercles de « discutants » : le premier constitué des représentants officiels, fonctionnaires des pays membres, le second des coalitions, également formées de fonctionnaires, mais n'appartenant pas tous aux délégations gouvernementales et enfin le personnel de la société civile composé d'ONG, de lobbyistes des entreprises, d'universitaires, de journalistes et enfin le dernier cercle est constitué par la rue occupée par de nombreux manifestants. Ceci fait que les réunions ministérielles sont très fréquentées et constituent un énorme marché pour le secteur des transports, de « l'hôtellerie-restauration » et leur périphérie économique urbaine. Accessoirement, les discussions sont d'une énorme complexité et sont soumises à des pressions multiples.

Selon les sociologues, ce type de forum constitue un lieu de controverse indispensable au fonctionnement de la démocratie participative (Latour et Weiler, 2005). La formation des décisions peut ici s'interpréter par la théorie de la double table de négociation qui stipule que les choix effectués se font de manière duale, en tenant compte à la fois des échelons nationaux et internationaux (Putman, 1988), ce qui explique bien la longueur des cycles de discussion à l'OMC. À noter qu'à l'OMC, comme dans d'autres instances internationales (par exemple le *Codex alimentarius* ou le GIEC), les décisions résultent de consensus appréciés par les présidents de séances et non pas de vote. Le travail préparatoire est donc essentiel, car il permet de rapprocher les points de vue, souvent par « échanges de soutien » entre pays sur des points différents de la discussion (par exemple), un pays A apporte son soutien à un pays B sur le dossier de la banane en échange d'un soutien de B à A sur la question de la viande bovine. Les approches préliminaires permettent aussi de consulter les États-Unis qui exercent toujours un *leadership*, même s'il commence à être contesté. Il est par ailleurs essentiel de disposer de dossiers solides incluant des mesures d'impact en fonction de différentes hypothèses sur tel ou tel accord international. Ces dossiers ont longtemps manqué aux Européens et font souvent défaut dans les PVD. D'où l'importance de la recherche académique et de la formation sur des sujets devenus très techniques.

L'épineuse question agricole

Comme nous l'avons mentionné, le sujet de l'agriculture et – il ne faut pas l'oublier – celui des industries agroalimentaires qui appartiennent à la même famille, peinent à être intégrés aux accords de l'OMC, en dépit du mandat de Doha de 2001. Il est intéressant de noter qu'en 2006, 8 % de la valeur du commerce mondial de marchandises, moins de 4 % du PIB et autour de 25 % de la population active, bloquent encore la conclusion du cycle de négociation. Ceci confirme le poids psychologique et socio-politique considérable que continue d'occuper la question alimentaire sur la scène internationale. Ce poids a été amplifié par la crise brutale des cours des produits alimentaires de 2007-2008.

L'agriculture est ainsi au cœur des négociations commerciales internationales et fait partie depuis 2001 de l'engagement unique du cycle de Doha : pas de conclusion de l'accord tant que la question agricole n'est pas réglée.

Le niveau de protection de l'agriculture et des IAA reste élevé dans la plupart des pays du monde. En 2001, le taux moyen mondial des taxes appliquées à l'importation[92] était de 20 % dans le secteur agricole (tableau 5.19) contre 4,6 % dans l'industrie et les mines (Lemoine *et al.*, 2007).

Le tableau 5.19 montre que les niveaux de protection bilatérale sont très variables pour les produits agricoles : faibles aux États-Unis (4,7 % en moyenne), ils sont considérables en Asie du Sud (52,6 %), du fait de la politique pratiquée par le Japon. L'Union européenne, avec 16,7 % se situe à un niveau intermédiaire. Toutefois, alors que les droits à l'importation sont assez homogènes aux États-Unis, l'U.E. applique des taux très différenciés selon les pays. L'Afrique, par exemple, bénéficie de taux réduits alors que les pays développés du groupe de Cairns subissent de lourdes taxes. Il y a donc un traitement différencié des pays en fonction de considérations économiques et géopolitiques.

Les tarifs douaniers sont également très variables selon les produits, pour un pays ou une zone donnée. Ils s'échelonnaient, en 2001, de 0,1 % *ad valorem* pour les importations d'oléagineux dans les pays développés du groupe de Cairns, à 129 % pour le sucre importé par l'Union européenne. Au sein de l'UE, le blé ne subit pratiquement aucun droit de douane, alors que le riz, les produits laitiers, les viandes et le sucre sont lourdement taxés (tableau 5.20). D'une manière générale, les produits animaux (viandes et produits laitiers) sont très protégés dans les pays à hauts revenus (y compris en Australie, Nouvelle-Zélande, pays phares du libéralisme économique), ce qui s'explique par la structure des exploitations d'élevage, en majorité de faible dimension et leur localisation, dans des zones rurales difficiles, car marginales.

Toutefois, les tarifs douaniers sont à considérer avec prudence du point de vue de leur impact économique sectoriel, car les taxes à l'importation sur un produit final (par exemple le blé) ne représentent pas la totalité de la protection aux frontières. En effet, les droits à l'importation sur les biens intermédiaires nécessaires à la fabrication d'un produit (par exemple les engrais, les pesticides, les semences, etc.) vont influer sur le niveau global de la protection de ce produit. Les taxes appliquées aux consommations intermédiaires vont augmenter le coût de production du bien final, tandis que celles qui frappent les importations du produit final vont le protéger dans le pays considéré. Il y a ainsi deux forces contradictoires qui agissent. Il est en conséquence nécessaire de raisonner en termes de valeur ajoutée. On définit alors la protection effective d'un produit comme le pourcentage de variation de la valeur ajoutée de ce produit résultant des droits de douane appliqués sur l'ensemble de la filière productive (Bouët *et al.*, 2000).

On constate (tableau 5.21), en 1995, d'importants écarts selon la méthode de mesure utilisée, le produit et le pays. L'Union européenne affiche un taux nominal de protection élevé, qui augmente sensiblement en termes de protection effective, alors que les États-Unis ont de faibles droits à l'importation (sauf pour le sucre pour lequel la situation est comparable à l'UE), mais leur protection effective est négative (sauf

---

92. Rappelons que les droits de douane effectivement appliqués par les pays sont sensiblement inférieurs aux droits consolidés, c'est-à-dire déclarés à l'OMC. Ils s'établissaient respectivement à 5 et 9 % pour les États-Unis en 2004 et 19 et 28 % pour l'UE, 12 et 40 % pour le Brésil (Fontagné *et al.*, 2006). Ces écarts laissent des marges de manœuvre pour la négociation internationale.

Tableau 5.19. Droits de douane bilatéraux moyens appliqués sur les produits agricoles, 2001.

Exports en lignes / Imports en colonnes, % *ad valorem*	UE-25	États-Unis	Asie	ASEAN	Cairns développé	Méditer-ranée	Afrique au Sud Sahara	Cairns PVD	Chine	Asie du Sud	Reste du monde	Moyenne
UE-25		5,8	22,2	52	15,7	35,1	30,2	16,1	25,5	52,8	26,2	18,1
États-Unis	16,2		28,9	57,9	5,1	23,3	18,9	13,2	27,4	45,4	12,7	18,8
Asie développée	12,5	3,7		17,9	6,2	32,2	31,4	17,3	25,8	51,6	24,8	16
ASEAN	7,9	3,9	11,6		10,6	21,4	22,9	19,1	30,5	43	21,3	10,7
Groupe de Cairns développé	25,9	3,4	24,9	79,8		37,4	14,7	11,8	16,9	42,6	18,7	21,2
Méditerranée	7,3	4	14,1	25,7	3,7		30,2	20,3	23,6	34,9	22,9	12,7
Afrique sub-Saharienne	6,7	3	12	8,9	0,7	18		26,1	14,7	35	17,8	10,2
Groupe de Cairns en développement	18,3	3,8	24	34,7	5,9	28,9	27,9		29,3	65	23	20,8
Chine	13,5	5,1	21,7	36,7	8,7	36,2	26	19,6		46,5	29,2	16,3
Asie du Sud	14,4	1,8	33,7	21,9	1,8	37,4	24,4	17,4	14,5		20	16,7
Reste du monde	15,1	2,1	17,4	25,8	2,6	32,5	25,1	19,7	22,9	45,6		15,1
Moyenne	16,7	4,7	22,5	47,7	10,8	30,8	26,3	16	25,1	52,6	21,1	

Source : Bouët *et al.*, 2004.

Tableau 5.20. Taxes moyennes à l'importation pour quelques produits agricoles, 2001.

Droits de douanes *ad valorem* en %	UE-25	États-Unis	Asie développée	AELE	Australie, Canada, Nouvelle-Zélande
Riz paddy	62,9	4,6	289,9	12,3	0
Blé	0,5	2,4	69,2	134,4	1,2
Sucre	128,5	34,8	120,4	48,2	3,5
Oléagineux	0	4,3	62,4	38,5	0,1
Viandes	20	3,6	31,8	167,9	30,4
Produits laitiers	39,6	18,8	40,2	91,7	76,6
Fruits et légumes	17,9	2,7	17,1	31,8	1,7
Corps gras	4,6	3,5	4,2	36,2	2,1
Boissons et tabac	13,7	2,4	13,1	15,9	7,2
Aliments	10,1	4,2	12,6	20,8	6,8
Produits agricoles et alimentaires	16,7	4,7	22,5	47,7	10,8

Source : Bureau *et al.*, 2005.

Tableau 5.21. Mesure de la protection douanière nominale et effective, en %, 1995.

Secteurs	Protection nominale		Protection effective (Corden)	
	U.E.	États-Unis	U.E.	États-Unis
Céréales	23,7	1,4	46,3	-0,5
Fruits et légumes	2,1	1,3	2,2	-0,3
Graisses et huiles	0	0	-5,7	-3,6
Sucres et dérivés	68,9	63,5	113,6	90,8
Animaux et produits dérivés	5,6	1,5	3,8	-9,5

Protection nominale : tarif appliqué aux importations des produits du secteur ; par exemple les céréales importées par l'U.E. sont taxées au taux de 23,7 %.
Protection effective (au sens de Corden, 1966) : variation (par rapport à une situation de libre-échange) de la valeur ajoutée sectorielle résultant de la structure tarifaire existante ; par exemple, la valeur ajoutée européenne dans le secteur des céréales est, avec le niveau et la structure actuels des tarifs, supérieure de 46,3 % à ce qu'elle serait sans protection.
Source : Bouët et Dhont-Peltrault, 2000.

pour le sucre). On peut en conclure que les États-Unis, du fait de leur faible protectionnisme sur les produits intermédiaires et finis pénalisent légèrement leur agriculture et sensiblement leur élevage. La contrepartie en est une meilleure compétitivité sur les marchés internationaux. À taux de protection comparable sur les intrants, l'agriculture européenne parvient à doubler la valeur ajoutée de son secteur céréalier du fait de la forte protection à l'entrée dont il bénéficie. Pour les autres filières, les différences entre taux effectif et nominal sont peu perceptibles, probablement en raison de la structure des coûts qui incorporent peu de consommations intermédiaires. Les différences notables observées dans les résultats des calculs selon les deux méthodes montrent qu'il est nécessaire, dans les évaluations des conséquences des politiques tarifaires, de prendre en compte différents critères.

L'agriculture : un secteur très aidé

Les soutiens internes à l'agriculture constituent une seconde cause majeure de distorsion internationale. Ces soutiens comprennent d'une part les interventions sur les prix agricoles et les subventions à la production, d'autre part les services aux agriculteurs tels que la recherche, la formation, les contrôles de qualité, la promotion des produits, etc., financés sur fonds publics et enfin les transferts du consommateur qui résultent de la différence de prix entre le marché intérieur et le marché international. L'agrégation des aides à la production (Estimation des soutiens à la production, ESP), aux services à l'agriculture (Estimation aux services d'intérêt général, ESSG) et les transferts du consommateur (Estimation des soutiens des consommateurs, ESC) donne le total des aides publiques allant vers le secteur agricole (Estimation du total des soutiens, EST)[93]. Ces aides atteignent des montants colossaux, 372 milliards de dollars en 2006 pour les pays de l'OCDE qui concentrent la majorité des transferts publics vers l'agriculture mondiale. Ce montant représente le PIB agricole cumulé d'une bonne centaine de PVD, ou celui des États-Unis, du Japon, du Brésil, de la Turquie, de la France et de la Russie réunis, ou encore celui de la Chine. À ce simple motif, on comprend que les marchés agricoles ne fonctionnent absolument pas dans les conditions de la concurrence pure et parfaite.

Le cycle de Doha avait donné une orientation claire de réduction de ces aides. Force est de constater que la période récente (depuis 2002) nous en éloigne, comme l'indique la figure suivante. Après le creux de 2001, les chiffres sont repartis à la hausse et risquent de se maintenir à des niveaux élevés du fait de la crise des marchés (figure 5.6).

La composition de l'EST est variable selon les pays et reflète des politiques agricoles, mais aussi des structures de production et des conditions macro-économiques différentes, appelant des choix instrumentaux variés. Ainsi la part de l'ESP dans l'EST représentait, en moyenne 2004-2006, 66 % en Norvège et en Suisse, contre 34 % dans l'UE, 14 % aux États-Unis et 0 % en Australie. Plus le ratio ESP/EST est élevé, plus les transferts fiscaux vers l'agriculture sont sollicités. Au contraire, un ESP faible signifie que l'on laisse jouer le mécanisme des prix alimentaires de détail et des importations. Pour stimuler la production agricole, il est possible d'apporter des aides au prix à la ferme ou bien à l'achat d'intrants. La première solution est adoptée au Japon (93 % de l'ESP est constitué d'aides à la production), en Turquie (79 %), et dans l'U.E. (52 %). En revanche, l'Australie privilégie la subvention aux intrants (60 % de l'ESP), et dans une moindre mesure le Mexique (28 %) et les États-Unis (25 %).

L'intensité des soutiens ne peut s'apprécier uniquement par les montants globaux qui leur sont affectés par les États. Il convient d'établir des indicateurs qui ramènent les aides totales au nombre d'agriculteurs ou à l'emploi agricole, aux superficies cultivées ou encore au PIB. On utilise également le coefficient nominal de soutien

---

93. Pour une présentation détaillée de la méthodologie de calcul et des statistiques très détaillées, cf. OCDE, 2002a et website <http://www.oecd.org/tad/support/psecse>. Producer and Consumer Support Estimates, OECD Database 1986-2006, en ligne.

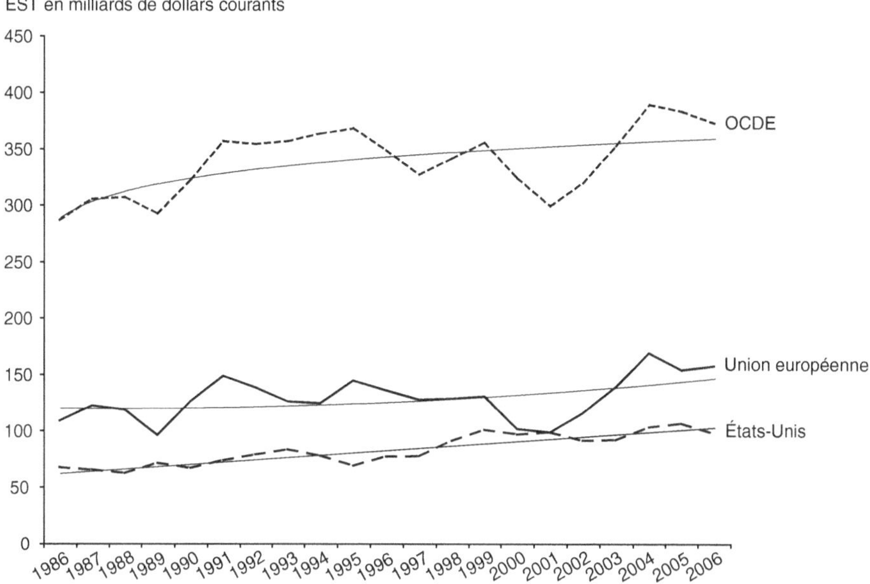

Figure 5.6. Évolution des soutiens totaux à l'agriculture dans l'OCDE.

EST : Estimation du soutien total.

Source : données OECD's, Producer Support Estimate and Consumer Support Estimate Database, www. oecd.org/agriculture/pse (consulté le 20/1/2009).

qui mesure le rapport entre la recette réelle des agriculteurs (intégrant les ventes de produits aux prix du marché et les subventions reçues) et la recette théorique, calculée en estimant la valeur de la production au prix du marché international[94]. Le tableau 5.22 montre de grandes disparités sur tous les indicateurs retenus. Le poids sur le PIB des EST est à la fois modeste (1 % en moyenne pour l'ensemble des pays de l'OCDE) et considérable, car la moyenne de la contribution de l'agriculture au PIB est pour ces pays de l'ordre de 3 %. Il se reflète dans le coefficient nominal de soutien qui est de 38 %. Les aides par emploi agricole se situent à près de 13 000 dollars, avec une fourchette allant de 2 000 dollars pour la Turquie à près de 45 000 pour les États-Unis. Les soutiens à l'hectare sont également dans une proportion de 1 à près de 40 entre ces deux pays. On relèvera que l'Australie, qui est le pays le moins interventionniste, consacre toutefois 1,7 milliard de dollars à son agriculture, soit près de 5 000 dollars par emploi agricole et que c'est au Japon que l'écart entre prix agricoles intérieurs et prix à la frontière est le plus fort.

La négociation agricole à l'OMC ne porte que sur les soutiens à la production (ESP) qui constituent en moyenne 71 % des transferts totaux vers l'agriculture des pays de l'OCDE, sur la période récente (2005-2007). Pour juger des progrès de la baisse des ESP, il convient de regarder les évolutions depuis une dizaine d'années pour prendre en compte les effets de la création de l'OMC et du cycle de Doha (tableau 5.23).

---

94. Ce type d'estimation comporte un biais puisque le prix international s'établit en prenant en compte les subventions et crédits à l'exportation.

Tableau 5.22. Estimation des soutiens totaux à l'agriculture dans les pays de l'OCDE, 2006.

Pays et zones	EST	EST/PIB	EST/emploi agricole	EST/ superficie agricole	Coefficient nominal de soutien
	Millions US $	%	US $	ha	
Australie	1 677	0,2	4 702	4	1,06
États-Unis	96 854	0,7	44 707	234	1,12
Japon	48 872	1,1	17 809	10 416	2,14
Turquie	11 794	2,9	1 935	286	1,25
OCDE	371 970	1,0	12 834		1,38

EST : estimation du soutien total à l'agriculture (subventions, transferts et services au producteur + transferts du consommateur).
Coefficient nominal de soutien : ratio entre les recettes des agriculteurs (y compris les soutiens à la production) et la valeur de la production agricole aux prix à la frontière.
Source : données OCDE 2008, PSE et CSE Database, www.oecd.org/agriculture/pse (consulté le 15/1/2009).

Tableau 5.23. Évolution des soutiens à l'agriculture (ESP).

Pays	Moyenne 2005-2007 (M. US $)	Répartition (%)	Variation 1996-2006 (%)
Communauté européenne	128 577	49	10
Japon	39 682	15	-33
États-Unis	34 849	13	29
Corée	24 757	9	8
Turquie	12 288	5	103
Canada	6 913	3	90
Mexique	5 716	2	269
Suisse	4 884	2	-14
Norvège	2 953	1	0
Australie	1 584	1	2
Islande	225	0	69
Nouvelle-Zélande	105	0	34
Total OCDE	262 533	100	4

Source : données OCDE, PSE & CSE Database, 15 janvier, 2009, www.oecd.org/agriculture/pse (consulté le 15/1/2009).

Il convient en premier lieu de remarquer que les ESP sont très concentrés sur l'Union européenne (27 pays), les États-Unis et le Japon qui représentent à eux trois 77 % des aides totales à l'agriculture. Rappelons ici que les montants globaux ne révèlent pas l'intensité de l'aide et que, par emploi agricole, les États-Unis sont de loin les plus interventionnistes. Concernant les évolutions sur les dix dernières années, elles sont caractérisées par une quasi-stagnation pour l'ensemble des pays de l'OCDE (+ 4 % en dollars courants, c'est-à-dire une diminution en monnaie constante), l'Australie (+ 2 %); une baisse significative pour deux pays qui subventionnent considérablement leur agriculture, le Japon (- 33 %) et la Norvège (- 14 %) ; une hausse modérée pour l'UE (+ 10 %) et la Corée du Sud (+ 8 %) et forte pour le Mexique (+ 103 %), le Canada (+ 90 %)[95] et les États-Unis (+ 29 %). Le niveau des aides est marqué par une forte variabilité en raison des aléas du revenu agricole lui-même dépendant de multiples facteurs : conditions météorologiques, prix internationaux, coûts de production, etc. (figure 5.7).

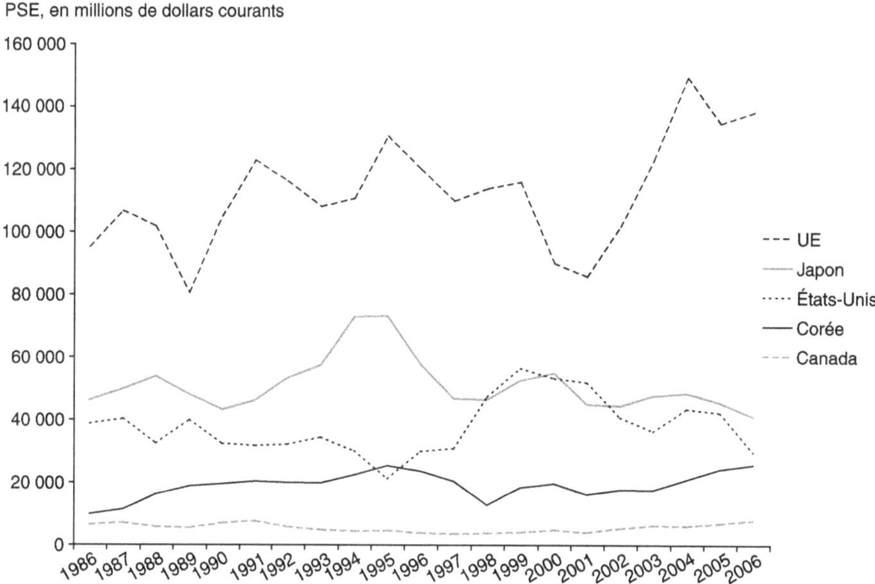

Figure 5.7. Évolution du soutien à la production agricole (PSE) dans certains pays de l'OCDE.

Source : données OECD, PSE and CSE Database, www.oecd.org/agriculture/pse (consulté le 20/1/2009). OECD, © 2008.

De quoi parle-t-on à l'OMC ?

Le champ de la négociation est organisé en trois piliers : l'accès au marché (réduction des tarifs douaniers à l'entrée), les soutiens internes à l'agriculture (classé de manière symbolique en trois boîtes en fonction du degré de distorsions occasionnées sur les marchés agricoles : boîte orange, boîte bleue et boîte verte[96]) et enfin

---

95. Il conviendrait d'apprécier les évolutions dans les monnaies nationales. En effet, un taux de change croissant par rapport au dollar se traduit par une évolution moins rapide en monnaie nationale, ce qui fut le cas de l'euro. Les aides de l'UE exprimées en euros ont augmenté de 6 % entre 1996 et 2006, et diminué de 8 % entre le pic de 2004 et 2007.

96. On notera que les diplomates ont soigneusement évité d'utiliser le terme de boîte rouge : connotation politique aujourd'hui dépassée ou prudence légendaire des ambassadeurs ?

les subventions aux exportations. L'objectif de Doha, repris par Hong Kong en 2005, est l'amélioration de l'accès au marché, la réduction significative du niveau de remplissage des trois boîtes, en étant bienveillant sur la boîte bleue et en épargnant la boîte verte et la suppression des aides à l'exportation, au nom de la réduction des distorsions venant perturber le fonctionnement de la loi de l'offre et de la demande.

Les différents piliers et leurs contenus sont présentés dans le tableau 5.24.

Tableau 5.24. Piliers et boîtes de la négociation agricole internationale.

Accès au marché	Substitution des quotas d'importation et des mesures non tarifaires par des droits de douane	Consolidation des droits de douane (déclaration à l'OMC, avec engagement de réduction)	Clause de sauvegarde (protection possible des produits sensibles)
Soutiens internes	Boîte orange (interdite)	Soutiens directs par les prix et des subventions à la production, mesurés par la MGS (Mesure globale de soutien)	
	Boîte bleue (tolérée)	Aides basées sur la taille des exploitations agricoles en vue de limiter l'offre	
	Boîte verte (autorisée)	Aides découplées de la production (ex. : développement rural, mesures agri-environnementales)	
Subventions aux exportations	Aide aux prix	Crédits à l'exportation, soutien au *marketing boards*	Aide alimentaire

Cette grille structure les « modalités de la négociation » dans le jargon de l'OMC. Cette négociation est présidée par un ambassadeur, Crawford Falconer (Nouvelle-Zélande), qui a présenté en décembre 2008 dans une note l'état d'avancement des discussions (Falconer, 2008). Le style de la note montre bien l'extrême difficulté de la négociation, mais fait néanmoins état de quelques avancées qui sont résumées dans le tableau 5.25[97].

La lecture de ce canevas montre néanmoins une marche à pas lents vers les objectifs de Doha qui s'explique par l'analyse menée plus haut sur le processus IMG et par des études empiriques tendant à montrer que l'échec de Doha serait coûteux pour l'ensemble de la planète et particulièrement pour les PVD non émergents et les PMA, mais que dans le même temps, son succès n'apporterait que des bénéfices économiques limités. Le « choix de Doha » serait donc plus un rempart contre l'adversité qu'une potion magique pour la croissance !

---

97. L'Ambassadeur de Nouvelle-Zélande David Walker a remplacé C. Falconer en 2009. Ce dernier devrait présenter en avril 2010 un nouveau rapport sur les négociations agricoles à l'OMC. Ces longues discussions et les faibles progrès enregistrés montrent la complexité du dossier, alors que la crise de 2007-2008 a fait reculer les partisans des « pleins pouvoirs » au marché.

Tableau 5.25. État de la négociation agricole à l'OMC à fin 2008.

Accès au marché	Réduction des tarifs douaniers modulés selon le niveau du tarif courant, la nature du produit (sensible ou non), le niveau actuel des tarifs pratiqués par rapport au tarifs consolidés, le statut du pays (PMA, exemptés, PVD et nouveaux accédants, abaissement modéré) : diminution comprise entre 0 et 73 % selon les cas, pas de calendrier fixé.	a) Création de listes de produits dits « sensibles » pour l'ensemble des pays et « spéciaux » pour les PVD pouvant échapper partiellement ou totalement aux réductions tarifaires. Le nombre de ces produits est un pourcentage de la nomenclature sectorielle (quelques %) b) Suppression ou réduction de la sauvegarde spéciale. Nouveau mécanisme de sauvegarde spéciale (MSS) pour les PVD.
Soutiens internes	Boîte orange	a) Réduction substantielle des soutiens internes aux prix et aux revenus, mais pas d'élimination (70 % de la MGS pour l'UE, 60 % pour les USA et le Japon, 45 % pour les autres pays). b) Plafonnement à 2,5 % de la valeur de la production (pays développés) et 6,7 % (PVD) et non plafonnée pour l'agriculture de subsistance. Plafonds par produit.
	Boîte bleue	Aide limitée à 2,5 % de la production pour les PD et à 5 % pour les PVD
	Boîte verte	Révision et suivi plus rigoureux
Subventions aux exportations	À éliminer, y compris les crédits à l'exportation, les soutiens aux entreprises commerciales d'État (*marketing boards*) et l'aide alimentaire (sauf catégorie d'urgence). Délai : 2013 pour les PD (dont 50 % avant la fin 2010), plus tard pour les PVD.	

Mesure d'impact de la libéralisation commerciale internationale

La théorie classique des marchés stipule que les barrières tarifaires et toute autre mesure perturbant leur fonctionnement naturel, telles que les subventions à la production ou les BNT réduisent le « bien-être » (mesuré par la croissance du PIB) et que leur élimination va donc le faire progresser en poussant à une plus grande spécialisation productive internationale. La théorie néo-classique et l'économie institutionnelle estiment que les marchés agricoles sont imparfaits et de plus très volatiles, avec des conditions de production et de consommation différentes selon les pays, et qu'en conséquence il est nécessaire d'instaurer, en prenant en compte les particularités locales, à la fois certaines protections aux frontières et des soutiens aux agriculteurs. Par ailleurs, le critère dit du bien-être (*welfare*) tel que défini dans les modèles d'équilibre général calculable (MEGC) issus de la théorie de Walras-Pareto est très contesté, avec l'argument que croissance de la production marchande ne signifie pas nécessairement développement et encore moins développement durable. On ne dispose cependant pas de modèles de calcul d'impact de la libéralisation commerciale internationale permettant d'intégrer les notions d'institutions et de développement. Enfin, les MEGC sont construits avec des hypothèses souvent simplificatrices (par exemple, non prise en compte de la structure des marchés) et des paramètres parfois peu fiables (par exemple, coefficients d'élasticité-prix de l'offre ou de la demande obsolètes). Les chiffres produits par ces modèles sont en conséquence très divergents. Ainsi les gains en bien-être issus d'une suppression ou d'une réduction des obstacles tarifaires aux échanges vont de 84 milliards de dollars pour le modèle OCDE de 1999 et 240 milliards pour celui de 2003, à 1 857 milliards pour le modèle de l'université du Michigan de 2001 (Lemoine *et al.*, 2007). Selon A. Bouet de l'université de Pau, les MEGC conduiraient à des résultats optimistes en ce qui concerne les PVD pour les raisons suivantes (Bouët *et al.*, 2004 et Gouel et Ramon, 2008) :

– manque de finesse dans la mesure de la protection commerciale (en général elle n'inclut pas les préférences commerciales, les accords régionaux, et l'écart entre les droits de douane appliqués et consolidés, à un niveau fin de désagrégation des produits) ;

– utilisation générale de taxes *ad valorem* et non prise en compte de droits spécifiques ou de contingents tarifaires (droit de douane réduit sous le quota, élevé ou prohibitif au-delà), pourtant fréquents dans le secteur agricole ;

– les effets des différents outils de soutien interne sont mal connus et faiblement pris en compte ;

– les PVD sont considérés comme un bloc unique alors que les situations varient beaucoup d'un pays à un autre (exportateurs nets de produits alimentaires, importateurs nets, PMA bénéficiant de préférences commerciales importantes, PMA spécialisés à l'exportation dans des produits protégés par des pics tarifaires, etc.).

Nous présenterons dans cette section les résultats de simulations faites avec le modèle Mirage du Cepii qui est l'un des MEGC le plus élaboré disponible au plan international et qui s'appuie sur des bases de données très complètes (avec par exemple des nomenclatures de produits détaillées), tout en prenant en compte les insuffisances de certains de ses concurrents[98].

Mesure d'impact par le modèle Mirage du Cepii

Sur la base de la proposition dite 20/20/20[99] de Pascal Lamy, directeur général de l'OMC, de juillet 2006, le Cepii (Laborde *et al.*, 2007 ; Decreux et Fontagné, 2006) retient les hypothèses suivantes (en se limitant aux conditions de l'accès au marché qui constituent le nœud des négociations de l'OMC[100]) :

– agriculture : formule de réduction des droits de douane par bande, nouveaux plafonds pour les soutiens internes (baisse de 50 %) et élimination totale des subventions à l'exportation en 2013 (objectif de Hong-Kong 2005) ;

---

98. Le CEPII (Centre d'études prospectives et d'information internationale) est l'un des laboratoires de recherche parmi les plus performants au plan mondial sur la question des échanges commerciaux internationaux. Il a créé des bases de données originales sur ces questions telles que CHELEM et MacMap et publie à la fois des travaux académiques (working papers) et des notes de vulgarisation (La lettre du CEPII). On consultera avec le plus grand profit son website : <www.cepii.fr>. Nous nous sommes largement appuyés sur les travaux du Cepii dans cette section.

99. Propositions du G20 pour le dossier agricole, droit consolidé maximal de 20 % pour les produits industriels des PVD, subventions agricoles américaines distorsives (soutiens aux prix intérieurs et à l'exporatation) ramenées à 20 milliards de dollars.

100. En effet, les subventions distorsives ont été réduites de 60 à 70 % entre 2001 et 2006 par les pays de l'OCDE, ce qui rend aisément accessible le 20/20/20 dans ce domaine.

– industrie et services : application de la formule suisse de baisse tarifaire d'un coefficient 10 pour les pays développés et 20 pour les PVD ;
– PMA : traitement spécial et différencié leur permettant d'échapper aux coupes tarifaires, avec poursuite de la consolidation de leurs droits de douane ;
– adoption des initiatives unilatérales des pays de la Triade[101] par les autres membres de l'OCDE et les principales économies émergentes, procurant un accès libre pour 97 % des produits exportés par les PMA.

Des projections à l'horizon 2020, basées sur les perspectives économiques de la Banque mondiale et les projections démographiques des Nations unies sont effectuées à l'aide du modèle Mirage pour différents scénarios :
– (S0) Scénario « témoin » de libéralisation totale des échanges (24 régions du monde et 35 secteurs) ;
– (S1) Scénario adoptant le 20/20/20 (18 régions et 23 secteurs en raison des contraintes imposées par les calculs pour scénario S1 et suivants) ;
– (S2) Scénario qualifié de central (car le plus probable compte tenu de l'état de la négociation à l'OMC), construit sur la base du 20/20/20, avec introduction de produits sensibles et spéciaux ;
– (S3) Scénario complémentaire reprenant S2 et 100 % d'accès libre aux marchés des pays de l'OCDE pour les PMA ;
– (S4) Scénario complémentaire élargissant les hypothèses du S3 aux pays émergents.

Les résultats de ces différentes simulations sont présentés dans le tableau 5.26. Rappelons que le principe des simulations effectuées par les MEGC est de comparer, à un horizon donné, un scénario au fil de l'eau (conditions actuelles), dit scénario de base aux autres scénarios résultant des hypothèses retenues (tableau 5.26). Les différents scénarios sont estimés aux prix de l'année de départ (ici 2005).

L'impact maximum annoncé par le modèle Mirage, et mesuré par l'écart entre la situation actuelle du commerce international et une libéralisation totale, est une progression d'environ 200 milliards de dollars pour le PIB mondial (+ 0,4 %) et 1 500 milliards pour les exportations totales de marchandises et services. (+ 11,7 %). Les gains totaux en termes de bien-être sont donc minimes, mais significatifs pour les exportations. La proposition 20/20/20 se situe à la moitié des gains en PIB de la libéralisation complète (96 milliards de dollars) et le scénario central au quart (55 milliards). Les effets sur le commerce de ces scénarios de restriction de la libéralisation sont plus marqués : dans S1, les exportations n'augmentent que de 3 % environ (375 milliards) et dans S2 de moins de 2 % (233 milliards). On notera le poids de la « flexibilité », introduite par l'autorisation de listes de produits exemptés des engagements de réduction, dans la dynamique du commerce international. L'ouverture totale des marchés des pays de l'OCDE aux PMA ne modifie pas les résultats (en raison du statut actuel déjà très favorable) et l'ouverture supplémentaire des grands pays émergents n'apporte qu'un point de commerce total (environ 150 milliards de dollars) et 5 milliards de PIB (0,1 %).

---

101. Accords de Lomé puis de Cotonou de l'UE avec les pays ACP (Afrique, Caraïbes, Pacifique) TSA : Tous Sauf les Armes, lancée par l'UE en 2001 et suivie par le Japon ; AGOA : African Growth Opportunity Act mis en place par les États-Unis. Ces initiatives demeurent des concessions bien modestes eu égard aux montants des exportations concernées.

Tableau 5.26. Impacts de la libéralisation commerciale sur le commerce international et le PIB, écarts en volume par rapport au scénario de base en 2020, modèle Mirage, Cepii.

	Scénarios	Commerce mondial %	PIB mondial	
			%	Milliards US $
S0	Libéralisation totale entre membres de l'OMC	11,7	0,4	201
S1	Proposition 20/20/20	2,9	0,19	96
S1A	*dont volet agricole*	*0,7*	*0,11*	*55*
S2	Scénario central = S1 + produits sensibles et spéciaux	1,8	0,11	55
S2A	*dont volet agricole*	*0,3*	*0,05*	*25*
S3	= (S2) + 100 % accès PMA à OCDE	1,8	0,11	55
S4	= (S3) + 100 % accès PMA à pays émergents	1,9	0,12	60

Source : Fontagné *et al.*, 2007.

Les scénarios « zoomant » sur l'agriculture confirment le poids très important de ce secteur dans la négociation compte tenu de son niveau élevé de protection actuelle. Dans le scénario central (le plus probable), l'agriculture contribue pour 0,3 % à la hausse du commerce international, soit 39 milliards de dollars (17 % de l'augmentation totale) et pour 5 % au PIB mondial (soit 25 milliards, 46 % de la hausse estimée du PIB).

Quels seraient les gagnants et les perdants dans les différents scénarios ? Plusieurs angles de vue peuvent être adoptés. Tout d'abord celui de la progression du PIB. En reprenant des simulations faites par le Cepii selon des scénarios proches de ceux présentés ci-dessus, avec une libéralisation croissante (de A vers C), on obtient un gain mondial de PIB en 2020 de 32 à 126 milliards de dollars, le scénario de libéralisation total donnant 232 milliards (tableau 5.27). Dans les 3 scénarios, les pays riches sont les grands gagnants puisqu'ils empochent de 90 à 97 % du gain total (les gains relatifs en points de PIB sont un peu moins élevés), les PVD, et surtout les pays émergents (Inde, Argentine, Brésil, Mexique, mais pas la Chine) enregistrent une légère progression (en valeur absolue, plus marquée en) et les PMA une légère régression (Ducreux *et al.*, 2006). On comprend mieux pourquoi G90 et G20 ne sont guère enthousiasmés par les propositions actuelles des pays riches : la plupart des PVD subiraient, en l'absence de protections dérogatoires, de plein fouet la concurrence des produits des pays riches qui sont à la fois très compétitifs du fait d'économies d'échelle, de leur capital de connaissances et souvent de politiques publiques musclées d'appui à leurs entreprises. La « dispute » sur le coton illustre assez bien ce dernier point : les énormes subventions versées aux producteurs des pays riches (notamment aux États-Unis : entre 2,2 et 4,4 milliards de dollars alors que la valeur de la récolte est d'environ 3 milliards de dollars) et en Chine, ont, durant la campagne 2001-2002, abaissé le cours international du coton en dessous du coût de production dans les pays africains producteurs. Malgré l'intervention du Bénin, du Burkina-Faso et du Mali à la conférence interministérielle de l'OMC de Cancún, et en dépit de la condamnation des États-Unis par l'O.R.D. en 2005, suite à une plainte du Brésil, les États-Unis n'ont pris que de vagues engagements de retrait des subventions accordées à l'exportation et de soutien à la production (Lemoine *et al.*, 2007).

Tableau 5.27. Variation du PIB par région à l'horizon 2020 selon 3 scénarios de libéralisation partielle du commerce international, milliards de dollars 2005, modèle Mirage, Cepii.

Scenarios / pays	A	B	C
	Standard	**Ambitieux**	**Très ambitieux**
Pays riches	31,14	58,67	113,45
PVD	1,24	9,46	12,46
PMA	-0,29	-0,19	0,41
Monde	32,08	67,96	126,32

Source : Ducreux *et al.*, 2006.

Revenons sur les produits agricoles pour d'autres éclairages sur la négociation en cours à l'OMC. Deux problèmes se posent, qui bloquent les discussions à l'OMC. Le premier est celui des marges de manœuvre laissées par les engagements à réduire les droits de douane imposés par le cycle de Doha. Le second concerne la liste des produits affectés.

La marge de manœuvre dont disposent les pays pour abaisser leurs taxes à l'importation est constituée du niveau absolu du droit consolidé et de la différence entre le droit consolidé (DC) (déclaré à l'OMC lors de l'adhésion) et le droit appliqué (DA) ou droit réel (qui est inférieur au droit consolidé, par définition), encore appelée « marge de consolidation »[102]. La situation est variable selon les pays : d'après une étude du Cepii (Fontagné et Laborde, 2006), les droits consolidés sont élevés pour les PVD (taxes *ad valorem* de 52 % en 2001) et surtout les PMA (98 %), elle est réduite pour les pays développés (27 %), avec une plage allant de 9 % pour les États-Unis à 29 % pour l'U.E. et 48 % pour le Japon. La différence (DC – DA) est de l'ordre de 10 points de pourcentage pour les pays riches, de 28 pour les PVD et de 83 pour les PMA. On en conclut facilement à l'existence de marges de manœuvre importantes pour les PMA (haut de la fourchette des DC et écart substantiel entre DC et DA) et les États-Unis (à l'abri d'une réduction, car déjà en bas de la fourchette), mais faibles pour l'U.E. et dans une moindre mesure les PVD. La colonne « Droit final » montre l'ampleur des efforts consentis par pays et par zone. Les baisses affichées sont très variables, mais généralement substantielles, sous réserve des produits sensibles et spéciaux pouvant être sortis des listes et échapper ainsi aux réductions (tableau 5.28).

---

102. Dans le cas d'accords régionaux ou bilatéraux, tolérés par l'OMC, ou d'octroi de concessions par un pays riche à un pays pauvre, le droit appliqué peut être inférieur au droit NPF. Dans ce cas, fréquent, on parle de droit appliqué préférentiel et de marge préférentielle, ce qui constitue à la fois une expérience intéressante pour les pays concernés dans le cadre des discussions OMC, puisque l'on est en présence de baisses volontaires de la protection douanière, sous réserve que des contingents ou des BNT ne viennent polluer les interprétations. Pour une illustration approfondie sur le cas des fruits et légumes dans la zone euro-méditerranéenne, cf. Emlinger, 2008.

Tableau 5.28. Impact par pays de la réduction tarifaire sur les produits agricoles, selon la proposition du G20, 2005.

Pays et zones	Droit initial *ad valorem*, en %		Baisse G20, en points de %		Droit final *ad valorem*, en %	
	Consolidé	Appliqué	Consolidé	Appliqué	Consolidé	Appliqué
Bangladesh	173	21	0	0	173	21
Inde	133	56	-56	-8	77	48
Thaïlande	51	24	-17	-4	34	20
Japon	49	35	-34	-22	15	13
Canada	29	15	-21	-7	8	8
États-Unis	9	5	-5	-2	4	3
UE-25	28	19	-18	-11	10	8
PMA	98	16	0	0	98	16
PVD	52	20	-22	-4	30	16
Pays développés	27	17	-18	-9	9	8

Source : Fontagné et Laborde, 2006.

L'étude du Cepii rapproche également les gains attendus (croissance des exportations) des concessions faites (ouverture aux importations), ce qui permet de repérer les gagnants et les perdants du jeu international. Parmi les gagnants pour les produits agricoles, on peut citer l'Australie, la Nouvelle-Zélande, le Brésil, les États-Unis et l'Afrique du Sud qui sont tous d'importants exportateurs qui protègent peu leur marché intérieur. Le Canada et l'Inde sont dans une position équilibrée, l'UE-205 subit de légères pertes et enfin la Suisse, le Japon et surtout la Norvège font des concessions très supérieures à leurs gains (faible production agricole et marché riche) (Fontagné et Laborde, 2006). Bien entendu, dans ce dernier cas, des avancées sont attendues sur les produits industriels et les services, ce qui explique l'engagement unique de Doha : « rien n'est conclu tant que tout n'est pas conclu ».

Ces simulations justifient les âpres combats menés autour des fameuses « formules » de calcul des réductions tarifaires et dont l'issue est encore incertaine. Deux formules ont été retenues à Hong Kong. On utilise la méthode des « bandes » pour les produits agricoles qui définit des taux de réduction (coupes) par fourchette de tarifs initiaux :

droit final = droit initial × (1 – pourcentage de coupe).

Les coupes sont d'autant plus élevées que ce tarif est important (par exemple : 45 % pour la bande de tarif initial 10 à 20 %, 55 % pour la bande 20-30 %, etc.)[103]. Pour les produits industriels, c'est la « formule suisse » qui prévaut :

droit final = (droit initial × coefficient de coupe) / (droit initial + coefficient).

---

103. Les dernières propositions connues en janvier 2009 sont publiées dans la note Falconer de décembre 2008 <www.wto.org>. Elles sont présentées succinctement dans le tableau 5.25.

La formule suisse, du fait de sa non-linéarité, réduit d'autant plus le tarif que celui-ci est initialement élevé[104].

La mesure d'impact sur les produits montre qu'un faible nombre d'entre eux va représenter une part considérable de la progression des exportations mondiales. Ainsi une recherche menée par le Cepii sur 700 produits agricoles et agroalimentaires importés par les États-Unis et l'UE en simulant l'absence de barrières tarifaires dans ces pays en 2004 (tableau 5.29), montre que l'augmentation des exportations ne porterait que sur 30 produits (soit 4,5 % des lignes tarifaires). Les 8 premiers produits concentreraient plus de 50 % de la progression des échanges dans le cas de l'UE et plus de 80 % dans celui des États-Unis. Les produits « vedettes » sont ceux qui font l'objet des plus fortes taxations douanières aujourd'hui et souvent de contingents tarifaires : viande bovine, sucre, banane, huile d'olive, lait, riz (Gouel et Ramon, 2008).

Tableau 5.29. Les 10 produits potentiellement les plus affectés par une ouverture des marchés des États-Unis et de l'Union européenne, 2004.

Nomenclature SH6	Intitulé de la ligne de produit	Part de chaque produit dans l'augmentation des importations, pourcentage cumulé	
20130	Viandes désossées de bovins, fraîches ou réfrigérées	13,4	13,4
170199	Sucres de canne ou de betterave et saccharose pur	8,8	22,2
170111	Sucres de canne, bruts	7,1	29,3
20120	Morceaux non désossés de bovins, frais ou réfrigérés	5,6	34,9
20230	Viandes désossées de bovins, congelées	4,5	39,4
80300	Bananes, y compris les plantains, fraîches ou sèches	4,1	43,5
240120	Tabacs partiellement ou totalement écotés	3,6	47,1
150910	Huile d'olive vierge et ses fractions	2,9	50,0
40130	Lait et crème de lait, non concentrés, matières grasses > 6%	2,3	52,3
20329	Viandes porcines congelées	2,0	54,3

Source : Gouel et Ramon, 2008.

Ces produits sont évidemment ceux qui concentrent les conflits. Par exemple, celui du Brésil avec l'Union européenne. Ils renvoient souvent à un problème de répartition du marché entre PVD (cas de la banane dans l'U.E. qui sous la pression des

---

104. On retrouve ici la fameuse société du symbole de W. Reich dont nous avons parlé dans le premier chapitre : les décisions se prennent sur des taux plus que sur des valeurs absolues et donc sur des abstractions.

régions ultra-périphériques de l'UE, Antilles, Canaries et Madère principalement ont mis en place un système de quotas privilégiant les ACP et pénalisant lourdement les bananes de la zone dollar) (Rastoin, 1996). La proposition Falconer autorisant une liste de produits sensibles échappant au démantèlement de la protection tarifaire à hauteur de 4 à 6 % des lignes de la nomenclature suffirait à effacer 75 % des gains potentiels d'une libéralisation des marchés américains et européens pour les PVD (Gouet et Ramon, 2008).

Un autre aspect serait à prendre en compte dans chacun des États membres de l'OMC : la création de valeur dans les filières, qui peut se mesurer en termes économiques par la valeur ajoutée. Comme nous l'avons expliqué plus haut, les taux variables des taxes douanières le long d'une filière donnée vont engendrer des estimations d'impact différentes selon que l'on se situe en aval (produit fini) ou en amont (produits intermédiaires) de la filière. Ceci est particulièrement net pour les filières longues incluant une transformation des matières premières agricoles par l'industrie agroalimentaire. Comme l'indique le tableau 5.30 : la baisse de valeur ajoutée résultant de l'ouverture des frontières pour les secteurs « corps gras et huiles » est bien inférieure à celle subie par le secteur primaire des céréales. La situation de la filière du point de vue de son contenu en importation et du niveau de protection tarifaire est un facteur important. Ainsi, les filières « produits laitiers » et « viandes », à l'abri de droits de douane élevés verrait, dans le cas d'une libéralisation une forte poussée des achats extérieurs (respectivement 142 et 125 %), sans que cela ne fasse beaucoup chuter la VA sectorielle (- 7 et moins 5 % seulement). Il semble donc possible de combiner une croissance des importations avec une légère érosion de la VA (Laborde et Fontagné, 2006).

Tableau 5.30. Variations du commerce extra-communautaire et de la valeur ajoutée des filières agricoles et agroalimentaires de l'UE induites par une libéralisation commerciale.

Filières	Évolution à l'horizon 2020 en % par rapport à la situation actuelle		
	Exportations	Importations	Valeur ajoutée
Céréales	-51,6	7,1	-10,7
Produits laitiers	64,0	141,7	-6,9
Blé	-35,7	-10,2	-6,7
Autres cultures	2,5	26,1	-6,2
Viandes	-46,0	124,5	-5,3
Autres produits animaux	6,0	-7,3	-4,9
Fruits et légumes	3,4	7,0	-2,3
Autres produits agro-alimentaires	-0,1	7,5	-0,6
Graisses et huiles	7,3	6,9	-0,6
Sylviculture	3,6	0,0	0,8
Ensemble	-12,8	16,8	-3,1

Source : Laborde et Fontagné, 2006, modèle Mirage – Cepii.

Une approche pluridisciplinaire de la mesure d'impact de la libéralisation

Il est possible d'expliquer les échanges internationaux de manière approfondie en considérant une catégorie donnée de produits plutôt que le commerce agrégé comme cela vient d'être fait. Un *consortium* international de recherche a mené cet exercice sur la filière fruits et légumes en Méditerranée, en combinant différents outils : modèle de gravité, modèle d'équilibre sectoriel et analyse de filière, avec la construction d'un indice de vulnérabilité régionale à la libéralisation internationale (Rastoin *et al.,* 2007). La conclusion est que les variables caractérisant les structures de production, le cadre organisationnel et institutionnel, les performances économiques des acteurs et les obstacles techniques au commerce sont aussi importantes en termes d'impacts que les barrières tarifaires[105]. Ceci milite – si besoin en était – pour une plus grande « biodiversité » dans les méthodes mobilisées pour pratiquer des évaluations économiques. On trouvera dans l'encadré ci-dessous un résumé de l'analyse portant sur les variables liées au commerce menée à l'aide d'un modèle de gravité.

Encadré 5.2. L'impact de la libéralisation commerciale internationale dans le secteur euro-méditerranéen des fruits et légumes estimé par un modèle de gravité.

Le processus de libéralisation des échanges agricoles entre l'Union européenne et les pays du Sud et de l'Est de la Méditerranée (PSEM) a été relancé lors du sommet de Barcelone de 2005. Les fruits et légumes, principales exportations agricoles des PSEM, sont au cœur des débats relatifs à cette ouverture commerciale. Le projet de zone de libre-échange euro-méditerranéenne (ZLEM) devrait à terme impliquer la libéralisation du commerce entre les pays du sud et de l'est de la Méditerranée et l'Union européenne. La question posée est celle de l'impact éventuel d'une telle libéralisation sur les pays producteurs de fruits et légumes en Europe. La recherche a été articulée autour de deux champs complémentaires de mesure de l'accès au marché : l'analyse du système des préférences tarifaires de l'UE aboutissant à l'estimation de marges préférentielles pour l'ensemble des produits et des pays retenus et la construction d'un modèle gravitaire, basé sur Anderson et van Wincoop (2003), permettant de mesurer l'impact des déterminants des échanges (barrières tarifaires et non tarifaires) sur les pays importateurs. La recherche a démontré la très grande complexité du dispositif commercial (nombre de positions dans la nomenclature, prix multiples, calendriers de contingentement, hétérogénéité des produits et des pays) et conduit à une méthodologie spécifique (données annuelles et saisonnières désagrégées, prise en compte de la périssabilité des produits, différenciation des origines). Le modèle de gravité a permis de mettre en évidence un impact négatif de la distance, corrélé avec la périssabilité des produits, un impact également négatif des barrières tarifaires, mais variable selon les pays, et un « effet-frontière » favorable aux produits domestiques.

…

---

105. Ce travail a été réalisé par une équipe internationale dans le cadre d'un projet de recherche financé par l'Union européenne coordonné par Florence Jacquet à l'Institut agronomique méditerranéen de Montpellier. On trouvera sur le site de cet organisme l'ensemble des rapports issus de cette recherche : <http://eumed-agpol.iamm.fr/>.

> Globalement l'impact de la libéralisation sur les importations en provenance des
> PSEM apparaît comme faible – mais hétérogène – dans l'U.E. Cet impact varie
> en fonction des modalités d'ouverture des marchés (contingentement ou prix de
> déclenchement). Les effets d'une libéralisation des échanges de fruits et légumes
> seraient limités : les PSEM bénéficient d'ores et déjà d'un accès fortement préfé-
> rentiel à l'entrée du marché communautaire pour ces produits et d'importants
> coûts non tarifaires aux échanges ont été mis en évidence à l'entrée des pays euro-
> péens. La forte hétérogénéité des impacts de la libéralisation selon des PSEM
> constitue un second résultat. Enfin, il apparaît dans l'analyse que les effets d'une
> libéralisation dépendraient fortement des modalités d'ouverture du marché euro-
> péen. Une hausse des contingents n'aurait par exemple pas le même impact sur
> les échanges qu'une modification du Système de prix d'entrée. Les prolongements
> de cette recherche pourraient concerner l'estimation du potentiel de production
> dans les PSEM et les politiques publiques à mettre en œuvre pour exploiter ce
> potentiel ainsi que l'approfondissement des mécanismes non tarifaires comme
> outils de régulation commerciale internationale (Emlinger, 2008).

Faut-il sauver le soldat Doha ?

Finalement, les études d'impact menées par le Cepii (et confirmée par d'autres
laboratoires de recherche comme l'Ifrpri de Washington) tendent à montrer que les
gains attendus d'une libéralisation commerciale internationale seraient minces : au
mieux 0,4 % du PIB mondial à l'horizon 2020, dans l'hypothèse d'un démantèlement
total des protections tarifaires et plus probablement 0,1 % en l'état actuel de la
discussion au sein du cycle de Doha. À cela une bonne raison, économique, le
commerce international est déjà très ouvert puisque les droits de douane moyens
sont tombés aujourd'hui, suite aux *rounds* du GATT puis aux actions de l'OMC, à
4 % pour 75 % des échanges internationaux de biens et services.

Alors, pourquoi les discussions à l'OMC ont-elles pris tant de relief ? Tout d'abord
pour des motifs d'ordre psycho-sociologique : l'OMC cristallise les peurs sur la
mondialisation et les modèles sont incapables de prendre en compte le concept de
développement durable et les facteurs institutionnels et qualitatifs de la croissance,
qui sont aussi importants aux yeux de la société civile et de certains spécialistes, que
les facteurs mécaniques issus de la théorie classique des marchés. Ensuite parce
que le secteur agricole et alimentaire constitue le point d'achoppement central des
conflits du fait de son poids historique dans le système productif et toujours présent
dans les fonctions vitales de l'humanité.

Plusieurs raisons, à fort impact pour l'économie mondiale, militent cependant en
faveur d'un prolongement des débats plus que d'un arrêt brutal du processus de
Doha.

La première relève de la gouvernance mondiale. Un échec de Doha provoquerait
l'effondrement de l'OMC qui est devenu une instance de dialogue international
de premier plan. Même si l'OMC demeure fortement asymétrique du point de vue

de la répartition du pouvoir de décision, elle n'en reste pas moins une instance multilatérale dans laquelle un pays a une voix. La constitution de coalitions est d'ailleurs une manifestation de la recomposition des forces au sein de l'organisation. La dérive bilatérale, beaucoup plus risquée pour les petits pays a été amorcée après le demi-échec de la conférence interministérielle de Hong Kong. Une conclusion du cycle de Doha permettrait de reprendre le chemin du multilatéralisme.

La seconde raison tient au « coût de l'échec » qui serait trois fois (commerce et PIB mondiaux) à quatre fois (PIB des pays du Sud) plus important que les gains espérés selon une étude de l'IFPRI (Bouët et Laborde, 2008).

La troisième relève de la réduction des inégalités Nord-Sud et de la réduction de la pauvreté dans les PVD. En effet, la réduction des obstacles au commerce international, surtout si elle est assortie, comme cela est prévu d'une aide à la « capacitation » commerciale de ces pays, conduirait à une amélioration substantielle des revenus des agriculteurs pauvres et de leurs familles qui constituent encore une cohorte de près de deux milliards de personnes dans le monde. On sait par ailleurs (cf. chapitre 1) que la croissance de l'activité agricole a un effet multiplicateur d'emplois en amont et en aval, notamment ici dans les services d'exportation. Une des retombées de la réduction de la pauvreté est la baisse des tensions sécuritaires.

La quatrième raison qui va dans le même sens, mais est à nuancer, est relative aux pays émergents. La libéralisation leur donnerait la place qui leur revient en fonction de leur potentiel productif. Toutefois, il conviendrait d'en estimer le coût du point de vue du développement durable et d'inciter à une répartition des gains internes des gains issus de la croissance agricole et agroalimentaire qui sont actuellement concentrés dans les filières de l'agribusiness. Un autre avantage est l'accès à d'énormes marchés démographiques pour l'ensemble des pays.

La cinquième, plus discutable, concerne le consommateur. L'effet mécanique de la libéralisation est une baisse des prix pour le consommateur dans les pays à forte protection douanière. Cependant, cette baisse concernerait surtout les produits animaux dans les pays riches, les prix des grands produits de base (blé, maïs, soja) sont déjà dans une large mesure déprotégés dans ces pays[106]. Pour les PVD, l'ouverture des marchés de la viande, du sucre et du lait et de leurs dérivés aux États-Unis et de l'UE provoquerait un « détournement de trafic » vers ces pays et augmenterait les prix pour les autres pays, car l'offre aura du mal à suivre la demande au plan international.

Tous ces arguments, avérés par des études scientifiques, militent en faveur d'un sauvetage du cycle de Doha. Il est donc à présent utile de s'interroger sur les points de débat et les sorties possibles. Ceci relève de trois domaines : le principe de l'engagement unique, la liste des produits et les pays ciblés.

La discussion, compte tenu des modalités adoptées au sein de la commission agricole de l'OMC est influencée par la pratique habituelle du jeu diplomatique : toute concession accordée doit trouver sa compensation dans l'obtention d'un gain. La règle de l'accord global entraîne des postures d'une grande complexité (trocs

---

106. Le riz constitue une exception car il fait l'objet de droits douaniers élevés au Japon et en Corée dans un but de protection de l'agriculture nationale.

inter-sectoriels, considérations géopolitiques et *lobbying* professionnel, horizons temporels différents). Il conviendrait ici de « sectorialiser » les débats pour les clarifier.

La flexibilité introduite dans les abaissements tarifaires selon les produits, avec des possibilités d'exemption d'une liste de produits sensibles ou spéciaux est un puissant facteur de blocage, beaucoup plus que le choix des formules de calcul de la réduction tarifaire sur lequel on s'échine depuis des années. En effet, comme nous l'avons mentionné plus haut, un pourcentage faible de produits d'une liste sectorielle peut représenter les trois quarts des importations d'un pays dans le secteur considéré. La flexibilité devrait donc faire l'objet d'un réexamen.

Enfin, il conviendrait de prendre davantage en considération l'objectif de développement inscrit, en 2001, dans les attendus du cycle de Doha. Cela signifie que des exceptions aux règles standard de l'OMC, à faible impact économique mondial et pour les grands pays, doivent être accordées aux PMA en vue de faciliter leur développement. Ainsi de la protection de leur agriculture et de leur industrie agroalimentaire et de leur accès à 100 % aux marchés des pays riches, mais aussi des pays émergents. Il est en outre nécessaire que l'OMC prenne en compte désormais les deux autres composantes du développement durable : l'écologie et l'équité sociale. Tout ceci ne peut que se faire progressivement, car, nous le constatons depuis plus de 10 ans, le dossier est très complexe. Il faut néanmoins avancer, les enjeux étant vitaux pour l'humanité.

▸▸ La question lancinante de la volatilité des prix agricoles

Le marché des matières premières a connu une très forte poussée de prix entre 2002 et avril 2008 : 261 % pour les minéraux, 185 % pour le pétrole et 65 % pour les produits alimentaires. Toutefois, ces hausses ne battent pas des records historiques. Leurs conséquences sur la situation alimentaire a été catastrophique chez les ménages les plus pauvres et ont pris une grande ampleur dans les PMA, à tel point que l'on a vu revenir de véritables « émeutes de la faim », comme au milieu des années 1980. Les facteurs à l'origine de cette crise alimentaire sont à présent bien identifiés. Ils sont au nombre de trois, physiques, économiques et financiers : le déséquilibre entre l'offre et la demande alimentaire, la croissance de la production d'agrocarburants et des mouvements sur le marché des changes et des capitaux. Nous examinerons successivement dans cette section l'ampleur des variations de prix, leurs effets et leurs causes.

Des variations de prix brutales et relativement fréquentes

L'opinion publique a été alertée, à partir de 2002, par d'importantes hausses sur les prix des matières premières, en particulier le pétrole et les produits alimentaires. Le marché international a connu deux pics extrêmes, en 2006 puis au printemps 2008. Les prix ont ensuite reflué : selon les statistiques de la Cnuced, pour l'ensemble des produits alimentaires la baisse a été de 32 % entre avril et novembre 2008. On a observé de fortes différences selon les produits : le blé, qui était beaucoup monté a ainsi chuté de 454 dollars la tonne en mai 2008, à 243 dollars en novembre 2008, soit - 46 %. Le pétrole s'est effondré de 131,50 dollars par baril en juin à 54 en novembre 2008 (- 59 %). Le tableau suivant révèle que les hausses dans les 6 dernières années (pour 2008, jusqu'au pic d'avril) ont été très importantes, avec des coefficients multiplicateurs allant de 2 pour les boissons tropicales (café, cacao et thé) à 3 pour les graines oléagineuses et 4,5 pour les minéraux et les métaux (tableau 5.31).

Tableau 5.31. Vives hausses de prix des matières premières sur le marché international entre 2002 et avril 2008.

Groupes de produits	Hausse des prix	
	Coefficient multiplicateur	Moyenne annuelle (%)
Minéraux, minerais et métaux	4,5	29
Indice de l'ensemble en dollars courants	3,1	21
Graines oléagineuses et huiles végétales	3,0	20
Produits alimentaires	2,7	18
Ensemble des produits alimentaires	2,7	18
Indice de l'ensemble en DTS	2,4	16
Matières premières d'origine agricole	2,3	15
Boissons tropicales	2,0	12

Source : données UNCTAD, 2009 Commodity Price Statistics.

Tous les produits n'ont pas été affectés de la même manière par les hausses de prix de ce début des années 2000. Toujours selon les statistiques de la Cnuced, sur une liste de 35 produits de base, la variation des prix entre 2000 et 2007 s'est échelonnée entre - 15 % pour le thé kenyan vendu aux enchères à Mombasa, + 213 % pour les minéraux, minerais et métaux et + 185 % pour la farine de poisson cotée à Brême. Dans les produits alimentaires, les huiles (tournesol, soja, palme), puis le blé et le café obtiennent les meilleures progressions. La hausse moyenne pour l'ensemble des produits alimentaires a été de 69 %, dont 126 % pour les graines oléagineuses et 48 % pour les boissons tropicales (café, cacao, thé, le thé ayant subi une baisse). Sur la figure suivante (figure 5.8), on peut nettement observer l'accélération des prix sur 2005-2007. Parmi les grands produits à la base de l'alimentation, le blé roux d'hiver des États-Unis vendu sur le golfe du Mexique a vu sa cotation à la Bourse de Chicago multiplié par plus de 2 en l'espace de 7 ans, le maïs américain par 1,9 et le riz de Thaïlande par 1,6. Mais, la viande de bœuf congelée d'Australie et de Nouvelle-Zélande, ainsi que le sucre brut des Caraïbes n'ont connu que des hausses modérées (respectivement 34 et 23 %, ce qui en termes de progression annuelle est inférieur à l'inflation mondiale). Finalement, la hausse a principalement touché les « grandes » huiles végétales, le blé et le maïs.

L'envolée des cours que nous venons de décrire, bien qu'elle ait fait l'objet d'une très grande médiatisation entre la fin 2007 et l'été 2008 est cependant loin d'avoir

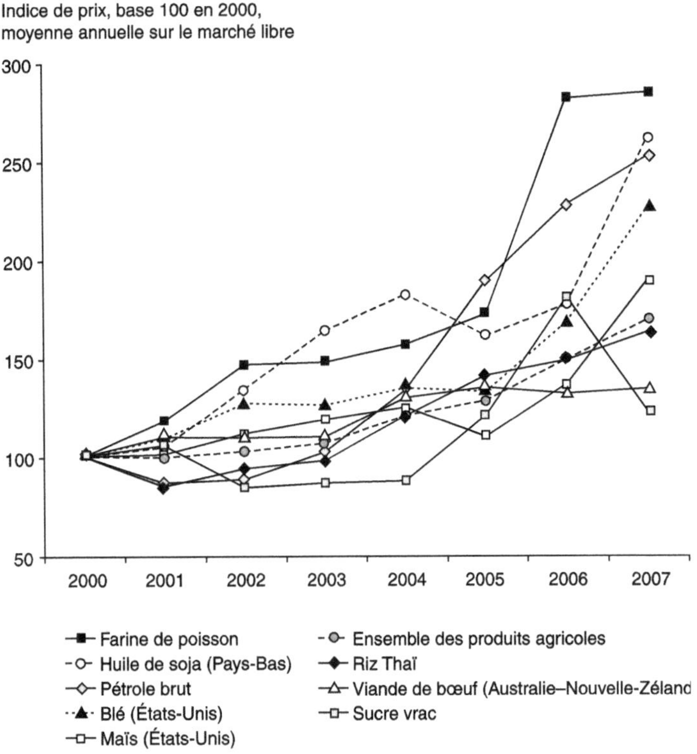

Figure 5.8. Évolution récente des prix des produits alimentaires et du pétrole.

Source : données Cnuced, 2009. Statistiques de prix des produits de base.

atteint l'ampleur de l'une des grandes crises précédentes. Depuis 1960, c'est-à-dire depuis un peu moins d'un demi-siècle, les prix nominaux internationaux de produits alimentaires ont connu 6 pics d'une ampleur voisine ou supérieure à 20 % sur une période de 2 à 3 ans. L'amplitude maximale a été constatée en 1973, avec une augmentation spectaculaire de 80 % par rapport à l'année (n − 2) et une descente abyssale de 104 %, également en 2 ans. Sur quatre années, l'amplitude des variations de cours a été de 184 % (figure 5.9).

Les autres épisodes de volatilité des cours ont été constatés autour de 1963 (amplitude des variations, en valeur absolue, de 54 %), de 1980 (83 %), 1988 (76 %), 1994 (56 %). La crise de janvier à fin novembre 2008 enregistrait 66 % d'amplitude. En utilisant l'indice FAO des prix alimentaires[107] et en considérant qu'une forte hausse peut se définir comme une variation de prix supérieure à deux fois l'écart-type des cinq années précédant cette hausse, on confirme que les périodes de « surchauffe » ont été 1972-1974, 1988, 1994 et 2007-2008 (FAO, 2008).

Les six épisodes haussiers observés depuis 1960 et séparés par des intervalles de 6 (entre 1998 et 1994) à 13 ans (entre 1994 et 2007) ne doivent pas faire oublier

---

107. Il s'agit d'un indice de Laspeyres, pondéré en fonction des échanges internationaux, de 55 produits, exprimé en dollar américain.

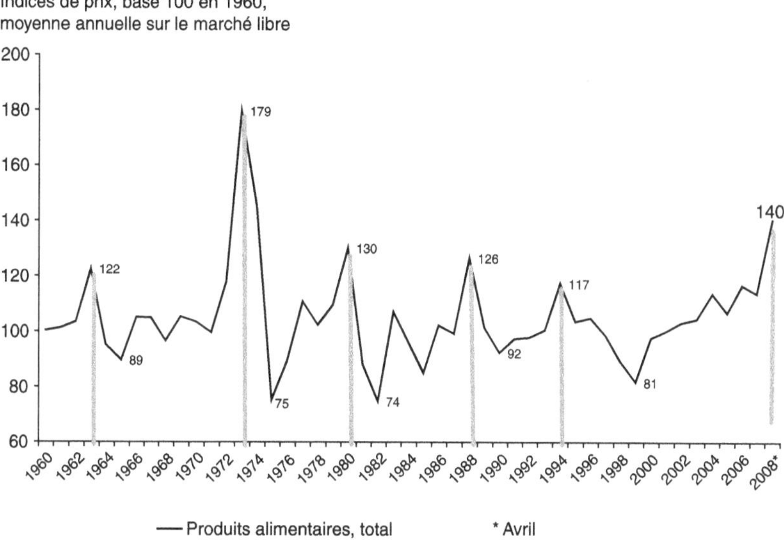

Figure 5.9. Évolution des prix nominaux des produits alimentaires, indice base 100 en 1996.

Source : nos calculs d'après les données Cnuced, 2009. Statistiques de prix des produits de base.

les baisses accentuées qui ont suivi par un effet de « rattrapage ». Ces baisses l'ont largement emporté puisque, exprimés en termes réels (c'est-à-dire déflatés), les prix agricoles et alimentaires se situaient au milieu des années 2000, encore largement en dessous de leur niveau du début des années 1960. L'indice des prix des produits alimentaires déflatés par les valeurs unitaires à l'exportation des produits manufacturés des pays développés calculé par Coe-Rexecode est ainsi passé, sur une base 100 en 2000, de 372 en 1974 à 97 en 1992 (soit une décroissance de - 5,4 par an), pour stagner jusqu'en 2005 entre 100 et 110 et amorcer enfin une remontée jusqu'à 143 mi-2008, c'est-à-dire à un niveau qui reste de moitié de celui de 1974 (Coe-Rexecode, 2008).

Impact des transmissions de prix internationaux

En économie ouverte, les prix se répercutent dans les différents niveaux des filières de production-transformation-distribution selon un mécanisme appelé « transmission des prix », étudié à l'aide de techniques statistiques plus ou moins sophistiquées[108] qui consistent à estimer l'impact d'une variation de prix en amont sur les maillons aval. Cette question renvoie évidemment à celle du « partage de la valeur » dans les filières que nous avons étudiées dans le chapitre 3. Elle a fait l'objet de travaux depuis de nombreuses années, notamment aux États-Unis, sur le fameux

---

108. Les techniques les plus élaborées au plan mathématique relève de l'étude des causalités et font appel à des modèles de co-intégration pour la mesure des asymétries.

écart de prix entre la ferme et le commerce de détail (Gardner, 1975), ou sur la transmission des prix dans l'industrie du lait (Kinnucan and Forker, 1987) ou encore celle du bœuf (Goodwin and Holt, 1999). Ce type de travaux a été développé plus récemment au Canada (Saha et Mitura, 2008 ; Gervais J.P. et Lambert R., 2008) et en France (Besson, 2008). Le choc enregistré sur le marché international a donné lieu à des analyses de statistique descriptive classique (notamment FAO, 2008 ; Abbott *et al.*, 2008, que nous utiliserons plus loin) qui donne un premier diagnostic tout à fait intéressant et qui probablement sera confirmé par des recherches à caractère plus académique, mobilisant des modèles de mesure qui nécessitent plus de temps du fait de leur raffinement méthodologique (ce qui fait parfois douter de l'intérêt opérationnel de ces raffinements).

Trois types d'asymétrie de la transmission des prix sont identifiables dans les filières agroalimentaires (Saha et Mitura, 2008) :
– asymétrie à court terme de l'ordre de grandeur de la transmission des prix des matières premières agricoles au marché de la transformation puis aux marchés de commerce de gros et de détail ;
– asymétrie à court terme de la vitesse d'adaptation des prix entre les différents marchés ;
– asymétrie de l'adaptation des prix de détail à un équilibre de long terme.

D'un point de vue général, des prix élevés pénalisent les acheteurs et notamment les plus pauvres d'entre eux, du fait de l'inélasticité de la demande par rapport aux prix, et bénéficient (toutes choses égales par ailleurs et particulièrement à coûts constants) aux entreprises. Certains indicateurs macro-économiques sont également pénalisés : le taux d'inflation augmente, les exportations fléchissent ainsi que le taux de change. Inversement, des prix faibles facilitent ou stimulent la consommation, ce qui est un avantage pour le consommateur (sous réserve que cette baisse concerne des produits de bonne qualité nutritionnelle et non pas de la *junk food*), et l'économie (amélioration de la compétitivité internationale du pays), mais peut constituer un handicap pour le producteur (si ses coûts ne baissent pas proportionnellement) et l'économie (risque de déflation et donc de baisse du PIB).

Pour le système alimentaire, l'instabilité des prix qui vient d'être amplement démontrée, est très préoccupante, car impactant à la fois le consommateur, le producteur, et l'économie générale. Toutefois, l'ampleur du choc va dépendre des situations individuelles, des caractéristiques du pays concerné et de la permanence de prix élevés.

Forte vulnérabilité des pays et des ménages pauvres aux hausses de prix

Les augmentations de prix des produits alimentaires de base vont avoir un faisceau de conséquences plus ou moins graves et durables sur les pays en fonction de leur balance commerciale, de leur monnaie et de leur PIB, et sur les ménages, selon leurs revenus, leur profession et leur lieu de résidence, la structure des approvisionnements et les politiques publiques menées dans le domaine de l'alimentation. Nous établirons dans un premier temps l'ampleur du phénomène d'impact, puis nous en rechercherons les causes.

Les déficits commerciaux se sont creusés de manière inquiétante dans les pays importateurs de matières premières en 2007. La progression de la facture alimentaire mesurée par la valeur des importations atteint en moyenne mondiale 29 %, 33 % dans les PVD et 35 % dans les pays à faibles revenus et importateur net de produits vivriers (PFRDV)[109]. Les hausses s'étant poursuivies jusqu'au milieu de 2008, on s'attend à une augmentation dépassant 50 % entre les campagnes 2006-2007 et 2007-2008 et un doublement par rapport au niveau de 2002-2003 (tableau 5.32). Ce poids considérable va creuser les déficits des balances courantes des PFRDV, affaiblir leur taux de change et accroître leur endettement, alors que ces pays sont déjà dans une situation très précaire.

Tableau 5.32. Importations de produits alimentaires en 2007 et évolution récente.

Zones	Importations	
	2007 (Mds US $)	**Variation 2007/2006 (%)**
Monde	813	29
PVD	254	33
PMA*	18	28
PFRDV	119	35

* Pays les moins avancés ; ** Pays à faibles revenus et en déficit vivrier.
Source : Fao, 2008a.

Sur le plan intérieur, l'alourdissement de la facture des importations va se traduire par des hausses de prix variables selon les pays. Ainsi, selon une étude de la FAO conduite dans certains pays d'Asie sur la transmission du prix réel du riz du marché international au commerce de détail entre les quatrièmes trimestres 2003 et 2007, environ la moitié de la hausse des cours en dollars s'est retrouvée sur le marché intérieur pour l'Indonésie, le Bangladesh, la Thaïlande et la Chine et seulement entre 6 et 11 % pour les Philippines, l'Inde et le Vietnam. Ceci vient confirmer des travaux menés dans la zone sur la flambée des prix de 1995-1996 (Sharma, 2002). La principale explication de ces différences de transmissions de prix réside dans le taux de change, pour le premier groupe de pays accroché au dollar. Toujours dans cette étude de la FAO (tableau 5.33), il est établi que les prix au producteur et au consommateur sont fortement corrélés (par exemple), la progression du prix est de 28 % entre les quatrièmes trimestres 2003 et 2007 en Indonésie, et en Chine pour le riz et de respectivement 32 et 30 %. Au Chili, les prix intérieurs du blé suivent très étroitement les prix internationaux, du fait d'une politique commerciale très libérale. Cependant, en Argentine, les taxes imposées à l'exportation des produits alimentaires pour peser sur les prix intérieurs font que l'écart se creuse entre les deux (en février 2008 le rapport entre les deux prix était de plus de deux). (FAO, 2008a).

---

109. La dépendance externe de ces pays mesurée par le pourcentage d'importation par rapport à la consommation intérieure a dépassé 50 % pour l'Erythrée, Les Comores, le Niger, Haïti, le Botswana, la Guinée-Bissau, le Libéria. C'est également dans ces pays que la sous-alimentation est la plus prévalente (30 à 75 % de la population).

Tableau 5.33. Variation des prix réels du riz entre les quatrièmes trimestres de 2003 et de 2007 dans certains pays d'Asie.

Pays	(1) Prix mondiaux (US $)	(2) Prix mondiaux (MN)	(3) Prix intérieurs (MN)	(4) Transmission des prix en % = (3)/(1)
Chine	48	34	30	64
Thaïlande	56	30	30	53
Bangladesh	56	55	24	43
Indonésie	56	36	23	41
Vietnam	39	25	3	11
Inde	56	25	5	9
Philippines	56	10	3	6

Notes : Chine, comparaison 2003 et 2007 (en base annuelle). Vietnam comparaison 2003 et 2006 (en base annuelle) ; MN : monnaie nationale.
Source : FAO, 2008a.

Pour l'Afrique au sud du Sahara, on dispose d'une étude approfondie du Cirad[110] qui compare la situation dans trois pays : Sénégal, Mali et Cameroun. Au Sénégal, entre les seconds trimestres 2006 et 2008, les prix de l'huile ont augmenté de 32 %, ceux du lait de 42 % et ceux du riz entier de 50 %. Ces hausses sont, dans le cas des céréales, symétriques, mais légèrement plus faibles que celles des produits importés et se sont également répercutées sur les produits locaux comme le mil (+ 29 %), par suite de substitution de produits. Le coefficient budgétaire de l'alimentation étant de près de 46 %, dont la moitié constituée des produits cités, la tension est devenue très vive dans le pays et le gouvernement a décidé de lever les taxes à l'importation, ce qui s'est révélé efficace à court terme. Au Cameroun, la croissance des prix a été de 15 à 40 % selon les produits (riz, blé, manioc), entre 2005 et 2008, mais avec une différenciation régionale (contagion des prix locaux par les prix internationaux beaucoup plus nette à Douala, grand port d'importation qu'à Yaoundé située à l'intérieur de terres). Cependant, la vulnérabilité des ménages est moins grande au Cameroun qu'au Sénégal en raison de la structure du régime alimentaire composée pour moitié de produits locaux traditionnels (mil, sorgho, manioc, plantain) moins sensibles aux errements du marché mondial. Enfin, au Mali, l'augmentation des prix alimentaires demeure contenue (+ 20 %) à Bamako sur le marché du riz, contre un quadruplement à l'international durant les premiers mois de 2008. Toutefois, 60 % à 70 % des dépenses des ménages étant consacrées à l'alimentation en milieu urbain et 80 % en milieu rural, la vulnérabilité de la population reste importante face à une hausse modérée des prix. La faiblesse des produits importés dans l'alimentation, une bonne récolte en 2007 et une politique énergique du Gouvernement malien pour endiguer les hausses de prix a protégé, pour le moment, le consommateur (Gérard *et al.*, 2008).

On peut ainsi résumer les déterminants de la sécurité alimentaire dans les pays pauvres : à un instant donné, un ménage qui dispose d'un budget de dépenses de

---

110. Centre international de recherche agronomique pour le développement.

consommation C et qui se trouve confronté à une brusque hausse de prix alimentaires va soit modifier la composition de sa diète en substituant des produits moins chers aux produits devenus coûteux, si son coefficient budgétaire alimentaire est élevé ; soit sacrifier certaines dépenses non alimentaires pour maintenir son modèle de consommation alimentaire. En effet, la dépense alimentaire n'est pas compressible (tableau 5.34). Dans le premier cas, si les hausses de prix portent sur des produits de base tels que le blé, le riz ou le maïs, qui n'ont pas de substituts, la situation peut devenir explosive. C'est ce que l'on a observé en avril 2008 dans plusieurs pays : Haïti, Égypte, Maroc, Mauritanie, Burkina-Faso, Cameroun, Côte-d'Ivoire, Sénégal, qui ont été le théâtre « d'émeutes de la faim ». Ces pays et d'autres, se caractérisent également (en dehors des profils des ménages) par une forte dépendance extérieure pour la satisfaction de leurs besoins en aliments de base, par une transmission intégrale, voire une amplification des prix des produits importés vers les prix de détail, enfin par des « défaillances de marché » (absence de transparence des prix, segmentation, mauvaise organisation des circuits de commercialisation, réglementation sur la concurrence faible ou inexistante).

Tableau 5.34. Impact des hausses de prix alimentaire sur les budgets alimentaires des ménages.

Caractéristiques des ménages et scénarios	Pays à hauts revenus	Pays pauvres
Scénario de base		
Revenu (US $)	40 000	800
Coefficient budgétaire de l'alimentation	10 %	50 %
Dépense alimentaire totale	4 000	400
Produits alimentaires de base dans la dépense alimentaire totale	20 %	70 %
Produits alimentaires de base (US $)	800	280
Autres produits alimentaires (US $)	3 200	120
Scénario 1. hausse de 50 % des prix des produits alimentaires de base dans le pays, dont 60 % transmis aux consommateurs		
Augmentation du coût des aliments de base (US $)	240	84
Nouvelle dépense alimentaire (US $)	4 240	484
Nouveau coefficient budgétaire de l'alimentation	10,6 %	60,5 %

Source : Trostle, 2008.

Dans les pays à hauts revenus, qui se caractérisent à la fois par une assez large ouverture commerciale internationale du point de vue du volume des importations et par des filières longues et asymétriques (forte transformation des produits alimentaires consommés et oligopole restreint en aval), la transmission des hausses de prix des matières premières s'est faite de manière plus maîtrisée. Elle affecte toutefois durement les fractions de la population se trouvant au seuil de pauvreté et en dessous. Des formules éprouvées ont été utilisées par les grandes firmes de l'industrie agroalimentaire pour maîtriser leurs prix de vente face à une grande distribution très pressante : gains de productivité par rationalisation industrielle (concentration, management) et substitution capital/travail (réduction d'effectifs) ; mais aussi des pratiques parfois discutables du point de vue de la transparence vis-à-vis du client final, telles que la « reformulation » des produits (changement des composants en optimisant le coût), ou la réduction du poids des conditionnements.

À partir de la hausse des prix des produits importés, les prix intérieurs vont être augmentés dans des proportions variables en fonction du poids de ces produits dans la demande (effet direct s'il s'agit de biens de consommation finale ou indirect si ce sont des produits intermédiaires). D'autres facteurs vont également jouer : coûts d'acheminement, de transaction et de commercialisation, eux-mêmes influencés par les pratiques managériales des entreprises, toutes choses égales par ailleurs et notamment à composition identique des produits finaux. La complexité des circuits économiques fait que la transmission des prix n'est pas symétrique. Dans le cas des produits alimentaires, l'impact sur l'indice des prix à la consommation (IPC)[111] est d'autant plus important que la part de l'alimentation dans le budget des ménages est élevée comme le montre le tableau 5.35.

Tableau 5.35. Contribution du prix des produits alimentaires à l'indice des prix à la consommation entre février 2007 et février 2008.

Pays	1	2	3	4
	Variation de l'indice des prix à la consommation (IPC), %	Inflation des prix alimentaires, %	Part de l'alimentation dans les dépenses des ménages, %	Part en % de l'alimentation dans la variation de l'IPC = ((3)x(2))/100
Pays en développement				
Sri Lanka	19,4	25,6	62	15,9
Kenya	15,4	24,6	50,5	12,4
Chine	8,7	23,3	27,8	6,5
Inde	4,6	5,8	33,4	1,9
Pays développés				
Pologne	4,3	7,1	30,4	2,2
France	2,8	5	16,3	0,8
États-Unis	4	5,1	9,8	0,5
Japon	1	1,4	19	0,3

Source : données OCDE-FAO, 2008, http://dx.doi.org/10.1787/agr_outlook-2008-fr.

Une étude de la Banque nationale de Belgique sur l'évolution des prix des produits alimentaires transformés indique qu'une forte poussée inflationniste a été enregistrée dans ce pays au second semestre 2007 (4 % en rythme annuel en juillet, 7,7 % en décembre 2007) et qu'elle a plus concerné les produits laitiers, les huiles et les dérivés

---

111. Bien entendu, la composition de l'IPC influencera les études de transmission de prix. L'IPC est un outil incontournable de la politique macro-économique, mais aussi de la politique tout court et on a recours, en des temps d'inflation soutenue, à des interventions gouvernementales ou syndicales pour « l'ajuster ».

des céréales, denrées ayant subi de vives hausses sur le marché international comme nous l'avons montré. Les auteurs font l'hypothèse que la politique agricole commune (PAC) n'atténue plus les variations de prix en provenance du marché mondial comme elle le faisait dans le passé avec le mécanisme des taxes de prélèvement à la frontière. Il en est résulté une transmission des fluctuations internationales vers le marché européen (BNB, 2008).

La nature des produits, les structures de marché et l'intensité de la concurrence sont les principaux déterminants de l'évolution des prix alimentaires. Ainsi, les prix de détail reflètent différemment les prix agricoles selon la durée de vie des produits. La transmission des prix est bonne pour les produits périssables, en raison de l'aversion au risque de perte des distributeurs en cas de chute des prix (détournement de clientèle). Néanmoins, on observe une asymétrie dans l'évolution des prix pour les produits stockables (pommes, produits laitiers, pâtes, charcuterie), le commerce de détail pouvant arbitrer d'autant plus que le produit est banalisé. La concentration dans l'industrie agroalimentaire entraîne un pouvoir de négociation vis-à-vis des fournisseurs et une capacité d'ajustement à l'augmentation du coût des matières premières par des gains de productivité et des modifications de produits qui existent moins dans les PME. Enfin, l'existence d'un degré élevé de concurrence dans le commerce de détail (densité des magasins et agressivité commerciale)[112] permet de mieux contenir les prix comme on l'a constaté aux Pays-Bas ou en Allemagne par rapport à l'Espagne ou l'Italie. Toutefois, un trop grand pouvoir de marchandage des distributeurs peut fragiliser l'industrie agroalimentaire ou l'agriculture (Besson, 2008).

L'impact des hausses de prix sur les producteurs agricoles et leur aval

Pour un exploitant agricole, toute augmentation du prix est une aubaine. Une progression de son chiffre d'affaires va lui permettre, si ses coûts variables (c'est-à-dire ses consommations intermédiaires) n'évoluent pas en proportion de son prix de vente et, dans l'hypothèse raisonnable où ses coûts fixes ne dérivent pas sur la courte période, de financer des investissements de modernisation ou de développement de son entreprise. Après 40 ans de baisse des prix réels en agriculture et 10 ans de stagnation, la hausse des prix enregistrée depuis le début des années 2000 est apparue comme souhaitée et souhaitable et propice à améliorer la productivité des exploitations pour faire face à une concurrence de plus en plus rude. Cette bonne nouvelle pour les agriculteurs n'en est évidemment pas une pour leurs clients industriels et intermédiaires, lorsque ceux-ci ne sont pas en mesure de répercuter les hausses de leur coût de production et de mise en marché auprès du commerce de détail ou des clients finaux. À cet égard, la situation dans les pays avancés et dans les PVD est contrastée.

Nous venons d'analyser la situation dans les pays à hauts revenus, où, du fait de la complexité des filières, mais aussi de la maîtrise des méthodes de management des entreprises et de leurs interfaces, les dérapages de prix ont été relativement bien maîtrisés et finalement sont stoppés par le retournement sur les marchés des matières

---

112. La réglementation des relations commerciales entre fournisseurs et distributeurs (gestion des marges, vente à perte, délais de paiement) permet également de peser sur les prix. cf. Bonnet *et al.*, 2006.

premières et de l'énergie et par la crise financière puis économique qui s'installe. À tel point qu'en 2009, c'est plutôt la crainte de la déflation et de la récession qui domine.

Dans les pays du Sud, la situation est radicalement différente selon le niveau de développement atteint. Le groupe des pays émergents (le G20 de l'OMC) dispose d'atouts pour bénéficier de « l'appel » du marché provoqué par les prix élevés : savoir-faire, infrastructures, terres, eau. Ces atouts font cruellement défaut à la grande majorité des autres PVD et notamment aux PMA. Dans les pays les plus pauvres, il existe une réelle aptitude à répondre aux *stimuli* des hausses de prix agricoles, mais ce qui ruine tout progrès sectoriel, c'est l'instabilité des prix. Le niveau des prix doit demeurer suffisamment longtemps rémunérateur pour améliorer la condition des agriculteurs et de leurs familles et être perçu comme un encouragement à l'investissement et enclencher un processus de développement (Boussard, *et al.*, 2005). Un autre facteur est fondamental pour une telle évolution, c'est l'existence d'infrastructures matérielles, une économie de la connaissance (R&D et formation) et des institutions de marché efficaces.

Comment en est-on arrivé là ?

De nombreuses études ont été publiées dès le printemps 2008 pour analyser ce qui n'était encore qu'une crise « limitée » aux marchés internationaux des commodités (pétrole, métaux, produits agricoles et alimentaires). En ce qui concerne ces derniers, les documents de P.C Abbott, C. Hurt et W.E. Tyner (2008), pour les pays avancés et de la FAO (FAOa, 2008), pour les PVD constituent de bonnes références et contiennent une bibliographie fouillée.

Selon une majorité d'experts, on peut attribuer la brusque envolée des cours des commodités alimentaires – principalement comme nous l'avons vu, le blé, le maïs, le riz, les oléagineux et leurs dérivés industriels – à des facteurs qui peuvent être regroupés en trois grandes catégories :
– des modifications dans l'offre et la demande de quelques grands produits alimentaires qui sont venus perturber l'équilibre des marchés physiques ;
– des changements sur les marchés des changes et des capitaux et notamment la dépréciation du dollar et la spéculation financière ;
– une croissance accélérée de la production d'agrocarburants.

À notre connaissance, une seule étude publiée, mais controversée, s'est risquée à quantifier ces différents facteurs, celle de la Banque mondiale datée de juin 2008. Cette note de recherche accorde un poids majoritaire (70 à 75 %) aux modifications de l'offre (bas niveau des stocks de grains, basculement des superficies agricoles vers le maïs du fait des prix très attractifs des agrocarburants, spéculation financière et embargos sur les exportations)[113] dans la formation de la hausse des prix. Les autres

---

113. Contrairement à ce qui a été affirmé, en première page, par The Guardian en date du 4 juillet 2008 dans son édition internationale, sous le titre « Secret report : biofuel caused food crisis », ce rapport n'avait rien de secret et l'impact des agrocarburants n'était pas à lui seul de 75 %, comme indiqué dans l'article. Une incitation à la prudence pour les chercheurs ou les étudiants qui font leur miel avec les informations en provenance d'Internet, certes en « temps réel », mais au combien peu fiables lorsqu'elles parviennent d'une presse peu professionnelle ou manquant de déontologie.

causes (prix élevés de l'énergie et, par contrecoup des transports et des engrais) émargeraient pour 25 à 30 % (Mitchell, 2008).

La dynamique de la demande alimentaire mondiale

Comme nous l'avons vu dans le chapitre 5, la demande alimentaire mondiale connaît, depuis une vingtaine d'années, des changements de poids, avec la convergence des modèles nutritionnels des pays émergents très peuplés (notamment la Chine) vers une configuration « occidentale » caractérisée par l'abondance de la consommation de viandes, de corps gras végétaux et de sucre. En fonction des capacités productives et des stratégies commerciales de chaque pays, il apparaît sur le marché international d'importants flux d'importation dirigés vers deux catégories de clients : ceux nécessitant des produits de base pour l'alimentation humaine (cela concerne principalement le blé, le riz et le maïs et les PVD) et ceux qui ont des besoins en alimentation animale (blé, maïs, soja dans certains pays à hauts revenus et notamment l'U.E. et pays émergents déficitaires tels que la Chine et la Russie). La question est de connaître, non pas les niveaux absolus d'importations tels que nous les avons présentés plus haut, mais d'examiner les variations des flux entre 2002 et 2007, période correspondant à une forte hausse des prix alimentaires.

Tableau 5.36. Progression des importations d'aliments par les *leaders* mondiaux et par catégorie de pays entre 2002 et 2007.

Rang M 07	Pays	Importations 2007 (Mds US $)	Variation imports 2002-2007		
			Mds US $	Part dans le total mondial (%)	%
1	Union européenne à 27, M extra UE	108	53	20	97
2	États-Unis	88	32	12	59
4	Chine	32	22	8	226
5	Fédération de Russie	25	14	5	129
3	Japon	55	11	4	24
6	Canada	23	10	4	75
7	Mexique	18	8	3	77
8	Corée, Republique de	16	7	2	73
9	Arabie Saoudite	12	7	2	127
11	Émirats arabes unis	10	7	2	16
10	Hong Kong, Chine	11	3	1	30
	Pays M > = 50 Mds US $	241	123	46	104
	Pays M 5 à 49,9 Mds US $	251	96	36	57
	Pays M 1 à 4,9 Mds US $	81	45	17	122
	Total monde	594	268	100	79
	BRIC	69	42	16	155

Notes : M, importations ; pour l'UE, il s'agit des importations en provenance des pays tiers.
BRIC : Brésil, Russie, Inde, Chine.
Source : données OMC, 2009, Database, 27 janvier.

Nous avons classé (tableau 5.36) les pays en fonction de l'augmentation de leurs importations de produits alimentaires en valeur absolue. En effet, le choc sur les prix va être causé non pas par la progression relative, mais par le gonflement de la demande des plus gros importateurs. On constate sur la base de ce critère que ce sont d'abord l'Union européenne, puis les États-Unis et enfin la Chine qui enregistrent les plus fortes progressions de leurs achats. Les grands pays à hauts revenus sont à l'origine d'un peu plus de 40 % de la hausse des importations entre 2002 et 2007, les pays émergents (BRIC) dans la même proportion[114]. Les petits importateurs (soit environ 150 pays dans notre étude) ne représentent que 17 % de l'augmentation totale des importations. On peut donc en conclure que la « responsabilité » de la crise relevant du facteur « demande » est partagée entre les pays riches et les pays émergents. D'un côté, on a l'inertie de modèles de consommation pléthoriques, de l'autre, on assiste à une forte croissance des besoins solvables. Dans les deux cas, les achats sont concentrés sur un petit nombre de produits végétaux destinés à l'élevage, selon un itinéraire technique que l'on pourrait discuter.

On doit souligner par ailleurs que de nouveaux usages des matières premières agricoles (agrocarburants issus principalement de la canne à sucre et du maïs pour l'éthanol qui remplace l'essence, et d'oléagineux pour les huiles diesel qui se substituent au gasoil, partiellement dans les deux cas) viennent gonfler la demande de ces dernières et entrent donc en concurrence avec l'alimentation. À la différence des produits alimentaires, les agrocarburants ne font pas encore l'objet d'un commerce international.

Le comportement de l'offre

L'offre alimentaire connaît une progression régulière qui a accompagné la demande depuis des décennies : entre 1961 et 2005, l'indice FAO de la production agricole mondiale a été multiplié par 2,7 (par 1,9 en Europe, 3 en Afrique, 3,8 en Amérique latine et 4,5 en Asie). Comme nous l'avons expliqué, les exportations ont progressé à un rythme deux fois plus rapide que la production, dans le cadre du processus de mondialisation des marchés. La crise a concerné principalement trois commodités de base et leurs dérivés : oléagineux, céréales et lait qu'il convient d'étudier séparément du fait de leurs spécificités.

Céréales

Des épisodes climatiques défavorables ont conduit à de faibles récoltes dans certaines régions du monde : la production de céréales a chuté d'environ 20 % en 2006 par rapport à 2004 et 2005 (qui étaient à un niveau record) en Australie (sécheresse) et au Canada, de 8 % dans l'Union européenne (pluies) et de 32 % en Afrique du Sud. La production a fortement progressé (+ 14 %) aux États-Unis, mais ceci a concerné principalement le maïs pour la fabrication d'éthanol et a provoqué un affaiblissement de l'offre pour l'alimentation humaine et un détournement des superficies de blé et de soja vers ce produit. Il est intéressant de noter que globalement la production mondiale de céréales est restée au même niveau entre 2005

---

114. Une étude détaillée, en provenance d'une ONG, tend à démontrer que les responsabilités des États-Unis et de l'UE seraient plus grandes sur ce point, mais fait un amalgame des différentes causes (Berthelot, 2008).

Tableau 5.37. Bilan céréalier mondial (blé et céréales secondaires), 2005-2007.

Indicateurs	2005	2007	Variation 2005-2007	
			Absolue (M.t)	Relative (%)
Production (M. t)	1 615	1 661	46	2,8
Demande (M. t)	1 622	1 702	80	4,9
dont alimentation humaine	*642*	*662*	*20*	*3,1*
dont alimentation animale	*749*	*761*	*12*	*1,6*
dont autres usages	*232*	*279*	*47*	*20,3*
Stocks de fin de période (M. t)	427	359	-68	-15,9
Prix nominal (US $/t)				
Blé	168	319	151	89,9
Maïs	106	181	75	70,8

Source : données OCDE-FAO, 2008, http://dx.doi.org/10.1787/agr_outlook-2008-fr.

et 2007 (respectivement 1615 et 1661 millions de tonnes, soit + 3 %), mais que la demande, a fortement progressé (+ 5 %). On a là une très bonne illustration de la loi de King qui stipule qu'une faible variation des récoltes provoque de fortes variations de prix, par le biais de la variation des stocks. De fait, les stocks de céréales ont chuté de 16 % en 2007 par rapport à 2005 (tableau 5.37).

La relation entre niveau des stocks et prix, pour le blé par exemple, constitue un cas d'école tant les évolutions sont presque parfaitement inverses comme le montre la figure suivante, qui confirme que les amplitudes de prix sont proportionnelles à celles des stocks (figure 5.10). Le niveau des stocks est donc un indicateur particulièrement précieux d'alerte sur les évolutions futures de prix. Selon les données de la FAO, les stocks ont fléchi successivement de 12 et de 3 % en 2006 et 2007 et les prix ont grimpé de 21 et 70 % ces deux années. À fin octobre 2008, les stocks étaient remontés de 20 % et les prix avaient baissé de 20 % (FAOb, 2008). Les variations de prix sont également bien corrélées avec le ratio stocks/utilisation. Ce ratio est passé de plus de 35 % en 1998-1999 à moins de 20 % en 2006-2007 pour le blé et de 30 à 13 % pour le maïs. La théorie des marchés concurrentiels s'applique donc bien aux céréales et justifie en même temps des régulations puisque la volatilité a des effets néfastes soit pour les consommateurs, soit pour les producteurs vulnérables.

Oléagineux

La production mondiale d'oléagineux, aujourd'hui largement dominée par le soja et le palmier à huile, a progressé d'environ 7 % entre 2005 et 2007, avec une légère augmentation aux États-Unis et en Chine (soja principalement, + 3 %), une forte hausse dans l'Union européenne (colza et tournesol, + 8%) et en Indonésie (palmier, + 18 %), une baisse sensible en Afrique du Sud (- 13 %), en Australie et au Canada (- 3 %). Là encore, la demande[115] a subi une hausse plus rapide que

---

115. Cette demande concerne les graines pour la transformation, les huiles et les tourteaux pour les plantes annuelles soja, colza et tournesol et l'huile pour le palmier. Les huiles sont destinées soit à la consommation humaine, soit aux agrocarburants, les tourteaux sont utilisés en alimentation animale.

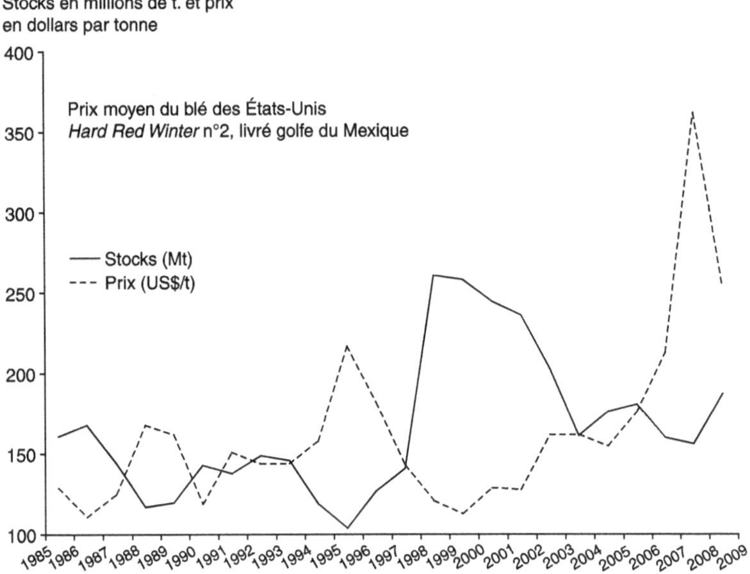

Figure 5.10. Évolution des stocks et des prix mondiaux du blé.
Source : données FAO, 2008. Perspectives de l'alimentation.

la production. C'est l'utilisation des huiles végétales comme carburants pour les véhicules routiers qui a provoqué le déséquilibre du marché, avec un doublement de la consommation (+ 114 %). Les États-Unis ont connu une véritable explosion de ce secteur (+ 162 %) en raison d'une politique publique très stimulante. Les autres usages de l'huile ont progressé de 4 % dans le monde (tableau 5.38). Dans les deux cas, maïs et soja, les agrocarburants ont connu des hausses très supérieures à celles des utilisations pour l'alimentation. Si la part des agrocarburants dans la demande totale de commodités demeure modeste (5 % pour le blé et les céréales secondaires et 9 % pour les huiles végétales), leur impact sur l'augmentation de la demande est très significatif (59 % de la hausse de la demande totale pour les céréales mentionnées et 45 % pour les huiles). Ceci ne laisse pas d'être préoccupant pour la concurrence entre *food* et *fuel* dans un contexte mondial de raréfaction des terres et de l'eau disponible et de plafonnement des rendements.

Tableau 5.38. Bilan mondial des huiles végétales, 2005-2007.

Indicateurs	2005	2007	Variation 2005-2007	
			Absolue (M.t)	Relative (%)
Production (M. t)	99	106	7	7
Demande (M. t)	96	105	9	9
dont agrocarburants	*4*	*9*	*5*	*114*
Stocks de fin de période (M. t)	9	8	-1	-12
Prix nominal (US $/t)	556	1 015	459	83

Source : données OCDE-FAO, 2008, http://dx.doi.org/10.1787/agr_outlook-2008-fr.

Produits laitiers

La production et la consommation mondiales de produits laitiers ont connu une progression sensible entre 2005 et 2007 (respectivement 5,5 et 5,8 %, en quantité exprimée en équivalent lait). Il y a donc eu, globalement, un léger décalage entre une offre qui se ralentit et une demande qui s'est montrée soutenue. Cependant, la situation est très variable selon les produits et de très vives tensions se sont manifestées sur les prix de la matière première dans de nombreux pays en raison d'une forte demande pour les produits transformés comme les laits en poudre, le beurre et le fromage ayant conduit à des hausses de prix s'échelonnant entre 71 et 117 % (tableau 5.39).

Tableau 5.39. Évolution du marché mondial des produits laitiers, 2002-2006 à 2007.

Produits	**Variation 2002-2006 à 2007 (%)**		
	Production	**Consommation**	**Prix**
Beurre	10	12	81
Fromage	6	7	71
Lait écrémé en poudre	-7	-4	126
Lait entier en poudre	8	12	117

Note : variation en volumes pour la production et la consommation et en US $ pour les prix.
Source : données OECD-FAO, 2008, http://dx.doi.org/10.1787/agr_outlook-2008-fr.

Le secteur laitier est passé en quelques décennies d'une situation d'autarcie et de fragmentation de l'offre à un pilotage par une demande caractérisée par des produits de plus en plus industrialisés et marquetés. L'offre pour le marché international, concentrée sur quelques grands pays (Australie, Nouvelle-Zélande et Union européenne) est sensible aux politiques de soutien, tandis que la demande est stimulée par la croissance économique dans les pays émergents. L'Inde et la Chine, malgré des progrès rapides dans leur secteur laitier ne parviennent pas à rattraper une demande qui progresse rapidement, d'où le rôle majeur des pays exportateurs dans l'équilibre des marchés.

Le ralentissement de l'offre agricole se mesure aux surfaces récoltées en grains (céréales et oléagineux) qui passent de 640 millions d'hectares en 1960-61 à un pic de 730 millions en 1980-1981, puis déclinent jusqu'à 650 millions en 2002-2003, pour ensuite remonter à 690 millions d'hectares en 2006-2007. Cette évolution traduit la faiblesse des investissements dans l'agriculture qui provient de trois causes principales : l'absence d'incitation par les prix observée depuis de nombreuses années sur le marché international, l'effet dépressif provoqué par la baisse du dollar et la hausse des coûts de production du fait du renchérissement. Nous avons déjà illustré la dégradation des prix agricoles internationaux en termes réels, voyons à présent les deux autres phénomènes (taux de change et hausse des coûts).

La dépréciation du dollar pénalise les exportateurs

Le dollar des États-Unis constitue la monnaie usuelle des transactions pour la plupart des commodités en raison du poids de ce pays dans la production et le commerce international et de la présence, sur leur sol, d'instruments d'échange devenus incontournables pour la plupart des opérateurs, les bourses de commerce. Les exportateurs non américains, payés en dollars, ont, par conséquent, tendance à augmenter leur vente lorsque cette monnaie est à un cours élevé par rapport à leur monnaie nationale et à les restreindre dans le cas contraire. Or, pour des raisons macroéconomiques qui leur sont propres (déficit commercial et budgétaire), les États-Unis laissent, depuis des années, « filer » leur monnaie ce qui leur permet de donner un coup de fouet à leurs exportations, tout en maintenant leur attractivité pour les capitaux étrangers du fait de la taille et de l'organisation de leur économie ainsi que de leur puissance politique. Sur les 12 pays qui sont des exportateurs et/ou des importateurs importants, à l'exception de trois d'entre eux qui ont vu leur monnaie se déprécier (faiblement) par rapport au dollar (le Japon, 1 %, l'Argentine, 1 % et le Vietnam 6 %), tous les autres connaissent une remontée qui est généralement forte (Afrique du Sud, 33 %, Canada, 32 %, Euroland, 31 %, Thaïlande 20 %, Royaume-Uni, 25 %, Chine 8 %, Japon 6 %). Les pays de l'ex zone Franc qui sont désormais arrimés à l'euro (Afrique francophone), connaissent la même évolution que l'U.E (figure 5.11).

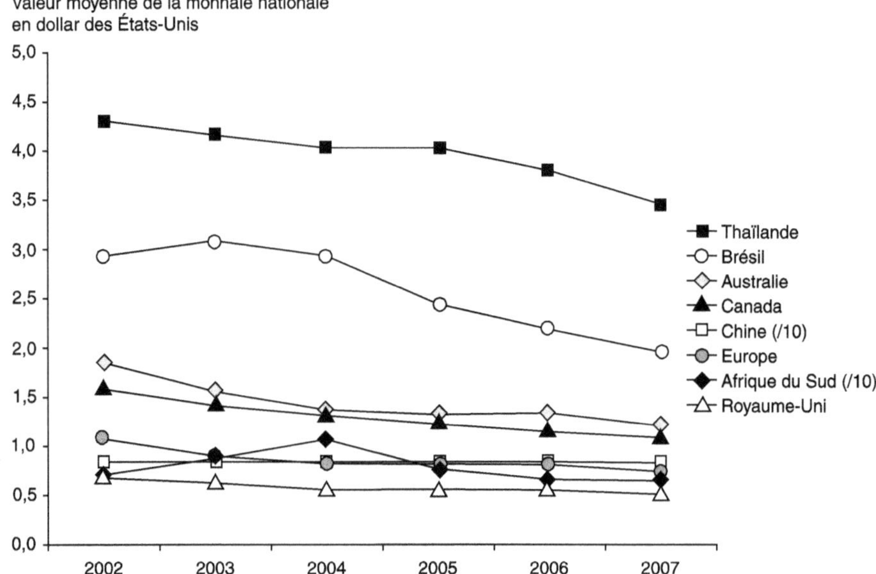

Figure 5.11. Évolution récente du taux de change du dollar des États-Unis contre certaines monnaies.

Source : données Banque mondiale, WDI Database. The world Bank Group, © 2009.

La hausse des coûts de production et de commercialisation des aliments

L'épisode inflationniste le plus vif a concerné les énergies fossiles (pétrole et gaz), qui ont entraîné dans leur sillage les biens industriels énergétivores comme les engrais azotés ou les emballages et les transports, ce qui n'a pas manqué de toucher les produits alimentaires qui sont de plus en plus industrialisés et tertiarisés en ce sens qu'il s'élaborent sur des filières longues exigeant des transports sur de grandes distances (cf. chapitre 4). Le coût du fret maritime entre le golfe des États-Unis et le Japon a été multiplié par plus de 6 entre février 2002 et octobre 2007 et par plus de 3 entre janvier 2006 et octobre 2007, avant de chuter puis de retrouver en mai 2008 le niveau d'octobre 2007. Les prix du fret sont très fluctuants, ils accompagnent celui du fuel, mais surtout ils dépendent du taux de remplissage des navires à l'aller comme au retour. Des taux élevés se manifestent en période d'échanges intenses entre pays, eux-mêmes liés à la croissance économique : ce fut le cas en 2007 et jusqu'à la mi 2008 (figure 5.12).

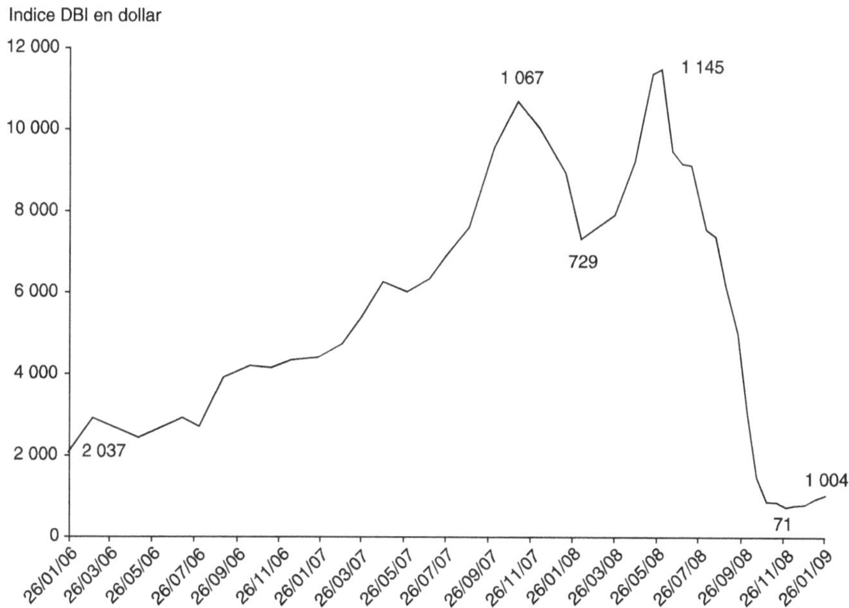

Figure 5.12. Évolution de l'indice « Dry Baltic », DBI.
Source : données The baltic exchange. Information Service Ltd., 2009.

L'indice DBI (Dry Baltic Index), qui est un indice composite des taux de fret de matières sèches en vrac sur plusieurs routes maritimes et pour plusieurs tailles de navires, est en conséquence un bon indicateur de l'activité commerciale internationale (au même titre que l'indice de la construction reflète bien dans un pays la croissance économique). Le DBI, après une longue stagnation entre 1 000 et 2 000 dollars entre 1994 et la fin 2003, a connu des oscillations prononcées durant la période critique : l'indice a été multiplié par près de 6 entre janvier 2006 et juin 2008, mois pendant lequel il a atteint un sommet à 11 500 dollars, puis a été divisé par plus de 16 dans les 6 mois suivants (715 dollars en novembre 2008).

Une volatilité aussi importante a été enregistrée sur les biens physiques. Le tableau 5.40 montre que les coûts des intrants nécessaires à l'agriculture ont vu leur prix progresser de façon beaucoup plus marquée que les produits de ce secteur.

Outre la hausse des intrants, l'envolée des prix agricoles provoque une augmentation du coût du capital fixe de production par accroissement de la demande des

Tableau 5.40. Hausse de prix de différentes catégories de produits, 2006-2008.

Produits	Unité	Prix moyen 2008	Variation 2006-2008
Énergie			
Charbon, Australie	US $/t	127	2,59
Pétrole brut, Brent	US $/bbl	98	1,49
Gaz naturel, Europe	US $/MMBtu	13	1,58
Engrais			
Phosphate di-ammoniaque, Golfe des États-Unis	US $/t	968	3,72
Phosphate, Maroc	US $/t	346	7,82
Chlorure de potassium, Vancouver	US $/t	570	3,27
Urée, mer Moire	US $/t	493	2,21
Agriculture			
Blé, Canada	US $/t	455	2,1
Huile de soja brute, Pays-Bas	US $/t	1 258	2,1
Riz, Thaïlande, 5 %, Bangkok	US $/t	650	2,13

bbl : oil barrel= 42 US gallon, soit environ 159 l.
MMBtu : million of British thermal unit (1 MMBtu = 28,263682 m^3).
Source : données Banque mondiale, Commodity Price Database, 28 janvier, 2009.

investisseurs, agriculteurs et non-agriculteurs, du fait de son espérance de rentabilité. Selon l'USDA, le prix moyen de la terre arable a ainsi augmenté de 10 % dans les premiers mois de 2008 aux États-Unis et de près de 25 % entre le prix moyen 2006 et le premier trimestre 2008, avec une forte poussée dans les États des plaines et de la Corn Belt (figure 5.13).

La valeur moyenne des terres agricoles au Canada a augmenté de 5,8 % au cours des six premiers mois de 2008. Il s'agit de la deuxième plus importante hausse en pourcentage depuis 2000 (7,7 % observée au cours des six derniers mois de 2007). Ce phénomène concerne la plupart des provinces (Alberta, 6,7 %, Manitoba, 6,2 %, Saskatchewan, 5,6 %, Québec 5,5 %), ce qui confirme la pression sur les terres à grains (FAC, 2008). En France, selon Agreste, la hausse sur 2007 a été de 4,8 %, la plus importante constatée dans les 15 dernières années. La pénurie alimentaire relance par ailleurs l'appétit des investisseurs et/ou la recherche de sécurité par les pays déficitaires. La presse s'est ainsi fait l'écho de vastes projets d'acquisition ou de location de terres en Argentine, au Brésil et à Madagascar (projet de Daewo) et en Afrique équatoriale (fonds arabes).

Dans ce contexte très instable, le pétrole a confirmé qu'il était bien la locomotive mondiale des prix dans une économie globalisée et industrialisée. Rappelons tout d'abord que les exportations mondiales de pétrole représentaient 8 % du commerce total de marchandise en 1997 contre 11 % pour l'agriculture. Dix ans plus tard, les chiffres étaient passés à 15 % pour le pétrole et 8 % pour l'agriculture. Par ailleurs, la hausse du pétrole ayant démarré avant celle des autres produits[116] et son arrimage

---

116. Entre janvier 2002 et juillet 2008, le prix du pétrole a été multiplié par 7.

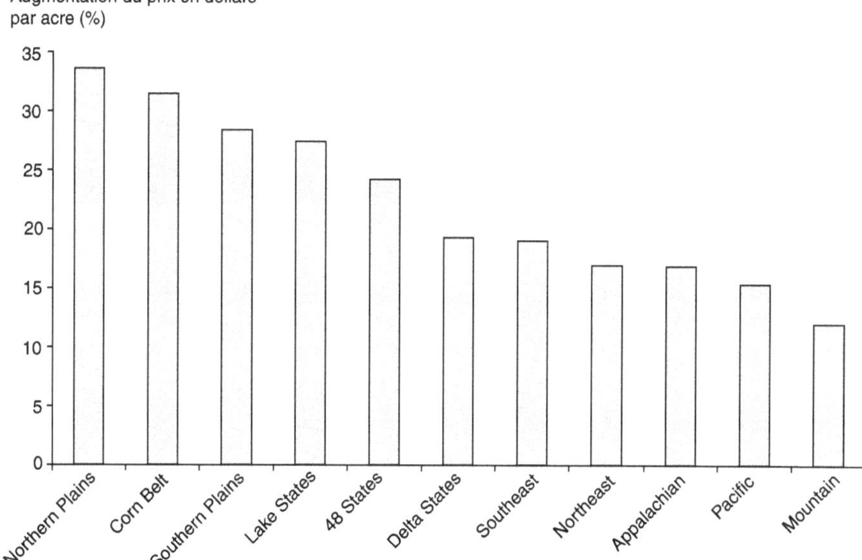

Figure 5.13. Évolution du prix de la terre agricole aux États-Unis entre 2006 et 2008. Source : données USDA, NASS, 2008.

au dollar conduisant les pays exportateurs à compenser – jusqu'à une certaine limite (la dissuasion de la consommation) – la chute du dollar par une augmentation de leurs prix. Ainsi, le FMI a calculé qu'une baisse de 1 point du dollar conduisait mécaniquement à un renchérissement de 1 point du cours du brut (Guyot, 2008). Dans un contexte caractérisé par une vive croissance de la demande de commodités et d'inquiétude des opérateurs commerciaux sur la capacité des producteurs à suivre, l'emballement était inévitable, d'autant plus que certains investisseurs financiers ont soufflé sur les braises en faisant des placements hautement spéculatifs.

Les marchés à terme et le rôle de la spéculation financière

L'afflux de capitaux sur les transactions de commodités agricoles et alimentaires s'est fait dans le cadre des marchés à terme qui concentrent aujourd'hui la majorité du commerce mondial de marchandises. Cet afflux constitue indéniablement l'une des causes de l'envolée des prix, sur le pétrole et les métaux dans un premier temps, puis sur les produits alimentaires dans un deuxième temps.

Les marchés à terme

Le principe des marchés à terme est fondé sur la recherche d'un mécanisme de réduction des risques de perte lors d'un acte commercial. Il remonte très loin dans le temps et est probablement apparu peu après l'invention de la monnaie. Le code d'Hammourabi qui remonte à environ 4 000 ans prévoyait qu'en cas de mauvaise récolte, les agriculteurs avaient la possibilité de ne pas payer les intérêts de la dette contractée pour produire. Le risque encouru du fait des intempéries était dans ce cas transféré vers la corporation des créanciers. Les premiers marchés à terme organisés sont ceux des tulipes en Hollande (à partir de 1636), puis du riz à Osaka (1730), de Chicago pour les grains (1848) et de Bombay pour le coton (1875), avec l'apparition, à côté des protagonistes de l'échange physique (vendeur et acheteur de la marchandise), du financier qui, lui, est aussi un commerçant, mais dont la marchandise est l'argent. Le financier est donc un opérateur du marché à terme, appelé de manière non péjorative *speculator* dans le jargon des bourses nord-américaines, dont l'activité consiste à apporter des liquidités pour fluidifier un marché qui serait bloqué par un refus de la part du vendeur d'honorer ses engagements, en contrepartie évidemment d'un gain monétaire. En effet, le marché à terme rassemble des fournisseurs et des clients qui s'entendent *ex ante* sur un prix, d'où le nom de contrat à terme ou mieux à l'avance (*forward contract*)[117], s'il s'agit d'un contrat de gré à gré ou contrat futur (*future contract*), d'où le nom de marché futur (*future market*)[118].

La localisation des bourses de commerce à proximité des grands ports bénéficiant d'un important *hinterland* agricole s'explique historiquement par l'existence d'entrepôts permettant le stockage de marchandise avant leur expédition, que la transaction s'effectue au comptant ou à terme. Aujourd'hui, les produits sont plutôt stockés sur leurs lieux d'élaboration et acheminés après la conclusion des contrats physiques, ce qui explique l'importance prise par les réseaux et les plateformes logistiques et le caractère multimodal de ces dernières. Par ailleurs, les marchés sont devenus presque totalement électroniques, avec des réseaux informatiques de couverture mondiale (Internet et/ou Intranet), qui fonctionnent 24 heures sur 24 et sont gérés par de très grandes sociétés multinationales, les agences d'information (Thomson Reuters, Bloomberg, Telerate).

Pour comprendre le fonctionnement des bourses de commerce à terme, prenons un exemple. Un agriculteur s'engage, en janvier, à vendre à 200 dollars la tonne 300 quintaux de blé à un meunier, qui l'accepte, à une échéance de six mois (juillet). L'intérêt est partagé, entre un chef d'entreprise qui connaît le prix de vente de son produit avant de le semer et un industriel qui s'assure du coût d'une matière première essentielle à son industrie. Les différences principales entre les contrats *forwards* et les *futures* sont que les premiers spécifient les caractéristiques de la marchandise au coup par coup (sur mesure) et que les produits sont toujours livrés, alors que pour les contrats futurs, le bien fait l'objet d'un standard déposé auprès de la bourse commerciale (prêt-à-porter)[119] et n'est réellement acheté ou livré que de façon exceptionnelle[120], la transaction portant sur un produit dérivé (le contrat).

On comprend aisément que cette anticipation sur les prix et les coûts est fondamentale pour la décision de produire en ce qui concerne les biens agricoles ou énergétiques dont les fluctuations ont de tout temps étaient considérables, ou encore pour assurer une bonne gestion des stocks de produits (agriculteurs) ou de matières premières (industriels). Cependant, il peut arriver que le marché soit asphyxié parce

---

117. Par opposition à une transaction au comptant (cash) qualifiée de spot contract.

118. Par exemple, le yellow corn n° 2 du CBOT. L'existence de cette standardisation qui porte sur des produits de plus en plus nombreux du fait de l'industrialisation du système alimentaire est une des conditions du fonctionnement des marchés futurs.

119. Les expressions entre guillemets sont de Christian de Boissieu, professeur à l'université Paris-Dauphine.

120. Moins de 4 % des contrats à terme font l'objet d'une livraison au CBOT.

que les producteurs anticipent une hausse importante des prix ou que les acheteurs s'attendent à une baisse significative. Dans ce cas, ni les uns, ni les autres ne vont parvenir à un accord, car leurs positions seront trop éloignées. Le spéculateur va assumer le risque de fluctuation de prix. En effet, il va, à l'aide d'un instrument financier nommé option, proposer d'acheter la marchandise (option dite *call*) à un prix P1 en espérant pouvoir la revendre à un prix P2 supérieur à P1 (on parle alors de position haussière ou *bull*, ou au contraire de vendre cette marchandise (option *put*) à un prix P3 en espérant l'acheter à un prix P4 inférieur (position à la baisse ou *bear*), dans les deux cas à une date future (cas des bourses européennes), ou durant une période donnée (cas des bourses américaines). Par ce mécanisme, le spéculateur établit un prix qui n'avait pu se conclure directement entre acheteurs et vendeurs. La particularité de cette transaction c'est qu'elle ne porte pas sur la marchandise (physique), mais sur un contrat la décrivant (papier), il s'agit donc d'une opération virtuelle ou dématérialisée, qui constitue un droit : il n'y a pas d'intention d'acquisition ou de livraison du bien (qualifié par la théorie économique d'actif sous-jacent) par le spéculateur. Le droit d'acheter ou de vendre est la source du profit espéré et s'acquiert moyennant le paiement d'une prime ou *premium* d'un montant faible par rapport au prix de la marchandise : quelques points de pourcentage. Par ailleurs, les dépôts de garantie (*deposit*) exigés des opérateurs sont faibles, ce qui encourage la participation d'un grand nombre d'acteurs (physiques et spéculateurs) et la réalisation d'un nombre élevé de transactions.

Le marché des commodités de Chicago présente ces caractéristiques, avec environ 3 600 opérateurs et 150 millions de contrats à terme sur les commodités agricoles (sur près de 800 millions au total incluant les autres commodités, l'énergie et les produits dérivés financiers) traités en 2008. Les options exercées sur ces contrats sont globalement quatre fois moins nombreuses (environ 37 millions en 2008). On remarque que sur certains produits (les dérivés du soja, le riz et l'avoine), le ratio nombre de contrats futurs/nombre d'options est 4 à 5 fois plus élevé que pour les grains (blé, maïs, soja), ce qui pourrait s'expliquer par la moindre volatilité du prix de ces derniers et donc la moindre exigence de couverture de risque (tableau 5.41).

Tableau 5.41. Contrats à terme et options sur la bourse de commerce de Chicago, 2008.

Commodités	Nombre de contrats futurs		Ratio nombre contrats futurs / options en 2008
	2008	Variation 2008/2007 (%)	
Maïs	59 957 118	10	3
Soja	36 373 096	15	4
Farine de soja	13 354 174	9	15
Huile de soja	16 928 361	29	12
Avoine	441 588	2	19
Riz brut	362 565	1	14
Blé	19 011 928	-3	5
Nombre total de contrats futurs	147 194 594	11	4

Source : données CBOT, « Exchange Volume Report », décembre 2008.

Le dénouement des positions se fait par l'exercice du droit d'option sur le marché à terme. Par exemple, le détenteur d'une option d'achat à 150 dollars la tonne sur un contrat de maïs jaune n° 2 à 9 mois cotée à Chicago exercera son droit s'il anticipe une hausse de prix. Au contraire, le propriétaire d'une option de vente ne vendra que s'il anticipe une baisse. Dans le cas d'un spéculateur, le bénéfice va provenir de l'écart entre le prix porté sur l'option et le prix réel qui va s'établir, à son échéance, sur l'actif sous-jacent. Si l'option est à 200 dollars et qu'elle vaut à l'échéance 220 dollars, le gain est de 10 %. Pour une prime de 4 dollars (2 % du prix de l'option, qui représente le coût pour son acquéreur), le gain est donc de 20 – 4, soit 16, ce qui donne une marge impressionnante de 400 %[121].

C'est la convergence entre les intérêts des opérateurs physiques (se prémunir du risque d'une baisse de prix si l'on est vendeur et d'une hausse si l'on est acheteur) et des spéculateurs (espérance d'un gain) qui explique le bon fonctionnement, en période « normale », des marchés futurs. Les marchés physiques et les marchés papiers évoluent parallèlement[122] pour quatre raisons (Guyot, 2008) :
– présence simultanée des mêmes opérateurs ;
– les opérations de couverture du type *cash and carry* (achat de physique au comptant et vente simultanée d'un contrat à terme de la même quantité, puis, à l'échéance, vente du physique et achat d'un contrat) et *reverse cash and carry* (l'inverse), régularisent l'évolution des cours, puisqu'elles permettent de substituer, pour les opérateurs physiques, à un risque de prix (qui peut être très pénalisant), un risque sur les variations de la base qui peut même se transformer en gain. Ces opérations de couverture croisée se nomment *hedging* (contournement ou couverture du risque) ;
– possibilité de dénouer un contrat *future* par une livraison physique (lorsque les prix divergent et qu'il devient intéressant de le faire, malgré les frais inférés) ;
– le vendeur (l'acheteur) d'un contrat à terme est obligé de livrer (de recevoir) la marchandise s'il n'a pas exercé son option avant l'échéance.

Les conditions d'un fonctionnement satisfaisant (équitable pour l'ensemble des opérateurs sur une certaine période) des marchés à terme sont les suivantes :
– existence d'un standard rigoureux de caractérisation des produits et possibilité de contrôle de conformité indiscutable (raccordement d'un prix à une qualité spécifiée, ce qui est désormais le cas pour les commodités agricoles et alimentaires) ;
– opérateurs physiques nombreux (atomicité de l'offre et de la demande des marchandises, ce qui caractérise encore les produits agricoles, malgré la concentration croissante observée au niveau des coopératives et des négociants) et diversifiés (producteurs, acheteurs) ;
– transactions nombreuses (contrats-types) et fréquentes (quotidiennes) ;
– fluctuation des prix dans le temps.

On observe dans la réalité des divergences pouvant aller jusqu'à des effets d'emballement (crises de 1973, 1980, 1988, 1994 et 2007-2008) qui reflètent des positions

---

121. Ces marges doivent être appréciées à l'aune des pertes potentielles : nous sommes en pleine théorie des jeux ou dans l'économie « casino » ! On trouvera dans Declerck et Portier (2007) une analyse détaillée et très pédagogique du fonctionnement complexe des marchés à terme.

122. Il y a, *in fine*, convergence car, plus on se rapproche de l'échéance, plus les prix à terme et les prix au comptant vont se rapprocher : la « base », qui est la différence entre ces deux prix se rétrécit.

asymétriques du fait des anticipations parfois amplifiantes des spéculateurs[123], de facteurs externes (taux de change, baisse d'investissements, reports de capitaux d'un secteur à l'autre) et du rétrécissement de la base lorsque l'on se rapproche de l'échéance d'un type de contrat, ce qui interdit un parfait parallélisme des prix des deux marchés (Guyot, 2008). Une étude de l'OCDE a en outre suggéré que le lien entre les prix au comptant et les prix à terme pouvait se rompre occasionnellement en raison de plusieurs facteurs : insuffisance des capacités de stockage, incitations à recourir à l'arbitrage exerçant des pressions à la hausse sur les cours à terme (OECD, 2008).

Encadré 5.3. Le rôle controversé de la spéculation sur les marchés : interprétations théoriques et études empiriques.

Spéculer, du bas-latin *speculatio*, observation, c'est anticiper sur l'avenir. La spéculation est donc partout dans nos actes. Dans le domaine financier, c'est prendre un risque dans l'espoir d'un gain futur. Nicholas Kaldor, économiste anglo-hongrois, en donne une définition qui est devenue classique : « achat ou vente de biens avec intention de revente (ou de rachat) à une date ultérieure, lorsque l'action est motivée par l'espoir d'une modification du prix en vigueur et non par l'avantage lié à l'usage du bien » (Kaldor, 1939). Kaldor explique que la spéculation peut déstabiliser les prix à terme en raison de l'existence de deux types d'intervenants : les spéculateurs professionnels, bien informés et qui peuvent faire des profits et les amateurs, nombreux et constamment renouvelés qui vont accumuler des pertes. Ces dernières sont susceptibles de peser sur le marché et de provoquer des variations brutales de prix. Kaldor pense que les spéculateurs professionnels devraient l'emporter *in fine*.

Au contraire, Milton Friedman, célèbre économiste de l'université de Chicago, estime que les spéculateurs vont contribuer à stabiliser les prix, sous réserve qu'ils réalisent des profits. En effet les spéculateurs achètent en dessous du prix d'équilibre (puisqu'ils espèrent une hausse des prix) et vendent dans le cas contraire, ce qui tend à faire évoluer le prix vers un niveau stable. Ceux qui agiraient en sens inverse seraient éliminés du marché en raison des pertes subies.

À l'opposé John Meynard Keynes affirme que les marchés financiers ont tendance à s'autonomiser par rapport aux contraintes de leur environnement. Cet isolement va provoquer l'apparition de bulles spéculatives autovalidantes suivies d'effondrement des prix. Les processus d'information et d'évaluation des agents sont donc déconnectés des mécanismes concurrentiels. À ce titre, Keynes peut être considéré comme un précurseur de la théorie des conventions qui avance que les formes d'organisation (y compris celle du marché) ne se réduisent pas au contrat privé et que leur prise en compte est nécessaire à toute compréhension du fonctionnement de l'économie (Orléan, 1988).

William Baumol, de l'université de New York, avance que les spéculateurs se positionnent sur les marchés lorsqu'une tendance se dessine : ils achètent en période de cours élevés et vendent lorsqu'ils sont bas, accroissant ainsi la volatilité

...

---

123. La fameuse « exubérance » des marchés de l'ancien président de la Réserve fédérale américaine, Donald Greenspan.

des prix. En effet, leurs profits vont dépendre de la poursuite de la tendance décelée (Baumol, 1957).

Charles P. Kindleberger, du MIT, apporte une vision originale dans l'étude de la spéculation, celle de l'historien. Sa méthode n'est pas basée sur des tests économétriques comme le veut la pratique de l'économie néo-classique, mais sur l'analyse des faits historiques. La structuration de son ouvrage sur la spéculation depuis 1700 est en même temps une interprétation théorique qui se lit dans le titre des chapitres : l'expansion monétaire, les escroqueries en tout genre, le stade critique (la panique), le prêteur en dernier ressort (l'État, à travers l'Autorité monétaire). Kindleberger en tire les enseignements suivants qui sont d'une actualité singulière : ne pas intervenir conduit à aggraver la crise et à laisser l'économie se déstabiliser totalement, intervenir de façon trop massive et systématique pousse en quelque sorte les spéculateurs au crime, car ils ont l'assurance d'être secourus ! L'auteur ajoute : « intervenir dans ces circonstances (de crise, ndlr) est un art et non une science » (Kindleberger, 1978).

Une majorité d'auteurs s'accorde aujourd'hui à considérer, sur la base de nombreuses études empiriques, que plus le marché à terme est important, plus il est liquide et plus les effets stabilisants ont tendance à l'emporter. Cependant, ces marchés sont des institutions financières complexes (nombreux opérateurs, nombre élevé de « produits », règles de fonctionnement très techniques) difficiles à encadrer et susceptibles d'être manipulés. Il est donc indispensable d'en avoir une bonne connaissance et de disposer d'un organisme de régulation efficace (Guyot, 2008).

Par ailleurs, la crise financière démarrée en 2006 montre que la maîtrise de la spéculation suppose que la disproportion entre les montants affectés au financement des activités économiques et le volume de ces activités soit réduite, d'une part, et que d'autre part les institutions financières soient plus transparentes et adoptent des codes de bonne conduite.

Toutes les études disponibles montrent, à l'évidence, le rôle fondamental joué par les grandes bourses de commerce, et en particulier la première d'entre elles, le groupe Chicago Mercantile Exchange, dans la fixation des prix mondiaux et donc l'impact considérable qu'ont ces bourses sur l'économie agricole et agroalimentaire de tous les pays du monde dans le contexte de l'IMG.

Les bonds exceptionnels de prix observés sur les marchés agricoles et alimentaires en 2007-2008 peuvent s'expliquer en partie par l'intervention des énormes capitaux flottants présents sur les marchés financiers. Ces capitaux sont détenus par des investisseurs institutionnels (notamment les fonds de pension des pays ayant un système de retraite par capitalisation comme les États-Unis) ou par des entreprises financières spécialisées (banques d'affaires ou encore fonds d'arbitrage, *hedge funds*) sont placés par leurs propriétaires (ou leurs gestionnaires qui sont souvent de grandes banques à travers leurs services de gestion d'actifs, *assets management*).

L'objectif de tout placement, en termes strictement financiers, est double : tirer, le cas échéant, un revenu de l'investissement (mesuré par le ratio bénéfice net/valeur de l'actif) et réaliser une plus value sur l'actif financier acheté au moment de sa revente. Selon la nature de l'investisseur, le contenu et l'horizon de l'objectif vont différer. D'un côté, on va trouver les fonds de pension pour lesquels une valorisation est recherchée à long terme, car les retraites sont payées avec un important décalage dans le temps par rapport au paiement des cotisations ; de l'autre, les *hedges funds,* qui parfois se comportent comme des *junk funds*, sont uniquement motivés par des plus-values maximales à court terme. Un double phénomène s'est manifesté qui explique les dérives extrêmes de ces dernières années.

D'une part, après la dérégulation du début des années 1980, la restructuration du système bancaire et de courtage financier international a conduit à l'apparition d'entreprises spécialisées (mais dans la plupart des cas connectés par les liens étroits aux grandes banques d'affaires ou de dépôt) très imaginatives qui ont créé des milliers de produits dérivés de plus en plus éloignés de l'économie réelle (titrisation) et de montants cumulés de plus en plus élevés[124], ce qui a fait gonfler (et éclater) de nombreuses bulles spéculatives et entraîner de sérieuses crises financières, voire économiques. Ces crises s'expliquent également par deux autres facteurs : les logiques productives ont été perdues de vue par la sphère financière et la surveillance des établissements financiers s'est considérablement relâchée (déréglementation). D'autre part, plus aucune cloison n'existant entre les secteurs, des éléments conjoncturels ont entraîné le déplacement des capitaux flottants depuis l'immobilier – en raison du problème des *subprimes* aux États-Unis surgi en 2006 – vers les commodités et notamment les produits agricoles et alimentaires faisant l'objet d'un important commerce international et dont l'histoire avait montré la forte volatilité et donc l'opportunité de plus values. Le FMI fournit des informations globales sur la structure des marchés de produits financiers dérivés et leur évolution. On notera dans le tableau 5.42, deux éléments importants : les commodités ne représentent qu'une fraction minime (1,5 %) des masses financières énormes qui constituent ces marchés

Tableau 5.42. Structure et évolution récente des marchés financiers dérivés.

Produits	Fin 2007 (Mds $)	Poids relatif (%)	Variation 2007/2005 (%)
Swaps de crédits	57 894	9,7	316
Non déterminé	71 225	12,0	144
Taux d'intérêt	393 138	66,0	85
Marché des changes	56 238	9,4	79
Commodités	9 000	1,5	66
Dérivés d'actions	8 509	1,4	47
Total produits dérivés	596 004	100,0	100
PIB mondial 2007	54 545	9,2	21

Source : données FMI/IMF, 2008, « Global Financial Stability Report », Washington.

---

124. Les transactions sur les produits dérivés représentent jusqu'à 10 à 15 fois la valeur de la production effective de l'actif matériel sous-jacent, dans le cas des matières premières et 30 à 35 fois dans le cas du pétrole (Guyot, 2008).

(10 fois le PIB mondial en 2007), par ailleurs, la croissance des liquidités a été forte pour l'ensemble des dérivés entre décembre 2005 et décembre 2007 (doublement), mais particulièrement sur les échanges (*swaps*) de titres de crédit (dont les fameuses *subprimes*) qui ont été multipliés par plus de quatre. Il aura suffit qu'une petite partie des *swaps* se déplace vers les commodités pour inonder ce marché. C'est probablement ce qui s'est passé fin 2007 et début 2008.

Malheureusement, l'opacité des marchés financiers ne permet pas de procéder à une analyse économétrique solide pour démontrer l'hypothèse d'une corrélation entre la crise des *subprimes* et les déplacements de fonds spéculatifs vers les commodités. Il faut donc se référer aux estimations des spécialistes et à une observation des mouvements de capitaux sur les marchés à terme. Le *boom* des prix (doublement pour le blé, + 90 % pour le soja et + 65 % pour le maïs, + 40 % pour l'indice des matières premières agricoles) aurait attiré des investisseurs de Wall Street pour environ 300 milliards de dollars, sur les marchés à terme de ces produits, selon le *New York Times* du 22 avril 2008. Les commodités agricoles constituent ainsi des « actifs de substitution » à d'autres placements pour les *hedges funds*, ce qui vient accélérer et amplifier la volatilité des cours. Un rapport de la *Commodity Futures Trading Commission* (CFTC) qui, aux États-Unis, est le « gendarme des bourses de commerce » révèle que ces fonds réalisent sur le Chicago Mercantile Exchange (CME) 47 % des contrats à terme sur les porcs vivants, 40 % sur ceux des bovins sur pied, 36 % sur ceux du maïs et 21 % sur ceux du maïs (Cf. *New York Times* du 22 avril 2008, rapporté par Berthelot, 2008).

Les actions gouvernementales de protection du marché intérieur

C'est la dernière cause identifiée de la flambée des cours. Dans l'arsenal classique des instruments d'intervention sur les prix intérieurs figurent l'achat des produits agricoles par des offices d'État et/ou les taxations des prix ou des marges au niveau du producteur ou du commerçant (avec généralement l'octroi de subventions à l'agriculteur et/ou à l'industriel), ou la rétention de marchandises sur le territoire national en interdisant (embargo), en contingentant ou en taxant les exportations de produits. La première pratique est ancienne dans les pays méditerranéens du Sud qui sont traditionnellement importateurs de blés. La seconde est apparue durant la crise dans certains pays asiatiques (Chine, Vietnam, Inde, Kazakhstan), en Égypte, au Maroc, au Nigéria[125], en Russie, en Ukraine, en Serbie et en Argentine, soulevant la colère des producteurs. Enfin, on a observé des mesures incitatives aux importations : réduction des droits de douane (Inde, Indonésie, Union européenne, Serbie, Turquie, Corée, Costa Rica), subvention pour la commercialisation de produits de base importés (Égypte, Syrie) et déstockage massif (Philippines). Ces interventions ont concerné les produits les plus touchés par la hausse des cours mondiaux : blé, riz, maïs, soja et leurs dérivés.

---

125. Le Gouvernement marocain a réduit le tarif douanier sur le blé importé de 130 % à 2,5 % et le Nigéria sur le riz de 100 % à 2,7 %, fin 2007-début 2008.

Synthèse : 7 facteurs pour expliquer la hausse des prix alimentaires

Nous synthétisons dans le tableau 5.43, les principaux facteurs ayant déclenché la crise alimentaire de 2007-2008. Ces facteurs ont été recensés dans 7 études réalisées par des équipes internationales (Banque mondiale, FAO, IFPRI, OCDE-FAO) et nationales (Berthelot et Guyot, France, Abbott *et al.*, États-Unis). Elles sont fortement convergentes puisqu'elles mentionnent toutes des causes identiques, avec cependant des poids différents. Ces causes ont été regroupées en 6 catégories, évaluées de façon qualitative, puis « notées » à l'aide d'un score et ramenées à 100. Les catégories repérées sont les suivantes :
– facteurs liés à une poussée de la croissance de la demande (26 %) ;
– facteurs résultant d'une insuffisance de l'offre (26 %) ;
– facteurs liés aux tensions sur les ressources provoquées par les agrocarburants (22 %) ;
– facteurs provenant de la flambée du prix du pétrole (17 %) ;
– facteurs résultant des politiques commerciales des États (13 %) ;
– facteurs relevant de la spéculation financière et commerciale (12 %) ;
– facteurs inférés par la dépréciation du dollar (9 %).

Ces résultats sont à considérer avec prudence puisqu'ils résultent d'évaluation « textuelles ». Par ailleurs, il y a évidemment des relations croisées entre tous les facteurs. La crise a clairement une explication systémique. On relèvera cependant le poids prépondérant attribué par les experts au fonctionnement « classique » du marché et minoritaire aux « institutions » et aux « acteurs » des marchés. Ceci traduit probablement un biais lié à la corporation des économistes. Le lecteur pourra, à l'aide du tableau 5.43 faire sa propre évaluation en modifiant les pondérations des facteurs qui restent dans une large mesure arbitraires. Cet exercice n'est pas neutre puisqu'il va conditionner les prévisions de marchés, puis les suggestions de politiques publiques, que nous présenterons dans les sections suivantes.

Tableau 5.43. Principaux facteurs ayant impacté les prix agricoles et alimentaires dans la crise de 2007-2008.

Types de facteur	Impact sur les prix	Référence
Croissance de la demande et transition de la diète vers plus de protéines animales dans les PVD, particulièrement en Chine et en Inde	+ + +	Abbott *et al.*, 2008
Fortes importations de l'U.E. en céréales et oléagineux réduisant les disponibilités sur le marché mondial	+ + +	Berthelot, 2008
Conditions macro-économiques (croissance soutenue du PIB dans certains pays)	+ + +	OCDE-FAO, 2008
Forte croissance de la demande et faible augmentation de la production alimentaire sur le long terme	+ + +	Trostle, 2008
Croissance des revenus (9 % en Asie et 6 % en Afrique entre 2005 et 2007) et de la population	+ +	Braun *et al.*, 2008

Types de facteur	Impact sur les prix	Référence
Niveau élevé de la demande résultant principalement de la croissance dans les grands pays émergents (BRIC), mais aussi d'un maintien des importations des pays développés	+ +	Guyot, 2008
Faible élasticité de la demande de produits alimentaires par rapport aux prix du fait de la nature des besoins, de la sophistication des chaînes alimentaires et de l'augmentation des revenus	+ +	OCDE-FAO, 2008
Augmentation des importations de grands pays	+ +	Trostle, 2008
Hausse de la consommation de produits animaux en Chine et par contrecoup de la demande de grains	+	Berthelot, 2008
Changement dans la structure de la demande du fait de la hausse des revenus et de l'urbanisation	+	FAO, 2008a
Croissance rapide du revenu dans les pays émergents ayant entraîné une augmentation de la demande internationale de grains (limitée cependant à 1,7 % entre 2000 et 2007, hors agrocarburants)	+	Mitchell, 2008
Score « croissance de la demande »	26 %	
Écart entre les taux de croissance de l'offre et de la demande alimentaire mondiale (3 % pour l'offre et 5 % pour la demande de blé et de céréales secondaires entre 2005 et 2007)	+ + +	OCDE-FAO, 2008
Mauvaises récoltes dans plusieurs pays en 2006 et 2007	+	Trostle, 2008
Faible niveau d'investissement dans la recherche agricole entraînant un ralentissement de l'augmentation de la productivité et donc de la production à long terme	+ +	Abbott *et al.*, 2008
Chute importante du ratio stocks/utilisations pour les céréales	+ +	Abbott *et al.*, 2008
Faible réponse de l'offre agricole à l'augmentation de la demande (la production n'augmente que de 1 à 2 % quand les prix montent de 10 %) en raison des contraintes foncières et climatiques et des difficultés de diffusion de l'innovation technologique	+ +	Braun *et al.*, 2008
Déficits de production dus aux aléas climatiques (baisse de 4 % en 2005 et 7 % en 2006 de la production dans les grands pays exportateurs de céréales)	+ +	FAO, 2008a
Capacités de production insuffisantes dans tous les secteurs (énergies, métaux, aliments et biomasse). Pour l'agriculture, problème du déficit hydrique et des maladies des plantes et des animaux	+ +	Guyot, 2008
Chute du niveau des stocks de blé, de céréales secondaires et d'huiles végétales	+ +	OCDE-FAO, 2008
Ratio stocks/utilisations les plus bas depuis 1970 pour les céréales et les graines oléagineuses	+ +	Trostle, 2008
Augmentation des coûts de production, notamment les engrais et les combustibles	+	Abbott *et al.*, 2008
Baisses de production résultant des aléas climatiques	+	Berthelot, 2008

Types de facteur	Impact sur les prix	Référence
Mauvaises conditions climatiques en Australie, aux États-Unis, au Canada dans l'U.E. et en Ukraine, principalement	+	Mitchell, 2008
Réduction des stocks mondiaux de céréales et d'oléagineux depuis 1999	+ + +	Trostle, 2008
Score « offre insuffisante »	26 %	
Accroissement de l'utilisation de maïs et d'huiles végétales pour la fabrication d'agrocarburants par suite de programmes gouvernementaux de développement fortement subventionnés aux États-Unis et dans l'UE	+ + +	Abbott *et al.*, 2008
Envolée de la production de biocarburants depuis 2006, avec réduction des volumes de céréales et d'oléagineux disponibles pour l'alimentation humaine, responsabilité des États-Unis qui « font » les prix internationaux	+ + +	Berthelot, 2008
Expansion des agrocarburants (expliquant 30 % de la hausse du prix des céréales)	+ + +	Braun *et al.*, 2008
Croissance de la production des agrocarburants issus des oléagineux, de la canne à sucre, du maïs, du blé, de la betterave, du manioc, imputable aux encouragements des pouvoirs publics (États-Unis environ 7 milliards de dollars, UE 4,7 milliards de dollars en 2006).	+ + +	FAO, 2008a
Augmentation de la production d'agrocarburants (7 % de la production mondiale d'huiles végétales et 1/3 de l'augmentation de leur consommation). du fait des subventions aux États-Unis (depuis 2004) et dans l'UE (depuis 2001).	+ + +	Mitchell, 2008
Production en forte hausse des agrocarburants pour répondre à une demande très soutenue (la moitié de l'augmentation de la demande mondiale de céréales et d'huiles végétales entre 2005 et 2007 serait imputable aux agrocarburants)	+ + +	OCDE-FAO, 2008
Demande croissante pour les agrocarburants	+ +	Trostle, 2008
Score « pression des agrocaburants »	22 %	
Hausse du coût de l'énergie, des intrants agricoles et des transports	+ + +	Braun *et al.*, 2008
Augmentation du coût des carburants et donc de la mécanisation, des engrais et du transport	+ + +	FAO, 2008a
Hausse du prix de l'énergie (impact de 15 à 20 % sur la hausse des coûts de production et de transport des produits alimentaires aux États-Unis)	+ +	Mitchell, 2008
Hausse du prix du pétrole	+	Abbott *et al.*, 2008
Flambée des prix du pétrole	+	Berthelot, 2008
Prix du pétrole élevé	+ + +	OCDE-FAO, 2008
Hausse du coût de l'énergie	+	Trostle, 2008
Poussée inflationniste sur l'ensemble des matières premières entraînées par le pétrole	+ + +	Guyot, 2008

Types de facteur	Impact sur les prix	Référence
Score « prix de l'énergie »	17 %	
Tensions géopolitiques (embargos, taxes douanières)	+ +	Guyot, 2008
Pratiques commerciales restrictives limitant l'accès au marché international	+ +	OCDE-FAO, 2008
Politiques commerciales restrictives à l'exportation	+	Braun *et al.*, 2008
Restrictions à l'exportation (taxes ou embargos) de nombreux pays producteurs	+	Mitchell, 2008
Politiques de protection commerciale de pays exportateurs et importateurs	+	Trostle, 2008
Politiques commerciales internationales de l'UE et des États-Unis s'apparentant à un *dumping* ruinant les petits producteurs du Sud et contribuant ainsi à limiter l'offre domestique	+ + +	Berthelot, 2008
Étroitesse des marchés internationaux pour certains produits agricoles et alimentaires (ratio import/consommation de 11 % pour les céréales secondaires en 2007, de 18 % pour le blé ; ratio export/production de respectivement 12 et 17 %)	+ +	OCDE-FAO, 2008
Score « politique commerciale »	13 %	
Spéculation en chaîne sur le pétrole et les métaux, puis sur les produits agricoles	+ + +	Guyot, 2008
Spéculation financière massive sur les matières premières liée à la chute du marché immobilier aux États-Unis, à la dépréciation du dollar et à l'augmentation des importations	+ +	Berthelot, 2008
Spéculation des investisseurs sur les bourses de commodités, notamment au CBOT	+ +	Mitchell, 2008
Spéculation sur les marchés des commodités	+	Abbott *et al.*, 2008
Spéculations sur le marché des gouvernements et des particuliers, des *traders* et des fonds d'investissements	+	Braun *et al.*, 2008
Transactions sur les marchés financiers (afflux de liquidités sur les commodités agricoles)	+	FAO, 2008a
Nouveaux arrivants sur les marchés à terme de marchandises	+	OCDE-FAO, 2008
Score « spéculation financière et commerciale »	12 %	
Dépréciation du dollar	+ +	Berthelot, 2008
Baisse du dollar	+ +	Mitchell, 2008
Dépréciation du dollar par rapport à l'euro et à d'autres monnaies	+	Abbott *et al.*, 2008
Fluctuation des taux de change (faiblesse du dollar)	+	FAO, 2008a
Rôle des taux de change	+	Guyot, 2008
Dévaluation du dollar	+	Trostle, 2008
Score « dépréciation du dollar »	9 %	
Total scores	**100 %**	

Les perspectives à moyen terme des marchés de produits alimentaires

Une équipe mixte FAO-OCDE, et L'USDA produisent désormais de façon régulière (une fois par an pour les premières et deux fois pour le second)[126] des prévisions d'évolution de marché issues de modèles d'équilibre général ou partiel calculables dont nous avons indiqué plus haut les limites, mais qui demeurent un outil intéressant et utile pour, d'une part rassembler et organiser des données historiques souvent hétérogènes et dispersées, et d'autre part pour afficher des tendances issues d'un raisonnement faisant appel à la logique scientifique.

Les résultats des modèles sont plutôt convergents, car ils sont tous basés sur les mêmes fondements théoriques et méthodologiques. La méthode de projection consiste à établir des paramètres sur l'évolution du cadre macro-économique (taux de variation du PIB et de la population, taux de change du dollar, prix du pétrole, coefficients budgétaires par type de produit, ce qui permet d'estimer la demande), puis de l'offre (superficies cultivées, soutiens publics à l'agriculture) et du commerce international (exportations et importations en intégrant les effets des obstacles au commerce). Une batterie de coefficients d'élasticité de l'offre et de la demande permet ensuite de calculer les prix d'équilibre.

On trouvera dans le tableau 5.44, un exemple d'estimation des prix avec les principales variables de calcul.

Dans le cas qui vient d'être présenté, les hypothèses macro-économiques sous-jacentes sont les suivantes : ralentissement de la croissance économique et démographique, stabilité du dollar à un niveau faible par rapport à l'euro et hausse marquée du prix des énergies fossiles. En ce qui concerne le secteur du blé, on admet que les mécanismes du marché vont fonctionner et que des prix élevés (2007) vont stimuler la production, ce qui conduit à équilibrer offre et demande en 2017. En conséquence, les prix chutent.

On voit bien que les projections vont être fortement influencées par la conjoncture et sont donc, la plupart du temps, très « conservatrices » car elles ont du mal à intégrer des événements dont la probabilité est faible (selon l'avis des experts modélisateurs) ou qui sont « politiquement incorrects » (pression des dirigeants des institutions de prévision sur les experts). Un très bon exemple de cette attitude est la non-prise en considération du risque de crise financière profonde et généralisée dans le modèle OCDE-FAO comme dans tous ceux qui ont été utilisés avant l'été 2008[127]. Par ailleurs, l'inconvénient de ces modèles est leur complexité qui rend difficile l'interprétation des résultats (causalités multiples de l'évolution des prix).

---

126. Les plus accessibles, car téléchargeables sur les sites Internet des organismes producteurs sont, outre celui de l'OCDE-FAO (<http://stats.oecd.org/wbos/viewhtml.aspx?QueryName=562&QueryType=View&Lang=en>), celui de l'USDA (modèle construit avec l'université de Cornell) (<http://usda.mannlib.cornell.edu/MannUsda/viewStaticPage.do?url=http://usda.mannlib.cornell.edu/usda/ers/94005/./2008/index.html>) et celui des universités de l'Iowa et du Missouri-Columbia (<http://www.fapri.iastate.edu/outlook2008/>). De nombreux autres modèles de prévision existent dans le monde. que ce soit au sein des universités et des laboratoires de recherche ou des cabinets de consultants ou encore d'associations.
127. Si le coup de semonce a été donné le 16 mars 2008 par le rachat de Bear Stearns par J.-P Morgan, c'est la faillite de la banque d'affaires Lehman Brothers le 15 septembre 2008, suite à la décision prise la

Tableau 5.44. Estimation des paramètres et calcul du prix international pour le blé, 2007-2017, à l'aide du modèle de prévision OCDE-FAO.

Variables	Moyenne 2002-2006	2007 estimation	2017	Variation 2017/2007 (%)
Paramètres macro-économiques				
Croissance du PIB réel (%)*	3,2	4,3	2,8	-35
Population mondiale		6 607 millions	1,07	4
Taux de change US $/euro	0,87	0,73	0,74	1
Prix du pétrole brut Brent (US $/baril)	42,3	72,3	104	44
Secteur du blé au niveau mondial				
Superficies en blé (millions ha)	216	216	219	1
Rendements (t/ha)	2,81	2,79	3,15	13
Production (M. t)	602	602	689	14
Consommation (M. t)	613	621	689	11
Ecart production – consommation (M. t)	-10,5	-19,1	0	-100
Stocks finaux (M.t)	177	155	176	14
Exportations (M. t)	109	105	126	21
Prix (US $/t)	170	319	231	-28

* Pays de l'OCDE et grands pays émergents.
Source : données OECD-FAO, 2008, http://dx.doi.org/10.1787/agr_outlook-2008-fr.

Dans le tableau 5.45, nous avons indiqué les niveaux des prix moyens à l'exportation prédits à l'horizon 2017 pour les denrées alimentaires les plus importantes. Les modèles affichent des divergences importantes si on les compare tous les trois entre eux, à la fois sur le sens et sur l'amplitude des variations[128]. Par exemple, pour le blé, si les prévisions de l'OCDE-FAO et de l'USDA sont concordantes pour donner une forte baisse des prix, l'IFPRI pronostique plutôt une stagnation. La situation est inverse pour la farine de soja dont le prix devrait sensiblement baisser[129] selon l'OCDE-FAO et l'IFPRI et rester au même niveau selon l'USDA. Pour le riz, un modèle donne une baisse des prix, le second une hausse modérée et le troisième une augmentation sensible. Pour le sucre et les produits animaux, on ne dispose que des projections de l'IFPRI et de l'OCDE-FAO. Les chiffres sont relativement proches pour les viandes et le sucre, ils

---

veille de H. Paulson, secrétaire d'État au Trésor des États-Unis et B. Bernake, président de la FED, de ne pas organiser son sauvetage, qui a déclenché la crise financière. On pourra consulter Sapir (2008) pour une lecture sociologique et géopolitique de la crise et Cohen (2008) pour une analyse socio-économique.
128. Les comparaisons des prévisions doivent être prudentes en raison des différences pouvant exister sur les chiffres de l'année de base (sources différentes et parfois l'année) et sur la spécification des produits (caractéristiques, lieu, FOB ou CIF). Cependant, les ordres de grandeur sont significatifs et leurs écarts peuvent servir pour l'analyse.
129. Rappelons que les projections se font en prix courants. En conséquence, une inflation soutenue entraînerait une érosion rapide des prix réels sur 10 ans.

Tableau 5.45. Relative divergence des modèles de prévision des prix agricoles.

Produits / Prix nominaux (US $/t)	OCDE-FAO, US $/t		Variation 2007-2017 (%)		
	2007	**2017**	**OCDE-FAO**	**IFPRI**	**USDA**
Blé, USA	319	231	-28	-2	-24
Maïs, USA	181	165	-9	-5	3
Oléagineux (graines)*	486	457	-6	4	0
Farines d'oléagineux*	366	307	-16	-14	-3
Huiles végétales*	1 015	1 055	4	-11	-3
Riz, Bangkok	361	335	-7	4	14
Sucre, Caraïbes	229	302	32	28	
Lait en poudre entier, Australie	4 167	3 109	-25	-2	
Beurre, Australie	2 939	2 718	-8	11	
Fromage, Australie	4 022	3 580	-11	7	
Viande bovine, USA, pcp	3 270	3 290	1	2	
Viande porcine, USA, pcp	1 430	1 580	10	7	
Viande de volaille, USA, pcp	1 680	1 770	5	19	

* Ensemble des graines oléagineuses pour OCDE-FAO, port européen, et uniquement soja, port des États-Unis, pour IFPRI ; pcp : poids de carcasse parée.
Sources : données OECD-FAO (2008) ; IFPRI, janvier 2008 ; USDA ; février 2008

divergent sensiblement pour les produits laitiers. Ces modèles produisent donc des prévisions qui sont relativement divergentes, ce qui tient aux données utilisées pour les calculs et surtout aux hypothèses retenues pour le paramétrage. Il serait souhaitable que les organismes réalisant ces projections, à l'instar de ce que l'on observe dans le domaine macro-économique, s'engagent sur deux pistes :
– tenir des réunions de discussion en vue de dégager un consensus ;
– proposer des scénarios en retenant des hypothèses globales du type « récession prolongée » ou « accord à l'OMC », etc.

Nous reprendrons ici l'analyse de l'équipe OCDE-FAO qui nous paraît bien argumentée, à partir des tendances lourdes du système alimentaire mondial. Pour ces institutions, la flambée des prix de 2007-2008 est imputable à des facteurs conjoncturels dont la répétition simultanée est peu probable et à des facteurs structurels dont il faut tenir compte. En conséquence, les prix vont refluer, mais avec une faible amplitude, et se maintenir à un niveau moyen plus élevé dans les dix prochaines années (2008-2017) que dans les dix dernières années (1998-2007) :
– d'environ 20 % pour les viandes bovine et porcine ;
– 30 % pour le sucre brut ;
– 40 à 60 % pour le blé, le maïs et le lait écrémé en poudre, de plus de 60 % pour le beurre et les graines oléagineuses ;
– de plus de 80 % pour les huiles végétales.

Ces grandes évolutions traduisent le déséquilibre important qui devrait subsister entre une demande poussée par la croissance des pays émergents et de la chimie dite « verte » (dont les agrocarburants) et une offre qui aura du mal à suivre du fait des incertitudes pesant sur le progrès technique agricole et sa diffusion, sur les flux d'investissement vers ce secteur et sur la nature des politiques publiques. Selon toute probabilité, la carte mondiale, tant de la production que de la consommation, se déplacera vers les pays émergents qui devraient être les gagnants de ce scénario, tandis que les pays pauvres auront de grandes difficultés à assurer leur sécurité alimentaire et que les pays riches verront leurs parts de marché s'effriter, tout en maintenant leur place de *leader* pour le blé, le maïs et l'orge, le fromage, la viande de porc et les produits laitiers (OCDE-FAO, 2008). Les États, comme les organismes intergouvernementaux sont ainsi confrontés au double défi d'une instabilité accrue et d'une nouvelle géopolitique du système alimentaire mondial.

Vers de nouvelles politiques agricoles et alimentaires ?

Les grands organismes internationaux (Banque mondiale, FMI, FAO, OCDE) et les centres de recherche en économie n'ont pas manqué de produire des analyses sur la situation inquiétante provoquée par l'augmentation des prix alimentaires en 2007-2008 et de faire des recommandations de « sortie de crise ». La plupart s'accordent pour distinguer des causes et des remèdes conjoncturels et une prise en compte du long terme[130].

Les actions publiques à entreprendre immédiatement

À court terme, il importe de limiter la gravité du déficit alimentaire par des aides directes sous forme de transferts de nourriture gratuite ou à bas prix ou de complément de revenus. Ces programmes sont qualifiés de « filets de sécurité ». Ils existaient déjà dans plusieurs pays (par exemple Algérie, Tunisie, Afrique du Sud et Inde), ou au plan international (PAM, Programme alimentaire mondial), mais ont montré leur insuffisance. Ainsi, le PAM, qui est une institution des Nations unies, était doté en 2007 de 2,8 milliards de dollars, en diminution de 5 % par rapport à 2004, ce qui représentait moins de 3 dollars pour chacun des sous-alimentés dans le monde. En décembre 2008, le PAM a lancé un appel international pour trouver les 5,2 milliards de dollars nécessaires à ses 12 opérations d'urgence concernant 100 millions de personnes dans le monde en 2009[131]. Ces sommes sont dérisoires par rapport au PIB ou au commerce agricole mondial (moins de 0,6 pour mille en 2008), ou encore aux dépenses d'armement, mais des blocages existent de la part des pays membres, pour des raisons budgétaires internes ou, en ce qui concerne certains grands pays, pour des motifs d'ordre idéologique, à savoir que le marché peut résoudre le problème de la faim, ou culturel : la question de l'aide relève d'initiatives privées (charité) et non de l'État. Ces arguments sont irrecevables du point de vue théorique (on se trouve ici, par définition, hors du marché) et social (dévalorisation de celui qui reçoit). Il faut s'engager sur des voies institutionnelles innovantes, par exemple imaginer, dans le cadre des accords OMC, une taxe du type Tobin (cf. encadré suivant) sur les exportations d'armes ou de produits de luxe.

---

130. Certains spécialistes n'écartent toutefois pas la possibilité que l'hypothèse « crise purement conjoncturelle » se situe au même plan que l'hypothèse « crise structurelle » (Neveu, 2008).
131. <http://www.wfp.org/french/?NodeID=42&k=676>.

Encadré 5.4. Controverse autour de la taxe Tobin.

James Tobin, prix Nobel d'économie en 1981, a suggéré en 1972 d'appliquer une taxe sur les transactions financières internationales afin de dissuader la spéculation. Cependant, lors d'une *interview* donnée à l'hebdomadaire allemand *Der Spiegel* et reproduite par le journal *Le Monde* du 8 septembre 2001, il déclare : *« J'apprécie l'intérêt qu'on porte à mon idée, mais beaucoup de ces éloges ne viennent pas d'où il faut. Je suis économiste et, comme la plupart des économistes, je défends le libre-échange. De plus, je soutiens le Fonds monétaire international (FMI), la Banque mondiale et l'Organisation mondiale du commerce (OMC), tout ce à quoi ces mouvements (altermondialistes, ndlr) s'en prennent. On détourne mon nom. »*

Par ailleurs, les mesures macro-économiques de limitation de l'inflation alimentaire et plus largement de l'indice des prix à la consommation dans les pays ou le coefficient budgétaire de l'alimentation est élevé, peuvent être utiles (taxations des prix et importations). Enfin, il est indispensable de mettre en place des systèmes d'alerte rapide pour déclencher à temps les mesures de soutien à la population. La FAO avec le SMIAR (Système mondial d'information et d'alerte rapide)[132] dispose d'un tel outil basé sur l'observation satellitaire de l'état des productions agricoles, les prévisions météorologiques et des bases de données sur la production et l'utilisation des aliments ainsi que les échanges internationaux. Malheureusement, dans de nombreux PMA, les dispositifs d'information sur la consommation alimentaire et le fonctionnement des marchés (offre, demande, prix) sont tout à fait insuffisants. Début 2009, la FAO estimait que 33 pays étaient dans une situation alimentaire critique (20 en Afrique, 10 en Asie et 3 en Amérique centrale et Caraïbes.

Cependant, si l'aide d'urgence, les filets de sécurité ou les outils macro-économiques conjoncturels sont nécessaires pour apporter une solution à ceux qui se trouvent dans une situation désastreuse ou létale, ces instruments doivent être complétés par des dispositifs capables de résoudre les problèmes sur le long terme.

Les dispositifs de longue période

Comme nous l'avons établi, la volatilité des prix agricoles et alimentaires a été provoquée par des facteurs externes au système alimentaire (fondamentalement la déconnexion des sphères économique et financière) et internes (principalement le déséquilibre entre l'offre et la demande). Il convient donc de s'attaquer aux deux causes.

La première constitue un énorme chantier qui a été ouvert à l'automne 2008 et qui a un contenu autant institutionnel (réglementation des pratiques des organismes financiers et relance par l'investissement public massif et/ou la consommation) que moral (comportement des acteurs de la sphère financière). Ici, au moment où nous écrivons (début 2009), les issues sont incertaines, que la crise économique amorcée en 2008 soit longue ou non, car on peut aller vers une instabilité durable autant

---

132. <http://www.fao.org/giews/french/index.htm>.

que vers un choc incitatif aux réformes en profondeur. Une seule certitude, c'est le caractère nécessairement mondial des solutions.

En ce qui concerne le système alimentaire, les recommandations de politiques publiques devraient concerner simultanément l'orientation de l'offre et celle de la demande. Toutefois, en raison des inerties du système et des présupposés politiques et théoriques, tous les organismes cités ci-dessus insistent sur la *priorité* à donner à l'offre, au motif que le déséquilibre du marché provient d'un déficit de la production. Pourtant, il serait pertinent de s'assurer que la demande alimentaire mondiale est bien orientée quantitativement et qualitativement, en fonction d'objectifs de développement durable.

Certes, l'offre alimentaire est inférieure à la demande depuis deux ou trois ans, comme nous l'avons vérifié pour les céréales et la croissance démographique, même si elle se ralentit, conduira à une population en augmentation d'environ 30 % entre 2010 et 2050. Il est donc indispensable d'augmenter la production alimentaire mondiale. Les leviers préconisés dans cet objectif sont les suivants, indiqués dans l'ordre de priorité préconisé par l'IFPRI (Braun, 2008) :
– arrêt des subventions aux agrocarburants dans les PVD, aux États-Unis et dans l'UE et ouverture aux pays exportateurs (comme le Brésil). Ces subventions constituent une taxe implicite sur les produits alimentaires de base pénalisant les ménages pauvres et viennent créer des distorsions sur les marchés internationaux qui se traduisent par des fluctuations de prix sur les matières premières (maïs et soja principalement) ;
– suppression des derniers obstacles au commerce agricole (barrières tarifaires et subventions) dans les pays à hauts revenus et instauration de règles de jeu équitable pour les PVD leur permettant de développer leur production alimentaire (exception à l'objectif OMC de démantèlement total des protections aux frontières) ;
– augmentation des investissements dans la recherche agricole, la formation et la vulgarisation, les infrastructures rurales, l'accès aux marchés pour les petits producteurs. Ces investissements ont beaucoup fléchi dans les dernières années du fait des politiques de restriction budgétaire dans le cadre de l'assainissement des finances publiques préconisées par le consensus de Washington (Banque mondiale, FMI et OCDE). Ils doivent être revus à la hausse et dynamiser par le renouveau de politiques agricoles stimulantes (Banque mondiale, 2008)[133]. À cet effet, les bailleurs de fonds internationaux devront augmenter significativement leur aide au développement de l'agriculture dans les PVD.

On peut s'interroger sur la légitimité de certaines recommandations comme l'interdiction des subventions aux agrocarburants et plus généralement à l'agriculture dans la mesure où elles se heurtent au principe de la souveraineté nationale et où l'agriculture et l'alimentation ont d'autres objectifs que ceux qui sont strictement marchands. En ce qui concerne les agrocarburants, on peut imaginer d'autres modèles de production (par exemple la valorisation de déchets en micro-usine) ou

---

133. Le rapport 2008 de la Banque mondiale marque dans ce domaine une rupture par rapport au consensus de Washington. Le Rapport sur le développement mondial (RDM) est publié chaque année par la Banque mondiale. Les derniers rapports étaient consacrés à l'équité (2006), au climat (2005), aux services pour les pauvres (2004), au développement durable (2003). Ces rapports sont accessibles en ligne : WDR.

de nouvelles technologies (deuxième génération). Pour le second aspect il faudrait prendre en compte, par exemple, l'entretien de ressources naturelles et la construction de paysages par l'agriculture, ainsi que la santé publique et individuelle et la création ou le maintien d'un lien social par l'alimentation. Les suggestions présentées par l'IFPRI et par la Banque mondiale (Revinga, 2008) ou l'OCDE (OCDE, 2008) ou encore la FAO (FAO, 2008) ne sont pas pour autant à proscrire. Sur le plan de l'analyse économique, elles sont pertinentes, mais il n'est pas sain de bâtir des politiques publiques sur des critères purement économiques, surtout s'ils relèvent de la seule théorie néo-classique. Il faudrait enfin y ajouter, outre les considérations suggérées ci-dessus, un encouragement à l'organisation des filières. En effet, certains dysfonctionnements des marchés sont directement liés à l'absence de coordination dans les filières (cf. chapitre 3).

On sait bien qu'un soutien sans limites à la production conduit à des gouffres financiers et à des stocks monstrueux et qu'un découplage total des interventions publiques et des volumes produits provoque une instabilité des prix et partant une fluctuation des approvisionnements pour des denrées indispensables à la vie. Le raisonnement de l'économie libérale (au sens des marchés) est par conséquent, en raison de son manichéisme, peu réaliste (Kroll, 2009). Il faut donc admettre l'intérêt de mécanismes de sécurisation des consommateurs (maîtrise des prix, notamment par la gestion quantitative des flux et la fiscalité) et des producteurs (garantie d'un revenu minimum qui, par ailleurs, existe pour les salariés dans la plupart des pays de l'OCDE). Ces mécanismes doivent exister au plan national et faire l'objet d'une coopération internationale avec des possibilités de traitement particulier de certains espaces régionaux caractérisés par de fortes contraintes naturelles et économiques (cf. p. 327 sur l'OMC et le cycle de Doha).

De la nécessité d'une réflexion en profondeur prenant en compte à la fois le modèle de production et de consommation

Un récent rapport du PNUE (Programme des Nations unies pour l'environnement) confirme les analyses précédentes et fait des propositions plus audacieuses et originales que les autres organisations internationales. Ces recommandations, au nombre de 7 sont les suivantes (Nellemann *et al.*, 2009) :

– réduire le risque de volatilité des prix alimentaires, en réorganisant les institutions et les infrastructures de marché par la constitution de stocks tampons de céréales, améliorer la productivité des petits agriculteurs par la micro-finance ;

– supprimer les aides aux agrocarburants de première génération et encourager la production d'agrocarburants à partir des déchets agricoles non utilisés en élevage. Investir dans l'émergence d'un système alimentaire durable et à haute efficacité énergétique ;

– réduire l'utilisation des céréales et des farines de poisson dans l'alimentation animale et développer des technologies « vertes » de recyclage et d'utilisation de déchets organiques dans la production alimentaire, ce qui devrait permettre d'augmenter de 30 à 50 % l'efficience énergétique du système alimentaire ;

– aider les agriculteurs à mettre en place des systèmes de production diversifiés et résilients, générant des services écologiques (biodiversité, gestion de l'eau, pollinisation, contrôle des maladies, limitation du changement climatique) ;

– stimuler les échanges internationaux par la réduction des barrières tarifaires et l'amélioration des infrastructures logistiques, tout en mettant en place des dispositifs de régulation des marchés (cf. première recommandation) et de limitation des conflits armés et de la corruption ;
– réduire le réchauffement climatique par la promotion d'une agriculture moins polluante et une politique foncière de protection des espaces naturels ;
– augmenter la prise de conscience des effets des modèles de consommation alimentaire sur les écosystèmes.

Des études de plus en plus nombreuses démontrent que le modèle de consommation dit occidental qui tend à se généraliser à une majorité de pays dans le monde, notamment les pays émergents très peuplés, est non seulement exigeant en ressources naturelles (terres et eau) et en intrants énergétiques et chimiques, mais nécessite de grosses quantités de végétaux pour produire des viandes de plus en plus consommées et enfin conduit à dégrader la santé humaine (Rastoin, 2007). Étant donné que la crise a porté premièrement sur le couple céréales/oléagineux et deuxièmement sur les produits laitiers et la viande, il faut réaliser un bilan complet du modèle alimentaire. Le tableau 5.46 montre que le niveau d'intensification requis dans le modèle agroindustriel est très important tant en ce qui concerne les besoins en eau qu'en énergie. Par exemple, la production de viande de bœuf nécessite plus de 13 tonnes d'eau pour 1 kilogramme et un coefficient énergétique de 10.

Tableau 5.46. Besoins en eau et en énergie pour la production agricole.

Produits	Besoins en eau (litres/kg)	Besoins en végétaux (kcal initiales/kcal finales)
Viande de bœuf	13 500	10
Viande de volaille	4 500	4
Blé	1 100	-

Source : Zimmer et Renault, 2003, pour les besoins en eau.

Une autre question importante et souvent négligée est celle des pertes et du gaspillage de produits agricoles et alimentaires. Comme nous l'avons expliqué dans le chapitre 4, le modèle agroindustriel se caractérise par une consommation et une production de masse qui génère d'énormes déchets en « bout de chaine » alimentaire (produits mis au rebut, car ayant dépassé leur DLC ou du fait d'emballages endommagés). Le paradoxe est que, dans les filières, d'énormes efforts sont faits pour réduire les pertes. Par exemple, dans la fabrication de yaourt, les pertes en matières sont passées d'environ 10 % dans les années 1960 à moins de 2 % aujourd'hui. Dans tous les pays, les pertes se situent plutôt en amont du système alimentaire (agriculture). Dans les PVD, ce phénomène est présent tout au long des filières. Les pertes de produits agricoles tout au long du processus de production entre le semis et la récolte, du fait des maladies des plantes, sont estimées à une fourchette de 20 à 40 % de la production potentielle dans les PVD. Les pertes après récolte sont très variables. Aux États-Unis, elles se situeraient entre 2 et 23 % selon les produits (Kader, 2005). Une estimation globale « du champ à l'assiette » avance, pour la fin des années 1990, une disponibilité moyenne des aliments au stade du consommateur de l'ordre de 43 % des calories produites par les agriculteurs (Smil, 2000), du fait des conversions lors de la transformation des végétaux en produits animaux et des déchets et pertes multiples (figure 5.14).

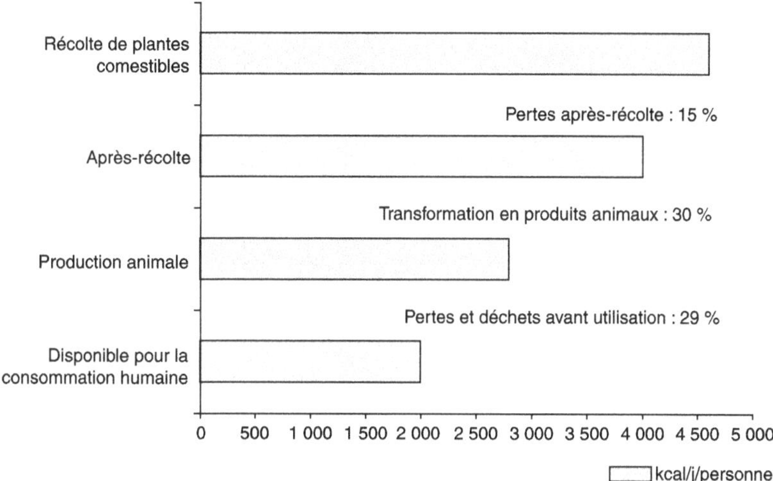

Figure 5.14. Pertes en disponibilités pour l'alimentation humaine.
Source : Nellemann, 2009, d'après Smil, 2000. Données des Nations unies (Unep).

Dans la filière des produits de la mer, on estime que le quart environ des captures mondiales de poisson (30 millions de tonnes sur 120 millions) sont rejetées à la mer ou perdues. Il est certain que la réduction de ces pertes et l'utilisation des déchets à des fins de production animale ou énergétique permettrait d'améliorer considérablement l'efficience du système alimentaire et donc de réduire les besoins en terre et en eau pour ces deux types de production.

Le gaspillage de produits alimentaires a atteint des proportions considérables dans les pays à hauts revenus. Par exemple, une étude réalisée au Royaume-Uni en 2007 estime à 32 % la proportion des aliments achetés par les ménages qui n'est pas consommée, dont 61 % était parfaitement comestible. Sur 6,7 millions de tonnes de déchets alimentaires collectés, 15 % étaient encore sous emballage. En termes économiques, la nourriture jetée représentait 10,2 milliards de livres sterling, soit 420 £ par ménage (Ventour, 2008). Aux États-Unis, les produits alimentaires jetés par les foyers et la restauration rapide atteignaient, en 2004, 44 millions de tonnes[134], soit plus de 150 kg par habitant en une année. Une meilleure gestion des aliments depuis le lieu d'achat jusqu'à l'assiette présenterait le double intérêt d'éviter une production inutile et donc une pression environnementale dont nous avons signalé les effets néfastes, d'économiser des fonds publics consacrés au ramassage des ordures et d'améliorer le budget des particuliers, sans parler des aspects moraux. En temps de crise, les poubelles constituent une ressource pour les plus pauvres ou un instrument de contestation pour certains militants qui veulent démontrer l'absurdité du modèle

---

134. Rapporté par Annie Soyeux (Soyeux, 2010).

de production et de consommation de masse qui génère ces énormes quantités de déchets. Cette pratique est appelée « glanage », par une curieuse, mais pertinente réhabilitation d'un terme du XVIe siècle qui nomme la pratique qui consistait, après la récolte des céréales, à passer dans les champs pour ramasser les épis restants.

Vers une politique agricole et alimentaire globale ?

À part la timide septième et dernière suggestion ci-dessus du PNUE, du côté de la demande, c'est le grand vide. Au-delà des aspects domestiques qui viennent d'être pointés, il est nécessaire de s'interroger sur l'efficacité d'une approche uniquement focalisée sur l'offre, pour s'attaquer au problème des prix et de la sécurité alimentaire mondiale. Il est certain qu'une politique alimentaire qui comporterait un volet nutritionnel aurait un impact sur la nature et la quantité des produits consommés. Il est ainsi souhaitable d'adopter une optique de politique publique à la fois agricole (offre) et alimentaire (industrie, distribution et restauration alimentaires, modèle de consommation)[135].

La figure suivante présente la « boîte à outil » utilisable pour tenter d'atteindre un niveau souhaitable de sécurité alimentaire au plan national et international (figure 5.15).

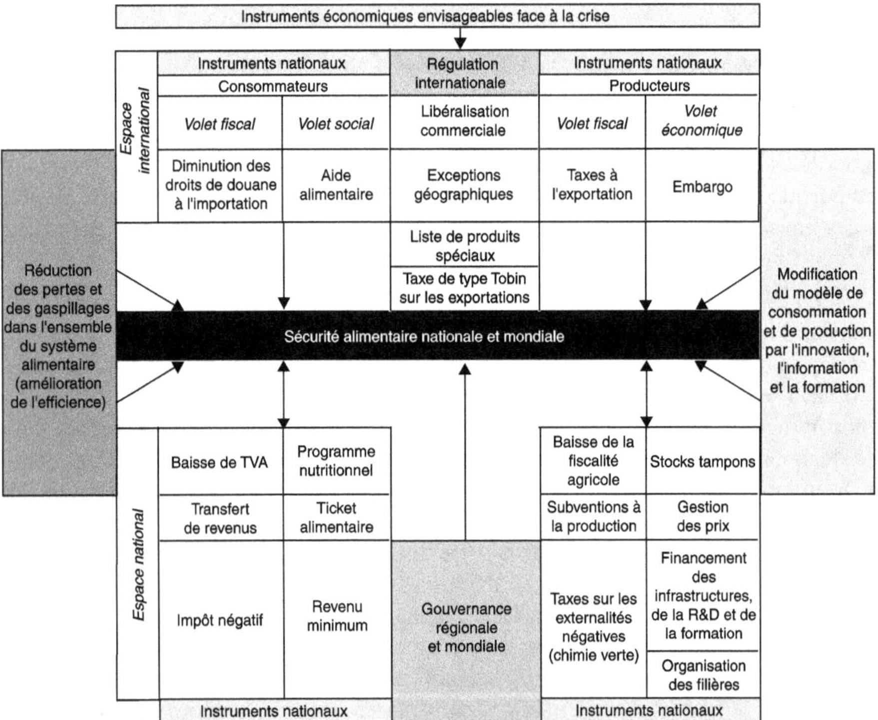

Figure 5.15. Interdépendance des instruments de politique agricole et alimentaire en vue d'assurer la sécurité alimentaire.

---

135. Sur cette question, cf. le chapitre 6 « Sécurité et politique alimentaire ».

Cette figure distingue ce qui relève de l'autorité des États (espace national, considéré du point de vue du producteur et du consommateur, avec des outils fiscaux et socio-économiques) et ce qui appartient au domaine de la négociation internationale (régulation par des accords de type OMC et gouvernances). Dans les deux cas (le « dehors » et le « dedans » du système alimentaire), la solution des problèmes passera par un changement des modèles de production et de consommation et par une gouvernance mondiale. C'est dire si l'œuvre sera de longue haleine, mais « *la difficulté de réussir ne fait qu'ajouter à la nécessité d'entreprendre* » (Beaumarchais, 1775).

▶▶ L'investissement direct étranger : concurrence ou relais pour les échanges de marchandises ?

La seconde composante fondamentale de la mondialisation, après le commerce international, est l'IDE (investissement direct étranger). L'IDE[136] vient de faire l'objet d'une révision de sa définition de référence et surtout de son mode d'établissement dans le cadre de l'OCDE. La définition retenue est la suivante : « *type d'investissement transnational effectué par le résident d'une économie ("l'investisseur direct") afin d'établir un lien durable dans une entreprise ("l'entreprise d'investissement direct") qui est résidente dans une autre économie que celle de l'investisseur direct. L'investisseur est motivé par la volonté d'établir, avec l'entreprise, une relation stratégique durable afin d'exercer une influence significative sur sa gestion. L'existence d'un "intérêt durable" est établie dès lors que l'investisseur détient au moins 10 % des droits de vote de l'entreprise d'investissement direct* » (OCDE, 2008b). L'IDE se compose de participations au capital social (supérieures à 10 %), des bénéfices réinvestis et des prêts et dettes intra-entreprise. Pour un pays donné (figure 5.16), on distingue des flux d'investissements sortants (ou *outward* : transferts de capitaux à l'étranger) entrants (ou *inward* : accueil d'IDE), et un stock d'IDE (valeur des capitaux propres et des réserves attribuables aux sociétés-mères étrangères).

On va observer, année après année, des mouvements à partir de pays émetteurs d'IDE, vers des pays d'accueil, ce qui va contribuer à augmenter les stocks de capital étranger dans ce pays. Il existe des possibilités de retour de capitaux vers le pays d'origine de l'investissement, soit par rapatriement de bénéfices, soit par liquidation des actifs détenus et transfert des capitaux. Une législation définit, dans tous les pays les conditions d'entrée et de sortie des capitaux étrangers (généralement appelée « codes des investissements étrangers »).

---

136. L'IDE (Foreign Direct Investment, FDI) est un intitulé consacré par l'usage et notamment par la Cnuced qui a réalisé des travaux pionniers sur ce sujet, dès le début des années 1970 à New York. La Cnuced publie un rapport annuel le World Investment Report (WIR) qui fait autorité et a créé une base de données accessible en ligne, FDI Stat : <http://stats.unctad.org/FDI/>. Les IDE sont encore appelé IDI (investissement direct international), notamment par l'OCDE. L'OCDE a publié un document très complet sur les définitions et les méthodes de recensement et d'utilisation de l'IDI (OCDE, 2008b) et dispose également d'une base de données interactive : <http://stats.oecd.org/WBOS/> (onglet « Globalisation »).

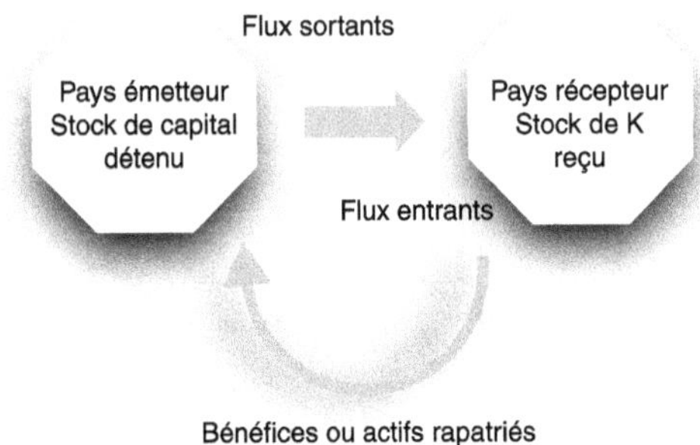

Figure 5.16. Flux et stocks d'IDE.

Nous examinerons successivement dans cette section les grandes tendances de l'IDE global du point de vue des pays investisseurs et des pays récipiendaires, puis les l'IDE sectoriels au sein du système alimentaire et enfin les fondements théoriques de l'IDE.

Géostratégie des IDE : une forte asymétrie Nord-Sud et Sud-Sud

Une des manifestations les plus spectaculaires de la mondialisation est la croissance de l'investissement direct à l'étranger (IDE). La première grande vague de transferts de capitaux à l'échelle internationale s'est manifestée entre 1830 et 1914, dans le contexte des grands empires coloniaux britanniques et français et de l'émergence des États-Unis comme grande puissance économique. Cette période a pu être qualifiée par les historiens de l'économie de « première mondialisation » (Berger, 2003).

Une « nouvelle mondialisation » du capital ?

Un nouveau cycle semble avoir démarré à la fin des années 1980 après le recul enregistré entre 1920 et 1980. En 2007, l'IDE (flux sortants) mondial s'est élevé à près de 2000 milliards de dollars – chiffre encore jamais vu dans l'histoire économique mondiale – soit 3,7 % du PIB mondial, 12 % des exportations de biens et services et 16 % de la FBCF (formation brute de capital fixe). Ce dernier agrégat est le plus pertinent pour l'analyse puisqu'il indique la part de l'investissement total réalisé par les entreprises financée par des capitaux en provenance de l'étranger. Le ratio IDE/FBCF manifeste une croissance exponentielle sur la période 1971-2007 (figure 5.17).

L'IDE a connu une augmentation très importante dans les 30 dernières années : depuis 1981, il a été multiplié par près de 40. Il a atteint un premier pic de près de 1500 milliards de $ en 2000 (Unctad, 2008). Cette progression est très corrélée avec la croissance du PIB au niveau mondial et national (l'IDE est à la fois facteur et conséquence de la croissance économique). La croissance de l'IDE est systématiquement plus élevée que celle du commerce international (tableau 5.47). Les

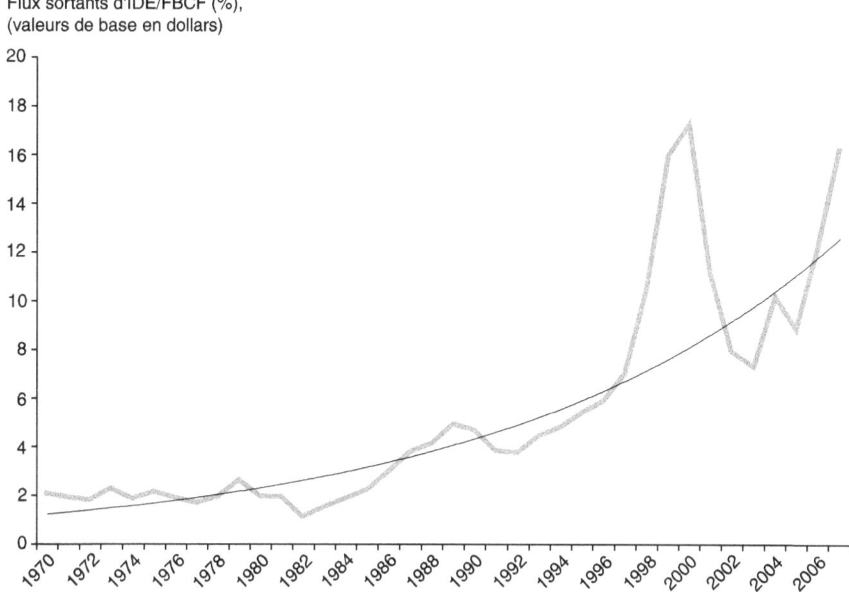

Figure 5.17. Part de l'IDE dans l'investissement total dans le monde, 1970-2007.
Source : données Unctad, FDI Stat et World Bank, WDI, 2009.

perspectives pour 2008 et 2009 annoncent un fléchissement de tous ces indicateurs en raison de la crise financière puis économique qui a débuté fin 2006.

Tableau 5.47. Variation de l'IDE et de certains agrégats mondiaux entre 1971 et 2007.

Indicateur	Coefficient multiplicateur sur la période*				Montant 2007 (Mds US $)	IDE / agrégat (%)
	1971-1980	1981-1990	1991-2000	2001-2007		
IDE, flux sortants	3,6	4,6	6,1	2,7	1 997	-
FBCF**	3,5	1,9	1,4	1,8	12 356	16
Exportations de biens et services		1,8	1,8	2,2	17 242	12
PIB	3,4	1,9	1,4	1,7	54 347	4

*Calcul effectué sur les valeurs courantes exprimées en US $; **FBCF : formation brute de capital fixe (investissement total).
Sources : données Unctad, FDI Stat et World Bank, WDI, février 2009.

Origine des IDE : les flux sortants

Les pays à hauts revenus sont à l'origine de la plus grande partie des flux sortants d'IDE (tableau 5.48). Si l'on considère la classification habituelle des Nations unies, les pays développés ont émis en moyenne triennale 2005 à 2007, 84 % des IDE

Tableau 5.48. Principaux émetteurs d'IDE en 2007 et évolution sur 10 ans.

Rang 2007	Pays et zones	2007 Mds US $	Part (%) « 2006 »	Part (%) « 1996 »	Variation (%) « 1996 » - « 2006 »
1	États-Unis d'Amérique, y compris Porto Rico	314	13,1	22,0	200
2	Royaume-Uni y compris les Îles Anglo-Normandes et l'Île de Man	266	10,3	11,3	310
3	France, y compris Guadeloupe, Guyane française, Martinique, la Réunion et Monaco	225	11,0	6,6	560
4	Allemagne	167	7,9	10,7	250
5	Espagne	120	6,2	2,1	1 000
6	Italie, sans Saint-Marin et le Saint-Siège	91	4,2	2,0	710
7	Japon	74	4,0	5,8	240
8	Canada	54	2,9	3,9	260
9	Luxembourg	52	1,5		
10	Suisse, y compris le Liechtenstein	51	4,1	3,7	370
	Top 10	1 412	65,2	68,1	330
	Pays développés	1 692	84,0	84,0	340
	Pays arabes pétroliers (PAP)*	41	1,8	0,1	7 430
	PVD (hors PE et PAP)	98	5,6	8,7	340
	Pays de l'ex-URSS	51	2,1	0,4	1 790
	Pays émergents**	113	6,6	6,8	330
	Monde	1 997	100,0	100,0	340

*Arabie Saoudite, Bahreïn, Émirats arabes unis, Koweit, Oman, Qatar ;**Argentine, Brésil, Chili, Mexique, Pérou, Chine, Corée du Sud, Inde,Indomésie, Malaisie, Singapour, Taïwan, Thaïlande.
Source : données Unctad, WIR 2008 et FDI base de données, 3 février, 2009.

mondiaux, proportion remarquablement stable depuis 10 ans, mais qui devrait être modifiée dans les années à venir si l'on considère la dynamique récente de certaines catégories de pays. En effet, ce sont les pays arabes disposant de ressources pétrolières (PAP) qui ont connu la plus forte croissance dans les dix dernières années (IDE sortants multiplié par 74, atteignant 40 milliards de dollars en 2007). Les PAP sont suivis par les pays de l'ex-URSS et notamment la Russie, qui eux aussi tirent leurs ressources financières du pétrole. Les 14 pays émergents d'Asie et d'Amérique latine, en revanche, voient leurs flux sortants d'IDE croitre au même rythme que l'ensemble des PVD, les pays développés et la moyenne mondiale (triplement en 10 ans). Ces constatations amènent deux observations. Tout d'abord, les flux d'IDE sont très liés, soit à des structures économiques organisées depuis longtemps, tirant leurs richesses de leurs secteurs industriels et tertiaires (cas des États-Unis, de l'Europe et du Japon), soit à un afflux de *cash* en provenance d'une ressource primaire (pétrole ou gaz : cas des pays arabes et de l'ex-URSS). Deuxièmement,

Encadré 5.5. Les fonds souverains : d'énormes actifs, mais encore peu d'IDE.

On assiste, depuis quelques années à l'essor rapide des fonds dits « souverains » (*Sovereign wealth funds*). Il s'agit de fonds d'État existant depuis de nombreuses années, approvisionnés par une partie des recettes provenant de la rente énergétique fossile (pétrole ou gaz), par le biais d'entreprises publiques ou de la fiscalité dans les pays où elle existe. Ces fonds géraient environ 5 000 milliards de dollars d'actifs en 2007, mais à peine 0,2 %, soit environ 39 milliards de dollars prenaient la forme de stock d'IDE (tableau 5.49). Toutefois, 31 milliards ont été investis au cours des trois dernières années, dont 75 % dans les PVD (Unctad, 2008). Ces fonds ont été très courtisés durant la crise financière de 2007-2008, et ont permis le sauvetage de plusieurs grandes banques occidentales, car ils acceptent, en période de tension, de prendre davantage de risques que les fonds d'investissement privés (*Private equity funds*) et ont des motivations à la fois, politiques et financières du fait de leur statut gouvernemental.

Tableau 5.49. Comparaison entre les fonds souverains et les fonds d'investissement privés, 2007.

Item	Fonds souverains	Fonds d'investissement privés
Actifs (milliards US $)	5 000	540
IDE (milliards US $)	10	460
Pays	Émirats arabes unis, Norvège, Arabie Saoudite, Koweït, Singapour, Chine, Hong Kong, Russie	États-Unis et Royaume-Uni
Fonds les plus importants en termes d'IDE	Istithmar PJSC (EAU), Dubai Investment group, Temasek Holdings Ltd et GIC (Singapour)	KKR, Blackstone, Permira, Fortress, Bain Capital, Carlyle (États-Unis)
Principaux investissements	Stratégie de long terme. Bons du Trésor, fonds d'arbitrage (*hedge funds*), capital social d'entreprises de services et industrielles. Intérêt pour PVD.	Stratégie de court terme (à moins de 5 ans). Participation ou achat de très grandes entreprises. Majoritairement dans pays riches, mais intérêt récent pour PVD.

Source : données Unctad, 2008.

Il est probable que ces fonds vont voir leur rôle renforcé dans les années à venir, avec le retour de la *res publica* sur le devant de la scène économique.

du fait de cette origine, les IDE sont très sensibles à la conjoncture économique et donc fortement volatiles : en 7 ans (2000-2007), les flux sortants (et donc entrants) ont été divisés par plus de deux, puis ont presque triplé. On est en présence d'effets de catapulte et de siphons peu compatibles avec un développement économique équilibré !

Le top 10 de l'IDE est sans surprise. Trois pays se détachent avec de 200 à 300 milliards de flux sortants d'IDE en 2007 : les États-Unis, Le Royaume-Uni et la France[137]. On relève que l'Allemagne, deuxième exportateur mondial de marchandises n'y figure qu'au quatrième rang, ce qui confirme une certaine spécialisation productive des pays à l'exception du *leader*, présent sur tous les fronts (y compris ceux des déficits). Cette liste (tableau 5.47) comporte de petits pays comme le Luxembourg et la Suisse et l'on y voit apparaître curieusement les paradis fiscaux pour certains pays et pas pour d'autres, ce qui est l'indice rassurant que les statistiques publiques n'ignorent pas totalement cette verrue cachée et tant vilipendée de la planète financière.

Tableau 5.50. Les flux entrants d'IDE privilégient toujours la zone OCDE.

Rang 2007	Pays et zones	2007 (Mds $)	Part « 2006 » (%)	Part « 1996 » (%)	Coefficient « 2006 »/ « 1996 »
2	États-Unis d'Amérique, y compris Porto Rico	233	14	20	2,3
1	Royaume-Uni de Grande-Bretagne et d'Irlande du Nord, y compris les Îles Anglo-Normandes et l'Île de Man	224	13	6	7,1
3	France, y compris Guadeloupe, Guyane française, Martinique, Réunion et Monaco	158	8	6	4,7
9	Canada	109	5	2	6,5
5	Pays-Bas	99	4	3	3,9
4	Chine, sans Hong Kong, Macao et Taiwan	84	5	10	1,8
8	Hong Kong	60	3	2	4,9
10	Espagne	53	3	2	4
6	Allemagne	51	4	3	4,8
7	Belgique (avec le Luxembourg en « 1996 »)	41	3	3	3,8
	Top 10	1 058	61	58	3,6
	PVD (hors PE)	249	14	10	4,9
	Économies en transition (ex-URSS)	86	4	2	8,6
	Économies développées	1 248	67	61	3,8
	Pays émergents (PE)*	251	15	27	1,9
	Monde	1 833	100	100	3,5

*Argentine, Brésil, Chili, Mexique, Pérou, Chine, Corée du Sud, Inde, Indonésie, Malaisie, Singapour, Taïwan, Thaïlande.
Source : données Unctad, WIR 2008 et FDI base de données 3 février 2009.

---

137. La propension à l'IDE est un facteur puissant de compétitivité internationale car elle permet d'occuper une place significative sur le marché global. Pour une analyse du cas de la France, cf. Taddei et Coriat, 1993.

Destinataires de l'IDE : les flux entrants

On s'en doute, l'IDE est très inégalement réparti dans le monde (tableau 5.50), comme la plupart des indicateurs économiques (PIB, commerce extérieur), y compris en ce qui concerne les flux entrants dont 67 % par rapport au total mondial – qui s'est élevé à plus de 1 800 milliards de dollars en 2007 – ont bénéficié aux pays développés en 2005-2007 (contre 61 % dix ans auparavant). Cependant, les investissements étrangers en PVD (hors pays émergents) sont en progression (14 % des flux entrants en « 2006 », contre 10 % en « 1996 »). La surprise vient des pays émergents dont la part régresse dans les dix dernières années, passant de 27 à 15 %. Les États-Unis (233 milliards), suivis de très près par le Royaume-Uni (224 milliards), sont les plus gros pays d'accueil en 2007. La France (158 milliards) et le Canada (109 milliards), les Pays-Bas et la Chine viennent loin derrière les deux *leaders*. Toutefois, la volatilité des flux est extrême d'une année sur l'autre, ce qui traduit la très grande sensibilité des investisseurs au « climat des affaires » de chaque pays-cible : ainsi de 1996 à 2006, les pays en transition ont vu leurs investissements entrants multipliés par près de 9 ; le Royaume-Uni par plus de 7, le Canada par 6,5 ; Hong Kong et la France par près de 5 ; et les pays émergents par seulement 2. Le tableau 5.50 qui ne va pas dans le sens des idées reçues (IDE massifs en Chine et dans les pays émergents), suggère qu'en fait, la période d'accélération des transferts de capitaux vers ces pays a eu lieu au début des années 1980 (environ 10 milliards de dollars) et a atteint un « régime de croisière », autour de 100 milliards par an, dès le milieu des années 1990, pour ralentir ensuite.

En résumé, l'argent des IDE provient des pays à hauts revenus de l'OCDE et y retourne, comme le montrent bien les tableaux 5.48 et 5.50. La croissance en Asie est certes plus régulière, mais son rythme est moins soutenu qu'en Amérique du Nord et surtout dans l'Union européenne. On peut y voir un effet du grand marché unique. Dans les pays du Sud l'IDE a, dans une certaine mesure, pris le relais de l'aide publique au développement (APD) qui s'est considérablement amenuisée dans le même temps. Afrique et Océanie restent bien en dessous des niveaux d'IDE allant vers les autres continents, mais semblent décoller depuis le début des années 2000 (figure 5.18).

Un exemple de composition du stock d'IDE : les États-Unis

Les États-Unis détenaient, en 2006, un stock d'IDE d'environ 2 400 millions de dollars en actifs[138] situés dans des pays étrangers et hébergeaient 1 800 milliards d'actifs contrôlés par des pays étrangers. Sur ce poste comme sur d'autres, les États-Unis accusent donc un lourd déficit représentant 33 % du stock de capital entrant. Dix pays détiennent 63 % du stock d'IDE sortant (figure 5.19). Huit sont des pays à hauts revenus : Royaume-Uni, Canada, Pays-Bas, Australie, Allemagne, Japon, Suisse et Irlande. Un seul est un PVD, le Mexique, et on trouve en 5e rang, avec 108 milliards de dollars (4,5 %) un paradis fiscal, les Bermudes (le Luxembourg est en 11e position, suivi des Iles Vierges). Le Brésil se situe avant la Chine (respectivement n° 19 avec 33 milliards et 23 avec 22 milliards).

---

138. Les actifs, dans la méthode retenue par l'OCDE (OCDE, 2008b) et conforme au règlement IAS (International Accounting Standard), sont évalués au prix du marché et fluctuent donc beaucoup au gré des soubresauts de la bourse.

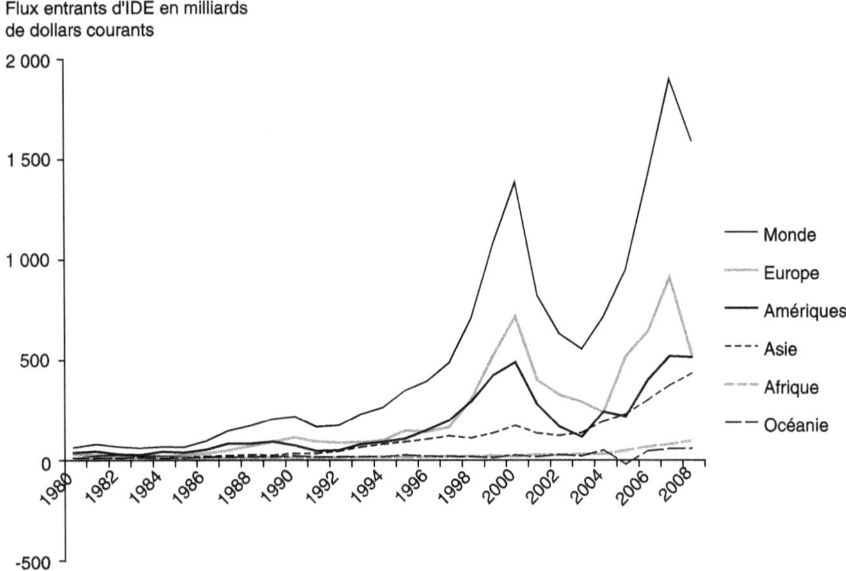

Figure 5.18. Évolution des flux entrants mondiaux d'IDE par continent.
Source : données Unctad, WIR 2008 et FDI Stat., 2009.

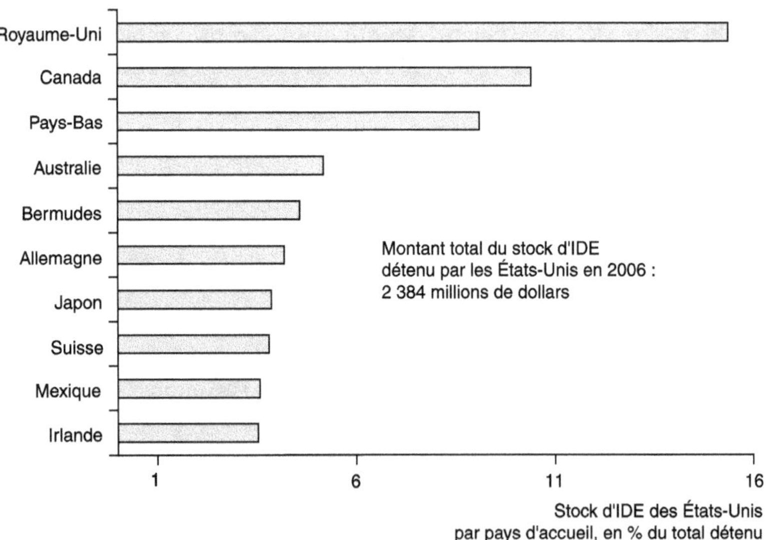

Figure 5.19. Destination des stocks sortants d'IDE des États-Unis, 2006.
Source : données OECD Stat., 2010, http://dx.doi.org/10.1787/data-0334-en, consulté le 7/2/2009.

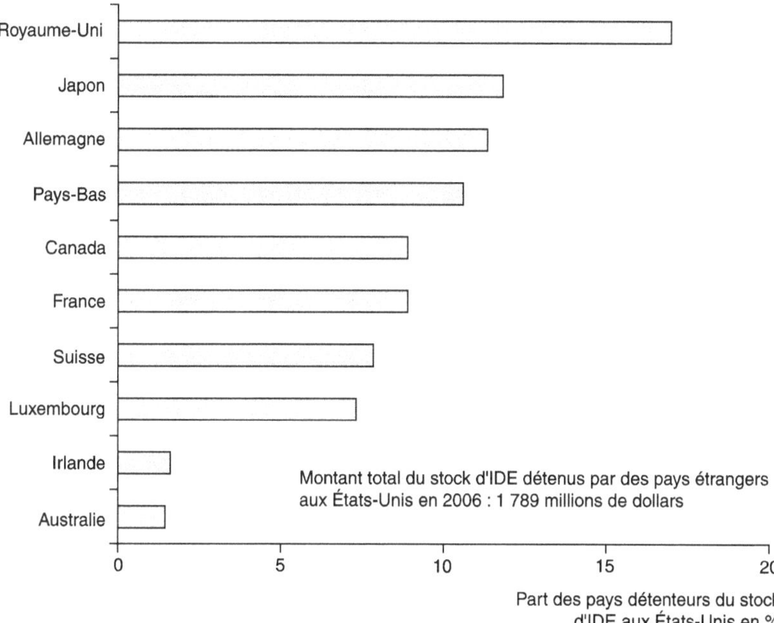

Figure 5.20. Origine des stocks d'IDE entrants des États-Unis, 2006.
Source : données OECD Stat., 2010, http://dx.doi.org/10.1787/data-0334-en, consulté le 7/2/2009.

Les motivations d'implantation à l'étranger sont donc à la fois économiques (Union européenne) et géopolitiques (Royaume-Uni et Mexique). Le détour par des places financières *offshore* semble fréquent. Qui possède le capital étranger investi aux États-Unis ? On retrouve le Royaume-Uni, partenaire privilégié avec 17 % des actifs totaux, suivi du Japon (12 %) et de l'Allemagne (11 %). La liste est très proche de celle des pays d'accueil de l'IDE en provenance des États-Unis (figure 5.20) ; les Bermudes ont disparu du top 10 au profit du Luxembourg, n° 8 (7,3 %), mais ne sont pas loin (n° 28).

Les fusions et acquisitions d'entreprises sont les instruments privilégiés de l'IDE

L'explosion de l'IDE est un phénomène économique majeur qui est imputable pour l'essentiel aux stratégies des firmes multinationales (FMN), dans le cadre d'un redéploiement géographique de leurs activités et dans une moindre mesure aux fonds d'investissement. Les fusions et acquisitions (F&A) transfrontières sont le vecteur de cette mobilité du capital. Ces opérations, définies par la Cnuced comme des prises de participation au capital social d'une entreprise étrangère supérieures à 10 % de ce capital. L'origine du financement des F&A à l'étranger se répartit, depuis 2003, à hauteur de 70 à 75 % pour les FMN et 25 à 20 % pour les fonds d'investissement (*equity* et *hedge funds*).

Au nombre de 10 145 en 2007, les F&A ont représenté un coût de près de 1 640 milliards de dollars, soit 4,4 fois plus que 10 ans auparavant. On notera que les F&A représentent 82 % de l'IDE total cette année-là. Les secteurs privilégiés

Tableau 5.51. Des acquisitions massives d'entreprises par les multinationales et les fonds d'investissement.

Rang 2007	Secteur	2007 (Mds US $)*	Ratio 2007/1997
1	Finance	842	6,9
2	Mines, carrières et pétrole	130	7,1
3	Chimie	115	2,9
4	Informatique	77	4,4
5	Logistique et communication	77	3,8
6	Électricité, gaz, eau	76	3,1
7	Métallurgie	52	8,3
8	Industrie agro-alimentaire	48	2
9	Équipement électrique et électronique	44	5,1
10	Commerce	26	1,6
	Top 10	1 486	5
	Ensemble des secteurs	1 637	4,4

*Montant déboursé par les acheteurs pour des prises de participation supérieures à 10 % du capital des entreprises-cibles (F&A).
Source : données Unctad, WIR 2008, CD, d'après Thompson Finance Database.

par les investisseurs ont été, dans la période récente (1997-2007), la métallurgie (montant des F&A multiplié par plus de 8), les mines et le pétrole, et la finance (banques et assurances), avec un coefficient de 7. L'industrie agroalimentaire figure dans le top 10, mais au 8ᵉ rang et le taux de croissance des F&A est l'un des plus faibles enregistré (doublement tout de même). L'agriculture, avec 930 millions de dollars en 2007 se situe au 25ᵉ rang. On note toutefois que durant les 6 premiers mois de 2008, ce chiffre a bondi à 2,8 milliards de dollars sous l'effet de la hausse du prix des produits agricoles qui est venu, au moins conjoncturellement, donner de la rentabilité à l'*agribusiness* ou un besoin de sécurité alimentaire à certains pays très déficitaires, comme indiqué plus haut. Le secteur qui a connu la plus forte progression de F&A dans les dix dernières années est celui de la santé qui a décuplé (de 600 millions de dollars à 6 milliards), ce qui vérifie l'intérêt croissant pour les services (tableau 5.51).

L'Union européenne est à l'origine de 48 % des acquisitions en valeur et les États-Unis de 24 %, en 2007. Les pays développés représentent 89 % des ventes d'entreprises. Conformément à ce qui avait été indiqué pour les flux d'IDE, les F&A se réalisent en très grande majorité au sein des pays à hauts revenus.

Performance et attractivité des pays pour les IDE et transnationalisation des économies

Les flux d'IDE qui viennent d'être caractérisés peuvent servir de base à trois types d'analyse comparative (*benchmark*) : d'une part la performance nationale dans la compétition internationale, d'autre part le degré d'attractivité de chaque pays,

---

**Encadré 5.6. Une méthode d'analyse de l'attractivité
et de la « transnationalisation » des pays.**

La Cnuced a construit des indicateurs de performance et de potentialité pour les
IDE et de transnationalisation des économies qui permettent un classement des
pays.

La performance de l'IDE (IPI) dans un pays donné est mesurée en comparant la
part relative de l'IDE du pays i (IDEi) dans l'IDE mondial m (IDEm) à celle du
PIB du pays i (PIBi) dans le PIB mondial m (PIBm). L'IPI se calcule pour les flux
entrants et les flux sortants d'IDE :

IPI = (IDEi/IDEm) / (PIBi/PIBm)

L'indice de potentiel (IPO) est une combinaison pondérée de 8 variables économiques et structurelles (PIB/tête, croissance du PIB sur 10 ans, exportations en %
du PIB, nombre de lignes de téléphone pour 1 000 habitants, utilisation par tête
d'énergie commerciale, dépendance de R&D en % du revenu national, nombre
d'étudiants dans l'enseignement supérieur en % de la population totale, risque-
pays). Il s'agit d'un indice relatif rapportant la valeur de chaque variable calculée
pour un pays i (Vi) aux écarts entre valeurs extrêmes de la variable, minimum
(Vmin) et maximum (Vmax) :

IPO = Somme [(Vi – Vmin) / (Vmax – Vmin)], avec 0 < Ipot < 1

L'indice de transnationalisation (ITN) établi par la Cnuced se calcule en faisant
la moyenne arithmétique des indicateurs suivants : IDE/FBCF, Stock IDE/PIB,
VA filiales étrangères des FMN/PIB, Emploi des filiales étrangères/Emploi total
des FMN. Cet indice va donc représenter l'intensité du capital étranger dans les
économies considérées (Cnuced, 2008).

---

et enfin le niveau d'ouverture internationale de l'économie, qualifié de degré de
« transnationalisation ». La Cnuced a mis au point des indicateurs pour chacun de
ces concepts.

L'indice de performance est très discriminant. Le premier pays sur 144 pays classés en
2007 (Hong Kong) se voit attribuer une valeur de 8,7 et le dernier (Surinam) obtient
un score négatif (- 2,1), soit un écart de 12 à 10. On trouve en tête de classement des
petits pays insulaires qui sont avant tout des zones de transit pour les capitaux. Une
exception en 2007, la Bulgarie, en raison de son entrée dans l'Union européenne
qui apporte une sécurisation des investissements (transfert des acquis communautaires, c'est-à-dire du cadre institutionnel). Les derniers pays sont plus hétéroclites
avec les places financières (Luxembourg) et des petits pays pratiquant une politique
favorable aux IDE (Irlande par exemple). Une valeur négative indique un flux net
d'investissement déficitaire, les IDE sortants ayant été supérieurs aux IDE entrants
(tableau 5.52). Les grands pays développés ont de faibles indices (entre 0,2 pour
l'Australie et 2,7 pour le Royaume-Uni), ainsi que les grands PVD (0,6 pour l'Inde
à 2,9 pour l'Égypte). Un bon indicateur d'ouverture est le nombre de traités bilatéraux d'investissement (définissant les conditions et la fiscalité de l'investissement
entre deux pays) : 2 500 accords de ce type ont été signés entre 1980 et 2007 selon la
Cnuced, avec un point culminant au milieu des années 1990. Les accords impliquant
les PVD ont été de 20 % plus nombreux durant cette période (Cnuced, 2008). On

Tableau 5.52. Performances des pays en termes d'IDE entrants, 2007.

Rang	Pays les mieux classés	IPI*	Rang	Pays les plus mal classés	IPI
1	Hong Kong, Chine	8,652	137	Irlande	-0,353
2	Bulgarie	7,240	138	Luxembourg	-0,567
3	Islande	6,887	139	Angola	-0,721
4	Malte	6,372	140	Azerbaïdjan	-2,108
5	Bahamas	6,153	141	Surinam	-2,536
Rang	**Grands pays développés**	**IPI**	**Rang**	**Grands pays en développement**	**IPI**
29	Royaume-Uni	2,661	20	Égypte	2,948
52	Canada	1,855	88	Chine	0,986
57	France	1,659	97	Brésil	0,751
115	États-Unis	0,522	104	Indonésie	0,668
131	Australie	0,192	106	Inde	0,629

* IPI : Indice de performance de l'IDE entrant (cf. encadré 5.6).
Source : données Unctad, WIR 2008.

peut ainsi nettement identifier à l'aide de l'ITN des pays à politique économique très favorable à la globalisation et des pays fortement dissuasifs.

L'attractivité des pays pour les IDE dépend de facteurs économiques (par exemple le pouvoir d'achat des consommateurs et la croissance du PIB), de ses infrastructures matérielles et de communication (par exemple nombre de lignes téléphoniques) et de son potentiel de connaissances (par exemple le taux de R&D). Les résultats du tableau 5.53 ne sont guère surprenants : les grands pays riches se classent en tête (États-Unis, Royaume-Uni, Canada, Allemagne, France, etc.), mais aussi des petits pays servis par un haut niveau d'équipement dans le domaine de l'information et un PIB par habitant très élevé (Singapour et Luxembourg). À l'inverse, les pays très pauvres et mal équipés se situent dans les derniers rangs (Malawi, Bénin, Congo, Haïti, Zimbabwe). Les pays émergents sont en position intermédiaire (Chine, Brésil, Inde). L'écart entre les indices minimum et maximum est de 4,5, ce qui reflète la composition complexe de l'indice, les variables de croissance compensant les variables d'équipement.

La « transnationalisation » des économies, mesurée par l'indice ITN de la Cnuced, est très inégale comme le montre le tableau 5.54. Les pays les mieux classés du point de vue de l'importance relative du capital étranger dans leur activité économique sont des plaques tournantes de faible taille, dont on a déjà signalé l'importance dans le commerce international : Hong Kong, la Belgique, Singapour ou des places financières de transit : Luxembourg et Estonie. Les pays se retrouvant en queue de classement sont de grands pays plutôt protectionnistes, dont les codes d'investissement sont plutôt restrictifs : Arabie Saoudite, Corée du Sud, Inde et Japon. Les grands pays, développés ou non, se situent plutôt en fin de classement (par exemple, les États-Unis sont numéro 71, la Chine numéro 61 et l'Inde numéro 75).

Tableau 5.53. Potentiel d'attraction de l'IDE entrant, période 2004-2006.

Rang	Pays les mieux classés	IPO*	Rang	Pays les plus mal classés	IPO
1	États-Unis	0,618	137	Malawi	0,071
2	Singapour	0,465	138	Bénin	0,07
3	Royaume-Uni	0,447	139	République démocratique du Congo	0,066
4	Canada	0,434	140	Haïti	0,056
5	Luxembourg	0,43	141	Zimbabwe	0,032
Rang	**Autres grands pays développés**	**IPO**	**Rang**	**Grands pays en développement**	**IPO**
6	Allemagne	0,429	32	Chine	0,304
13	Pays-Bas	0,401	70	Brésil	0,191
18	France	0,383	83	Égypte	0,168
20	Fédération de Russie	0,379	84	Inde	0,163
131	Australie	0,192	100	Indonésie	0,139

* IPO : Indice de potentiel d'attractivité des pays (cf. encadré 5.6).
Source : d'après Unctad, WIR 2008.

Tableau 5.54. Indice de transnationalisation des économies, 2005.

Rang	Pays les mieux classés	ITN*	Rang	Pays les plus mal classés	ITN
1	Hong Kong, Chine	103,7	73	Arabie Saoudite	6
2	Belgique	65,9	74	République de Corée	4,5
3	Singapour	65,2	75	Inde	4,1
4	Luxembourg	64,8	76	Biélorussie	3,3
5	Estonie	49,5	77	Japon	1,1
Rang	**Grands pays développés**	**ITN**	**Rang**	**Grands pays en développement**	**ITN**
28	Royaume-Uni	21,9	47	Égypte	16,3
35	France	19,5	59	Brésil	13,5
50	Australie	16	61	Chine	12
52	Canada	15,5	68	Indonésie	8,8
71	États-Unis	6,4	75	Inde	4,1
63	Moyenne pondérée PD	11,8	63	Moyenne pondérée PVD	11,8

* ITN : Indice de transnationalisation (cf. encadré 5.6).
Source : d'après Unctad, WIR 2008.

Le Royaume-Uni (28) et la France (35) se trouvent à un rang moyen (tableau 5.54). On remarquera enfin que les valeurs de l'ITN sont très ouvertes : Hong Kong est à près de 104 et le Japon à 1, ce qui traduit des différences considérables en matière de financement des investissements nationaux et de contribution des FMN à ces économies. Les cent premières firmes multinationales ont un ITN d'environ 60.

L'intensification de l'IDE indique une attractivité élevée d'un pays pour les investisseurs étrangers et pèse sur l'indice de transnationalisation. Cependant, cette performance a ses contreparties : forte « exposition » aux risques de marché en termes d'emploi et de chiffres d'affaires, pression concurrentielle importante. C'est pourquoi les multinationales adoptent généralement une attitude plus prudente que les PME.

Les multinationales portent les IDE et s'en portent bien

Nous venons de montrer l'importance des fusions-acquisitions dans le processus d'IDE. Ces opérations sont qualifiées de croissance externe par les économistes, car elles constituent une augmentation de taille résultant de la prise de contrôle particlle ou totale d'une entreprise B par une firme A (par opposition à la croissance interne qui relèverait d'un investissement effectué dans le périmètre juridique de l'entreprise A). Les firmes multinationales ont fréquemment recours à cet instrument, car il permet d'entrer rapidement sur un nouveau marché en restant dans la même catégorie de joueur. L'investissement de création *ex nihilo* d'une nouvelle entité à l'étranger n'est pas exclue, mais reste très minoritaire comme nous l'avons vu (18 % du total de l'IDE en 2007).

Selon la Cnuced, il y aurait, en 2007, 79 000 firmes multinationales ou transnationales totalisant 790 000 filiales étrangères. L'activité de ces filiales représente 11 % du PIB mondial et 33 % des exportations totales de biens et services (tableau 5.55).

Tableau 5.55. Les filiales étrangères des multinationales : un poids considérable dans la globalisation.

Indicateurs	2007	Évolution 2007/1990
Firmes multinationales (FMN)		
Nombre	79 000	
Filiales étrangères des FMN (FieFMN)		**Coeff. multiplicateur**
Nombre	790 000	
Chiffre d'affaires (Mds US $)	31 197	5,1
VA (Mds US $)	6 029	4
Actifs totaux (Mds US $)	68 716	11,4
Exportations (Mds US $)	5 714	3,8
Effectif (milliers)	81 615	3,3
Export FieFMN / Exports mondiales de biens et services	33 %	1
VA FiFMN / PIB mondial	11,00 %	1,6

Source : d'après Unctad, WIR, 2008.

Les filiales étrangères des FMN se sont montrées entre 1990 et 2007 beaucoup plus dynamiques que le PIB mondial avec un coefficient d'évolution de 4 contre 2,5 mais ont évolué au même rythme que le marché international en ce qui concerne leurs exportations (coefficient de 3,8 dans les deux cas).

Le contrôle croissant de l'économie mondiale par quelques dizaines de très grandes firmes (TGF) est confirmé par le fait que ces firmes assurent aujourd'hui probablement, en échange intra-groupe, le tiers du commerce international. Les TGF sont ainsi les architectes de la globalisation et les consommateurs leurs usagers.

Encadré 5.7. Les échanges intra-groupes structurent la globalisation.

Les échanges intra-groupes (encore appelés commerce intra-firme) sont matérialisés par les flux de biens et services entre deux filiales d'une firme multinationale et leur contrepartie monétaire ou budgétaire. Il s'agit d'un champ particulièrement difficile à investiguer, car il relève de la comptabilité analytique des entreprises qui est rarement accessible au chercheur. On peut approcher ces flux par les données douanières et des balances de paiement, sous réserve de levée du secret statistique, car il faut accéder aux données individuelles d'entreprises. Une étude réalisée par l'OCDE montre que les caractéristiques du commerce intrafirme est fortement corrélé avec le PIB. Lorsque les échanges se font entre pays à hauts revenus, ceux-ci portent principalement sur des produits parvenus au stade de la finition ou de l'emballage et impliquent donc à l'étranger des filiales commerciales (c'est le cas aux États-Unis pour les deux tiers des importations intra-groupes en provenance de sociétés-mères localisées à l'étranger). Dans le cas où les filiales étrangères ont une vocation de transformation industrielle, les ventes sont majoritairement destinées au marché local : 95 % du chiffre d'affaires des filiales européennes et nord-américaines de groupes japonais est réalisé dans leurs zones d'implantations (on pense notamment à l'industrie automobile). On se trouve donc dans une stratégie de conquête de marché plus que de compression de coûts. Il existe cependant une situation différente en ce qui concerne les échanges entre pays riches et pays à revenus intermédiaires. Par exemple, dans le cas des *maquiladoras* au Mexique, l'objectif est une production à faible coût destinée aux marchés des États-Unis et du Canada : les deux tiers des importations des États-Unis en provenance du Mexique sont réalisés en intra-groupes. On a noté depuis le début des années 1990, une augmentation rapide du commerce intra-firmes impliquant les pays d'Europe centrale et orientale, la Chine, la Corée, Taïwan et le Mexique (OCDE, 2002b). Des travaux empiriques réalisés sur les grandes firmes agroalimentaires françaises confirment ces analyses des échanges intragroupes (Chevassus *et al.,* 2004).

Les fondements théoriques des échanges intra-groupes relèvent du thème de la décomposition internationale du processus productif (DIPP), ou encore fragmentation internationale de la production. Ce processus vise à augmenter les performances de la firme (en termes de part de marché ou de profit) par division verticale ou horizontale de la séquence d'activités. Dans le premier cas, la firme tire avantage du différentiel de coût sur un ou plusieurs des facteurs de production (consommations intermédiaires, capital ou travail) en localisant chaque séquence dans le pays où elle est la moins chère (Helpman, 1984). Dans le second cas, la

---

...

> firme implante une filiale de distribution dans chaque pays où la taille, ou la croissance du marché le justifient, augmentant d'autant ses volumes globaux et bénéficiant en conséquence d'économies d'échelle par abaissement de ses coûts fixes de production (Markunsen et Venables, 2000). E. Helpman a également justifié empiriquement pourquoi la taille constitue un facteur de compétitivité dans le cadre de la globalisation : les entreprises exportant sans faire d'IDE étaient, en 1996, 40 % plus productives que les PME se cantonnant au marché local et 15 % moins productives que les multinationales dans les pays développés (Helpman *et al.*, 2004), ce qui constitue une explication de l'implantation à l'étranger malgré les coûts liés à la délocalisation. Selon la théorie de la fragmentation, qui infirme celle de OHS, les IDE et les échanges commerciaux en résultant ne sont pas concurrents, mais complémentaires et donc mutuellement avantageux.
>
> La théorie de la fragmentation, qui relève de l'économie industrielle, est confortée par les interprétations fournies par le *management* stratégique. En effet, la décomposition verticale est liée principalement, selon l'École du positionnement, à la captation de ressources externes à la firme (matières premières, emplois qualifiés, infrastructures, etc.) et procure un avantage concurrentiel (Porter, 1984). La décomposition horizontale permet une supériorité sur les concurrents par la mobilisation de ressources internes (marques, brevets, portefeuilles de produits différenciés, compétences managériales et organisationnelles, etc.). Ces actifs intangibles sont facilement transférables dans l'espace et constituent de véritables « biens communs » à l'intérieur de la firme (Barney 1981). Les compétences fondamentales de la firme ou *Core competences* nécessitent d'être mises en réseau pour dégager des synergies (Hamel et Prahalad, 1990). Ce dernier point est un apport essentiel des sciences de gestion à l'analyse de la performance des entreprises.

L'IDE dans le système alimentaire

On examinera dans cette section l'importance du stock d'IDE dans le système alimentaire mondial et dans quelques pays pour lesquels on dispose de données, du point de vue des détentions d'actifs à l'étranger et en sens inverse de la pénétration du capital étranger dans les systèmes alimentaires nationaux. Dans un deuxième temps, on confirmera pour le système alimentaire l'extrême volatilité des flux annuels observés pour l'ensemble des secteurs.

Le stock mondial détenu par des investisseurs étrangers dans l'ensemble des secteurs économiques s'établissait à environ dix mille milliards de dollars à fin 2005. Sur ce montant impressionnant, environ 7 % provenaient du système alimentaire, considéré ici, en raison des lacunes statistiques (faible niveau de désagrégation de la nomenclature dans les bases de données accessibles en ligne gratuitement), comme incluant seulement l'agriculture, les industries agroalimentaires et la moitié des secteurs du commerce et de l'hôtellerie-restauration. Sur les quelque 730 milliards de dollars investis dans le système alimentaire, plus de 90 % proviennent des pays à hauts revenus. Toutefois, depuis 1990, la croissance du stock d'IDE propriété d'entreprises des PVD est exponentielle : multiplicateur de 36 contre 4 pour les pays développés. Les investissements dans l'agriculture demeurent modestes, avec des actifs estimés à 6 milliards de dollars en 2006. Il s'agit du seul secteur dans lequel le poids relatif des PVD est significatif, avec le tiers du stock d'IDE, et une augmentation 5 fois plus rapide que de la part des pays riches. Dans l'industrie agroalimentaire, les entreprises des PVD sont quasiment absentes en termes de stock d'IDE, ce qui signifie qu'elles n'ont pas encore abordé la phase de l'implantation à l'étranger, autrement que par l'exportation. De puissants groupes agroalimentaires émergent en Chine, en Inde et en Turquie. Très actifs sur leur marché national, ils sont en train de passer d'une forme conglomérale de capitalisme familial à une spécialisation par secteur d'activités et certains possèdent déjà des participations dans des entreprises industrielles à l'étranger (par exemple l'Omnium Nord Africain, *leader* marocain de l'agroalimentaire, a plusieurs filiales en France, ou encore Chalkis, premier producteur chinois de concentré de tomate a racheté en 2004 une conserverie, filiale de la coopérative Le Cabanon dans le Vaucluse : (cf. encadré 5.8) sur les mutations de l'agroalimentaire dans les pays méditerranéens)[139]. Dans les services alimentaires (commerces et restaurants), le mouvement est plus rapide et plus important que dans l'IAA : le stock sortant d'IDE dans l'hôtellerie-restauration a été multiplié par 61 dans le 16 dernières années (tableau 5.56).

Tableau 5.56. Stock mondial sortant d'IDE dans le système alimentaire, 2006, en milliards de dollars.

Secteurs et branches	2005, milliards US $			Évolution « 2004 »/« 1990 »		
	Pays dév.	PVD	Monde	Pays dév.	PVD	Monde
Agriculture, chasse, sylviculture et pêche (A)	4	2	6	0,8	4,9	1,1
Alimentation, boissons et tabac (IAA)	299	3	301	4	5,6	4
Commerce	631	107	738	4,5	56	5,2
Hôtels et restaurants	96	9	105	55,7		60,7
Total tous secteurs	*9 570*	*1 005*	*10 577*	*5,3*	*47,8*	*5,8*
Total système alimentaire (SA)	*667*	*62*	*729*	*4,4*	*36*	*4,8*
SA/Total secteurs	*7,0 %*	*6,2 %*	*6,9 %*			

Source : données Unctad, WIR 2007.

Le Royaume-Uni est le pays qui investit le plus à l'étranger dans le système alimentaire tant en valeur absolue (stock sortant de plus de 88 milliards de dollars en 2006) que par rapport au total de son stock d'IDE (13 %)[140]. Bien que ce pays ne possède pas la première IAA du monde (se situant par le chiffre d'affaires derrière les États-Unis, l'Allemagne et la France), il est le plus actif dans les opérations d'acquisition internationales. Les États-Unis viennent au second rang pour le stock sortant

---

139. Pour une analyse des mutations de l'agroalimentaire dans les pays méditerranéens, cf. Rastoin *et al.*, 2004.
140. Les chiffres de ce paragraphe ont été établis à partir des statistiques de l'Ocde (banque de données Oecd.stat).

d'IDE avec 85 milliards (9 % du total investi à l'étranger). La France arrive en troisième position (48 milliards de dollars et 7 %), suivie des Pays-Bas (40 milliards et 10 %). Les autres *leaders*, Allemagne, Japon, Danemark et Italie se situent entre 3 et 6 milliards, loin derrière.

Les destinations du stock d'IDE sont plus diversifiées que leur origine, puisque 17 % de ce stock sont présents dans les PVD. Ceci s'explique par deux phénomènes : la valorisation locale des matières premières par les multinationales (au moins au niveau de la première transformation) et l'accès à des marchés que nous avons qualifiés de « démographiques ». Le système alimentaire attire près de 9 % du stock mondial entrant d'IDE (environ 900 milliards de dollars), avec là encore, une prépondérance des services. La croissance est soutenue (quadruplement en 16 ans) et plus rapide dans les PVD. L'IDE dans les services alimentaires se développe à un rythme plus élevé que l'industrie agroalimentaire et l'agriculture.

En ce qui concerne les principaux pays destinataires des IDE, les statistiques de l'OCDE (limitées aux pays membres) nous ont permis d'établir le classement suivant (stock d'IDE entrant dans le système alimentaire et part du système alimentaire dans le montant total du stock à fin 2006) :
– États unis : 174 milliards de dollars, 10 % ;
– Royaume-Uni, 71 milliards, 6 % ;
– France (2005) : 29 milliards, 4 % ;
– Allemagne (2005) : 25 milliards, 4 %.

Ces chiffres sont supérieurs à ceux des stocks sortant pour les États-Unis (+ 90 milliards de solde entre les flux sortants et les flux entrants) et l'Allemagne (+ 18 milliards). Mais ils sont lourdement déficitaires pour la France (- 19 milliards) et le Royaume-Uni (- 18 milliards). Dans le premier cas (France), ce sont les services alimentaires (principalement la grande distribution, très active à l'international) qui creusent de solde et dans le second (Royaume-Uni), ce sont les industries agroalimentaires (tableau 5.57).

Tableau 5.57. Stock mondial entrant d'IDE dans le système alimentaire, 2006, en milliards de dollars.

Secteurs et branches	2005, milliards US $			Évolution « 2004 »/« 1990 »		
	Pays dév.	PVD	Monde	Pays dév.	PVD	Monde
Agriculture, chasse, sylviculture et pêche (A)	8	9	18	2,6	2,1	2,5
Alimentation, boissons et tabac (IAA)	222	40	273	3,5	4	3,7
Commerce	871	183	1 071	4,7	7,5	5,1
Hôtels et restaurants	69	22	93	3,6	5,7	4
Total tous secteurs	*7 438*	*2 258*	*9 883*	*5,2*	*6,9*	*5,6*
Total système alimenaire (SA)	*701*	*151*	*872*	*4,1*	*5,4*	*4,4*
SA/Total secteurs	*9,40 %*	*6,70 %*	*8,80 %*			

Source : données Unctad, WIR 2007.

Les flux sortants d'IDE de cinq des principaux pays agroalimentaires de l'OCDE (États-Unis, Allemagne, France, Royaume-Uni et Italie) se sont élevés en moyenne sur la période 2000-2006 à 33 milliards de dollars pour le système alimentaire, dont 1 % pour l'agriculture, 45 % pour l'industrie agroalimentaire et 54 % pour les services alimentaires.

L'évolution des flux d'IDE dans l'agriculture et les industries agroalimentaires a été spectaculaire dans les années récentes, à l'image de ce que l'on a constaté pour l'ensemble des secteurs d'activités. Par exemple, les flux sortants des pays de l'UE ont été multipliés par 9 entre 1995 et 2000 et les flux entrants dans l'UE ont presque doublé, pour ensuite chuter jusqu'en 2004 et rebondir vers des sommets en 2006 et 2007. Nous avons établi une série chronologique 2000-2006 pour les dix principaux pays investisseurs à l'étranger dans l'agriculture. La courbe de la figure 5.21 montre l'extrême fluctuation de l'IDE agricole qui passe de 800 millions de dollars en 2000 à une valeur négative en 2004 (désinvestissement) et remonte en 2006 à 720 millions de dollars. Les États-Unis engagent des sommes relativement conséquentes par rapport aux autres pays. Le Japon comme cela a déjà été souligné investit dans la production agricole à l'étranger pour assurer sa sécurité alimentaire. Sept pays européens sont concernés, mais pour de faibles montants (France, Royaume-Uni, Pays-Bas, Danemark, Autriche, Italie).

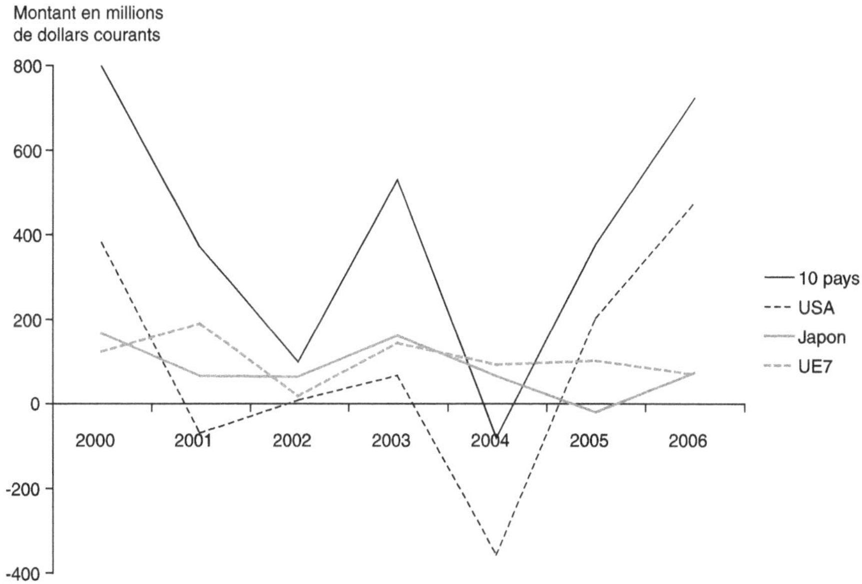

Figure 5.21. Flux sortants d'IDE agricoles par les principaux pays investisseurs.

Source : données OECD, 2010, http://dx.doi.org/10.1787/data-0334-en, consulté le 7/2/2009.

Les variations sont aussi importantes dans l'industrie agroalimentaire qui mobilise des fonds beaucoup plus élevés : entre 5 et 40 milliards de dollars sur la période 2000-2006. En cumul, le Royaume-Uni arrive en tête, suivi des États-Unis puis de la France (figure 5.22).

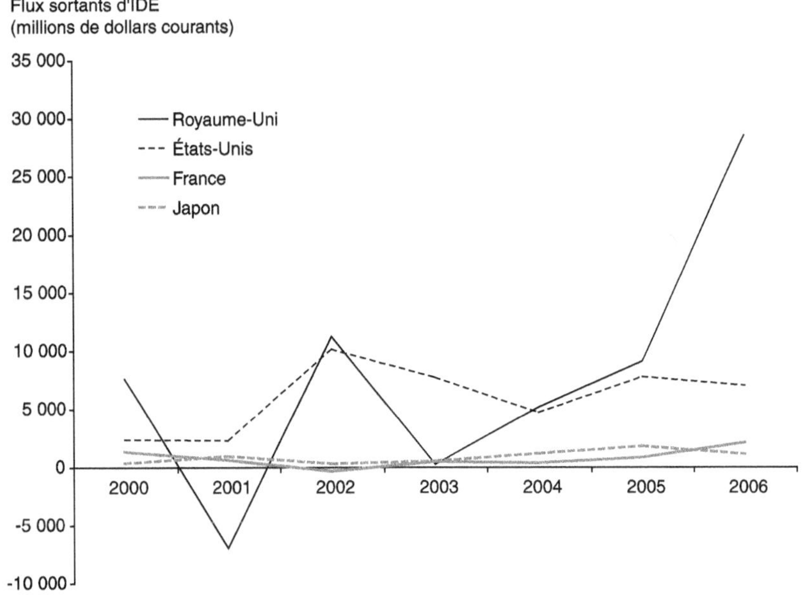

Figure 5.22. Flux sortants d'IDE dans les industries agroalimentaires pour quelques pays de l'OCDE.

Source : données OECD, 2010, http://dx.doi.org/10.1787/data-0334-en, consulté le 7/2/2009.

Les flux sortants, dirigés vers des pays tiers concernent principalement après les zones « classiques », Union européenne et Amérique du Nord, les PECO et l'Asie. En 2000 la vive hausse des IDE sortants se fait essentiellement vers ces zones, au détriment des pays de l'UE où l'on constate un désinvestissement. Ce phénomène est lié à la migration des unités de production ou « délocalisation ». Les restructurations industrielles résultant d'une recherche de coûts toujours plus bas obéissent toujours aux logiques d'économies d'échelles (hausse de la productivité du travail) et réduction de la masse salariale qui représente un poste important dans l'IAA, industrie de main-d'œuvre plus que de capital.

Les flux entrants, aussi bien dans l'UE qu'aux États-Unis sont extrêmement volatiles. La bipolarité de « l'économie-monde » se vérifie bien dans les chiffres (le Japon étant peu présent dans les mouvements internationaux de capitaux agroalimentaires) : les flux d'IDE varient en sens contraire dans les 2 zones, traduisant des périodes d'attractivité alternées. Les pays méditerranéens de l'UE (Espagne, France, Italie) captent une part importante (mais très fluctuante) de l'IDE dans l'agroalimentaire (de l'ordre de 30 % sur la période 1995-2000). Ces flux concernent principalement la transformation des fruits et légumes, en raison de la présence d'importants bassins de production de matières premières (tableau 5.58).

Corollaire de « l'autonomie capitalistique » relative de l'IAA européenne, on note un déficit important dans les mouvements de capitaux agroalimentaires de l'UE.

L'IAA suit donc les caractéristiques générales de l'IDE, tout en apparaissant comme un secteur stable, pénalisé en période de bulle spéculative (nouvelles technologies

Tableau 5.58. Flux d'IDE dans l'IAA de l'UE à 15 et des États-Unis, moyenne 1995-2000.

Flux d'IDE (milliards €)	Entrants	Sortants	Solde
Monde <=> UE	3,8	9,1	-5,4
Intra-UE <=> UE	2,3	2,5	-0,3
Extra-UE <=> UE	1,4	6,6	-5,2
Monde <=> États-Unis	1,3	2,4	-1,1
UE / (UE + États-Unis)	52 %	73 %	83 %

Source : données Eurostat, 2002 FDI Yearbook.

de l'information et de la communication – NTIC – à la fin des années 1990, produits financiers au milieu des années 2000) et attractif en période de crise (valeur refuge). Il y a toutefois une sous-capitalisation de ce secteur dans les PPM, avec 11 % de l'IDE alors qu'il représente une fraction plus importante de l'industrie manufacturière.

Fusions et acquisitions transfrontières dans le système alimentaire

Les opérations de fusions-acquisitions (F&A) réalisées à l'étranger, essentielle-ment comme on l'a vu par les firmes multinationales, reflètent l'intensité de l'IDE. Elles ont représenté dans l'ensemble du système alimentaire tel que défini dans le chapitre 1, hors activités périphériques impossibles à estimer, 49 milliards de dollars pour les acheteurs en moyenne triennale 2005-2007, soit 4 % de l'ensemble des secteurs économiques. Ce chiffre est cohérent avec les flux estimés plus haut pour les flux sortants d'IDE (33 milliards pour cinq grands pays de l'OCDE en moyenne annuelle 2000-2006) et suggère que la majorité de l'IDE s'effectue par croissance externe dans le système alimentaire. Le tableau 5.59 précise que les opérations F&A ont concerné principalement les IAA (68 %), puis en second lieu les services alimen-taires (28 %) et enfin l'agriculture (4 %), en moyenne centrée sur 2006. La struc-ture varie très peu en 10 ans. Les évolutions entre 1996 et 2006 sont relativement

Tableau 5.59. Structure des opérations de fusion-acquisition transfrontières dans le système alimentaire mondial.

Opérations	Moyenne 1995-1997		Moyenne 2005-2007		Variation « 2006 »/ « 1996 » (%)
	Valeur (M. US $)	Part (%)	Valeur (M. US $)	Part (%)	
Agriculture, chasse, pêche et forêts	1 314	4	1 849	4	41
Alimentation, boissons et tabac	18 954	64	33 300	68	76
Services alimentaires	9 121	31	13 849	28	52
Total système alimentaire	*29 388*	*100*	*48 998*	*100*	*67*
Total tous secteurs	*288 939*		*1 228 179*		*325*

Source : données UNCTAD *cross-border* M&A database, 2008.

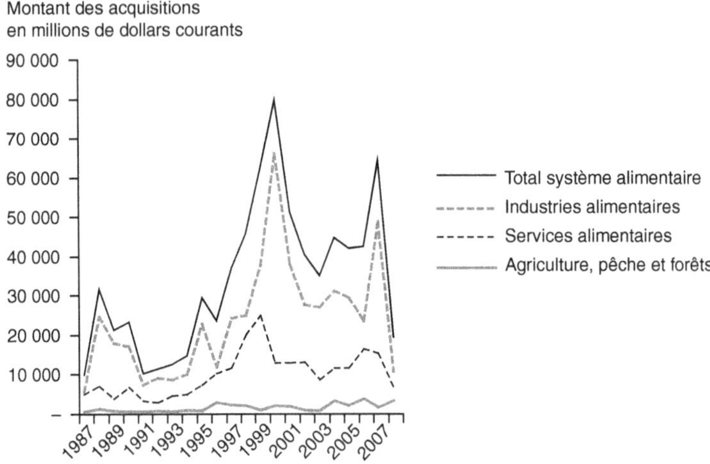

Figure 5.23. Opérations de fusions et acquisitions dans le système alimentaire mondial.
Source : données Unctad, FDI Stat, 2008, *cross-border* M&A.

homogènes pour les différents secteurs du système alimentaire (croissance de 41 à 76 %), mais ces taux sont très inférieurs à l'ensemble des F&A (+ 325 %).

Cette évolution est par ailleurs extrêmement irrégulière comme le montre la figure 5.23. Depuis 1987, on est passé par un premier pic en 1998, un second en 2000 et un troisième en 2007. Entre le sommet de 2000 (80 milliards d'opérations d'achat d'entreprises et de prise de participations dans le système alimentaire) et le creux de 2003 (35 milliards), la baisse a été d'un facteur de près de 2, tout comme la remontée de 2007 (64 milliards) correspond à un doublement des achats.

Si l'on examine à présent la nature des opérations de F&A réalisées à l'étranger, on constate que le nombre de *deals* inter-entreprises est resté stable dans les dix dernières années (autour de 600 par an). Cependant, les montants concernés ont fortement progressé, de 67 % à 49 milliards de dollars pour les achats et de 170 % à 95 milliards de dollars, pour les ventes. Les opérations de « délestage » ont donc été beaucoup plus nombreuses et importantes en valeur que celles de la croissance externe, ce qui reflète une vague de restructuration. En effet, la stratégie de recentrage sur le « cœur de métier », impulsé par les investisseurs financiers de plus en plus présents dans le capital des grandes entreprises correspond à un élagage dans le portefeuille d'activités (tableau 5.60). Par exemple, les quatre géants de l'agroalimentaire, Nestlé, Unilever, Kraft et Danone ont vendu de nombreuses filiales héritées de la diversification des années 1970 à 1990. Simultanément, la valeur unitaire moyenne des opérations a sensiblement progressé de 52 à 76 milliards de dollars côté achat (+ 47 %) et de 46 à 106 milliards, côté vente (doublement).

Pour préciser cette analyse, nous présentons dans le tableau 5.61 une identification et un calcul de la densité des opérations d'acquisition, de partenariat et de vente, menées dans une grande zone géographique du monde par les géants de l'agroalimentaire. Ce recensement montre des situations très contrastées. Cette densité

Tableau 5.60. Nature des opérations de fusion-acquisition transfrontières dans le système alimentaire mondial.

Opérations	Moyenne 1995-1997	Moyenne 2005-2007	Variation (%)
Achats			
Nombre d'opérations	567	642	13
Montant (M. US $)	29 388	48 998	67
Valeur unitaire moyenne (M. US $)	52	76	47
Ventes			
Nombre d'opérations	762	898	18
Montant (M. US $)	35 067	94 773	170
Valeur unitaire moyenne (M. US $)	46	106	129

Source : Données UNCTAD, 2008, FDI Stat, *cross-border* M&A database, 2008.

Tableau 5.61. Les opérations de F&A conduites par les 100 premières firmes multinationales agroalimentaires de 1997 à 2003 selon les zones géographiques, en nombre.

Zones	Achats et partenariats	Ventes	Total		IDO*
			Nombre	Part	
Europe	2 093	893	2 986	56 %	471
ALENA	938	364	1 302	24 %	360
MERCOSUR	158	17	175	3 %	92
Océanie	125	34	159	3 %	588
Asie	283	39	322	6 %	10
Autres pays	330	62	392	7 %	44
Total monde	3 927	1 409	5 336	100 %	100

* IDO : indice de densité des opérations = nombre d'opérations / population, base 100 pour le monde.
Source : Ayadi *et al.*, 2005, base de données Agrodata.
Source : Base de données Agrodata, Ciheam-Iamm, UMR Moisa, 2002.

est estimée à partir du ratio « nombre d'opérations / population », par grande zone géographique du monde[141]. Deux régions géoéconomiques constituent des lieux d'implantation privilégiés des FMNA : l'UE et l'ALENA (80 % du nombre total d'opérations). L'Asie, et notamment la Chine, occupe la deuxième position, mais loin derrière les deux zones précédentes (6 %). Viennent ensuite à parts sensiblement voisines le MERCOSUR et l'Océanie (Australie surtout, et Nouvelle-Zélande). Le reste du monde, principalement la Méditerranée, et les autres pays d'Amérique latine et d'Afrique constituent des régions très faiblement investies.

---

141. La publication réalisée par N. Ayadi, J.L. Rastoin et S. Tozanli contient une analyse détaillée des restructurations opérées dans l'industrie alimentaire mondiale par les cent premières firmes (Ayadi *et al.*, 2005).

Cependant, en pondérant le nombre d'opérations réalisées par la population, l'Océanie rejoint le club des zones à forte activité des multinationales (indice de près de 600, soit 6 fois la densité mondiale moyenne en F&A), l'U.E. étant au-dessus de 500 et l'ALENA a 360. Les PED d'Afrique, d'Asie, et d'Amérique latine demeurent globalement peu attractifs (indices < 100, contre plus de 400 dans les pays à hauts revenus).

Encadré 5.8. Mutations du capitalisme agroalimentaire dans la zone méditerranéenne.

Avant les années 1990, le Bassin méditerranéen n'attirait pas véritablement les groupes agro-industriels multinationaux. Malgré une forte croissance démographique et un surpeuplement des centres métropolitains, la structure socioculturelle et les styles de vie des sociétés du sud et de l'est de la Méditerranée n'offraient certainement pas les conditions idéales pour les géants de l'agroalimentaire mondial. Ces derniers se ruaient vers les pays nouvellement industrialisés avec des PNB par habitant deux à trois fois plus élevés que ceux des pays du Maghreb, du Machrek ou des Balkans. Ce qui nous faisait affirmer que cette région du monde était laissée pour compte dans l'internationalisation de l'économie mondiale.

Cette tendance semble se modifier à l'avantage des pays en question depuis la deuxième moitié des années 1990. La stratégie de croissance adoptée par les grands groupes multinationaux multiproduits visant un développement à l'échelle planétaire pour leurs marques mondiales (Danone, Nestlé, H.J. Heinz, Campbell Soup…) les orientent vers des marchés jusqu'alors non prisés, dont ceux du sud et l'est de la Méditerranée. Ils y opèrent par fusion/acquisition des entreprises locales avec un réseau de distribution nationale bien développé, un savoir-faire et une maîtrise de production ayant déjà fait leurs preuves et qui offrent près d'un tiers des parts des marchés nationaux aux investisseurs étrangers. Cette tendance est particulièrement nette concernant les prises de participation majoritaires de Danone dans les entreprises laitières et les biscuiteries en Tunisie, au Maroc et en Israël où le capital provient directement des familles fondatrices. En Turquie, les groupes multinationaux font alliance et forment des partenariats avec les conglomérats *leaders* tels que Sabanci Holding, Koç Holding ou Tekfen qui contrôlent, à eux trois, plus d'un tiers de l'industrie manufacturière et le secteur tertiaire turc. Au Maroc, les alliances de Danone et Auchan avec le groupe diversifié ONA et en Algérie les pourparlers en cours entre par exemple le groupe Blanky et des firmes agroalimentaires françaises procèdent de manœuvres stratégiques semblables. On peut observer à cet égard que la structure du portefeuille d'activités des groupes privés les plus puissants tant en Turquie, qu'au Maghreb s'apparente à des formes conglomérales, très présentes dans l'IAA des États-Unis au de la Grande-Bretagne dans les années 1970 et annonce donc à terme des recentrages par métier.

Les groupes multinationaux apportent non seulement leur technologie, mais également leurs méthodes de gestion et leurs réseaux de distribution internationaux. Ce qui constitue un avantage pour les entreprises des pays d'accueil face aux barrières non-tarifaires du commerce international et aux barrières à l'entrée de l'oligopole alimentaire mondial (Rastoin et Tozanli, 2006).

Les multinationales dans le système alimentaire

Nous nous intéresserons dans cette section à caractériser le poids et le rôle des très grandes firmes multinationales dans le système alimentaire contemporain. Comme nous l'avons expliqué dans le chapitre 1, ce système est parvenu à un stade que l'on peut qualifier d'agrotertiaire et le modèle de production et de consommation qui le caractérise peut s'intituler « modèle agroindustriel tertiarisé » (MAIT)[142].

Le modèle MAIT peut se caractériser par son intensification, sa spécialisation, sa globalisation et sa financiarisation. Il résulte d'un double mouvement, en apparence paradoxal : une concentration au stade de la production et de la vente, un individualisme dans le domaine de la consommation. Il relève du capitalisme contemporain en tant que forme générale d'organisation de la société. Comme nous l'avons expliqué dans le chapitre 5, on observe un « formatage » des individus et de leurs désirs par un univers marchand piloté par des grandes firmes dont la prospérité dépend de l'homogénéisation des comportements des clients (Stiegler, 2004). Ces firmes visent une standardisation des produits dans un modèle de production de masse. La généralisation du monde marchand s'étend à toutes les activités humaines, y compris l'alimentation, et emplit ainsi tout l'espace-temps du consommateur. On assiste à l'émergence d'une « fabrique du consentement » qui vient renforcer le modèle de production dominant (Deleuze, 2003).

Le mouvement de concentration des entreprises, à tous les niveaux du système alimentaire, est à l'œuvre depuis environ un siècle. Il a donné naissance à un « oligopole à franges » dominé par de très puissantes firmes multinationales. Cette structure duale s'explique par la nature même de l'activité de production alimentaire, encore largement fondée sur des entreprises familiales et artisanales au sein du socle constitué par l'agriculture et l'industrie alimentaire et d'un des deux canaux de commercialisation, la restauration, qui fournissent à eux trois de gros bataillons de micro-entreprises. Il y a coexistence de TPE/PME et de très grandes firmes transnationales dans ces trois secteurs. Les mécanismes d'offre font que la concentration s'opère principalement au sein du groupe des *leaders* et laissent des interstices aux petits parmi lesquels on assiste à d'importants renouvellements.

Au niveau mondial, la tendance à la concentration s'accélère dans le contexte de croissance économique élevée des pays émergents qui ont adopté le modèle de l'économie de marché et élargi son domaine.

C'est incontestablement en amont du système alimentaire, dans la production de semences, de substances phyto et zoosanitaires, d'engrais chimiques et de matériel agricole que la concentration est la plus élevée. Les firmes dominantes sont de puissants groupes chimiques, pharmaceutiques et mécaniques. Une telle concentration pose de lourds problèmes pour le modèle technologique et le modèle d'affaires adopté, comme le montrent le dossier des OGM et les critiques virulentes adressées au groupe Monsanto. En effet, l'agrofourniture conditionne étroitement la configuration de l'agriculture et au-delà de l'ensemble du système alimentaire à travers la question de la qualité et de la traçabilité des aliments.

---

142. Cette section est tirée d'un article paru dans la revue Projet (Rastoin, 2008).

L'agriculture reste un secteur très atomisé, avec près de 500 millions d'exploitations dans le monde qui font vivre (souvent très mal) près de la moitié de la population mondiale. Au début de l'étape agroindustrielle du système alimentaire, on a pu observer un mouvement d'intégration de la production agricole par de grandes firmes agroalimentaires (par exemple dans le secteur des fruits tropicaux – ananas et banane – avec Dole, Del Monte, United Fruit). Ce phénomène est aujourd'hui relancé avec l'*agribusiness*, production industrialisée à grande échelle, inventé au milieu du xxe siècle aux États-Unis, avec aujourd'hui le soja en Argentine et au Brésil, l'huile de palme en Malaisie, les céréales, les légumes ou le lait en Russie et probablement demain en Ukraine. Les capitaux proviennent soit de l'industrie agroalimentaire (IAA) —ADM, Cargill, Conagra, Tyson—, soit d'autres secteurs (Benetton posséderait près d'un million d'hectares en Argentine), y compris les fonds d'investissement souverains ou privés, attirés par la hausse des prix alimentaires. Là encore, si les résultats en termes de volumes et de marges sont indéniables, de nombreux et difficiles problèmes se posent, tant au niveau social (pauvreté, exclusion) qu'au sujet de la nature et des externalités du modèle de production.

L'industrie agroalimentaire se situe au premier plan de l'industrie manufacturière dans de nombreux pays. À l'échelon de la planète, elle est loin devant l'automobile ou l'électronique. Elle rassemble près de 600 000 entreprises. Les 100 premières firmes multinationales agroalimentaires réalisaient en 2005 environ le tiers du chiffre d'affaires (CA) de l'IAA mondiale et les 15 *leaders* 19 %. Ce chiffre peut paraître modeste, mais si l'on considère les secteurs les plus avancés du point de vue de la technologie et du *marketing*, comme les produits laitiers ultra-frais, les huiles de table, le sucre, les boissons non alcoolisées, les produits de grignotage, l'oligopole se réduit à une poignée de firmes qui contrôle entre les ²/₃ et les ¾ du marché. Le taux de concentration est augmenté par la fabrication sous marques de distributeurs. Le profil moyen des firmes des dix premières entreprises témoigne de leur taille et de leur pouvoir économique considérable : en moyenne, près de 47 milliards de dollars de CA, 119 000 employés, un résultat net d'environ 3,7 milliards de dollars, en 2007. À titre de comparaison, la première entreprise française, Danone, occupe le 12e rang, avec 17 milliards de dollars de CA (5 fois moins que Nestlé, le numéro un) et 1,9 milliard de dollars de profit (six fois moins que Nestlé).

C'est dans la grande distribution que l'on trouve désormais les firmes les plus importantes tous secteurs confondus. Wal-Mart Stores est devenu au début des années 2000 la plus grande firme mondiale, supplantant les pétroliers et les fabricants d'automobiles. Elle a réalisé, en 2007, un CA colossal de près de 380 milliards de dollars et un résultat net de plus de 12 milliards, avec 2 millions de salariés (tous ces indicateurs ont doublé dans les huit dernières années). Le numéro deux du secteur est Carrefour, environ 3,5 fois plus « petite » que Wal-Mart. On trouve ensuite le Britannique Tesco et l'allemand Metro. À côté de ces puissants distributeurs, se placent les chaînes internationales de restauration privée (Mc Donalds) et collective (le Français Sodexo, *leader* mondial des services alimentaires et son *challenger* l'Anglais Compass). Les entreprises de la grande distribution et de la restauration possèdent des dizaines de milliers de points de vente dans le monde entier qui contribuent à l'uniformisation de la consommation et du style de vie évoqués ci-dessus. Ces firmes pèsent en outre sur les filières de production par leur puissance d'achat, renforcée par des super-centrales et des plateformes électroniques de marché communes. Leur essor très rapide depuis le milieu des années 1990 dans les pays en développement est le premier facteur de la mondialisation du système alimentaire.

Au total, le système alimentaire mondial est dominé par une quarantaine de très grandes firmes multinationales (cf. en fin de chapitre le tableau 5.64) appartenant à deux exceptions près au *club* des 500 premières entreprises industrielles et de services. Comme le montre le tableau 5.62, ces firmes se répartissent de façon à peu près équilibrée en nombre entre l'agrofourniture, l'industrie agroalimentaire et la distribution/restauration. Leurs profits, de l'ordre de 40 à 60 milliards de $ par an, sont largement supérieurs aux valeurs ajoutées de l'ensemble des filières agroalimentaires dans de nombreux pays de la planète (en France, au Brésil et en Chine, la valeur ajoutée de l'IAA se situe entre 35 et 45 milliards de dollars)[143]. Les marges globales constituent le levier stratégique de ces firmes. Leur importance et leur croissance confèrent à cet oligopole la maîtrise progressive du système alimentaire marchand dans tous les pays où il est présent.

Tableau 5.62. L'oligopole dominant du système alimentaire mondial en 2007.

Nombre d'entre-prises	Sous-secteur	Chiffres d'affaires cumulés (milliards US $)	Part de marché mondiale (%)	Résultats nets cumulés (milliards US $)	Résultats nets / CA (%)
11	Agro-fourniture	372	50	59	16
15	Industrie agro-alimentaire	567	19	49	9
14	Distribution et restauration	999	20	34	3
40	Total	1 938		142	7

Source : nos calculs sur données CNN, 2008, Fortune Global 500 and 1000, n° du 21 juillet 2008 et base de données Agrodata, UMR Moisa, Montpellier, (Rastoin, 2008).

La stratégie et les choix de l'oligopole alimentaire restent influencés par les pays d'origine des groupes et confirme la suprématie anglo-américaine, avec 15 firmes sur 40 pour les États-Unis, 9 pour le Royaume-Uni, 1 pour le Canada et, dans une moindre mesure, européenne continentale (7 entreprises allemandes, 4 françaises, 2 belges et 2 helvétiques). Cependant, deux phénomènes récents vont modifier cette géographie : la montée des fonds d'investissements (surtout anglo-américains, arabes et asiatiques), et la constitution de multinationales en Chine, Inde, Argentine, Brésil, Mexique (Rastoin, 2008).

Objectifs des firmes multinationales

Les stratégies des firmes dépendent aujourd'hui de deux forces doublement contradictoires, d'une part les objectifs des propriétaires-actionnaires (*shareholders*),

---

143. On trouvera en annexe la liste des 40 firmes analysées et leurs caractéristiques financières basiques.

d'autre part ceux des parties-prenantes (*stakeholders*), c'est-à-dire les salariés des entreprises, les clients, la société civile et les pouvoirs publics (Pérez, 2003).

Pour les actionnaires, il s'agit de maximiser le retour sur investissement à court terme et la plus-value de l'action à moyen ou long terme. Les temps sont différents selon le type d'actionnaires ; quelques mois pour les fonds d'investissement spéculatifs, quelques années pour les familles fondatrices ou les investisseurs individuels. On observe de plus en plus une opposition stratégique entre ces deux catégories d'actionnaires. Mais la mise sur le marché financier d'une fraction croissante du capital des entreprises conduit à une forte progression de la recherche d'une rentabilité maximum à court terme. Cette évolution pose de redoutables problèmes dans le système alimentaire, qui assure une fonction vitale dans l'économie, et dont la satisfaction s'inscrit dans la durée et la stabilité. C'est une facette de la sécurité alimentaire dont on parle peu.

Les objectifs des *stakeholders* sont différents de ceux des actionnaires et peu convergents entre eux, même si on peut les inscrire dans le cadre général du développement durable (équité, respect de l'environnement, compétitivité et gouvernance participative). Les salariés souhaitent améliorer leurs conditions de travail et leur rémunération. Or, dans l'ensemble du système alimentaire, on observe un creusement abyssal entre les gains des plus hauts dirigeants et celui des autres catégories de personnel. Toutefois, l'analyse montre que le niveau moyen des salaires et le cadre matériel du travail est meilleur dans les très grandes firmes que dans les entreprises de plus faible taille. Les clients attendent le meilleur rapport qualité/prix, or ils sont confrontés à de vives hausses de prix depuis deux ans. Les consommateurs aussi sont de plus en plus sensibles à la qualité sanitaire des produits, à leur mode de fabrication, à leur origine (traçabilité). La société civile (associations, citoyens) se montre préoccupée par les mêmes questions et par celle de la gouvernance et dénonce une faible transparence et une hégémonie de la part des grandes firmes. Les gouvernements louvoient entre des objectifs économiques qui les rapprochent de celles-ci et les autres objectifs du développement durable qui les en éloignent. Cependant, les nombreux et puissants *lobbies* à l'œuvre dans le système alimentaire ralentissent les décisions ou les font pencher vers les plus forts [144]. Finalement, le pilotage des filières est exercé de façon croissante à travers un *leadership* des multinationales, soit directement par leur potentiel de production et de vente, soit à travers le contrôle de dispositifs institutionnels privés ou publics (instances professionnelles, création de normes) (Rastoin, 2008).

Ressources stratégiques des firmes multinationales

Les firmes mobilisent trois sortes de ressources stratégiques : le portefeuille de produits, la localisation des activités, l'organisation et le management (Rastoin, 1998).

Le portefeuille de produits des multinationales tend à se simplifier (recentrage sur le métier) et à se sophistiquer (différenciation matérielle ou symbolique). Le

---

144. En témoigne le dossier de l'étiquetage des produits alimentaires, enlisé à Bruxelles depuis des années.

mouvement de recentrage des actifs des firmes sur un petit nombre de secteurs, imposé par les exigences de rentabilité des actionnaires, concerne l'ensemble du système alimentaire. En amont, les entreprises de la chimie se spécialisent selon les compétences requises et les marchés, en trois catégories : semenciers, désormais très liés aux biotechnologies (ex. Monsanto, Adventis, Limagrain, Sakata), la santé végétale et animale, relevant de la chimie fine (ex. Syngenta, Bayer), les engrais rattachés à la chimie lourde. Il existe encore une incertitude sur la future configuration des firmes de l'agrofourniture (intégration entre biotechnologie et chimie fine ou séparation ?). Dans l'agroalimentaire, on est passé des conglomérats des années 1970 à une spécialisation sur un petit nombre de branches : Danone s'est délesté de la bière, de la confiserie et des pâtes, puis des biscuits, pour se concentrer sur les produits laitiers ultra-frais et l'eau embouteillée. Une autre évolution se dessine avec une spécialisation de certaines firmes dans la fabrication de produits de base peu différenciés et d'autres dans l'assemblage de produits sophistiqués et le *marketing*. Les *leaders* (Nestlé, Kraft, Danone, Unilever) sont dans cette deuxième orientation. Ces multinationales axent désormais leurs stratégies-produits sur l'argument santé/forme et développent en conséquence des produits à connotation prophylactique (en intégrant des probiotiques, omega 3, etc.), que nous qualifions de « médicalisation des aliments ».

Simultanément, les firmes agroalimentaires qui ont une très forte expertise *marketing* sont à l'affût des arguments séduisant le consommateur. Après les crises alimentaires du milieu des années 1990, elles se sont emparées du concept de terroir, suivant l'exemple de la grande distribution[145]. Les thèmes des produits biologiques ou du commerce équitable sont mobilisés aussi par les services *marketing*. L'intensité de la communication publicitaire dans les médias (22 milliards de dollars dépensés en 2006 par les plus grandes entreprises du secteur) ou sur les emballages est exacerbée par l'environnement concurrentiel et pose des questions quand le niveau d'incitation peut perturber les choix des consommateurs.

Le deuxième levier stratégique des entreprises est la décision de localisation. Les 100 premiers groupes mondiaux de l'agroalimentaire sont présents à travers près de 8 000 filiales étrangères dans environ 120 pays (Ayadi *et al.*, 2006). Leur géostratégie a toujours été d'anticiper ou d'accompagner la hausse du pouvoir d'achat dans les pays d'implantation, dès lors que la population concernée atteint une taille suffisante. En effet, les entreprises interviennent surtout sur des marchés démographiques solvables. Le pays d'implantation des filiales de fabrication doit apporter un avantage comparatif en termes de coût des ressources et d'infrastructures. Ces deux considérations, associées à la stagnation de la demande alimentaire dans les pays à hauts revenus d'où les multinationales sont originaires expliquent les deux vagues d'investissement récentes : Europe centrale et orientale, Asie. La question la plus redoutable est ici celle de la délocalisation des unités industrielles en fonction des avantages concurrentiels, qui peut souvent entraîner celle des bassins d'approvisionnement agricole. On le voit bien à l'échelle de l'Europe avec la concentration des usines dans la plupart des secteurs (sucre, lait, viande, fruits et légumes) qui marginalisent certaines zones de production de matières premières.

---

145. Carrefour, par exemple, a développé une marque de distribution, Reflets de France, évoquant ce concept.

Dernier instrument stratégique utilisé, l'organisation et le type de management. Depuis quelques années, un phénomène nouveau se développe, la répartition à travers le monde, selon les critères coûts/avantages, des activités fonctionnelles des grandes firmes, c'est-à-dire des services de recherche, de gestion des ressources humaines, d'informatique et de finance. Les sièges sociaux maigrissent, les tâches sont éclatées dans le monde. La concentration des informations stratégiques au sommet permet le pilotage de dizaines de milliers de salariés présents sur différents sites. Nous sommes donc bien en présence, dans le système alimentaire, comme dans la plupart des autres secteurs économiques, de firmes globales (Rastoin *et al.*, 1998).

Finalement, on observe un processus cumulatif, voire exponentiel, de constitution d'un énorme pouvoir de marché entre les mains des multinationales. Ce pouvoir, qui relève de la sphère privée, est souvent comparable sinon supérieur à celui des institutions publiques. Cette gouvernance mixte est très performante en termes de création de valeur économique globale (dont une des manifestations est la croissance des chiffres d'affaires sectoriels), mais induit d'énormes disparités au sein des firmes elles-mêmes, entre *stakeholders*, entre grandes et petites entreprises, entre régions d'un pays et entre pays. Surtout, elle ne parvient pas à juguler le fléau de la faim et des carences alimentaires et elle est source de redoutables maladies qui prennent l'allure de pandémies (obésité, diabète, maladies cardio-vasculaires, cancers) (Rastoin, 2008).

Fondements théoriques de l'IDE

Comme nous l'avons indiqué ci-dessus, les théories explicatives de l'IDE empruntent aux sciences économiques (économie industrielle, économie internationale et économie du développement) et aux sciences de gestion (analyse stratégique). Les déterminants de l'IDE ont été abondamment étudiés dans la littérature économique (notamment Hymer, Caves, Vernon, Graham et Krugman, Dunning : cf. recension *In* : Lindert and Pugel, 1996). On distingue les facteurs de politique économique (notamment fiscalité, concurrence), le climat des affaires (promotion des investissements, corruption, efficacité de l'administration, organisation de la profession), les ressources locales (infrastructures, main-d'œuvre, matières premières, etc.) et les stratégies de firmes.

La théorie du cycle du produit énoncée au milieu des années 1960 (Vernon, 1966) précise les raisons de l'internationalisation des activités des firmes : lorsque la croissance sur le marché national est insuffisante pour rentabiliser les actifs, l'exportation permet de prendre le relais et, dans un troisième temps, la production des firmes à l'étranger par le biais de filiales locales se substitue aux exportations.

Nous avons vu plus haut que l'agriculture et surtout l'agroalimentaire se trouvaient encore dans une phase de croissance soutenue des exportations. Les exportations nécessitent des moyens techniques, financiers et manageriels relativement importants. C'est pourquoi, l'essentiel des ventes à l'étranger est réalisé par des entreprises moyennes à grandes : ainsi en France, le taux d'exportation de l'IA était, en 2001, de 9,4 % du chiffre d'affaires pour les entreprises de 20 à 49 salariés et de 20,5 % au-dessus de 500 salariés. Les entreprises de plus de 100 salariés réalisent au total plus de 90 % des exportations alimentaires totales. En vision prospective, on doit signaler que les progrès des télécommunications en réseau du type Internet, abaissant les coûts et améliorant la couverture du marché, donnent de nouveaux atouts aux petites entreprises disposant de produits de qualité, à l'exportation. Cependant, les volumes resteront faibles pour ce type d'entreprises.

Les spécificités locales (fonctionnement du marché, relations avec les distributeurs) peuvent justifier une implantation à l'étranger par une filiale commerciale d'importation dans un premier temps puis de production, surtout si des barrières à l'entrée viennent limiter les courants d'affaires.

Le professeur John Dunning, de l'université de Reading, créateur du *Center for International Business* et qui a inspiré et accompagné le développement des travaux de la Cnuced sur l'IDE a précisé les 3 conditions nécessaires pour inciter une entreprise à réaliser un IDE, à travers le paradigme OLI. O pour *Ownership advantages*, c'est-à-dire les avantages procurés par la possession d'actifs spécifiques (actifs immatériels tels que le savoir-faire technique ou commercial) ; L pour *Locationnal considérations,* correspond aux avantages comparatifs du pays d'accueil du type économies sur les coûts de production, de transport ou d'accès (droits de douanes, réglementations, etc.), I pour *Internalization advantages* qui renvoie à l'intérêt de réaliser au sein de la firme certaines opérations devenues plus coûteuses sur le marché (exemple fabriquer soi-même les produits intermédiaires plutôt que les acheter)[146]. Selon Dunning, le choix de l'investissement direct à l'étranger aura lieu si l'entreprise peut bénéficier simultanément des trois facteurs OLI. Dans le cas où l'un ou deux des trois éléments ferait défaut, une autre formule que l'implantation productive serait retenue (tableau 5.63). Par exemple, si O et I existent, mais pas L, la firme passera un accord avec un importateur (Dunning 1981 et 1993).

Tableau 5.63. Choix stratégiques des entreprises selon le paradigme OLI.

O	L	I	Formule d'implantation à l'étranger
x			Licence de fabrication
x		x	Exportation
x	x	x	IDE dans la production locale

Source : d'après Dunning, 1977.

La théorie de Dunning, conçue pour expliquer les facteurs d'implantation à l'étranger a des prolongements en matière d'implications managériales, de gestion de filières ou de politique publique puisqu'elle suggère des instruments de facilitation ou de dissuasion de l'IDE. La firme influencera le facteur O par son chiffre d'affaires (taille critique pour assurer les financements de l'internationalisation), ses investissements en R&D (innovation). Elle bénéficiera du facteur L par son aptitude à bien connaître les marchés internationaux et à saisir les opportunités d'implantation, et du facteur I par sa capacité à modifier son organisation en intégrant ou en sous-traitant certains éléments de son activité. La gestion de la filière interviendra sur les trois variables,

---

146. Cet élément I s'appuie sur la théorie des coûts de transaction de Coase et Williamson (Williamson, 1994).

par exemple sur O, par une politique de qualité tant au niveau des produits que des processus de fabrication (définition de normes sectorielles), sur L par un accès coordonné aux biens et services intermédiaires en fonction de leur localisation dans le monde (plate-forme de marché), et sur I par un *lobbying* en vue de modifier les coûts de transaction spécifiques à la filière (par exemple bureau juridique commun). Les gouvernements pourront favoriser l'avantage spécifique (politique de protection des innovations, dépenses R/D, marchés publics), l'avantage à l'internalisation (taxations, mesures modifiant les coûts de transaction) ou la localisation (aides aux IDE à travers la fiscalité, créations de zone franche).

D'autres auteurs (Veugelers, 1991, Ning et Reed, 1995), à partir d'études empiriques réalisées dans le secteur des aliments, insistent sur les facteurs culturels (meilleure perception des clients) ou politiques (création de zones de libre-échange) comme stimulants de l'IDE. C'est pourquoi on parle de théorie *éclectique* (ou multifactorielle) de l'IDE.

Les leviers sur lesquels il est possible de peser pour améliorer l'attractivité des pays sont donc multiples, à la fois macro-économiques, micro-économiques, techniques, juridiques et culturels. On constate que les codes d'investissements sont revus dans une grande majorité de pays pour augmenter cette attractivité. Il y a donc bien au niveau mondial, une dynamique d'ouverture, augmentant la concurrence pour l'accès aux capitaux. Dans ce contexte, il est indispensable que les États dans le cadre de leur politique économique veillent à dégager des externalités positives de l'IDE, notamment par le renforcement des capacités d'apprentissage de l'industrie locale (Laborde *et al.*, 2007). Par ailleurs, le domaine de l'IDE, comme celui du commerce international appelle à l'évidence une coordination, voire une régulation internationale en vue de limiter les dégâts causés par la volatilité des échanges et les distorsions concurrentielles internationales.

▸▸ Conclusion

L'examen des statistiques des échanges internationaux de marchandises, de services et de capitaux montre à l'évidence que nous sommes entrés, au début des années 1990, dans une seconde phase de mondialisation qui a pris, depuis l'entrée dans le nouveau millénaire, des allures exponentielles.

Il apparaît à l'analyse que l'un des leviers les plus puissants de la mondialisation dans l'alimentaire a été la dynamique des marchés. On a assisté en effet à la convergence de deux courants : d'une part, les modèles de consommation s'universalisent du fait de la circulation des hommes (grandes migrations professionnelles et touristiques) et surtout des informations (*mass media*), d'autre part, les firmes sont en mesure, grâce aux progrès de la production de masse, des transports (export) et à l'IDE (production locale) de diffuser de plus en plus largement leurs produits. La diffusion du modèle de consommation occidental dans les pays à forte démographie et à croissance économique soutenue a probablement constitué depuis la fin de la seconde guerre mondiale le facteur essentiel de la mondialisation de l'agroalimentaire. Elle s'est manifestée par la conquête de nouveaux territoires à l'Est et au Sud, à partir des bases constituées par les grands pôles de la Triade dont les marchés alimentaires sont saturés. Toutefois, les facteurs « hors marché » tels que la recherche d'une meilleure santé ou le respect de l'environnement et des valeurs éthiques (même s'ils sont en partie récupérés par le monde marchand), devraient peser d'un poids croissant à l'avenir.

En effet, la nourriture n'étant pas une marchandise comme une autre, on peut (et on doit) s'interroger sur la faisabilité et les conséquences d'une généralisation du modèle agro-industriel tertiarisé à l'ensemble de la planète, dans la double perspective d'une augmentation de la population mondiale de 50 % à l'horizon 2050 et des contraintes issues du développement durable. À côté de ce modèle basé sur l'envergure, la prospective incite à imaginer un scénario alternatif fondé sur la proximité.

▸▸ Annexe

Tableau 5.64. Le système alimentaire mondial et ses 40 *leaders,* 2007.

Rang SA*	Rang global	Entreprises	Chiffres d'affaires (CA, Mds US $)	Résulats nets (RN, Mds US $)	Ratio RN/CA (%)
1	73	BASF	79,3	5,6	7
2	128	Dow Chemical	53,5	2,9	5
3	155	Bayer	44,7	6,4	14
4	181	Novartis	39,8	11,9	30
5	227	Sabic	33,7	7,2	21
6	252	DuPont	30,7	3,0	10
7	265	AstraZeneca	29,6	5,6	19
8	334	Deere	24,1	1,8	8
9	455	Akzo Nobel	18,5	12,8	69
10		Syngenta	9,2	1,1	12
11	-	Monsanto	8,6	1,0	12
11		Chimie et pharmacie	371,6	59,3	16
1	1	Wal-Mart Stores	378,8	12,7	3
2	33	Carrefour	115,6	3,1	3
3	51	Tesco	94,7	4,3	4
4	56	Metro	90,3	1,1	1
5	137	Royal Ahold	50,7	4,0	8
6	139	Groupe Auchan	50,5	1,3	3
7	164	Safeway	42,3	0,9	2
8	217	Sysco	35,0	1,0	3
9	254	George Weston	30,6	0,5	2
10	306	Delhaize Group	26,1	0,6	2
11	359	McDonald's	23,2	2,4	10

Rang SA*	Rang global	Entreprises	Chiffres d'affaires (CA, Mds US $)	Résulats nets (RN, Mds US $)	Ratio RN/CA (%)
12	365	Edeka Zentrale	22,9	0,3	1
13	401	Compass Group	21,0	1,0	5
14	473	Sodexo	17,7	0,5	3
14		Distribution, restauration	999,4	33,7	3
1	57	Nestlé	89,6	8,9	10
2	58	Cargill	88,3	3,0	3
3	122	Unilever	55,0	5,3	10
4	158	Archer Daniels Midland	44,0	2,2	5
5	184	PepsiCo	39,5	5,7	14
6	191	Bunge	37,8	0,8	2
7	195	Kraft Foods	37,2	2,6	7
8	275	Coca-Cola	28,9	6,0	21
9	298	Tyson Foods	26,9	0,3	1
10		Mars	25,0	2,5	10
11	403	Coca-Cola entreprises	20,9	0,7	3
12	423	Groupe Danone	20,1	5,7	28
13	431	Inbev	19,8	3,0	15
14	491	Heineken Holding	17,2	0,6	3
15	493	SABMiller	17,1	2,0	12
15		Industrie agroalimentaire	567,3	49,2	9
40		Total	1 938,2	142,2	7

SA : système alimentaire
Source : nos calculs, données CNN, 2008, Fortune Global 500 and 1000, 2008 ; UMR Moisa, 2008, Base de données Agrodata.

▶▶ Références bibliographiques

ABBOTT P.C., HURT C., TYNER W.E., 2008. *What's Driving Food Prices?*, Issue report, Farm Foudation, Oak Brook : 80 p.

ANDERSON J.E., 1979. A Theoritical Fundation of the Gravity Equation, *American Economic Review*, 69(1) : 106-116.

ANDERSON J.E., WINCOOP E. VAN, 2003. Gravity with Gravitas : A Solution to the Border Puzzle, *American Economic Review*, 93(1) : 170-192.

AOKI M., 2001. *Toward a Comparative Institutional Analysis*, MIT Press, Boston.

AYADI N., RASTOIN J.L., TOZANLI S., 2006. *Les opérations de restructuration des firmes agro-alimentaires multinationales entre 1997 et 2003*, Working Paper, UMR Moisa n° 6-2006, Montpellier : 52 p.

BAIROCH P., 1997. *Victoires et déboires : histoire économique et sociale du monde du xvie siècle à nos jours* (3 volumes), Gallimard, Paris.

Balassa B., 1965. Trade liberalization and revealed comparative advantage, *The Manchester School of Economic and Social Sudies*, n° 33, may.

Baltic Exchange Information Service Ltd (The), 2009. London <http://www.balticexchange.com/default.asp?action=article&ID=40>.

Banque mondiale, 2007. *Rapport 2008 sur le développement dans le monde, L'agriculture au service du développement*, Washington : 394 p.

Banque mondiale, 2009. WDI Database, Washington <http://databank.worldbank.org/ddp/home.do?step=12&id=4&CNO=2>.

Barney J.B. Firms Resources and Sustained Competitive Advantage, *Journal of Management*, 17-1 : 99-120.

Baumol W., 1957. Speculation, Profitability ans Stability, *Review of Economics and Statistics*, Vol. XXXIX, August.

Beaumarchais P.A.C. de, 1775. *Le barbier de Séville, ou, La précaution inutile*, I, VI, Classiques Hachette, 1994.

Berger S., 2003. *Notre première mondialisation – Leçons d'un échec oublié*, Seuil – La République des idées, Paris : 96 p.

Berger S., 2005. *How we comptete, What Companies around the World are Doing to Make it in Today's Global,* Doubleday Broadway, Random House, Inc. ; Trad. française : Berger S., 2006, *Made in Monde*, Seuil, Paris.

Berthelot J., 2008. *Démêler le vrai du faux dans la flambée des prix agricoles mondiaux*, Solidarité, <http://solidarite.asso.fr/IMG/pdf/Demelerlevraidufauxdanslaflambeedesprixagricolesmondiaux.pdf>.

Besson E., 2008. *Formation des prix alimentaires*, Premier ministre, Secrétariat d'État chargé de la prospective, de l'évaluation des politiques publiques et de l'économie numérique, Paris, 58 p.

BNB, Banque nationale de Belgique, 2008. Évolution des niveaux des prix des produits alimentaires transformés, *Revue économique*, édition spéciale.

Bonnet C., Caprice C., Dubois P., 2006. Les relations entre producteurs et distributeurs, une analyse économique et économétrique de mécanismes inflationnistes sur les prix de détail, Inra Sciences Sociales, *Recherches en économie et sociologie rurales*, n° 5-6, novembre.

Bouët A., Laborde D., 2008. The Potential Cost of a Failed Doha Round, *IFPRI Issue Brief*, 56, Washington.

Bouët A., Bureau J.C., Decreux Y., 2004. *Multilatéral agriculture trade liberalization : contrasting fortunes of developing countries in the Doha Round*, Working paper 2004-18, Cepii, Paris, 85p.

Bouët A., Dhon-Peltrault E., 2000. Comment mesurer la protection commerciale ?, *Lettre du CEPII*, 195, Paris.

Bourdieu P., 1980. Le capital social. Notes provisoires, *Actes de la recherche en sciences sociales*, 31, Paris : 2-3.

Bourguignat H., 1987. *Les Vertiges de la finance internationale*, Économica, Paris, 136 p.

Boussard J.M., Gérard F., Piketty M.G., 2005. *Libéraliser l'agriculture mondiale ? Théories, modèles et réalités*, Cirad, Quae, 136 p.

Braun J. von, Ahmed A., Asenso-K., Fan S., Gulati A., Hoddinot J., Pandya-Lorch R., Rosegrant M.W., Ruel M., Torero M., Rheenen T. van, Grebner K. von, 2008. High Food Prices : The What, Who and How of Proposed Policy Actions, *Policy Brief*, IFPRI, Washington.

Buchanan J.M., Tullock G., 1962. *The Calculus of Consent, Logical Foundations of Constitutional Democraty*, Liberty Fund Inc., Indianapolis.

Bureau J.C., Sébastien J., Matthews A., 2005. The Consequences of Agricultural Trade Liberalization for Developping Countries ; Distinguishing Between Genuine Benefits and False Hope, *Working Paper CEPII*, 2005-13, Paris.

Butault J.P., 2007. *Les soutiens à l'agriculture*, Éditions Quae, Paris, 316 p.

CBOT, 2008. *Exchange Volume Report*, Chicago.

Chevassus E., Gallezot J., Galliano D., 2004. External versus Internal market of the Multinaltional Enterprise : Intra-Firm Trade in the French Multinational Agribusiness, in *Multinational Agribusiness*. (R. Rama ed.), The Haworth Press.

Cnuced, 2009. Statistiques de prix des produits de base, Genève <http://stats.unctad.org/cpb/ReportFolders/ReportFolders.aspx?CS_referer=&CS_ChosenLang=fr>.

COE-REXECODE, 2000. Indicateurs de tendances à long terme, Cours des matières premières en dollars constants, *Archives*.

Cohen D., 1999. *Nos Temps modernes*, Flammarion, Paris ; 160 p.

Cohen D., 2008. Une perversion du capitalisme traditionnel, *Le Monde 2*, 214, Paris, 26-40.

Corden W.M., 1996. The Structure of Tariff System and the Effective Protection Rate, *Journal of Political Economy*, 74(3), 221-237.

Crozet Y., Abdelmaki L., Dufourt D., Sandretto R., 1997. *Les grandes questions de l'économie internationale*, Nathan, Paris, 450 p.

De Mela J., Grether J.M., 1997. *Commerce international*, De Boeck.

Deblock C., 2002. Les nouveaux accords commerciaux régionaux, le nouveau régionalisme et l'OMC, *Cahiers de recherche du CEIM*, Université du Québec à Montréal.

Deblock C., Regnault H., 2006. *Nord-Sud, reconnexion périphérique*, Outremont, CEIM, Athéna Éditions, Montréal, 308 p.

Declerck F., Portier M., 2007. *Comment utiliser les marchés à terme agricoles et alimentaires*, Éditions La France Agricole et Educagri, Paris, 272 p.

Decreux Y., Fontagné L. A Quantitative Assessment of the Outcome of the Doha Development Agenda, *Working Paper*, n° 2006-10, CEPII, Paris, 45 p.

Deleuze G., 2003. *Pourparlers*, éd. de Minuit.

Dunning J.H., 1981. *International Production and the Multinational Enterprise*, Allen & Unwin.

Dunning J.H., 1993. *Multinational Enterprises and the Global Economy, Addison-Wesley, Reading economy*, Doubleday.

Emlinger C., 2008. *Accords euroméditerranéens et libéralisation des échanges agricoles : quel accès au marché européen pour les fruits et légumes des pays méditerranéens ?*, Thèse de doctorat en sciences économiques, Montpellier SupAgro, Montpellier.

EUROSTAT, 2002. *European Union Foreign Direct Investment Yearbook*, Luxembourg, 136 p. + CD.

FAC, Financement Agricole Canada, 2008. *Rapport sur la valeur vénale des terres*, Ottawa.

Falconer C., 2008. *Projet de modalités concernant l'agriculture*, TN/AG/W/4/Rev.4 (08-6017), Comité de l'agriculture, Session extraordinaire, OMC, Genève.

FAO, 2008a. *La flambée des prix des denrées alimentaires : Faits, perspectives, effets et actions requises, Conférence de haut niveau sur la sécurité alimentaire mondiale : Les défis du changement climatique et des bioénergies*, HLC/08/INF/1, Rome.

FAO, 2008b. *Perspectives de l'alimentation, Analyse des marchés mondiaux*, Rome.

FAO/OAA, 2008, 2009. *Faostat*, Division de la statistique.

Fontagné L., Laborde D., L'OMC, 2006. Le sens de la formule, *La Lettre du CEPII*, 253, Paris.

Fontagné L., Laborde D., Mitaritonna C., 2007. Accord à l'OMC : un « tiens » vaut mieux que deux « tu l'auras », *La Lettre du CEPII*, 263, Paris.

Gardner B.L., 1975. The Farm-retail Spread in a Competitive Food Industry, *American Journal of Agricultural Economics*, 57, 399-409.

Genre V., Pouch Th., 1997. L'économie française, puissance industrielle ou puissance agricole ?, *Chambres d'Agriculture*, 852, Paris, 1-4.

Gérard F., Dorin B., Bélière J.F., Diarra A., Keita S.M., Dury S., 2008. Flambée des prix alimentaires internationaux : opportunité ou désastre pour les populations les plus pauvres, *Working Paper* n° 8-2008, UMR Moisa, Montpellier.

Gervais J.P., Lambert R., 2008. La transmission des prix dans les filières agroalimentaires, *BioClips*, vol. 11, n° 1, Québec.

Giraud P.N., 1989. *L'Économie mondiale des matières premières*, La Découverte, collection *Repères*, Paris, 126 p.

Goodwin B., Holt M., 1999. Price Transmission and Asymmetric Adjustment in the US Beef Sector, *American Journal of Agricultural Economics*, 81(2), 630-637.

GOUEL C., RAMON M.P., 2008. L'ouverture agricole américaine et européenne : un enjeu pour le Sud ?, *La lettre du CEPII*, 277, Paris.

GUYOT L., 2008. Les marchés des matières premières : Évolution récente des prix et conséquences sur la conjoncture économique et sociale, *Avis et Rapports du Conseil Economique, Social et Environnemental*, 33, Edition des Journaux officiels, Paris.

HAMEL G., PRAHALAD C.K., 1990. The Core Competence of the Corporation, *Harvard Business Review*, Boston, 79-91.

HEAD K., MAYER T., 2004. Market Potential and the Location of Japanese Investment in the Europeans Union – *The Review of Economics and Statistics*, 86(4), MIT Press, 959-972.

HELPMAN E., 1984. *Simple Theory of International Trade with Multinational Corporations*, 92, 451-471.

HELPMAN E., MELITZ M., YEAPLE S., 2004. Export versus FDI with Heterogeneous Firms, *American Economic Review*, 94(1), 300-316.

HENDERSON D.R., HANDY C.R., NEFF S.A., EDS, 199). Globalization of the Processed Foods Market, USDA, ERS, *Agricultural Economic Report*, Nr 742, Washington, DC, 217 p.

HOTTELING H., 1929. Stability in Competition, *Economic Journal*, 39, 41-57.

IMF, 2008. *Global Financial Stability Report*, Washington.

JOSPIN L., MORIN F., 2008. Faire face à la déraison financière, *Le Monde*, 6 novembre, Paris.

KADER A. A., 2005. Increasing food availability by reducing postharvest losses of fresh produce. Proceedings of the 5th International Postharvest, Symposium, Mencarelli, F. and Tonutti P., (eds.), *Acta Horticulturae*, ISHS.

KALDOR N., 1939. Speculation and Economic Activity, *Review of Economic Studies*, VII, 1-27.

KINDELBERGER C.P., 1978. *Manias, Panics and Crashes : A History of Financial Crisis*, John Wiley and Sons, New York.

KINNUCAN T., FORKER O.D., 1987. Asymetry in Farm-Retail Price Transmission for Major Dairy Products, *American Journal of Agricultural Economics*, 69, 285-292.

KROLL J.C., 2009. La politique agricole commune vidée de son contenu, *Le Monde diplomatique*, 658, Paris.

KRUGMAN P., 1991. Incrasing returns and economic geography, *Journal of Political Economy*, 99(3), 483-499.

KRUGMAN P., 1996. How the Economy Organizes Itself in Space : A Survey of the New Economic Geography, Working Papers 96-04-021, Santa Fe Institute.

KRUGMAN P., OBSTFELD M., 2003. *Économie internationale*, De Boeck.

LABORDE D., FONTAGNÉ L., 2006. Doha : pas de formule miracle, *La Lettre du CEPII*, 257, Paris.

LASSUDRIE-DUCHÊNE B., ÜNAL-KESENCI D., 2001. L'avantage comparatif, notion fondamentale et controversée, in Cepii, *L'économie mondiale 2002*, La Découverte, collection Repères, Paris.

LATOUR B., WEIBEL P., 2005. *Making Things Public, Atmospheres of Democracy*, MIT Press, Boston and ZKM Karlsruhe.

LEMOINE M., MADIÈS P., MADIÈS T., 2007. *Les grandes questions d'économie et de finance internationales, Décoder l'actualité*, De Boeck Université, Bruxelles, 472 p.

LEVITT., 1983. The Globalization of Markets, *Harvard Business Review*, May-June 1983.

LINDERT P.H., PUGEL T.A, 1996. *International Economics*, International edition, Richard D. Irwin, Burr Ridge, Ill.

MADISON A., 2007. *Contours of the world economy 1-2030 AD, Essays in Macroeconomic History*, Oxford University Press.

MARKUNSEN J.R., VENABLES A., The Theory of Indowment, Intra-Industry and Multi-National Trade, *Journal of International Economics*, 52, 209-234.

MAYER T., MUCCHIELLI J.L., 2005. *Économie internationale*, Dalloz, Hypercours.

MC LUHAN H.B., 1967. *War and Peace in the global Village*, Bantam Books, New York.

MITCHELL D., 2008. A Note on Rising Food Prices, *Policy Research Working Paper*, 4682, The World Bank Development Prospects Group, World Bank, Washington, 21 p.

NELLEMANN C., MACDEVETTE M., MANDERS T., EICHOUT B., SVIHUS B., GERDIEN PRINS A., KALTEN-BORN B., 2009. *The Environnemental Food Crisis, The Environnment's Rôle in Averting Food Crisis*, A UNEP Rapid Response Assessment, United Nations Environment Programme, GRID-Arendal, New York, 104 p.

NEVEU A., 2008. Quelle est la véritable nature de la crise agricole et alimentaire actuelle ?, *Note de conjoncture*, Académie d'Agriculture de France, Paris.

NORDHAUS W., 1975. The political Business Cycle, *Review of Economic Studies*, 42, 69-90.

NYSE, EURONEXT, 2009. <http://www.euronext.com/landing/landingGeneral-12600-FR.html, 26 janvier 2009>.

OCDE, FAO, 2008. *Perspectives agricoles de l'OCDE et de la FAO 2008-2017*, Paris.

OCDE, 2002a. *Mesure du soutien à l'agriculture et méthode d'évaluation des politiques*, Paris, 33 p.

OCDE, 2002b. Echanges intra-branche et intra-groupe et internationalisation de la production, *Perspectives économiques de l'OCDE*, 71, Paris.

OCDE, 2008a. *Définition de référence de l'OCDE des investissements directs internationaux*, 4ᵉ édition, Division de l'investissement, OCDE, Paris, 262 p.

OCDE, 1989 à 1998. *Statistiques du commerce international* par produit, Édition DVD-ROM, CTCI Révision 2, CTCI Révision 3 et système harmonisé 96, OCDE, Paris.

OECD/FAO, 2008. Perspectives agricoles de l'OCDE et de la FAO 2008. OECD Publishing, http://dx.doi.org/10.1787/agr_outlook-2008-fr.

OECD, 2008. *A Note on the Rôle of Investment Capital in the US Agricultural Future Markets and the Possible Effect on Cash Price*, Document TAD/CA/APM/CFS/MD(2008)6.

OECD, 2008, 2009. *Producer Support Estimate and Consumer Support Estimate Database*, <http://www/oecd.org/document/59/0,3343,en_2649_33797_39551355_1_1_1_37401,00.html>.

OECD, 2009. International Direct Investment Statistics, Paris <http://www.oecdilibrary.org/oecd/content/data/data-00334-en>.

OECD, 2010. Foreign direct investment : flows by industry, OECD International Direct Investment Statistics (database).

OMAN C.P., 1996. The Policy Challenges of Globalisation and Regionalisation, *Development Centre Policy Brief,* 11, OECD, Paris.

OMC/WTO, 2007 à 2009. Statistics Database, <http://stat.wto.org/Home/WSDBHome.aspx?Language=E>.

OMHAE K., 1985. *Triad Power : The Coming Shape of Global Competition*, The Free Press.

OMHAE K., 1990. *The Bordeless World*, NY Harper & Row Publishers Inc.

ORLÉAN A., L'autoréférence dans la théorie keynésienne de la spéculation, *Cahiers d'économie politique*, 14-15, Paris, 229-242.

PADILLA M., LE BIHAN G., 1997. La dynamique internationale de la consommation alimentaire, in *Économies et Sociétés*, Développement agroalimentaire, Série, AG, 23, PUG, Grenoble, 91-26.

PÉREZ R., 2003. *La gouvernance de l'entreprise*, Repères, La Découverte, 130 p.

PINSTRUP-ANDERSEN P., PANDYA-LORCH R., 1998. Incertitudes et risques majeurs affectant l'offre et la demande alimentaire à long terme, in OCDE, *Se nourrir demain*, OCDE, Paris. 61-79.

PORTER M.E., 1990. The Competitive Advantage of Nations, The Free Press, Macmillan, New York. Trad. française : Porter M.E., 1993, L'avantage concurrentiel des nations, InterEditions, Paris. 883 p.

PUTMAN R., 1988. Diplomacy and Domestic Politics : the Logic of Two-level Games, *International Organisation*, 42, 427-460

RAINELLI, 2004. *L'OMC*, Repères, La Découverte, 2004, 130 p.

RASTOIN J.L., 1994. L'industrie alimentaire mondiale : vers un oligopole à franges, in Griffon M ; (dir.), Politiques agricoles dans les PVD, tome 2, n° spécial revue *Économie politique*, Paris, 113-127.

RASTOIN J.L., 1996. Le marché mondial de la banane : entre globalisation et fragmentation, *Économie rurale*, 234-235, Paris, 16-53.

RASTOIN J.L., 1998. Mondialisation et trajectoires stratégiques des entreprises agroalimentaires ?, *Purpan*, 186-187, Toulouse, 30-48.

RASTOIN J.L., 2008. Les multinationales dans le système alimentaire, *Projet*, 306, La-Plaine-St-Denis, 61-69.

RASTOIN J.L., AYADI N., MONTIGAUD J.C., 2006. Vulnérabilité régionale à l'ouverture commerciale internationale : le cas des fruits et légumes dans l'Euro-Méditerranée, in Deblock C., Regnault H., dir., 2006 *Nord-Sud, reconnexion périphérique*, Outremont, CEIM, Editions Athéna, Montréal, 275-301.

RASTOIN J.L., GHERSI G., 2000. La mondialisation des échanges agroalimentaires, in *Économies et Sociétés*, XXXIV(10-11), Série AG, 24, Paris, 161-186.

RASTOIN J.L., GHERSI G., PÉREZ R., TOZANLI S., 1998. *Structures, performances et stratégies des firmes agroalimentaires multinationales, Agrodata*, CIHEAM, ENSA, Montpellier, 450 p.

RASTOIN J.L., GHERSI G., JACQUET F., PADILLA M., TOZANLI S., 2004. Agro-food development and policies in the Mediterranean region, *Agri.Med, Annual Report CIHEAM*, Paris, 195-249.

RASTOIN J.L., TOZANLI S., 2006. Les mutations du secteur agroalimentaire dans les pays méditerranéens, Agroligne 46 et 47, Montpellier 5-9.

REICH R.B., 1991. *The Work of the Nations*, AA Knopf Inc., NY.

REVENGA A., 2008. Rising Food Prices : *Policy options and World Bank Response*, Development Committee meeting, The World Bank, Washington, 11 p.

SAHA B., MITURA V., 2008. Transmission des prix le long de la chaine d'approvisionnement en bœuf canadien et incidence de l'ESB, Document de recherche, *Statistique Canada*, n° 91, Ottawa, 41 p.

SAPIR J., 2008. Une décade prodigieuse, La crise financière entre temps court et temps long, *Revue de la régulation*, 3, Varia, 1-14.

SMIL V., 2000. *Feeding the World : A Challenge for the Twenty-First Century*. MIT Press, Cambridge, MA, USA.

SOYEUX A., 2010. La lutte contre le gaspillage alimentaire : quel rôle face aux défis alimentaires ?, *Futuribles*, 362, Paris, 57-67.

STIEGLER B., 2004. *De la misère symbolique, 1. L'époque hyperindustrielle*, éd. Galilée, Paris

TADDEI D., CORIAT B., 1993. *Made in France, l'industrie française dans la compétition mondiale*, Livre de Poche/biblio essais, Paris.

TINBERGEN J., BOS H.C., 1962. *Mathematical Models of Economic Growth*, Mc Graw Hill.

TROSTLE R., 2008. Global Agricultural Supply and Demand : Factors Contributing to the Recent Increase in Food Commodity Prices, *WRS-0801 Report*, Economic research Service, USDA, Washington.

UNCTAD, 2008. *Commodity Price Statistics*, <http://www.unctad.org/Templates/Page.asp?intItem ID=1889&lang=1, 25, janvier, 2009>.

UNCTAD, 2008. WIR, *World Investment Report, Transnational Corporations and the Infrastructures Challenge*, Geneva, 411 p.

UNCTAD, 2008, 2009, 2010. FDI Stats Database, <http://stats.unctad.org/fdi/ReportFolders/reportFolders.aspx>.

UNITED NATIONS COMMODITY TRADE STATISTICS DATABASE/UN COMTRADE, 2009. <http://comtrade.un.org/db/>.

USDA, NASS, 2009. Agricultural Land Value ans Cash rents, *Statistical Bulletin*, 1017, Washington, 15 p.

VENTOUR L., 2008. *The food we waste, Food waste report v2, Wastes and Resources Action Programme*, WRAP, Banbury, 237 p.

WILLIAMSON O.E., *The Economic Institutions of Capitalism,* Free Press, 1985, trad. française : 1994, Les institutions de l'économie, Inter-éditions, Paris.

WORLD BANK, 2006 à 2008. *World Development Indicators*, WDI, Washington.

WORLD BANK, 2009. Commodity Price Data <http://go.worldbank.org/2O4NGVQC00>.

ZIMMER D., RENAULT D., 2003. Virtual Water in Food Production and Global Trade : Review of Methodological Issues and Preliminary Results, in Hoekstra A.Y., ed, Virtual Water trade, Proceedings of the International Expert Meeting on Virtual Water Trade, *Value of Water Research Report Series*, 12, Unesco-IHE, Delft, 93-117.

Chapitre 6

Sécurité et politique alimentaires

Nous traiterons dans ce chapitre des questions essentielles du volume et de la qualité de notre alimentation. En effet, la nourriture et la santé de l'homme sont étroitement liées comme ne cessent de le proclamer depuis des années de nombreux spécialistes : l'homme doit manger suffisamment, ni trop peu ni trop, des aliments d'une qualité organoleptique, sanitaire et nutritionnelle satisfaisante du point de vue individuel et social. Deux chiffres viennent nous rappeler l'urgence de ces questions. Selon la FAO, 923 millions de personnes souffriraient de la faim en 2007, soit une augmentation de plus de 80 millions par rapport à 1990-1992 (FAO, 2008). Le cap fatidique du milliard de sous-alimentés aurait été franchi en 2009. Selon les statistiques de l'Organisation mondiale de la santé (OMS), plus de 40 % de la morbidité[1] de la planète serait imputable à des causes de malnutrition entendue dans le sens d'une non-conformité avec les recommandations de la science. Au-delà de cet aspect élémentaire de santé publique, on sait que l'acte alimentaire contribue également à la sociologie et à la psychologie des êtres humains et enfin à une certaine forme de civilisation.

Ce chapitre sera donc consacré à un examen des notions de sécurité et de sûreté alimentaires dans leurs composantes normatives et leurs conséquences pour les acteurs du système alimentaire, et dans un deuxième temps à des considérations sur la politique alimentaire[2].

▸▸ De l'origine du concept : la sécurité alimentaire découle du droit à l'alimentation

Ce qui fonde le concept de sécurité alimentaire a été défini par le sommet mondial de l'alimentation tenu sous les auspices de la FAO à Rome en 1996, puis repris par les Nations unies en 2002 dans le cadre de l'article 11 du Pacte international relatif aux droits économiques, sociaux et culturels[3] :

---

1. Nombre absolu ou relatif de malades dans un groupe déterminé de population, à un moment donné.

2. Nous utiliserons ici en partie des travaux publiés par le Ciheam (Rastoin, *in* : Hervieu, 2007).

3. Adopté par l'Assemblée générale des Nations unies dans sa résolution 2200 A (XXI) du 16 décembre 1966. Ce pacte est entré en vigueur le 3 janvier 1976. Il a été complété, notamment par la déclaration du rapporteur spécial des Nation Unies sur le droit à l'alimentation, en 2002. Bien que l'application du pacte soit des plus inégales dans le monde, il a la vertu d'indiquer des engagements dans le cadre d'un traité international.

Le droit à une alimentation adéquate est un droit de l'homme, inhérent à tous qui figure dans la Déclaration universelle des droits de l'homme[4]. Il se définit comme « le droit d'avoir un accès régulier, permanent et libre, soit directement, soit au moyen d'achats monétaires, à une nourriture quantitativement et qualitativement adéquate et suffisante, correspondant aux traditions culturelles du peuple dont est issu le consommateur, et qui assure une vie psychique et physique, individuelle et collective, libre d'angoisse, satisfaisante et digne ». Le droit à une nourriture suffisante est réalisé lorsque « chaque homme, chaque femme et chaque enfant, seul ou en communauté avec d'autres, a physiquement et économiquement accès à tout moment à une nourriture suffisante ou aux moyens de se la procurer ».

Certes, notre planète est loin d'assurer aujourd'hui ce droit élémentaire, néanmoins, d'indéniables progrès ont été accomplis.

Il y a encore moins de deux siècles, on mourrait de faim, de façon massive, en Europe : que l'on se souvienne de la terrible famine qui ravagea l'Irlande en 1846-47, faisant 1 million de morts et poussant à l'émigration vers l'Amérique du Nord des centaines de milliers de personnes. La France connut au XIXe siècle dix graves pénuries alimentaires. Cependant, au-delà des insuffisances de nourriture, les populations subissaient les ravages dus à une alimentation pauvre et mal équilibrée ou bien à des empoisonnements imputables à l'ingestion de denrées toxiques ou avariées. Ainsi, au début du XXe siècle, le journaliste Upton Sinclair faisait une description effrayante des pratiques de l'industrie alimentaire à Chicago : « … Dans les saucisses, on mettait la viande traînée dans la poussière et la sciure, là où les ouvriers avaient sué et craché des milliards de bacilles tuberculeux. On y incluait aussi la viande stockée dans des chambres froides où l'eau tombait du toit où courraient des centaines de rats … » (Sinclair, 1906).

La relation entre l'alimentation et la santé a sans doute été établie très tôt par *l'homo sapiens*. Dès le Ve siècle av. J.-C., Hippocrate émettait une théorie à ce sujet. Vers 1650, l'école de médecine de Salerne mettait en cause l'ingestion de seigle parasité par un champignon, l'ergot, dans la maladie du « feu de Saint-Antoine » ou mal des ardents. Par la suite, on identifia l'origine alimentaire du botulisme, du scorbut, de la typhoïde, du choléra, du saturnisme, ce qui amena les États à légiférer sur la qualité des aliments commercialisés et donc à se préoccuper de « sécurité alimentaire ». La loi sur la « répression des fraudes alimentaires » date en France de 1851 (cette loi a été complétée par la loi du 1er août 1905 sur les fraudes et falsifications en matière de produits ou de services). Le *Food and Drug Act* a été promulgué aux États-Unis en 1906.

D'une insécurité alimentaire à l'autre

Cependant, la notion de sécurité alimentaire a aussi son histoire. Elle a été forgée par les économistes agricoles et les nutritionnistes spécialistes des pays en voie de développement à partir des années 1960 pour désigner un objectif de disponibilité

---

4. « Toute personne a droit à un niveau de vie suffisant pour assurer sa santé, son bien-être et ceux de sa famille, notamment pour l'alimentation,… » (Article 25 de la Déclaration universelle des droits de l'homme, Nations unies, 10 décembre 1948).

de nourriture en quantité suffisante (calories et protéines) permettant d'alimenter la population d'un pays. On doit mentionner ici que cet objectif est loin d'être atteint aujourd'hui puisque selon les estimations de la FAO, 852 millions de personnes demeuraient sous-alimentées dans le monde durant la période 2000-2002 (de Haen, 2005), soit 16 % de la population mondiale, et 923 millions en 2007 (17 %) (FAO, 2008). D'autre part, les carences en vitamines et oligo-éléments, du fait d'une nourriture inadéquate, concerneraient 2 milliards de personnes[5], particulièrement les enfants, les femmes et les personnes âgées (Delpech *et al.*, 2005). Il y aurait donc environ deux milliards d'individus en état de sous-alimentation.

Cette notion de sécurité alimentaire « quantitative » a marqué pendant des décennies les travaux et les débats au sein de la FAO et inspiré certaines politiques agricoles. Après la crise de la vache folle (1996), le terme de sécurité alimentaire a été repris dans les pays touchés, sans investigation approfondie, et consacré par les médias, à tel point que la première acception a été quasiment oubliée. Plus récemment, certains gouvernements et l'OMS ont attiré l'attention sur le développement de véritables pandémies imputables à des causes alimentaires. Il s'agit des Maladies d'origine alimentaire (MOA)[6] et en particulier de l'obésité, mais aussi des maladies cardio-vasculaires, du diabète, d'allergies et de certains cancers. Selon l'OMS, l'obésité touchait dans le monde, en 2005, plus de 400 millions d'adultes (âgés de 15 ans et plus), dont 30 % dans les PVD et 1,6 milliard d'adultes étaient en surpoids[7].

Ce sont donc plus de 3 milliards d'humains (soit près de la moitié de la population mondiale) qui souffriraient de troubles liés à une alimentation peu « sûre » au milieu des années 2000.

La « deuxième » sécurité alimentaire doit donc évidemment s'entendre comme « qualitative ». Certains spécialistes ont tenté de distinguer sécurité (*security*) et sûreté (*safety*) alimentaire[8]. En réalité, il n'y a pas lieu d'opposer sécurité alimentaire et sûreté alimentaire. Au contraire, les deux notions apparaissent désormais complémentaires. La transition nutritionnelle vers un régime déséquilibré observable dans les pays riches depuis une vingtaine d'années, pourrait se généraliser aux pays émergents dans un contexte de convergence mondiale des modèles de consommation. Il s'agit donc de lutter contre une telle dérive avec un objectif unique de santé publique (Kinsey, 2004).

On doit donc parler désormais de sécurité alimentaire au Nord comme au Sud.

Pour lever toute ambiguïté, nous utiliserons dans ce chapitre le terme de *sécurité alimentaire*, avec la définition suivante : « état caractérisant un pays capable d'assurer une alimentation saine et équilibrée[9] à sa population ». Cette approche

---

5. Dont une bonne partie des individus sous-alimentés au sens de la FAO.
6. Les MOA sont définies par leur cause, l'aliment ou la boisson, du fait d'une contamination (micro-biologique, virale, chimique, physique) ou d'une composition (excès ou carence d'un élément nutritif), générateurs de pathologies. Cette approche n'est pas celle de la classification internationale des maladies de l'OMS, ce qui rend difficile la mesure, mais est utile dans une posture préventive qui est la nôtre ici.
7. L'obésité correspond à un indice de masse corporelle (IMC) égal ou supérieur à 30. IMC = poids (kg) / taille au carré (m^2). La « surcharge pondérale » correspond a un indice égal ou supérieur à 25.
8. Il y a également une ambiguïté entre sécurité des aliments et sécurité alimentaire, la sécurité des aliments pouvant être alors assimilée à la sûreté alimentaire.
9. L'équilibre s'entend ici de façon polysémique : nutritionnel, social, économique et culturel.

« post-moderne » est plus large que celle qui dans les premiers travaux sur la faim dans les pays en voie de développement ou qui l'a supplanté momentanément à la suite des accidents alimentaires des années 1990 en Europe. Cette définition intègre en effet, outre la sous-alimentation calorique, en nutriments et oligo-éléments, et les diverses contaminations d'origine microbiologique, chimique ou physique, les risques liés aux produits anormalement chargés en sucre, sel ou lipides et à une alimentation déséquilibrée (quantitativement et qualitativement) et renvoie donc au modèle de consommation alimentaire (MCA). Cette définition comprend également les questions liées à l'accès à la nourriture, notamment les conditions économiques (prix des produits et revenus des ménages) et celles qui ont trait aux satisfactions psychologiques individuelles et collectives. Elle renvoie donc directement à la définition du droit à l'alimentation donnée en introduction.

Encadré 6.1. Comment mesurer la sécurité alimentaire ?

Le concept de sécurité alimentaire tel qu'il vient d'être défini suppose l'élaboration de standards nutritionnels correspondant aux besoins du corps humain pour assurer une bonne santé. Ces standards doivent donc être établis dans un premier temps par des nutritionnistes[10].

Par la suite, deux approches complémentaires sont à mener :
– D'une part, une mesure des disponibilités alimentaires individuelles en nutriments, vitamines et oligo-éléments (bilans alimentaires de la FAO, qui sont de nature macroéconomique)[11] et de la composition des menus (enquêtes alimentaires et nutritionnelles auprès des ménages, incluant les aspects budgétaires). Seuls les bilans alimentaires sont disponibles (mais actualisés avec du retard) sur le site : <http://faostat.fao.org/>.
– D'autre part, une mesure des pathologies engendrées par les déficits ou les excès alimentaires (mesures anthropométriques, statistiques médicales et hospitalières, morbidité et mortalité : ces données sont collectées par l'OMS et disponibles sur le site : <http://www.who.int/healthinfo/global_burden_disease/ estimates_regional/en/index.html>.
– Enfin, une estimation des écarts entre besoins et apports et un examen de la prévalence des maladies permet des comparaisons internationales et infranationales et de procéder à des classifications par pays et le cas échéant à des alertes. La FAO fournit certains de ces éléments sur le site : <http://www.fao.org/faostat/ foodsecurity/>.

Malgré l'avancée importante réalisée par les experts de la FAO et de l'OMS appuyées par la Banque mondiale et des universitaires et chercheurs, il reste à finaliser une méthode « universelle » (c'est-à-dire admise par la communauté scientifique internationale) et surtout à mettre en place un outil centralisé de recueil puis de stockage des informations (base de données unique).

---

10. L'ouvrage de référence est celui de W.P.J. James et E.C. Schofield, publié par la FAO au début des années 1990 (James et Schofield, 1990) et traduit dans plusieurs langues dont le français. Une actualisation des normes nutritionnelles est réalisée par un groupe d'experts mixte FAO/OMS.
11. Cf. chapitre 4 sur la consommation.

La sécurité alimentaire, au-delà des impératifs humanitaires – voire humanistes – signalés, représente des enjeux économiques considérables. En Europe, le marché des produits alimentaires était proche de 830 milliards d'euros en 2005 et absorbait de 12 à 25 % du budget des ménages selon les pays. Il s'agit d'un marché mature, à faible taux de croissance (entre 1 et 2 % par an), mais d'une grande stabilité, sauf en cas de doute sur la qualité d'un produit. Ainsi, en France, au moment de la crise de la vache folle, la consommation de viande bovine a brutalement chuté de 35 % ; plus récemment – en 2006 – la grippe aviaire a provoqué une baisse de 30 % de la demande de volailles. De multiples facteurs biologiques, sociologiques, psychologiques, économiques influencent la consommation alimentaire, c'est pourquoi l'objectif de sécurité alimentaire est très difficile à définir et à atteindre. De plus, l'industrialisation de l'alimentation est venue bouleverser des repères séculaires (avec de nouveaux produits, de nouveaux modes de restauration) et augmenter « l'angoisse du mangeur » préparant un terrain propice pour des crises d'une grande ampleur. Le sociologue C. Fischler résume bien la situation contemporaine : « *l'acte alimentaire, le choix des aliments, ont toujours été marqués par l'incertitude, l'anxiété, la peur, sous deux formes : celle du poison et celle de la pénurie. Dans nos sociétés, la pénurie est presque oubliée, ce qui fait peur aujourd'hui, ce sont les poisons.* » (Fischler, 2001).

Crises alimentaires

Dans un laps de temps assez court – un peu plus d'une dizaine d'années, entre 1996 et 2007 –, le monde a subi deux crises alimentaires majeures. La première, en 1996, avec la maladie de la vache folle, du fait des risques supposés de la consommation de certaines parties des bovins, la seconde, en 2007-2008 en raison de la hausse brutale des prix des denrées alimentaires de base, entraînant de graves difficultés d'accès à la nourriture pour les ménages les plus pauvres.

Si l'ampleur du phénomène et les causes sont radicalement différents dans les deux cas, le terme commun de « crise alimentaire » peut néanmoins être utilisé. En effet, une crise est un événement grave (réel ou perçu comme tel) qui marque une rupture, un changement important dans l'évolution d'un phénomène. Ici la crise a provoqué une insécurité essentiellement psychologique dans le cas de la vache folle et matérielle dans le cas des prix alimentaires. Certes, ces deux crises des années 1990-2000 ne sont pas les premières, d'autres, beaucoup plus importantes, ont ponctué l'histoire de l'humanité. Toutefois, les crises contemporaines viennent nous rappeler le caractère vital du fait alimentaire dans une société où il a beaucoup perdu de son rôle, et incitent à des changements profonds dans nos décisions individuelles et politiques[12]. La proximité dans le temps des deux crises alimentaires évoquées suscite en outre des prises de conscience encourageant opportunément une vision globale du problème alimentaire.

L'objet de ce chapitre est d'identifier les caractéristiques et les facteurs de la sécurité alimentaire, d'en évaluer les impacts sur les acteurs des filières agroalimentaires afin d'en déduire les fondements de la politique alimentaire.

---

12. L'étymologie du mot crise vient du grec krisis qui signifie « décision ».

À cet effet, nous traiterons successivement :
– de l'insécurité alimentaire née du déficit de nourriture (insécurité alimentaire quantitative) ;
– des risques liés à la (mauvaise) qualité des aliments (insécurité alimentaire qualitative) ;
– des stratégies adoptées par les pouvoirs publics et les entreprises pour répondre au nouveau contexte créé par l'objectif sécuritaire dans le domaine alimentaire.

▸▸ L'insécurité alimentaire quantitative

La situation alimentaire dans les PVD qui avait vu une légère amélioration au milieu des années 1995 du fait de la conjonction du ralentissement démographique et des progrès de la production s'est détériorée au début des années 2000, puis a subi le choc de la hausse des prix de 2007-2008. Ce retournement de tendance est particulièrement préoccupant, car lié, comme nous le montrerons par la suite, principalement à la pauvreté. Or, la crise économique sévère qui a démarré en 2008 risque de toucher durement les pays les plus pauvres et, au sein de ces pays, les ménages les plus démunis, avec un risque d'amplification du phénomène amorcé sur la figure 6.1.

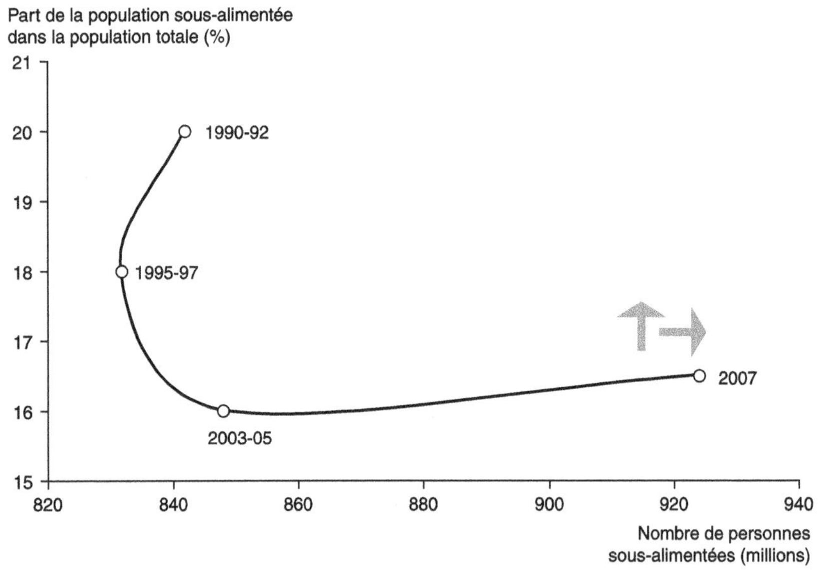

Figure 6.1. Évolution de l'insécurité alimentaire mondiale dans les PVD, 1990-2007.
Source : nos calculs d'après données FAO, 2008.

On a vu que les démographes s'accordaient pour prévoir une population mondiale d'environ 8 milliards d'habitants à l'horizon 2030 et 9 milliards en 2050. La question de la capacité de la planète à nourrir cette multitude a fait l'objet de plusieurs études lourdes à l'occasion des sommets mondiaux de l'alimentation (1996 et 2002) et du millenium pour le développement (2000). En ces différentes occasions, on a beaucoup débattu du thème de la sécurité alimentaire. Pour les experts, la sécurité alimentaire est la capacité d'un pays et de la communauté internationale à assurer un approvisionnement suffisant aux populations des nations frappées structurellement ou conjoncturellement de déficits. On sait que dans les pays nantis, ce terme, apparu à la suite de la crise de la vache folle de 1996, traite de l'innocuité des aliments. Enfin, l'opinion publique a pris conscience des risques encourus par l'environnement du fait de l'activité productive agricole. Ces trois sujets : sécurité alimentaire « quantitative », sécurité alimentaire « qualitative » et protection de la nature sont aujourd'hui au cœur des débats de société portant sur le système alimentaire mondial.

Les études macro-économiques et sectorielles menées par la Banque mondiale et l'*International Food Policy Research Institute (IFPRI)* de Washington sont convergentes et ont été confirmées par un travail de l'équipe de prospective de la FAO (Bruinsma, 2003). Le rapport de la FAO montre clairement que le ralentissement de la demande alimentaire imputable à la décélération de la croissance démographique dans les PVD[13] pourrait lever globalement l'hypothèque d'un lourd déficit mondial redouté de manière récurrente depuis le premier choc pétrolier de 1973. Le secteur des céréales, qui est véritablement stratégique pour la question de l'équilibre alimentaire mondial[14], serait proche de l'équilibre à l'horizon 2015[15], avec un excédent exportable en provenance des pays développés et en transition qui parviendraient à couvrir les besoins d'importation des PVD estimés à 190 millions de tonnes en 2015 et 265 millions de tonnes en 2030, soit 14 % de la consommation de ces pays. La grande inconnue reste, dans ce domaine, l'évolution de la consommation de produits animaux en Chine. En effet si, par suite de la croissance économique, il se confirmait que le modèle de consommation chinois évolue vers des standards de pays riches, il faudrait considérablement augmenter la production animale et donc d'aliments du bétail à la fois en Chine et dans les pays traditionnellement producteurs, ce qui provoquerait un déficit important à l'échelle mondiale et donc des hausses de prix gravement pénalisantes pour les PVD. Si un tel scénario pessimiste était écarté, la croissance globale de la production alimentaire permettrait de réduire légèrement le nombre absolu et le taux de personnes sous-alimentées chroniques dans les pays à faibles revenus.

Mesure de l'insécurité alimentaire

Malheureusement, la situation alimentaire des PVD[16] demeure largement en deçà de l'objectif fixé par la FAO au sommet mondial de l'alimentation (SMA) de 1996,

---

13. La croissance démographique dans les PVD aura été divisée par 2 entre les années 1970 (2 % par an) et les années 2030 (moins de 1 %).

14. En effet, les grandes céréales constituent la base de l'alimentation humaine dans la quasi-totalité des régions du monde (blé dans la zone euro-nord-américaine ; riz en Asie et en Afrique, maïs en Amérique latine). Elles sont aussi des composants essentiels des aliments pour animaux.

15. Cette simulation, réalisée au début des années 2000 par la FAO ne prend pas en compte la nouvelle donne de la flambée des cours des matières premières en 2007, dont les experts s'accordent à penser qu'elle est plus structurelle que conjoncturelle et donc que les prix agricoles vont probablement se maintenir à un niveau relativement élevé sur une période de 5 à 10 ans (cf. chapitre 5).

16. Cette question fait l'objet d'une publication annuelle de la FAO très bien documentée intitulée « SOFI » (State of Food Insecurity, Etat de l'insécurité alimentaire), qui en est à sa 9e édition en 2008.

à savoir la réduction de moitié du nombre de sous-alimentés entre 1990 et 2015. Le tableau 6.1 montre que, dans la meilleure des hypothèses, cet objectif ne serait atteint qu'après 2030. En effet, les résultats de la décennie 1990 sont très décevants puisque le nombre de personnes en insécurité alimentaire a légèrement progressé, passant de 823 millions en moyenne 1990-92 à 848 en moyenne 2003-05[17] (plus faiblement que la population des PVD, ce qui a permis une légère baisse du ratio). Le millénaire pour le développement des Nations unies avait fixé un objectif moins ambitieux (OMD) : réduire de moitié la proportion des habitants souffrant de la faim dans les PVD (passer de 20 à 10 % de la population totale). Même ce niveau semble difficile à rejoindre. Une baisse de 4 points seulement a pu être réalisée en 13 ans, c'est plus de temps qu'il ne reste à courir de 2004 à 2015. La tendance actuelle – si l'on fait l'hypothèse optimiste que l'on pourra redescendre rapidement après le pic de 2007 – donne au mieux 12 % de sous-alimentés dans les PVD en 2015.

Tableau 6.1. La sous-alimentation dans les PVD et les objectifs des organisations internationales à l'horizon 2015.

Zones	Nombre de personnes sous-alimentées (millions)			Prévalence de la sous-alimentation (% de la population)		
	1990-1992	2003-2005	Objectif du SMA* (2015)	1990-1992	2003-2005	Cible de l'OMD** (2015)
Afrique sub-saharienne	169	212	84	34	30	17
Proche-Orient et Afrique du Nord	19	33	10	6	8	3
Amérique latine et Caraïbes	53	45	26	12	8	6
Asie du Sud	283	314	141	25	21	13
Asie de l'Est et du Sud-Est	289	219	145	18	12	9
Ensemble des PVD	823	832	411	20	16	10

*SMA : Sommet mondial de l'alimentation (diviser par 2 le nombre de sous-alimentés entre 1990 et 2015) ;
**OMD : Objectif du millénaire pour le développement (diviser par 2 la proportion de sous-alimentés dans la population totale entre 1990 et 2015) ;
Source : données FAO, 2008.

On compte actuellement (2003-2005) 25 pays en situation critique, avec une proportion de sous-alimentés supérieure à 30 % de la population totale (tableau 6.1) Cette proportion dépasse 50 % et 40 millions de personnes au Congo (RD), en Érythrée, au Burundi, en Haïti et aux Comores. Malheureusement, la liste des pays les plus touchés est pratiquement identique depuis 15 ans. Seuls deux pays, le Mozambique

---

17. Le nombre total de sous-alimentés dans le monde est de 848 millions en 2003-2005. Il y a donc 16 millions de personnes dans cette situation dans les pays à hauts revenus, soit environ 2 % de la population de ces pays. En décembre 2008, la FAO estimait la population en état de sous alimentation à 963 millions, soit une progression de plus de 100 millions de personnes (+ 14 % par rapport à la moyenne 2003-2005) directement ou indirectement imputable à la crise alimentaire des années 2007-2008 (source : < http://www.fao.org/news/story/fr/item/8836/icode/>, consulté le 11 juin 2009).

Encadré 6.2. Technique de mesure de l'intensité de la pénurie alimentaire et de la faim.

La FAO définit la sous-alimentation comme l'écart entre les besoins énergétiques alimentaires (BEA) journaliers minimums d'un individu et la disponibilité énergétique alimentaire (DEA) moyenne à laquelle il peut théoriquement prétendre. BEA et DEA sont exprimés en kcal/ par jour et par personne. L'écart BEA – DEA permet d'établir une « typologie de la sous-alimentation » (tableau 6.2) en calculant le « déficit alimentaire » (DA) ou « gravité de la faim » (GF).

Tableau 6.2. Typologie de la sous-alimentation dans le monde, 2003-2005.

Indicateur (DA = BEA – DEA, en % de la population totale)	Nombre de pays	Nombre de personnes (millions)	Répartition (%)
> 35 %	18	180	21
34 % > DA > 20 %	27	343	40
19 % > DA > 10 %	32	124	15
9 % > DA > 5 %	21	150	18
< 5 %	76	51	6
Total	176	848	100

Source : données FAO, 2008.

Les BEA dépendent de l'âge, du sexe et de la situation particulière de l'individu (par exemple femme enceinte, occupation professionnelle ou maladie). Ils sont établis par un groupe de travail FAO/OMS. Pour ses estimations de l'insécurité alimentaire, la FAO considère une activité physique « normale ». Les DEA sont calculés à partir des bilans alimentaires que nous avons présentés dans le chapitre 4 sur la consommation alimentaire. Rappelons qu'ils sont fonction de la production locale, des échanges extérieurs, des utilisations hors alimentation humaine (alimentation animale, semences, utilisations industrielles) et des pertes. Ils sont établis à l'aide de tables de composition des aliments en calories et nutriments. La FAO dispose, dans sa banque de données Faostat, de ces bilans. Pour calculer les besoins et disponibilités *per capita*, la FAO utilise les statistiques démographiques des Nations unies.

Les BEA et DEA viennent de faire l'objet d'une révision du fait de l'évolution des estimations démographiques et des normes nutritionnelles. Cette révision a conduit à d'importantes modifications des données de la sous-alimentation sur la période 1990-2003 : diminution du nombre de sous-alimentés durant la période de base (1990-1992) de 65 millions de personnes et de 33 millions sur 2001-2003. Les variations des estimations peuvent être très élevées dans certains pays (par exemple pour la Chine). Elles modifient en conséquence les cibles SMA ou OMD, mais correspondent par ailleurs à une amélioration de la précision des données.

et l'Éthiopie ont vu le nombre de leurs sous-alimentés légèrement diminuer (respectivement – 9 % et – 6 %). Quatre pays se trouvant en grave pénurie alimentaire comptent plus de 10 millions de personnes en dessous du seuil de 30 % de sous-alimentés : le Congo (43 millions), l'Éthiopie (35 millions), la Tanzanie (13 millions) et le Kenya (11 millions). Un examen par sous-continent montre que la situation s'est notablement améliorée en Asie de l'Est (Chine), mais qu'elle s'est plutôt aggravée au Proche-Orient et surtout en Afrique. L'Inde reste le pays qui compte le plus de sous-alimentés dans le monde (plus de 200 millions).

La FAO, dans le cadre de son système mondial d'alerte rapide (SMIAR)[18] dresse une carte mondiale des pays en situation critique du point de vue alimentaire. Début 2009, 33 pays nécessitaient une aide d'urgence en raison d'un risque élevé de déficit alimentaire pour différents motifs :
– exceptionnelle chute globale de l'offre alimentaire (4 pays d'Afrique subsaharienne de l'Est et du Sud et Irak) ;
– difficulté d'accès généralisé à la nourriture (4 pays d'Afrique subsaharienne et 3 pays d'Asie) ;
– insécurité alimentaire sévère localisée (13 pays d'Afrique subsaharienne, 6 pays d'Asie et 3 pays d'Amérique centrale et des Caraïbes).

Le tableau 6.3 présente une synthèse des estimations de la FAO sur l'insécurité alimentaire dans les dix pays les plus exposés selon le critère du nombre de sous-alimentés.

Tableau 6.3. L'insécurité alimentaire dans les dix premiers pays par le nombre de sous-alimentés.

Rang	Pays	Nombre de sous-alimentés (millions)		Prévalence % population totale
		2003-2005	Variation (%) « 1991 » à « 2004 »	2003-2005
1	Inde	231	12	21
2	Chine	123	-31	9
3	Congo RD	43	277	76
4	Bangladesh	40	-4	27
5	Indonésie	37	8	17
6	Éthiopie	35	-6	46
7	Pakistan	35	36	23
8	Philippines	13	0	16
9	Tanzanie RU	13	73	35
10	Nigéria	13	-15	9
	Total 10 pays	582		
	PVD	832	1	13

Source : données FAO, 2008.

18. <http://www.fao.org/giews/english/hotspots/index_m.htm>, consulté le 11 juin 2009.

La FAO vient de définir un nouvel indicateur qui permet de compléter le suivi de l'insécurité alimentaire. Il s'agit d'une mesure de la « gravité de la faim » (GF). Dans les méthodes précédentes, on estimait uniquement le nombre absolu et relatif de sous-alimentés par l'écart entre besoins et disponibilités alimentaires, ce qui ne renseignait pas sur « l'intensité » de la sous-alimentation. L'indicateur de gravité de la faim est fondé sur l'importance du déficit énergétique. Lorsqu'il est supérieur à 300 kcal/jour/personne, il y a un problème aigu de faim. En dessous de 200, les nutritionnistes considèrent que le problème est moins important. Plus le déficit journalier est élevé et durable, plus les risques pour la santé – dont certains irréversibles – sont sévères.

Tableau 6.4. Gravité de la faim dans le monde en 2003-2005.

Indicateur (GF = BEA-DEA)* en kcal/j/personne	Nombre de pays	Nombre de personnes (millions)	Répartition (%)
GF > 300	17	132	16
300 > GF > 200	61	652	77
GF < 200	98	63	7
Total	176	848	100

* Signification des indicateurs dans l'encadré 6.2.
Source : données FAO, 2008.

On constate (tableau 6.4) que 16 % des sous-alimentés, soit 132 millions de personnes sont dans une situation dramatique et 77 %, 652 millions en situation précaire. Il y a une corrélation élevée entre la prévalence de la sous-alimentation (proportion de la population sous-alimentée) et la valeur de l'indice GF.

Le site de la FAO, rubrique « sécurité alimentaire » fournit les détails méthodologiques ainsi que des rapports détaillés par pays sur la situation alimentaire (< http://www.fao.org/es/esa/fr/fs.htm >).

Pourquoi y a-t-il des pénuries alimentaires ?

À l'origine de l'insécurité alimentaire se trouvent les causes premières de la sous-alimentation : les conflits armés (et leur cortège de réfugiés qui se concentrent généralement dans des zones difficiles d'accès et à faible production alimentaire), les catastrophes « naturelles » et les conditions d'accès à la nourriture (infrastructures, pouvoir d'achat par rapport aux prix). Finalement, on peut identifier des facteurs imputables à la nature et d'autres à l'homme (tableau 6.5).

Le nombre de « situations d'urgence » (grave déficit alimentaire) a considérablement augmenté depuis une trentaine d'années. Il est passé d'environ 25 à 40 au début des années 1980 à plus de 60 en 2007. Si les situations d'urgence imputables aux catastrophes d'origine naturelle paraissent se stabiliser depuis le début des années 2000 autour d'une trentaine par an, la proportion des événements soudains (inondations notamment) a considérablement augmenté, passant d'une cinquantaine par an au milieu des années 1980 à plus de 200 aujourd'hui, ce qui pourrait être imputable au changement climatique. Dans ce cas, les interventions se révèlent extrêmement compliquées en PVD (FAO, 2008).

Tableau 6.5. Évolution des causes de la sous-alimentation (en % de chaque catégorie).

Facteurs	Années 1980	Années 1990	Années 2000
Catastrophes naturelles			
À évolution rapide (ex. : inondations, tremblements de terre)	14 %	20 %	27 %
À évolution lente (ex. : sécheresses)	86 %	80 %	73 %
Causes humaines			
Socio-économiques (institutionnelles et conjoncturelles)	2 %	11 %	27 %
Guerres et conflits	98 %	89 %	73 %

Source : données FAO, 2008.

Les facteurs d'origine anthropique peuvent être répartis en deux catégories : les guerres et conflits armés (émeutes) ou professionnels (grèves) et les paramètres socio-économiques. Ces derniers sont d'ordre institutionnel (par exemple, statut de la terre inapproprié, politique agricole défaillante ou encore inexistence de politique alimentaire) ou conjoncturels (par exemple, hausse soudaine et significative des prix alimentaires, baisse du pouvoir d'achat dû à une récession, etc.) et structurels. On voit dans le tableau 6.5 que si les conflits violents restent, en proportion, les plus nombreux (encore près des ¾ des causes humaines des situations d'urgence aujourd'hui), la montée des facteurs socio-économiques et politiques s'avère, elle aussi, très importante (part multipliée par plus de 20).

Une étude menée au Burundi a montré que le taux de prévalence de la malnutrition aiguë était passé de 8,5 % de la population totale en 1994 à 15,6 % en 1997, durant la guerre civile qui a ravagé ce pays. La malnutrition aggravée atteignait 25 % des enfants début 1994 dans un camp de réfugiés près de Gitega (Niyongabo *et al.*, 2005).

Les causes structurelles de la sous-alimentation relèvent de caractéristiques macro-économiques : répartition des activités entre les différents secteurs primaires, secondaires et tertiaires, balance commerciale et taux de change, revenu par tête. Les pays les plus menacés d'insécurité alimentaire sont des pays principalement agricoles (et donc ruraux), à déficit extérieur (importateurs nets de produits alimentaires), à faibles monnaies et à faibles revenus (Banque mondiale, 2007).

Parmi toutes les causes mentionnées, l'une d'entre elles, la pauvreté est mise en exergue par de nombreux travaux (Caillavet *et al.*, 2002, et Darmon *et al.*, 2003, en France, Stratton, 2007, au Royaume-Uni, Drewnowski, 2005, aux États-Unis, ainsi que ceux de la Banque mondiale, du Cirad, de l'IFPRI et de la FAO dans les pays en voie de développement). P. Collomb, expert de la FAO, estime que la pauvreté, si l'on ne tient pas compte des ressources naturelles, est le principal facteur économique limitant l'accroissement des disponibilités alimentaires (Collomb, 1999).

Ces recherches démontrent toutes qu'il existe une corrélation négative élevée entre l'occurrence de la sous-alimentation et le niveau de revenu : la cartographie de la faim correspond étroitement à celle de la pauvreté, non seulement pour des raisons économiques (accès à la nourriture), mais aussi pour des motifs sociaux (insertion dans des structures d'aide). Il peut en découler l'idée que la réduction de la pauvreté va améliorer la situation nutritionnelle. Certaines études empiriques suggèrent qu'il s'agit là d'une condition sans doute nécessaire, mais que cette dernière s'avère insuffisante. En effet, l'amélioration des revenus doit aussi s'accompagner d'investissements dans les infrastructures, la recherche et la formation pour provoquer des effets durables.

Les nutritionnistes ont une approche complémentaire à celles développées ici, dans la mesure où aux indicateurs retenus jusqu'alors, il intègre des paramètres biologiques et médicaux. Plutôt que de sous-alimentation ou d'insécurité alimentaire, ils parlent de malnutrition. Ils s'accordent toutefois pour donner, eux aussi, une importance centrale à la question de la pauvreté et reconnaissent le rôle désastreux des conflits et des catastrophes naturelles. Ils insistent également sur le rôle des femmes (éducation) et de l'environnement (logement, infrastructures sanitaires) et sur la grande vulnérabilité des enfants (Delpeuch *et al.*, 1999).

Conséquences de la sous-alimentation

La sous-alimentation entraîne des effets directs (sur la santé) et indirects (sur l'économie). Plusieurs études démontrent la gravité des conséquences pathologiques de la sous-nutrition calorique, protéique ou en micronutriments. Ces conséquences s'observent tant au niveau physique que psychique. Leurs impacts économiques demeurent considérables.

La malnutrition entraînerait directement ou indirectement 53 % des décès d'enfants de moins de cinq ans dans le monde. Elle est associée aux maladies suivantes : infections respiratoires, diarrhées, malaria, rougeole, sida, créant un terrain favorable à leur évolution. Elle provoque le marasme et le kwashiorkor. Le marasme est une forme très grave de dénutrition, spécialement chez l'enfant, avec maigreur extrême, atrophie musculaire et apathie. La kwashiorkor (mot originaire du langage Ga du Ghana), qui se traduit par un ventre ballonné, un œdème facial, une maigreur extrême, une anémie et une léthargie prononcées. Il s'agit d'un syndrome de dénutrition infantile, courant en Afrique tropicale, dû à une carence protéique (acides aminés) et en oligo-éléments (métaux et vitamines). Il survient après un sevrage trop rapide. Parmi les conséquences directes de la sous-alimentation chez l'enfant, on note un retard de croissance un poids insuffisant ainsi qu'un déséquilibre entre la taille et le poids. Dans les PVD, 38 % des enfants accusent une taille inférieure de 2 écarts-types à la normale, 31 % en termes de poids et 9 % pour le ratio poids/taille (Müller et Krawinkel, 2005). Il a été démontré, dans une étude longitudinale menée au Zimbabwe, qu'il existe une corrélation entre le statut nutritionnel pré-scolaire, l'âge de l'accès à l'école, la taille du jeune adulte et l'obtention de diplômes (Alderman *et al.*, 2006).

La malnutrition protéino-énergétique provoque également une déficience immunologique et donc une grande sensibilité aux maladies infectieuses, notamment la tuberculose et le sida ; une atteinte du cœur et du foie et donc des maladies cardiovasculaires. La perte de substance graisseuse réduit la capacité de régulation thermique et de stockage hydrique du corps et fragilise la résistance aux maladies. En résumé, la sous-alimentation entraîne de graves conséquences à la fois sur les plans : physique, psychique et cognitif.

Un indicateur mis au point par la Banque mondiale et l'OMS, mesure l'incidence de la sous-alimentation sur la santé et l'espérance de vie, l'EVCI (espérance de vie corrigée de l'incapacité)[19]. L'EVCI estime la somme des années de vie perdues pour cause de mort prématurée ou d'incapacité, somme pondérée par la gravité de certaines maladies. La dénutrition des enfants et des mères provoque directement une perte de 220 millions d'années de vie saine dans les PVD. Globalement, la sous-alimentation et son lot de maladies liées entraînent une perte de 340 millions d'années de vie saine, soit la moitié du total enregistré dans les PVD. Ce chiffre considérable est supérieur à la population des États-Unis. Ajoutons que l'insuffisance pondérale arrive en tête des facteurs de risques de décès prématuré ou d'EVCI pour 70 pays à taux de mortalité élevé représentant 2,3 milliards d'habitants. Le facteur poids se situe devant ceux de l'insalubrité de l'eau et des installations sanitaires, puis des carences en zinc et des carences en fer (WHO, 2006).

L'impact économique de la sous-alimentation s'avère également considérable. On comprend bien que l'insuffisance alimentaire va entamer la force de travail et donc diminuer la productivité, provoquer la perte de journées de travail et donc de revenus, augmenter les besoins en dispositifs de santé et les coûts qui y sont liés. Par exemple, pour un nourrisson les pertes de toute nature provoquées par une sous-alimentation et encourues tout au long de sa vie sont estimées à près de 1 000 dollars comme le montre le tableau 6.6. Ces pertes correspondent à des gains si l'on élimine leur cause.

Tableau 6.6. Gains estimés pour un individu à la suite de l'élimination de la sous-alimentation chez le nourrisson.

Facteurs	US $	Part (%)
Hausse de productivité due à l'amélioration des capacités	434	44
Hausse de productivité due au moindre retard de croissance	180	18
Gains intergénérationnels	122	12
Baisse de la mortalité infantile	95	10
Économies liées aux maladies chroniques	74	7
Économies liées aux soins néonataux	42	4
Morbidité moins élevée	39	4
Total	986	100

Source : Alderman *et al.* 2004.

Au total, la FAO estime à environ 30 milliards de dollars les coûts médicaux liés à la sous-alimentation maternelle et infantile et à plusieurs centaines de milliards de dollars les coûts économiques indirects. En prenant pour base les plus faibles

---

19. En anglais, DALY (Disability Adjusted Life Year). Statistiques disponibles sur : <http://www.who.int/healthinfo/global_burden_disease/estimates_regional/en/index.html>, cf. analyse dans le chapitre 7.

estimations ressortant des études empiriques réalisées dans les PVD[20] et en actualisant sur une vie entière, les coûts liés à la malnutrition protéocalorique, à l'insuffisance pondérale et aux carences en oligo-éléments s'élèveraient à 5 ou 10 % du PIB des PVD, soit un total de 500 à 1000 milliards de dollars d'aujourd'hui (FAO, 2004). Ces sommes astronomiques ne prennent évidemment pas en compte les souffrances des individus subissant le fléau de la faim.

Au regard de ces pertes économiques colossales mentionnées, les dépenses qu'il faudrait engager pour les réduire ou les éliminer sont minimes, de l'ordre de 13 % des gains potentiels dans le cas de déficits protéo-énergétiques, 10 % pour les carences en fer et 4 % pour les carences en iode (Behrman *et al.*, 2004). La FAO a calculé que les 24 milliards de dollars annuels nécessaires à la réalisation des objectifs du SMA rapporteraient 120 milliards, en éliminant les coûts directs et indirects de la sous-alimentation (FAO, 2004).

Les recommandations des experts pour réduire les effets de la sous-alimentation

Ces préconisations relèvent de deux registres : nutritionnel et socio-économique, sachant que ces deux domaines agissent en interaction.

Au plan médical, les trois priorités sont : réduire la prévalence du poids insuffisant à la naissance, promouvoir et encourager l'allaitement maternel, réduire les déficits en oligo-éléments (fer, vitamine A, iode et zinc). L'atteinte de ces objectifs passe par l'amélioration du statut de la femme et de son éducation, la réduction des maladies infectieuses (malaria, ida notamment), l'installation de réseaux d'adduction d'eau potable et de traitement des eaux usées afin de réduire les diarrhées (Behrman *et al.*, 2004).

Au plan socio-économique, il s'agit d'améliorer les infrastructures publiques dans le domaine de la santé, de la recherche, de la formation et des transports, et d'agir à la fois sur l'offre et la demande de produits alimentaires :
– orientation des filières agroalimentaires vers des produits de haute qualité nutritionnelle ;
– redistribution des revenus en vue de réduire la pauvreté :
– contrôle des prix des produits de base alimentaire ;
– nouveaux systèmes de production et de consommation alimentaire plus efficients ;
– réduction des pertes à tous les maillons de la chaine alimentaire[21] (cf. chapitre 5)[22].

Beaucoup de spécialistes insistent sur la nécessité d'accroitre la productivité agricole par des techniques conventionnelles ou par l'innovation, d'une part, et d'autre part

---

20. L'*Academy for Educational Development* a mis au point, en relation avec l'USDA (équivalent du ministère de l'Agriculture), des indicateurs permettant d'évaluer le niveau et les conséquences de la sous-alimentation : <http://www.aednutritioncenter.org/tools/> ; cf. également Behrman *et al.*, 2004.
21. Il s'agit là d'un domaine essentiel compte tenu de l'ampleur des pertes générées par les pertes et le gaspillage, non seulement en termes économiques, mais aussi au plan de l'énergie fossile et de l'environnement (eau, gaz à effet de serre : l'entrepreneur, le consommateur et le citoyen sont ici fortement interpelés (Soyeux, 2010).
22. Pour une application au cas de l'Asie, cf. Nurul, 2008.

(et peut-être plus encore) d'investir massivement sur le capital humain (Collomb, 1999, Malassis, 2005). La santé étant par ailleurs considérée comme un capital humain (Becker, 2007), on boucle sur le fameux binôme santé-alimentation. Les schémas conceptuels, les méthodes existent, il manque malheureusement la volonté politique internationale.

À l'évidence, le problème de la faim ne constitue pas une priorité pour les dirigeants politiques. Et pourtant les déclarations solennelles n'ont pas manqué ! Dès 1974, les gouvernements participant à la conférence mondiale de l'alimentation avaient proclamé que « chaque homme, femme et enfant a le droit inaliénable d'être libéré de la faim et de la malnutrition afin de développer pleinement ses facultés physiques et mentales ». La conférence s'était fixé pour objectif l'éradication de la faim, de l'insécurité alimentaire et de la malnutrition avant dix ans. Vingt en plus tard, du 13 au 17 novembre 1996, le sommet mondial de l'alimentation a réuni à Rome les représentants de 185 pays et plus de dix mille participants. 112 chefs d'État et de Gouvernement et plus de 70 représentants de haut niveau d'autres pays ont adopté la « déclaration de Rome sur la sécurité alimentaire mondiale » et un plan d'action dont l'objectif est indiqué ci-dessus (réduire de 50 % le nombre de sous-alimentés dans le monde avant 2015)[23]. Les sommets mondiaux de l'alimentation tenus au siège de la FAO « cinq ans après » (2002) ou celui de 2008 sur la sécurité alimentaire n'ont pu que constater la lenteur des progrès ou parfois les reculs. Plusieurs déclarations ont été faites ensuite aux Nations unies à New York (assemblées générales) et à Genève (Commission des droits de l'homme), sans plus d'effet. Les intérêts sont encore trop divergents pour la construction d'un consensus. On comprend dès lors le ton désespéré, exaspéré et alarmiste des responsables de la FAO[24] et de nombreuses ONG dans le monde.

▸▸ Risques et crises alimentaires liées à la qualité des aliments

Un risque est un danger éventuel, plus ou moins prévisible. En revenant à cette définition basique, il est possible, voire nécessaire, de dépasser le concept de risque alimentaire dans lequel les chercheurs et les décideurs se sont enfermés à la suite de la crise de l'ESB de 1996. En effet, l'ampleur du risque représenté par les MOA (maladies d'origine alimentaire), est sans commune mesure, à ce jour, avec les accidents sanitaires liés au caractère toxique de certains aliments. On conviendra donc d'intégrer les risques pathologiques liés aux nutriments et donc à la composition « normale » des produits alimentaires marchands, sous l'appellation « risques nutritionnels ».

---

23. L'un des moyens de sensibilisation est l'instauration d'une « Journée mondiale de l'alimentation » (JMA) qui se tient tous les ans le 16 octobre, date anniversaire de la fondation de la FAO en 1945 au château Frontenac à Québec. L'efficacité de cet événement est malheureusement des plus limitées.

24. « (Ces chiffres…) illustrent aussi l'incommensurable souffrance que la catastrophe planétaire de la faim continue de causer à des millions de familles, de même que l'insupportable fardeau économique qui pèse sur l'ensemble du monde en développement » (FAO, 2004, *État de l'insécurité alimentaire dans le monde*, p. 10).

Typologie des risques alimentaires

On peut regrouper les risques alimentaires en quatre catégories : biologique, chimique, technique et nutritionnel.

Les risques microbiologiques ont pour origine des contaminations des produits alimentaires par des bactéries pathogènes, provoquant chez l'homme des maladies : les toxi-infections alimentaires. Il existe plus de 200 maladies infectieuses, bactériennes, virales ou toxiques transmises par l'alimentation. Les pathologies les plus fréquentes sont le botulisme (provoqué par les conserves), la listériose (fromages, charcuterie), la salmonellose (viande de volaille, œufs, lait cru, chocolat), la campylobactériose (lait cru, volaille mal cuite, eau de boisson), les infections à *Escherichia coli* entérohémorragiques, le choléra (eau de boisson, riz, légumes, gruau de millet, poissons et fruits de mer). La présence dans les aliments de moisissures produisant des mycotoxines (exemple : ergot du seigle) ; les conditions d'élevage (exemples maladies à prions du type ESB), peuvent provoquer des maladies, ou encore, mais sans certitude scientifique à ce jour, les manipulations génétiques (risques d'allergies imputables aux OGM).

Les risques chimiques ou environnementaux résultent d'une pollution de la chaîne alimentaire par une substance chimique telle que les métaux lourds, les pesticides, les nitrates, les dioxines. Ils proviennent donc des méthodes de production, en particulier du modèle de l'agriculture intensive[25]. Ces risques concernent non seulement l'homme mais aussi l'ensemble des écosystèmes. Ils peuvent affecter également les sols et la ressource en eau.

Les risques techniques surviennent au moment de la transformation des matières premières agricoles en aliments, donc au stade de l'industrie agroalimentaire, ou pendant le transport ou le stockage des produits. À titre d'exemple, on peut mentionner la présence de corps étrangers dans les produits ou un défaut de conservation par suite de la rupture de la chaîne du froid dans les circuits de distribution (avec successivement une altération de la qualité, organoleptique ou nutritionnelle, puis apparition d'un danger, de type biologique).

Les risques nutritionnels sont liés à la quantité et à la qualité de l'alimentation. Ils apparaissent lorsque la diète s'éloigne des standards définis par les nutritionnistes. On peut donc avoir des risques liés à un déficit ou au contraire à un excédent par rapport à ces standards. Il existe des situations pathologiques induites par des carences en calories, en protéines ou en autres éléments nutritifs (vitamines, oligo-éléments, etc.), qualifiées de sous-alimentation. À l'inverse, la sur-alimentation résulte de la consommation d'aliments de forte densité énergétique et qui sont souvent « surchargés » en éléments néfastes à la santé (tels que le sucre, le sel, les corps gras) pour des raisons de conservation, de sapidité ou de satiété[26]. Une consommation excessive et exclusive de ce type d'aliments (hamburgers, pommes de terre frites, sodas, etc.), associée à un mode de vie sédentaire conduit inévitablement à l'obésité et aux MOA.

---

25. Les dioxines représentent un danger issu de l'industrie et non de l'agriculture.
26. Les nutritionnistes qualifient de « calories vides » certains apports alimentaires énergétiques, mais dépourvus de nutriments.

On peut faire 3 remarques importantes à propos des risques alimentaires :
– la relation entre risques, morbidité et mortalité est délicate à établir ;
– les risques sont à relativiser, dans le cadre d'études globales de morbidité ;
– la prise en compte des risques a une contrepartie économique.

Encadré 6.3. Maladies d'origine alimentaire (MOA), mortalité, morbidité, prévalence et incidence.

Les médecins ont défini un certain nombre de concepts permettant d'estimer l'impact des pathologies sur la population du point de vue statistique. Il est en effet très important pour le caractériser, d'en déceler les causes (étiologie) et l'environnement (épidémiologie), et de surveiller l'ampleur des maladies à des fins de santé publique.

La première tâche consiste à identifier puis à classifier les maladies. Ce volet de la médecine se nomme la nosologie. Sur la base de la classification internationale des maladies n° 10 (CIM 10), l'OMS distingue 3 grands groupes de maladies dans ses bases de données statistiques :
– les maladies infectieuses transmissibles (maladies parasitaires et infections respiratoires) et les maladies liées à des causes maternelles et périnatales ou à des déficiences alimentaires (groupe I) ;
– les maladies non transmissibles (cancers, diabètes, troubles endocriniens et nutritionnels, maladies neuropsychiatriques, troubles des sens, maladies respiratoires, maladies cardiovasculaires, maladies digestives, maladies de l'appareil génital et urinaire, maladies de la peau, maladies musculaires, maladies bucco-dentaires) (groupe II) ;
– les blessures (intentionnelles et non intentionnelles) (groupe III).

Cette classification, basée sur le caractère transmissible ou non des maladies est ambiguë, car non homogène et admettant des exceptions (par exemple les déficiences nutritionnelles incluses dans le premier groupe ne sont, à l'évidence, pas transmissibles). Par ailleurs, on pourrait s'interroger sur la signification du terme « transmissible » : contagieux et/ou héréditaire. Enfin, ce regroupement n'est pas opérationnel pour déboucher sur une identification et une caractérisation en vue de notification et de recensement, puis sur des préconisations de politique publique ou professionnelle, qui doivent s'organiser par grande fonction économique ou sociale. Il y a donc un intérêt à proposer une approche fonctionnelle. Pour le système alimentaire, le concept de « maladie d'origine alimentaire » (*foodborne disease*) paraît pertinent et commence à émerger au sein des organisations internationales, notamment l'OMS (OMS, 2007). Nous définissons ainsi une catégorie transversale, qualifiée de « maladie d'origine alimentaire » (MOA) qui se compose de maladies des groupes I et II, dont le point commun est d'être directement causées ou véhiculées par les aliments (au sens large, y compris les boissons) ou le type d'alimentation (diète) et d'entraîner une pathologie chez l'homme[27]. Les MOA vont donc inclure :
– les diarrhées ;
– les infections intestinales ;

...

---

27. Définition plus large que celle donnée par l'OMS : « une maladie d'origine alimentaire (…) est une affection, en général de nature infectieuse ou toxique, provoquée par des agents qui pénètrent dans l'organisme par le biais des aliments ingérés » (OMS, 2007).

- les déficits en nutriments essentiels ;
- les dénutritions et la déshydratation ;
- l'obésité, le diabète de type 2 et les autres troubles endocrino-nutritionnels ;
- les cancers[28] ;
- l'alcoolisme[29] ;
- les maladies cardio-vasculaires ;
- les maladies digestives ;
- les maladies bucco-dentaires ;
- l'ostéoporose ;
- les allergies alimentaires.

Cette définition des MOA correspond à la majorité des risques alimentaires décrits plus hauts (microbiologiques, chimiques, techniques et nutritionnels)[30], y compris les risques liés à des troubles psychologiques. Elle va permettre une évaluation d'impact à partir des indicateurs statistiques classiques.

Ces statistiques ont notamment pour objet de mesurer la mortalité, et la morbidité, c'est-à-dire le nombre (absolu ou relatif) de malades à un moment donné (une date précise ou une année) et d'identifier la part de la mortalité imputable aux pathologies ou aux blessures.

La prévalence de la morbidité est le nombre total de cas pathologiques existant à un moment donné. L'incidence de la morbidité est le nombre de nouveaux cas de maladies observés pendant une période donnée.

Enfin, comme nous l'avons exposé précédemment, on peut procéder à un dénombrement des jours perdus du fait d'incapacité ou de décès prématuré par type de maladie (EVCI ou DALY).

Les controverses vin et santé, le *French Paradox* et la diète méditerranéenne

De multiples facteurs sont à prendre en compte dans l'étiologie (étude des causes des maladies). C'est pourquoi les « méta-analyses » compilant de manière purement statistique et globale de nombreuses études cliniques sont à considérer avec prudence. Le lien affiché entre vin et cancer dans la brochure « didactique » de l'INCa citée plus haut (Ancellin *et al.*, 2009) et d'autres publications d'organismes relevant du ministère français de la Santé, ont soulevé, début 2009 (après d'autres controverses épisodiques, et ce, depuis des décennies), une polémique justifiée par l'assimilation, faite sans discernement et en ignorant des études cliniques antérieures, entre vin et

---

28. Un lien entre alimentation et cancer a été démontré pour la plupart des cancers, et particulièrement ceux de l'appareil digestif (Ancellin *et al.*, 2009). Toutefois, il faut se garder des assimilations trop rapides entre les différentes catégories d'aliments au sein d'un même groupe (cf. infra le paragraphe « Les controverses vin et santé ».

29. La remarque ci-dessus demeure valable.

30. D'autres maladies sont suspectées d'avoir une composante nutritionnelle : dépression, maladie d'Alzheimer, et certaines maladies auto-immunes telles que le diabète de type 1 (Harjutsalo V *et al.*, 2008, Myers *et al.*, 2008).

alcool. En effet, il a été établi scientifiquement par ailleurs que le vin – consommé à doses journalières modérées – possédait un pouvoir prophylactique vis-à-vis des cancers, du fait de la présence de polyphénols (nombreuses études cliniques (cf. par exemple Damaniaki *et al.*, 2000[31]). Par ailleurs, il est absurde d'assimiler le vin, boisson millénaire aux multiples vertus médicales (cf. Pasteur : « *le vin est la plus saine et la plus hygiénique des boissons* »), culturelles et sociopsychologiques, aux alcools forts. L'équation, qui se veut pédagogique 1 verre de vin = 1 verre de whisky = 1 verre de pastis = 1 verre de vodka (les verres sont plus ou moins pleins selon les breuvages, sur le seul critère de la teneur en alcool), est d'un simplisme consternant. Enfin, il est établi que le contexte de la consommation et les paramètres personnels ont une importance psychosomatique à prendre en compte dans l'analyse des relations entre alimentation et maladies. On comprend, en conséquence, l'indignation des acteurs de la filière à la lecture du dernier dossier INCa.

Au-delà de la question très débattue des relations entre vin et santé, il faut souligner que si une mauvaise alimentation provoque un cortège de maladies, une nutrition basée sur un certain nombre d'aliments sélectionnés, associée à une hygiène de vie, a des effets prophylactiques avérés. Michel de Lorgeril et Serge Renaud, dans un article pionnier paru dans la prestigieuse revue *Lancet* ont démontré les vertus du régime alimentaire français (incluant des doses raisonnables de vin) dans la prévention des maladies coronariennes (Renaud et Lorgeril, 1992), puis les effets bénéfiques sur la santé de l'un des composants de la diète méditerranéenne, l'huile d'olive (Lorgeril et Renaud, 1994). Serge Renaud et son équipe ont expliqué le *French Paradox*, c'est-à-dire la longévité plus grande des populations du sud-ouest de la France, par la composition de la diète (présence de graisse d'oie ou de canard, de vin – d'où l'expression « *French Paradox* » – et de fruits et légumes en quantité abondante) associés à un style de vie particulier, par rapport aux autres régions françaises et aux autres pays industrialisés. Bien que ce point de vue soit partiellement contesté dans la récente étude Monica de l'OMS, de multiples travaux scientifiques montrent que les hypothèses reliant qualité de l'alimentation et santé demeurent robustes.

Au-delà des considérations strictement nutritionnelles, les aspects culturels et sociologiques du modèle de consommation sont particulièrement importants et contribuent à l'équilibre des individus et des groupes humains. Ceci est particulièrement vrai pour la région méditerranéenne comme l'indique avec finesse et conviction Paul Balta : « *Essentiellement périssable, précaire, évanescente parce que quotidienne, la cuisine est, paradoxalement, l'art qui perdure par excellence. Dans cette Méditerranée, berceau des trois religions monothéistes révélées, le boire et le manger sont présents dans les livres sacrés – Ancien Testament, Évangiles, Coran – comme dans les ouvrages profanes*. *Inséparables de la musique et de la danse, ils inspirent la plupart des autres arts. Expression d'une culture enracinée dans l'histoire, la gastronomie est fille de la civilisation* » (Balta, 2004 et Revel, 1979). Le modèle alimentaire ne peut en conséquence être analysé qu'à travers une approche multidisciplinaire.

Après ces indispensables mises en garde contre les dangers d'une vision monolithique de l'alimentation, reprenons notre analyse des pathologies et des impacts provoqués par la malnutrition sous ses différentes formes.

---

31. Cf. par exemple le site <http://www.vinetsante.com/vinetcancer.php3>.

Morbidité et mortalité, imputables aux maladies d'origine alimentaire dans le monde

À partir de la définition qui vient d'être donnée des MOA, nous allons présenter une estimation de l'importance de la morbidité, de la mortalité et de l'impact de ces maladies (EVCI ou DALY).

Tableau 6.7. Prévalence de certaines maladies d'origine alimentaire dans le monde, 2004.

Cause	Monde Nombre	Pays à revenu moyen et bas (PRMB)	Pays à haut revenu (PHR)	PRMB / Monde (%)
Déficience en fer	1 159 303	1 101 923	55 869	95
Déficience en iode	526 471	505 385	20 958	96
Malnutrition protéo-énergétique	238 976	236 406	2 208	99
Diabète mellitus	220 455	159 358	60 685	72
Infections intestinales par nématodes	150 943	149 692	1 101	99
Troubles dus à l'alcool	124 988	102 583	22 213	82
Angines de poitrine	53 951	44 567	9 266	83
Maladies cérébro-vasculaires	30 471	22 004	8 417	72
Déficience en vitamine A	21 355	21 208	115	99
Total MOA	2 526 913	2 343 125	180 832	93
MOA/Total (%)	49	53	28	
Prévalence totale	5 112 184	4 447 869	656 660	87
Population (x 1000)	6 436 826	5 453 527	971 749	85

Source : nos calculs d'après WHO, 2009, Health statistics and health information systems, site consulté le 12 février.

Les estimations concernant la morbidité sont incomplètes du fait de l'absence de déclaration dans de nombreux pays. Aussi, l'OMS ne présence des statistiques que pour certaines maladies (tableau 6.7). En ce qui concerne les MOA, il existe d'importantes lacunes et en particulier le fait que les diarrhées, les cancers et une partie des maladies cardio-vasculaires, dont on verra plus loin le nombre élevé dans les tables de mortalité, ne sont pas comptabilisées, ni aucune maladie relevant de la toxicité des aliments ou de résidus chimiques.

En 2004, les MOA représentaient 2,5 milliards de cas soit 49 % de la morbidité mondiale recensée, avec une prévalence plus grande dans les PVD (53 %). Sur l'ensemble des MOA dénombrées, on comptait plus de 2 milliards de cas de déficit protéique, calorique ou en oligoéléments. L'occurrence concernait essentiellement les PVD (à plus de 95 %).

Les statistiques sur la mortalité sont plus exhaustives et permettent une meilleure estimation de l'ampleur des MOA (tableau 6.8).

Tableau 6.8. Estimation de la mortalité imputable aux MOA dans le monde, 2004.

Causes des décès	Monde	Pays à haut revenu (PHR)	Pays à revenu moyen et bas (PRMB)	Répar-tition PRMB / Monde (%)
	nombre	maladie / total des décès (%)		
Maladies cardio-vasculaires	17 072 898	29	37,2	27,7	82
Cancers (estomac, foie, pancréas, côlon)	2 317 101	3,9	7,9	3,3	72
Diarrhées	2 163 283	3,7	0,2	4,2	99
Maladies digestives	2 045 052	3,5	4,3	3,4	83
Diabète *mellitus*	1 140 881	1,9	2,7	1,8	80
Déficiences nutritionnelles	486 762	0,8	0,2	0,9	96
Troubles endocrino-nutritionnels	302 932	0,5	0,9	0,4	75
Troubles de l'alcoolisme	88 133	0,1	0,3	0,1	74
Total maladies d'origine alimentaire	25 617 042	43,6	53,7	42	83
Mortalité totale (nombre de décès)	58 771 791	100 %	8 094 606	50 581 880	86
Population totale (x 1 000)	6 436 826		971 749	5 453 527	85
Mortalité en pourcentage de la population	0,9		0,8	0,9	

Source : nos calculs d'après WHO, 2009, Health statistics and health information systems, site consulté le 12 février.

Sur un nombre total de décès en 2004 d'environ 59 millions (0,9 % de la population totale), 44 % étaient imputables à des MOA. L'occurrence de ces MOA est plus forte dans les PVD (54 %) que dans les pays développés (42 %). Ce phénomène est principalement imputable aux diarrhées et aux déficiences nutritionnelles qui sont beaucoup plus fréquentes dans les PVD. Ce sont les maladies cardio-vasculaires (MCV) qui constituent la première cause de mortalité dans le monde avec 17 millions de cas et près de 30 % de l'ensemble des pathologies et également des MOA. Les cancers se situent en seconde position, loin derrière, avec 2,3 millions de cas. MCV, cancers, maladies digestives, diabète, troubles endocrino-nutritionnels et alcoolisme sont relativement plus nombreux dans les pays à hauts revenus (en pourcentage du nombre total de cas de MOA à l'origine des décès). Cette donnée tend à montrer la dégradation de la diète dans ces pays.

Si l'on regarde à présent les causes directement liées aux maladies dites de déficience nutritionnelle, on constate que les insuffisances protéino-énergétiques arrivent en tête avec 52 % de la catégorie au plan mondial (47 % dans les pays à hauts revenus), suivies de l'anémie provoquée par la carence en fer (32 %), puis du déficit en vitamine A (tableau 6.9). Les populations concernées sont relativement peu nombreuses si l'on se réfère à l 'ensemble des MOA. C'est pourquoi les campagnes spécifiques sur l'élimination des déficits en oligoéléments seraient les moins coûteuses à mener, avec un impact non négligeable du fait de la nature des maladies en cause.

Tableau 6.9. Morbidité protéino-énergétique dans le monde, 2004.

Cause	Monde *		Pays à haut revenu (PHR)		Pays à revenu moyen et bas (PRMB)		Répartition PRMB/ Total
	nombre	%	nombre	%	nombre	%	%
Déficiences nutritionnelles, dont :	486 762	100	18 085	100	467 780	100	96
Malnutrition protéino-énergétique	250 562	51,5	8 544	47,2	241 540	51,6	96
Anémie ferrique	153 170	31,5	7 935	43,9	144 889	31,0	95
Déficit en vitamine A	16 950	3,5	12	0,1	16 919	3,6	100
Déficit en iode	5 042	1,0	28	0,2	5 010	1,1	99
Mortalité totale	58 771 791	0,9	8 094 606	0,8	50 581 880	0,9	86
Population (x 1 000)	6 436 826	100	971 749		5 453 527	100	85

* Nombre en milliers d'années pour les pathologies (ECVI) ou d'habitants (population).
Source : nos calculs d'après WHO, 2009, Health statistics and health information systems, site consulté le 12 février.

Les calculs d'impact de la mortalité et des maladies d'origine alimentaires (EVCI ou DALYs) donnent le chiffre impressionnant de 324 milliards sur un total de 1 500 milliards, soit 21 %. Ou encore 5 % de la population mondiale en 2004. On retrouve la hiérarchie indiquée pour la mortalité avec, dans les pays à hauts revenus, en premier lieu les maladies cardiovasculaires (59 % de l'ensemble des MOA), puis les cancers de l'appareil digestif (16 %) et l'alcoolisme (14 %). Les déficiences protéino-caloriques n'expliquant que 2,5 % des MOA. La structure est sensiblement différente dans les PVD, avec toujours en premier rang les MCV (46 % des MOA), mais ensuite les déficits en protéine et énergie (25 %), puis les diarrhées (13 %) et l'alcoolisme (7 %). Les pays à petits revenus concentrent 99 % des pertes d'années et 98 % des déficits en protéines et calories (tableau 6.10).

On remarque (figure 6.2) que le taux de mortalité n'est pas diminué par le niveau des dépenses de santé, ce qui tendrait à indiquer que, pour ce type de pathologie, une action prophylactique est plus efficace qu'une médicalisation. En d'autres termes, il existerait une corrélation significative entre le régime alimentaire et le modèle de production alimentaire. Par ailleurs, la diffusion du modèle de consommation occidental qui accompagne la hausse des revenus (et donc des dépenses de santé) explique le taux élevé des MOA dans les pays les plus riches de la zone méditerranéenne.

L'agriculture et l'industrie alimentaire pourraient ainsi jouer, à l'échelle de chaque pays et de chaque région, un rôle important dans l'aggravation ou au contraire la prévention des MOA (Hawkes and Ruel, 2006). Si la sous-alimentation apparaît, en 2002, comme beaucoup plus faible dans la zone méditerranéenne (4 %) que dans les autres régions en développement (14 %), les pathologies létales liées à l'alimentation sont au contraire plus importantes dans le Bassin méditerranéen (54 %) que dans l'ensemble du monde (4 %). Ce résultat constitue un paradoxe puisque l'un des modèles de consommation alimentaire recommandé par les nutritionnistes serait originaire du Bassin méditerranéen (modèle crétois traditionnel).

Tableau 6.10. Nombre d'années de vie perdues par mortalité prématurée ou incapacité, 2004.

Cause	Monde		Pays à haut revenu (PHR)		Pays à revenu moyen et bas (PRMB)		Répartition (%)PRMB/ Total
	Nombre*	Part (%)	Nombre*	Part (%)	Nombre*	Part (%)	
Maladies cardio-vasculaires	151 377	9,9	17 738	58,5	133 398	45,5	88
Diarrhées	72 777	4,8	427	1,4	72 306	24,6	99
Déficiences nutritionnelles	38 703	2,5	759	2,5	37 893	12,9	98
Alcoolisme	23 738	1,6	4 179	13,8	19 523	6,7	82
Cancers de l'appareil digestif	22 296	1,5	4 806	15,9	17 461	6,0	78
Désordre endocrino-nutritionnel	10 446	0,7	1 905	6,3	8 506	2,9	81
Caries dentaires	4 882	0,3	501	1,7	4 367	1,0	89
Total ECVI-MOA	324 219	21,3	30 316	100,0	293 454	100,0	91
Total ECVI	1 523 259	100,0	121 132		1 399 832		92
Population	6 436 826		971 749		5 453 527		85

* Nombre en milliers d'années pour les pathologies (ECVI) ou d'habitants (population) ;
Source : nos calculs d'après WHO, 2009, Health statistics and health information systems, site consulté le 12 février.

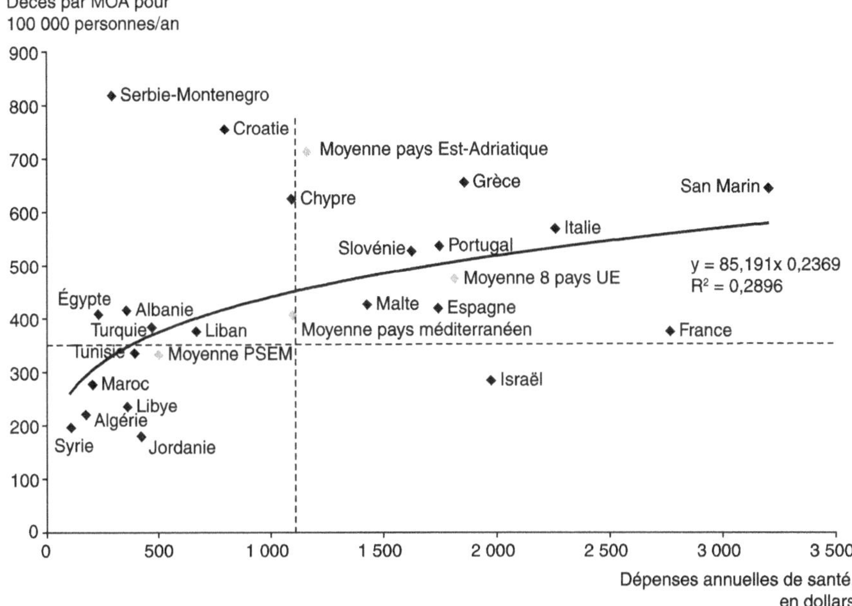

Figure 6.2. Mortalité imputable aux maladies d'origine alimentaire (MOA) et dépenses de santé dans les pays méditerranéens, 2002.

MOA : maladies d'origine alimentaire ; PSEM : pays du sud et de l'est de la Méditérranée ; UE : Union européenne.

Source : Rastoin J.-L., 2007, données WHO, 2006.

La toxicité des aliments : une *Terra incognita* ?

Comme suggéré par les chiffres donnés ci-dessus, les risques pathologiques alimentaires s'avèrent d'ampleur très variable selon leur nature et selon les pays. Cependant, le recensement systématique des MOA et en particulier des intoxications alimentaires et des pathologies imputables aux agents chimiques et physiques présents dans les aliments, n'est pas effectif à ce jour. Dans cette section, nous nous attacherons à préciser l'importance et l'impact économique de la toxicité alimentaire.

Les risques microbiologiques ou risques « accidentels »

Concernant la fréquence du risque alimentaire, il faut indiquer que la mortalité due à une cause toxicologique est très faible dans l'Union européenne (qui serait selon la Commission européenne 10 fois moins élevée qu'aux États-Unis). En France, elle est estimée à moins de 2/1 000 du taux général de mortalité (Apfelbaum, 1998), soit moins de 800 cas en 1995, à rapprocher de 16 000 décès imputables aux accidents de la route et aux 23 500 morts par maladies dues à l'alcoolisme. Une étude de l'InVS et de l'Afsaa (Vaillant *et al.*, 2004) établit à plus de 200 000 le nombre annuel moyen de personnes atteintes de maladies d'origine alimentaire en France au cours des années 1990, ayant entraîné environ 14 000 hospitalisations et 460 décès par an. En Angleterre et au pays de Galles, une étude fait état de 2,4 millions de cas,

21 138 hospitalisations et 718 décès à la fin des années 1990 (Rocourt, 2003). Les infections bactériennes (salmonellose, listériose, campylobacter) sont responsables de la majorité des décès. On est toujours en attente d'un système de veille sanitaire européen qui permettrait de disposer de statistiques comparables au sein de l'UE[32] et donc de définir des conduites à tenir pertinentes.

Les États-Unis bénéficient d'un système d'observation et d'estimation économique des maladies toxicologiques d'origine alimentaire. En 2005, l'USDA a dénombré 76 millions de cas de pathologies gastro-intestinales, 325 000 hospitalisations et 5 000 décès. Les gastro-entérites figurent parmi les intoxications microbiennes les plus fréquentes, généralement bénignes, elles peuvent entraîner une hospitalisation et dans 2,5 % des cas un décès (aux États-Unis selon Mead *et al.*, 1999). Les salmonelloses sont notifiées dans tous les pays de l'OCDE (mais non nécessairement publiées). Leur taux d'incidence serait de 6 à 137 cas pour 100 000 personnes dans ces pays. Pour la shigellose, il serait de 0,2 à 20 cas, pour la listériose de 0,01 à 0,5 cas et entre 0,01 et 1,6 cas pour le botulisme et, concernant les maladies virales, l'hépatite A de 1,2 à 22,3 cas pour 100 000 personnes (Rocourt *et al.*, 2003). On est donc en présence d'incidences très faibles et totalement disproportionnées par rapport à la médiatisation qui en est faite et qui témoigne de la grande sensibilité du phénomène alimentaire dans les opinions publiques, et ceux dans tous les pays du monde. Les spécialistes notent que l'incidence des intoxications alimentaires a nettement progressé depuis une vingtaine d'années.

Les denrées les plus fréquemment incriminées dans ces intoxications sont les produits carnés et les œufs. Le non-respect du couple temps/température dans l'occurrence des pathologies apparaît comme le facteur le plus contribuant.

Les conséquences pathologiques des toxicités microbiologique et chimique

Une proportion non négligeable de cancers peut être associée à des agents chimiques ou à des métaux présents dans l'alimentation, de même que de nombreux décès prénataux ou nataux ou pathologies graves sur des nouveaux-nés. L'exposition à des substances chimiques toxiques engendrerait environ 3 % des anomalies congénitales. Le nombre d'échantillons d'aliments analysés par les autorités sanitaires excèdent la valeur maximale tolérée de résidus de pesticides qui était de 4,3 % à la fin des années 1990 dans les pays membres de l'Union européenne, alors que les effets sur la stérilité masculine, les troubles neurocomportementaux, les maladies pulmonaires prolifératives et les allergies sont désormais avérés par les études cliniques (Rocourt *et al.*, 2003)[33]. Ces pathologies sont particulièrement inquiétantes, car des contaminants chimiques se trouvent en quantités élevées dans les aliments issus de l'agro-industrie dont nous avons indiqué qu'ils représentaient plus de 90 % de l'alimentation dans le pays à hauts revenus (cf. chapitre 4).

---

32. Il existe un projet de la DG SANCO intitulé « ECHI » (*European Community Health Indicators*) datant de 2004, non concrétisé à ce jour.
33. Ces données fragmentaires montrent que les estimations relatives à la mortalité et à la morbidité des MOA présentées dans ce chapitre sont probablement très sous-estimées.

Aucune donnée officielle détaillée au même niveau que dans les pays de l'OCDE n'est disponible dans les PVD sur les maladies microbiologiques. L'OMS fournit des statistiques de mortalité selon les causes. La rubrique « diarrhées pathologiques » peut fournir une approximation des toxi-infections alimentaires. Par exemple, en 2002, ces affections ont entraîné près de 40 000 décès dans les pays du sud et de l'est de la Méditerranée, soit 2,6 % de la mortalité totale (contre 0,1 % dans les 8 pays méditerranéens de l'Union européenne). Selon certaines sources non publiées, les toxi-infections seraient relativement importantes dans cette zone.

Les causes de la toxicité microbiologique ou chimique

Ce type d'accident alimentaire est imputable à plusieurs causes, dont la plupart sont plus sensibles dans les PVD (Elmi, 2004) :
– le non-respect des normes sanitaires agricoles, industrielles et commerciales, alors que ces normes sont moins contraignantes dans les PVD que dans les pays à hauts revenus ;
– la faiblesse du niveau de vie (la pauvreté est la première explication de la malnutrition) ;
– les modifications du mode de vie (repas pris à l'extérieur du domicile, restauration de rue avec des conditions sanitaires souvent déplorables) ;
– le défaut d'éducation sanitaire ;
– les changements démographiques (augmentation des catégories sensibles de la population du fait du vieillissement, de la malnutrition, des infections par le VIH) ;
– l'allongement des filières agroalimentaires, avec la non-continuité de la chaîne du froid et l'importation de germes pathogènes dans de nouvelles zones géographiques ;
– les techniques intensives de production agricole et d'élevage ;
– les modifications des micro-organismes, avec l'apparition de souches virulentes et l'apparition de résistance aux antibiotiques.

On peut ajouter à ces facteurs (Rocourt *et al.*, 2003) :
l'intensification des échanges internationaux de marchandises qui entraîne le transfert rapide de micro-organismes d'un pays à un autre, l'allongement de la période s'écoulant entre la transformation et la consommation des aliments, l'exposition à des souches pathogènes différentes ;
– la multiplication des voyages internationaux qui accélère la diffusion des pathologies transmissibles : 90 % des cas de salmonellose en suède, 71 % des cas de fièvre typhoïde en France et 61 % des cas de choléra aux États-Unis sont attribués à des séjours à l'étranger ;
– l'évolution du mode de vie et du modèle de consommation alimentaire avec, par exemple la croissance des repas pris hors domicile ou l'augmentation de la demande de fruits et légumes frais[34] ;

---

34. Cette tendance est en soi une bonne chose si l'on se réfère aux recommandations des nutritionnistes, la consommation de fruits et légumes frais réduisant les risques de cancer et de maladies cardio-vasculaires.

– les spécificités des nouveaux agents pathogènes qui font que, d'une part, il existe une résistance aux antibiotiques et que, d'autre part, les réservoirs animaux ne sont pas toujours détectés par les techniques classiques d'analyse.

Bien entendu ces alertes multiples conduisent les pouvoirs publics à rechercher des parades, avec un certain succès, par exemple la vaccination des troupeaux, la mise en quarantaine de certains aliments importés, les campagnes d'information et d'éducation à l'hygiène alimentaire tant au sein des entreprises que chez les particuliers. Il reste que la charge de morbidité associée aux MOA n'est toujours pas connue avec précision, que sur 100 000 substances chimiques utilisées aujourd'hui dans le monde, un petit nombre seulement a été caractérisé du point de vue de l'impact sanitaire et que l'étiologie de nombreuses maladies d'origine alimentaire n'est pas encore élucidée. Un effort vigoureux de recherche, d'identification systématique, de surveillance et de prévention est donc indispensable pour une meilleure maîtrise des MOA.

Impact économique des maladies d'origine alimentaire (MOA)

La mesure des conséquences économiques des maladies d'origine alimentaire relève d'une branche des sciences économiques encore balbutiante, l'évaluation d'impact. On peut utiliser deux méthodes, l'une empirique dite du « coût de la maladie », l'autre expérimentale dite « coûts-avantages ». Nous présenterons succinctement ces deux méthodes micro-économiques, puis nous en donnerons les principes d'application dans le cas de la recherche de sécurité alimentaire et enfin nous citerons des résultats tirés d'analyses empiriques.

Les deux méthodes d'analyse d'impact économique des MOA

La méthode du coût de la maladie (CM) repose sur l'hypothèse d'une réduction du produit national du fait de la maladie (perte de bien-être dans le langage de la théorie micro-économique classique). En conséquence, l'évaluation d'impact économique consiste à comptabiliser trois types d'éléments au plan de l'individu malade :
– l'ensemble des dépenses occasionnées par la maladie (frais médicaux et transferts sociaux le cas échéant) ;
– les pertes de rémunération pour le malade ;
– la baisse de production pour l'employeur.

Ces dépenses individuelles sont multipliées par le nombre estimé de personnes touchées par la maladie (statistiques épidémiologiques) pour obtenir un coût total.

Cette méthode présente certaines limites. D'une part, comme nous venons de le voir, les statistiques de morbidité pour les intoxications alimentaires sont fragmentaires (non-déclaration ou non-consultation de médecin par les malades)[35], d'autre part, les complications chroniques post-épisode pathologique ne sont pas prises en compte, et enfin, les coûts supplémentaires infligés aux entreprises du fait des risques de maladie (contrôle de qualité notamment) ne sont pas pris en compte. En

---

35. Au Royaume-Uni, une étude réalisée par la Food Standard Agency en 2000 montre que sur 20 % de personnes souffrant de maladies intestinales, seules 3 % consultaient un médecin (Rocourt *et al.*, 2003).

résumé, la méthode du coût de la maladie s'intéresse uniquement aux effets directs en termes de dépense et ne prend pas en compte les effets indirects et les avantages retirés par les individus de leur guérison, c'est pourquoi les spécialistes ont également recours à une méthode qui prend en compte à la fois les coûts et les avantages résultant des situations pathologiques et de leur prévention et/ou élimination. L'avantage de la méthode du coût de la maladie est sa simplicité conceptuelle et l'existence de données pour l'appliquer (Richard Tiffin, dans Rocourt *et al.*, 2003).

L'analyse « coûts-avantages » (ACA) ou analyse « coûts-bénéfices » (ACB) relève de l'économie néo-classique. Le fondement théorique de l'ACA/ACB est l'hypothèse de la recherche, par l'agent économique, d'une utilité (ou satisfaction, supposée être créatrice de valeur) basée sur ses préférences individuelles. Ainsi, une utilité A supérieure à une utilité B sera préférée et l'agent sera disposé à payer ou à recevoir pour maximiser son utilité. La méthode coûts-avantages consiste à estimer l'accroissement d'utilité pour le consommateur résultant d'une amélioration de sa « satisfaction » (qualifiée d'avantage, bénéfice ou encore « bien-être ») et son coût. Le consommateur est supposé – dans la théorie économique classique – être rationnel, c'est-à-dire capable de procéder à un calcul économique de maximisation de son utilité sous contrainte budgétaire. Les préférences sont mesurées par un consentement à payer (CAP) dans le cas d'un avantage recherché, ou par un consentement à recevoir (CAR) une compensation, dans le cas d'un coût supporté[36]. Dans la théorie de l'utilité, il est fait l'hypothèse que ceux qui vont tirer un gain d'un changement ont potentiellement la capacité d'offrir un dédommagement à ceux qui vont y subir une perte, tout en conservant un bénéfice net (principe de compensation de Kaldor-Hicks). Les gains et les coûts s'échelonnant dans le temps, il est procédé à une actualisation pour pouvoir faire une évaluation *ex ante* et prendre une décision. La différence (CAP – CAR) ou bénéfice net dans la suite actualisée doit être positive pour que la décision d'agir soit prise.

Deux approches théoriques sont utilisables pour estimer un CAP ou un CAR, dans la mesure où il est difficile de mesurer un accroissement de satisfaction (c'est-à-dire la différence entre deux niveaux d'utilité, par exemple une amélioration de sa santé ou de son environnement). La première approche consiste à estimer la part maximale de son revenu que le consommateur consentirait à payer pour bénéficier de cet accroissement de satisfaction (ce qui revient budgétairement à une dépense). On voit bien qu'il y a ici deux combinaisons possibles entre revenu et utilité conduisant à un même niveau de bien-être. La seconde possibilité est de mesurer quelle part de son revenu le consommateur accepterait de recevoir pour renoncer à l'amélioration de son bien-être (ici sa santé ou son environnement), tout en conservant le même niveau de satisfaction globale. Là encore, l'individu est amené à choisir entre deux combinaisons de revenu et d'utilité engendrant un même niveau de satisfaction. En règle générale, les deux approches ne donnent pas la même estimation de coût (Boardman *et al.*, 2001)[37].

---

36. Les notions de CAP et de CAR peuvent être élargies : il peut y avoir CAP pour éviter un coût et CAR pour renoncer à un avantage.

37. Pour une excellente présentation des méthodes ACB et leur application à l'environnement, on pourra consulter Pearce *et al.*, 2006.

Encadré 6.4. Utilité du consommateur et aversion au risque.

La théorie économique néo-classique recourt au concept d'utilité pour expliquer les choix des consommateurs (cf. chapitre 4). Dans le cas qui nous intéresse ici, le consommateur doit arbitrer entre consommation d'un produit et risque encouru du fait de problème sanitaire.

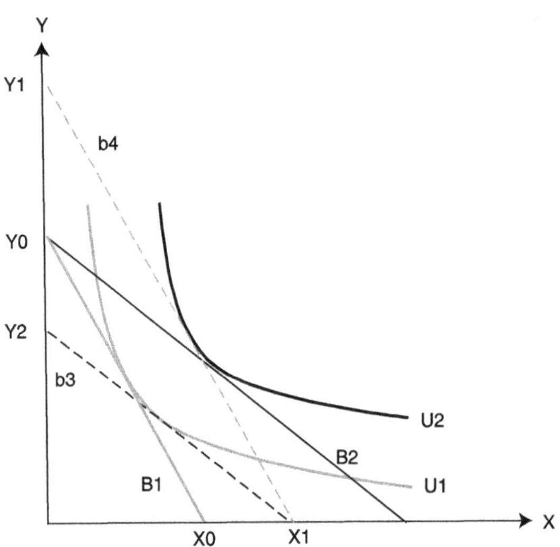

Figure 6.3. Consommation et risques alimentaires.

Source : adapté de Pearce D., *et al.*, 2006, p. 190.

La figure 6.3 exprime le niveau de consommation alimentaire Y en fonction de la sécurité alimentaire X (inverse du risque de maladie d'origine alimentaire). Les points constituant la courbe d'indifférence représentent le même niveau de satisfaction (du fait de sa concavité, plus de consommation va entraîner moins de sécurité alimentaire et inversement). La courbe U2, plus éloignée de l'origine, procure davantage de satisfaction au consommateur (utilité supérieure à U1). La droite tangente à la courbe représente la contrainte budgétaire : plus la pente est forte, plus la consommation est importante, au détriment de la santé). Par exemple, pour conserver l'utilité U1 (rester sur cette courbe d'indifférence), le consommateur soucieux d'améliorer sa santé devra déplacer sa droite de budget de B1 en b3, c'est-à-dire faire passer sa consommation du niveau Y0 au niveau Y1 (Y1 < Y0).

Pour mesurer l'augmentation de satisfaction du consommateur (et donc son consentement à payer) lorsqu'il passe de U1 en U2, deux approches sont possibles. La première consiste à diminuer son budget alimentaire : la droite B2 va alors se positionner en b3 et on obtiendra une diminution de dépense de consommation (Y2 − Y0), en faisant l'hypothèse que le consommateur conserve les mêmes règles d'arbitrage entre consommation et risque. La seconde approche consiste à subventionner le consommateur pour qu'il reste sur la courbe U2 en conservant le même niveau de sécurité alimentaire Y1, ce qui revient à déplacer B2 en b4. Le montant de la subvention sera alors égal à (Y2 − Y0) (Pearce *et al.*, 2006).

...

> Cette démarche « expérimentale » permet de structurer un raisonnement, mais reste éloignée de la réalité du fait des hypothèses restrictives nécessaires à sa mise en œuvre. Par exemple, le fait de diminuer la somme affectée aux achats alimentaires ne conduit pas forcément à une baisse de consommation pour des biens considérés par le consommateur comme de première nécessité. Dans ce cas, il y aura probablement report sur des aliments identiques, mais moins chers (changement de gamme ou substitution), sans considération sur le risque sanitaire, en raison de l'inertie du modèle de consommation alimentaire.

Bien que l'ACA/ACB ait fait l'objet de multiples critiques (sur le critère de bien-être assimilé à une valeur marchande, sur l'agrégation de préférences individuelles pour estimer une préférence collective, sur l'endogénéisation de ces préférences par un groupe social, sur l'actualisation et l'estimation de son taux, sur l'équité, etc.), cette méthode reste une base intéressante de quantification d'impact si elle est complétée par une approche critique, par exemple du type néo-institutionnaliste[38].

Dans le cas qui nous intéresse ici, on appliquera l'ACA en utilisant deux variables : en ordonnée, le niveau de consommation alimentaire, en abscisse, la situation sanitaire (la sécurité alimentaire) du consommateur. Le calcul va donc consister à rechercher le point d'arbitrage entre niveau de consommation et coût de la sécurité. En effet, l'amélioration de la sécurité des aliments va induire des dépenses (d'identification des risques, de mise en place de dispositif de contrôle, de soins, etc.). Le consommateur va donc estimer deux couples « consommation/sécurité alimentaire » équivalents dont la différence va correspondre à un CAP.

La méthode CAP est mise en œuvre en réalisant une évaluation contingente (par expertise) ou des enchères expérimentales (par des sujets mis en conditions de choix entre deux produits l'un supportant un risque pathogène « normal » (respect supposé de la réglementation sanitaire), l'autre étant garanti indemne de risque de contamination. La différence de prix proposée pour les deux produits va indiquer à l'expérimentateur le CAP. Certains auteurs proposent d'estimer le CAP à travers les obstacles tarifaires au commerce international des denrées alimentaires. Ces obstacles estimés en coûts représenteraient le CAP pour éviter des maladies alimentaires. Cependant, les restrictions ne concernent pas que le domaine sanitaire et rendent peu opérationnelle cette hypothèse.

Une autre méthode proche du CAP est intitulée méthode des « prix hédonistes »[39] (MPH). On demande au consommateur d'affecter à chaque « attribut » du produit (dont une caractéristique de sécurité alimentaire) une valeur (où un pourcentage du prix total), le prix du produit étant constitué de l'agrégation de ses différents attributs.

L'application au domaine alimentaire a été exposée en détail par une chercheuse australienne, Judith Caswell, (Caswell, 1998).

---

38. On pourra par exemple consulter les écrits de John Gowdy (Gowdy, 2004).
39. Dans une acception toutefois assez éloignée de la pensée du philosophe grec Hédon...

Différents auteurs font valoir la supériorité théorique de la méthode CAP, plus complète, sur celle du coût de la maladie. Toutefois, de nombreuses difficultés pratiques (accès aux données et surtout subjectivité des expérimentations) et théoriques (critique de la théorie néo-classique du bien-être) en limitent l'utilisation (Tiffin dans Rocourt *et al.*, 2003).

Des études d'impact économique des MOA en nombre limité, anciennes et fragmentaires

Une recherche d'informations sur Internet montre rapidement que les études réalisées à ce jour sur l'impact économique des MOA sont peu nombreuses et concernent principalement certains pays à hauts revenus, fragmentaires (elles ne concernent que quelques maladies microbiennes), anciennes et très difficilement comparables en raison des méthodes hétérogènes utilisées. L'étude citée de l'OCDE sur les MOA (Rocourt *et al.*, 2003) est la plus documentée. Elle recense une dizaine d'études selon la méthode CM dans les pays figurant dans le tableau 6.11. Il n'est pas possible d'en dégager des standards ni même des estimations nationales. Elles permettent cependant de disposer d'un ordre de grandeur pour certaines maladies. Par exemple, la maladie la plus étudiée (salmonellose) engendrerait un coût moyen par cas situé entre une centaine de dollars des États-Unis (Allemagne) et 675 (Canada).

La Nouvelle-Zélande, Le Royaume-Uni et les États-Unis sont les pays ayant produit les analyses les plus complètes. On peut tirer un élément intéressant de l'étude néozélandaise citée concernant la répartition des coûts des MOA par nature : le coût total des intoxications alimentaires à la fin des années 1990 s'élevait en Nouvelle-Zélande à 25,1 millions de dollars US, dont 22 millions pour les pertes de production

Tableau 6.11. Coût de quelques maladies d'origine alimentaire dans certains pays de l'OCDE.

Pays	Nature de la MOA	Coût moyen par cas (US $)	Coût total (M. US $)	Source
Allemagne	Salmonellose	130	50	Krug et Rehm, 1983
Australie	Intoxications alimentaires	366	1 500	Sanz, 2002
Canada	Intoxications alimentaires	675		Mayers et Couture, 1999
Nouvelle-Zélande	Salmonellose	526	98*	Scott *et al.*, Et Roberts *et al.*, 2000
	Listériose	25 197		
Suède	Intoxications alimentaires	303	123	Linqvist *et al.*, 2001
Royaume-Uni	Salmonellose	118	1137	FSA, 2000
	Campilobacter	421		
États-Unis	Salmonellose	523	6500 à 34900	Buzby *et al.*, 1996, 1997
	Clostridium	6487		

* Pour 10 MOA. Source : d'après Rocourt *et al.*, 2003.

Tableau 6.12. Estimation des coûts imputables à certains pathogènes, États-Unis, 2000.

Agent pathogène	Nombre de cas	Nombre d'hospitalisations	Nombre de décès	Coût total (M.US$)
Campylobacter spp	1 963 141	10 539	99	1 200
Salmonella 5	1 341 873	15 608	553	2 400
E. coli O157	62 458	1 843	52	700
E. coli, non-O157 STEC	31 229	921	26	300
Listeria monocytogène	2 493	2 298	499	2 300
Total	3 401 194	31 209	1 229	6 900

Source : d'après USDA, ERS, 2004.

dans les entreprises, 2,1 millions pour les pertes en vies humaines, 0,9 million pour les coûts directs médicaux et 0,1 million pour les coûts directs non médicaux. Cette répartition montre clairement que l'essentiel (88 %) de l'impact économique total de ce type de MOA se situerait au niveau des entreprises.

Une autre étude très complète selon la méthode CM concerne les États-Unis. Pour l'année 2000, un recensement portant sur 5 agents pathogènes conclut à 3,4 millions de cas, 31 200 hospitalisations et un coût total de 6,9 milliards de dollars (dépenses médicales, compensation des journées de travail perdues, des accidents et des morts prématurées) aux États-Unis (tableau 6.12).

Le coût moyen annuel du cas d'intoxication alimentaire décelée s'élèverait, selon les calculs de l'USDA, à environ 2 000 dollars (Frenzen, 2004).

Très peu d'études fondées sur la méthode CAP sont aujourd'hui disponibles. On peut mentionner une recherche allemande portant sur la salmonellose (Krug et Rehm, 1983 citée dans Rocourt *et al.*, 2003) et deux études conduites aux États unis. Dans la première réalisée au milieu des années 1990, il est indiqué que 68 % des participants à une expérience conduite en laboratoire sont prêts à payer pour échanger un sandwich classique contre un sandwich irradié pour eliminer les risques de toxicité et que la somme serait en moyenne de 0,71 dollar. Cette étude concluait également que la valeur de réduction du risque estimée par l'agrégation des CAP excédait largement les coûts directs estimés de la maladie et de son éradication (Gialmalva, 1997 cité dans Rocourt *et al.*, 2003). Une autre étude indique que les consommateurs seraient prêts à payer 0,55 dollar pour éliminer la *Salmonella* de leur repas. (Shin *et al.*, 1992, cité dans Rocourt *et al.*, 2003). Toutes ces études CAP montrent la fragilité de l'économie expérimentale du fait de sa base déclarative.

Les dégâts collatéraux des MOA

Nous avons indiqué ci-dessus l'importance de l'impact « collatéral » des MOA sur les secteurs économiques. Une étude de la FAO permet de préciser l'ampleur de l'incidence des MOA sur l'agriculture et les industries agroalimentaires. Les coûts directs correspondent à la lutte contre la maladie et à son indemnisation par les pouvoirs publics, les coûts indirects à la perte de chiffres d'affaires pour l'agriculture, l'industrie agroalimentaire, l'agrofourniture et les activités connexes (tableau 6.13).

Tableau 6.13. Coûts globaux de certaines épizooties en Europe, fin des années 1990.

Type de maladie	Coûts en millions d'US $		
	Directs	**Indirects**	**Total**
Encéphalopahie spongiforme bovine (ESB), Royaume-Uni, 1996-1997	2 433	1 395	3 828
Fièvre porcine classique, Pays-Bas, 1997-1998	1 321	1 019	2 340
Fièvre aphteuse, Royaume-Uni, 2001	3 558	5 646	9 204

Source : données FAO, 2002.

Le moins que l'on puisse dire est que le tribut payé par un système de production très intensif et confiné demeure lourd.

Le coût de l'éradication a été évalué, dans le cas du Royaume-Uni, lors de la crise de l'ESB en décomposant le coût total par type de mesure prise par les autorités. La première mesure concerne l'indemnisation de l'interdiction de commercialiser des bovins de plus de 30 mois (480 livres sterling ; subvention octroyée aux éleveurs par animal), la seconde une subvention de 100 £ par veau de boucherie abattu, également aux éleveurs, la troisième une indemnité de 1,5 million de £ par semaine aux équarrisseurs et la quatrième un programme de soutien au cours du bœuf de 50 millions de £, soit au total 552 millions de £ ou 886 millions de dollars (Food Standard Agency, 2000, cité dans Rocourt *et al.*, 2003).

Les autres effets collatéraux des crises alimentaires sont (Rocourt *et al.*, 2003) :
– la chute de la consommation de denrées suspectées de risques pour la santé (par exemple effondrement des ventes d'œufs au Royaume-Uni de 90 % à la fin des années 1980 ;
– les frais de justice entraînés par la réglementation engageant la responsabilité des entreprises de la chaîne alimentaire en matière de sécurité alimentaire (une étude réalisée aux États-Unis entre 1988 et 1997 fait état de 178 procédures judiciaires contre 234 entreprises (dont 31 % de restaurants) dans le domaine des intoxications alimentaires ont abouti à l'octroi d'indemnités pour 31 % des plaintes, d'un montant médian de 25 560 dollars (Buzby *et al.*, 2001) ;
– le rappel des produits et les conséquences commerciales qui en découlent. Dans de nombreux pays, en cas de risque alimentaire et au nom du principe de précaution (cf. *infra*), les entreprises sont invitées à retirer leurs produits des circuits commerciaux. Par exemple, aux États-Unis, entre 1994 et 1998, 95 produits alimentaires impliquant 1328 agents pathogènes ont été rappelés (Wong *et al.*, 2000). Ces retraits entraînent évidemment des chutes de chiffres d'affaires des sociétés impliquées. Ainsi, la crise de l'ESB qui avait été la cause, fin 2001, d'un retrait de 1,7 million de tonnes de viande bovine du marché européen, avait réduit les exportations d'un tiers et provoqué une chute des cours de 10 à 15 % par rapport à la période précédant l'épidémie (Gira et IMS, 2001, cité dans Rocourt *et al.*, 2003). Ont suivi des réductions d'activités et des pertes d'emplois dans la filière de l'élevage bovin.
– la baisse de la valeur des entreprises. Les accidents sanitaires survenus dans les entreprises provoquent les pertes directes en activité qui viennent d'être évoquées, mais ont également une incidence sur la valeur des entreprises par dégradation de leur situation nette (actif total moins dettes) et de leur réputation (*goodwill*). On

Tableau 6.14. Synthèse des impacts socio-économiques des MOA.

Agent	Impact direct	Impact indirect ou collatéral
Consommateur	Frais médicaux	Perte de revenu
		Modification du modèle de consommation
État	Transferts sociaux (remboursement frais médicaux et indemnités journalières compensatoires)	Investissements et fonctionnement du système de santé publique
	Frais de gestion de crise	Indemnisation chômage
		Risque politique
Entreprises	Rappel de produits	Baisse de valeur de marché par endettement et *goodwill* (bourse ou gré à gré)
	Perte de chiffre d'affaires	
	Portefeuille de produits	Coût de restauration d'image
	Frais de justice	Restructuration
	Effet négatif sur réputation	
Société civile	Controverse	Changement des styles de vie
	Incitation à l'action collective	

l'a vu lors de la crise de l'USB en Europe et plus récemment à propos d'une affaire de contamination dans la chaîne de restaurants à thème Buffalo Grill. Une étude conduite aux États-Unis indique que la valeur boursière des entreprises incriminées peut être affectée, mais dans une proportion limitée (de l'ordre de 1,5 à 3 % du cours de l'action) (Thomsen et McKenzie, 2001). Des effets croisés peuvent s'observer. Ainsi dans le cas de la crise de l'ESB, les entreprises du secteur bovin ont vu leur cours chuter en bourse, mais en revanche les sociétés présentes dans la production porcine ou de volaille ont bénéficié d'une hausse de leurs actions (provoqué par les reports de marché). En cas de crise, il faut également mentionner comme effet négatif sur les entreprises, les restructurations qui conduisent à des coûts de gestion et des cessations d'activités à prix bradé (tableau 6.14).

La montée en puissance des controverses sociopolitiques et des actions collectives (interventions des associations de consommateurs, mouvements d'opinion amplifiés par les médias) à moyen et long termes, va conduire à un changement sociétal.

En résumé, les études d'impact économique des crises alimentaires, bien que rares et incomplètes, tendent à montrer que les conséquences de MOA, et notamment des intoxications alimentaires, concernent, outre les effets directs (frais médicaux), des baisses de marché, mais aussi des pertes de notoriété préjudiciables aux filières impliquées. Cependant, les risques sont de nature hétérogène et discutée.

Le risque, une notion variable, subjective et contingente

Dans les pays à hauts revenus, les pathologies alimentaires accidentelles sont en très forte diminution depuis un siècle. Il existe un énorme décalage entre la réalité scientifique des risques alimentaires et la mesure qu'en font les consommateurs, un peu comme si l'inquiétude sociale progressait à mesure que les risques sanitaires s'amenuisent : on a là une application du paradoxe de Tocqueville selon lequel le mécontentement public augmente à mesure que les inégalités sociales diminuent (Cochoy, 2001).

Le risque revêt une double nature : réelle et virtuelle. Le risque, tel que défini par les statisticiens, est la probabilité d'un effet adverse pour la santé d'un défaut de qualité d'un aliment[40]. Ce risque va être calculé à partir de critères épidémiologiques. La seconde définition du risque est liée à la subjectivité : le risque est alors apprécié, non pas en fonction de tables statistiques, mais selon une probabilité estimée par le sujet, en fonction de ses propres critères. On parle alors de « risque perçu ». C'est bien entendu ce type de risque qui est déterminant dans le comportement du consommateur. Les spécialistes du *marketing* parlent de « dissonance cognitive » entre la représentation mentale d'un produit au moment de l'achat et sa représentation en mémoire qui résulte d'une accumulation de connaissances (Gallen, 2001).

L'écart entre risque perçu et risque réel apparaît dans les sondages d'opinion. Ainsi, une enquête réalisée en France en mai 2000 par la Sofres auprès d'un échantillon de 1000 personnes sur « les problèmes mondiaux les plus inquiétants » mettait au même niveau la faim dans le monde, le sida et la sécurité alimentaire, derrière la dégradation de l'environnement et devant les réseaux criminels. Cet écart s'explique, en premier lieu, par la nature très particulière du « bien alimentaire » : l'aliment est le seul bien de consommation (avec le médicament) qui s'ingère. Il entraîne en conséquence une grande vigilance de la part du consommateur. Il s'agit par ailleurs d'un bien culturel. L'alimentation est le produit de l'histoire d'un groupe social. Ces deux caractéristiques lui confèrent un statut spécifique dans l'univers de consommation. Deux autres types de facteurs viennent expliquer l'écart constaté entre risque réel et risque perçu. Tout d'abord des facteurs psychologiques, avec la montée des doutes et des incertitudes sur la science supposée capable de résoudre tous les problèmes (positivisme d'Auguste Conte), mais qui ne parvient pas à éviter les catastrophes (sida, vache folle) et menacée par ce que d'aucuns identifient comme les « apprentis sorciers », à savoir les OGM. Ensuite, des facteurs sociologiques résultant de la complexité et de la taille des risques. Ainsi, la pathogénie de la MCJ demeure en large partie inexpliquée, l'ESB et plus récemment la tremblante du mouton ont frappé d'immenses troupeaux en Europe. Simultanément, l'évolution des mentalités dans les pays riches fait que l'acceptabilité des risques ne cesse de diminuer (Laufer, 1993).

À cette perception exacerbée du risque est associé un consentement à payer plus élevé pour des denrées supposées saines et une demande de réglementation très majoritaire en matière d'environnement et de sécurité alimentaire.

Sur le premier point (le consommateur est-il prêt à surpayer un produit qu'il va considérer comme plus sain), nous utiliserons, à titre d'illustration (tableau 6.15),

---

40. L'AFNOR définit le risque dans le domaine de la sécurité des aliments, par une « fonction de probabilité d'un effet néfaste sur la santé et de la gravité de cet effet résultant d'un ou de plusieurs dangers dans un aliment ».

Tableau 6.15. Consentement à payer pour différents types de produits alimentaires, Chine, 2001.

Supplément de prix accepté	Répartition des réponses, en %		
	Légumes sans résidus de pesticides	Produits biologiques	Produits sans OGM
< 20 %	52	30	24
20 % – 40 %	14	5	4
40 % – 60 %	6	4	4
60 % – 80 %	0	0	0
> 80 %	2	0	0
Zéro	26	61	68
Total des réponses	100	100	100

* Produits labellisés par le ministère de l'Agriculture ;
Source : d'après Zhang, 2005.

les résultats d'une enquête menée dans la ville de Tianjin en Chine qui compte 10 millions d'habitants (Zhang, 2005).

Les réserves d'usage sur la méthode déclarative faites, on constate qu'en Chine, le risque perçu le plus déterminant est celui de la pollution chimique (74 % de consentement à payer plus cher les produits indemnes). Néanmoins, le surcoût est majoritairement refusé pour les produits bio et pour les produits labellisés sans OGM. Une telle attitude est contingente à la situation locale, ce qui vient confirmer l'extrême sensibilité du consommateur à l'environnement immédiat et aux données de court terme.

Le consentement à payer est, on l'a vu, influencé par la politique de signalisation des produits, qui à son tour engendre une recherche de garantie gouvernementale par le consommateur sous forme de réglementation (tableau 6.16).

Le recours à l'État répond à une perte de confiance des consommateurs à l'égard des producteurs : le citoyen met en doute le bon fonctionnement des mécanismes

Tableau 6.16. Opinions sur le niveau des réglementations en France (mai 2000).

Domaines de réglementation	Répartition des réponses en % (Total = 100 en ligne)		
	Réglementation suffisante	Réglementation insuffisante	Sans opinion
Environnement	13	79	8
Sécurité alimentaire	22	71	7
Internet	17	64	19
Droits des salariés	29	61	10
Marchés financiers	21	55	24

Source : d'après Sofres, sondage auprès de 1 000 personnes.

du marché pour assurer la qualité des produits. Le rôle essentiel de la confiance dans les relations marchandes a été largement établi par les économistes institutionnalistes et légitime une remise en cause de la théorie économique néo-classique. On peut considérer que l'économie est soumise à des cycles faisant alterner des politiques « libérales » (la main invisible assure le bon fonctionnement des marchés, à la satisfaction de tous) et « interventionnistes » (les marchés sont sujets à des perturbations génératrices de distorsions et de dégradations qu'il convient d'empêcher ou de limiter). Il semble bien que l'on soit entré, après 20 ans de dérégulation thatchérienne et reaganienne, sous la poussée de quelques scandales (sang contaminé, vache folle, plus récemment, dans la sphère financière, naufrage frauduleux de très grandes firmes) dans une période de retour de l'État. Cependant, l'Histoire ne se répète pas et c'est sous de nouvelles formes « normatives » et dans un contexte « mondialisé » que va se manifester demain l'intervention publique. Cette intervention doit également s'appuyer sur un paradigme générateur de légitimité et créateur d'innovation sémantique, deux fonctions cruciales en démocratie. Ce paradigme s'est construit autour du fameux « principe de précaution ».

Vingt-cinq ans de crises alimentaires en Europe

Les accidents de santé imputables à une défaillance de qualité d'un aliment ont toujours existé, allant jusqu'à provoquer de nombreux décès. Ces accidents sont devenus des crises lorsqu'ils ont menacé les gouvernements, en déchaînant la colère des opinions publiques. Le développement sans précédent des techniques d'information et de communication, élargissant le champ des connaissances tout en réduisant leur temps d'accès, se combine à de nouvelles exigences sociétales comme le droit à la santé. Ce cocktail détonnant vient exposer les responsables politiques à de sérieuses menaces qui ont rapidement été prises en compte et débouchent à présent un peu partout dans le monde et particulièrement en Europe sur de profondes modifications des institutions concernées.

La littérature spécialisée date généralement de 1996, avec les premiers cas de maladie de Kreutzfeldt-Jacob (MCJ) imputables à la consommation de viande bovine contaminée par l'encéphalopathie spongiforme bovine (ESB) identifiés au Royaume-Uni, siège de la première « crise alimentaire ». Pourtant, le nombre de cas concernés dans cette crise comme dans celles qui ont suivi est resté très faible en comparaison d'autres événements récents, comme le montre le tableau 6.17.

Dans la période récente (2001-2005), on n'a pas eu à déplorer de grave crise alimentaire[41] en Europe, probablement en raison de deux phénomènes :
− la mise en place de systèmes de gestion du risque alimentaire efficaces (agences de sécurité alimentaire : cf. *infra*) ;
− le phénomène de saturation et de volatilité des médias.

Le plus grave accident sanitaire des 50 dernières années, imputable à un aliment s'est produit en Espagne en 1981 à la suite de la consommation de conserves contenant

---

41. La seule crise sanitaire notable, imputable aux oiseaux (grippe aviaire), survenue en 2005/2006, ne concernait en aucun cas l'acte alimentaire.

Tableau 6.17. Principaux accidents alimentaires enregistrés en Europe occidentale entre 1980 et 2000.

1981	Espagne	Huile de colza contaminé à l'aniline, 1 000 morts
1987	Suisse	*Listeria* dans fromage, 25 morts
1992	France	*Listeria* dans charcuterie, 63 morts
1996	Royaume-Uni, France, Allemagne	MCJ/ESB apparue en 1985, 96 morts fin 2000
1996	Royaume-Uni (Ecosse)	*Escherichia coli* dans viande
1998	France	Dioxine dans lait
1999	Belgique	Dioxine dans œufs et poulet
1999	France	Pollution Coca Cola (mauvaise qualité de CO_2 ou fongicide de traitement des palettes ?)
2000	France	ESB Soviba/Carrefour

Source : d'après Feillet (2002).

de l'huile de colza frelatée et a provoqué l'intoxication de plusieurs milliers de personnes. Les listérioses de 1987 et 1992 ont également été meurtrières. Pourtant, ces catastrophes n'ont pas eu de conséquences politiques, elles ont reçu un traitement administratif. L'extrême sensibilisation au problème de l'ESB s'explique probablement par la nature « barbare » du phénomène (vaches carnivores, voire cannibales, se nourrissant de farines animales), par les dysfonctionnements de grande ampleur survenus au niveau tant national qu'européen (non-respect de la réglementation et absence de sanctions), et par la conjonction des mutations mentionnées ci-dessus (médiatisation, atteinte à la santé). Ce qui était en cause, ce n'était pas l'ampleur des chiffres, mais sa symbolique. Les incidents qui ont suivi ont « bénéficié » d'une vigilance journalistique sans faille et d'une amplification médiatique sans commune mesure avec les *dommages* survenus[42]. Rappelons que la crise de la dioxine dans le secteur de la volaille a conduit le Gouvernement belge à démissionner en 1999.

Un cas manque à notre liste qui mérite cependant d'être signalé, car il vient illustrer les coûts induits par les crises alimentaires. Il s'agit de l'affaire du benzène contenu dans les bouteilles « Pschitt » de Perrier. En 1990, la *Food and Drug Administration* (FDA) des États-Unis, décèle des traces de benzène dans un lot de la fameuse boisson gazeuse. Cet incident, sans aucune conséquence sanitaire, très médiatisé outre-Atlantique, a fortement ébranlé les résultats financiers de la firme et a probablement été à l'origine de la vente des actifs du groupe à Nestlé. Un discrédit sur un produit peut donc condamner une entreprise.

Dans le même registre de la fragilisation des entreprises, on peut mentionner le cas de Snow Brand Milk, coopérative et numéro un du marché du lait au Japon dont successivement certains produits laitiers puis carnés ont provoqué des intoxications massives (plus de 10 000 personnes, une dizaine de morts), en 2000 et 2002. Suite à

---

42. L'incertitude pesant sur les risques d'apparition de nouveaux cas de maladie de KJ et sur le nombre de victimes possibles à moyen terme (de quelques personnes à quelques milliers) explique en partie cette médiatisation.

l'énorme scandale qui en est résulté, le chiffre d'affaires et le cours boursier de Snow Brand Milk sur ces produits ont chuté de 80 % et la firme a dû procéder à une vigoureuse restructuration (suppression d'un millier d'emplois et vente d'actifs) pour ne pas disparaître. Plus récemment, l'incorporation de mélanine dans des laits de consommation destinés aux enfants en Chine aurait contaminé plus de 50 000 sujets, provoqué 13 000 hospitalisations, handicapé 104 enfants et tué 4 bébés. Cet accident sanitaire a ébranlé l'une des toutes premières entreprises laitières du pays qui s'est semble-t-il livré pour des raisons strictement marchandes (diminution de coût et amélioration des marges du produit)[43] et qui aurait pu entraîner dans son sillage frauduleux son associé néo-zélandais Frontera, l'une des premières firmes laitières mondiales.

Encadré 6.5. La sécurité alimentaire dans les pays méditerranéens : le cas de l'Algérie.

À défaut de disposer d'une vision d'ensemble sur la zone méditerranéenne, on peut présenter une analyse de la situation en Algérie, qui constitue un exemple probablement généralisable aux autres pays de la zone.

En Algérie, le secteur informel est estimé à environ 20 % des établissements artisanaux et de petite industrie et 35 % de l'appareil commercial (gros et détail). Un pan très important du système de production-distribution alimentaire échappe donc à tout contrôle technique ou économique. Par ailleurs, le dispositif de surveillance est particulièrement démuni (3 500 contrôleurs de l'Administration pour 1 million de commerçants). Enfin, le faible pouvoir d'achat des ménages entraîne une compression des prix et donc le sacrifice des coûts liés à la qualité. En conséquence, les toxi-infections alimentaires sont nombreuses, de l'ordre de 300 000 à 500 000 cas par an (de 1 à 1,7 % de la population), très au-dessus des chiffres officiels, cent fois moins importants. Toutefois, la létalité reste faible. Le dernier épisode important d'intoxication alimentaire (botulisme) est survenu en 1998 à Sétif et Tlemcen et a provoqué 42 décès pour 345 hospitalisés. La contamination concernait surtout les laitages, la pâtisserie, la volaille et le couscous. On note une occurrence élevée des intoxications collectives, à l'occasion de cérémonies religieuses et festives ainsi que dans la restauration universitaire. Il existe également une contamination significative des aliments par des polluants organiques persistants, des produits agrochimiques, des rejets industriels (métaux lourds) et des eaux d'irrigation (Lebeche, 2006).

Une telle vulnérabilité des institutions publiques comme des firmes privées à des événements à caractère relativement mineur amène à s'interroger sur la notion de risques encourus par les consommateurs. Ce sont en effet les consommateurs qui, par leur comportement d'achat, vont déclencher *in fine* les crises, que ce soit à l'échelle des producteurs ou des responsables politiques.

---

43. 27 responsables chinois ont été poursuivis en justice et 3 condamnés à mort fin janvier 2009.

Une question paradoxale : les risques nutritionnels sont-ils engendrés par la pénurie ou au contraire par la surabondance de nourriture ?

Pénurie et insécurité alimentaire

Ce point a été traité précédemment (cf. p. 412 et suivantes). Rappelons que plusieurs études épidémiologiques ont établi que la faim et la malnutrition sont à l'origine de plus de la moitié des décès d'enfants, aggravent le taux de létalité pendant la grossesse et l'accouchement, érodent les systèmes immunitaires et en conséquence augmentent la vulnérabilité au VIH/SIDA, à la tuberculose, au paludisme et à la plupart des maladies infectieuses. Le déficit alimentaire empêche une scolarisation normale, creuse les disparités entre hommes et femmes, réduit les possibilités d'emplois et la production des actifs (de Haen 2005). Il s'agit d'un véritable désastre pour de nombreux pays en voie de développement (près de deux milliards d'individus sont touchés) et, il faut le répéter, la non-résolution de cette situation est une honte pour l'humanité.

Pathologies de l'excès alimentaire

Si les crises virales et microbiologiques qui ont été évoquées, du fait de leur caractère accidentel, ont suscité de vastes mouvements sinon des paniques tant du côté des gouvernants que de celui des professionnels et des consommateurs, d'autres risques, autrement plus redoutables de par leur ampleur, émergent depuis quelques années. Il s'agit des risques pathologiques liés aux habitudes alimentaires et donc relevant du « libre arbitre » des consommateurs. Il est avéré, à travers de nombreuses études épidémiologiques qu'une surconsommation de sucres et de graisses et une sous-consommation de fruits et légumes associés à l'absence d'exercice physique constituent un terrain favorable pour le développement de l'obésité et des MOA (Mendez and Popkin, 2004).

Selon l'OMS, l'obésité[44] touchait en 2005 environ 15 % de la population âgée de plus de 15 ans dans le monde. Les pays méditerranéens, zone historique de la fameuse diète nutritionnellement bien équilibrée, se caractérisaient par une échelle allant de 7 % pour la France à 31 % pour l'Égypte. Les pays les plus concernés sont, outre l'Égypte, Malte, la Jordanie et la Grèce (plus de 25 %). On note des taux significativement plus élevés chez les femmes (22 %, contre 14 % pour les hommes). À l'horizon 2010, ce sont près de 71 millions de personnes de plus de 15 ans qui souffriront de cette affection dans les 21 pays riverains de la Méditerranée, soit près de 20 % de la population adulte totale. Cette situation est le résultat d'une modification sensible et relativement rapide (moins d'un demi-siècle) du modèle de consommation alimentaire (Rastoin, 2005). La Grèce souvent citée pour la qualité de son MCA traditionnel (le fameux modèle crétois) s'est alignée sur le modèle

---

44. L'obésité est une pathologie définie par un indice de masse corporelle (IMC = poids en kg / taille mesurée en m²) supérieur à 30. Entre 25 et 30, il y a « surcharge pondérale » ou excès de poids.

Tableau 6.18. Estimation de l'incidence de l'obésité (IMC > 30) dans quelques pays, 2005 et projections 2010 pour la population âgée de 15 ans et plus, en millions de personnes et %.

Pays	2005			Projection 2010		
	Population totale	Population obèse		Population totale	Population obèse	
		%	Nombre		%	Nombre
États-Unis	237 429	39,2	92 953	251 414	46,3	116 279
Chine	1 029 207	1,8	18 011	1 086 423	3,9	41 827
Brésil	134 837	13,5	18 203	145 719	18,5	26 885
Russie	122 208	16,6	20 287	119 305	16,6	19 805
Égypte	48 563	33,8	16 390	54 090	35	18 932
Canada	26 577	23,5	6 232	28 280	25,6	7 240
Italie	50 445	12,8	6 432	50 887	14,1	7 150
Australie	16 345	24,4	3 980	17 426	28,8	5 010
Nigéria	78 683	4	3 147	90 243	5,6	5 008
France	49 785	7,2	3 585	51 110	8,3	4 242
Maroc	21 261	12,1	2 573	23 303	13,4	3 123
Monde	4 669 732	14,8	693 163	5 046 896	16,7	843 384

Sources : données WHO, 2008, Obesity rate, www.who.int/infobase ; United Nations, 2009. Population prospects, http://esa.un.org/unpp/, 2009.

dit occidental (Padilla *et al.*, 2005), ce qui explique le taux élevé de MOA constaté aujourd'hui dans ce pays.

Les États-Unis donnent une image extrême de l'incidence d'un modèle nutritionnel incontrôlé : 39 % d'obèses en 2005, 46 % à l'horizon 2010 si la courbe actuelle se prolonge. Entre 2005 et 2010, l'augmentation du nombre d'obèses sera de près de 400 millions de personnes de plus de 15 ans. Le cap du milliard d'individus en situation pathologique d'excès de poids sera franchi durant cette période si l'on prend en compte les jeunes de moins de 15 ans. Tous les pays sont concernés à des degrés divers, y compris les PVD, dans lesquels apparaîtra le « double fardeau » de la dénutrition et de l'hypernutrition caloriques. La Chine verra l'incidence de l'obésité doubler. En dépit d'un taux faible (moins de 4 % de la population de plus de 15 ans en 2010), ce sera le second pays au monde pour le nombre absolu d'obèses, suivi par le Brésil, la Russie et l'Égypte (tableau 6.18).

La surcharge pondérale constitue un facteur aggravant pour tout un cortège de maladies, en particulier cardio-vasculaires qui représentent 29 % de la mortalité totale dans le monde et se situent au premier rang de la létalité et de l'ECVI (150 millions d'années de vie perdues en 2004).

Une étude récente menée en France et en Europe montre quelles sont les variables sociales qui expliquent le mieux statistiquement le poids (et dans les cas extrêmes l'obésité) : la corpulence augmente avec l'âge et diminue en fonction du niveau d'études, avec une plus grande variabilité pour les femmes. L'IMC varie dans le même sens que le revenu pour les hommes et en sens inverse pour les femmes, mais

Tableau 6.19. Disparités de corpulence dans quelques pays européens, 2005.

Pays	Écart par rapport à la France exprimé en kg pour un homme de 1,75 m	Écart par rapport à la France exprimé en kg pour une femme de 1,63 m
Finlande	3,8	5,2
Grèce	3,8	3,1
Espagne	3,7	2,5
Autriche	2,5	1,8
Danemark	2,6	2,9
Italie	1,4	n.s.

Source : d'après Saint Pol, 2006.

les autres variables interviennent également pour constituer un *mix* d'influence. Ainsi, un homme aisé, mais peu diplômé sera plus corpulent qu'un homme ayant le même revenu, mais plus diplômé. La situation professionnelle et le sexe ont un haut niveau explicatif de la corpulence : les agricultrices et dans une moindre mesure les ouvrières auront une corpulence beaucoup plus élevée que les autres femmes actives. Les disparités géographiques sont également importantes en Europe comme l'indique le tableau 6.19.

Enfin, la corpulence varie au cours de la vie et constitue un paramètre modifiable par les individus, à la différence de la taille ou des autres caractéristiques physiques du corps humain (Saint Pol, 2006).

Des études conduites par des nutritionnistes montrent que l'obésité était, au début des années 2000 en France 1,5 fois plus élevée dans les ménages ayant un revenu net inférieur à 900 euros par mois que pour l'ensemble de la population et que la prévalence de surpoids et d'obésité est plus élevée (de 30 %) dans les zones d'éducation prioritaires (ZEP) que dans les autres zones de la carte scolaire. Ces inégalités devant la santé s'expliquent par des comportements défavorables à la santé tels que la malnutrition, le tabagisme et l'absence d'exercice physique (Darmon, 2006). Les causes de ces pratiques négatives sont connues et ont déjà été mentionnées. Il s'agit de l'insuffisance d'éducation, du manque de culture, de l'origine géographique, qui conduisent sauf exception, par un enchaînement fatal, au chômage et à la pauvreté. En conséquence, et dans le seul domaine de la santé, compte tenu du l'impact avéré de l'alimentation, une politique alimentaire volontariste doit être mise en place pour faciliter l'accès d'aliments sains à ces groupes sociaux défavorisés.

▸▸ Principe de précaution et dispositifs publics de sécurité alimentaire

En réaction aux risques encourus par les populations du fait des maladies microbiologiques ou virales apparues depuis 1996, les chercheurs ont adapté le concept de « principe de précaution », imaginé pour la protection de l'environnement, à la question alimentaire. Cependant, ce principe ne concerne pas encore les autres MOA, notamment celles découlant des risques d'intoxication liés aux pesticides ou encore les risques nutritionnels.

Principe de précaution ou principe de confusion ?

L'origine du principe de précaution se situe dans les discussions internationales sur la gestion de l'environnement : conférences sur la protection de la mer du Nord (1987, 1990), déclaration de Rio (1992), loi française sur l'environnement (1995) et plus récemment, conférence de Montréal sur les OGM (2000). Lors de cette conférence, le principe de précaution est défini comme suit : « … l'absence de certitudes scientifiques n'empêche pas [un pays] de prendre une décision pour éviter des effets défavorables potentiels … ».

Il convient de distinguer la « prévention », destinée à éviter un danger réel par suite d'un risque connu, avéré, de la « précaution », qui intervient dans l'incertitude, en face de risques suspectés (Kourilsky Ph., Viney G., 2000). Dans l'alimentation, 90 % des recherches concernent des hypothèses en cours de vérification et des résultats non démontrés, il s'agit d'un domaine où l'application du principe de précaution est susceptible d'être très large, voire excessive.

Il n'existe à ce jour pas moins de 17 définitions du principe de précaution, ce qui conduit certains à parler de « principe de confusion ». Une telle inflation est révélatrice des enjeux politiques et économiques en cause. En effet, au-delà du principe de précaution sont posées les questions du coût de la mesure et de la responsabilité en cas de non-application : précaution signifie évaluation du risque et contrôles (qui nécessitent l'engagement de dépenses) et, le cas échéant, entrave au libre-échange de marchandises (contraire aux dispositions européennes [45] et de l'OMC et pénalisatrice pour certains agents économiques). À propos de l'identification du risque, il existe un débat sur la « charge de la preuve » de l'innocuité du produit. Il convient de préciser ici que le principe de précaution relève de la *res publica* et engage donc la responsabilité des États. Dans certains cas, il existe une procédure d'autorisation de mise sur le marché (AMM ou liste positive pour les médicaments et les produits phytosanitaires), l'AMM est alors financée par l'entreprise qui la sollicite. En l'absence d'obligation d'AMM, c'est la responsabilité des États qui est engagée, ce qui peut conduire à un « basculement » de la charge de la preuve vers les entreprises et donc vers les consommateurs (qui en tant que citoyens sont déjà soumis à un prélèvement fiscal). Il y a donc une grande ambivalence dans le principe de précaution (Godard, 2000).

La Commission européenne s'est préoccupée dès 1985 (mais la transposition en droit français date seulement de 1998) du problème des risques liés au défaut de qualité des produits commercialisés, à travers la directive 85/374 sur la responsabilité des produits défectueux. Cette directive considère qu'un produit est défectueux « lorsqu'il n'offre pas la sécurité à laquelle on peut légitimement s'attendre,

---

45. Le traité de Rome prévoit toutefois (art. 30) que les interdictions de restrictions quantitatives à l'importation (art. 28) et à l'exportation (art. 29) ne font pas obstacle à des restrictions qui seraient justifiées par des raisons de santé publique ou d'ordre public.

compte tenu de toutes les circonstances et notamment de la présentation du produit et du moment de sa présentation ». Ces dispositions ont été atténuées avec la directive 92/59 sur la sécurité générale des produits, qui stipule « est considéré comme sûr tout produit qui dans des conditions d'utilisation normales ou raisonnablement prévisibles ne présente aucun risque ou des risques réduits compatibles avec l'utilisation du produit et considérés comme acceptables dans le respect d'un niveau de protection élevé pour la santé et la sécurité des personnes ». On imagine sans peine le bras de fer entre fonctionnaires de la Commission et *lobbyistes* des industriels et les longues nuits de gestation de ce texte alambiqué ! La notion de produit « sûr » paraît plus souple que celle de produit « défectueux » puisqu'elle admet des risques réduits. Cependant, les temps changent et la crise de l'ESB est passée par là, débouchant sur le Livre blanc sur la sécurité alimentaire, publié par la Commission européenne le 12 janvier 2000 et qui jette les bases d'une véritable politique de sécurité alimentaire 40 ans après le lancement de la PAC, mais sans faire le lien pourtant indispensable entre les deux, compromis politique oblige. Fait symptomatique, le Livre blanc est une co-production des directions générales de la commission (DG) responsables de la santé et de la consommation et non pas de la DG-agriculture. Pour ne pas avoir su prendre à temps le virage de l'agroalimentaire, la plupart des institutions gouvernementales et professionnelles agricoles se trouvent aujourd'hui vidées de leur pouvoir et acculées à une attitude corporatiste défensive.

Finalement, les conditions du recours au principe de précaution sont spécifiées dans une communication de la commission faite dans la foulée du Livre blanc : « la commission considère que la Communauté européenne dispose du droit de fixer le niveau de protection, notamment en matière d'environnement et de santé humaine, animale et végétale, qu'elle estime approprié... lorsqu'une évaluation scientifique objective et préliminaire indique qu'il est raisonnable de craindre des effets potentiellement dangereux... ». Cette communication sert de fondement à un projet de directive du Parlement européen qui précise : « les autorités compétentes des États membres disposent des pouvoirs nécessaires et engagent les actions nécessaires proportionnellement à la gravité des risques... pour prendre des mesures appropriées visant à interdire temporairement, pendant la période nécessaire aux différents contrôles, vérifications ou évaluations de la sécurité, de fournir, de proposer de fournir ou d'exposer certains produits lorsqu'il existe des indices précis et concordants concernant leur caractère potentiellement dangereux... ». Cette définition donne un rôle central à l'expertise du niveau de risque des produits et repose donc le problème de la nature du risque et du statut de l'expert. Une évaluation basée sur les seuls critères des sciences exactes (ici la biologie) peut être réductrice. En effet, d'une part, les frontières entre les faits et les valeurs s'estompent et, d'autre part, le monopole du savoir accordé aux scientifiques est contesté (le point de vue de simples citoyens sur une question scientifique peut faire avancer la connaissance), enfin, toute connaissance scientifique nécessite une « traduction » pour pouvoir être utilisée localement. Il s'agit « d'accéder à la science et à la technique par la porte dérobée de la science en train de se faire et non par l'entrée grandiose de la science faite » (Latour, 1999). Dans ce contexte, de nouveaux dispositifs d'évaluation et de gestion des risques doivent donc être imaginés.

Les dispositifs institutionnels de sécurité alimentaire en Europe et dans le monde

Entre 1995 et 1997, des consultations internationales menées par la FAO et l'OMS ont élaboré un canevas de mise en application du principe de précaution en distinguant 3 phases dans la gestion des risques alimentaires (Guillon F., 2001) :
– l'évaluation du risque (ou *risk assessment*) ;
– la gestion proprement dite du risque par des décisions administratives appropriées (*risk management*) ;
– la communication sur les risques (*risk communication*).

On relèvera dans cette démarche deux innovations : la séparation entre *évaluation* (experts) et *gestion des risques* (gouvernement), et l'intégration d'une phase de communication, indispensable pour limiter les effets négatifs individuels et collectifs des crises.

La « loi alimentaire européenne »

En Europe, le Livre blanc de la Commission adopte cette démarche et situe les enjeux très haut en affirmant en préambule : « veiller au plus haut niveau de sécurité alimentaire est une des principales priorités politiques de la commission » [46]. Il fait ensuite un certain nombre de propositions dont la plupart sont aujourd'hui en cours de concrétisation dans le cadre de la « loi alimentaire » (Food Law) faisant l'objet du règlement (CE) n° 178/2002[47] qui constitue désormais le cadre réglementaire incontournable du système alimentaire européen :
– création d'une Autorité européenne de sécurité alimentaire (*European Food Security Authority*, EFSA) ;
– mise en place d'une législation « de la ferme à la table » ;
– coordination des systèmes nationaux de contrôle de qualité ;
– information des consommateurs (étiquetage, publicité, aspects nutritionnels) ;
– insertion internationale.

L'EFSA a été créée en janvier 2002 en s'inspirant implicitement du modèle de la « controverse sociotechnique » préconisé par les sociologues, c'est-à-dire en organisant une confrontation entre les scientifiques, les politiques et les citoyens pour pratiquer une évaluation et préparer la décision. On passe ainsi du modèle de la « consultation » à celui de la « co-construction » (Callon *et al.,* 2001). L'EFSA est ainsi une entité juridique indépendante de la Commission, son directeur général est responsable devant un conseil d'administration largement ouvert sur la société civile (14 membres dont 4 représentants des associations de consommateurs et de

---

46. Il s'agit là d'une affirmation précoce dans les textes communautaires : déjà le traité de Rome dans sa partie III (politiques de la Communauté), au titre XIII (santé publique) mentionnait : « Un niveau élevé de protection de la santé humaine est assuré dans la définition et dans la mise en œuvre de toutes les politiques et actions de la Communauté » (§ 1 de l'article 152, ex-article 129).
47. Cf. Règlement CE n° 178/2002 du 28 janvier 2002, « établissant les principes généraux et les prescriptions générales de la législation alimentaire, instituant l'Autorité européenne de sécurité des aliments et fixant des procédures relatives à la sécurité des denrées alimentaires ». Détails sur le site : <http:// ec.europa.eu/food/food/foodlaw/index_fr.htm>.

l'industrie). L'EFSA comporte également un forum consultatif à 15 (1 représentant par pays) et 8 groupes scientifiques d'experts indépendants. Les missions de l'EFSA consistent à fournir des avis scientifiques, orienter les politiques et la législation, identifier de manière précoce et analyser les risques alimentaires, assister la commission en cas de crise et assurer une communication avec le grand public. À cet effet, l'EFSA dispose de 250 fonctionnaires et d'un budget de 40 millions €. Son siège est installé à Parme depuis 2005. En résumé, les principes fondateurs de l'EFSA sont les suivants : indépendance, compétence, concertation, transparence, proactivité et réactivité. Il ne faut cependant pas occulter les difficultés potentielles de l'Agence : lourdeur institutionnelle, comme toutes les structures européennes (25 pays aujourd'hui, 30 demain ?), application du principe de subsidiarité (l'EFSA ne dispose pas de pouvoir d'intervention directe, mais doit organiser les discussions entre les pays, conseiller et, le cas échéant, coordonner, comme cela est explicitement mentionné dans le Livre blanc). Cependant, cet « étage européen » est indispensable dès lors que la sécurité alimentaire est un problème de plus en plus global du fait des échanges croissants de produits, de l'intensification des déplacements humains et du renforcement des institutions supranationales (cf. *infra*).

La législation alimentaire de l'Union européenne (Règlement CE n° 178/2002) se fixe des objectifs très ambitieux et parfois difficiles à concilier :
– garantir un niveau élevé de protection de la santé humaine et des consommateurs ;
– garantir la libre circulation des marchandises dans le marché intérieur ;
– fonder la législation sur des preuves scientifiques et une évaluation des risques ;
– assurer la compétitivité de l'industrie européenne et développer les exportations ;
– responsabiliser les industriels, producteurs agricoles et fournisseurs ;
– veiller à la cohérence, à la rationalité et à la clarté de la législation.

Pour ne prendre qu'un exemple de la difficulté, nous pointerons la contradiction entre l'application du principe de précaution, nécessairement restrictif en termes de croissance des marchés et l'objectif qui vise à *garantir la libre circulation des marchandises* et celui qui doit assurer la compétitivité de l'industrie). L'interdiction temporaire de commercialisation d'un produit, aussi justifiée soit-elle du point de vue de la santé, ne peut que diminuer la performance des entreprises concernées (effet sur la sous-utilisation des capacités productives, pertes de clients, détérioration d'image).

La coordination des systèmes nationaux de contrôle de la qualité sanitaire apparaît comme une formulation restrictive dans la mesure où, début 2006, 14 États européens[48] sur 25 avaient déjà créé leur propre Agence ou Autorité de sécurité alimentaire. Le tableau 6.20 donne quelques exemples d'institutions nationales de sécurité alimentaire.

Il s'agit donc désormais de coordonner des dispositifs particulièrement complexes, d'autant plus que, dans chaque pays, le panorama administratif est très chargé : ainsi en France, il existe pas moins de 13 services relevant d'une demi-douzaine de

---

48. Allemagne (BgVV, 1994), Belgique (AFSCA, 2000), Espagne (AESA, 2002), Finlande (ANA, 2001), France (Afssa, 1998), Grèce (EFET, 2000), Irlande (FSAI, 1998), Pays-Bas (IGW&V, 2000), Portugal (ASAP, 2000), Royaume-Uni (FSA, 2000).

Tableau 6.20. Les services gouvernementaux chargés de la sécurité alimentaire dans les pays méditerranéens de l'UE.

Pays	Nom de l'institution	Sigle
Chypre	State general laboratory, ministry of health *	
Espagne	Agencia espanola de seguridad alimentaria	AESA
France	Agence française de sécurité sanitaire des aliments	AFSSA
Grèce	Hellenic food authority	EFET
Italie	Comitato nazionale per la sicurezza alimentate	CNSA
Malte	Malta standards authority	MSA
Portugal	Agência para a qualidade e segurança alimentar	AQSA
Slovénie	Instituta za varovanje zdravja *	

* Institution non spécifique à l'alimentation humaine.
Source : EFSA, 2006.

ministères qui se préoccupent du sujet[49] ! Par ailleurs, les acteurs concernés sont extrêmement nombreux : toujours en France, le « système alimentaire » comporte environ 1,2 million d'entreprises et des centaines d'institutions publiques et professionnelles. Enfin, la dimension internationale vient ajouter une contrainte supplémentaire. La tâche la plus urgente est donc de simplifier les structures administratives nationales afin de faciliter l'indispensable coordination européenne.

L'information des consommateurs est une préoccupation récente au sein d'institutions publiques le plus souvent marquées par une culture technocratique et par un fonctionnement bureaucratique favorisant l'opacité. Du côté des producteurs, la tendance naturelle est de privilégier les messages commerciaux pour stimuler les achats. Pourtant, la transparence sur des données à caractère objectif, établies sur des bases scientifiques, est devenue une nécessité, dans la mesure où des distorsions de marché ou des phénomènes de panique peuvent résulter d'une sous-information. La réglementation sur l'étiquetage et la publicité doit faire l'objet de nouvelles directives européennes (cf. page 463). La question des allégations-santé revêt une grande importance, car elle se situe à la frontière entre l'alimentation et la médecine et qu'elle est très porteuse en termes de marché. La Commission européenne s'est également donné un objectif de développement de l'information nutritionnelle. Il s'agit là d'un sujet de santé publique fondamental étant donné l'impact, désormais largement démontré, du modèle de consommation alimentaire sur certaines pathologies[50] et donc l'intérêt prophylactique d'un régime nutritionnel équilibré tel que la diète méditerranéenne.

---

49. Dans ce dispositif, la DGCCRF (Direction générale de la concurrence, de la consommation et de la répression des fraudes), dépendant du ministère de l'Économie et des Finances, joue un rôle central et a montré sa capacité à créer et faire fonctionner efficacement un système d'alerte préventive et de gestion de crise. La logique voudrait à présent une spécialisation par mission (surveillance de la concurrence d'une part, protection du consommateur d'autre part), avec un regroupement des activités et structures relevant du second volet sous la tutelle d'un ministère spécialisé.
50. Maladies cardio-vasculaires, cancers, obésité, etc.

PVD et international : des dispositifs de sécurité alimentaire émergents

Dans les PVD, il existe rarement un dispositif spécifique de veille sanitaire, d'expertise et d'information dans le domaine alimentaire. La sûreté des aliments relève généralement d'organes de l'administration centrale et de tutelles ministérielles multiples. Par exemple, en Tunisie, on note l'existence d'une Agence multiproduits (cf. encadré 6.6).

Encadré 6. 6. Une Agence chargée de la sécurité alimentaire des produits en Tunisie.

En Tunisie, la question de la sécurité alimentaire est posée par les pouvoirs publics en termes de contrôle sanitaire des produits. Cette activité n'est pas récente en Tunisie, mais avec le développement des risques pathologiques liés aux aliments et vu son importance pour la protection des consommateurs, elle constitue de plus en plus une priorité des plans de développement économiques et sociaux.

Le contrôle sanitaire des produits relève de ce fait d'organismes publics faisant participer plusieurs ministères : le ministère du Commerce, le ministère de la Santé publique et le ministère de l'Agriculture et des Ressources hydrauliques dont les rôles et les tâches sont distincts et la coordination assez complexe.

Au niveau du ministère de la Santé publique, deux structures sont chargées de la question :
– La Direction d'hygiène du milieu et de la protection de l'environnement (DHMPE) : a pour mission, à l'échelle régionale, du prélèvement des échantillons et de leur analyse en relation avec le ministère du Commerce (Office national du commerce).
– L'Agence nationale de contrôle sanitaire et environnemental des produits (ANCSEP), créée en 1999. Contrairement à la première structure, cette agence est dotée d'une autonomie financière avec un conseil d'entreprise et un conseil scientifique et est organisée autour de 3 services : direction de contrôle sanitaire des produits, direction du contrôle environnemental des produits et direction des services communs.

L'ANCSEP a pour mission d'assurer la coordination et la consolidation des activités de contrôle sanitaire et environnemental des produits exercées par les différentes structures de contrôle concernées. Autrement dit, elle joue le rôle d'un observatoire dans le domaine en question. Elle est également chargée de veiller au respect de la réglementation et des normes nationales et internationales.

Source : Khaldi, 2006.

L'insertion internationale concerne la participation des pays aux institutions gouvernementales du système des Nations-unies qui traitent de problèmes alimentaires. On mentionnera ici les quatre plus importantes :
– l'OIE, Office international des épizooties, créé en 1884, qui a pour mission de suivre les maladies des animaux à caractère épidémique en vue d'en limiter la propagation entre pays ;

– la FAO, Food and Agriculture Organisation, chargée des questions de production, de commercialisation et de consommation agricole et alimentaire (les IAA relèvent de l'Onudi, ce qui ne facilite pas une approche globale du système alimentaire) ;
– l'OMS, Organisation mondiale de la santé ;
– l'OMC, Organisation mondiale du commerce.

Toutes ces institutions contribuent à améliorer les connaissances techniques ou économiques à un échelon planétaire, sur les secteurs dont elles ont la responsabilité, elles interviennent à travers des projets de développement et participent à la production de normes à l'échelle internationale. Par normes, on entend ici (dans un sens restrictif) un accord international concernant la dénomination et la caractérisation de biens ou de services. Cette production de normes (tableau 6.21) est devenue d'une importance fondamentale dans la régulation des échanges internationaux, car les normes sont applicables à la quasi-totalité des pays du globe et la conformité à ces normes constitue donc pour les produits concernés un véritable passeport sans lequel il n'est pas possible de circuler.

Tableau 6.21. La production de normes au niveau international dans le domaine agroalimentaire.

Codex alimentarius / **FAO-OMS**	**OMC**
– Critères d'homologation de pesticides	– Accord sur les mesures sanitaires et phytosanitaires (SPS)
– Certification des produits	– Accord sur les droits de propriété intellectuelle (TRIPS) : indications d'origine, brevets
– HACCP (Hazard Analysis and Control of Critical Points), bonnes pratiques	
– Étiquetage	– Accord sur les obstacles techniques au commerce (TBT) : étiquetage, dénominations, composition
– Additifs alimentaires	
– Évaluation de risques	
– Nouveaux aliments	
– Allergies alimentaires	

Nous mentionnons dans le tableau 6.21, les deux dispositifs institutionnels internationaux les plus importants pour les systèmes alimentaires. Le premier concerne la commission du *Codex alimentarius* (CCA), créé en 1963 sous forme de service commun entre la FAO et l'OMS et qui fonctionne par discussion entre experts gouvernementaux en émettant des directives qui sont ensuite en principe intégrées dans les législations nationales des pays membres (173 en 2006). La CCA avait produit au 1er juillet 2005 plus de 202 normes commerciales, 7 directives sur l'étiquetage, 5 sur l'hygiène, 14 sur les contaminants, 22 sur les analyses, 5 sur les risques, 38 codes d'usage, 2 579 LMR (limites *maxima* de résidus) portant sur 213 pesticides, 377 LMR relatives à 44 médicaments vétérinaires et évalué 222 additifs alimentaires conduisant à 683 dispositions. Ces chiffres doivent être relativisés en considérant le foisonnement des produits dans les nomenclatures commerciales internationales ou des références présentes dans le commerce de détail alimentaire (par exemple 15 000 références alimentaires dans un hypermarché). Par ailleurs, le consensus international ayant présidé aux travaux de la CCA, les normes, directives et codes d'usage correspondent à un plus petit dénominateur commun. Le dispositif privé de production de norme est systématiquement plus exigeant que la régulation privée.

Le deuxième dispositif est celui de l'OMC avec 2 accords concernant directement la sécurité alimentaire, SPS (mesures sanitaires et phytosanitaires) et TBT (obstacles non tarifaires au commerce tels que les contrôles de qualité ou l'étiquetage) et un accord qui demande à être précisé, TRIPS (ADPIC, accord sur les aspects des droits de propriété intellectuelle relatifs au commerce), qui a une incidence sur les problèmes de traçabilité (indications d'origine) et de biotechnologies (brevets). L'UE, premier importateur et premier exportateur mondial de produits alimentaires devrait jouer un rôle décisif dans les négociations internationales touchant à la sécurité alimentaire. Elle affirme son intention d'imposer aux produits importés les standards élevés de qualité s'appliquant à ses propres productions. Toutefois, l'UE demeure le 26e négociateur aux côtés des 25 pays membres, ce qui affaiblit son pouvoir.

De nombreuses études empiriques avancent les effets dépressifs instantanés de la normalisation de type Codex, SPS ou TBT sur les échanges internationaux. En effet, des délais et des financements sont nécessaires pour que les exportateurs adaptent leurs produits. Par la suite et sous réserve de ces ajustements, le commerce se trouve stimulé par un effet de rationalisation tant industrielle que logistique. Par exemple, le nouveau standard européen harmonisé relatif aux céréales, aux fruits à coques et aux fruits séchés et conservés promulgué en 2002 a entraîné une baisse d'environ 400 millions de dollars des recettes d'exportation des pays africains, soit plus de 50 % par rapport au standard antérieur et 670 millions de dollars par rapport aux normes du *Codex alimentarius* (Otsuki, Wilson and Sewadeh, 2001, cité par Wilson and Otsuki, 2003). L'adoption de standards multilatéraux est préférable, pour les exportateurs, aux accords bilatéraux qui augmentent les coûts d'ajustement. Ainsi, l'adoption de la norme de la CCA sur les aflatoxines, en ce qui concerne les céréales ou les antibiotiques pour les bovins par les pays importateurs, permet une hausse substantielle des recettes à l'exportation des partenaires commerciaux (Wilson and Otsuki, 2003).

En résumé, les principes de base de la toute récente politique alimentaire de l'UE devraient entraîner une réorganisation du mode de régulation du système alimentaire, en renforçant le rôle donné au consommateur, à tous les stades d'élaboration du produit. On passerait ainsi d'une vision linéaire de la chaîne alimentaire (de l'amont vers l'aval) à une vision concentrique. Le consommateur ne serait plus alors l'élément terminal de la chaîne, mais l'élément central dont devraient se préoccuper tous les opérateurs du système alimentaire (l'agrofourniture, l'agriculture, les IAA, la logistique, les canaux de distribution, les institutions publiques et professionnelles) (Feillet, 2002).

Une telle approche ne peut manquer d'avoir un impact sur les stratégies de l'ensemble des acteurs du système alimentaire européen.

▸▸ Politiques publiques et sécurité alimentaire

La sécurité alimentaire s'affirme comme une exigence des consommateurs, traduite en termes politiques comme un droit qu'ambitionnent de garantir les instances nationales, européennes (cf. Livre blanc *supra*) et internationales. D'où des stratégies et des programmes souvent ambitieux dont on donnera ici trois exemples : la stratégie mondiale de l'OMS pour la salubrité des aliments, le Programme national de nutrition et santé du Gouvernement français (PNNS), le Programme tunisien d'alimentation et de nutrition (PNAN). Les entreprises sont appelées à prendre en compte l'évolution de leur environnement marchand et réglementaire. Il en résulte de nouveaux positionnements stratégiques. Dans les PVD, on peut observer une stratégie de négation du dispositif institutionnel, considéré comme peu dissuasif/ incitatif au regard des possibilités de profit pouvant résulter d'un évitement. Dans les pays à hauts revenus, sur la base d'une exigence de « traçabilité » et de « qualité des produits », deux figures stratégiques devraient s'opposer, la médicalisation des aliments par les très grandes firmes, la « terroirisation » des produits par des réseaux de PME/TPE.

Les pouvoirs publics peinent à traduire des idées en priorités d'action

L'OMS a décidé lors de sa 53e assemblée mondiale en 2000 de mettre en place une « *stratégie mondiale de surveillance des maladies d'origine alimentaire et de salubrité des aliments* », au motif que la sûreté des aliments est une priorité de santé publique. Ce programme a été publié en 2002. Il part du constat que les MOA, et notamment l'obésité, sont en croissance rapide, mais que peu d'informations fiables et exhaustives sont disponibles pour pratiquer une évaluation correcte des risques. En conséquence, la première priorité est de mettre en place un système mondial de surveillance des MOA. Un réseau est en cours de constitution pour assurer ce service (Foodborne Disease Surveillance) depuis 2002, mais il tarde à devenir opérationnel.

Au plan régional, on doit signaler une initiative déjà ancienne dans le domaine des maladies d'origine animale : la création, en 1979 du MZCP (Mediterranean Zoonoses Control Programm) animé par le bureau d'Athènes de l'OMS. Ce programme travaille en partenariat avec la FAO et l'OIE (Office international des épizooties) et rassemble 18 pays méditerranéens et du Moyen-Orient. Sa mission est la prévention, la surveillance et le contrôle des zoonoses et des MOA. Ses activités ont principalement porté sur la formation. L'objectif de créer un observatoire international des MOA est donc loin d'être atteint.

Concernant l'objectif d'amélioration de la salubrité des aliments, l'OMS préconise en premier lieu des consultations d'experts et des études cliniques (méta-analyses) sur les risques encourus du fait du système de production alimentaire (risques microbiologiques, chimiques ou résultant de nouvelles technologies telles que les biotechnologies, l'irradiation, l'emballage sous atmosphère modifiée) et de la croissance des échanges internationaux de marchandises ainsi que des déplacements humains.

Deuxièmement, l'OMS préconise un effort de transparence vis-à-vis des consommateurs et de coopération internationale. Enfin, il s'agit de renforcer les capacités de prévention et de lutte contre les MOA par l'appui technique, par le développement d'outils adaptés (HACCP) et la formation.

Si le programme de l'OMS a eu le grand mérite d'attirer l'attention au niveau mondial sur la gravité potentielle des MOA, il s'en tient à des généralités, certes pertinentes, mais on a du mal à déceler des actions concrètes et les résultats, 4 ans après son lancement, restent décevants. Des actions régionales ciblées et dotées de moyens significatifs, par exemple pour s'attaquer au problème lancinant de l'obésité, constitueraient probablement une piste plus prometteuse pour décliner et opérationnaliser le programme mondial. La zone méditerranéenne, compte tenu du diagnostic présenté plus haut, pourrait constituer un laboratoire intéressant[51].

La FAO qui s'intéresse à la question de la sécurité alimentaire depuis de nombreuses années, a mis en place un dispositif de veille, d'étude et d'intervention plus étoffé que l'OMS. Les questions traitées concernent principalement la sous-alimentation et les carences nutritionnelles. Rappelons l'excellent rapport annuel[52] et la base de données en ligne sur l'insécurité alimentaire qui constituent des outils précieux de suivi de la situation en PVD. De même, la réflexion sur les politiques publiques et les recommandations en matière de lutte contre la sous-alimentation sont bien avancées (cf. Flores *et al.,* 2005). Il manque cependant un consensus intergouvernemental pour assurer les financements nécessaires pour atteindre l'objectif commun du SMA et du MD de réduction de moitié du nombre de personnes souffrant de la faim dans le monde entre 1995 et 2015. Le programme spécial de la FAO sur la sécurité alimentaire (SPFS : *Special Programme on Food Security*) n'est parvenu à mobiliser entre 1995, date de sa création, et 2005, que 770 millions de dollars, soit 77 millions par an, ou encore 9 cents de dollar par an et par personne concernée. Comme nous l'avons constaté, les fonds lui manquent cruellement pour assurer ses missions.

Le programme national de nutrition et santé du Gouvernement français (PNNS) a été lancé en 2001 et a constitué une innovation en Europe. Le premier PNNS (2001-2006) a établi un référentiel nutritionnel qui faisait défaut et lancé des campagnes de communication en associant, conformément à la culture alimentaire française l'objectif de santé publique aux notions de goût, de plaisir et de convivialité. Inspiré par un scientifique, le Pr Serge Hercberg, le PNNS associe des experts, les administrations compétentes, des professionnels de l'agroalimentaire et des représentants de la société civile (associations). Le bilan du premier PNNS reste modeste : une sensibilisation de la population aux pathologies liées à l'alimentation est perceptible, mais les inerties sont considérables dans ce domaine et les statistiques sur les MOA restent à la hausse.

Le 2e PNNS (2006-2010) tire les enseignements de son prédécesseur et met en avant la nécessité de « refonder la politique nutritionnelle » française (mais en existait-il une ?) en lui fixant trois objectifs, de prévention par l'éducation nutritionnelle, de

---

51. À cet égard, on peut mentionner le tout récent « plan national de salubrité des aliments », mis en place en Algérie (2006), avec le concours de l'OMS et de la FAO.
52. SOFI : The State of Food Insecurity in the world.

dépistage précoce et de prise en charge des troubles nutritionnels (obésité, dénutrition), et enfin de ciblage sur les populations défavorisées. Ces objectifs sont associés à des indicateurs quantitatifs à 5 ans (- 20 % de prévalence de surpoids, - 25 % de « petits consommateurs de fruits et légumes », - 5 % de cholestérolémie moyenne, + 25 % d'individus pratiquant un exercice physique), organisés en 9 repères et suivis de manière régulière (Étude nationale nutrition santé).

Pour atteindre ces objectifs, des actions d'amélioration de la qualité de l'offre sont programmées, à l'aide de dispositifs de négociation et de partenariat[53] avec les industriels de l'agroalimentaire et d'un Observatoire de la qualité des produits. Des actions de communication seront menées à partir de 2007, avec l'introduction de messages sanitaires sur les produits alimentaires (publicités médias et *via* la grande distribution). Il est prévu également un plan de dépistage précoce et de prise en charge de l'obésité et enfin des plans spécifiques pour les populations défavorisées et le soutien aux actions locales.

Le 2e PNNS paraît très bien conçu et répond à un diagnostic et à une prospective lucide de la question alimentaire en France. Sa faiblesse est à la mesure des moyens financiers dérisoires qui lui sont consentis : 47 M. € en 2007, soit 30 % de plus qu'en 2006. Cette somme est toutefois à comparer aux 5 milliards d'euros investis par les firmes agroalimentaires pour promouvoir leurs produits en France en 2005 et aux 5 milliards de dollars consacrés, en moyenne annuelle, depuis une dizaine d'années par Nestlé à sa publicité dans 100 pays du monde : le rapport est de 1 à 100 !

Dans les PVD, les dispositifs institutionnels de réduction de l'insécurité alimentaire font souvent défaut. Par exemple, dans les pays méditerranéens, en dehors du cas de la Tunisie, on relève l'absence d'outils du type PNNS. Les pays du Maghreb et l'Égypte ont, dès les années 1970, mis en place des subventions massives à de nombreux produits alimentaires, dans un objectif politique de stabilité sociale intérieure. Après les programmes d'ajustement structurels imposés par le FMI dans les années 1970, ces pays ont institué des mesures de compensation à la disparition ou à la baisse des subventions : distribution gratuite d'aliments ou aide au revenu (filet social, en Algérie). En vue d'éviter le renouvellement des « émeutes de la faim » (Le Caire, 1977, Tunis, 1984), les gouvernements de la zone ont toutefois maintenu des systèmes de contrôle des prix intérieurs pour les produits de base (pain et/ou farine de blé, sucre, huile, lait). Le niveau des subventions reste très élevé en Égypte, en fonction des revenus des ménages (plus de 50 % pour les plus démunis). Il s'agit donc fondamentalement d'un mécanisme macro-économique de maintien des disponibilités alimentaires, sans ancrage direct sur le système productif national (Heidues *et al.,* 2004). On peut remarquer en outre que les préoccupations de sûreté alimentaire, telles que définies dans ce chapitre, sont totalement absentes de ces politiques.

La Tunisie constitue un exemple intéressant – et rare – de prise en compte de la question alimentaire, sans toutefois aller jusqu'à une intégration de la politique agricole dans la politique alimentaire. Ce pays continue d'agir sur les prix de quelques

---

53. La mise en place d'outils économiques sanctionnant les produits néfastes à la santé, du type taxe sur le sucre et les corps gras a été envisagée puis abandonnée, contrairement à ce que l'on observe dans d'autres pays (Royaume-Uni, États-Unis).

produits alimentaires de base, mais a de plus, dès 1995 lancé une action originale dans le contexte de l'époque, le PNAN (Programme national d'alimentation et de nutrition), dont l'objectif était de « réaliser durablement le bien-être nutritionnel des Tunisiens » en intégrant un volet nutritionnel dans les politiques de développement. Ce programme, dont la première phase a consisté à réaliser un diagnostic sur les MOA, a montré la forte croissance de l'obésité, de l'hypertension artérielle, du diabète et des maladies cardio-vasculaires dans les années 1990. Parmi les mesures envisagées par le Gouvernement tunisien, on note un encouragement à la consommation de produits locaux[54] plutôt qu'importés, le ciblage des groupes à risques, la création d'unités de nutrition à l'échelon régional et la mise en place d'actions d'éducation et de communication. L'INNTA (Institut national de nutrition et de technologie alimentaire), chargé de mettre en œuvre le PNAN, faute de moyens suffisants, s'est limité à la réalisation d'enquêtes nutritionnelles, d'enseignements dans le système scolaire et d'émissions radiophoniques de sensibilisation (Dekhili, 2004). Il y a donc, là encore, un écart entre des intentions louables et des réalisations qui restent limitées et donc à faible impact sur la santé publique.

La politique alimentaire, pour répondre à la gravité des problèmes posés, doit faire l'objet d'une réelle priorité gouvernementale, qui se manifeste à travers des choix budgétaires conséquents. Force est de constater que très peu de pays au monde (pour ne pas dire aucun) ont assumé une telle priorité, en dépit des alertes multiples lancées par les organisations internationales (FAO, OMS) et la communauté scientifique. Ce qui a été consenti depuis des décennies pour une catégorie professionnelle à la base de l'alimentation, les agriculteurs, ne l'est toujours pas pour l'ensemble des citoyens : en France, le PNNS représente une dépense publique de moins d'un € par habitant, alors que les subventions agricoles s'élevaient à 18 300 euros par actif agricole en 2005.

Que pourrait (devrait) être une véritable politique alimentaire ?

Nous avons donné dans ce qui précède quelques exemples de programmes nationaux et internationaux qui ne constituent pas à vrai dire de véritables politiques, car trop fragmentaires ou dotés de moyens insuffisants. La politique alimentaire, comme toutes les fonctions régaliennes, doit s'inscrire dans un objectif d'intérêt public. Il s'agit ici d'améliorer la santé publique par des actions coordonnées sur le modèle de consommation et de production alimentaire, en vue de répondre à la prescription du droit à l'alimentation que nous avons présentée en début de chapitre. Le concept de droit à l'alimentation doit ainsi constituer le socle de toute politique alimentaire, dans tout pays. L'opposition ou la distinction que certains font entre pays du Nord et pays du Sud est rendue caduque par ce concept qui inclut les notions de quantité suffisante et d'accès à la nourriture pour tous et de qualité sanitaire, nutritionnelle, organoleptique et culturelle des aliments, ce qui en fait une notion universelle. Le droit à l'alimentation s'inscrivant dans une approche locale et globale répond par ailleurs aux quatre piliers du développement durable (écologie, équité, économie et gouvernance participative).

---

54. Les produits importés véhiculent le modèle de consommation occidental dont on a souligné les dérives pathologiques.

La politique doit définir des objectifs généraux, mais aussi des moyens d'action, puis en organiser le financement à travers des lignes budgétaires. La politique est aux États ce que la stratégie est aux organisations privées et notamment aux entreprises, à savoir un ensemble cohérent et coordonné d'objectifs (en nombre limité) et de moyens.

Nous avons suggéré qu'il fallait à la fois agir sur le modèle de consommation et de production alimentaire, en nous inscrivant ainsi dans la théorie du système alimentaire qui soutient que ce système est finalisé et piloté par l'aval, c'est-à-dire la consommation.

Les actions de la politique alimentaire ciblant le modèle de consommation

Le modèle de consommation, façonné par une population sur un territoire au cours des siècles est marqué par une inertie importante et semble difficile à modifier. Pourtant, nous avons montré, à partir de l'histoire longue du système alimentaire, que les mutations du modèle de consommation alimentaire avait tendance à s'accélérer dans la période récente, en gros depuis la fin de la seconde guerre mondiale, c'est-à-dire un demi-siècle environ, sous la poussée de la croissance économique, de l'urbanisation, du travail féminin, du processus IMG (Internationalisation, mondialisation, globalisation)[55]. Malheureusement, ces mutations et notamment la transition alimentaire caractérisée par la substitution des aliments de base (généralement les céréales) par des corps gras, des viandes et du sucre, provoquent l'apparition de maladies d'origine alimentaire et ne correspondent pas à une évolution souhaitable en matière de santé. Par ailleurs, on l'a vu, la sous-alimentation continue de sévir et concerne près de 15 % de la population mondiale. Il est donc indispensable de modifier la trajectoire du modèle de consommation alimentaire tant dans le cadre national que dans le cadre international.

Les instruments de politique publique pouvant être utilisés à une telle fin sont au nombre de trois essentiellement : l'information, l'éducation et l'incitation.

L'information pour l'amélioration du modèle de consommation alimentaire va concerner trois domaines :
– la diète, c'est-à-dire la composition de l'alimentation au quotidien et dans le temps ;
– les conditions de l'alimentation (lieux, moments et pratiques) ;
– les actions complémentaires et notamment l'exercice physique, « l'hygiène de vie ».

Nous ne traiterons ici que le premier point, les deux autres relevant d'ouvrages sur la nutrition et la diététique, fort nombreux aujourd'hui dans le rayon « grand public » mais beaucoup moins dans la littérature scientifique (sur ce registre, cf. Apfelbaum *et al.*, 2004 et Campillo et Jacotot, 2003). Les médecins insistent beaucoup sur ce que l'on pourrait appeler « l'environnement physique et psychosociologique » de l'acte alimentaire en raison de son impact très important sur la santé : un repas, quelle que soit sa composition, n'a d'efficacité que s'il est pris dans des conditions favorables

---

55. Cf. chapitre 5.

(détente, ambiance, etc.) et accompagné d'activités physiques quotidiennes. La sociologie de l'alimentation est à cet égard fondamentale, en ce sens que le repas est aussi un acte social nécessitant un minimum de temps et basé sur le partage[56].

La composition de la ration alimentaire au sens des nutritionnistes est une question essentielle qui fait l'objet de vifs débats, car elle débouche immanquablement sur celle de l'information. En effet, l'information va déterminer en partie les achats des individus dans un univers de consommation qui se caractérise par l'hyperchoix, dans le modèle agro-industriel tertiarisé qui tend à envahir la planète. En économie de marché, l'information sur le produit est très peu réglementée, puisque cette information est considérée comme l'un des outils de la concurrence. En conséquence, toute velléité des pouvoirs publics de réglementer cette information est freinée par les producteurs et les commerçants qui y voient, à des degrés divers, des limitations de leurs marges de manœuvre pour convaincre le client d'acheter leurs produits. Les compétitions se situent sur les produits eux-mêmes – l'étiquette et les allégations et, dans les médias, principalement la télévision, la presse et l'affichage.

Nous avons déjà évoqué les discussions en cours entre pouvoirs publics et industriels sur l'étiquetage des produits alimentaires (légitimées par des considérations de santé publique), tant au niveau français qu'européen[57]. Cependant, ces débats achoppent sur la question des contenus, car ils voient s'affronter la logique de l'intérêt général et de la pédagogie, du côté de l'Administration et celle de l'intérêt particulier des entreprises et du pouvoir, au sein des entreprises, des services de *marketing* qui ont leur propre logique (parfois contradictoire avec la stratégie de l'entreprise !). En clair, l'objectif de l'Administration est de maximiser l'espace consacré, sur les étiquettes et dans les médias, à l'information nutritionnelle et celui du *marketing* d'entreprise est de maximiser l'espace consacré au message publicitaire sous toutes ses formes (marque, argumentation).

Le texte définitif de la Commission européenne concernant les « allégations-santé » est paru en janvier 2007[58] et sera applicable en mars 2009. Ce texte impose le respect de certaines règles déontologiques (pas de tromperie du consommateur par des suggestions ou des affirmations inexactes ou ambiguës) et la définition de « profils nutritionnels » publiés début 2009 qui conditionneront l'accès aux allégations nutritionnelles et de santé, et qui font l'objet de consultations auprès des parties prenantes (industriels et commerçants, association de consommateurs, agences de sécurité alimentaire européenne et des pays membres).

Le profil nutritionnel d'un aliment synthétise sa qualité nutritionnelle globale. Les systèmes de profilages doivent être fondés sur des connaissances scientifiques

---

56. Cf. à ce sujet l'ouvrage d'un grand nutritionniste et humaniste, le professeur Jean Trémolières, qui attirait, au milieu des années 1970 c'est-à-dire au moment de la mutation du modèle de consommation alimentaire vers le *fast food* et de la prise de conscience de la gravité du problème de la sous-alimentaion dans le monde, l'attention sur l'importance de « partager le pain » (Trémolières, 1975).

57. Directive 2000/13/CE du Parlement européen et du Conseil du 20 mars 2000 relative au rapprochement des législations des États membres concernant l'étiquetage et la présentation des denrées alimentaires ainsi que la publicité faite à leur égard. Cf. <http://europa.eu/scadplus/leg/fr/lvb/l21090.htm>.

58. Règlement n° 1924/2006 du Parlement européen et du Conseil du 20 décembre 2006 concernant les allégations nutritionnelles et de santé portant sur les denrées alimentaires et rectificatif paru au Journal officiel de l'Union européenne du18/01/2007.

concernant le régime alimentaire, l'alimentation et leur lien avec la santé, et doivent être établis en prenant en considération ;

– les quantités de certains nutriments (protides, glucides, lipides) et autres substances contenues dans l'aliment (notamment les composants à risques comme les acides gras saturés, les acides gras trans, les colorants, aromatisants, agents de texture et le sel) ;

Encadré 6.7. Profils nutritionnels : le système SAIN et LIM.

L'objectif de ce système de classification des aliments, mis au point par des équipes de recherche de Marseille coordonnées par le Dr Nicole Darmon de l'Inserm, est de tester la compatibilité d'un profil nutritionnel avec le respect des recommandations issues de la littérature scientifique. Ce système a été préconisé par l'Afssa comme technique de « profilage nutritionnel » des aliments.

La méthode consiste à répartir les aliments en quatre classes identifiées selon deux variables, le SAIN et le LIM, avec une méthode de *scoring*. Le SAIN exprime le pourcentage moyen de couverture des apports nutritionnels conseillés (ANC) pour cinq nutriments essentiels dans 100 kcal d'aliments (protéines, fibres, fer, calcium, vitamine C et de façon optionnelle, vitamine D). Le LIM estime l'excès moyen en sel, acides gras saturés et glucides simples ajoutés dans 100 g. Un seuil est fixé pour chaque score (5 pour la variable SAIN et 7,5 pour la variable LIM), ce qui conduit à créer quatre classes d'aliments :
– classe 1 : aliments favorables à la santé (fort SAIN, faible LIM) ;
– classe 2 : aliments neutres (faible SAIN, faible LIM) ;
– classe 3 : aliments intermédiaires (fort SAIN, fort LIM) ;
– classe 4 : aliments défavorables à la santé (faible SAIN, fort LIM).

Après avoir calculé le profil nutritionnel de 613 aliments, l'équipe de chercheurs a construit le diagramme ci-dessous du type « nuage de points » en positionnant chaque produit selon une abscisse LIM et une ordonnée SAIN en échelle logarithmique.

On constate que la diagonale nord-ouest/sud-est est la plus remplie, la proportion d'aliments « favorables à la santé » étant similaire à celle des aliments « défavorables à la santé ». Les chercheurs ayant créé cette typologie ont ensuite modélisé les rations alimentaires à l'aide de la technique de programmation linéaire, ce qui permet une optimisation sous contraintes en fonction des caractéristiques des aliments. On décrit alors un modèle « équilibré » dans lequel tous les apports nutritionnels conseillés (ANC) sont respectés, d'une part, et un modèle « déséquilibré » dans lequel aucun des ANC n'est satisfait. Dans les deux modèles, les quantités maximales imposées d'aliments sont égales au 99e centile de consommation observé chez les consommateurs, et les apports énergétiques sont minimisés puis maximisés. La question devient alors celle des possibilités de combinaison entre aliments de différentes classes pour parvenir à une alimentation équilibrée, ou déséquilibrée, dans une fourchette d'énergie réaliste. Les auteurs montrent qu'il existe une seule voie possible pour respecter l'ensemble des recommandations nutritionnelles : utiliser des aliments de la classe 1 (profil le plus favorable), seuls ou en combinaison avec des aliments de n'importe quelle autre classe. À l'opposé, pour obtenir une alimentation totalement déséquilibrée, il faut nécessairement faire appel aux aliments de la classe 4 (Darmon *et al.*, 2009).

...

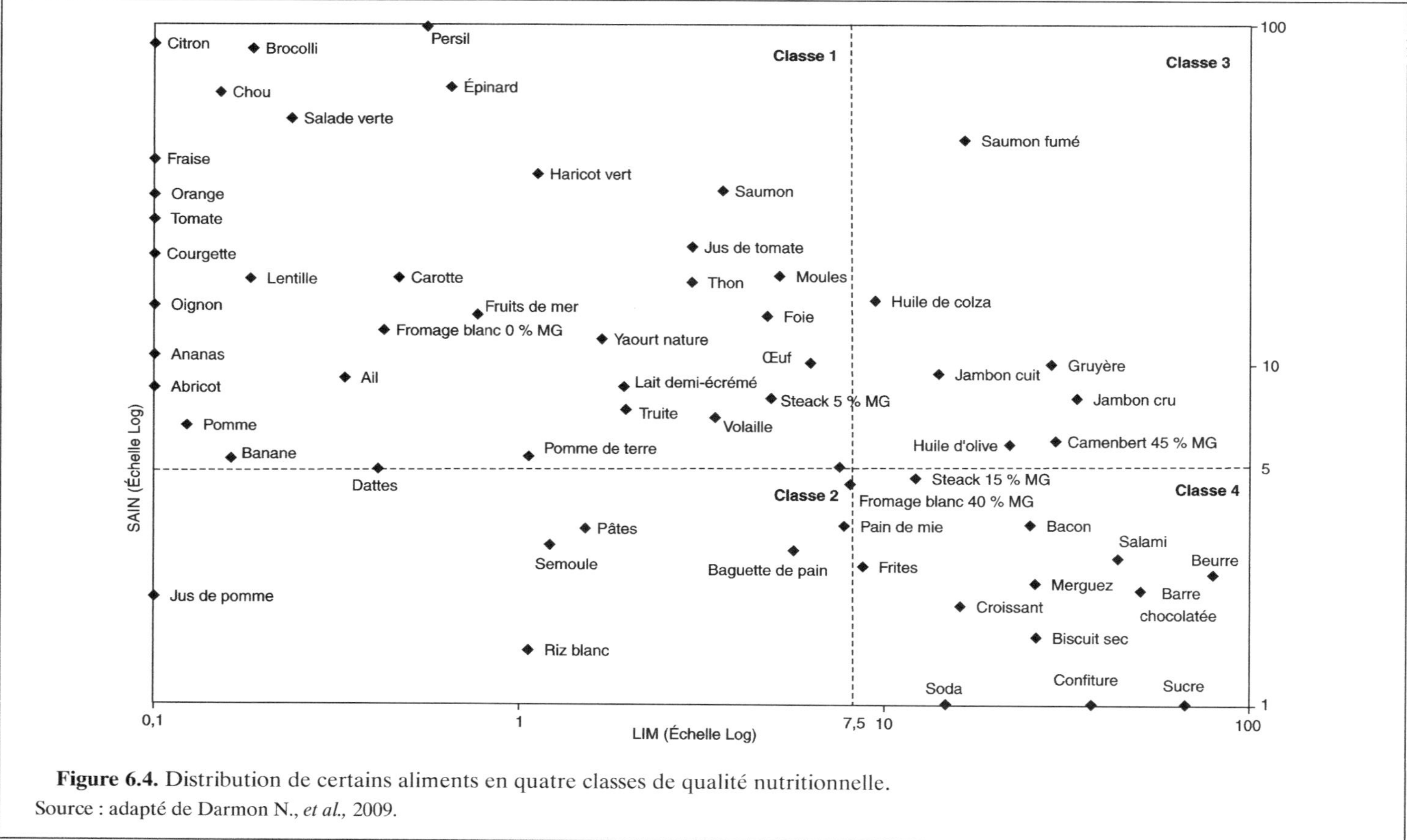

Figure 6.4. Distribution de certains aliments en quatre classes de qualité nutritionnelle.

Source : adapté de Darmon N., *et al.,* 2009.

465

– le rôle, l'importance de l'aliment et l'apport au régime alimentaire de la population en général ou, s'il y a lieu, de certains groupes à risque, notamment les enfants ;
– la composition nutritionnelle globale de l'aliment et la présence de nutriments reconnus comme ayant un effet sur la santé.

Ces profils peuvent inclure des informations relatives aux quantités pouvant être consommées dans un objectif de santé sous forme d'AJR (apports journaliers recommandés) pour un individu « moyen » (ce qui pose bien sûr le problème de la diversité biologique et des conditions de vie).

Les profils nutritionnels peuvent déboucher sur des typologies alimentaires utilisées à des fins scientifiques et pédagogiques (cf. l'encadré sur le système SAIN & LIM, Darmon *et al.*, 2009) ou promotionnelles (par exemple une organisation de rayon de supermarché en produits dits « santé », « plaisir », « actif »). Dans certains pays, on teste une formule plus radicale répartissant les aliments en catégories A, B et C, ou encore vert, orange, rouge, en fonction de leur impact supposé sur la santé, afin de simplifier le choix des consommateurs. De telles formules sont critiquées par certains scientifiques pour leur caractère quelque peu lapidaire et sont évidemment rejetées par les fabricants et les distributeurs.

L'information nutritionnelle ne passe pas seulement par l'étiquetage des produits, d'une part, et dépasse, d'autre part, les seuls aspects techniques[59]. Il est indispensable que cette information soit pensée et construite de façon globale avec les dimensions sociales, psychologiques et économiques qui forment le comportement alimentaire. Il faut ensuite que cette « information alimentaire globale » soit élaborée par des professionnels de la communication et véhiculée par des médias puissants, c'est-à-dire la presse écrite, la télévision, la radio, Internet[60], l'affichage urbain et qu'en conséquence les moyens financiers nécessaires soient dégagés. Comme nous l'avons illustré ci-dessus avec le cas français, les mises de fonds actuellement consacrées à une véritable information alimentaire, dans tous les pays, ne sont pas à la mesure des enjeux et de la concurrence privée[61]. Dans chaque pays, le raisonnement sur l'investissement à consentir en information alimentaire collective doit se faire de façon relative, par rapport aux dépenses publicitaires des entreprises agroalimentaires industrielles et de service. L'objectif est d'atteindre une parité en termes de temps et d'espace. On peut espérer y parvenir par la persuasion (codes de bonne conduite), les messages incrustés dans les publicités commerciales, mais ces mesures sont loin d'avoir démontré leur efficacité. Reste la fiscalité : une taxe prélevée sur la publicité des annonceurs privés pourrait servir à alimenter des campagnes d'information éducative.

L'éducation nutritionnelle faisait encore partie il y a quelques décennies – sous le nom « d'économie domestique » –, des programmes scolaires, puis a disparu, car

---

59. L'USDA, par exemple, a mis en ligne une base de données comportant 13 000 profils nutritionnels purement « techniques » de produits alimentaires consommés aux États-Unis, avec possibilité de calcul de portions journalières.
60. Le site du Gouvernement des États-Unis « Nutrition.gov » (Smart nutrition Starts Here) s'inscrit dans cette perspective.
61. Il s'agit d'« occuper les morceaux de cerveau humain » pour paraphraser la formule élégante de P. Le Lay, PDG d'une chaine de télévision.

probablement jugée comme mineure, sous la pression d'autres disciplines. Elle tend à être réintroduite, notamment à l'école maternelle et primaire, ce qui paraît à la fois intelligent et indispensable. En effet, dans la société contemporaine, les médias (essentiellement la télévision et Internet qui est en passe de lui ravir la première place en terme de support de communication) constituent une deuxième « école » à laquelle enfants et adolescents consacrent presque autant de temps qu'à la « première ». Or ces médias sont pollués par une intensité publicitaire d'une redoutable efficacité et qui atteint des sommets (cf. chapitre 4). Il est donc nécessaire de donner des bases de connaissance solides et un esprit critique et constructif aux jeunes dans le domaine de l'alimentation. C'est ce qu'ambitionne le PNNS en France ou les programmes scolaires sur l'alimentation présents dans de nombreux pays, notamment aux États-Unis[62], au Canada, en Norvège et en Chine. La FAO fait également campagne dans ce domaine avec la publication récente d'un guide d'éducation nutritionnelle (Sherman et Glasauer, 2007) à propos duquel Ezzeddine Boutrif, directeur de la division de la nutrition et de la protection du consommateur à la FAO a déclaré fort opportunément : « *Enseigner la nutrition à l'école peut contribuer à limiter les coûts des maladies liées à l'alimentation. L'éducation nutritionnelle doit être une priorité pour les gouvernements* ». Les programmes d'éducation nutritionnelle doivent se concevoir, et c'est généralement le cas, dans un sens large incluant les aspects sociologiques et culturels de l'alimentation, en particulier la formation du goût. En effet, au-delà des aspects « biologiques », comme nous l'avons montré, le système alimentaire a des impacts importants au plan socio-économique et du développement local.

On peut par ailleurs estimer que l'éducation alimentaire doit faire partie de la formation continue sous une forme académique ou de transfert de connaissances à grande échelle *via* les médias. C'est une cohérence entre information d'une part et formation initiale et formation post-scolaire, d'autre part, soutenue par des institutions publiques et des moyens conséquents qui permettra, d'infléchir la trajectoire dangereuse que prend le modèle de consommation alimentaire mondial.

Les instruments économiques constituent le troisième mode d'action sur le modèle de consommation alimentaire. En effet, nous avons vu dans le chapitre 4 consacré à la consommation, que parmi les déterminants – nombreux – de la « décision alimentaire », les paramètres économiques – prix et revenu – avaient un poids important. En conséquence, il semble possible d'influencer le modèle de consommation par une intervention sur ces paramètres.

Les travaux sur les profils nutritionnels de l'équipe de N. Darmon, prolongés par des recherches intégrant la dimension économique, c'est-à-dire le coût des aliments, viennent légitimer ce point de vue. Dans une étude portant sur 837 adultes français, les auteurs ont testé l'hypothèse d'une relation inverse entre la richesse énergétique d'une ration alimentaire composée de 57 produits et le coût de cette ration, à l'aide d'une régression multiple ajustée à l'âge et au sexe des individus. L'hypothèse a été validée. Les résultats empiriques montrent que les aliments bon marché (à haute teneur en céréales, sucre et graisses) sont caractérisés par une haute densité

---

62. Cf. par exemple, le Child Nutrition Program géré par l'USDA : <http://www.ers.usda.gov/Briefing/ChildNutrition/>.

énergétique et que l'inverse se vérifie : les aliments peu caloriques tels que les fruits et légumes et les viandes sont coûteux (Darmon *et al.,* 2004).

Cette étude suggère les outils économiques potentiels pour orienter la diète dans le sens d'une amélioration nutritionnelle : relever le prix des aliments pathogènes (certains parlent de *junk food*) par des taxes (taxes sur les corps gras et les sucres ajoutés : *fat and sugar taxes*) ou au contraire subventionner les aliments prévenant les MOA, par exemple les fruits et légumes (Cash *et al.,* 2005). Le système de manipulation des prix par des taxes ne donne pas satisfaction pour plusieurs raisons :
– il est difficile à mettre en place avec discernement pour des raisons techniques (comment taxer les aliments en fonction de leur composition ? On pourrait toutefois le faire en se basant sur les profils nutritionnels (Mytton *et al.,* 2007), ce qui est recommandé en France par l'Afssa ;
– il présente l'inconvénient d'être « aveugle » en ce sens qu'il va toucher l'ensemble des consommateurs et non pas des groupes ciblés et pénaliser en premier lieu les ménages les plus pauvres dont le coefficient budgétaire « alimentation » est élevé ;
– une taxe modérée a peu d'incidence sur la consommation ;
– les taxes (ainsi que les subventions) sont contraires au traité de l'OMC (et d'une manière générale à toute réglementation sur la concurrence) qui, comme nous l'avons vu, préconise un démantèlement de toute intervention directe sur les prix.

Bien que les recettes fiscales résultant des nouvelles taxes puissent-être utilisées pour rembourser les taxes aux ménages modestes ou mettre en place des programmes d'amélioration nutritionnelle, il semble préférable de procéder à des distributions gratuites de denrées bénéfiques à la santé dans les écoles (exemple des fruits et légumes en Norvège), ou de faire baisser par des subventions le prix des aliments (exemple des aliments-santé dans les distributeurs automatiques sur les lieux de travail, les écoles et les universités aux États-Unis), ou encore de subventionner les transports des aliments périssables de qualité vers les localités isolées (fruits, légumes, produits laitiers au Canada). Ces trois expériences ont donné des résultats positifs et incitent à préconiser plutôt des subventions ciblées que des taxes. On peut aussi préconiser une baisse de TVA sur les produits nutritionnellement intéressants en vue de stimuler leur consommation. Un autre instrument est l'attribution de coupons d'achat pour ce type de produits aux populations concernées par la malnutrition, avec un risque d'« aléas moral », c'est-à-dire de revente des coupons. Aux États-Unis, le *Supplemental Nutrition Assistance Program* (SNAP), géré par l'USDA est basé sur cette formule et concerne environ 28 millions de personnes chaque mois, soit 10 % de la population, qui reçoivent des *Paper Food Stamps Coupons* (« timbres alimentaires »). L'Union européenne, alertée par les statistiques inquiétantes sur l'obésité des jeunes (plus de cinq millions d'enfants obèses dans l'UE en 2008) a approuvé en décembre 2008, un programme de distribution de fruits et légumes dans les écoles, doté de 90 millions d'euros (règlement CE 13/2009 du 18 décembre 2008). En France, le ministère de l'Agriculture devrait mettre en place des « plans d'action régionaux de l'alimentation » prévoyant d'améliorer l'accès à une alimentation saine (et d'encourager une offre agricole et alimentaire conforme aux recommandations nutritionnelles).

Enfin, il peut être envisagé de créer des crédits d'impôt en faveur des personnes appliquant certaines prescriptions en matière d'alimentation ou d'exercice physique.

Un tel dispositif existe depuis 2005 dans l'État de la Nouvelle-Écosse au Canada, pour encourager les parents à inscrire leurs enfants à des activités sportives ou récréatives apportant un bénéfice santé et le Gouvernement canadien l'a adopté au niveau fédéral à compter de 2007, pour un coût estimé à 160 millions de dollars (Madore, 2007).

Allant un peu plus loin dans l'analyse des profils nutritionnels, l'équipe de N. Darmon s'est intéressée au prix moyen de 691 aliments et à leur consommation par les participants à l'enquête nationale INCA, ce qui a permis d'estimer les caractéristiques nutritionnelles des rations (notamment la densité énergétique et la présence de composants à limiter). Les résultats montrent qu'une alimentation de bonne qualité nutritionnelle coûte généralement plus cher (à apports énergétiques constants) qu'une alimentation de qualité nutritionnelle médiocre, non seulement car elle a une faible densité énergique, mais aussi, et peut-être surtout, car elle est riche en nutriments essentiels (Maillot, 2007a). De plus, le profil nutritionnel des grands groupes et sous-groupes d'aliments a été estimé en utilisant le SAIN (*Nutrient Density Score* en anglais) et le LIM, et les résultats de l'étude publiée en 2004 ont été confirmés : les groupes « viandes/œufs/poissons » et « fruits, légumes et autres végétaux » qui sont les plus chers sont également les plus intéressants au plan nutritionnel. *A contrario*, les aliments « gras-sucrés et gras-salés » et « matières grasses ajoutées », qui constituent les sources caloriques les moins chères sont également les plus denses en composés nutritionnellement néfastes. Les féculents sont les seules sources d'énergie bon marché à ne pas présenter d'excès en constituants à éviter. Enfin, selon les résultats de l'enquête, il existe, dans chaque groupe d'aliment des sous-groupes de meilleur rapport qualité nutritionnelle/prix. Il devrait donc être possible, en les privilégiant, d'obtenir une alimentation de bonne qualité nutritionnelle pour un coût modéré (Maillot, 2007b). Cette suggestion se situe à l'interface entre les outils d'incitation économique et d'information.

D'autres travaux, basés sur l'économie expérimentale, et s'inscrivant dans le cadre de l'analyse coûts-bénéfices présentée en section 6.2.4, ont tenté de faire une évaluation quantitative des politiques publiques (Marette, 2009). Dans ce type de recherche, une expérimentation, menée en laboratoire, permet de repérer les changements statistiquement significatifs du comportement d'achat des consommateurs suite à la révélation d'information sur le caractère dangereux ou au contraire bénéfique de certains aliments et de construire ensuite des « modèles calibrés » d'aide au choix gouvernemental (information, taxe ou subvention). Une étude sur le thon (contaminé en mercure) et la sardine (riche en *oméga* 3) montre ainsi qu'une politique de taxation du thon/subvention de la sardine aurait plus d'impact qu'une campagne d'information dès lors que celle-ci toucherait moins de 95 % des consommateurs potentiels. Le couple taxe/subvention augmenterait le « surplus collectif de bien-être » de 3,4 % par rapport à l'absence d'intervention publique sur les prix (Marette *et al.,* 2008). La faiblesse du surplus laisse penser que les décideurs politiques ne seraient pas incités à mettre en place une fiscalité contraignante et probablement génératrice de coûts d'agence et de transaction. L'intérêt de ce type de modélisation est la simulation quantifiée *ex ante*. Ses limites tiennent à l'absence de considérations sociologiques et aux difficultés de paramétrage.

Au total, très peu d'expériences d'une certaine ampleur à objectif d'orientation nutritionnelle des populations n'ont été menées à ce jour, ce qui vient confirmer que la politique alimentaire reste un chantier[63].

Les actions de politique alimentaire ciblant l'offre

Si les actions sur la demande alimentaire en vue d'améliorer la qualité nutritionnelle du modèle de consommation restent timides comme nous venons de le voir, celles qui concernent l'offre c'est-à-dire les entreprises agricoles, les industries alimentaires, les circuits de commercialisation et la restauration hors domicile qui leurs sont homothétiques demeurent donc limitées.

Dans le domaine de l'information, la restriction de l'accès aux allégations-santé commencera en principe à être appliquée à partir de mars 2009, dans le sens où seuls les produits ayant un profil nutritionnel avéré favorable à la santé sur la base d'études scientifiques pourront alléguer. L'expérience montre toutefois que de longs délais sont nécessaires avant que les directives européennes soit effectives dans tous les pays membres. La possibilité que les profils nutritionnels soient étiquetés n'est toujours pas une proposition de la Commission européenne. Le frein majeur semble être dans ce domaine l'existence de système du type « profils nutritionnels » dans plusieurs pays européens qui répugnent à en changer. Une harmonisation semble cependant souhaitable. Certaines grandes firmes et quelques PME se montrent pionnières dans cet exercice d'information « objective » en estimant, à juste titre, pouvoir bénéficier de retombées positives en termes d'image et donc de conquête ou de fidélisation de clients. Sur la publicité alimentaire, le Royaume-Uni envisage une interdiction totale pour les émissions destinées aux enfants et la France impose aux annonceurs des messages encourageant la consommation de fruits et légumes et l'exercice physique. Nous avons mentionné le peu d'efficacité de cette méthode.

Le PNNS français a volontairement renoncé aux mesures coercitives vis-à-vis des entreprises du système alimentaire en vue d'améliorer la qualité nutritionnelle des produits. Il a préféré la méthode de l'orientation en créant un label de conformité à une « charte d'engagement nutritionnel », attribué, après avis d'une commission d'experts, aux entreprises s'y conformant. Le label est un signe de qualité émanant du ministère de la Santé, revêtant donc un caractère officiel, qui peut constituer un argument *marketing*. Les entreprises déposent un dossier comportant des objectifs chiffrés de réduction des composants à caractère nuisible à la santé, d'information nutritionnelle du consommateur et un calendrier de réalisation. La laiterie Saint-Hubert a signé la première charte d'engagement nutritionnel en février 2008. Ce type d'action est certes intéressant et permet d'obtenir des résultats qui peuvent avoir un impact, mais, étant basé sur le volontariat, il peut ne concerner qu'une fraction limitée du marché.

Concernant les incitations économiques, on a vu qu'elles étaient des plus limitées et ne concernent pas à ce jour les pays de l'Union européenne. Avec la crise

---

63. Et ceci depuis de nombreuses années en dépit des alertes lancées par les chercheurs. Cf. en particulier la thèse de doctorat puis l'ouvrage pionnier de Martine Padilla (Padilla, 1996).

économique en cours depuis 2008 et le creusement des déficits publics, il n'est donc plus question de nouveaux impôts qui affaibliraient le pouvoir d'achat des consommateurs ou de subventions qui ne trouveraient pas de financement.

Il faut donc faire preuve d'imagination et multiplier les initiatives peu coûteuses allant dans le sens d'une amélioration du régime alimentaire. Dans cette perspective, le modèle d'offre basé sur la proximité nous semble plus porteur que celui des filières longues (cf. chapitre de conclusion).

Les autres composantes de la politique alimentaire et le défi institutionnel

Une politique alimentaire ne doit pas se limiter aux aspects d'amélioration nutritionnelle de la diète qui ont fait l'objet de longs développements dans cette partie. Elle doit également inclure le volet sanitaire et la question de la traçabilité qui lui est lié, ainsi que les considérations relatives à la culture et au patrimoine alimentaire. Ces différentes composantes doivent être coordonnées en vue de réaliser l'objectif de satisfaction du droit à l'alimentation qui a été indiqué au début.

La diversité des missions et des contextes de la politique alimentaire n'est pas sans poser de redoutables problèmes institutionnels. En effet, plusieurs départements ministériels pourraient revendiquer ce champ de l'action publique : agriculture, santé, développement durable, économie. Aux États-Unis, nous avons vu que l'USDA apparaissait comme la tutelle en matière alimentaire et nutritionnelle. En France, les attributions sont éclatées entre ministère de l'Agriculture[64] et ministère de la Santé et différentes institutions à tutelles multiples (tableau 6.22). Quelque soit la formule adoptée, une coordination est indispensable, en gardant présent à l'esprit que la question d'une « bonne alimentation » arrive en tête par rapport à celle des secteurs productifs, puisqu'elle concerne l'ensemble des citoyens. La théorie du système alimentaire nous enseigne l'intérêt du pilotage par la fonction de consommation plutôt que par la fonction de production et d'une double coordination, verticale (filières) et horizontale (espace). Par ailleurs, le développement de pandémies animales (grippe aviaire) à l'échelle mondiale, les risques climatiques et pathologiques menaçant la production végétale, tout comme la crise des marchés de produits alimentaires de 2007-2008 et les différences de contexte entre pays du point de vue de la sécurité alimentaire, incitent à mettre en place une coordination internationale de la question alimentaire (cf. chapitre 5).

La politique alimentaire, c'est aussi un cadre institutionnel légal protégeant la qualité des aliments et un dispositif de contrôle et de sanction qui malheureusement n'existe pas dans tous les pays ou ne fonctionne pas toujours de façon satisfaisante comme nous allons le voir dans la section suivante.

---

64. La multifonctionnalité de l'agriculture et le développement probable de l'utilisation de la biomasse à des fins non alimentaires militent pour un redéploiement des attributions des ministères de l'Agriculture, plutôt qu'un éclatement entre ministère de l'Environnement (ou du Développement durable), ministère de la Santé et ministère de l'Économie (questions alimentaires). Pour chacune des composantes de la multifonctionnalité (nourrir, aménager, diversifier), une instance de coordination avec les autres administrations concernées, dotée de réels pouvoirs est indispensable.

Tableau 6.22. Les missions fondamentales de la politique alimentaire.

Missions	Contenu	Institutions
Améliorer la situation nutritionnelle de la population	Information et éducation des consommateurs	Ministères de l'Agriculture, de la Santé, de l'Économie
	Actions techniques et économiques sur l'offre et la demande	Agence publique de sécurité alimentaire
		Entreprises des filières
Assurer l'innocuité alimentaire	Réglementation sanitaire, dispositif de surveillance et d'alerte, gestion de crise	Ministères de l'Agriculture, de la Santé, de l'Économie et de l'Environnement
		Agence publique de sécurité alimentaire
		Entreprises des filières
Valoriser le patrimoine du goût et contribuer au développement local	Recensement et promotion du patrimoine culinaire	Ministère en charge de la politique alimentaire, Ministères de la Culture et du Développement durable
		Entreprises des filières

Un problème préoccupant pour la sécurité alimentaire : la fraude à la qualité

Nous prendrons pour illustration de ce problème le cas du Maroc. La question de la qualité dans ce pays a été approchée à travers une analyse en trois temps. L'étude de cas qui suit, est empruntée à Rachid Hamimaz (Hamimaz *In* : Aït El Mekki *et al.*, 2002) :
— l'évolution des infractions à la qualité, verbalisées par les services de contrôle par type de produits ;
— le nombre total des dossiers judiciaires transmis au parquet ;
— la suite judiciaire donnée à ces dossiers.

La fraude à la qualité a entraîné la rédaction de 16 674 procès-verbaux au Maroc en 1991 et 9 382 en 1999. Ces PV ont concerné les branches travail du grain (farines + pâtes), lait, cafés et huiles (principalement d'olive). Ce constat est confirmé par l'évolution des transmissions des dossiers judiciaires au parquet (60 % des dossiers concernent ces différents produits). Ces chiffres sont parfois bien en deçà de la réalité en raison de la baisse de l'activité de contrôle depuis 1996, année durant laquelle la campagne d'assainissement fut lancée.

La dynamique de la fraude sur la qualité au niveau de l'industrie alimentaire peut trouver son explication dans trois types de raisons :
— les politiques publiques en matière de prix : par exemple, fraude sur la subvention accordée aux farines dont le but est de s'accaparer les avantages liés au différentiel dans les montants de compensation versée aux différentes farines. Ce fut le cas jusqu'en 1988 lorsque certaines farines étaient encore subventionnées, et notamment à la farine nationale de blé tendre. C'est encore le cas pour le quota

de 12 millions de quintaux de farine nationale subventionnée qui donne lieu à de nombreux détournements et fraudes et ce en dépit de toutes les mesures dissuasives qui ont été prises par l'État ;

– l'intérêt économique de la fraude en raison, tout d'abord, du caractère non dissuasif des sanctions judiciaires[65] et d'un système de contrôle de la qualité en faillite (moyens matériels, ressources humaines insuffisantes), ensuite, d'un pouvoir d'achat faible, et enfin, d'un illettrisme important et de l'absence d'organismes visant à éduquer et défendre le consommateur. La détérioration de la qualité est dans ce cas une manœuvre intentionnelle de la part des acteurs engagés dans la transformation agroalimentaire. On se trouve en effet dans un univers de préférences où les acteurs cherchent les moyens de réaliser leurs objectifs (rentabilité et plus-values informelles).

– l'univers de contraintes structurelles dans lequel sont insérés les acteurs et qui les poussent à la fraude sur la qualité. Conscients des contraintes (réglementation institutionnelle) qui limitent leurs possibilités d'action, certains opérateurs sont prêts, parce qu'ils sont structurés et puissants, à passer outre à ces barrières, voire à les modifier en leur faveur (Hamimaz, 1995).

Le nombre le plus important de dossiers d'infractions à la qualité transmis au parquet de Casablanca entre 1990 et 1995 concerne les industries de la minoterie, du lait et du café. Le fait de dépasser un dossier en moyenne par an et par entreprise signifie que la contrainte pénale n'est pas dissuasive. Les acteurs ont donc toute la latitude pour jouer le jeu de la non-qualité. L'analyse de la relation entre non-qualité d'une part et organisation des entreprises d'autre part montre que la non-qualité est une stratégie poursuivie par tous les acteurs (cas des moulins et des entreprises de transformation de lait). Dans un environnement où le recours à la fraude est systématique, même les entreprises qui ont une structure organisationnelle relativement avancée (*management*, démarche qualité) sont contraintes à une certaine non-qualité. La non-qualité est en effet le résultat de contraintes tout le long de la filière : approvisionnement, effets des subventions à la consommation, effets pervers des stratégies de fraudes, concurrence de l'informel, etc.

La dérégulation du marché (élimination progressive des subventions à la consommation excepté sur certains produits contingentés, pilotage libre de la politique d'approvisionnement (loi 12-94), disponibilité de la matière première) a eu des effets contrastés sur la non-qualité. Les fraudes au niveau des pâtes et couscous (utilisation de farine de blé tendre, coloration trompeuse) sont moins importantes en raison de la concurrence des pâtes d'importation (bon rapport qualité/prix) et de la disponibilité de la semoule en blé dur. Les industries de conserves végétales et de produits de la mer, confrontées à des problèmes d'hygiène ont fait des efforts importants en raison des exigences qualité des marchés d'exportation. Au niveau des meuneries, la fraude fiscale a fortement diminué, mais les autres formes d'infraction (humidité, extraction au-delà des seuils autorisés) se sont maintenues voire amplifiées. Au niveau de la transformation du lait, le mouillage est quasi systématique. En ce qui concerne le café, l'adjonction de substances amylacées, de mélanges de figues et de pois chiches, est encouragée par une demande élastique par rapport

---

65. Lorsqu'elles sont prises, ces sanctions ont une importance sans rapport avec le niveau des gains illicites réalisés ou potentiels.

aux prix et inélastique par rapport à la qualité, ainsi que par des sanctions pénales non dissuasives.

On peut imaginer que dans un marché complètement ouvert, un certain nombre de contraintes à la qualité seront levées (c'est le cas pour les produits laitiers notamment), mais la non-qualité est une stratégie à forte rente dans un marché dominé par des segments à faible pouvoir d'achat et où les structures institutionnelles d'appui, d'éducation, de contrôle, de justice sont inopérantes. Par ailleurs, les conditions minimales d'une « culture consumériste », qui est nécessaire pour une prise de conscience des enjeux de la qualité, sont encore loin d'être réunies. En effet, 84 % des hommes (rural et urbain confondus) sont soit illettrés soit ont une formation de niveau primaire. Ce taux est de 86 % dans les grandes villes. S'agissant des femmes il est de 94 % et de 81 % dans les grandes villes (chiffres 1998-1999).

Prenons maintenant un exemple de secteur exposé à la concurrence étrangère depuis la fin des années 1990 : les pâtes et couscous. En croisant trois types d'informations : la production, l'importation et la transmission des dossiers d'infraction au parquet (indicateur du degré de fraude sur la qualité), on constate une baisse importante des transmissions au parquet ce qui signifie que le nombre de produits non conformes verbalisés a diminué. Sur ces dix dernières années, on a pu observer trois types d'entreprises :
– celles qui ont totalement disparu, car n'ayant pu s'adapter au nouvel environnement ;
– celles qui agonisent ;
– celles (les nouvelles) qui survivent, car dirigées par une génération d'entrepreneurs, plus informés des techniques de fabrication, de gestion, de communication.

En l'espace de 10 ans, 12 usines ont disparu dont 8 ces quatre dernières années. La plupart des patrons de ces entreprises se sont reconvertis dans l'immobilier ou les petits services de restauration (café, crémerie : activités à risque faible et à forte rente), ce qui donne une indication des trajectoires d'entrepreneurs. Seuls les entrepreneurs présentant des profils « schumpetériens » (dynamiques, prenant des risques) sont capables de soutenir la concurrence qu'implique la libéralisation des marchés. Finalement, la question qui se pose est la suivante : ce scénario peut-il être extrapolé à des secteurs encore relativement protégés (minoteries, entreprises laitières, etc.), qui évoluent sur des marchés oligopolistiques, et sur lesquels, comme on l'a dit, la demande est fortement élastique par rapport au prix et inélastique par rapport à la qualité ? Une prémisse de réponse peut être suggérée en observant le *rush* des consommateurs marocains sur les laits importés, à l'occasion de la période du *ramadan*.

Il ne s'agit pas non plus de croire que la concurrence qui provient de l'extérieur est toujours porteuse de qualité. Il n'y a pas de raison pour que des concurrents (exemple aujourd'hui de la Turquie, de l'Espagne où même de multinationales agroalimentaires) ne puissent pas développer une offre qui, sur le marché national, tienne compte des faiblesses des structures institutionnelles de contrôle et du pouvoir d'achat. Seules des institutions fiables et efficaces pourront imposer à la concurrence les gardes fous nécessaires et, *in fine*, protéger les industriels nationaux dynamiques des distorsions de concurrence qui peuvent provenir du « haut » – les importations ou les FMN – et du « bas » – les petites entreprises nationales du secteur informel qui font de la non-qualité, une stratégie (Hamimaz, 1995).

▸▸ Stratégies d'entreprises et sécurité alimentaire

La sécurité alimentaire, telle que nous l'avons définie, est devenue un élément incontournable des stratégies d'entreprises dans le système alimentaire. En effet, le respect des réglementations sanitaires est une condition première d'existence et le thème de la qualité alimentaire sous toutes ses formes devient un levier stratégique.

Pour les entreprises, la sécurité alimentaire implique qualité sanitaire et traçabilité

Pour les opérateurs (agriculteurs, industriels, commerçants, institutionnels), la sécurité alimentaire sera assurée par un niveau de qualité des produits et par la traçabilité. En effet, la qualité traduit notamment le respect des normes et des réglementations établies sur des bases scientifiques. La traçabilité permet, en cas d'incident, de localiser l'origine de la défaillance de qualité et donc d'intervenir efficacement. Innocuité et traçabilité des produits deviennent en conséquence des éléments importants des stratégies d'acteurs dans le système alimentaire.

La qualité d'un produit est une notion complexe qui comporte de multiples facettes allant des caractéristiques physico-chimiques aux composantes culturelles. L'anthropologue Geneviève Cazes-Valette en dénombre sept dans le cas des produits alimentaires (auxquelles il convient d'ajouter une huitième, économique), correspondant chacune à une attente du consommateur (Cazes-Valette, 2001) :
- nutritionnelles (équilibre) ;
- organoleptiques (sens) ;
- hygiéniques (santé) ;
- fonctionnelles (service) ;
- symboliques (culturelles) ;
- sociales (appartenance) ;
- humanistes (éthique) ;
- économiques (prix).

La « dimension-santé » n'est que l'une des attentes du consommateur et sa position relative varie selon les pays, la diversité des modèles de consommation et des perceptions des consommateurs étant, comme on le sait, très grande, non seulement à l'échelle nationale, mais également à l'échelle locale. Ainsi un sondage réalisé en France par le Credoc en février 2001 situait le critère « absence de risques sanitaires » en 3e position derrière les critères « goût » et « apports nutritionnels », pour apprécier la qualité d'un aliment. Ce type d'opinion sera, bien entendu, influencé par le moment (degré de proximité d'un accident de qualité), la conjoncture économique, le climat social, etc.

Du fait de la sophistication croissante des instruments et des méthodes de contrôle de la qualité des produits alimentaires, de la pression des opinions publiques et des progrès technologiques dans l'IAA, la réglementation sanitaire a tendance à se complexifier et à devenir plus exigeante vis-à-vis des producteurs[66]). Ceux-ci devront

---

66. Passage pour les professionnels d'une obligation de moyens à une obligation de résultats : cf. directive CCE 93/43 relative à l'hygiène des denrées alimentaires.

investir dans l'élaboration de cahiers des charges, de nouveaux équipements et un dispositif de contrôle de qualité (Mormont M., Van Huylenbroeck G., 2001).

Selon la définition proposée par la Commission européenne, *la traçabilité* « est la capacité de retracer, à travers toutes les étapes de la production et de la distribution, le cheminement d'une denrée alimentaire ou d'un ingrédient » (CNA, 2001). La traçabilité fait également l'objet de définitions dans les normes ISO 8402 et 9000. Elle traduit un processus qualifiant faisant appel à des identifications enregistrées dont l'objectif est de connaître :
– l'origine du produit,
– le contenu du produit,
– le parcours des éléments constitutifs du produit, puis le parcours du produit fini jusqu'au stade final de commercialisation.

Le règlement-cadre CE n° 178/2002 de l'Union européenne impose, depuis le 1er janvier 2005 aux acteurs du système alimentaire « d'assurer la traçabilité de toutes les denrées alimentaires, de tous les aliments pour animaux et de leurs ingrédients tout au long de la chaîne alimentaire ». Il s'applique à tous les produits (quelle que soit leur origine) et aux 25 pays membres de l'Union. Cela implique pour les entreprises :
– d'assurer un archivage des flux pendant 5 ans,
– de savoir restituer l'information grâce à la mise en place d'un système structuré,
– d'assurer la traçabilité immédiate de l'étape précédente et suivante, la traçabilité totale étant reconstituée par les Autorités.

Il s'agit là d'un ensemble d'exigences très ambitieuses qui posent de redoutables problèmes techniques et financiers aux entreprises, à tel point qu'à fin 2004, à peine 40 % des entreprises agroalimentaires françaises s'estimaient en conformité avec la directive 178/2002 (Tracenet, 2005). Il est clair néanmoins qu'à terme toutes les entreprises devront se conformer à la directive, qu'elles soient localisées en Europe ou en relation d'affaires avec des entreprises européennes. Il s'agit ici d'une catégorie technique de barrière à l'entrée.

La traçabilité concerne ainsi tous les opérateurs d'une filière, de la production (y compris en principe les intrants et les emballages), à la consommation. Établir la traçabilité d'un produit constitue donc une opération délicate en raison d'une part de la multiplicité des éléments à prendre en compte et d'autre part de la dispersion géographique de ces éléments. On peut considérer que des schémas opérationnels de traçabilité existent désormais dans la filière viande bovine et plus généralement dans les filières animales, car il est possible d'identifier chaque individu (ruminants, porcins, équidés) ou chaque lot d'individus (volailles). Par contre, les produits végétaux sont plus difficiles à tracer du fait du caractère composite de la plupart des lots. La situation est différente selon les stades de la chaîne alimentaire, avec une bonne traçabilité de l'industrie agroalimentaire à la grande distribution, du fait de l'antériorité de la réglementation et des méthodes de *management* pratiquées dans ces secteurs dominés par de grandes entreprises. Par contre, l'itinéraire allant de l'agriculture (aux structures très atomisées) à l'industrie est moins bien maîtrisé. Enfin, le traçage des intrants agricoles apparaît comme très difficile et nécessiterait des moyens techniques, notamment informatiques (à partir de l'électronique embarquée à bord du matériel de mécanisation) qui ne sont pas encore présents dans une majorité d'exploitations agricoles. Cependant, le mouvement est lancé et des techniques du type *precision farming* devraient se développer, facilitant la traçabilité aux champs.

La traçabilité implique de nouveaux outils[67] et de nouvelles procédures[68] dans la gestion des entreprises concernées, qui relèvent de la création et du traitement de l'information et supposent l'adoption de normes communes des différents partenaires au sein d'une même filière. Il s'agit de pouvoir localiser l'origine d'une anomalie (traçabilité montante) puis de gérer, le cas échéant, un plan de rappel des produits défectueux.

On assiste, en conséquence, à l'émergence d'un nouveau marché qui est passé de 0,6 en 1997 à près de 2 milliards d'euros en 2005 (Tracenet, 2005). Ce marché est constitué principalement par des produits et des services informatiques et aussi de laboratoires d'analyses biologiques et physico-chimiques.

Construction de la qualité et traçabilité des produits constituent donc des apports de valeur (souvent obligatoires, car faisant l'objet de réglementation publique) qui génèrent des innovations et de l'activité, mais ont un coût. Pour une entreprise, 2 questions vont donc se poser :
– qui apporte le service (faut-il l'internaliser ou l'externaliser ?),
– comment récupérer la valeur créée pour financer le service ?

Très peu de travaux sont disponibles sur ce thème[69]. On connaît encore mal les surcoûts imputables à la sécurité alimentaire. On observe néanmoins la création d'entreprises spécialisées pour apporter ces nouveaux services, car leur valorisation passe nécessairement par une expertise externe. En effet, la certification de qualité ou de traçabilité ne peut être autoproclamée par les producteurs ou distributeurs. Le recours à un tiers privé ou public est nécessaire pour s'assurer la confiance du client à travers une information qu'il va estimer crédible. Le statut économiquement souhaitable de l'organisme certificateur va dépendre, comme le suggère une étude menée en Amérique du Nord (Crespi et Marette, 2001), de la structure de marché :
dans une hypothèse de nombreux vendeurs, de situation de concurrence, d'information incomplète du consommateur : une certification « privée » et payante par droits unitaires, par différents organismes, est suffisante et efficiente pour assurer l'information du consommateur ;
– en cas de distorsion monopolistique dans une filière, seule une agence gouvernementale de certification peut assurer la concurrence et l'information.

La certification « externe » ne sera plus suffisante pour assurer la différenciation d'un produit sur le marché lorsqu'elle se généralisera. Il conviendra alors de mener une réflexion stratégique, c'est-à-dire plus globale, pour définir les conditions d'une

---

67. Par exemple la RFID (*Radio Frequency IDentification*) ou « puce intelligente » capable de stocker de nombreuses informations et d'émettre des signaux vers des capteurs et donc de mémoriser les étapes d'un parcours et de faciliter la gestion des stocks. Cette technologie de marquage des produits est appelée à remplacer à terme le code-barres (Gencod).
68. La directive 178/2002 impose la méthode d'analyse des risques HACCP.
69. Pour une revue de la littérature sur le thème de la traçabilité, cf. Giraud et Halawany, 2006.

création de valeur pour l'entreprise. Du fait de la globalisation des marchés, toutes les entreprises vendant sur les marchés des pays à hauts revenus sont concernées. Ces pays représentent actuellement les ¾ de la consommation alimentaire marchande mondiale. Cette obligation de conformité pose en conséquence un redoutable problème de « mise à niveau » pour les entreprises des PVD.

Implications politiques et stratégiques de la sécurité alimentaire

Pour les acteurs publics, nous avons vu que la sécurité alimentaire était devenue un thème hautement prioritaire, avec une grande sensibilité des responsables gouvernementaux aux crises, la mise en place de dispositifs lourds de surveillance et d'évaluation, l'énoncé d'un concept habile, voire populiste, le principe de précaution, permettant des interventions rapides et radicales, et une tentative de gestion de la communication. Cela était certes nécessaire après les crises alimentaires des années 1990. Cependant, une possibilité de dérive existe, car le principe de précaution et la théorie de la controverse sociotechnique tendent à privilégier le risque perçu par rapport au risque réel et donc à accorder une attention probablement excessive aux sujets médiatiques et à y consacrer des ressources qui sont par ailleurs limitées. Dans les années 2000, deux nouvelles priorités sont apparues en relation avec l'élargissement du concept de sécurité alimentaire : l'impératif d'amélioration nutritionnelle en raison de l'extension des maladies d'origine alimentaire et celui de la régulation mondiale des marchés de produits alimentaires, la volatilité des prix apparaissant comme dangereuse tant pour le consommateur que pour le producteur.

Pour les entreprises, les modèles stratégiques liés à la sécurité alimentaire se situent à 3 niveaux :
– un modèle basique, industriel, qui consiste à mettre en place une série d'indicateurs mesurables en vue de respecter les normes publiques et professionnelles (par exemple ISO 9001, ISO 14001 et depuis 2005, ISO 22000), se traduisant par une certification et à adopter une démarche officiellement recommandée aujourd'hui dans la plupart des pays, HACCP, qui permet de pratiquer des autocontrôles sur le processus de production en vue de prévenir les incidents de qualité ;
– un modèle de niveau deux, *marketing*, tendant à créer une image sécuritaire à travers une marque d'entreprise et une communication vers les relais multiples conduisant au consommateur (*leaders* d'opinion, prescripteurs, canaux de distribution, médias) ;
– un modèle de niveau trois, plus exigeant, car il relève de l'approche stratégique qui est nécessairement globale et trouve sa légitimité dans un objectif de qualité « totale » du produit, à la fois nutritionnelle, organoleptique et culturelle.

Le modèle industriel tend à se diffuser rapidement, poussé par la « dictature » des normes qui constitue désormais l'un des fondamentaux du système alimentaire (Codron *et al.,* 2006). Le pilotage par les normes du système alimentaire résulte d'une structure en pyramide inversée, avec une forte concentration en aval (grande distribution et industrie agroalimentaire). Les firmes dominantes de l'aval tendent, au-delà de la réglementation publique, à créer des standards les mettant à l'abri d'accidents sanitaires, tout en facilitant leur métier de distributeur, mais aussi d'ordre éthique ou social. Le but recherché par ces firmes est de protéger leur réputation

Tableau 6.23. La certification ISO 9001-2000 dans les pays méditerranéens.

Nombre d'entreprises certifiées (tous secteurs d'activité)	Déc. 2001	Déc. 2004	Variation (×)
Total Pays de l'Est-Adriatique	64	3 497	55
Total PSEM	172	13 751	80
Total pays membres de l'UE	5 230	160 666	31
Total pays méditerranéens	5 466	177 914	33

Source : données ISO, (2005), The ISO Survey-2004, Geneva.

(pour conserver leurs parts de marché), en externalisant la responsabilité d'une non-conformité de produit sur leurs fournisseurs et en créant une image positive auprès de leurs clients (cf. *infra*, le modèle *marketing*). Il est difficile de mesurer l'ampleur de cette normalisation privée, car il n'existe pas de statistiques publiées. Toutefois, on peut approcher ce phénomène en étudiant l'attribution de normes ISO[70]. Il existe deux normes globales concernant le système agroalimentaire : la norme ISO 9001:2000 relative à la gestion de la qualité et la norme ISO 14001 traitant de dispositifs de respect de l'environnement et une norme spécifique, apparue en 2005, la norme ISO 22000 relative à la sécurité des produits alimentaires. Ces normes donnent lieu à des certifications d'entreprises.

À fin 2004, près de 178 000 entreprises étaient certifiées ISO 9001 dans les 23 pays riverains de la Méditerranée, tous secteurs confondus (tableau 6.23) [71]. En proportion du nombre total d'entreprises présentes dans ces pays (plusieurs millions), ce chiffre est modeste. On doit toutefois noter sa très importante progression dans la période récente (dernière colonne du tableau 6.23) : facteur multiplicatif de 33 (contre 15 pour l'ensemble des pays du monde concernés soit 158 en 2004), avec une hausse considérable dans les pays en transition de la zone (facteur 80). Israël (× 221), la Grèce (× 83), et la Turquie (× 70) se situent en tête au sein des PSEM, avec un nombre élevé d'entreprises certifiées (supérieur au millier, à comparer toutefois aux 84 000 entreprises italiennes et aux 40 000 entreprises espagnoles à la norme ISO 9001).

La norme environnementale, plus récente[72], n'était présente, fin 2004, que dans 127 pays, dont 22 méditerranéens. L'évolution est plus lente : 11 fois plus d'entreprises certifiées en 2004 qu'en 1999 en Méditerranée, contre 6 fois plus dans le monde (tableau 6.24). Les pays les plus actifs dans ce domaine sont les mêmes que ceux qui se sont engagés dans la certification qualité (ISO 9000) : Italie, Espagne, Israël, mais aussi Slovénie, Croatie, Maroc.

Il apparaît clairement que l'ouverture commerciale internationale et le dynamisme interne de l'économie constituent des stimulants puissants à la normalisation ISO.

---

70. ISO : *International Standard Organization*. L'ISO est un réseau d'instituts nationaux de normalisation de 157 pays. La mission de l'ISO est de promulguer des accords techniques internationaux destinés, par la création de normes, à faciliter les échanges internationaux.

71. le système alimentaire représente en moyenne 20 % du nombre total d'entreprises.

72. La norme ISO 9001 a succédé à la norme ISO 9000 et a été redéfinie en 2000.

Tableau 6.24. La certification ISO 14001 dans les pays méditerranéens.

Nombre d'entreprises certifiées (tous secteurs d'activité)	Déc. 1999	Déc. 2004	Variation (×)
Total Pays de l'Est-Adriatique	27	470	17
Total PSEM	142	1 021	7
Total pays membres de l'UE	1 329	14 850	11
Total pays méditerranéens	1 498	16 341	11

Source : données ISO, (2005), The ISO Survey-2004, Geneva.

D'un autre côté, les normes créent des distorsions concurrentielles puisque les entreprises non certifiées ont des difficultés à être référencées chez leurs gros clients (cas de la grande distribution dans l'agroalimentaire).

Encadré 6.8. Les normes relatives à la sûreté alimentaire : un enjeu de gouvernance.

La sûreté des aliments au sens sanitaire a préoccupé de longue date les industriels. Dans les années 1960, la firme nord-américaine Pillsbury, l'un des *leaders* de la transformation des céréales a créé, avec la Nasa, la méthode HACCP (Hazard Analysis Critical Control Point) afin de garantir la qualité des aliments destinés aux astronautes. Cette méthode a été adoptée par le *Codex alimentarius* FAO/OMS comme outil de construction de la salubrité des aliments, puis recommandée par la Commission européenne (directive 93/43/CE sur l'hygiène des denrées alimentaires, remplacée depuis par les règlements du « paquet hygiène » d'avril 2004 qui a renforcé le rôle de l'HACCP) et adoptée dans de très nombreux pays. Du fait de ces très nombreuses recommandations ou obligations, on peut considérer que la méthode HACCP est aujourd'hui un « standard » présent dans une large majorité d'entreprises agroalimentaires dans les pays à hauts revenus et en croissance rapide dans le secteur « formel » des PVD. Cette méthode, très rigoureuse, permet d'identifier les risques menaçant la santé des consommateurs et d'établir des procédures pour les maîtriser. Toutefois, il ne s'agit pas d'une norme, mais d'une démarche qui n'est, en conséquence, pas certifiable (Bouton, 2006).

Compte tenu de l'importance de la signalisation de la qualité aux consommateurs et/ou de l'émergence du principe de précaution, des normes privées se sont développées, généralement en s'appuyant sur la méthode HACCP, pour créer un référentiel certifiable :
– EurepGAP, créé en 1997, émanation de la grande distribution, est un standard de bonnes pratiques agricoles (GAP : Good Agricultural Practices) qui concerne certains produits végétaux (fruits et légumes, fleurs) et l'aquaculture. EurepGAP, devenu par la suite GlobalGap, est présent aujourd'hui dans plus de 90 pays ;
– BRC (British Retail Consortium) regroupe les distributeurs anglais depuis 1998. La 3e version de la norme BRC Global Standard Food date d'avril 2002. Cette norme concerne les fournisseurs industriels de la grande distribution (principalement ceux

travaillant sous MDD[73], c'est donc un standard de bonnes pratiques de fabrication (BPF) ;
– IFS (International Food Standard), qui date de 2002, est une initiative des distributeurs allemands qui a été rejointe par les firmes françaises adhérentes de la FCD (Fédération du commerce et de la distribution : Auchan, Carrefour, Casino, etc.). Le cahier des charges IFS est très proche de celui du BRC ;.
– GFSI (Global Food Safety Initiative) est une émanation du CIES (Comité international d'entreprises à succursales), fondé en 1953 en Belgique et devenu depuis le Food Business Forum rassemblant 175 firmes de la grande distribution et 175 firmes agroalimentaires, c'est-à-dire l'essentiel des *leaders* mondiaux de l'aval du système alimentaire. La GFSI, lancée en 2001, est également un standard, avec une ambition « globalisante » puisque son mot d'ordre est : « certifié une fois, certifié partout ». La GFSI reconnaît ainsi les normes BRC et IFS.

Ce foisonnement de dispositifs de régulation privée a incité l'ISO qui est une organisation intergouvernementale[74], à construire la norme ISO 22000. Cette norme, spécifique au secteur alimentaire[75], devrait « coiffer » toutes les autres puisqu'elle prévoit d'appliquer intégralement (12 étapes) la procédure HACCP et qu'elle est applicable à l'ensemble de la chaîne alimentaire (agrofourniture, agriculture, industries alimentaires, distribution et prestataires liés). La norme ISO 22000, approuvée par les instances de l'ISO le 5 juillet 2005 comprend 4 volets :
– ISO 22005, relatif à la traçabilité des aliments ;
– ISO/TS[76] 22004, système de *management* de la sécurité des produits alimentaires ;
– ISO/TS 22003, concernant les organismes certificateurs ;
– ISO 22002, système de *management* de la qualité en production végétale.

On peut faire l'hypothèse que la norme ISO 22000, qui est plus contraignante que les standards préexistants et qui a fait l'objet d'une co-construction avec la GFSI, va devenir la référence mondiale et confirmer ainsi le rôle majeur des normes dans le pilotage du système alimentaire, avec un renforcement du pouvoir des très grandes firmes d'aval.

Le modèle marketing suggéré plus haut (que l'on pourra qualifier de « relationnel », par opposition au modèle classique « transactionnel ») constitue une tentative de réponse au besoin de redonner confiance à un consommateur perturbé par les crises alimentaires et se mettant à douter de la capacité du complexe techno-industriel à le nourrir sans danger (concept sociopsychologique de rassurance). Le *marketing* de la restauration de confiance va agir à travers plusieurs dimensions symboliques : notoriété de la marque (investissements massifs en communication), signe de qualité officiel ou privé (caution externe), conformité sociale du produit (courant du développement durable), familiarité avec le produit (proximité, terroir, traçabilité).

---

73. MDD : marques de distributeurs, propriété de la grande distribution, ces marques sont utilisées sur des produits fabriqués par des sous-traitants industriels. Les MDD représentent près de 50 % des ventes de la GD au Royaume-Uni et plus de 20 % en France.
74. ISO : en réalité IOS, *International Organization for Standardization*.
75. La norme ISO 22000 est évidemment conforme aux spécifications des normes de *management* de la qualité (ISO 9001) et de respect de l'environnement (ISO 14001).
76. TS : *Technical Specification*, spécification technique, qui n'est pas une norme, et doit être réexaminée au moins tous les 3 ans.

On voit qu'à travers la question de la sécurité alimentaire, c'est une série de changements importants qui doivent être intégrés dans la stratégie de l'entreprise. Toutefois, il faut se rappeler que la stratégie dépasse le cadre étroit de la sûreté alimentaire qui, comme on vient de le voir, met en cause principalement le modèle de production et le *marketing* de l'entreprise. En effet la stratégie, c'est la prise en compte de l'univers concurrentiel (altérité), une combinatoire de moyens (portefeuille de produits, localisation d'activités, forme d'organisation et mode de gouvernance) et un projet social (groupe humain).

Sur un marché alimentaire contemporain qui comporte 3 segments (tableau 6.25), une démarche prospective permet d'identifier **deux modèles stratégiques** stylisés dans le secteur agroalimentaire : le modèle de masse globalisé et le modèle de proximité.

Tableau 6.25. Segmentation du marché alimentaire français, 2004.

Segment	Chiffre d'affaires (Milliards €)	Part de marché (%)	Taux de croissance annuel moyen (%)
Produits de masse « agro-industriels »	97	75	0 -1
Produits innovants « fonctionnels »	6	5	15-20
Produits de terroir	26	20	5-10
Total	129	100	1-2

Source : nos estimations à partir de données Insee et Inao, 2006 (Rastoin 2007).

Une analyse des stratégies des firmes multinationales dominantes du secteur agroalimentaire (notamment les grandes firmes européennes : Nestlé, Danone, Unilever) indique un mouvement récent vers l'intégration du deuxième segment (produits innovants) et du troisième (produits de terroir) par ces firmes, centrées, depuis les années 1970, sur les produits de masse standardisés et fortement marquetés. Ces grandes firmes axent désormais leurs stratégies-produits sur l'argument santé-forme et développent en conséquence des produits à connotation prophylactique (par intégration de probiotiques, *oméga* 3, etc.), que nous qualifions de « médicalisation des aliments ».

On peut s'interroger sur la pertinence sociale d'une telle voie. En effet, la qualité de la diète alimentaire peut aussi résulter d'une alimentation variée et équilibrée « naturelle », qui va impliquer d'autres choix en termes de modèle de production (filières courtes et formats d'usines) [77].

Les très grandes firmes agroalimentaires qui ont une grande expertise *marketing* sont à l'affût des arguments séduisant le consommateur. Ainsi, après les crises alimentaires du milieu des années 1990 se sont emparées du concept de terroir, suivant en

---

[77]. L'un des paradoxes, voire l'une des absurdités du système alimentaire agro-industriel, est que le niveau des dépenses de santé, dans un pays comme la France, tend à rejoindre celui des dépenses alimentaires (en 2004, 13 % – y compris les transferts publics – du budget des ménages vont aux premières, avec un fort taux de croissance, contre 17 % aux secondes, qui diminuent en valeur relative). D'un autre côté, la relation entre santé est nutrition est établie depuis longtemps. Autrement dit, une alimentation variée et équilibrée aurait un effet prophylactique puissant et donc diminuerait mécaniquement les dépenses de santé !

cela la pression de la grande distribution qui elle-même a rapidement développé des marques de distributeur évoquant ce concept (par exemple Reflets de France du groupe Carrefour). Plus récemment, les thèmes des produits éthiques ou celui du commerce équitable sont également mobilisés par les services *marketing*.

Le modèle alternatif émergent est issu d'une stratégie de proximité (Rastoin et Vissac, 1999). Il est constitué de filières courtes de production (transformation *in situ* des matières premières locales). Ceci a pour intérêt d'assurer une qualité optimale des produits puisque le temps d'accès aux matières premières est court et également de réduire l'utilisation d'énergie par des transports sur des distances limitées. Deuxième caractéristique, les entreprises constituant ces filières courtes sont de taille moyenne à petite et entretiennent des relations étroites entre elles. Elle partage des ressources et des compétences productives en vue de maîtriser leurs coûts, d'accéder aux technologies modernes. Leur mise en réseau permet également de renforcer leur capacité de commercialisation par une organisation logistique et avec constitution de paniers de produits complémentaires. Troisième caractéristique, la stratégie de proximité mobilise un modèle de production différent du schéma agro-industriel, plus économe en intrants chimiques et donc en polluant. Par exemple, le recours à l'agriculture biologique connaît un développement important, notamment dans les PVD car ces pays ne sont pas encore entrés totalement dans l'étape de généralisation de l'agriculture intensive. Ainsi, en Turquie, le nombre de producteurs bio est passé de 1947 en 1996 à 13 082 en 2003 et les superficies concernées de 6 789 ha à 103 190 ha (Demirbas and Tosun, 2006).

Bien que le modèle de proximité soit encore peu visible dans le système alimentaire, on peut faire l'hypothèse que le consommateur augmentera dans l'avenir ses exigences en termes d'information et prendra conscience de la dissonance existant entre les messages émis par les grandes firmes (récupération de l'actif symbolique, c'est-à-dire de l'image) et les caractéristiques attendues des produits. On peut également s'attendre à un *lobbying* plus actif des TPE/PME pour conserver leur rente territoriale et à une action « normalisatrice » des pouvoirs publics. Dans ces conditions, le segment des produits de terroir pourrait revenir aux entreprises disposant d'une légitimité dans ce domaine, ce qui viendrait renforcer le mouvement vers un modèle alternatif. Dans les pays latins d'Europe, il existe une base favorable pour aller dans ce sens, avec le vaste patrimoine culinaire et le nombre élevé d'appellations d'origine.

En termes de sécurité alimentaire, le défi majeur qui se pose dans le modèle de proximité est l'aptitude des entreprises le constituant à se « mettre aux normes » scientifiques et techniques et à assurer un contrôle de qualité rigoureux. Ce défi implique des investissements matériels et immatériels et de bonnes compétences managériales.

▸▸ Conclusion

La sécurité alimentaire est un concept récent qui doit intégrer la conception classique – axée sur des considérations quantitatives et sur les PVD – et les exigences de qualité sanitaire et nutritionnelle des aliments apparus à la suite de deux événements marquants des ruptures : la crise de l'ESB en Europe en 1996 et la pandémie mondiale d'obésité dont on n'a pris conscience que récemment. On subit en quelque sorte, dans ce domaine comme dans d'autres, le choc de la globalisation.

La combinaison paradoxale des privations et des excès de nourriture conduit à un « désordre alimentaire » qui touche aujourd'hui plus de 3 milliards de personnes dans le monde, soit près de la moitié de la population totale, avec une répartition égale de ces deux fléaux, et aussi une grande hétérogénéité selon les régions et les catégories sociales.

Les problèmes liés à la sécurité alimentaire résultent du caractère très spécifique et sensible de l'aliment, à la fois produit vivant et vital et produit culturel. La nouvelle dimension donnée à l'aliment par les crises sécuritaires est celle d'un bien commun dont il est nécessaire d'assurer l'innocuité et l'accessibilité : le passage en quelques siècles du modèle de l'agriculture familiale autarcique au modèle agro-industriel de production de masse a éliminé les pénuries, mais fait apparaître la crainte de l'empoisonnement collectif, déclenchant des paniques alimentaires.

Cette limite du modèle contemporain du marché a provoqué un double phénomène :
– l'émergence d'une régulation mixte de type public/privé et de nouvelles formes « hybrides » de coordination, les agences de sécurité alimentaire qui tentent de rapprocher experts, citoyens et décideurs politiques ;
– la mise en place de systèmes de normalisation (le plus souvent de statut privé) et parfois de construction collective de la qualité au sein de filières de production-distribution, sous la poussée de l'exigence de traçabilité des produits.

L'impact stratégique des crises alimentaires sur les acteurs est important. Il remet en cause le modèle d'organisation productive et la politique *marketing* des entreprises, en changeant progressivement le profil des produits et en augmentant leurs coûts de conception et de mise en marché. Le système alimentaire se trouve ainsi à la croisée des chemins entre une stratégie de « médicalisation » des aliments et de globalisation du modèle de consommation, choisie par les grandes firmes multinationales, et une voie alternative basée sur une stratégie de proximité et de valorisation d'un panier de produits de terroir dans le cadre de filières courtes. Ces stratégies cohabitent actuellement et pour de nombreuses années encore dans le cadre d'un modèle hybride de production-transformation-distribution-consommation des aliments.

Les crises alimentaires des années 1990 ont entraîné d'indispensables réformes administratives (création d'agences de sécurité alimentaire), celles des années 2000, mettent en cause la prétendue régulation par le marché. Cependant, le nouveau défi des MOA ne prend le pas que lentement sur l'obsession sécuritaire, or les enjeux en termes économiques et sociaux sont bien plus considérables dans un contexte de pandémies alimentaires ou de maladies non transmissibles comme l'obésité.

La nouvelle politique alimentaire de l'Union européenne est à présent définie. Elle marque une étape importante et attendue, celle d'un passage d'une vision d'offre de l'économie agricole à une vision tournée vers le consommateur. Des initiatives comme le Plan national nutrition santé du Gouvernement français ou le Programme national alimentation et nutrition des autorités tunisiennes, constituent également une incontestable avancée conceptuelle pour appréhender la question des MOA, mais les financements annoncés demeurent très insuffisants pour peser sur les tendances lourdes à mettre en œuvre.

Au plan international, la « stratégie de l'OMS pour la salubrité des aliments » de 2002 en est restée au stade des intentions. Même si la FAO est très active sur le dossier de l'insécurité alimentaire, de très importants efforts restent à faire dans le cadre des politiques publiques nationales et internationales pour parvenir à assurer un équilibre alimentaire individuel et collectif aux 9 milliards d'habitants qui peupleront notre planète en 2050.

Dans cette perspective, un des points fondamentaux est celui de la « gouvernance alimentaire », c'est-à-dire du partage des pouvoirs au sein du système alimentaire et du mode de contrôle de ces pouvoirs. En effet, pour concevoir et appliquer des politiques alimentaires équitables et opérationnelles, 4 conditions sont nécessaires. Premièrement, que l'ensemble des acteurs (y compris les représentants des consommateurs) soit organisé et dispose d'informations fiables et non asymétriques ; deuxièmement qu'il existe des lieux de débat rassemblant ces acteurs sans exclusive et de manière équilibrée ; troisièmement, que ce débat débouche sur la production d'institutions (au sens de règles) lisibles, c'est-à-dire appropriables par les opérateurs de toutes tailles ; et enfin qu'il existe un dispositif de contrôle et de sanction indépendant et actif.

▸▸ Références bibliographiques

Aït El Mekki A., Ghersi G., Hamimaz R., Rastoin J.-L., 2002. *Prospective agroalimentaire Maroc – 2010*, Fondation ONA, Casablanca, 80 p.

Alderman H., Behrman J., Hoddinott J., 2004. Hunger and Malnutrition, *in* : Lomborg, B., ed., *Global Crises, Global Solutions*. Cambridge, Cambridge University Press : 672 p.

Alderman H., Hoddinott J., Kinsey B., 2006. Long term Consequences of Early Childhood Malnutrition, *Oxford Economic Paper*, 58, Oxford University Press, 450-474.

Allaire G., 2003. Quality in Economics, a Cognitive Perspective, *in* : Harvey M., McMeekin A., Warde A., ed., *Theoritical Approachs to Food Quality*, Manchester University Press.

Ancellin R., Émilie Barrandon E., Druesne-Pecollo N., Latino-Martel P., 2009. *Nutrition et prévention des cancers, des connaissances scientifiques aux recommandations*, ministère de la Santé, PNNS, NACRe, INCa, Paris, 55 p.

Apfelbaum M., 1998. *Risques et peurs alimentaires*, O. Jacob, Paris, 288 p.

Apfelbaum M., Romon M., Dubus M., 2004. *Diététique et nutrition*, Masson, Paris, 535 p.

Balta P., 2004. *Boire et manger en Méditerranée*, Actes sud, 150 p.

Banque mondiale, 2007. *Rapport 2008 sur le développement dans le monde, L'agriculture au service du développement*, Washington : 394 p.

Becker G.S., 2007. Health and Human Capital : Synthesis and Extensions, Oxford *Economic Paper* 59, Oxford University Press, 379-410.

Behrman J.R., Alderman H., Hoddinott J., 2004. Hunger and Malnutrition, *Copenhague Consensus Challenge Paper*, 52 p.

Boardman A., Greenberg D., Vining A., Weimer D., 2001. *Cost-benefits Analysis : Concepts and Practice*, Upper Saddle River NJ, Prentice Hall, 493 p.

Bouton O., 2006. *Management de la sécurité des aliments : de l'HACCP à l'ISO 22000*, Afnor, Paris.

Braun von J., 2006. *The World Food Situation*, IFPRI, Washington.

Buzby J.C., Frenzen P.D., Rasco B., 2001. Product Liability and Microbial Foodborne Illness, *Agricultural Economic Report 799*, Food and Rural Economic Division, Economic and research Service, USDA, Washington D.C.

Caillavet F., Combris P., Percherd S., 2002. L'alimentation des ménages à bas revenus en France, *Alimentation et précarité*, n°16, 8-16

CALLON M., LASCOUMES P., BARTHES Y., 2001. *Agir dans un monde incertain. Essai sur la démocratie technique*, Seuil, Paris. 358 p.

CAMPILLO B., JACOTOT B., ÉD., 2003. *Nutrition humaine*, Masson, Paris, 331 p.

CARR E.R., 2006. Postmodern Conceptualizations, Modernist Applications : Rethinking the Role of Society in Food Security, *Food Policy*, 31, 14-29.

CASH S.B., SUNDING D.L., ZILBERMAN D., 2005. Fat Taxes and Thin Subsidies : Prices, Diet and Health Outcomes, *Acta Agriculturae Scandinavica*, section C – Economy, 2(3-4), 167-174.

CASWELL J.A., 1998. Valuing the Benefits and Costs of Improved Food Safety and Nutrition, *Australian Journal of Agricultural and Resource Economics*, 42(4), 409-424.

CAZES-VALETTE G., 2001. Le comportement du consommateur décodé par l'anthropologie. Le cas des crises de la vache folle, *Revue française de Marketing*, Paris, Cahier 183/184, 2001/3-4, 99-115.

COCHOY F., 2001. Les effets d'un trop-plein de traçabilité, *La Recherche*, 339, Paris, 66-68.

CONSEIL NATIONAL DE L'ALIMENTATION, 2001. *Avis sur la traçabilité des denrées alimentaires*, Paris, 28 juin.

CODRON J.M., SIRIEIX L., REARDON T., 2006. Social and Environmental Attributes of Food Products in an Emerging Mass Market : Challenges of Signalling and Consumer Perception, with European Illustration, *Agriculture and Human Values*, 23(2).

CRESPI J.M., MARETTE S., 2001. How Should Food Safety Certification Be Financed?, *American journal of Agricultural Economics*, 83(4), 852-861.

DAMIANAKI A., BAKOGEORGOU E., KAMPA M., NOTAS G., HATZOGLOU A., PANAGIOTOU S., GEMETZI C., KOUROUMALIS E., MARTIN P.M., CASTANAS E., 2000. Potent inhibitory action of red wine polyphenols on human breast cancer cells, *Journal Cell Biochem*, 78 (3), 429-41.

DARMON N., FERGUSON E., BRIEND A., 2003. Do Economic Constraints Lead to the Selection of Energy Dense Diet? *Appetite*, 41, 315-322.

DARMON N., BRIEND A., DREWNOWSKI A., 2004. Energy-dense diets are associated with lower diet costs : a community study of French adults, *Public Health Nutrition*, 7(1), Cambridge, 21-27.

DARMON N., 2006. Équilibre alimentaire : une question d'argent ? *Diabétologie et facteurs de risque*, 97, 7-11.

DARMON N., VIEUX F., MAILLOT M., VOLATIER J.L., MARTIN A., 2009. Nutrient profiles discriminate foods according to their contribution to nutritionally adequate diets : a validation study using linear programming and the SAIN,LIM system1–3, *American Journal of Clinical Nutrition,* 89, American Society for Nutrition:1–10

DE HAEN H., DIR., 2005. *L'état de l'insécurité alimentaire dans le monde*, FAO, Rome.

DEKHILI S., 2004. *Contribution des politiques de sécurité alimentaire au bien-être des populations : le cas de la Tunisie*, mémoire de recherche, DEA EGDAAR, université Montpellier I, Agro. M, Montpellier.

DELPEUCH F., TRAISSAC P., MARTIN-PRÉVEL Y., MASSAMBA J.P., MAIRE B., 1999. Economic crisis and malnutrition : socio-economic déterminants of anthropometric status of preschool children and their mothers in an African urban area, *Public Health Nutrition*, 3 (1), 39-47.

DELPEUCH F., LE BIHAN G., MAIRE B., 2005. Les malnutritions dans le monde : de la sous-alimentation à l'obésité, In : Ghersi G., dir., *Nourrir 9 milliards d'hommes*, ADPF, Paris, 32-37.

DEMIRBAS N., TOSUN D., 2005. Restrictions of the Agricultural Sector on Safety and Quality Food Production in Turkey and Some precautions, *New Medit*, 2, Ciheam, Bari, 20-24.

DREWNOWSKI A., DARMON N., 2005. The Economics of Obesity : Dietary Energy Density and Energy Cost, *American Journal of Clinical Nutrition*, 82, 265S-273S.

DUCHIN F., 2004. Sustainable Consumption of Food, *Rensselaer Working Papers in Economics*, N° 0405, Troy, NY.

EFSA, EUROPEAN FOOD SAFETY AUTHORITY, 2008. http://www.efsa.europa.eu/fr/af:afmembers.htm.

ELMI M., 2004. Food Safety : current situation, unadressed issues and the emerging priorities, *Eastern Mediterranean Health Journal*, Volume 10, N° 6, november, WHO, Geneva : 794-800.

FAO, 2005. *Comprendre le* Codex alimentarius, OMS/FAO, Rome.

FAO, 2008. *L'état de l'insécurité alimentaire dans le monde*, Rome, 56 p.

FEILLET P., 2002. *Le bon vivant, une alimentation sans peur et sans reproche*, INRA Éditions, Paris, 286 p.

FISCHLER C., 2001. La peur est dans l'assiette, *Revue française de Marketing*, Paris, Cahier 183/184(3-4), 7-10.

FLORES M., KHWAJA Y., WHITE P., 2005. Food Security in Protracted Crises : Building More Effective Policy Frameworks, *Disaster*, 29 (1), Odi : S25.

FRENZEN P., 2004. *Economics of Foodborne Diseases*, USDA, ERS.

GALLEN C., 2001. Le besoin de réassurance en consommation alimentaire, *Revue française de Marketing*, Paris, cahier 183/184(3-4), 67-86.

GIRAUD G., 2006. *Consumers and Food Traceability, a Comparison between European and North-American Recent Literature Review*, USDA and AIEA2 International meeting, "Competitiveness in Agriculture and the Food Industry : US and EU Perspectives", University of Bologna, Department of Statistics, Bologna.

GODARD O., 2000. *L'ambivalence de la précaution, le principe de précaution dans la conduite des affaires humaines*, éd. MSH et INRA, Paris.

GODWY J., 2004. The Revolution in Welfare and its Implications for Environmental Valuation and Policy, *Land Economics*, 80(2), 239-257.

GROSCLAUDE J., ÉD., 2001. *Sécurité et risques alimentaires, Problèmes politiques et sociaux*, Dossiers d'actualité, La documentation française, Paris, 177 p.

GUILLON F., 2001. Sécurité alimentaire : quelle gestion des risques et des crises ?, *Déméter 2001 – Économie et stratégies agricoles*, Paris, 15-71.

HAMIMAZ R., 1995. État et stratégies de fraudes au Maroc, l'exemple de la meunerie industrielle, *Revue Tiers-Monde*, XXXVI(344), PUF, Paris.

HARJUTSALO V ET AL., 2008. Time Trends in the Incidence of Type 1 Diabetes in Finnish Children : a Cohort Study, *Lancet*, 371, 1777-1782.

HAWKES C., RUEL M.T., 2006. Understanding the Link between Agriculture and Health, *2020 Vision, Focus, 13*, IFPRI, Washington.

HEIDUES F., ATSAIN A., PADILLA M., GHERSI G., NYANGITO H., LE VALLÉE J.C., 2004. *Assessing Development Strategies and Africa's Food and Nutrition Security*, Proceedings of the International Conference « Assuring Food and Nutrition Security in Africa by 2020 », IFPRI, Washington.

HERVIEU B. (DIR), 2007. MEDITERRA. Identité et qualité des produits alimentaires méditerranéens © Les presses de Sciences-po, Paris, 374 p.

HUFFMAN S., JENSEN H., 2003. Do Food Assistance Programs Improve Household Food Security ? Recent Evidence from the United States, *Working Paper 03-WP- 335*, Centre for Agricultural and Rural development, Iowa State University, Ames.

HYMAN G., LARREA C., FARROW A., 2005. Methods, Results and policy implications of poverty and Food Security Mapping Assessments, *Food Policy* 30 (2005), 453-460.

ISO, 2005. *The ISO Survey-2004*, Geneva.

JAMES W.P.J., SCHOFIELD E.C., 1990. *Human Energy Requirements : a Manual for Planners and Nutritionists,* FAO and Oxford University Press ; Trad. française : Manuel à l'usage des planificateurs et des nutritionnistes, FAO, éd. Economica, 1992, Paris.

KHALDI R., 2006. *La sécurité alimentaire des produits en Tunisie*, mémo, INRAT, Tunis.

KINSEY J., 2004. Does Food Safety Conflict with Food Security ? The Safe Consumption of Food, *Working Paper 04-01*, The Fppd Industry Centre, University of Minnesota, St. Paul, 24 p.

KOURILSKY PH., VINEY G., 2000. *Le principe de précaution*, Rapport au premier ministre, éd. O. Jacob/ La Documentation française, Paris.

LATOUR B., 1999. *Politique de la Nature*, La Découverte, Paris.

LAUFER R., 1993. *L'entreprise face aux risques majeurs : à propos de l'incertitude des normes sociales*, L'Harmattan, Paris.

LEBECHE R., 2006. *Problématique de la salubrité des aliments*, Alger, document de travail, non publié

LOPEZ A.D., MATHERS C.D., EZZATI M., JAMISON D.T., MURRAY C.J.L., ED., 2006. *Global Burden of Disease and Risks Factors*, Oxford University Press and The World Bank, Washington, DC, 506 p.

LORGERIL M. DE, RENAUD S., 1994. Mediterranean alpha-linolenic acid-rich diet in secondary prévention of coronary heart didease, *Lancet*, 343(8911), 1454-1460.

MADORE O., 2006. Effet des mesures économiques pour favoriser une alimentation saine, encourager l'activité physique et combattre l'obésité : Revue de littérature, *En Bref*, PRB 06-34F, Service d'information et de recherche parlementaires, Bibliothèque du Parlement, Ottawa.

MAILLOT M., DARMON N., DARMON M., LAFAY L., DREWNOWSKI A., 2007A. Nutrient-dense foods groups have high energy costs : an econometric approach to nutrient profiling, *J Nutr.*, 137, 1815-1820.

MAILLOT M., DARMON N., VIEUX F., DREWNOWSKI A., 2007B. Low energy density and high nutritional quality are each associated with higher diet costs in French adults. *Am J Clin Nutr.*, 86, 690-696.

MALASSIS L., 2005. *Ils vous nourriront tous les paysans du monde si…*, Cirad-Quae, Paris, 451 p.

MARETTE S., 2009. Quels instruments économiques de régulation de la qualité ? Marchés et réglementation dans le secteur agroalimentaire, *Recherches en économie et sociologie rurales*, INRA Sciences sociales, 1, Paris, 4 p.

MARETTE S., ROOSEN J., BLANCHEMANCHE S., 2008. Taxes and Subsidies to Change Eating Habits when Information is not enough : An Application to Fish Consumption, *Journal of Regulatory Economics*, 34, 119-143.

MEAD P.S., STUTSKER L., DIECE V., MC CAIG L.F., BRESEE J.S., SHAPIRO C., GRIFFIN P.M., TAUXE R.V., 1999. Food-Related Illness and Daeth in the United States, *Emerging Infection Deseases*, 5 (5), 607-625.

MEADE B., ROSEN S., SHAPOURT S., COORD., 2006. Food Security Assessment, 2005, *GFA-17*, USDA-ERS, Washington, DC, 58 p.

MENDEZ M.A., POPKIN B.M., 2004. Globalization, Urbanization and Nutritional Change in the Developing World, *eJADE, Journal of Agricultural and Development Economics*, 1 (2), 220-241.

MINISTÈRE DE LA SANTÉ ET DES SOLIDARITÉS, 2006. *Deuxième programme national nutrition santé – 2006-2010*, Paris.

MORMONT M., VAN HUYLENBROECK G., 2001. *À la recherche de la qualité, analyses socio-économiques sur les nouvelles filières agroalimentaires*, Synopsis-Éditions Ulg, Liège, 200 p.

MÜLLER O., KRAWINKEL M., 2005. Malnutrition and Health in Developing Countries, *Canadian Medical Association Journal*, 173 (3), 279-286.

MYERS M. ET AL., 2008. Halting the Accelerating Epidemic of Type 1 Diabetes. *Lancet* ; 371, 1730-31.

MYTTON O., GRAY A., RAYNER M., RUTTER H., 2007. Could Targeted Food Taxes Improve Health? *Journal of Epidemiologic Community Health* ; 61, 689-694.

NIYONGABO T., NDAYIRAGUE A., LAROUZE B., AUBRY P., 2005. Burundi : l'impact de dix années de guerre civile sur les endémo-épidémies, *Médecine tropicale*, 65, 305-312.

NURUL I., ED., 2008. Reducing Poverty and Hunger in Asia, *2020 Vision Focus 15*, International Food Policy Research Institute, IFPRI, Washington, DC, 60 p.

OMS, 2007. Salubrité des aliments et maladies d'origine alimentaire, *Aide-mémoire n° 237*, Genève.

PAALBERG R., 2002. *Governance and Food Security in an Age of Globalization*, IFPRI, Washington.

PADILLA M., 1996. Traité d'économie agroalimentaire L. Malassis, tome IV : *Les politiques alimentaires*, éd. Cujas, Paris, 255 p.

PADILLA M., OBERTI B., DIR., 2000. *Alimentation et nourritures autour de la Méditerranée*, Éditions Kathala, Ciheam-Iamm, Paris et Montpellier.

PARLEMENT EUROPÉEN, 2002. *Règlement (CE) N°178/2002 du Parlement européen et du Conseil du 28 janvier 2002 établissant les principes généraux et les prescriptions générales de la législation alimentaire, instituant l'Autorité européenne de sécurité des aliments et fixant des procédures relatives à la sécurité des denrées alimentaires*, JOCE, Luxembourg.

PEARCE D., ATKINSON G., MOURATO S., 2006. *Analyse coûts-bénéfices et environnement, développements récents*, OCDE, Paris, 352 p.

PELLETIER D., FRONGILLO E., 2002. *Changes in child survival are strongly associated with changes in malnutrition in developing countries*, Academy for Educational Development, Washington, DC, 32 p.

RENAUD S., LORGERIL M. DE, 1992. Wine, alcohol, platelets, and the French paradox for coronary heart disease, *Lancet*, 339 (8808), 1523-6.

RASTOIN J.L., VISSAC-CHARLES V., 1999. Le groupe stratégique des PME de terroir, *Revue internationale des PME*, 12 (1-2), Montréal, 171-192.

Rastoin J.L., 2005. Vers un modèle agroalimentaire européen ? Une lecture pérouxienne, *Sociétal*, 48, Paris, 14-19.

Rastoin J.L., 2007. Risques et sûreté alimentaire dans un contexte de mondialisation : vers une approche politique et stratégique, *in* : Hervieu B. (dir.), Mediterra 2007, *Identité et qualité des produits alimentaires méditerranéens*, les Presses de Sciences-po, Paris, 27-69.

Revel J.F., 1979. *Festin en paroles : histoire littéraire de la sensibilité gastronomique de l'Antiquité à nos jours*, Pauvert, Paris. 313 p.

Rocourt J., Moy G., Vierk C., Schlundt J., Tiffin R., 2003. *Les maladies d'origine alimentaire dans les pays de l'OCDE : état actuel et coûts économiques*, OCDE, Paris, 102 p.

Saint Pol T. de, 2006. *Corps et appartenance sociale : la corpulence en Europe, données sociales, La société française*, Insee, Paris, 649-659.

Sherman J., Glasauer P., 2007. *L'éducation nutritionnelle dans les écoles primaires, FAO*, Rome, téléchargeable sur : <http://www.fao.org/docrep/010/a0333f/a0333f00.htm>.

Sinclair U., 1906. *The Jungle*, Doubleday.Page & Co, New York ; and 1976. The Jungle, Penguin, London, 416 p.

Soyeux A., 2010. La lutte contre le gaspillage alimentaire : quel rôle face aux défis alimentaires ?, *Futuribles*, 362, Paris, 57-67

Stevens C., Devereux S., Kennan J., 2003. *International trade, liveihoods and food security in developing countries*, IDS Working, Brighton. 215 p.

Stratton R.J., 2007. Pennington Lecture, Malnutrition : another health inequality? *Proceedings of the Nutrition Society*, 66, 522-529.

Temple H. éd., 2005. *Le nouveau droit alimentaire européen : précaution, traçabilité, sécurité*, Tome 1, Journées des 23 et 24 septembre 2004, Agropolis, faculté de Pharmacie, Cirad, Centre du droit de la consommation, Université Montpellier-I, Montpellier, 267 p.

Thomsen M.R., McKenzie A.M., 2001. Market Incentives for Safe Foods, *American Review of Agricultural Economics*, 82(3), 526-538.

Tracenet, 2006. Le livre blanc de la traçabilité agroalimentaire, *Tracenews Info*, 31 p.

Trémolières J., 1975. *Partager le pain*, R. Laffont Paris, 379 p.

United Nations, Departement of Economic and Social Affairs, 2009. *World Population Prospects: The 2008 Revision*, New York.

Unnevehr L.J., coord., 2003. Food Safety in Food Security and Food Trade, Overview, *2020 Vision focus Briefs*, 10, IFPRI, Washington.

Vaillant V., de Valk H., Baron E., 2004. *Morbidité et mortalité dues aux maladies infectieuses d'origine alimentaire en France*, Afssa et InVS, Paris.

WHO, 2002. *WHO Global Strategy for Food Safety*, Geneva, 27 p.

WHO, 2006. Disease and injury regional estimates for 2004, Geneva, http://www.who.int/healthinfo/global_burden_disease/estimates_regional/en/index.html.

WHO, 2008. WHO Global Infobase, Geneva, www.who.int/infobase.

WHO, 2009. Health Statistics and Health Information System, Geneva, http://apps.who.int/ghodata/.

Wilson L., Otsuki T., 2003. Food Safety in Food Security and Food Trade, *2020 Vision, Focus,* 10, Brief 6, IFPRI, Washington.

Wong S., Street D., Delgado S.I., Klontz K.C., 2000. Recalls of Foods and Cosmetics due to Microbial Contamination Reported to the US Food and Drug Administration, *Journal of Food Protection,* 63(8), 113-116.

Zhang X, 2005. Chinese Consumers Concerns About Food safety : Case of Tianjin, *Journal of International Food & Agribusiness* Marketing, 17(1), 57-69.

Prospective du système alimentaire mondial : modèle agro-industriel ou modèle de proximité ?

Comme nous l'avons expliqué dans le chapitre 1, le système alimentaire passe par différentes étapes dans l'histoire des sociétés humaines et des pays.

Il a toujours pour origine (depuis 10 000 ans ou quelques siècles, selon les pays) **l'activité agricole** qui voit la constitution, sur la base des liens du sang et de l'attachement à la terre nourricière, d'exploitations qui constituent à la fois le lieu de la production alimentaire et celui de la consommation. Il y a unité de lieu, autarcie, bref circuit ultra-court. Ce stade est encore largement présent dans les pays les plus pauvres. Il concerne plusieurs centaines de millions de personnes dans le monde.

Par la suite (jusqu'au XVIIIe ou XIXe siècle), apparaissent la division du travail entre les hommes (l'agriculteur, l'artisan, le marchand) et l'urbanisation qui fragmentent la chaîne alimentaire (du champ à l'assiette ou au verre). Le système alimentaire englobe alors, de manière interactive, la production d'intrants, de matières premières agricoles, la transformation de ces matières premières pour élaborer des produits consommables et leur commercialisation, ainsi que tous les services liés et nécessaires aux différentes filières (transports, financement, recherche, formation, administration). Cette multiplicité d'activités et d'acteurs et l'importance qu'occupe dans l'économie la fonction de l'alimentation font du système alimentaire, le premier secteur économique par le nombre d'emplois crées et le chiffre d'affaires généré dans la plupart des pays du monde.

À partir des années 1950, les économies occidentales entrent dans **l'âge agro-industriel** du système alimentaire, avec une généralisation du mode de production industriel (c'est-à-dire principalement la standardisation et la fabrication en grande série) et de la consommation de masse. Cette étape agro-industrielle, dans un contexte d'urbanisation exponentielle, se caractérise par un allongement important de la filière agroalimentaire et par une très forte réduction du temps consacré à la préparation et à la prise des repas.

On voit se dessiner depuis la fin du siècle dernier un **quatrième âge de l'alimentaire** caractérisé par des modèles de production et de consommation que nous qualifierons de « modèle agro-industriel tertiarisé » (MAIT). Dans ce modèle, les aliments tendent à devenir – du point de vue de leur contenu économique – non plus des biens matériels, mais des services. Ainsi, aux États-Unis, près de la moitié du prix final du produit alimentaire moyen est formée par des prestations de services ou des prélèvements : transport, *marketing* (la publicité représente plus de 10 % de la valeur finale des produits), intérêts bancaires et assurances, marges de distribution, impôts et taxes, profits. La part constituée par les matières premières agricoles est tombée en dessous de 20 %. Le reste, soit 30 %, va principalement à l'industrie alimentaire et à celle de l'emballage. En ce qui concerne la consommation, la moitié du budget des ménages consacré à l'alimentation est dépensée dans les restaurants, largement dominés par les *fast-foods*. Cet âge « agro-tertiaire » est en phase avec une société postindustrielle, qui dans la réalité est devenue « hyper-industrielle », c'est-à-dire que désormais les processus d'industrialisation et de marchandisation s'étendent aux services, jusque-là peu touchés (Stiegler, 2004). Le MAIT est en croissance rapide dans les pays émergents (à revenu intermédiaire), stimulé par l'expansion de la grande distribution : en Amérique latine et en Asie du Sud-Est, les supermarchés contrôlent aujourd'hui 50 % du commerce de détail contre 20 % il y a 10 ans, selon le cabinet Euromonitor. En effet, la concentration de l'aval induit dans les filières agroalimentaires un mouvement de standardisation des produits aux normes des distributeurs et une restructuration rapide des industries agroalimentaires et de l'amont agricole.

Quelle que soit la configuration du système alimentaire, l'aliment reste non seulement la base de la vie, mais aussi le fondement de l'acte social qu'est (ou qu'était) le repas (Fischler, 1990) et, dans une large mesure, de la société. L'enjeu, en termes de développement humain et d'organisation sociale, demeure donc fondamental.

Ce chapitre de conclusion a pour objectif d'esquisser une prospective du système alimentaire mondial, c'est-à-dire d'identifier les « futurs possibles »[1], à l'horizon 2050, de ce système. Après un bilan de « l'existant », nous présenterons brièvement la méthode de la prospective puis nous esquisserons deux scénarios contrastés permettant de décrire ce pourrait être notre avenir. Le premier se caractérise comme un scénario de continuité, encore appelée « tendanciel » ou « au fil de l'eau ». Cette vision que l'on peut avoir de notre futur n'est plus ou moins qu'une prolongation des caractéristiques fondamentales du modèle dominant (MAIT), et suppose que ce dernier soit appelé à se répandre dans la plupart des pays du monde. Le second est, par contraste, un scénario de rupture par rapport aux tendances lourdes observées. Ce scénario est fondé sur la prise en compte de contraintes fortes qui pèsent sur le schéma tendanciel. Les deux scénarios seront ensuite quantifiés à partir des travaux de la plateforme « Agrimonde » (Inra-Cirad, 2009). Nous poursuivrons avec un examen du contexte politique et stratégique de l'émergence d'un système alimentaire alternatif. Nous examinerons, en conclusion quelques pistes susceptibles de faciliter une transition vers un « modèle souhaitable », dans le contexte d'une hybridation des scénarios contrastés.

---

1. Bertrand de Jouvenel, figure fondatrice de la prospective a créé, dans les années 1960, le terme « Futuribles », par rapprochement entre « futurs » et « possibles ».

❯❯ Bilan du système alimentaire agro-industriel tertiarisé

Considérons ici le système alimentaire sous l'angle de l'appareil de production-commercialisation. On peut alors le définir comme « l'ensemble interdépendant des acteurs concourant à la satisfaction des besoins alimentaires d'une population, dans un cadre géographique donné, régional, national et international » (Rastoin, 1995). L'approche en termes de « système alimentaire » est encore peu utilisée dans les exercices de prospective mondiale qui s'intéressent principalement à l'offre de matières premières[2]. Cette approche s'avère très réductrice, dans la mesure où entre 40 et 90 % des aliments consommés dans le monde sont transformés par l'industrie et où les filières agroalimentaires tendent à être dominées par les entreprises de l'aval.

Un modèle intensif, spécialisé, concentré, financiarisé et globalisé

Le modèle de l'âge agro-industriel peut être qualifié intensif, spécialisé, concentré, financiarisé et en voie de globalisation.

Intensif, car les rendements techniques sont très élevés à l'hectare pour l'agriculture, au mètre carré d'usine ou de grande surface pour l'industrie alimentaire ou la distribution et par travailleur dans les trois cas. Par exemple, un hectare irrigué peut produire près de 20 tonnes de maïs par an et une fabrique de fromage 150 000 camemberts pasteurisés par jour. Un salarié de l'industrie des corps gras génère en moyenne un chiffre d'affaires de plus de 800 000 € chaque année. Ces productivités du travail et du capital très élevées sont obtenues par utilisation massive d'intrants (eau, énergie, substances chimiques et physico-chimiques).

Spécialisé, en raison de la sélection d'un petit nombre de plantes et d'espèces animales dans les systèmes agricoles contemporains. Les scientifiques estiment que sur un potentiel de 30 000 végétaux comestibles, à peine 120 sont largement cultivés et 9 seulement assurent 75 % des besoins alimentaires de la population mondiale, et parmi eux seulement trois : le blé, le riz et le maïs représentent 60 % de l'ensemble (Raoult-Wack, 2001). Nous sommes donc bien loin de valoriser la biodiversité. Cette spécialisation se retrouve également au niveau des industries agroalimentaires qui sont devenues, pour la plupart, aujourd'hui des industries d'assemblage d'ingrédients venus des quatre coins du monde et qui composent leurs approvisionnements en fonction des coûts relatifs. On a ainsi établi qu'un pot de yaourt « contenait » 8 000 km de transport, si l'on cumule les distances parcourues par l'ensemble des composants nécessaires à sa fabrication et à sa livraison (*Food Miles*). Les coûts des externalités imputables au transport des produits alimentaires au Royaume-Uni ont été estimés à 9 milliards de £ pour 230 milliards de tonnes-kilomètres parcourus en 2002, soit 50 % de plus que la valeur ajoutée par l'agriculture

---

2. Par exemple, le modèle 2015/2030 de la FAO (Brinsma, 2004). Pour une présentation critique des analyses prospectives sur l'évolution de l'agriculture, cf. Drogué *et al.*, 2006.

et la moitié de la valeur ajoutée des industries alimentaires (Smith *et al.*, 2005)[3]. On perçoit bien, avec la perspective d'une forte hausse du coût des transports prévisible dans les années à venir et les menaces du changement climatique[4], les limites d'un tel modèle productif.

Concentré, car en France, par exemple, en 2005, les 2/3 de la production agricole sont assurés par moins du quart des agriculteurs, les 2/3 du chiffre d'affaires de l'industrie agroalimentaire par moins de 10 % des entreprises et 90 % du commerce de détail alimentaire en libre service par 6 entreprises. La concentration très élevée des « super centrales d'achat » confère un énorme pouvoir de marché aux groupes multinationaux de la grande distribution : IRTS (Auchan et Casino), Agenor (Intermarché, Eroski et Edeka) et CMI (Carrefour)[5].

Financiarisé, car les firmes *leaders* de l'agro-industrie et de la grande distribution sont toutes cotées en bourse et qu'elles sont, en conséquence, soumises à la volonté de leurs actionnaires. Or ces derniers sont de plus en plus constitués par des fonds dont les gestionnaires raisonnent en investisseurs et non en industriels. C'est ce que l'on appelle aujourd'hui la dictature des taux qui exige de ses investissements de la croissance et de la rentabilité à court terme. La gouvernance est devenue actionnariale et n'est plus partenariale (Pérez, 2004).

En voie de globalisation, enfin, dans la mesure où l'on assiste à un triple phénomène : croissance du commerce international, développement des investissements directs étrangers (IDE) et diffusion du modèle de consommation occidental par les médias de masse. Cette globalisation se caractérise par une forte croissance des échanges de biens alimentaires sur les marchés mondiaux. Au cours des cinquante dernières années, le commerce international des produits destinés à l'alimentation humaine a crû deux fois plus vite que leur production (rythme d'environ 4 % par an pour les exportations mondiales de produits alimentaires, contre 2 % pour la production, selon la FAO). C'est ainsi qu'en 2004, le ratio exportation/production s'établissait à environ 15 %, avec des pics de 75 % pour les boissons stimulantes (café, cacao, thé). Ces échanges sont concentrés au niveau de certains opérateurs, parmi lesquels les firmes multinationales assurent les 2/3 des transactions internationales que ces dernières soient opérées dans le cadre d'échanges à l'intérieur de la firme, c'est-à-dire entre filiales appartenant à un même groupe, ou directement par une multinationale. Deuxième indicateur de cette globalisation : les IDE ont considérablement

---

3. Les *food miles* constituent une méthode intéressante car ils intègrent l'ensemble des externalités négatives imputables aux transports de produits alimentaires réalisés dans les filières, y compris un bilan carbone et les accidents de la route. Les chercheurs travaillent actuellement sur un concept plus global prenant en compte les différents critères du développement durable et les appliquent à la totalité de la filière (processus de production, transformation, distribution et consommation de l'intrant au consommateur final). Ceci peut donner des résultats contre-intuitifs. Par exemple le critère « bilan carbone » serait plus favorable à une production de légumes ou de fleurs au Kenya (modèle relativement extensif de plein champ) qu'en Hollande (modèle très intensif sous serre), du point de vue de marchés localisés en Europe.
4. En France, le secteur des transports contribuait pour 26,5 % aux émissions totales de gaz à effet de serre en 2004 (agriculture 19 %, industrie manufacturière 20 %), en augmentation de 23 % depuis 1990, alors que les autres secteurs productifs diminuent (agriculture, - 10,5 %, industrie manufacturière, - 22 %) (Ifen, 2006).
5. Ces structures sont pour la plupart basées à Genève pour échapper à la réglementation de l'Union européenne sur la concurrence.

augmenté dans les années 1990, particulièrement dans le secteur de la grande distribution (en 2010, Carrefour dispose de plus de 15 000 magasins dans 34 pays du monde) et dans celui de l'IAA. Enfin, on assiste à l'explosion de la promotion – particulièrement au travers de la télévision qui exige d'énormes budgets publicitaires[6] – des produits des FMN agro-industrielles. Ces interventions des grandes firmes ont fortement contribué à élargir les marchés d'un nombre limité de marques et de produits qui tendent à devenir « globaux », contribuant ainsi à uniformiser le modèle de consommation selon les standards du commerce et des FMN, qui correspondent rarement à ceux des nutritionnistes[7].

Bilan du système alimentaire contemporain

De nombreux aspects positifs ...

Tout d'abord, ce modèle a éloigné le *spectre des famines* et a permis d'atteindre l'auto-suffisance au niveau global : si tous les habitants de la planète se partageaient équitablement la production alimentaire mondiale, les standards nutritionnels seraient aujourd'hui satisfaits. La dernière famine d'origine alimentaire a frappé l'Irlande au milieu du XIXe siècle et fait plus d'un million de morts. Certes le XXe siècle a été le plus meurtrier de tous les temps et les victimes de la faim s'y sont comptées par dizaines de millions (Chine, URSS, Afrique). Ces famines sont principalement d'origine politique ou militaire. Une deuxième cause est cependant à rechercher dans les catastrophes naturelles (cataclysmes, inondations, sécheresse) (Devereux, 2002). Le progrès technique a été décisif dans cette quête de l'autosuffisance. En quatre décennies (1961-2002), les rendements mondiaux moyens de riz ont doublé passant de 2 à 4 t/ha, ceux du blé ont triplé et sont passés de 1 à 3 t/ha. Ces progrès spectaculaires ont été rendus possibles parce que les sciences agronomiques ont su mettre au point, de manière opérationnelle, un système de production alimentaire très efficace par rapport à l'objectif d'autosuffisance.

En second lieu, on doit mettre à l'actif du système agro-industriel (si l'on se place du point de vue du consommateur) une *baisse très forte du prix des aliments :* il fallait en France 300 heures de travail en 1700 pour acheter 100 kg de blé, deux heures suffisent au début du XXIe siècle. Ce sont les fantastiques gains de productivité de l'agriculture et de l'IAA qui ont permis cette évolution. On sait que la baisse du prix de l'alimentation permet de libérer du pouvoir d'achat pour d'autres biens et services et participe donc à la croissance économique.

La troisième conquête est incontestablement celle de *l'innocuité alimentaire.* En dépit des crises récentes (vache folle, dioxine, *listeria*, etc.), très médiatisées, force est de constater que le nombre des décès pour raison de toxicité des aliments est devenu négligeable : le système alimentaire agro-industriel est devenu très sûr, même s'il demeure vulnérable à des pathologies contagieuses, du fait de sa concentration.

---

6. Plus de 17 milliards de $ pour les 20 premières firmes mondiales de l'IAA, soit près de 5 % de leur chiffre d'affaires en 2002 (Ayadi *et al.,* 2004).
7. Une excellente analyse du phénomène de globalisation du système alimentaire mondial est donné sous l'angle géopolitique par le géographe Gilles Fumey (Fumey, 2008).

Quatrième élément positif, les effets du système agro-industriel sur *l'activité économique*. Du fait de sa sophistication, ce dernier a conduit à la création ou l'essor de nouveaux secteurs comme l'emballage, la logistique, la distribution et la restauration, ce qui a permis de maintenir l'emploi alors qu'il s'effondrait dans d'autres secteurs. La destruction d'emplois agricoles s'est ainsi accompagnée d'une création de postes, principalement dans les services. L'effectif du système alimentaire, avec environ 4 millions d'emplois en France et 16 millions aux États-Unis, ne subit qu'une légère érosion sur la longue période.

Enfin, la société d'abondance qui caractérise certains pays permet un *hyperchoix* et donc des satisfactions hédonistes, à travers la consommation.

... mais aussi des échecs et des dérives

Du point de vue de la consommation, à l'échelle planétaire, le modèle agro-industriel, malgré d'indéniables apports sur lesquels nous reviendrons, n'est pas parvenu à atteindre l'objectif de tout système alimentaire, tel que défini par le sommet mondial de l'alimentation tenu sous les auspices de la FAO, à Québec en 1995 : « *assurer l'accès de tous à une alimentation disponible à proximité, économiquement accessible, culturellement acceptable, sanitairement et nutritionnellement satisfaisante* ».

On notera que malgré ces intentions louables, un milliard d'êtres humains souffraient encore en 2009 de sous-alimentation, phénomène concentré à plus de 95 % dans les PVD. Les coûts induits de telles carences et déficits sont colossaux et estimés à plusieurs centaines de milliards de dollars, du fait de décès prématurés, de la perte de productivité, de l'absentéisme scolaire et professionnel, de problèmes de croissance, etc. (cf. chapitre 6).

Dans le même temps, près de 35 % de la population de plus de 15 ans aux États-Unis et de 20 % en Europe sont touchés par l'obésité avec un indice de masse corporelle (IMC) supérieur à 30[8]. Au total, le monde compterait plus d'un milliard de personnes en surpoids, c'est-à-dire en suralimentation. Ce phénomène concerne également, et de façon croissante, les pays les plus pauvres. Cette dérive alimentaire génère de redoutables pathologies qualifiées de maladies non transmissibles ou chroniques liées à l'alimentation, première cause de mortalité (maladies cardiovasculaires, diabète, cancers du tube digestif, ostéoporose) et génératrices de coûts économiques considérables (18 milliards d'euros en France[9], au moins 90 milliards de dollars aux États-Unis en 2000).

Enfin, selon la FAO et l'OMS, 2 milliards de personnes, particulièrement des catégories vulnérables (femmes enceintes, enfants, personnes âgées), souffriraient de maladies graves du fait de carences en micro-nutriments, vitamines et oligo-éléments.

Au total, ce sont plus de 3 milliards d'individus, soit près de la moitié de la population mondiale, qui se trouveraient au début des années 2000 dans une situation de malnutrition, avec des conséquences pathologiques notables.

---

8. L'IMC se calcule en divisant le poids d'un individu exprimé en kilo par le carré de sa taille exprimée en mètre.

9. Selon une étude réalisée en 2000 par le Dr Bruno Detournay du Cemka.

Les causes de ce « désordre alimentaire » sont diverses et bien connues. Il s'agit de la pauvreté, du statut des femmes, des carences des systèmes de santé, de l'absence d'éducation et de l'inexistence de politiques publiques consacrées à la question alimentaire (Sen, 1981). Sur ce dernier point très important, rappelons que le livre blanc sur l'alimentation de l'Union européenne date seulement de 2000, qu'il ne propose pas, loin s'en faut, une politique alimentaire et que le programme national nutrition-santé (PNNS) n'a démarré – timidement – en France qu'en 2001[10].

Enfin, le modèle alimentaire de l'âge agro-industriel prend peu à peu place dans un modèle de consommation de masse totalement « marchandisé » et fortement individualiste qui montre aujourd'hui ses limites[11].

Les caractéristiques du **modèle de production agro-industriel** font que ce modèle va générer des *externalités négatives*, c'est-à-dire des nuisances ou des dysfonctionnements dont il n'assume pas actuellement les coûts et qui donc pèsent encore peu dans les décisions stratégiques des acteurs dominants. On peut mentionner sous cette rubrique l'épuisement des ressources naturelles (Zimmer *et al.*, 2003, Brown, 2004) et la dégradation des paysages, l'hyperspécialisation des unités de production et l'hypersegmentation artificielle des produits qui aggravent les disparités économiques entre entreprises et entre consommateurs. Par ailleurs, la libéralisation commerciale internationale et le faible prix des transports des marchandises induisent des délocalisations d'activités vers des sites avantagés par les coûts comparatifs, à partir desquels les produits sont exportés dans le monde entier. Par exemple, le poulet congelé standard produit aux États-Unis ou au Brésil à moins d'un dollar vient concurrencer la volaille indigène au Maroc ou en Afrique au sud du Sahara, détruisant des petits producteurs locaux qui vont grossir les bataillons de sans-emplois des mégalopoles. Ces importations altèrent aussi la typicité organoleptique des préparations traditionnelles et, à terme, font disparaître le patrimoine culinaire régional. Enfin le modèle agro-industriel, du fait de la concentration de ses unités de production (notamment dans le secteur animal « hors-sol »), présente une vulnérabilité élevée aux pandémies, comme on a pu le constater lors de la crise de l'ESB, à la fin des années 1990 ou de la grippe aviaire en 2006, ou encore de la grippe porcine en 2009.

Au terme de cette analyse *des succès puis des impasses* du modèle agro-industriel, on peut s'interroger à présent sur son avenir à deux générations (horizon 2050) en utilisant les méthodes de la prospective.

▸▸ Prospective du système alimentaire et stratégies d'acteurs

Nous présenterons succinctement dans cette section les bases de la méthode prospective. Puis nous identifierons les variables clefs du système alimentaire qui

---

10. Le PNNS 2007 devrait mobiliser 47 millions d'euros, consacrés principalement à des dépenses de communication. Cette somme est à comparer aux 5 milliards d'euros investis par les firmes agroalimentaires pour promouvoir leurs produits en France et aux 5 milliards de dollars consacrés bon an mal an depuis une dizaine d'années par Nestlé à sa publicité dans 100 pays du monde : le rapport est de 1 à 100 !
11. Cf. à ce sujet une bonne analyse des dérives du système de restauration rapide de Schlosser, 2003.

permettront ensuite de préciser les contours de deux scénarios d'évolution à long terme (2050), en insistant sur les stratégies d'acteurs les sous-tendant. Nous préciserons dans la section suivante, à l'aide de la plateforme Agrimonde, l'ampleur des changements caractérisant ces deux scénarios du point de vue de la consommation et de la production alimentaire mondiale. On doit signaler à cet égard que, si de nombreux modèles de prévision de l'alimentation à long terme sont disponibles dans le monde, ils restent enfermés dans une vision agricole[12]. Or, l'agriculture est en déclin dans le système alimentaire et ne représente plus, dans de nombreux pays qu'une faible fraction de la chaîne alimentaire. L'utilisation de la méthode de la prospective et la construction de modèles systémique incluant l'aval des filières est en conséquence désormais indispensable.

La méthode de la prospective

La connaissance de l'avenir est probablement une quête aussi ancienne que l'*Homo sapiens*. La plupart des fondements de cette connaissance sont contenus dans la mythologie grecque. Ils ont été conceptualisés par Platon et les grands philosophes de l'Antiquité. La perception de l'avenir se situe selon ces penseurs au carrefour de trois principes, toujours d'actualité : l'*agchinoia* ou la finesse de l'esprit, c'est-à-dire l'acuité, la vivacité, la précision et le raccourci des idées qui permettent de concevoir l'avenir ; l'*eustochia* ou l'association entre la précision de la visée et la puissance de l'impact (concentration des forces) ; et enfin la *prometheia* (Prométhée, dieu de la connaissance et constructeur du monde des humains) qui correspond à l'emprise que l'on peut se donner sur le temps et les choses (Détienne et Vermant, 1974, Baumard, 1996). Le concept développé par les philosophes grecs est ainsi une combinaison de la perception de l'avenir et de l'action qui permet d'influer sur cet avenir. La prospective relève ainsi de la *métis*, c'est-à-dire de l'intelligence pratique et organisatrice par opposition à l'*hybris* qui conduit au chaos, là où l'*epistemis* (savoir abstrait), la *techne* (savoir technique) et la *phronesis* (expérience sociale) se montrent insuffisants (Ferry, 2008).

Le philosophe contemporain Gaston Berger, que l'on considère généralement comme le fondateur de la prospective, se situe dans cette lignée : « L'esprit prospectif n'est en aucune manière celui d'une planification universelle : il ne prédétermine pas, il éclaire » (Berger, 1958). Par ailleurs, la prospective considère l'avenir, « ...non plus comme une chose déjà décidée et qui, petit à petit, se découvrirait à nous, mais comme une chose à faire » (*ibid*). On peut dès lors définir la prospective comme l'identification des futurs possibles dans le but de bâtir un avenir souhaitable. Cette définition précise le caractère exploratoire et proactif de la prospective (de Jouvenel, 2004).

La démarche prospective est nécessairement globale, car elle ne peut s'attacher à un seul des éléments de l'avenir, par exemple l'évolution des marchés ou des

---

12. WFM de la FAO, IMPACT de l'IFPRI, AGLINK de l'OCDE, SWOPSIM et FSA de l'USDA, FAPRI de Iowa State University et University of Missouri, GTAP, de Purdue University, CAPRI, de l'université de Bonn, WEMAC de l'Inra, ID3 du Cirad, Agrimonde de l'Inra/Cirad.

technologies. Elle est aussi systémique puisqu'elle est, comme tout système, multidimensionnelle et interactive. Elle est également diachronique c'est-à-dire qu'elle doit être envisagée sur le temps long, car les changements des sociétés humaines sont lents et ne peuvent s'envisager que sur une ou deux générations. Et enfin, la prospective doit être à même de prendre en compte les ruptures économiques, sociétales ou technologiques.

La méthode de la prospective comporte quatre temps (Godet, 2001) :
– le « découpage » du système à étudier (pour nous il s'agira du système alimentaire tel que défini au chapitre 1 ;
– le repérage des variables clefs susceptibles d'avoir une influence sur l'avenir, suivi d'une hiérarchisation de ces variables, afin de se concentrer sur l'étude des variables motrices et de changement ;
– l'identification des acteurs dominants du système et l'analyse de leurs stratégies ;
– la construction des scénarios d'évolution à long terme du système. Un scénario est une représentation des caractéristiques du système à l'horizon choisi, sur la base d'hypothèses de continuité (scénario tendanciel) ou de rupture (scénario alternatif) des variables clés et des stratégies d'acteurs.

Les outils de la prospective sont quantitatifs (on utilise par exemple des modèles de simulation ou la méthode Delphi[13]) et qualitatifs (ateliers de discussion ou ateliers de prospective rassemblant entre 10 et 20 experts du système étudié et destinés à faire émerger des consensus sur les variables clefs, les acteurs et permettre ainsi la construction des scénarios). Il est souhaitable, pour donner de la robustesse à l'exercice de prospective, de combiner les deux méthodes. C'est ce qui a été pratiqué dans le programme de recherche Agrimonde présenté ci-après.

Les variables clés de la prospective alimentaire

Les variables motrices du système alimentaire relèvent de la démographie et des modèles de consommation et de production. Elles ont été identifiées notamment dans Collomb, 1999, Bruisma, 2004, Malassis, 2006, Griffon, 2007, Parmentier, 2007, et Inra-Cirad, 2009. Nous présenterons ici les variables suivantes : la population, la consommation alimentaire (qui constitue l'essentiel de la demande finale), les ressources en terre, les rendements (qui se combinent pour donner l'offre).

Population : vers 9 milliards d'hommes en 2050 ?

La population mondiale, qui avait progressé assez lentement depuis le début de notre ère et qui avait atteint son premier milliard autour de l'an 1800, connaît une croissance sans précédent au cours du XIXe et du XXe siècle. En seulement deux cents ans, le nombre d'habitants de la planète s'est vu multiplié par six, pour atteindre les six milliards d'individus à la fin du siècle dernier (figure 7.1).

---

13. Empruntant son nom à l'oracle de Delphes, cette méthode consiste à interroger individuellement des experts, à traiter statistiquement leurs réponses, puis à communiquer les résultats obtenus aux experts interrogés, en pratiquant deux à trois itérations successives, en vue de déceler les convergences permettant de construire des scénarios prospectifs.

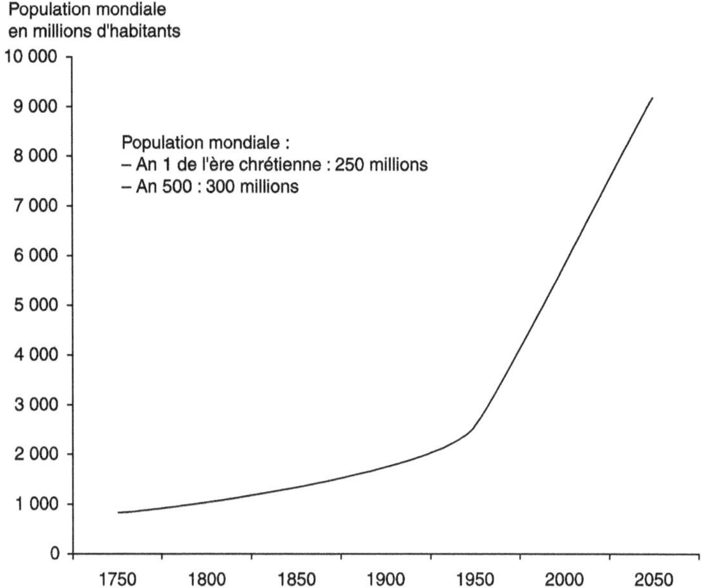

Figure 7.1. Évolution de la population mondiale depuis le début de l'ère chrétienne.
Source : données Biraben J.-N. 1979, United Nations, 1973, 2009, Véron J., 1993.

On prévoit que la population de la planète augmentera encore d'environ 2 milliards de personnes entre 2010 et 2050[14], date à partir de laquelle les démographes prévoient qu'elle atteindra un « état stationnaire » que l'on situe autour de 9 à 10 milliards d'humains. Cette progression spectaculaire des invités à la table du « festin de l'humanité » (Malassis, 1994) n'est pas sans poser de graves problèmes à un système alimentaire déjà lourdement sollicité et aux écosystèmes mondiaux qui se trouvent ainsi soumis à des pressions sans précédent par une population dont le nombre et la demande ne cessent d'augmenter. Cette croissance s'avère cependant variable selon des continents selon qu'ils ont ou non amorcé leur transition démographique[15].

Consommation alimentaire : une amélioration sensible de la situation moyenne, mais des situations encore très disparates selon les régions

En examinant, à partir de la plateforme statistique Agribiom[16] créée pour les besoins de la prospective Agrimonde (Dorin, et Le Cotty, 2009), la consommation alimentaire sur la longue période en termes énergétiques, on constate que, dans

---

14. Les projections les plus récentes des Nations unies, réalisées en 2008 donnent à l'horizon 2050 en hypothèse moyenne 9,2 milliards d'habitants, en hypothèse haute 11 milliards et en hypothèse basse 8 milliards (United Nations, 2009). La plupart des experts en démographie estiment aujourd'hui que l'on se situera entre les hypothèses moyennes et basses du fait de la diminution rapide de la fécondité dans les PVD.
15. On trouvera dans le tableau 7.7 le détail des projections 2050 par zone géographique.
16. Cf. infra, encadré 7.3.

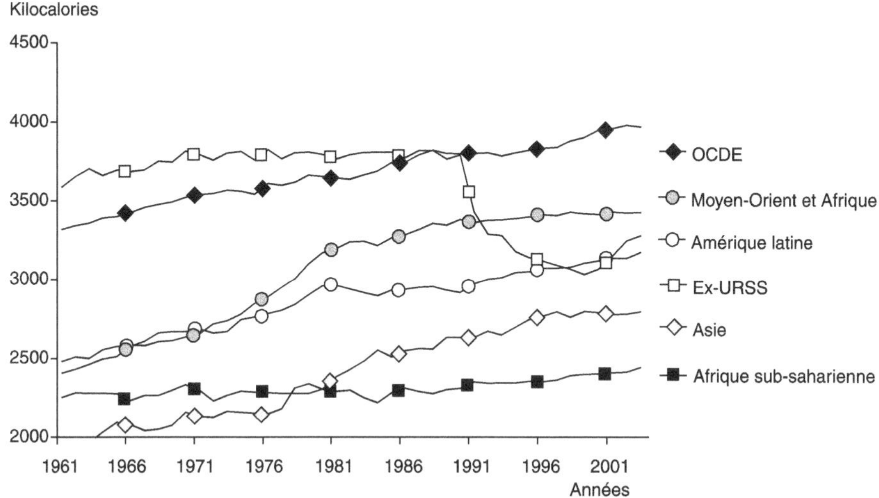

Figure 7.2. Évolution de la consommation énergétique alimentaire par zone.
Source : d'après Agrimonde, (Inra-Cirad, 2009).

toutes les zones du monde[17], cette consommation augmente, mais à des rythmes très différents selon les pays, ce qui explique les grandes disparités qui subsistent de nos jours entre les grandes régions du monde. Ainsi, les informations disponibles sur le long terme laissent apparaître le fait que les pays à hauts revenus se rapprochent, voire dépassent, les 4 000 kcal/tête/jour[18] et que leur niveau de consommation continue de progresser[19], alors que l'Afrique sub-saharienne est à peine à 2 400 kcal, soit un écart de 67 %. Les courbes relatives à l'Amérique latine et à l'Asie sont en croissance rapide. Le Moyen-Orient atteint une asymptote (figure 7.2).

Première composante des modèles de consommation alimentaires, le « régime alimentaire », (cf. chapitre 4), permet de décrire de manière simple ce qui est consommé par un individu ou par un groupe d'individus. Il se définit par le volume (poids et calories) de chacune des grandes catégories d'aliments entrant dans la ration alimentaire ou diète. On observe ainsi d'importantes différences dans les régimes alimentaires et nutritionnels entre les grandes régions du monde (tableau 7.1).

---

17. À l'exception des pays de l'ex-URSS qui ont, comme on le sait, traversé une grave crise économique après l'effondrement du régime soviétique. Ces pays qui (si les statistiques sont exactes) avaient la plus forte consommation calorique au monde dans les années 1970, voient celle-ci se redresser depuis le début des années 2000.

18. Ce qui est très supérieur à la norme moyenne des besoins énergétiques qui se situe autour de 2 500 kcal pour un individu adulte ayant une activité physique modérée, ce qui est le cas de la grande majorité des ressortissants des pays de l'OCDE. Les moyennes calculées à partir des bilans en disponibilité alimentaire n'ont en fait pas de signification nutritionnelle car la population est évidemment composée d'individus de sexe, d'âge et de profils très différents. Ces calculs permettent aux économistes de réaliser des diagnostics globaux.

19. Cette progression, qui s'explique sans doute et pour une part importante par un plus grand gaspillage, connaît dans le temps une saturation suivie d'une légère diminution.

Tableau 7.1. Niveau de consommation alimentaire par grandes régions du monde (1961 et 2003).

Région	Année	Total	Calories protéiques	Calories lipidiques	Calories glucidiques	Calories végétales	Calories animales	Calories aquatiques
Afrique sub-saharienne	1961	2243	237	397	1610	2090	143	10
	2003	2443	249	452	1732	2276	142	14
Amérique latine	1961	2469	288	487	1694	2074	387	8
	2003	3162	380	822	1960	2542	601	18
Asie	1961	1904	207	224	1473	1815	79	10
	2003	2786	311	661	1814	2397	358	31
Ex-URSS	1961	3574	471	756	2347	2841	709	24
	2003	3268	423	809	2035	2573	669	26
Moyen-Orient Afrique du Nord	1961	2399	307	447	1646	2131	262	6
	2003	3414	425	727	2263	3042	356	16
OCDE	1961	3308	415	1032	1860	2324	946	38
	2003	3959	500	1490	1969	2722	1192	46

Source : d'après Agrimonde (Inra-Cirad, 2009).

Tableau 7.2. Structure et évolution des régimes alimentaires par grandes régions du monde entre 1961 et 2003 (Kcal/tête/jour).

Région	Année	Céréales	Tubercules	Fruits et légumes	Légumi-neuses	Viandes	Laits	Corps gras	Sucres
Afrique sub-saharienne	1961	1119	415	101	93	78	47	231	87
	2003	1223	417	94	86	80	49	278	129
Amérique latine	1961	1051	177	129	132	202	122	209	370
	2003	1237	125	153	111	356	177	408	483
Asie	1961	1258	161	55	120	36	30	125	95
	2003	1547	106	143	52	243	65	378	171
Ex-URSS	1961	1909	244	68	33	295	263	281	324
	2003	1484	204	114	12	307	259	361	369
Moyen-Orient Afrique du Nord	1961	1517	35	158	57	91	125	217	173
	2003	1959	73	242	71	166	140	411	313
OCDE	1961	1201	167	130	34	409	305	496	369
	2003	1124	129	185	30	641	370	753	472

Source : d'après Agrimonde (Inra-Cirad, 2009).

On note la rapidité de la progression du niveau calorique de la ration alimentaire moyenne observée sur la période 1961-2003, dans la plupart des régions du monde. En effet, à l'exception de l'Afrique (+ %) et de l'Ex-URSS (- 9%), cette progression de la consommation alimentaire par tête peut atteindre jusqu'à 30 % selon les régions et cela malgré une croissance démographique importante : + 22 % pour l'Amérique latine, + 32 % pour l'Asie, + 30 % pour le Moyen-Orient et l'Afrique du Nord. Cette augmentation s'explique non seulement par les calories d'origine végétale, mais aussi par la consommation de viandes (tableau 7.2).

Le poids de l'alimentation carnée dans les régimes alimentaires

On constate dans le tableau 7.2 que la plupart des pays les plus pauvres disposent de régimes alimentaires riches en céréales pour les pays d'Asie (plus de 205 kg par tête/an pour le proche Orient et 158 kg par tête/an pour la Chine), ou de régimes à base de racines et de tubercules, pour l'Afrique (130 kg par tête/an). La consommation de sucre et de produits sucrés varie sensiblement d'une région à l'autre. Elle est particulièrement élevée en Amérique du Nord (71 kg par tête/an), en Europe occidentale, en Océanie et en ex-URSS (plus de 36 kg par tête/an), mais elle est beaucoup plus faible en Afrique, en Asie et en Chine.

La différence essentielle entre les modèles de consommation des pays du Sud et ceux du Nord concerne les produits de l'élevage : viande, œufs, lait. Les pays occidentaux consomment en moyenne trois fois plus de viande par tête et par an que les pays du Sud à économie de marché (un Nord Américain consomme huit fois plus de viande qu'un Africain), deux fois plus d'œufs et six fois plus de lait. Le modèle alimentaire occidental est aussi beaucoup plus riche en produits de l'élevage que celui de l'ex-URSS et de l'Europe orientale. L'Américain du Nord et l'Océanien consomment en moyenne entre deux et une fois et demie leur propre poids en viande au cours d'une année. Cela n'est pas sans répercussion sur le système de production alimentaire. En effet, les besoins en ressources rares (terres et eau) générés par les produits animaux sont considérables. Par exemple, les spécialistes estiment qu'il faut plus de 13 tonnes d'eau pour produire 1 kg de viande de bœuf, 4,5 tonnes pour 1 kg de viande de volaille et 1,1 tonne pour 1 kg de blé (Zimmer *et al.*, 2003).

Au niveau global, il est possible de calculer, à partir des bilans alimentaires, la disponibilité mondiale de nourriture exprimée en calories finales totales. À cet effet, on multiplie les disponibilités journalières par tête par la population et par 365 jours. On aboutit alors à des chiffres considérables qu'il convient d'exprimer, non pas en kilocalories, mais en GigaKilocalories (GKcal), soit 10^9 kcal. Ces données doivent être considérées comme des ordres de grandeur des prélèvements qui sont opérés en terme de produits alimentaires sur les écosystèmes mondiaux. On constate que ces disponibilités alimentaires ne sont pas partagées de façon équitable, même si les distorsions sont moins frappantes que dans le cas de la richesse (PIB). Certains surconsomment et d'autres, beaucoup plus nombreux, se partagent la part restante. Ainsi, l'OCDE qui regroupe 16 % de la population mondiale consomme 21 % des calories, alors que l'Asie qui représente 54 % de la population n'en dispose que de 49 % (tableau 7.3).

Tableau 7.3. Répartition mondiale de la consommation de calories finales, moyenne 2001-2003.

Zones	Population (%)	Consommation totale de calories finales (Gigacal) (%)
Asie	54	49
OCDE	16	21
Amérique latine	9	9
Afrique sub-saharienne	11	9
Moyen-Orient et Afrique du Nord	6	7
Ex-URSS	5	5
Total monde	100	100
Monde (nombre)	6 200 194	6 755

Source : d'après Agrimonde, (Inra-Cirad, 2009).

Si l'on s'intéresse à la répartition qui s'opère, au sein de notre alimentation, entre calories d'origine végétale et celles fournies par les animaux, on constate que 84 % des calories finales proviennent des produits végétaux (moyenne 2001-2003), faisant de l'agriculture – *stricto sensu* – la base de l'alimentation mondiale.

Nutritionnellement parlant, les calories animales ne représentent que 16 % des calories finales disponibles, mais économiquement, leur importance s'avère beaucoup plus grande. Une part des calories végétales (CV) sert à produire des calories animales (CA) et lorsqu'on mesure le niveau calorique de la ration alimentaire d'un individu ou d'une population, on doit tenir compte de l'ensemble des calories végétales nécessaires à la production des calories finales, qu'elles soient d'origine animale ou végétale. On parle alors de calories initiales (CI)[20]. Cette distinction apparaît vite comme essentielle si l'on entend mesurer les besoins futurs. Elle permet de remonter ensuite vers l'ensemble des besoins en produits végétaux nécessaires à la production des aliments, puis d'évaluer les besoins en terre, en eau et en intrants, à partir des coefficients techniques de production dans le cadre d'Agrimonde. On peut, avec cette méthode, refaire une estimation mondiale des disponibilités énergétiques alimentaires (tableau 7.4) et la comparer au tableau précédent.

Ces données éclairent d'une lumière nouvelle l'évolution de la consommation alimentaire mondiale. On observe en premier lieu le fait que les calories initiales représentent au total deux fois les calories finales consommées par les humains. Elles confirment, ensuite, l'extraordinaire progression asiatique en quarante ans (multiplication par 4,2 contre 2,5 en moyenne mondiale) et la stagnation de l'OCDE[21].

---

20. On peut alors calculer la ration alimentaire (exprimée en calories initiales) selon : CI = CV + CA × CT. CT étant le coefficient de transformation indiquant le nombre de calories végétales nécessaires pour produire une calorie animale (cf. chapitre 4). Ce coefficient varie entre 4 et 14 suivant les animaux transformateurs considérés. Pour le porc, il faut 4 kg d'aliments sous forme de grains pour produire 1 kg de viande consommée. Le taux de conversion alimentaire est inférieur pour le poulet et beaucoup plus élevé pour le bœuf. Ce qui signifie que les animaux consomment (pour nous) environ 400 kg de grains de toute sorte, pour ensuite les transformer en 80 kg de viande correspondant à notre consommation annuelle.
21. Toutefois, cette zone demeure de loin la première pour l'utilisation des calories animales dans la diète.

Tableau 7.4. Disponibilités énergétiques alimentaires exprimées en calories initiales.

Zones	Gigacal initiales totales			Part des calories initiales d'origine animale (%)	
	Moyenne 1961-1963	Moyenne 2001-2003	Coefficient multiplicateur	Moyenne 1961-1963	Moyenne 2001-2003
Asie	1 389	5 852	4,2	24	50
OCDE	2 475	3 953	1,6	74	75
Amérique latine	398	1 299	3,3	57	63
Afrique sub-saharienne	263	810	3,1	32	30
Moyen-Orient et Afrique du Nord	204	785	3,9	46	44
Ex-URSS	650	726	1,1	64	64
Total monde	5 379	13 426	2,5	56	58
Population monde	3 134 586	6 200 194	2		

Source : d'après Agrimonde (Inra-Cirad, 2009).

Tableau 7.5. La consommation alimentaire exprimée en calories initiales par tête et par jour, moyenne 2001-2003.

Zones	Kcal animales initiales	Kcal végétales	Total calories initiales
Asie	986	2 446	3 432
OCDE	3 150	2 908	6 058
Amérique latine	1 662	2 584	4 246
Afrique sub-saharienne	426	2 269	2 695
Moyen-Orient et Afrique du Nord	938	3 103	4 041
Ex-URSS	1 730	2 636	4 366
Écart maximum	3,2	1,3	4,5

Source : d'après Agrimonde (Inra-Cirad, 2009).

On constate, aussi, le fait que la croissance des calories initiales demeure nettement supérieure, durant la période considérée, à celle de la population (multipliée par 2,5 contre 2). Enfin, considérant en première approximation que 3 calories végétales sont nécessaires à la production d'une calorie animale[22], les produits animaux représentent l'équivalent de 58 % des calories initiales utilisées dans le monde (tableau 7.5).

Ramenés à des consommations par tête, ces chiffres permettent certaines comparaisons entre les habitants des grandes régions du monde. Ils nous révèlent que les écarts entre pays riches et pays pauvres vont de 3 à 1 en ce qui concerne les calories initiales

---

22. Le chiffre 3 a été retenu ici en divisant les quantités de calories végétales d'alimentation animale par les calories alimentaires animales (moyenne mondiale). On trouvera également dans la littérature scientifique un coefficient 7 estimé sur la base d'une moyenne approchée des coefficients de transformation des calories végétales en calories animales.

totales, mais qu'ils atteignent des écarts de 7 à 1 pour les calories initiales nécessaires à l'élaboration de produits animaux primaires (laits et viandes) et que les différences sont seulement de 30 % pour les produits végétaux consommés par l'homme.

Vers une convergence des modèles de consommation dans le monde ?

L'amélioration moyenne de la situation alimentaire, même si elle ne doit pas nous faire oublier les nombreuses inégalités qui subsistent entre les hommes, a contribué à éloigner de nos sociétés le spectre de la famine. Cette situation s'est accompagnée d'une forte baisse des prix des aliments, d'une innocuité alimentaire fortement améliorée, avec encore certains dérapages (Rastoin, 2007a).

Malgré tous ces acquis, des difficultés sont toujours présentes lorsqu'on analyse la situation alimentaire mondiale : en 2009, près d'un milliard d'individus sont sous-alimentés dont la très grande majorité se trouve dans les pays les plus pauvres. La progression des disponibilités ne contribue pas à diminuer les disparités entre régions du monde : les pays de l'OCDE disposent en moyenne de 4000 kcal/j/habitant et l'Afrique sub-saharienne de 2500 kcal/j/habitant. De surcroît, un milliard d'hommes souffrent de surconsommation et les maladies d'origine alimentaire sont en passe de constituer un réel problème pour les pouvoirs publics[23].

Les moyennes ne font en effet pas apparaître la malnutrition dont souffrent de nombreuses personnes. La sous-alimentation est fréquente dans les pays en développement tandis que l'obésité touche entre 1/5 et 1/3 de la population des pays développés[24]. L'obésité cohabite donc le plus souvent avec une sous-nutrition chronique : il s'agit du « double fardeau » que connaissent certains pays en développement.

On assiste ainsi à une convergence des modes de consommation au niveau mondial et à une généralisation du modèle de consommation « occidental ». Il s'agit d'un modèle de consommation de masse qui tend vers une situation de satiété, portée par la marchandisation et favorisant l'individualisme. Ce modèle est toutefois de plus en plus critiqué par les nutritionnistes, car il intègre une consommation excessive de lipides et de sucres et génère des pathologies de grande ampleur. L'épidémie d'obésité se développe rapidement et dans 20 ou 30 ans, il est à craindre qu'il ne sera plus possible de renverser cette tendance. On doit donc s'interroger sur les conséquences d'une généralisation de ce modèle à l'ensemble de la planète (Inra-Cirad, 2009).

Le débat sur les disponibilités en facteurs de production

Selon les experts, plus que les disponibilités en terre, qui s'avèrent suffisantes (2,8 milliards d'hectares, notamment en Afrique sub-saharienne et en Amérique du Sud, soit plus du double de la superficie actuellement exploitée), ce sont les ressources en eau[25] qui

---

23. Cf. chapitre 4.

24. Nous reviendrons plus loin sur cette question de la répartition et sur la manière avec laquelle on prend en compte ces disparités pour fixer des niveaux de consommation alimentaire « souhaitables » ou « conseillés ».

25. Un habitant de PVD prélevait en moyenne, au milieu des années 1990, 400 m³ d'eau dont 90 % pour des usages agricoles contre 1200 m³/an dans les PHR, dont 39 % pour l'agriculture, selon M.W. Rosegrant, de l'IFPRI.

risquent de faire le plus défaut au cours du prochain siècle, particulièrement en zone méditerranéenne, avec comme menace de fortes tensions politiques. Selon la FAO, à la fin des années 1990, les terres irriguées ne représentaient qu'un cinquième de la superficie arable totale dans les PVD, mais elles produisaient deux cinquièmes des récoltes. Ces ressources rares et plus ou moins bien gérées, selon le niveau de prélèvement et de dégradation atteint, doivent devenir « durables » au sens du millénaire pour le développement des Nations unies.

L'amélioration des rendements des végétaux et des animaux constitue probablement la condition la plus importante pour que l'on se rapproche de l'équilibre alimentaire mondial. En effet, les écarts de productivité à l'hectare sont, par exemple, de 8 tonnes pour le riz, soit 4 fois les rendements moyens les plus faibles constatés dans certains pays producteurs. Le scénario présenté par la FAO implique une hausse de 36 % des rendements moyens à l'hectare des céréales dans les PVD en 30 ans (2000-2030). Cela est techniquement possible, mais soulève de difficiles problèmes d'extension de l'irrigation, de recours à de nouvelles variétés, de formation des paysans, de financement et … d'opinion publique. De plus, on doit relever que les modèles d'équilibre alimentaire construits restent enfermés dans une vision agricole et demeurent en conséquence muets sur l'ajustement global du système alimentaire mondial, ce qui limite considérablement leur portée.

La question des nouvelles variétés, dites OGM (organismes génétiquement modifiés) se pose également avec acuité dans les pays riches. En effet, la « 3e révolution agricole »[26] va impliquer une modification assez radicale des trajectoires techniques utilisées en agriculture : il s'agit de remplacer le modèle « productiviste » des années 1960-1990 en France et dans les pays industrialisés. À ce modèle, condamné par l'effondrement de ruineuses et peu équitables politiques agricoles de soutien des prix et la pression des mouvements écologistes, il conviendrait de substituer un modèle plus respectueux de l'environnement et de la santé humaine. L'option stratégique choisie par les firmes de l'agrofourniture, avec l'appui des institutions professionnelles et gouvernementales, est celui de l'agriculture « raisonnée » combinant les OGM, des intrants chimiques à faible dose et l'agriculture de précision (*precision farming*) [27].

Il y a aujourd'hui un débat – non tranché par les instances politiques – entre les tenants d'une législation restrictive sur les OGM, au nom de la prudence requise en matière de santé publique et d'environnement et de « la non-brevetabilité du vivant », et ceux qui préconisent une intégration rapide des innovations scientifiques dans les techniques de production, en invoquant des risques limités et les impératifs de la concurrence internationale et de l'équilibre alimentaire mondial[28]. Le consommateur est désormais concerné au premier chef par ce débat. Ce type de problème ne pourra être résolu que par un consensus international et, paradoxalement, par une

---

26. La première étant celle qui a vu la substitution du travail mécanique à la force manuelle (mécanisation), la seconde étant caractérisée par l'usage massif des intrants chimiques (engrais, produits phytosanitaires).
27. Technique s'appuyant sur l'électronique et les systèmes d'information par satellite.
28. Par exemple, selon Per Pinstrup-Andersen (1998), directeur de l'IFPRI, Washington, « Toute législation qui, en Europe, en Amérique du Nord et/ou au Japon, limiterait étroitement l'application des résultats de la recherche (notamment sur les OGM, ndlr) à l'amélioration de la productivité et de la transformation de la production alimentaire pourrait également avoir de graves répercussions à long terme sur les ressources alimentaires dans les PVD ».

Tableau 7.6. Sécurité alimentaire et ouverture internationale dans les PVD, 1990-2000.

Niveau de sous-alimentation	Importations alimentaires en % des recettes d'exportation	Importations alimentaires en % de la consommation alimentaire totale
> 15 % de la population totale	26	8
< 15 % de la population totale	12	26

Source : FAO, 2005.

déglobalisation, les questions soulevées par chaque espèce végétale ou animale et par les techniques d'ingénierie génétique utilisées étant le plus souvent spécifiques, et justifiables de réglementations adaptées localement et dans le cadre d'un protocole rigoureux de vérification d'innocuité, protocole qui ne semble pas encore exister.

Du point de vue économique, l'ouverture commerciale devrait jouer un rôle significatif. Des études empiriques menées par la FAO tendent à montrer qu'il existe un lien entre insécurité alimentaire et niveau des échanges internationaux en produits alimentaires : le ratio (importations + exportations agricoles)/PIB s'élevait en moyenne en 1996-2000 à 53 % pour les pays ayant moins de 2,5 % de leur population en état de sous-nutrition et à 23 % pour ceux qui en comptaient plus de 35 % (FAO, 2005). Les pays à forte insécurité alimentaire consacrent une partie très importante de leurs recettes d'exportation à importer la nourriture dont ils ont besoin, mais ces importations ne représentent qu'une faible part de leur consommation alimentaire (tableau 7.6). Par ailleurs, et contrairement à une idée simpliste, les pays qui exportent une part élevée de leur production agricole sont aussi ceux qui ont les niveaux les plus faibles de pénurie alimentaire. C'est donc – si la paix est assurée – le développement économique global et la croissance agricole qui limitent l'insécurité alimentaire. Ce lien entre sécurité alimentaire et intensité des échanges extérieurs constitue donc un bon argument pour un traitement préférentiel des PVD par les pays à hauts revenus dans le cadre des discussions de l'OMC.

Les stratégies d'entreprises dans le système alimentaire

Le système alimentaire se caractérise, comme nous l'avons établi dans le chapitre 1, par une dichotomie dans la population d'entreprise entre, d'une part de grandes firmes pour la plupart multinationales et un tissu dense de très petites et petites et moyennes entreprises (TPE/PME). Pour chacune de ces catégories d'acteurs économiques existent des profils stratégiques différents. En simplifiant, on peut considérer, sur la base de la typologie établie par M. Porter (Porter, 1986)[29], qu'une entreprise du système alimentaire peut adopter l'un ou l'autre des cinq positionnements concurrentiels suivants, ou, pour les plus grandes d'entre elles combiner plusieurs des stratégies-produits présentées (Rastoin 1998) :
– domination par les coûts résultant d'une production de masse. C'est l'apanage des firmes multinationales qui peuvent investir dans des usines de très grand format ;

---

29. Cf. chapitre 3, paragraphe 3.1.3.4.

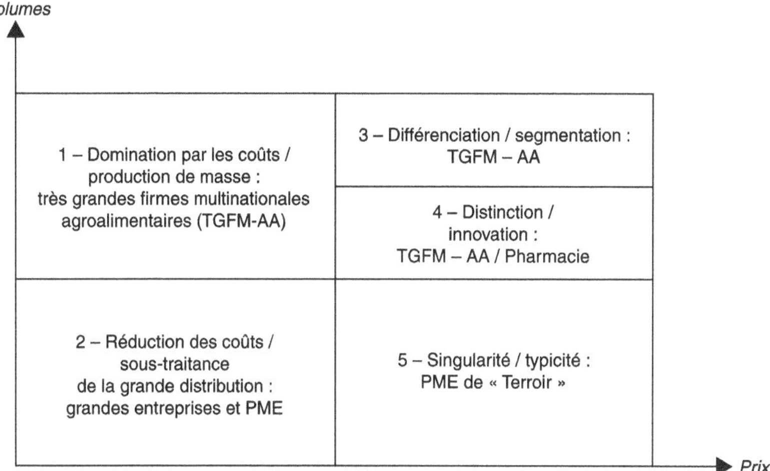

Figure 7.3. Les stratégies de positionnement concurrentiel dans l'agroalimentaire.
Source : adapté de Rastoin J.-L., 1998, à partir de Porter M., 1986.

– réduction des coûts par impartition, sur des volumes faibles. C'est la formule adoptée par les industriels (multinationales et PME) qui acceptent de travailler en sous-traitance pour les marques de distributeurs, économisant ainsi les frais d'innovation et de communication ;
– différenciation à la marge des produits à l'aide d'ingrédients (texture, couleur, goût), du *packaging* et de la communication, permettant une segmentation fine du marché (exemple : yaourt à la tisane pour les grands-mères). Ce type de différenciation, très onéreux, reste l'apanage des multinationales ;
– différenciation par l'innovation-produit. Dans l'agroalimentaire, les innovations sont très rarement radicales (sauf peut-être en confiserie avec l'exemple des *chewing-gums*), car tout ou presque a été inventé depuis l'apparition de la cuisine il y a 500 000 ans. Il s'agit surtout d'innovations incrémentales (par exemple, préparations à base de ferments lactiques tels que les *bifidus*). L'innovation est très souvent le fait des PME. Elle est aussi l'un des deux piliers stratégiques des grandes firmes, l'autre étant la communication publicitaire ;
– différenciation par le couple territoire/histoire. Il s'agit d'une distinction du produit fondée sur des arguments matériels (la qualité des matières premières imputables à un terroir particulier) et immatériels (le savoir-faire, la culture locale). C'est ici l'apanage des PME et des TPE, avec cependant une possibilité de détournement par le *marketing*.

Nous présenterons plus en détail les configurations stratégiques des firmes multinationales et des PME à ancrage territorial.

Les acteurs dominants : les firmes multinationales

Les stratégies des firmes multinationales s'appuient sur un modèle de production fondé sur la fragmentation et la répartition des activités le long de filières longues, les économies d'échelles, et la mobilisation d'investissements lourds, que ce soit dans les installations matérielles ou les intangibles (R&D et communication), comme nous l'avons démontré dans le chapitre 4. Une analyse des stratégies des grandes firmes du secteur agroalimentaire (notamment les grandes firmes européennes : Nestlé, Danone, Unilever) indique un mouvement récent vers l'intégration dans le portefeuille d'activité, après les produits de masse qui continuent à représenter l'essentiel du chiffre d'affaires, d'un deuxième segment composé de produits innovants, puis un troisième de produits de terroir. Ces firmes différencient ce type de produits par leurs caractéristiques physiques et chimiques ou par un « habillage *marketing* » (Rastoin, 2008).

En effet, les multinationales, centrées, depuis les années 1970, sur les produits de masse standardisés et fortement marquetés axent désormais leurs stratégies-produits sur l'argument santé/forme et développent en conséquence des produits à connotation prophylactique (par intégration de probiotiques, *omega* 3, etc.), que nous qualifions de « médicalisation des aliments ».

Les grandes firmes agroalimentaires multinationales qui ont une très forte expertise en *marketing* sont à l'affût des arguments séduisant le consommateur. Ainsi, après les crises alimentaires du milieu des années 1990, ces firmes se sont emparées du concept de terroir, suivant en cela la pression de la grande distribution qui elle-même a rapidement développé des marques de distributeur évoquant ce concept (par exemple Reflets de France du groupe Carrefour).

Plus récemment, les thèmes des produits éthiques ou celui du commerce équitable sont également mobilisés par les services *marketing* des grandes entreprises de distribution. L'intensité du *marketing* et notamment de la communication publicitaire *via* les médias ou les emballages est exacerbée par l'environnement concurrentiel et pose aujourd'hui des problèmes de société, car le niveau d'incitation peut moduler les choix des consommateurs lorsque l'on passe de l'information à la persuasion, voire à la manipulation[30], avec des effets qui peuvent être pathogènes comme nous l'avons indiqué.

Les TPE et PME du système alimentaire : une bonne résilience

En dépit de l'utilisation de l'argument terroir par les grandes firmes[31], la carte stratégique de l'agroalimentaire comporte toujours un deuxième sous-ensemble très

---

30. Une enquête de la DGCCRF réalisée en 2005 sur 1 000 établissements, 800 produits, dont 518 analysés en laboratoire conclut à un faible taux d'anomalies en termes de sécurité alimentaire, mais à de nombreuses dérives voire infractions dans les domaines de l'étiquetage et de la publicité (près de 40 % d'anomalies). Selon l'INC qui a analysé les conclusions de cette enquête « …Certaines allégations nutritionnelles ou de santé sont trompeuses au regard des données scientifiques disponibles. Les mentions donnant une image traditionnelle ou naturelle au produit (« maison », « fermier », « terroir », etc.) se montrent souvent abusives. En revanche, les listes d'ingrédients sont parfois incomplètes. Néanmoins, les règles d'étiquetage communautaires de la présence d'OGM sont respectées. Enfin l'étiquetage obligatoire d'allergènes semble respecté » (INC, 2007, p. 19). Cette enquête vient renforcer l'opinion selon laquelle une réglementation plus stricte de la communication alimentaire est nécessaire.
31. Le *marketing* est devenu une technique d'une efficacité redoutable. Il permet selon l'expression de Bernard Stiegler « …(la standardisation) du consommateur dans ses comportements par le formatage et la fabrication artificielle de ses désirs. Il (le consommateur dans la société postindustrielle) perd ses savoir-vivre, c'est-à-dire ses possibilités d'exister et les remplacent par des normes édictées par les marques « rationnellement » produites par le *marketing* » (Stiegler, 2007). Ce point de vue serait nuancé par les spécialistes du marketing qui rappellent que l'acte d'achat peut certes être influencé, mais il présuppose

actif constitué de ce que nous appelons les ***entreprises de terroir*** *stricto sensu*. Ces entreprises fondent leurs stratégies sur des ressources spécifiques, originales au sens propre du terme, car liées à une origine géographique, à un territoire d'où proviennent les matières premières, mais aussi un ensemble de biens et services nécessaires à la fabrication des produits ; résultant aussi de techniques spécifiques et enfin s'inscrivant dans un réseau social local et une histoire. Les produits élaborés dans le cadre de ces stratégies peuvent ainsi être qualifiés d'« authentiques », et ces stratégies vont mobiliser trois types d'actifs :
– les actifs matériels ou tangibles, c'est-à-dire des ressources naturelles, les ressources agroclimatiques, mais aussi les équipements spécifiques d'élaboration des produits, car les méthodes de fabrication se rapprochent plus de l'univers de la cuisine que de celui de l'usine ;
– les actifs immatériels ou intangibles, c'est-à-dire des compétences, des savoir-faire, des tours de main, des recettes originales ;
– les actifs temporels, c'est-à-dire une histoire qui rassemble en général plusieurs générations de professionnels souvent liées par des parentés familiales et ancrées dans une petite région.

Cette relation à la terre productive, aux technologies et au temps est aussi un lien à un patrimoine naturel (paysage), architectural, à des traditions locales (folklore), à un groupe social, bref à une culture, le tout constituant un territoire. On a donc un croisement entre un espace géographique et une ou plusieurs filières agroalimentaires pour constituer un système alimentaire localisé (SYAL, Fourcade *et al.*, 2006) ou encore un *cluster*. Du point de vue économique, on base la production sur la proximité, alors que dans le cas des grandes firmes, elle se fonde sur l'envergure. Les SYAL rassemblent dans le monde des centaines de milliers de TPE/PME et totalisent des millions d'emplois. Ils sont souvent fragmentés et n'ont pas toujours su organiser et valoriser leur cohésion. Ils pourront jouer un rôle important dans les espaces périurbains. On peut en trouver des exemples (produits bio et miel en Europe, pain en Roumanie, bière en Belgique, festival gastronomique en Hongrie, viandes et charcuteries en Amérique latine) présentés à un colloque tenu en 2006 à l'université de l'Algarve, au Portugal et rassemblés dans un ouvrage publié récemment (Noronha Vaz *et al.*, 2008).

En confrontant les deux modèles présents dans le système alimentaire, on peut s'interroger sur la pertinence sociale du choix technologique de la médicalisation/artificialisation des aliments adopté par les très grandes firmes. En effet, la qualité de la diète alimentaire peut aussi résulter d'une alimentation variée et équilibrée dite « naturelle »[32], qui va impliquer d'autres choix en termes de modèle de production (filières courtes et formats d'usines). Il est possible d'envisager que le consommateur

---

l'existence simultanée d'une offre adéquate. L'interprétation de B. Stiegler nous incite cependant à réfléchir aux risques présentés par une marchandisation excessive de ce qu'il faut bien appeler un bien public, l'alimentation.

32. L'un des paradoxes du système alimentaire agro-industriel, est que le niveau des dépenses de santé, dans un pays comme la France, tend à rejoindre celui des dépenses alimentaires. En 2004, 13 % – y compris les transferts publics – du budget des ménages vont aux premières, avec un fort taux de croissance, contre 17 % aux secondes, qui diminuent en valeur relative, alors que la relation entre santé est nutrition est établie depuis longtemps. En d'autres mots, une alimentation variée et équilibrée aurait un effet prophylactique puissant et donc diminuerait mécaniquement les dépenses de santé !

augmentera dans l'avenir ses exigences en termes d'information et prendra conscience de la dissonance existant entre les messages émis par les firmes (récupération de l'actif symbolique, c'est-à-dire de l'image) et les caractéristiques réelles et attendues des produits. On peut également s'attendre à un *lobbying* plus actif des TPE/PME pour conserver leur rente territoriale et à une action « normalisatrice » des pouvoirs publics. Dans ces conditions, le segment des produits de terroir pourrait revenir aux entreprises disposant d'une légitimité dans ce domaine, ce qui viendrait renforcer le mouvement vers un modèle alternatif.

On peut donc retenir, aux fins d'analyse, deux scénarios résultant de la combinaison des variables clefs et des stratégies d'acteurs, en utilisant comme facteurs structurants les quatre contraintes du développement durable (Godard, 2001) :
– la performance économique ;
– la préservation écologique ;
– l'équité sociale, condition ;
– la gouvernance participative.

Le scénario tendanciel : un système alimentaire agroindustriel tertiarisé

Le modèle agro-industriel tertiarisé (MAIT) constitue le modèle dominant qui tend à s'imposer dans les cadre du processus de croissance économique et de globalisation. Il concerne en conséquence, outre les pays à hauts revenus, tous les pays basculant dans la catégorie des « économies émergentes », dès qu'ils franchissent le seuil de 5 000 dollars de PIB par tête. Ce modèle est, comme nous l'avons vu précédemment :
– spécialisé (par produit et filière, par exemple blé et dérivés) ;
– intensif (haut niveau d'intrants naturels, chimiques et énergétiques conduisant à des rendements très élevés) ;
– concentré (exode rural entraînant une diminution du nombre d'exploitations agricoles et tendance à l'oligopolisation dans l'industrie et le commerce) ;
– financiarisé (une part croissante du capital des grandes entreprises cotées en bourse est détenu par des fonds d'investissement) ;
– globalisé (les produits deviennent mondiaux et les activités des grandes firmes sont segmentées et localisées sur différents sites géographiques au niveau planétaire).

Le MAIT est fondé sur des stratégies d'envergure (le mode de production se caractérise par la recherche permanente d'économies d'échelles et de gains de productivité par la substitution capital/travail). En conséquence, les entreprises dominantes sont des firmes multinationales de grande taille.

Le premier scénario, « au fil de l'eau », s'inscrit dans la continuité du MAIT. Au regard des quatre critères du développement durable, le scénario tendanciel présente les caractéristiques suivantes.

Le modèle économique, dans ce scénario, est caractérisé par la poursuite des restructurations d'entreprises observées depuis un demi-siècle aboutissant à une production de masse globalisée au sein de très grandes unités industrielles. Les produits fabriqués sont des aliments « médicalisés », c'est-à-dire complémentés par des ingrédients supposés apporter un bénéfice santé (probiotiques, *omega* 3 ou 6, fibres, etc.). Les filières de production sont longues : les usines assemblent des composants venus des quatre coins du monde selon des critères de volumes, de coûts et de délais d'acheminement. Les *Food miles* ou kilomètres alimentaires sont de plus en plus importants. Il en résulte des échanges internationaux intenses et instables, favorisant une grande volatilité des prix internationaux. Seules de très grandes entreprises multinationales sont capables d'atteindre une taille critique pour réaliser les énormes investissements matériels et immatériels nécessaires du fait de la mondialisation des marchés.

Ce modèle a de fortes exigences énergétiques, car produisant des aliments très élaborés incorporant beaucoup de produits animaux, utilisant des emballages sophistiqués et voyageant sur de longues distances. Le bilan carbone de ces produits est souvent défavorable (importantes émissions de gaz à effet de serre). Le mode de production agricole spécialisé et intensif conduit à un épuisement des ressources naturelles (terres, eau). Du point de vue écologique, ce scénario soulève de nombreux problèmes.

Le bilan est également mitigé en termes de santé publique, avec une difficulté à réduire la sous-alimentation (2 milliards de personnes souffraient de carences nutritionnelles en 2005), une sûreté sanitaire accrue, mais une progression inquiétante des maladies d'origine alimentaire (qui provoquaient, en 2005, près de la moitié des décès pathologiques au plan mondial). Enfin, ce scénario révèle une grande vulnérabilité du fait de la concentration de la production qui expose les entreprises à des risques de contamination massive, ce qui peut déclencher, au nom du principe de précaution, des destructions massives de produits (exemples de la vache folle et de la grippe aviaire). Cette vulnérabilité est aussi économique, avec des délocalisations de zones de production et des conséquences négatives sur l'emploi et l'environnement (désertification humaine et dégradation des paysages) et une amplification des disparités entre pays.

Dans ce scénario, la gouvernance est principalement le fait du marché, avec un poids considérable des firmes multinationales et un affaiblissement progressif des États. On peut imaginer qu'une centaine d'entreprises géantes des secteurs de l'agro-fourniture, de l'agriculture (*agribusiness* déjà très présent aux États unis, au Brésil, en Malaisie, etc.), de l'industrie agroalimentaire, de la logistique et de la distribution assurent l'essentiel de la production et de la commercialisation des aliments à l'horizon 2050. La combinaison d'un marché façonné par d'énormes budgets publicitaires et d'un intense *lobbying* collusif des multinationales sur des questions transversales telles que les standards de qualité des produits, l'information du consommateur, la fiscalité, etc., assure à ces firmes le contrôle de la gouvernance mondiale du système alimentaire (Rastoin, 2009).

Le scénario alternatif : un système alimentaire de proximité

Depuis quelques années, des chercheurs, des professionnels et des associations nous alertent sur les limites du modèle agro-industriel et préconisent un schéma alternatif, basé sur des circuits courts et des entreprises à taille humaine.

Ce schéma que l'on peut qualifier de modèle alimentaire de proximité (MAP, par opposition au modèle précédent fondé sur l'envergure) présente les caractéristiques suivantes :

– des chaînes de production dans lesquelles les distances entre producteurs de matières premières et transformateurs sont réduites (Systèmes de production localisés, SPL ou *Clusters*)

– des produits répondant aux différents critères organoleptiques (et notamment le goût, alors que dans le modèle agro-industriel, les produits sont sélectionnés principalement sur le critère visuel) et à contenu culturel lié à un territoire (produits de terroir pour lesquels on est en mesure d'indiquer une origine) ;

– des technologies adaptées à des formats d'usine réduits ;

– des formes d'organisation fondées sur le partage de ressources et de compétences à travers des réseaux d'entreprises de manière à dégager des synergies entre acteurs ;

– des circuits commerciaux multiples (GMS, vente directe, points de vente collectifs de TPE/PME, canaux spécialisés du type bio, etc.).

Cependant, cette approche n'intègre ni le calcul économique ni la notion de temps. Un schéma productif basé sur de petites unités de production agricole et artisanale,

---

Encadré 7.1. Les PVD : une situation spécifique.

Dans les PVD et en particulier dans les PMA, la situation est radicalement différente. En effet, au fil du temps, on a vu émerger, dans la plupart des pays du monde, un système alimentaire dual, pour ne pas dire schizophrène. D'un côté un sous-système tourné vers les classes moyennes et aisées des grandes métropoles urbaines et l'exportation qui reproduit le schéma agro-industriel ; de l'autre un sous-système traditionnel, à l'âge agricole ou artisanal qui concerne la majorité de l'espace rural (cf. Raoult-Wack and Bricas, 2002). Globalement dans ces pays, la population agricole est nombreuse, les prix alimentaires relatifs élevés (ils accaparent la majeure partie du revenu des ménages), un temps considérable est consacré par les femmes à la préparation des repas du fait du faible degré d'élaboration des produits alimentaires, l'intégration au commerce international reste faible en dehors de quelques rares *commodités*.

Pour ces pays, *la priorité* est évidemment de sortir de la pauvreté par la modernisation de l'agriculture et la diversification des activités. Ces pays doivent éviter de reproduire un modèle dont on aperçoit aujourd'hui les limites et intégrer dans leurs politiques les objectifs du développement durable. Cela implique, d'une part un changement institutionnel dans l'organisation des acteurs des systèmes alimentaires nationaux et les dispositifs de coopération internationale ; d'autre part, un traitement spécifique dans les négociations internationales, tant au niveau de la protection des filières que de l'accès au marché. On ne doit pas négliger l'intérêt des filières courtes dans les PVD, tant du point de vue nutritionnel qu'environnemental et économique. Ces filières sont encore très présentes et on peut imaginer qu'elles pourraient être – moyennant une modernisation – reliées aux activités touristiques. Dans ce contexte, la négociation OMC sur les droits de propriété intellectuelle et notamment les indications géographiques revêt une grande importance.

---

malgré l'empathie qu'il peut susciter dans un contexte de gigantisme des firmes agro-industrielles et agrotertiares, signifierait immanquablement une forte baisse de la productivité du travail (et même de la terre et des équipements pour des raisons techniques et économiques). Or, il faut savoir qu'aujourd'hui un agriculteur français nourrit près de 90 personnes, dont 70 sur le territoire national, un employé de l'agroalimentaire approvisionne 125 consommateurs, dont 100 en France. En d'autres termes, moins de 5 % de la population active est engagée dans la production d'aliments dans les pays riches. De plus, dans de nombreux pays, le système alimentaire est fortement intégré au marché international, ce qui signifie que d'importantes et parfois vitales recettes financières proviennent de l'étranger. En conséquence, une baisse des capacités d'exportation du fait d'une moindre compétitivité internationale serait préjudiciable à la croissance économique et à l'emploi. Ces évolutions marqueraient une rupture avec les tendances observées depuis plus d'un siècle dans la majorité des pays du monde. D'autres changements seraient nécessaires, qui posent également des problèmes : investir davantage de temps dans la préparation des repas (plutôt que d'utiliser du « prêt à manger », nouveaux modes de commercialisation des produits (circuits courts). C'est pourquoi certains auteurs qualifient « d'alternatif » un tel modèle pour signifier des ruptures par rapport au modèle dominant, tout en indiquant que le modèle alternatif serait en réalité une combinaison de schémas et non pas une formule unique (Winter, 2003 ; Watts *et al.*, 2005).

Au regard des critères du développement durable, les impacts du modèle de proximité sont les suivants (Rastoin 2009).

Du point de vue économique, la production est diversifiée, l'alimentation variée et « naturelle ». Les filières productives sont courtes (à l'échelle d'une région définie par des critères agroclimatiques et culturels, par exemple les 344 régions de l'Union européenne à 27 pays). La généralisation des filières agroalimentaires courtes à l'échelle macrorégionale permet plus d'autosuffisance et une occupation équilibrée du territoire par un tissu dense de PME/TPE. Il en résulte un maintien de l'emploi diffus et non pas une densification de l'activité économique sur certains pôles et une désertification du reste de l'espace géographique. Le principal handicap du MAP est qu'il entraîne, comme nous venons de l'indiquer, une hausse des prix alimentaires et suppose donc une nouvelle répartition des dépenses des ménages et, de manière encore plus radicale, un changement dans les échelles de valeur et la gestion du temps des consommateurs/citoyens.

En matière écologique, le MAP va restaurer une certaine biodiversité, permettre une meilleure gestion du foncier et des ressources renouvelables, réduire les gaz à effet de serre et améliorer le bilan énergétique. Ceci suppose une redéfinition du modèle de production agricole en réintroduisant les rotations culturales, et donc en diversifiant les systèmes de production. Le MAP suppose de nouveaux itinéraires techniques favorisant l'utilisation d'intrants peu polluants tout au long des filières.

Le principe d'équité inhérent au développement durable concerne en premier lieu l'objectif de santé publique qui sera atteint dans le scénario MAP par un modèle de consommation plus satisfaisant en termes nutritionnel (diète équilibrée de type méditerranéen venant se substituer au modèle occidental)[33] et social (recomposition

---

33. Cf. la prospective méditerranéenne réalisée par le Ciheam (Hervieu, 2008).

de l'acte alimentaire autour de repas collectifs conviviaux tant sur les lieux de travail qu'au foyer). L'équité est également visée à travers une contribution au développement local générateur d'emplois et réducteur des énormes disparités de revenu constatées dans le MAIT.

Le mode de gouvernance du MAP est de type mixte : le marché ajuste l'offre et la demande par le mécanisme de la concurrence, mais il est encadré de manière à ne pas subir de trop fortes fluctuations et à garantir à l'ensemble de la population un accès à des produits de qualité, ce qui suppose un renforcement des politiques publiques dans de multiples domaines. La gouvernance du MAP s'effectue également à travers des organisations de filière du type « interprofession » qui traitent de problèmes communs aux différents acteurs : informations sur les marchés, qualité des produits, communication générique, partage de la valeur.

En résumé, le scénario « MAP » présente les caractéristiques suivantes : qualité élargie des produits, maintien de l'emploi, amélioration du lien social, hausse des prix alimentaires

Finalement, la prospective du système alimentaire structurée autour de deux scénarios contrastés permet de suggérer que le système alimentaire mondial agro-industriel tertiarisé ne répond donc pas de façon satisfaisante aux préconisations du développement durable. S'il parvient, globalement, à fournir des denrées à bas prix (efficacité économique), c'est souvent au détriment de l'environnement naturel (externalités négatives) et en générant des injustices sociales entre pays et, au sein des pays, entre acteurs des filières qu'ils soient producteurs, commerçants ou consommateurs. En même temps, le scénario alternatif, s'il répond à trois des exigences du développement durable, pose problème en ce qui concerne la compétitivité économique et l'aptitude à fournir des aliments à bas prix.

▶▶ Simulation quantitative à l'horizon 2050 : à partir de la plateforme Agrimonde

Un programme de recherche original mené par l'Inra et le Cirad (« Agrimonde »)[34] a permis de retracer l'évolution sur une longue période (1960-2003) de 6 grandes régions du monde et de construire des scénarios à l'horizon 2050 pour l'agriculture et l'alimentation. Cet horizon peut sembler éloigné, mais il correspond au temps nécessaire (2 générations) pour relever les énormes défis posés par l'augmentation de la population et les lourdes hypothèques qui pèsent sur ce secteur : changement climatique, épuisement des énergies fossiles et de certains intrants (phosphates), fortes contraintes sur les ressources naturelles (terres et eau), pandémies d'origine alimentaire, etc.

Dans un premier temps, le projet Agrimonde a proposé deux scénarios.

Le premier, de type tendanciel et identifié comme le scénario « au fil de l'eau », prolonge les tendances observées dans le passé. Il a été décrit ci-dessus sous l'appellation MAIT. Les hypothèses diverses qui y sont retenues se basent sur celles du scénario

---

34. Le programme a donné lieu à un rapport (Inra-Cirad, 2009) dont une version remaniée est en cours de publication aux Éditions Quae (versions française et anglaise, à paraître en 2010).

> **Encadré 7.2. Agrimonde : une démarche prospective originale.**
>
> Depuis le milieu du siècle dernier, les transformations rapides et profondes imposées à la planète et leurs impacts sur les écosystèmes soulèvent de nombreuses questions sur l'avenir de notre monde. C'est dans ce contexte que les instances chargées des régulations internationales sont régulièrement interpellées et c'est pour répondre à ces questions qu'elles ont initié au cours des temps une série d'études prospectives susceptibles d'éclairer notre futur et d'aider les choix politiques qu'imposent ces transformations. La plupart de ces travaux s'appuient sur des modèles mathématiques de plus en plus sophistiqués dont l'objet est de simuler sous différentes contraintes nos écosystèmes et de mesurer l'impact de nos comportements.
>
> Le dernier exercice en date est celui du *Millenium Ecosystem Assesment* dont l'objet est l'évaluation des écosystèmes pour le millénaire (EM). Il a pris forme en 2000 à la demande du Secrétaire général des Nations unies et a débuté en 2001. Son objectif était d' « évaluer les conséquences des changements écosystémiques sur le bien-être humain » et de proposer une série d'actions nécessaires à « l'amélioration de la conservation et de l'utilisation durable de ces systèmes, ainsi que de leur contribution au bien-être humain ». Plus de 1 360 experts du monde entier ont participé à ce projet. Ces travaux ont permis d'établir une « évaluation scientifique ultramoderne de la condition et des tendances des écosystèmes dans le monde et de leurs fonctions (comme l'eau potable, la nourriture, les produits forestiers, la protection contre les crues et les ressources naturelles), ainsi que les possibilités de restaurer, de conserver ou d'améliorer l'utilisation durable des écosystèmes » (MEA, 2008).
>
> Un certain nombre de chercheurs français ont, à la demande de l'Inra et du Cirad, entrepris une réflexion parallèle, s'inspirant à la fois des travaux du MEA, mais proposant des stratégies alternatives aux stratégies de développement et de gestion des écosystèmes. Cette dimension qui semblait manquer dans la démarche du MEA s'inspirent des travaux de P. Collomb (Collomb, 1999) et de M Griffon (Griffon, 2006). Cette réflexion est née de la certitude, de plus en plus partagée, selon laquelle « la poursuite des tendances actuelles en matière de consommation et de production agricoles rencontre des limites que seules des ruptures dans les comportements et/ou les technologies permettront de surmonter » (Chaumet *et al.*, 2009). Elle propose autour du concept de révolution agroalimentaire « doublement verte » la promotion de technologies et de systèmes de production qui préservent les écosystèmes et qui favorisent le développement des différentes agricultures du monde.

« *Global Orchestration* » qui est, parmi les quatre retenus dans l'étude du MEA, celui dans lequel la réduction de la pauvreté et de la malnutrition est la plus forte. Cette vision prospective de l'avenir de notre planète, malgré son niveau de performance, s'avère cependant incapable de relever les multiples défis définis précédemment.

Le second, dit de « rupture » ou de changement profond, constitue sans doute l'apport le plus original de la démarche Agrimonde. Il correspond au modèle alternatif de proximité (MAP) que nous venons de présenter. Ce scénario a été élaboré en tentant de respecter les impératifs du développement durable, et en intégrant, en particulier, une amélioration du modèle de consommation (convergence mondiale vers un régime équilibré et de qualité à 3 000 kcal/jour/habitant). Malgré certaines hypothèses, que certains pourraient qualifier d'irréalistes, cette manière de raisonner

---

Encadré 7.3. La méthodologie Agrimonde.

La méthode utilisée pour réaliser la prospective Agrimonde combine une analyse rétrospective, la réalisation de projections sur la base de scénarios et la recherche d'un ajustement des ressources et des emplois de la biomasse pour parvenir à un équilibre à l'horizon 2050. L'originalité du programme Agrimonde est double :
– le module de simulation « Agribiom » (Dorin, Le Cotty 2009) utilisé pour réaliser les projections, en dépit de sa taille considérable, est « compréhensif », c'est-à-dire que sa structure et son mode de fonctionnement sont simples, et les simulations peuvent être réalisées et visualisées à l'aide d'un module graphique, en temps réel, de telle sorte que les mécanismes de calcul sont intelligibles et les résultats facilement interprétables.
– il s'agit d'une méthode « discursive » en ce sens que les scénarios et leurs paramètres d'élaboration ainsi que les hypothèses d'équilibrage ressources-emplois ont été débattues par un groupe d'experts distinct de l'équipe de chercheurs.

L'analyse rétrospective a été réalisée à partir du module « Agribiom » couvrant plus de 40 ans (1961-2003), à partir des statistiques internationales, principalement FAOSTAT. Agribiom mobilise en amont près de 30 millions de données sur la population, les surfaces cultivées, les pâtures et les forêts, les eaux maritimes et continentales, la production de biomasse, les différentes utilisations de cette production, les échanges internationaux, représentant environ 98 % du total mondial.

L'équation de base du modèle Agribiom est fondée sur la technique des bilans alimentaires. Elle s'exprime ainsi :

Ressources (R) = Emplois (E), avec :

R = (Superficies × Rendements) – Solde (Export – Import) +/- Variation de stocks

E = (Population × Disponibilités alimentaires/habitant) + Alimentation animale
    + Semences + Utilisations non alimentaires de produits agricoles + Pertes.

Ressources et emplois sont exprimés dans une unité unique, la kilocalorie, pour permettre les agrégations.

---

démontre que seule une approche volontariste peut imposer des changements à des tendances identifiées comme néfastes, alors que nos comportements actuels ne font que perpétuer, voire amplifier des déséquilibres déjà constatés au plan individuel et collectif en termes d'alimentation.

Nous présentons ci-dessous les principaux résultats des deux scénarios pour les grandes régions du monde retenues, sachant que les calculs faits à l'horizon 2050 sont interpolables entre 2010 et 2050.

Une population qui explose, mais à des rythmes différents suivant les continents

L'augmentation de la population, même si elle subit un ralentissement entre 2003 et 2050 par rapport à la seconde moitié du XXe siècle, conduit à plus de 8,8 milliards

Tableau 7.7. Évolution de la population mondiale passée et prévisible (1961 à 2050).

Grandes régions	Population (millions)*				Évolution indiciaire	
	1961	**2003**	**Indice 61-03**	**2050**	**Indice 03-50**	**Indice 61-50**
Monde	3 046 070	6 203 826	204	8 800 147	142	289
Afrique du Nord et Moyen-Orient	128 242	371 745	290	631 964	170	493
Afrique au sud du Sahara	226 577	705 887	312	1 662 000	235	734
Amérique latine et Caraïbes	219 691	537 949	245	773 659	144	352
Asie	1 510 658	3 322 361	220	4 427 101	133	293
Ex-URSS	217 854	279 012	128	239 212	86	110
OCDE	743 048	986 872	133	1 066 211	108	143

*Agribiom ne couvre pas la totalité des pays de la planète, mais représente néanmoins près de 98 % de la population mondiale.
Source : d'après Agrimonde (Inra-Cirad, 2009).

d'habitants sur la planète (tableau 7.7), soit une augmentation de 2,6 milliards de personnes.

Cette évolution varie cependant selon les continents et les pays, comme le démontre le tableau précédent. C'est ainsi que la population en Afrique au Sud du Sahara va plus que doubler d'ici 2050. Elle aura ainsi été multipliée par 7 en moins d'un siècle (de 1960 à 2050). En Afrique du Nord et au Moyen-Orient, bien que moins rapide qu'en Afrique au Sud du Sahara, la croissance démographique conduira tout de même à un doublement des populations de la zone. Et cette progression rapide se rajoutera au triplement de la population enregistré dans la deuxième moitié du xxe siècle. À l'opposé, dans les républiques de l'ex-URSS, c'est à un vieillissement notoire et à une diminution importante de la population qu'il faut se préparer d'ici le milieu du siècle. Dans les pays de l'OCDE la situation sera également à la stabilisation. En Amérique latine, en Asie et en Océanie, enfin, la croissance démographique aura tendance à se stabiliser. Cette évolution diversifiée contribue à changer de manière significative la répartition des populations dans le monde comme l'illustre la figure 7.4.

Deux phénomènes majeurs marqueront cette évolution : la poursuite de l'urbanisation et le vieillissement de la population. L'habitat urbain et l'habitat rural s'égalisent en 2006. Les mondes asiatique et africain resteront fortement ruraux, tandis que les autres régions du globe avoisineront 80 % d'urbains. Le vieillissement de la population sera beaucoup plus sensible en Europe que dans les autres régions du monde. La proportion d'individus âgés de plus de 60 ans atteindra en 2050 10 % en Afrique, autour de 25 % en Asie, Amérique et Océanie, contre près de 35 % en Europe.

Ces deux facteurs – urbanisation et pyramide des âges – auront une influence considérable sur le système alimentaire en raison, d'une part de la longueur induite des chaînes alimentaires, d'autre part des spécificités résultant des tranches d'âge des consommateurs.

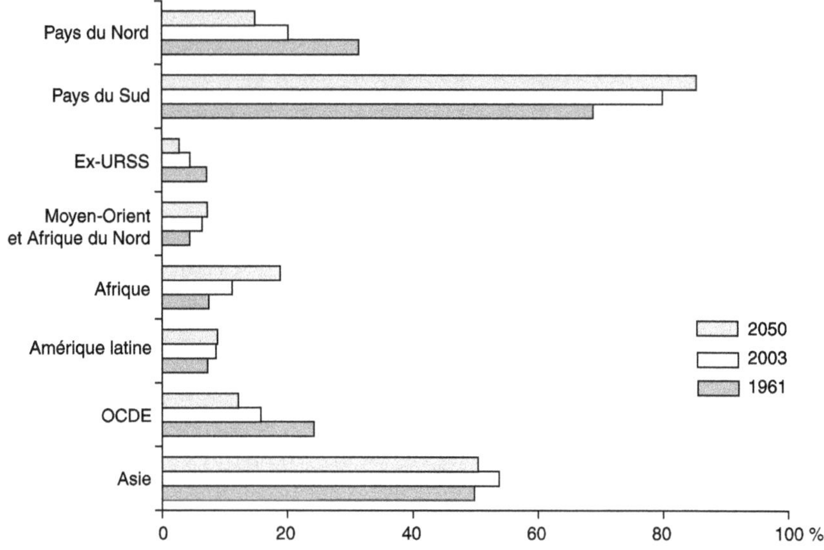

Figure 7.4. Évolution de la structure de la population mondiale, 1961-2050.

Source : d'après Agrimonde, (Inra-Cirad, 2009).

Une relocalisation dans l'espace et de fortes migrations vers les villes et vers le Nord

En même temps qu'elles se multiplient, les populations du monde poursuivent les migrations qu'elles ont entamées dès leur apparition sur terre. Si à l'origine la motivation première de ces grands déplacements était rythmée par la quête de la nourriture, aujourd'hui c'est la recherche d'un meilleur revenu et de meilleures conditions de vie qui incitent un nombre toujours plus important de ruraux à aller vers les villes et de populations pauvres attirées vers les pays les plus riches, pour tenter de s'y installer. Mais quelles que soient les raisons profondes de ces changements, l'impact de cette localisation pèse lourdement sur les écosystèmes et impose une adaptation constante des économies et des politiques alimentaires qui doivent assurer l'alimentation d'une population de moins en moins agricole et de plus en plus urbaine.

Les populations rurales représentaient 92 % de la population mondiale en 1700. Au début du XXe siècle, quatre personnes sur cinq vivaient à la campagne. En 2006 la population des villes rattrape celle de la campagne et depuis cette date la population urbaine ne cesse de croître, inversant cette proportion. En 2050, 70 % de la population mondiale vivra dans les villes (figure 7.5). Mais bien qu'ils connaîtront une forte migration rurale, les mondes asiatique et africain resteront encore largement ruraux à cause d'une croissance démographique rapide qui compensera l'hémorragie due à l'exode rural (un peu plus de 60 % d'urbains sur ces deux continents), tandis que les autres régions du globe deviendront urbaines à 80 % (90 % pour l'Amérique du Nord, 84 % pour l'Europe).

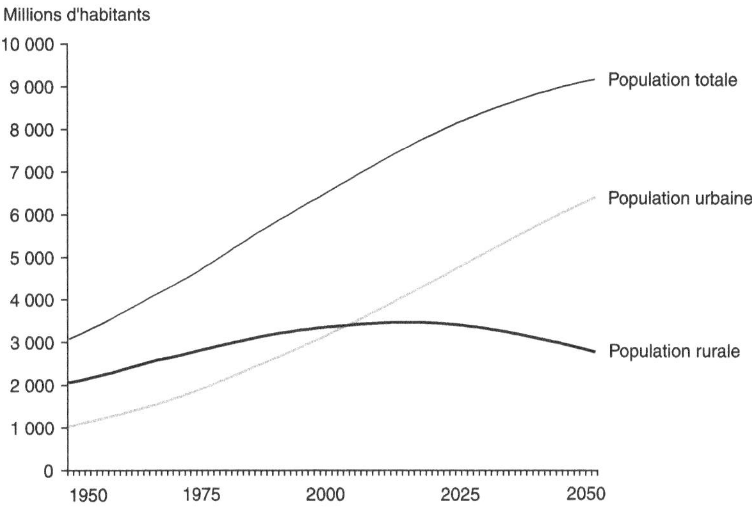

Figure 7.5. Évolution des populations urbaine et rurale mondiales, 1950-2050.
Source : données United Nations, 2009.

Des populations vieillissantes au Nord, jeunes au Sud

Autre donnée démographique importante : la structure d'âge des populations va évoluer au Nord comme au Sud, imposant des adaptations importantes aux systèmes alimentaires mondiaux. Ainsi, le vieillissement de la population sera beaucoup plus sensible en Europe que dans les autres régions du monde. La proportion d'individus âgés de plus de 60 ans atteindra, en 2050, 10 % en Afrique, autour de 25 % en Asie, Amérique et Océanie, contre près de 35 % en Europe. La figure 7.5 indique l'évolution du taux de dépendance global qui mesure le rapport entre les populations qui ne sont pas (ou plus) en âge de travailler (0 - 15 ans et 65 +) et les populations qui les nourrissent (de 15-65 ans), dans les grandes régions du monde. On observe un renversement de tendances en 2015 entre le Nord et le Sud. Les pays riches qui avaient un taux de dépendance d'environ 50 (100 personnes en âge de travailler nourrissent en plus d'eux-mêmes 50 inactifs), voit ce ratio grimper à 70 vers le milieu du siècle, à cause du vieillissement de la population. Par contre, dans les pays plus pauvres, cette date correspond à une stabilisation du ratio de dépendance à un niveau acceptable compris entre 50-60, alors qu'il était aux alentours de 85 au milieu du siècle dernier (figure 7.6).

Une demande alimentaire en très forte croissance

Plusieurs facteurs se cumulent pour faire une tendance lourde de la poursuite de la convergence mondiale des modes de consommation, et donc des niveaux de disponibilités moyennes en 2050. La transition nutritionnelle en cours s'appuie en effet sur quatre facteurs principaux :
– l'augmentation des niveaux de vie dans les pays en développement qui tend à pousser vers le haut l'ensemble de la consommation alimentaire et surtout à rapprocher les niveaux d'achat des produits carnés ;

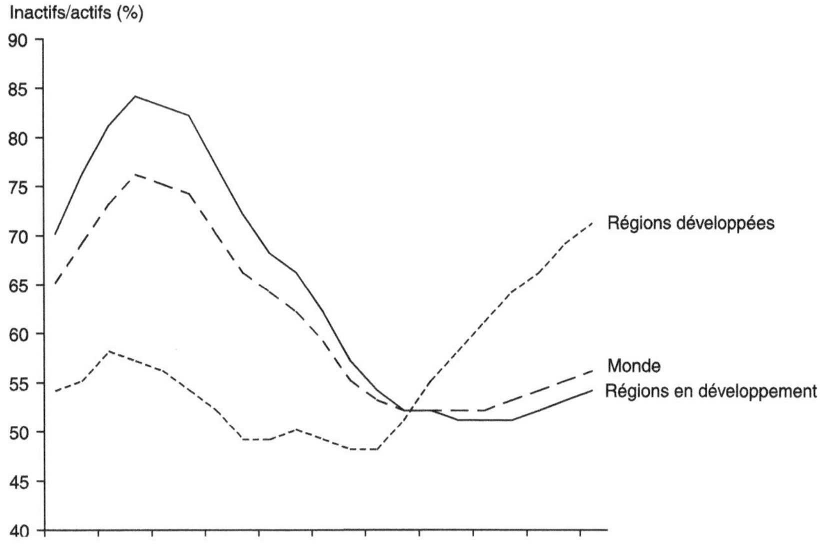

Figure 7.6. Évolution du ratio de dépendance de la population entre 1950 et 2050.
Source : données United Nations, 2007.

— l'urbanisation : toutes les prévisions démographiques prévoient un pourcentage d'urbains dans la population mondiale, sensiblement plus élevé en 2050[35]. Cette évolution a une influence sur les modes de consommation. Le régime alimentaire des citadins est généralement plus diversifié que celui des ruraux, par une consommation plus importante d'aliments secondaires. Le poisson, les légumes frais, la viande, la volaille, le lait et ses dérivés sont plus souvent consommés par les urbains. Mais cette consommation se révèle déséquilibrée sur le plan nutritionnel : trop riche en calories, trop élevée en graisses saturées et en sucres. Avec une activité physique moindre pour les citadins, cette diète est facteur de risques d'obésité et de maladies cardio-vasculaires ;

— la réduction du temps passé à la préparation des repas, une augmentation du nombre de repas pris à l'extérieur du domicile et une perte des savoirs culinaires ;

— l'industrialisation des systèmes alimentaires qui, dans son volet consommation, se traduit par une hausse de la proportion d'aliments manufacturés, une augmentation de produits animaux *via* des élevages hors sol, une prédominance des supermarchés dans le commerce de détail, etc.

Ces changements s'accélèrent et s'amplifient sous l'effet de la mondialisation. Une poursuite des tendances actuelles entraînerait une « dérive des continents » au niveau mondial vers le modèle de consommation « occidental », tant en termes d'apport calorique total qu'en répartition des quantités selon les différents types d'aliments.

---

35. Jusqu'à près de 70 % selon le scénario moyen de l'ONU, la population urbaine passant de 2,8 milliards en 2000 à 6,4 milliards en 2050 (United Nations, 2008). Au sein du scénario Agrimonde, l'accélération de l'exode rural devrait cependant être limitée.

Les deux scénarios Agrimonde

Afin de mesurer les effets de ces deux types de comportements, l'exercice Agrimonde a simulé au niveau de chaque grande région deux situations de consommation (emplois des ressources alimentaires) diamétralement opposées :

Le premier identifié par l'acronyme « AGO » s'inspire des hypothèses du scénario Global Orchestration du MEA et lie la consommation à l'état de la croissance économique. On a qualifié ce scénario de « tendanciel »[36] dans la mesure où l'hypothèse est que la croissance économique se poursuit jusqu'en 2050, à des rythmes variés dans les différentes régions du monde et que les comportements des consommateurs continuent d'obéir, sans inflexion, à la progression de leurs revenus. Dans ce contexte « la croissance économique y tire la consommation dans toutes les régions pour atteindre une disponibilité moyenne mondiale de 3 590 kcal/hab./jour et la sous-alimentation en est considérablement réduite » (Inra-Cirad, 2009). On se situe donc dans la continuité du modèle alimentaire actuel, avec une extension du risque d'obésité dans les zones de fort développement économique, une augmentation importante de la demande de viande, avec pour corollaire une part croissante des céréales destinées à l'alimentation animale et de fortes disparités. Les modèles traditionnels sont peu à peu abandonnés pour des habitudes alimentaires plus standardisées. Les disponibilités caloriques sont les plus importantes des quatre scénarios du MEA. Cette prolongation du modèle permet dans ce scénario une avancée importante en termes de sécurité alimentaire : la diminution en valeur absolue du nombre d'enfants souffrant de malnutrition.

Le second scénario retenu par Agrimonde « AG1 » illustre un autre type de comportement des consommateurs, appuyé par d'autres modes de gouvernance citoyenne et par une autre conception des politiques publiques[37]. Dans cette hypothèse, la « relation qui lie le revenu et la consommation alimentaire n'est pas la plus déterminante, en raison des préoccupations liées à la santé, à l'équité et à l'environnement » (Inra-Cirad, 2009). On a retenu dans AG1 pour 2050 une consommation de 3 000 kcal/hab./jour dans toutes les régions, tout en maintenant une décomposition des calories animales par source (monogastriques, ruminants et produits halieutiques) variable selon les régions. Cette façon de raisonner présente une rupture majeure par rapport aux tendances observées entre 1961 et le début du XXIᵉ siècle. Elle anticipe de faibles évolutions des disponibilités alimentaires par personne dans la plupart des régions du monde d'ici à 2050, sauf en Afrique subsaharienne, pour laquelle la disponibilité alimentaire par habitant a augmenté de 25 % en 50 ans, et dans la région (OCDE-1990) pour laquelle elle diminue d'un quart.

Le scénario AG1 intègre enfin quatre constats :
– l'importance de maintenir un fort gradient d'équité dans une perspective de développement durable ;
– la nécessité de réduire l'écart qui ne cesse de se creuser entre disponibilités observées et disponibilités nécessaires à la sécurité alimentaire ;

---

36. Un scénario proche a été décrit plus haut dans ses composantes structurelles et stratégiques sous l'appellation MAIT (modèle agro-industriel tertiarisé).
37. Un scénario proche a été présenté ci-dessus sous le nom de MAP (modèle alimentaire de proximité).

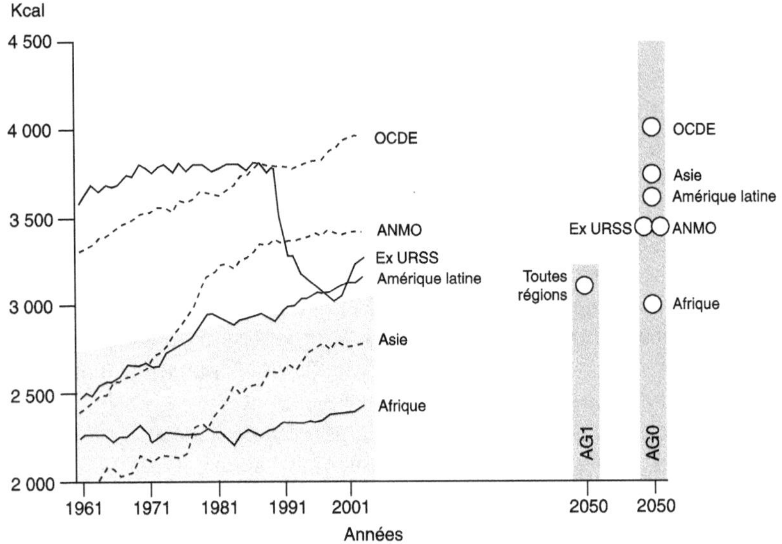

Figure 7.7. Évolution des disponibilités alimentaires dans les scénarios AGO et AG1.

ANMO : Afrique du Nord et Moyen-Orient.

Source : d'après Agrimonde (Inra-Cirad, 2009).

– les liens étroits existant entre la santé et l'alimentation ;
– et enfin la relation avérée entre les régimes alimentaires et les pressions exercées sur les ressources naturelles.

Ces deux hypothèses sont présentées dans la figure 7.7 qui illustre les évolutions passées et celles projetées à l'horizon 2050, selon les deux hypothèses retenues (AGO et AG1).

La nécessité de produire encore plus

Pour satisfaire les besoins d'une population qui ne cesse de croître et qui adopte des comportements alimentaires de plus en plus coûteux en énergies incorporées (viandes, produits de contre-saison, circuits longs, produits-service et produits-servis), il faut imaginer des systèmes alimentaires encore plus sophistiqués qui produisent, à côté des aliments, une quantité de produits intermédiaires indispensables au fonctionnement des chaînes alimentaires. De ce fait, l'approche par le biais des emplois totaux des produits agricoles et alimentaires s'avère indispensable pour prendre en compte l'ensemble des prélèvements opérés sur les écosystèmes en vue d'alimenter la population de la planète (cf. encadré 7.3). On trouvera ainsi en matière de prélèvements (emplois), en plus de ce qui est destiné en fin de course à l'alimentation humaine et que l'on qualifiera de disponibilités alimentaires, des aliments du bétail, des semences, des pertes et des produits d'origine agricole qui ne sont pas destinés à l'alimentation, regroupés sous le vocable « valorisations non-alimentaires » de cultures consommables (VANA).

Une approximation de la consommation alimentaire par les disponibilités

Dans les évaluations présentées ici, qu'il s'agisse du scénario du MEA ou de celui d'Agrimonde, la consommation alimentaire est évaluée sur la base des « disponibilités alimentaires ». Ces disponibilités pour une région, sont exprimées en Gkcal/jour et correspondent au produit de l'équivalent calorique des quantités de biens alimentaires disponibles (production + importations – exportations +/- variations de stocks) destinés à l'alimentation humaine (*i.e.* hors alimentation animale, usages non alimentaires, semences et pertes après récolte), par le nombre d'habitants de cette région.

Ces disponibilités reflètent la quantité de calories qui est disponible pour l'ensemble des consommateurs de la zone, qu'il s'agisse de la consommation à domicile comme de la restauration hors foyer. Elles incluent donc les calories qui seront perdues entre l'achat des produits et leur ingestion et ne doivent pas être confondues avec la quantité de calories effectivement ingérées qu'il est bien difficile d'estimer.

Ainsi calculées, les disponibilités alimentaires donnent une assez bonne idée de ce qui est consommé chaque jour par la population d'une région donnée. Elles ne constituent qu'une première estimation qu'il conviendra de compléter par une approche plus soucieuse des conditions dans lesquelles s'opère la répartition de ces aliments disponibles entre les membres de la communauté.

Les disponibilités ainsi calculées pour chacune des régions ont évolué de manière très rapide au cours des années passées, sous l'effet conjugué de la croissance de la consommation, sa transformation (plus riche en calories initiales) et l'évolution de la démographie. Ces évolutions se poursuivront sans aucun doute dans les années à venir, intégrant les choix que feront les consommateurs, l'évolution de leurs comportements alimentaires et l'impact des politiques publiques adoptées. Le tableau 7.8 donne une bonne idée de ce qui pourrait se produire selon que l'on poursuit dans la voie d'une économie totalement gérée par le marché (AGO) ou que l'on opte pour une stratégie de consommation et de production alimentaire plus responsable, plus équitable et plus durable (AG1).

Les besoins en produits agricoles et alimentaires exprimés en équivalents énergétiques (kilocalories végétales et animales) vont croître de 30 % entre 2003 et 2050 dans le cas du scénario AG1 et doubler dans le cas des prévisions du MAE (scénario AGO).

Un futur alimentaire probable

Sans doute l'avenir se situera-t-il entre ces deux tendances, la position du curseur dépendant des comportements individuels et collectifs des consommateurs. Dans tous les cas de figure, l'augmentation à envisager reste importante en volume et la progression de la qualité des produits alimentaires qui seront consommés dans les années à venir, conduit à envisager un doublement, voire un triplement de ces marchés en terme de valeur.

La différence entre ces deux scénarios réside essentiellement sur le pari qui est fait dans le cadre de l'exercice Agrimonde d'une prise de conscience des consommateurs

Tableau 7.8. Prévisions des disponibilités alimentaires dans le monde en 2050.

Régions	1961	2003	2050	2050	AG1	AGO
			AG1	AGO	50/03	50/03
Consommation moyenne en kcal/jour.hab						
OECD	3 266	3 908	2 951	4 013	0,8	1,4
SSA	2 195	2 353	2 979	2 950	1,3	1,0
FSU	3 553	3 250	2 963	3 387	0,9	1,1
ASIA	1 900	2 762	2 912	3 637	1,1	1,2
LAM	2 453	3 125	2 958	3 650	0,9	1,2
MENA	2 371	3 340	2 960	3 429	0,9	1,2
Monde	2 434	2 986	2 939	3 532	1,0	1,2
Emplois totaux en Gkcal/jour						
OECD	6 077	10 106	5 488	13 097	0,5	1,3
SSA	673	2 299	8 367	7 905	3,6	3,4
FSU	1 455	1 800	1 123	2 481	0,6	1,4
ASIA	3 775	13 037	18 649	27 197	1,4	2,1
LAM	1 064	3 503	4 408	6 765	1,3	1,9
MENA	538	2 139	3 884	4 511	1,8	2,1
Monde	13 582	32 885	41 920	61 958	1,3	1,9

Source : d'après Agrimonde (Inra-Cirad, 2009).

du Nord des risques que font peser sur leur santé et sur les disponibilités mondiales une « surconsommation alimentaire ». De ce pari naissent des divergences fortes entre les prévisions de consommation et donc de disponibilités totales des pays riches (OCDE) en 2050. Cependant, les prévisions faites dans les deux scénarios des disponibilités à mobiliser pour satisfaire la demande alimentaire dans les autres régions du monde sont assez convergentes. Elles laissent apparaître la nécessité qu'il y a d'augmenter de manière très importante ces dernières. C'est le cas de l'Afrique, région pour laquelle il faudrait envisager de multiplier les disponibilités alimentaires par environ 3,5, au Moyen-Orient et en Afrique du Nord où ce coefficient serait proche de 2, pour l'Amérique latine où il oscillerait entre 1,3 et 1,9 et pour l'Asie entre 1,4 et 2,1.

Une extension de la production qui varie fortement d'une région à l'autre

La croissance du volume de la production telle qu'on peut l'envisager pour chacune des régions du monde dépendra essentiellement des possibilités d'expansion des terres cultivables, des ressources en eau et du progrès technique. Cette analyse des potentiels de production et des marges de progrès a fait l'objet d'un travail minutieux au sein de l'équipe du projet Agrimonde. Les propositions des chercheurs ont été arrêtées après avoir étudié dans le détail les travaux prospectifs les plus récents et en s'appuyant sur l'avis d'experts. Les résultats de ces analyses et de ces prévisions sont reproduits en détail dans le document de synthèse de l'étude (Chaumet *et al.*, 2009). Nous en retiendrons ici les grandes lignes.

Selon les statistiques de la FAO, les surfaces cultivées dans le monde (cultures arables et permanentes) sont estimées au début du XXIe siècle à 1,5 milliard d'hectares, soit 11 % de la superficie des terres de la planète. Ce chiffre a progressé de 12 % entre 1961 et aujourd'hui, il représente une augmentation annuelle moyenne de près de 3,9 millions d'hectares au cours de ces quarante années. Les chiffres donnés dans le tableau 7.9 recensent les surfaces destinées aux cultures alimentaires telles qu'étudiées dans le cadre du scénario d'Agrimonde AG1. On estime qu'une augmentation des terres cultivables au niveau de l'ensemble de la planète demeure encore possible et pourrait atteindre 23 % d'ici le milieu du XXIe siècle, si l'on conserve comme objectif d'assurer une alimentation suffisante à chaque être humain (ce chiffre serait de 39 % si on y incluait les surfaces destinées à des productions non alimentaires). On observe cependant dans ce tableau que les possibilités d'extension varient sensiblement d'une région à l'autre. Elles sont encore importantes en Afrique et en Amérique latine, moyennes en Asie et en Ex-URSS, très faibles au Moyen-Orient et en Afrique du Nord et en décroissance dans les pays de l'OCDE. Cela suppose que l'on mette chaque année 12 millions d'hectares en culture, ce qui reviendrait à tripler le rythme de mise en culture de nouveaux territoires entre 2000 et 2050 par rapport à ce qui pouvait être observé entre 1961 et 2000 (tableau 7.9).

Des marges de progrès très liées aux agricultures régionales

C'est sans doute du côté de la performance des systèmes alimentaires (rendements à l'hectare et de la production par travailleur) qu'il faut encore rechercher les facteurs qui permettront d'assurer au plus grand nombre un approvisionnement alimentaire de qualité. Ces performances sont à favoriser tout particulièrement dans les régions où ces dernières, encore faibles, laissent la place à des gisements importants de progrès. On conçoit alors qu'un tel défi à la production alimentaire dépendra de la qualité de la recherche, de son orientation et de la formation des hommes.

Dans AG1, les hypothèses de rendements ont été faites aux dires d'experts, qui considèrent l'évolution passée des rendements régionaux, l'impact envisagé du changement climatique sur les potentiels de rendement régionaux et le potentiel de rendement attendu des pratiques d'intensification écologique. Plusieurs situations sont ainsi envisageables, voire souhaitables. L'approche retenue dans la formulation des hypothèses de rendements du scénario Agrimonde (AG1) diffère donc sensiblement de celle du MEA (AGO). Dans le premier, on ne cherche pas *a priori* à équilibrer les ressources et les emplois de biomasse, alors que dans le MEA, les rendements sont « calculés par le modèle IMPACT en fonction des prix mondiaux des « commodités », des prix du travail et du capital ainsi que des améliorations technologiques (elles-mêmes déterminées notamment par la R&D publique et privée, la formation des agriculteurs, le développement des infrastructures et des marchés ainsi que la capacité d'irrigation). Les deux déterminants majeurs de la tendance technologique sont les investissements en agriculture et l'efficacité de l'utilisation de l'eau et de l'énergie. »

Tableau 7.9. Évolution des superficies alimentaires et des rendements projetés par grandes régions du monde en 2050 (scénario AG1).

Zones	Superficies (milliers d'hectares)				Rendements (millions de kcal/jour)				Production
	1961	2003	2050	Indice 50/03	1961	2003	2050	Indice 50/03	Indice 50/03
Asie	368 545	461 249	540 000	117	9 485	25 251	25 100	99	116
OCDE	426 495	415 865	400 000	96	10 742	21 904	22 600	103	99
Afrique au sud du Sahara	143 921	202 262	300 000	148	5 027	9 582	11 750	123	182
Ex-URSS	239 800	201 736	300 000	149	6 549	8 026	14 500	181	269
Amérique latine et Caraïbes	102 362	163 882	250 000	153	9 041	22 979	23 500	102	156
MENA	73 112	84 049	89 800	107	4 921	15 010	14 500	97	103
Total	1 354 235	1 529 043	1 879 800	123	8 607	19 189	20 027	104	128

Source : d'après Agrimonde (Inra-Cirad, 2009).

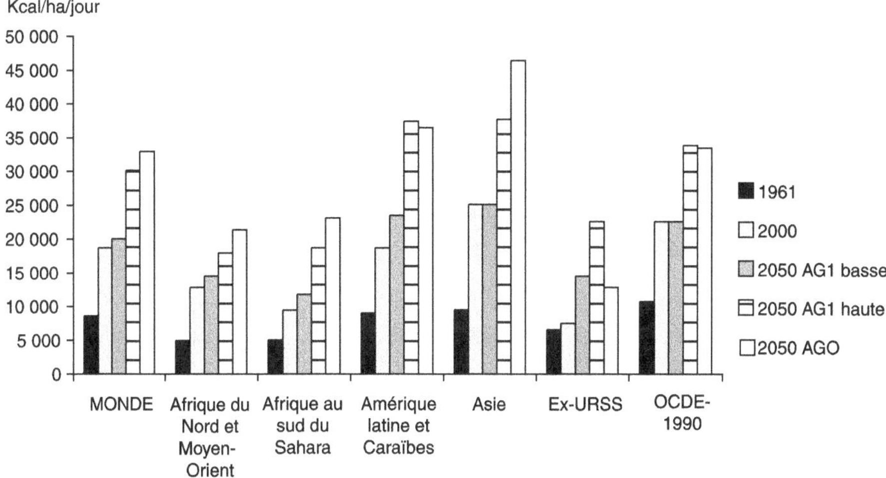

Figure 7.8. Estimation de la progression des rendements de 1961 à 2050, selon les différentes hypothèses adoptées dans les scénarios d'Agrimonde.
Source : d'après Agrimonde (Inra-Cirad, 2009).

Ainsi dans le scénario Agrimonde AG1, les potentiels de progrès variant selon les régions, plutôt que de faire une hypothèse unique en fixant un niveau de rendement pour chaque région, il a été proposé « une fourchette de rendements, permettant de tester les marges de manœuvre du système associées aux rendements » (hypothèses haute et basse). Cette manière de raisonner met en évidence le fait que l'hypothèse basse ne permet pas d'atteindre « un niveau de ressources supérieur ou égal au niveau d'emplois au niveau mondial ». Partant de ce constat, il est possible de mesurer les défis que pose l'atteinte d'une hypothèse haute, qui, elle, permet cet équilibre souhaité entre emplois et ressources, et d'en tirer tous les enseignements en termes de recherche et d'aide à l'innovation.

L'analyse des tendances passées en matière de rendements a permis d'identifier deux grands ensembles de régions : celles où le progrès a été intense et continu de 1961 à nos jours et celles où ces gains de productivités ont été faibles. Comme l'illustre la figure 7.7, ces deux groupes de régions ont été conservés jusqu'en 2050. Ce qui permet de distinguer celles où l'on estime que ces progrès seront encore importants – ce qui est le cas de l'ex-URSS où l'on suppose que les rendements peuvent encore doubler – de celles où les gains possibles sont moins rapides par exemple l'Afrique au sud du Sahara où des progrès modestes ont été retenus, et enfin de celles où ces derniers sont considérés comme très faibles : pays de l'OCDE et Amérique latine. Ces différentes hypothèses sont résumées dans la figure 7.8.

Un bilan agricole et alimentaire très mitigé

Les deux scénarios présentés ici relèvent, rappelons le, de modes de construction bien différents. Le premier : AGO, part de l'observation des situations et des comportements passés et prolonge ces derniers d'une manière plutôt tendancielle.

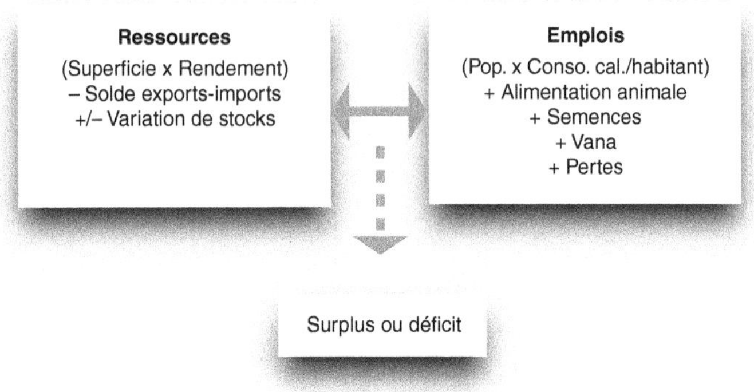

Figure 7.9. Bilan « ressources-emplois » de la biomasse.

Le second, AG1, est construit sur la base d'objectifs de durabilité à atteindre d'ici 2050. Il a pour objet principal de nous inciter à explorer les trajectoires technologiques et économiques qui permettraient d'y parvenir.

L'analyse passée et la prévision à l'horizon 2050 de l'équilibre alimentaire des grandes régions du monde s'appuient sur l'ajustement physique (passé ou simulé) des emplois et des ressources qui ont été constitués à partir des biomasses de chaque région (figure 7.9).

Trois choix fondamentaux ont guidé les analyses d'Agrimonde :
– les bilans ont été élaborés pour la quasi-totalité des « biomasses alimentaires » : produits végétaux, produits animaux (ruminants et gros herbivores d'une part et monogastriques d'autre part), produits aquatiques végétaux ou animaux (d'eaux douces et marines) ;
– la calorie alimentaire (kcal) a été analysée comme unité commune de volume pour les consommations comme pour les productions ou pour les échanges de biomasses. Ce qui permet, en particulier, d'agréger des quantités de produits qu'il est impossible d'additionner quand ces dernières sont exprimées en tonnes, litres ou effectifs ;
– les ressources et les emplois annuels de biomasses ont été représentés et simulés, selon la structure d'équation présentée dans la figure 7.9.

Ainsi conçus les bilans alimentaires permettent :
– d'apprécier la capacité qu'aura chaque grande région du monde à satisfaire ses besoins alimentaires en 2050 : les échanges interrégionaux intervenant comme variable d'ajustement, une fois évalué dans quelle mesure les productions agricoles de chacune des régions permettent de couvrir les besoins locaux ;
– de mesurer les effets des évolutions démographiques à venir et de mesurer les effets qu'auront les explosions démographiques attendues sur les capacités de chaque région à nourrir sa propre population.

On constate, à partir des simulations réalisées dans Agrimonde, que l'équilibre mondial est atteint dans le scénario AG1 comme dans le scénario AGO. La consommation de calories finales au niveau mondial augmente à l'horizon 2050 de 28 %

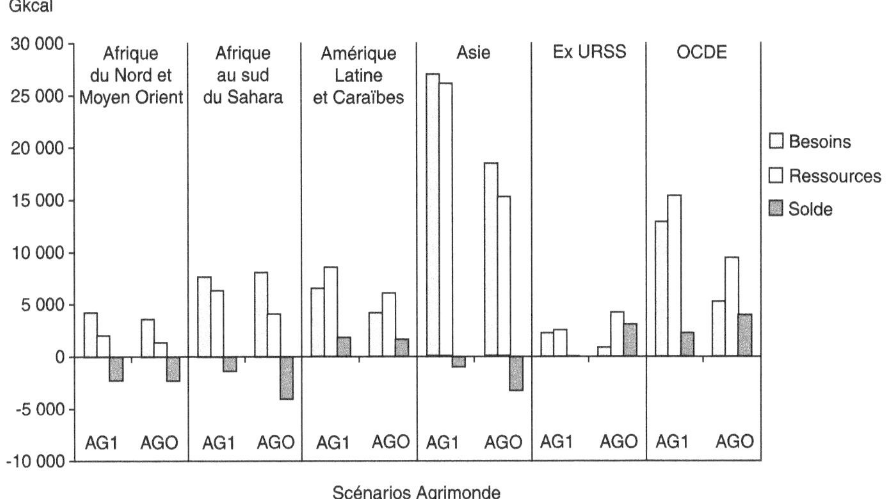

Figure 7.10. Bilans : « ressources-emplois », déficits et surplus en 2050.

Source : d'après Agrimonde (Inra-Cirad, 2009).

dans AG1, et de 88 % dans AGO, par rapport à 2003. Cependant, le partage des biens alimentaires s'opère de manière plus équilibrée entre les grandes régions dans AG1.

En 2050, trois régions apparaissent déficitaires dans les deux scénarios et doivent importer des aliments pour nourrir leur population. Il s'agit de l'Afrique du Nord et du Moyen-Orient, de l'Afrique subsaharienne et de l'Asie. Dans AGO, ces régions couvrent leurs besoins en calories végétales pour l'alimentation humaine directe, mais elles doivent importer les calories manquantes pour l'alimentation animale. Dans AG1, l'Asie est dans la même situation, mais l'Afrique du Nord, le Moyen-Orient et l'Afrique subsaharienne ne disposent pas suffisamment de ressources végétales pour satisfaire l'alimentation humaine directe de leur population. Dans le même temps, trois régions disposent de surplus dans les deux scénarios. Il s'agit des pays de l'OCDE, de l'Amérique latine et de l'ex-URSS. Ces régions conservent leur fonction d'approvisionnement en direction des régions déficitaires (figure 7.10). Les déficits et les surplus régionaux sont cependant plus importants dans AG1 que dans AGO.

▶▶ Contexte politique de la transition vers un système alimentaire alternatif

La question du système alimentaire alternatif (SAA) est éminemment politique et stratégique. Politique, car elle renvoie aux décisions gouvernementales concernant les orientations et les incitations données au système alimentaire à la fois en termes de modèle de consommation et de modèle d'offre, dans le contexte de la prise en compte des trois piliers du développement durable (écologie, économie, équité). Stratégique, car, pour les acteurs du système alimentaire, elle va induire des choix sensiblement différenciés, en fonction de leur taille et de leur position dans les filières agroalimentaires.

L'impératif du développement durable

De nombreux pays dans le monde qui adhèrent à la charte de Rio sur l'environnement ou au *Millenium Ecosystem Assessment* ou encore qui ont signé le protocole de Kyoto et même certains États de grands pays non signataires (par exemple la Californie aux États-Unis), ont intégré dans leur politique – à des degrés plus ou moins importants – une composante « protection de l'environnement » et progressent sur la dimension « équité » ou « responsabilité sociale ». Il va de soi que tous les pays de la planète sont convaincus que sans viabilité économique directe ou indirecte (*via* des transferts intercatégoriels), aucune activité relevant du marché ne peut être envisagée.

On assiste donc progressivement à l'émergence d'un cadre législatif et réglementaire qui a pour objectif, d'une part, la protection du patrimoine naturel et la réduction des asymétries sociales les plus excessives, d'autre part la préservation ou la croissance de l'intensité concurrentielle sectorielle. Il est clair que les paramètres du développement durable sont interdépendants et qu'un équilibre doit être trouvé entre eux. Cependant, ce qui est nouveau, c'est l'émergence et la consolidation, sans doute non réversible, des deux premiers paramètres (écologie et équité) et cela devrait peser de plus en plus lourd dans les décisions stratégiques des acteurs, tant producteurs que consommateurs. Par exemple, en ce qui concerne les entreprises, l'apparition d'agences indépendantes d'évaluation et de notation de ces deux aspects du développement durable[38] conduit à des modifications de plus en plus profondes dans les pratiques managériales. En effet, le *rating* effectué sur la base d'indicateurs de plus en plus sophistiqués est soit publié, et les entreprises sont alors soumises au jugement des opinions publiques ou professionnelles, soit il est exigé par certains partenaires (par exemple les fonds d'investissement), soit encore il devient un outil de communication externe et interne pour les entreprises. En dépit de la sophistication de la communication émise par les entreprises, distanciant le discours de la réalité, et du caractère parfois abusif de certains messages, on peut faire l'hypothèse que ces « signaux » transmis impliquent lentement mais sûrement des inflexions de trajectoire, dans le sens du développement durable.

Le contexte général du développement durable s'applique à tous les secteurs. Qu'en est-il du système alimentaire ?

Tout d'abord, il faut rappeler que ce système est très hétérogène et revêt au minimum, et ceci dans tous les pays, un caractère dual, avec la coexistence d'un sous-système de type agro-industriel, concentré, spécialisé, financiarisé et inséré dans le mouvement de globalisation selon une logique de compétitivité internationale et un sous-

---

38. L'évaluation économique est pratiquée de longue date par les auditeurs financiers.

système de caractère plus artisanal basé sur des territoires et donc des entreprises de taille plus petite, selon une logique de proximité.

Sous la contrainte du développement durable, le modèle agro-industriel tente de s'adapter tout d'abord en accentuant les économies d'échelle (effet d'envergure), ce qui permet de maintenir des prix faibles et de trouver des solutions en matière de protection de l'environnement (agriculture raisonnée, *process* industriels maîtrisés). Ce modèle renouvelle ensuite son portefeuille-produits par la médicalisation des aliments et l'amélioration les dispositifs logistiques pour conserver leur compétitivité à des filières très longues (*food miles*). L'investissement massif dans les infrastructures matérielles et dans l'immatériel (R&D, communication, savoirs) est alors rendu possible par la taille des firmes. Ce modèle répond aux attentes d'une majorité de consommateurs du fait du modèle de société qui tend à s'imposer mondialement depuis la chute du mur de Berlin en 1989. Toutefois, il n'est pas certain qu'il soit en mesure de répondre au double défi de ce millénaire. Le premier enjeu est celui de la santé publique, c'est-à-dire d'assurer une nourriture non pathogène à 9 milliards d'hommes en 2050. Or il n'est pas établi que l'artificialisation des aliments constitue une solution aux maladies d'origine alimentaire et surtout que cette solution soit applicable à l'échelle du monde. Le deuxième défi est celui des ressources. En effet, la généralisation d'un modèle de consommation très riche en viandes, nous l'avons vu, semble problématique en raison du potentiel limité des terres cultivables. Par ailleurs, du fait de son intensivité en intrants (en particulier l'eau et les produits chimiques) et en énergie, le modèle agro-industriel se heurte aux limites physiques des disponibilités en eau et en pétrole.

Une place pour les systèmes alimentaires alternatifs

Le second modèle possible que nous avons qualifié « d'alternatif » trouve ses fondements sur des bases différentes – et parfois opposées – à celles qui viennent d'être présentées. Il est caractérisé par des filières courtes du point de vue de la production (transformation de matières premières locales) et usage de savoir-faire traditionnel conférant une typicité et de hautes qualités organoleptiques aux produits, forte composante culturelle des produits, implication sociale des consommateurs dans un contexte de modèle alimentaire diversifié. La viabilité économique du modèle de proximité implique de la part des consommateurs, un consentement à payer plus cher les aliments. Il nécessite une connaissance préalable des produits et un investissement en temps supérieur dans l'acte alimentaire. Enfin, ce modèle exige un respect des normes sanitaires de fabrication et une compétence *marketing* élevée, ce qui signifie qu'il ne peut s'agir d'un retour nostalgique à des pratiques ancestrales. Le système alimentaire alternatif, tout comme le système agro-industriel doit respecter les contraintes de santé publique et celles du développement durable et mobiliser les ressources scientifiques et technologiques les plus actuelles.

Toutes les recherches empiriques réalisées à travers de nombreux pays montrent qu'il y a simultanément des menaces et des opportunités pour les filières agroalimentaires alternatives au modèle agro-industriel (Noronha Vaz *et al.*, 2008). Outre ce qui a été signalé dans les études de cas précédentes (modèle technique adapté au contexte régional, intérêt des consommateurs), on doit mentionner un autre aspect important qui est l'ancrage d'activités en zone rurale, alors que ces zones sont de plus en plus désertées. Cela a deux conséquences notables : la création d'emplois et la contribution à une occupation équilibrée du territoire et la lutte contre la dégradation du milieu naturel. En définitive, on peut enclencher une action systémique de développement local puisque, grâce aux filières agroalimentaires territorialisées, un courant touristique peut être initié en s'appuyant sur le patrimoine paysager, culturel et gastronomique et facilitant ainsi une insertion internationale des régions. Le facteur clef de succès d'une telle stratégie est le respect de l'identité régionale, fondement de la différenciation dans un univers qui tend à se standardiser.

La question lancinante du mode de faire-valoir agricole

Les scénarios d'Agrimonde avancent pour 2050 une superficie cultivable comprise entre 1,9 milliard d'hectares (AGO) et 2,1 milliards d'hectares (AG1). Une des conditions essentielles de la croissance de la production agricole sur ces terres est le mode de faire-valoir ou encore de gouvernance foncière, c'est-à-dire la nature de la propriété et de l'exploitation des terres. Deux tendances se dessinent à cet égard. La première, qui connaît un essor rapide depuis la crise alimentaire de 2007-2008 est la création de très grands domaines agricoles exploités selon des méthodes scientifiques et techniques avancées (plusieurs milliers, voire plusieurs dizaines de milliers d'hectares), à l'instar de ce que l'on observe depuis quelques décennies en Amérique latine et notamment au Brésil et en Argentine sur le front pionnier du soja. Ces très vastes exploitations agricoles, qualifiées de « firmes d'*agribusiness* » nécessitent d'importants capitaux qui peuvent être d'origine industrielle ou commerciale ou encore provenir de fonds spéculatifs (*hedges funds*) ou de fonds souverains. La flambée des cours de 2007-2008 a donné une illusion de rentabilité à la production agricole, qui a pu attirer des financiers, mais surtout la crise a révélé le risque de pénurie alimentaire et a incité les États en déficit chronique d'Asie et du Moyen-Orient à sécuriser leurs approvisionnements en denrées de base par l'acquisition de terres en Afrique et en Amérique latine[39]. Une telle stratégie relève de la financiarisation de l'activité agricole et présente de multiples risques, dont celui de la marginalisation des paysans locaux, du « détournement » de productions vivrières vers l'exportation (et donc du renchérissement des prix intérieurs) et enfin de fragilisation de l'activité agricole par volatilité des capitaux engagés. En contrepartie, l'*agribusiness* permet des gains de productivité par économie d'échelle et capacités managériales. Ce mode de faire-valoir présente des caractéristiques qui permettent de l'intégrer dans notre scénario MAIT et d'envisager de nourrir la planète en 2050 avec 500 000 firmes de l'*agribusiness* de 4 000 ha chacune cultivant au total 2 milliards d'ha (tableau 7.10) et une centaine de firmes de l'agrofourniture, de l'agro-industrie et du commerce.

Dans le scénario alternatif (MAP), le modèle « européen » de l'exploitation agricole à capitaux familiaux est privilégié. Il permet la mise en valeur de 2 milliards d'ha avec 50 millions d'unités de production de 40 ha de superficie chacune. Ce modèle est plus robuste face aux aléas des marchés financiers car indépendant d'eux. Il répond mieux aux exigences du développement durable en ce qui concerne les

---

39. Fin 2009, la FAO estimait à plus de 20 millions d'hectares les terres achetées ou louées dans les PVD par des sociétés étrangères (Schutter, 2009).

Tableau 7.10. Deux scénarios pour les structures agricoles à l'horizon 2050.

Indicateur	2010	2050	
		Scénario 1 : modèle agroindustriel tertiarisé (MAIT)	Scénario 2 : modèle alimentaire de proximité (MAP)
SAU (ha)	1 500 000 000	2 000 000 000	2 000 000 000
Nombre d'exploitations	500 000 000	500 000	50 000 000
Surface unitaire moyenne (ha)	3	4 000	40

Source : estimations des auteurs.

aspects environnementaux et sociaux. Cependant, sa performance économique est inférieure à celle de l'*agribusiness* pour des raisons plus de productivité du capital que du travail.

La décision d'encourager, ou de pénaliser, tel ou tel modèle est d'ordre politique. Rappelons toutefois que le monde compte aujourd'hui environ 500 millions d'agriculteurs, faisant plus ou moins bien vivre 3 milliards de personnes. Passer de ce chiffre considérable à 500 000 entreprises agricoles paraît très problématique et peu souhaitable dans une vision humaniste.

Quelles politiques publiques ?

Le système alimentaire est une excellente illustration de la gouvernance hybride mise en évidence par Williamson et les néo-institutionnalistes. Ceci s'explique, en premier lieu, par la nature du bien produit et consommé : l'aliment est à la fois source de vie et chargé d'attributs psychologiques et socioculturels. Il est donc sous haute surveillance des multiples acteurs le composant. Tout d'abord des pouvoirs publics, car il pose des problèmes de santé. Ensuite des corporations professionnelles, car un déviant aux codes de bonne conduite du métier est dangereux pour toute la profession. Puis des consommateurs qui cherchent à être rassurés sur ce qu'ils mangent. Également des syndicats de salariés, dans la mesure où les économies d'échelle – et donc les restructurations – continuent de jouer en menaçant les emplois. Et enfin des collectivités locales puisque l'agriculture et les IAA constituent souvent, en zone rurale, les derniers bastions d'activité économique. De multiples institutions viennent donc « encadrer » les entreprises du système alimentaire : appareil réglementaire mondial, encore modeste (*codex alimentarius* FAO-OMS, OMC), réglementation communautaire pléthorique (définition des produits, normes de qualité, dispositions sur la concurrence), non moins abondante législation nationale (la loi sur la « répression des fraudes alimentaires » date en France de 1851), multitude de conventions et contrats privés régissant les rapports entre opérateurs. Cependant, cette gouvernance hybride répond-t-elle aux nouvelles exigences du développement durable ?

Défini dès 1990 par Gro Harlem Brundtland, premier ministre de Norvège et présidente de la Commission mondiale sur l'environnement et le développement, le concept de « développement durable » a été consacré à la conférence internationale

de Johannesburg en 2002. Longtemps cantonné au cercle étroit des militants écologistes, il fait désormais l'objet d'une large médiatisation et a été récupéré par les entreprises et les gouvernements. Le secteur agroalimentaire est concerné au premier chef, car il tire ses produits de la nature et livre ses produits à l'homme. Après avoir montré les limites du modèle agro-industriel et suggéré les contours d'un modèle alternatif, nous allons à présent tenter d'esquisser les contours d'une politique publique de « développement agroalimentaire durable » (DAD) autour de trois objectifs :
– une alimentation équilibrée pour tous (équité) ;
– un modèle de production respectueux de l'environnement (écologie) ;
– une efficacité économique « socialement responsable » (économie).

Fournir une alimentation équilibrée aux consommateurs

Depuis les travaux pionniers de Josué de Castro (1951), de Cépède et Lengellé (1953), et de Sen (1981), on sait que la cause principale de la sous-alimentation est la pauvreté. Les stratégies de résorption de la sous-alimentation passent d'abord et avant tout par une réduction de la pauvreté et vont donc concerner en premier lieu les populations rurales, soit 2,5 milliards de personnes vivant de l'agriculture dans les PVD en 2000. La tâche est gigantesque, car les besoins de modernisation de l'agriculture en ressources humaines, techniques et financières sont très élevés. Or on enregistre, depuis 15 ans, une stagnation de l'APD (aide publique au développement, consentie par les pays de l'OCDE), sans que le relais soit pris par l'IDE (investissement direct à l'étranger émanant principalement des firmes multinationales), car l'agriculture ne constitue pas pour ces firmes un placement intéressant pour des raisons à la fois politiques et de rentabilité. Il n'y a donc pas dans ce domaine, du point de vue de la communauté internationale, d'attitude correspondant à un développement alimentaire durable. Il faut donc préconiser ici une politique publique multilatérale de mobilisation de fonds, de connaissances et de compétences en faveur des pays les moins avancés de manière à faire reculer la pauvreté. C'est une des conclusions du « Millenium pour le développement » lancé sous les auspices des Nations unies.

À l'opposé, la suralimentation provoque des troubles de santé générateurs de maladies, de mal-être et de coûts importants pour la société. Cette suralimentation concerne à 80 % les pays riches et à 20 % les PVD. Elle met en cause des régimes hypercaloriques et hyperglucidiques qui se diffusent mondialement, car véhiculés par des entreprises multinationales et un modèle culturel fortement médiatisé. Là encore, des mesures « socialement responsables » s'avèrent indispensables que ce soit à l'échelle des individus, de la famille, de l'école ou des entreprises. Ces mesures ne seront pas prises spontanément, par les acteurs privés. Des initiatives publiques doivent être lancées, comme, par exemple, le Programme national de nutrition et santé (PNNS) du Gouvernement français, mais en y consacrant des moyens financiers significatifs. Ce type de programme doit comporter en premier lieu des actions informatives (par les *mass médias*) et éducatives (par l'école), ensuite des incitations à réduire le caractère nocif de certains composants alimentaires (sucres et graisses) en direction des industriels de l'alimentation (sous forme de préconisations réglementaires), enfin des soutiens directs aux catégories de consommateurs financièrement défavorisées (par exemple sous forme de bons d'achat d'aliments sélectionnés).

Produire en respectant l'environnement

On a mentionné plus haut les dégâts causés par l'intensification agricole et zootechnique : déforestation détruisant les « puits de carbone » ; érosion emportant les terres arables ; pollution des aliments, des sols et des nappes phréatiques par des agents chimiques de synthèse ; réduction de la biodiversité par la sélection variétale des végétaux et des animaux ; élevages industriels à haute densité générateurs d'effluents nocifs et de *stress* pour les animaux ; dégradation de l'esthétique des paysages ; désertification par concentration des exploitations agricoles et des usines de l'agroalimentaire, etc.

Par ailleurs, l'agriculture est le premier secteur consommateur d'eau et l'on va vers une pénurie au plan mondial. Enfin, l'épuisement des énergies fossiles pose la question de leur priorité d'utilisation (l'alimentation en est certainement une) et de leur remplacement (les biocarburants fortement utilisateurs de superficies agricoles pourraient menacer les cultures alimentaires). Les politiques publiques de protection de l'environnement doivent ainsi prendre en compte 3 éléments : la terre, l'eau et les intrants chimiques, tout au long de la chaîne alimentaire, en définissant des priorités pour l'usage de ressources qui vont devenir rares (eau et sol), en encourageant l'émergence de nouveaux modèles de production et en instituant un dispositif de traçabilité des aliments.

Rechercher une efficacité économique et sociale

L'efficacité économique du système alimentaire doit s'apprécier du double point de vue de la production et de la consommation, d'une part, de l'intérêt général et particulier, d'autre part.

Pour les entreprises, le profit est la source de l'investissement et conditionne la survie à terme. Globalement, le système alimentaire parvient à dégager des marges nettes importantes si l'on examine le différentiel entre le coût total des aliments et leur prix de vente. Il y a donc création de valeur nette dans le système alimentaire. Cependant, le partage de cette valeur est inégal : faible, voire négatif en agriculture, il est confortable en aval si l'on en juge par les résultats des grandes firmes. Cette situation légitime les interventions publiques, par le biais de la fiscalité pour redistribuer les marges.

Le prix des aliments, lorsqu'il est déflaté ou plus encore lorsqu'il s'exprime en heures de travail, n'a cessé de baisser en longue période. Cela signifie que les gains de productivité dans le système alimentaire (particulièrement dans l'agriculture et les IAA) ont été considérables et ont largement bénéficié aux consommateurs. Aujourd'hui, il semble que l'on atteigne une asymptote dans ce domaine alors que les exigences des consommateurs relayées par la grande distribution sont encore pressantes que ce soit en termes de qualité-sécurité des aliments ou d'information-communication-praticité. Les IAA et l'agriculture risquent donc de se trouver dans une impasse managériale. Il existerait deux moyens pour desserrer la contrainte.

Le premier serait que la grande distribution relâche ses pressions sur ses fournisseurs et le second que le consommateur accepte de payer sa nourriture aussi cher que ses médicaments. Dans ces deux domaines, des incitations publiques paraissent indispensables.

En résumé, l'objectif de responsabilisation sociale des différents acteurs du système alimentaire en vue d'un développement durable, ne pourra être atteint par la simple application des enseignements de la théorie des marchés. Des régulations publiques et professionnelles, mais aussi des autorégulations individuelles, de nouvelles formes d'organisation, de nouveaux modèles de production et de consommation sont nécessaires. Du point de vue de l'économie politique, ce foisonnement de régulations pose le problème de la mise en cohérence et de la coordination des actions. Le développement alimentaire durable implique une nouvelle politique publique plaçant l'alimentation des hommes au centre des préoccupations, en respectant les exigences de l'équité sociale et du maintien du patrimoine naturel[40].

Cependant, les forces à l'œuvre sont inégales et l'on ne peut imaginer le maintien puis l'expansion du modèle alternatif sans une volonté politique. En effet, l'uniformisation planétaire de la consommation alimentaire élimine progressivement les modèles régionaux (le modèle crétois a ainsi disparu, il y a une vingtaine d'années). Une action de captation de la mémoire alimentaire est donc urgente au niveau régional ainsi qu'un programme ambitieux d'éducation dès l'école primaire. Il s'agit d'apporter aux jeunes, une connaissance du patrimoine culinaire de la région où ils vivent, ce qui induira des comportements alimentaires et sociaux différents de ceux résultant du modèle de consommation de masse. Ce type d'action devra être accompagné de mesures incitatives en direction de la restauration collective pour l'adoption de repas utilisant les produits des filières agroalimentaires régionales. Les pouvoirs publics devront également organiser les transferts de connaissances technologiques et managériales vers les entreprises, encourager la mise en réseaux aussi bien horizontaux (constitution de paniers de produits complémentaires) que verticaux (mise en commun de ressources). Les mesures incitatives peuvent être financières, fiscales ou d'appui technique et devront être soumises à une double conditionnalité de traçabilité (utilisation de matières premières locales) et environnementale (méthodes de production non dégradantes).

Si l'on raisonne dans un contexte géopolitique de monde multipolaire à l'horizon d'une génération (2030), un scénario probable comprend trois pôles, dont l'un est établi (États-Unis), le second émergent (la Chine), le troisième incertain (L'Union européenne).

En simplifiant, on peut avancer que les États-Unis pourront appuyer leur puissance économique sur les hautes technologies et les services, la Chine sur l'industrie des biens de grande consommation. Pour l'Europe, des incertitudes pèsent. On peut suggérer que le système alimentaire, dans sa grande diversité, son haut niveau de différenciation à la fois qualitative et symbolique, la profondeur de ses racines

---

40. Le groupe de Bellechasse, qui rassemble huit membres de l'académie d'Agriculture de France, relève les insuffisances des cadres conceptuels actuels (et notamment de la théorie des marchés) et recommande une approche ouverte et pragmatique de la gouvernance du système alimentaire mondial (Groupe de Bellechasse, 2009).

historiques et la spécificité de son cadre institutionnel d'ancrage territorial, constitue l'une des bases d'un modèle de développement original et en phase avec les impératifs du développement durable.

▸▸ Conclusion : vers un modèle « hybride » de transition

À travers l'examen critique du modèle agro-industriel, on en arrive à la conclusion qu'un scénario « au fil de l'eau », c'est-à-dire de prolongation des tendances passées tant dans le domaine de la consommation que de celui de la production alimentaire n'est pas « soutenable ». Nous avons démontré que le modèle de consommation dit « occidental », non seulement était nocif au plan personnel et sociétal, mais que par ailleurs il n'était pas extrapolable à l'ensemble de la planète. Quant au modèle de production, très « asymétrique » et prédateur, son impact négatif sur l'environnement physique et social et son pilotage par des logiques purement financières fait qu'il ne peut, lui aussi, être généralisé.

Cependant, un retour à l'âge « artisanal » n'est guère envisageable en raison de considérations, la aussi, sociologiques (nous sommes dans une civilisation de consommation de masse individualiste dont il faudrait faire évoluer les fondamentaux), économiques (nécessité de production à bas prix et de l'insertion internationale) et techniques (toute notre R&D est tendue vers la performance basée sur les économies d'échelle et implique donc de grandes unités de production).

L'évolution la plus probable est donc une cohabitation entre les deux modèles présentés, avec une incertitude sur la consolidation et la croissance du schéma alternatif. En effet, un ajustement du modèle agro-industriel pour prendre en compte certaines des contraintes évoquées plus haut est déjà en cours. Cet ajustement passe par une stratégie de médicalisation des aliments tout en gardant les bénéfices de la production de masse (réduction des coûts et donc des prix) et de création de normes de respect de l'environnement et de la sûreté alimentaire. Les grandes firmes qui structurent le modèle agro-industriel disposent des connaissances et des capacités d'investissement pour aller dans ce sens.

Le modèle alternatif de proximité correspond mieux aux préconisations du développement durable, mais il est handicapé par son atomisation, ses divisions internes, l'absence de moyens financiers et humains et un cadre institutionnel national et international peu favorable. Il appelle donc à une volonté politique.

Il est en conséquence indispensable de réfléchir à la façon d'organiser la transition vers un nouveau modèle de développement alimentaire « durable », c'est-à-dire respectant les quatre objectifs d'équité sociale, de viabilité économique et écologique et de gouvernance participative. Ce modèle ne peut avoir qu'une *forme hybride*, combinant, selon les espaces géographiques, les mentalités et les comportements[41],

---

41. Selon North, le processus de développement économique dépend de 4 facteurs : la quantité et la qualité des êtres humains, le stock de connaissances, le cadre institutionnel et le système de croyances (North, 2005).

des configurations modernes (basées sur la globalisation) et postmodernes (basées sur l'ancrage territorial), du fait de l'extrême diversité des situations observées.

Pour cela, on ne peut tabler sur une régulation par le seul marché. Une véritable politique alimentaire doit être mise en place, qui n'est tangible dans aucun pays du monde à ce jour (Rastoin, 2005b). Une **politique alimentaire** doit être une incitation efficace d'amélioration du régime nutritionnel. Elle est légitimée par des considérations de santé publique (prévention de maladies, bien-être) et économiques (abaissement des coûts directs et indirects des pathologies). Elle doit être basée sur une modification comportementale du consommateur, par une éducation à entreprendre dès son plus jeune âge. Elle passe par une réflexion sur les allocations de ressources budgétaires (revalorisation du prix des aliments) et de temps (augmentation du temps domestique consacré à l'élaboration des aliments et aux repas). Elle doit aussi guider la politique agricole et industrielle dans le sens de l'amélioration de la qualité nutritionnelle des produits vendus aux consommateurs et du remodelage du modèle de production-commercialisation par une diversification et des circuits plus courts. Enfin, elle doit comporter un effort de R&D sur ces modèles, en particulier les itinéraires techniques, les paniers de produits et les formats d'entreprises[42].

Une telle politique alimentaire implique une coordination régionale et une concertation internationale (système des Nations unies et OMC) en raison de l'intensité des échanges entre pays. Compte tenu des dérives induites par la globalisation des marchés agricoles et agroalimentaires, on pourrait imaginer de « régionaliser la mondialisation », afin de « relocaliser » les systèmes alimentaires. Il s'agirait alors de resserrer les distances entre lieux de production et lieux de consommation. La réhabilitation des filières courtes aurait pour avantages essentiels de maintenir (s'il est encore temps) la diversité des modèles de consommation (en les faisant évoluer vers une meilleure adéquation nutritionnelle[43]), de stabiliser ou créer des activités et donc des emplois en zone rurale, dans la majorité des pays de la planète et de redonner du sens aux rapports entre producteurs et consommateurs[44].

Le scénario alternatif ne doit pas tomber dans le piège de la querelle des anciens et des modernes qui dure, en ce qui concerne l'agriculture, depuis plus de 2 000 ans. Il faut en effet *inventer un nouveau modèle agroalimentaire* qui valorise le patrimoine historique spécifique à chaque société et territoire avec les connaissances scientifiques et techniques de ce siècle. Le terroir, nous dit Jonathan Nossiter « *...n'est pas une chose fixe en termes de goût et de perception. C'est une forme d'expression culturelle qui n'a jamais cessé d'évoluer.* » (Nossiter, 2007). Le système alimentaire pourrait ainsi constituer le domaine à privilégier pour amorcer les indispensables mutations dont dépend la qualité de notre avenir, comme le suggère la remarque très actuelle d'un visionnaire du système alimentaire, Jean-Anthelme Brillat-Savarin (1755-1826) : « *La destinée des Nations dépend de la manière dont elles se nourrissent* ». La terre pourrait ainsi constituer l'un des fondements du développement durable.

---

42. L'essentiel des budgets publics et privés consacrés à la recherche agro-alimentaire est destiné en France aux « macro-structures » (grandes unités industrielles), très peu aux micro et méso-structures.
43. Cf. à ce sujet l'excellente analyse de Rémésy (Rémésy, 2005).
44. Comme par exemple dans le mouvement *Tikei* au Japon ou des AMAP en France.

▸▸ Références bibliographiques

ALPHANDÉRY P., BITOUN P., DUPONT Y., 1992. *L'équivoque écologique*, Paris, La Découverte, 192 p.

AYADI N., RASTOIN J.L., TOZANLI S., 2005. *Les opérations de restructuration des firmes agroalimentaires multinationales entre 1997 et 2003*, Agrodata, Agia-Alimentation, Paris, 2004 et Working Paper, UMR Moisa, Montpellier, 52 p.

BAUMARD P., 1996. *Prospective à l'usage du manager*, Litec, Paris, 230 p.

BERGER G., 1958. L'attitude prospective, *Prospective*, 1, Paris.

BIRABEN J.-N., 1979. Essai sur l'évolution du nombre des hommes. *Population,* 1. INED, Paris, 13-25.

BOUTAUD A., 2002. Développement durable, quelques vérités embarrassantes, *Économie et Humanisme*, 363 p.

BROWN L., 2004. *Outgrowing the Earth, The Food Security Challenge in an Age of Falling Water Tables and Rising Temperatures*, W.W. Norton & Company *Inc.*, New York, 240 p.

BRUINSMA J., 2004. *World Agriculture, Towards 2015/2030, an FAO perspective*, Earthsan Publications *Ltd*, London.

CARPENTER S.R., PINGALI P.L., BENNETT E.M., ZUREK M.B., ED., 2005. *Ecosystems and Human Well-being : Scenarios, 2*, The Millenium Ecosystem Assessment, Washington D.C.

CASTRO J. DE, 1951. *Geopolitica da fome, Ensaios sobre os problemas de alimentaçao e de populaçao do mundo, Casa do estudante do Brasil*, Rio de Janeiro, 348 p.

CÉPÈDE M., LENGELLÉ, M., 1953. *Économie alimentaire du globe, essai d'interprétation*, éd. Th. Génin, Paris.

CHAUMET J.M., GHERSI G., RASTOIN J.L., RONZON T., 2009. Les hypothèses quantitatives des scénarios, *In :* Chaumet *et al.*, *Agricultures et alimentations du monde en 2050 : Scénarios et défis pour un développement durable*, Inra-Cirad, Paris, 55-98.

CHAUMET J.M., LE COTTY T., TREYER S., ANNÉE. Les bilans ressources-emplois : comparaison des scénarios Agrimonde 1 et Agrimonde GO, in Chaumet *et al.*, *Agricultures et alimentations du monde en 2050 : Scénarios et défis pour un développement durable*, Inra-Cirad, Paris, 99-111.

COLLOMB P., 1999. *Une voie étroite pour la sécurité alimentaire à l'horizon 2050*, Economica et FAO, Paris, 197 p.

DELEUZE G., 2003. *Pourparlers*, éd. de Minuit, Paris.

DELPEUCH F., LE BIHAN G., MAIRE B., 2005. Les malnutritions dans le monde : de la sous-alimentation à l'obésité, *In :* Ghersi G., dir., *Nourrir 9 milliards d'hommes*, Paris, ADPF, 32-37.

DEVEREUX S., 2002. Famine in the Twentieth Century, *IDS Working Paper, n°105*, university of Sussex, Brighton.

DÉTIENNE M., VERNANT J.P., 1974. *Les ruses de l'intelligence, La métis des Grecs*, Flammarion, Paris, 320 p.

DORIN B., 1999. Food Policy and Nutritional Security, The Unequal Access to Lipid in India, *Economic and Political Weekly*, 34 (26), 1709-1717.

DORIN B., LE COTTY T., 2009. Agribiom, un module quantitatif rétro-prospectif, *In :* Chaumet *et al.*, 2009, *Agricultures et alimentations du monde en 2050 : Scénarios et défis pour un développement durable*, Inra-Cirad, Paris, 17-45.

DROGUÉ S., GRANDVAL C., BUREAU J.C., GUYOMARD H., ROUDART L., 2006. Panorama des analyses prospectives sur l'évolution de la sécurité alimentaire mondiale à l'horizon 2020-2030. *Rapport MAP 05 G6 02 01*, ministère de l'Agriculture et de la Pêche, Paris, 119 p.

FAO, 2005. *The State of the Food Insecurity in the World, 2004 (SOFI)*, Roma. 40 p.

FAO, 2005 à 2009. *Base de données Faostat*, Roma. www.faostat.fao.org

FERRY L., 2008. *La sagesse des mythes, apprendre à vivre – 2* ; Plon, Paris, 408 p.

FISCHLER C., 1990. L'Homnivore, Odile Jacob, Paris, 414 p.

FOURCADE C., MUCHNIK J., TREILLON R., 2006. *Systèmes productifs localisés dans le domaine agro-alimentaire*, Gis Syal, UMR Innovation, Montpellier, 186 p.

FUMEY G., 2008. *Géopolitique de l'alimentation*, La petite bibliothèque des sciences humaines, Auxerre, 127 p.

GODET M., 2001. *Manuel de prospective stratégique*, 2 tomes, Dunod, Paris.

GODARD O., 2001. Développement durable : exhorter ou gouverner ? *Le Débat*, 116, Paris, 64-79.

GRIFFON M., 2006. *Nourrir la planète – Pour une révolution doublement verte*, Odile Jacob, Paris, 455 p.

GROUPE DE BELLECHASSE, 2009. *L'Alimentation du monde et son avenir*, L'Harmattan, Paris, 114 p.

HERVIEU B., 2008. MEDITERRA (dir.), *Les futurs agricoles et alimentaires en Méditerranée*, Les Presses de Sciences Po., CIHEAM, Paris, 368 p.

IFEN, 2006. *L'environnement en France*, Synthèse, ministère de l'Écologie et du Développement durable, Paris.

INC, 2007. Aliments santé, *60 millions de consommateurs*, 130, hors série découverte, Paris.

INRA-CIRAD, 2009. Agrimonde. *Agricultures et alimentations du monde en 2050 : scénarios et défis pour un développement durable*, Inra-Cirad, Paris, 202 p.

JOUVENEL H., 2004. *Invitation à la prospective, An Invitation to Foresight*, Ed. Futuribles, Coll. Perspectives, Paris, 88 p.

MALASSIS L., 1994. *Nourrir les hommes*, Dominos-Flammarion, Paris, 126 p.

MALASSIS L., 2006. *Il vous nourriront tous, les paysans du monde, si…,* Quae, Versailles, 462 p.

NORONHA VAZ DE T., NIJKAMP P., RASTOIN J.L., EDITORS, 2008. Traditional Food *Production and Sustainable Development : A European Challenge*, Ashgate, London, 285 p.

NORTH D., 2005. *Understanding the Process of Economic Change*, Princeton university Press, trad. française : *Le processus du développement économique*, Éditions d'organisation, Paris.

NOSSITER J., 2007. *Le goût et le pouvoir*, Grasset, Paris, 413 p.

PADILLA M., RASTOIN J.L., OBERTI B., DE PLATON À AMARTYA SEN, 2005. Le désordre alimentaire vu par les grands penseurs, *In* : Ghersi G., dir., *Nourrir 9 milliards d'hommes*, ADPF, ministère des Affaires étrangères, Paris, 52-55.

PARMENTIER B., 2007. *Nourrir l'humanité, Les grands problèmes de l'agriculture mondiale au XXIe siècle*, La Découverte, Paris, 275 p.

PÉREZ R., 2003. *La gouvernance de l'entreprise*, Paris, Repères, La Découverte, 124 p.

PORTER M., 1986. *L'avantage concurrentiel, comment devancer ses concurrents et maintenir son avance*, InterEditions, Paris, 647 p., © Dunod.

RAOULT-WACK A.L., 2001. *Dis-moi ce que tu manges*, Paris, Gallimard, coll. Découvertes, 128 p.

RAOULT-WACK A.L., BRICAS N., 2002. Ethical Issues Related to Food Sector Evolution in Developing Countries : About Sustainability and Equity, *J. agric. Environ. Ethics*, 15, 325-334.

RASTOIN J.-L., 1995. Dynamique du système alimentaire français, *Économie et gestion agroalimentaire*, 36, Cergy-Pontoise, 5-14.

RASTOIN J.-L., 1998. Mondialisation et trajectoires stratégiques des entreprises agroalimentaires, *Purpan*, 186-187, Toulouse, 30-48.

RASTOIN J.-L., VISSAC-CHARLES V., 1999. Le groupe stratégique des entreprises de terroir, *Revue Internationale des PME*, 12, (1-2), Montréal/Paris, 171-192.

RASTOIN J.-L., 2005a. Un système alimentaire socialement responsable est-il un oxymore ?, *In* :Le Roy F., Marchesnay M., *La responsabilité sociale de l'entreprise*, éd. EMS, Management et Société, chapitre 12, 157-1168.

RASTOIN J.-L., 2005b. Agriculture, alimentation, développement rural : quelle politique publique ?, *In : Economies et Sociétés, Cahiers de l'Ismea*, XXXIX(5), série « Systèmes agroalimentaires », AG, 27, Paris, 827-834.

RASTOIN J.-L., 2007a. Risque et sécurité alimentaire dans un contexte de globalisation : vers une approche politique et stratégique, *In* : Hervieu B. (éd.), MEDITERRA 2007, *Identité et qualité des produits alimentaires méditerranéens* © Les Presses de Sciences-Po, Paris, 27-69, trad.. anglaise, Les Presses de Sciences Po, Paris, 29-68, trad. espagnole, Ministerio de Agricultura, Pesca y Alimentacion, Madrid, 31-76.

RASTOIN J.-L., 2007b. Prospective de l'offre alimentaire, académie d'Agriculture de France, *C.r.Acad. Agric. Fr.*, 93, n°1, Paris.

RASTOIN J.-L., 2008. Les multinationales dans le système alimentaire, *Projet*, n° 306, La Plaine St Denis : 61-69.

Rastoin J.-L., 2009. *Quel futur alimentaire pour l'humanité au-delà du modèle agro-industriel contemporain ?* Un essai de prospective à l'horizon 2050, Les controverses de Marciac, Agrobiosciences, Toulouse, 11 p. <http://www.agrobiosciences.org/article.php3?id_article=2734>.

Rémésy C., 2005. *Que mangerons-nous demain ?*, Odile Jacob, Paris, 304 p.

Schlosser E., 2002. *Fast Food Nation, the Dark Side of the all-American Meal*, Perennial/HarpersCollins Publisher, trad. française : Schlosser E., 2003. *Fast Food Nation*, Éditions Autrement, Paris, 286 p.

Schumacher E.F., 1973. *Small is Beautiful, A Study of Economics as if People Mattered*, London, Blond & Briggs.

Schutter (de) O., 2009. Acquisitions et locations de terres à grande échelle : ensemble de principes minimaux et de mesures pour relever le défi au regard des droits de l'homme, Assemblée générale, conseil de droits de l'homme, 13e session, Nations unies, *A/HRC/13/33/Add.2*, New York, 20 p.

Sen A. K., 1981. *Poverty and Famines*, Clarendon Press, Oxford. Pages

Smith A., Watkiss P., Tweddle G., Mc Kinnon A., Browne M., Hunt A., Trevelen C., Nash C., Cross S., 2005. *The Validity of Food Miles as an Indicator of Sustainable Development*, AEA Technology Environment/DEPRA, Oxon, UK, 117 p.

Stiegler B., 2004. *De la misère symbolique 1. L'époque hyperindustrielle*, Galilée, Paris, 195 p.

Stiegler B., 2007. Le désir asphyxié, ou comment l'industrie culturelle détruit l'individu, *In* : Manière de voir, *Le Monde diplomatique*, n° 96, décembre, Paris : 10-15

United Nations, 2007. Departement of Economic and Social Affairs, *World Population Prospects : The 2006 Revision*, New York.

United Nations, 2009. Departement of Economic and Social Affairs, *World Population Prospects : The 2008 Revision*, New York.

Véron J., 1993. Arithmétique de l'homme. Le Seuil, Paris, 246 p.

Watts D., Ilbery B., Maye D., 2005. Making Reconnictions in Agro-food Geography : Alternative Systems of Food Provision, in *Progess in Human Geography*, 29 (1), 22-40

Winter M., 2003. Embeddedness, the New Food Economy and Defensive Localism, *J.l Rural Stud.* 19, 23-32.

Zimmer D., Renault D., 2003. Virtual Water in Food Production and Global Trade : Review of Methodological Issues and Preliminary Results, in Hoekstra A.Y., ed, Virtual Water trade, Proceedings of the International Expert Meeting on Virtual Water Trade, *Value of Water Research Report Series*, 12, Unesco-IHE, Delft, 93-117.

Principaux sites Internet consultés

http://epp.eurostat.cec.eu.int/

http://epp.eurostat.ec.europa.eu/portal/page/portal/eurostat/home/

http://esa.un.org/unpp/

http://europa.eu/pol/food/

http://faostat.fao.org/

http://umr-moisa.cirad.fr/

http://www.aednutritioncenter.org/tools/by_subject

http://www.agreste.agriculture.gouv.fr/

http://www.bibl.ulaval.ca/mieux/ref-ul/chercher/index_portails

http://www.bloomberg.com/apps/quote?ticker=BDIY&exch=IND&x=15&y=11

http://www.cepii.fr/

http://www.ciheam.org/

http://www.cirad.fr/

http://www.cmegroup.com/trading/agricultural/

http://www.efsa.europa.eu/fr.

http://www.ers.usda.gov/

http://www.ers.usda.gov/Data/

http://www.fao.org/es/esa/index_fr.

http://www.fao.org/faostat/foodsecurity/

http://www.ifpri.org/

http://www.imf.org/external/french/index.htm

http://www.inra.fr/

http://www.insee.fr/

http://www.invs.sante.fr/

http://www.ipemed.coop/

http://www.iso.org/iso/

http://www.millenniumassessment.org/

http://www.norme-iso22000.info/

http://www.oecd.org/home/0,2605,fr_2649_201185_1_1_1_1_1,00.html

http://www.oecd.org/statsportal/

http://www.origin-gi.com/

http://www.tracenet.fr/

http://www.un.org/esa/population/unpop.htm

http://www.unctad.org/Templates/Page.asp?intItemID=1888&lang=2

http://www.unctad.org/Templates/StartPage.asp?intItemID=2068&lang=2

http://www.usda.gov/wps/portal/usda/usdahome

http://www.vinetsante.com/vinetcancer.php3

http://www.who.int/bmi/index.jsp
http://www.who.int/foodsafety/publications/general/global_strategy/en/
http://www.who.int/fr/
http://www.wipo.int/portal/index.html.fr
http://www.worldbank.org/
http://www.worldbank.org/data/
http://www.worldfoodsafety.org/
http://www.wto.org/french/res_f/statis_f/statis_f.htm
http://www.wto.org/indexfr.htm
http://www3.who.int/whosis/core/core_select.cfm

Glossaire

Acides aminés. Constituants des protéines qui sont composées de 20 acides aminés principaux. 8 d'entre eux sont définis comme essentiels car ils ne peuvent être fabriqués par l'organisme et doivent être, de ce fait, fournis par les aliments (isoleucine, leucine, lysine, méthionine, phénylalanine, thréonine, tryptophane et valine) (chapitre 4).

Allégations-santé. Règlement européen de 2009 imposant aux fabricants d'aliments le respect de certaines règles déontologiques (pas de tromperie du consommateur par des suggestions ou des affirmations inexactes ou ambiguës) et la définition de « profils nutritionnels » (chapitre 6).

Analyse coûts-avantages ou coûts bénéfices. Estimation de l'accroissement d'utilité pour le consommateur résultant d'une amélioration de sa « satisfaction » (qualifiée d'avantage, bénéfice ou encore « bien-être ») et son coût. Cette méthode est notamment utilisée pour mesurer l'impact économique des maladies d'origine alimentaire (chapitre 6).

Analyse de filière. Corpus de méthodes procédant de différentes approches théoriques ou empiriques : structurelle, économie industrielle, concurrentielle et stratégique, institutionnaliste, systémique, chaîne globale de valeur (chapitre 3).

Apport journalier recommandé (AJR). Quantité de nutriments que les nutritionnistes estiment comme nécessaire pour couvrir les besoins de la majorité des personnes en bonne santé (chapitre 4).

Approche agricolo-centrique. Analyse du système alimentaire qui se limite à l'étude du secteur agricole en ignorant les autres composantes des systèmes alimentaires situés en son amont et en son aval (chapitre 2).

Avantage comparatif révélé. Indice mesurant la part relative des exportations d'un produit dans le commerce total d'un pays rapportée au ratio des exportations totales de ce produit dans le commerce total d'un groupe de pays ou du monde (chapitre 5).

Avantages comparatifs. Théorie énoncée par David Ricardo selon laquelle tout pays trouvera intérêt à se spécialiser et à exporter les biens pour lesquels il dispose du plus fort avantage comparé ou du moindre désavantage comparé, en important en échange les autres biens de ses partenaires à la condition nécessaire et suffisante qu'il existe une différence entre les coûts comparés constatés en autarcie dans plusieurs pays (chapitre 5).

Besoins énergétiques. Ils ont été définis par les experts de la FAO comme « la quantité d'énergie nécessaire pour compenser nos dépenses énergétiques et pour nous assurer une taille et une composition corporelle compatibles avec le maintien à long terme d'une bonne santé et une activité physique adaptée au contexte économique et social » (chapitre 4).

Biens. Objets physiques pour lesquels il existe une demande. Ces derniers sont utilisés pour produire d'autres biens ou services (emplois intermédiaires) ou pour satisfaire les besoins des ménages ou de la collectivité (emplois finaux) (chapitre 2).

Biens et services intermédiaires. Biens et services destinés à être réincorporés dans le processus productif des branches ou de ceux qui seront détruits en vue de produire d'autres biens (chapitre 2).

Bilan alimentaire (*Food Balance Sheet*). Un bilan alimentaire présente, par produit agricole de base, l'équilibre emplois-ressources de ce produit. Les emplois sont constitués de la production nationale et des importations ; les ressources des utilisations agricoles (semences), animales (aliments du bétail), industrielles et humaines, ainsi que des exportations. Cet outil est donc spécifique de l'analyse de filière agroalimentaire. La base de données Faostat comporte une section « bilans alimentaires » pour près de 200 pays (chapitre 3).

Branche. Ensemble d'activités économiques orientées vers la production d'un bien ou d'un service particulier (par exemple la production agricole). Une branche produit donc un seul bien ou service et, en contrepartie, un bien ou service ne peut être produit que par une seule branche. Cette approche qui privilégie un découpage de l'économie par bien et/ou service conduit à la construction de tableaux d'échanges intersectoriels carrés. La liste des branches est fournie par les nomenclatures d'activité économique (chapitre 2).

Budget alimentaire. Valeur et répartition de la dépense alimentaire et importance relative qu'occupe cette dernière dans l'ensemble des dépenses de consommation du ménage (chapitre 4).

Calorie (kilocalorie). Unité d'énergie de symbole kcal ou Cal correspondant à mille calories, soit 4184 joules, surtout employée en diététique. Une calorie correspond à la quantité de chaleur nécessaire pour élever la température d'un gramme d'eau d'un degré centigrade (par ex. de 16 à 17 °C) (chapitre 4).

Calories alimentaires. Nous puisons dans les aliments l'énergie nécessaire à la couverture de nos besoins. La valeur calorique des aliments se calcule à partir de tables de valeur nutritionnelle des aliments (chapitre 4).

Calories finales. Calories alimentaires mesurées dans l'assiette du consommateur. Ces données sont obtenues soit à partir des bilans de disponibilité alimentaire (approche globale), soit à partir des enquêtes de consommation (approche individuelle) (chapitre 4).

Calories initiales. Lorsque l'on mesure le niveau calorique de la ration alimentaire d'un individu ou d'une population, on peut tenir compte de l'ensemble des calories végétales nécessaires à la production des calories finales. L'évaluation de ce niveau calorique de la ration alimentaire se mesure en transformant les calories animales en calories végétales nécessaires à leur production selon la formule :

Calories initiales = Calories végétales + Calories animales x 7 (chapitre 4)

Chaîne globale de valeur (CGV). Réseau inter-organisationnel construit autour d'un produit qui relie des ménages, des entreprises et des États au sein de l'économie mondiale. Une CGV peut être décrite à travers 4 éléments : une séquence d'activités, un espace géographique et économique, un contexte institutionnel, un système de gouvernance (chapitre 3).

Ciseau de prix. Écart entre les prix payés à la production et les prix payés par les entreprises (agricoles ou agroalimentaires) pour acquérir leurs facteurs de production (chapitre 1).

Coefficient budgétaire. Part de chaque poste de dépense de consommation annuelle totale des ménages. Ces coefficients budgétaires permettent de mesurer la structure des dépenses alimentaires des ménages (chapitre 4).

Commodité (*Commodity*). Bien de consommation finale ou intermédiaire disponible en grande quantité et pouvant provenir de nombreux fournisseurs. Doit être distingué du terme « matière première » (chapitre 5).

Compétitivité. Aptitude d'un pays (d'une entreprise) à maintenir ou à accroître de façon durable (en moyenne pluriannuelle), sa part de marché sectorielle en valeur (chapitre 1).

Consommation finale. Elle regroupe dans les Comptes nationaux les consommations qui sont faites des biens et services disponibles une année donnée et qui ne sont pas acquis par les différentes branches de l'économie en vue d'être incorporés ou transformés dans le processus productif et que l'on a déjà défini comme les consommations intermédiaires. Il s'agit essentiellement des consommations des ménages et des administrations, des exportations, de la FBCF, des pertes et des ajustements par les variations de stocks (chapitre 2).

Cycle de Doha. Négociation engagée en 2001 dans le cadre de l'OMC sur les questions restant à régler pour achever la construction de l'OMC, avec un engagement unique : pas de conclusion de l'accord OMC tant que la question agricole n'est pas réglée. En octobre 2010 le cycle de Doha n'était toujours pas achevé (chapitre 5).

Défaillance de marché. Contrairement à la théorie économique néo-classique, le marché ne conduit pas, dans un type de situation fréquent dans le système alimentaire, à un optimum pour le producteur et le consommateur du fait de facteurs extra-économiques (structure asymétrique du marché, absence de transparence des prix, segmentation, mauvaise organisation des circuits de commercialisation, réglementation sur la concurrence faible ou inexistante) (chapitre 5).

Dépendance alimentaire. Situation d'un pays dont la consommation alimentaire doit être couverte pour une part significative (environ plus du tiers) par des importations (chapitres 5 et 6).

Dépense énergétique journalière. Correspond à la somme de l'énergie indispensable au maintien de notre corps au repos (métabolisme de base), à laquelle il convient d'ajouter la dépense d'énergie qu'impose notre activité physique, celle liée à la digestion des aliments consommés et enfin l'énergie nécessaire au maintien de la température interne du corps (chapitre 4).

Diète méditerranéenne. Régime alimentaire basé sur le blé, les fruits et légumes, l'huile d'olive, le poisson et le vin, longtemps caractéristique de la région méditerranéenne (chapitre 6).

Droit à l'alimentation. « Droit d'avoir un accès régulier, permanent et libre, soit directement, soit au moyen d'achats monétaires, à une nourriture quantitativement et qualitativement adéquate et suffisante, correspondant aux traditions culturelles du peuple dont est issu le consommateur, et qui assure une vie psychique et physique, individuelle et collective, libre d'angoisse, satisfaisante et digne » (définition commune à la FAO, 1996 et aux Nations unies, 2002) (chapitre 6).

Économie des conventions. La théorie formalisée par Boltanski et Thévenot (2001), rompant avec le dogme de la rationalité substantive des agents, fonde son paradigme sur l'incertitude (rationalité limitée) et sur la pluralité des justifications de l'action en raison de l'appartenance des individus et des organisations à différents collectifs, les « mondes », au nombre de six (monde de l'inspiration, domestique, de l'opinion, civique, marchand et industriel) (chapitre 1, conclusion).

Effet-frontière. Entrave au commerce international résultant de facteurs économiques (par exemple différences de prix des produits et des facteurs de production, coût des transports, fiscalité douanière), sociologiques et culturels (mentalités, styles de vie) (chapitre 5).

Effets d'entraînement. Ils correspondent à l'impact qu'aura l'évolution de la demande sur l'ensemble de l'économie. Ainsi, lorsque le niveau de la consommation d'un bien alimentaire progresse, l'impact de cette croissance se fait ressentir, dans un premier temps, sur les industries alimentaires nationales et sur les importations (effets directs). Dans un deuxième temps, et pour répondre à cette augmentation de demande finale, les industries alimentaires font appel à leurs fournisseurs qui vont augmenter à leur tour le niveau de leurs intrants, et ainsi de suite (effets indirects). Ces effets directs et indirects s'exerceront, à des niveaux variables selon les secteurs sollicités, et vont affecter à des degrés divers la production sectorielle, l'investissement et l'emploi (chapitre 2).

Élasticité-revenu de la demande. Variation proportionnelle de la consommation d'un bien divisée par la variation du revenu (chapitre 4).

Équilibre Emplois-Ressources. Relation comptable qui lie toutes les opérations sur les biens et les services qui se sont opérées une année donnée au sein d'une économie. Pour chacun de ces biens et services, la somme des ressources mobilisées (que ces dernières soient produites par l'économie nationale ou importées) est obligatoirement égale au total des emplois qui en ont été faits (par les branches : emplois intermédiaires ou dans le cadre de la consommation finale ; par les ménages, les administrations, sous la forme de FBCF, à l'exportation ou sous forme de pertes), les variations de stocks permettant d'ajuster dans le temps l'offre à la demande (chapitre 2).

Filière. Ensemble d'acteurs et de processus technologiques et économiques qui concourent à l'élaboration et à la commercialisation d'un produit ou d'un groupe de produits selon une approche « descendante » (amont-aval), partant d'une matière première, ou « remontante » (aval-amont), à partir d'un marché pertinent (chapitre 3).

Filière (*Commodity system*). « Une filière englobe tous les participants impliqués dans la production, la transformation et la commercialisation d'un produit agricole. Elle inclut les fournisseurs de l'agriculture, les agriculteurs, les entrepreneurs de stockage, les transformateurs, les grossistes et détaillants permettant au produit brut de passer de la production à la consommation. Elle concerne enfin toutes les "institutions", telles que les institutions gouvernementales, les marchés, les associations de commerce qui affectent et coordonnent les niveaux successifs sur lesquels transitent les produits. » (Goldberg, 1968).

Firme agroalimentaire multinationale. Grande firme dominante du secteur des industries agroalimentaires (chapitres 5 et 7).

Firme multinationale. Entreprise ayant une activité de production dans au moins un pays étranger (définition Cnuced). Cependant, le terme évoque généralement de très grandes firmes présentes dans de nombreux pays et dotées d'un important pouvoir de marché (chapitre 5).

Firme transnationale. Anglicisme correspondant au français « firme multinationale ». Entreprise de grande taille implantée dans de nombreux pays au travers de nombreuses filiales et qui opère sur une zone géographique étendue et le plus souvent sur le monde entier. Le terme de transnational traduit la capacité qu'ont ces grands groupes de pratiquer des stratégies qui se situent au-dessus des États dans lesquels elles opèrent (chapitre 7).

Fonds souverains. Fonds d'État approvisionnés par une partie des recettes provenant de la rente énergétique fossile (pétrole ou gaz), par le biais d'entreprises publiques, ou de la fiscalité (chapitre 5).

Formation brute de capital fixe (FBCF). Elle correspond, en comptabilité nationale, à l'investissement, c'est-à-dire aux biens nécessaires à la production, qu'il s'agisse de biens durables (équipements, logements ou bâtiments), ou des biens et des services incorporés au capital acquis, aux terrains, et aux actifs incorporels. Ces biens doivent être utilisés au moins un an dans le processus de production (chapitre 2)

French Paradox. Observation médicale, par l'équipe du Dr Serge Renaud dans les années 1990, d'une longévité plus grande des populations du Sud-Ouest de la France, par la composition de la diète (présence de graisse d'oie ou de canard, de vin), ce qui peut constituer un paradoxe par rapport à certaines recommandations nutritionnelles) et de fruits et légumes en quantité abondante (chapitre 6).

Globalisation. Concept traitant des nouvelles formes d'organisation des entreprises et des institutions dans un contexte de marché étendu à toute la planète (chapitre 5).

Glucides ou hydrates de carbone. Nutriments assurant la principale source d'énergie de notre régime alimentaire. Certains d'entre eux sont définis comme des glucides simples ce qui est le cas du sucre, d'autres sont dits complexes comme les fibres et l'amidon (chapitre 4).

Gouvernement par les normes. Influence croissante, dans le pilotage du système alimentaire, des normes publiques (nationales, européennes, internationales) ou privées (émanant des entreprises, notamment de la grande distribution, telles que IFRS ou *GlobalGap*) (chapitre 6).

Grappe industrielle. Représentation des liens d'échanges commerciaux qui se sont établis entre différentes branches de l'économie se situant dans un domaine particulier (par exemple l'économie agroalimentaire) ou sur un territoire géographique donné. Elles couvrent donc un ensemble d'industries ainsi que d'autres entités plus spécifiquement liées entre elles, soit en vue de produire (dépendance technologique essentiellement en fournitures, mais qui s'étend aussi aux institutions gouvernementales, aux universités, aux agences de régulation ou de financement, aux instituts de formation, aux associations d'affaires, etc.) soit en vue d'écouler leur production (dépendance commerciale) (chapitre 2).

Grubel-Lloyd (indice de). Mesure l'intensité du commerce au sein d'un même groupe de produits (échanges intra-branche) (chapitre 5).

HACCP (*Hazard Analysis Critical Control Point*). Méthode destinée à garantir la qualité des aliments destinés aux astronautes. Cette méthode a été adoptée par le *Codex alimentarius* FAO/OMS comme outil de construction de la salubrité des aliments, puis recommandée par la Commission européenne (directive 93/43/CE sur l'hygiène des denrées alimentaires, remplacée depuis par les règlements du « paquet hygiène » d'avril 2004) (chapitre 6).

Innocuité alimentaire. Situation dans laquelle, grâce à des mesures appropriées, la consommation d'eau, d'autres boissons ou d'aliments ne présente aucun risque connu pour la population humaine ou animale (définition donnée par l'APFA) (chapitre 7).

Insécurité alimentaire. Situation imputable à un déficit de nourriture (insécurité alimentaire quantitative ou sous-alimentation) et/ou à la mauvaise qualité des aliments (insécurité alimentaire qualitative) (chapitre 6).

Institution. « *Ensemble de règles socio-économiques, mises en place dans des conditions historiques, sur lesquelles les individus ou les groupes d'individus n'ont guère de prise à court et moyen termes. Du point de vue économique, ces règles visent à définir les conditions dans lesquelles les choix individuels ou collectifs d'allocation ou d'utilisation des ressources pourront s'effectuer* » (Ménard, 1995). Corps constitués à caractère régalien (l'État et les collectivités publiques territoriales pour simplifier) et organismes consultatifs et associatifs chargés de défendre des droits individuels et/ou des intérêts collectifs (chapitre 1).

Inter-consommations. Elles correspondent à la vente de biens et de services d'une branche à une autre branche, en vue d'assurer la production de cette dernière (chapitre 2).

Internationalisation (d'une économie). Croissance des échanges matériels et immatériels entre pays (chapitre 5).

Intra-consommations. Elles correspondent à la vente de biens et de services d'une branche ou d'une entreprise à elle-même en vue d'assurer sa production (chapitre 2).

Investissement direct étranger. Investissement transnational effectué par le résident d'une économie (l'investisseur direct) afin d'établir un lien durable dans une entreprise (l'entreprise d'investissement direct) qui est résidente dans une autre économie que celle de l'investisseur direct (définition de l'OCDE) (chapitre 5).

Libéralisation commerciale internationale. Projet à l'œuvre depuis le début des années 1980, sous l'impulsion de R. Reagan et M. Thatcher et accéléré par les accords de Marrakech de 1995 et la création de l'OMC, visant à créer un marché mondial sans entraves (chapitre 5).

Lipides. Nom donné aux matières grasses animales et végétales. Certains acides gras indispensables à notre métabolisme ne sont pas synthétisés par l'organisme et doivent être apportés par l'alimentation (acide linoléique et acide alpha-linolénique). Ils sont, parmi les nutriments, ceux qui sont les plus riches en énergie : 1 gramme de lipides produit 9 kcal (chapitre 4).

Loi alimentaire européenne (*Food Law*). Règlement (CE) n° 178/2002 constituant le cadre institutionnel et fonctionnel du système alimentaire européen comprenant la création d'une Autorité européenne de sécurité alimentaire (*European Food Security Authority*, EFSA), la mise en place d'une législation « de la ferme à la table », la coordination des systèmes nationaux de contrôle de qualité, l'information des consommateurs (étiquetage, publicité, aspects nutritionnels) et une insertion internationale (chapitre 6).

Loi d'Engel. « ... plus une famille est pauvre, plus forte est la proportion des débours (dépenses totales) qu'elle doit affecter à la nourriture » (chapitre 4).

Lois tendancielles de la consommation alimentaire. Ces lois, établies par Louis Malassis en 1996, permettent de décrire les comportements des consommateurs sur une base individuelle aussi bien que globale (chapitre 4).

Maladie d'origine alimentaire. Pathologie provenant d'une cause partiellement ou totalement alimentaire, incluant, selon la nomenclature de l'OMS : les diarrhées, les infections intestinales, les déficits en nutriments essentiels, les dénutritions et la déshydratation, l'obésité, le diabète de type 2 et les autres troubles endocrino-nutritionnels, certains cancers, l'alcoolisme, les maladies cardio-vasculaires, les maladies digestives, les maladies bucco-dentaires, l'ostéoporose, les allergies alimentaires (chapitre 6).

Marché à terme (*Future Market*). Institution rassemblant des fournisseurs et des clients qui s'entendent *ex ante* sur un prix, ce qui peut fournir aux opérateurs une tendance à court terme de l'orientation des transactions. Le premier marché mondial pour les produits agricoles et alimentaires est la bourse de commerce de Chicago (*Chicago Board of Trade*) (chapitre 5).

Marges commerciales. Différence entre le chiffre d'affaires hors taxes obtenu par la vente de marchandises et le coût d'achat toujours hors taxes de ces marchandises acquises en vue d'être revendues (chapitre 2).

Marketing Bill. Coût de la mise sur le marché d'un produit alimentaire. Il se mesure par la différence entre la valeur des produits à la sortie de l'exploitation agricole (*farm value*) et les dépenses des consommateurs pour acquérir ces produits soit dans le commerce de détail, soit dans les restaurants (chapitre 1).

Matières premières. Ce terme désigne uniquement des biens primaires (par exemple du blé ou de l'aluminium en vrac) qui doivent être transformés pour être utilisés par l'homme (chapitre 5).

Matrice des échanges internationaux. Tableau carré indiquant en ligne les flux d'exportation et en colonne les flux d'importation entre pays ou groupes de pays (chapitre 5).

Modèle agro-industriel tertiarisé (MAIT). Constitue le modèle dominant qui tend à s'imposer dans les cadres du processus de croissance économique et de globalisation. Il est spécialisé, intensif, concentré, financiarisé et globalisé. Son développement se fonde sur des stratégies d'envergure (recherche permanente d'économies d'échelles et de gains de productivité) qui sont principalement portées par des firmes multinationales de grande taille (chapitre 7).

Modèle alimentaire de proximité (MAP). Ce modèle qui s'oppose dans sa philosophie et dans ses stratégies au MAIT, s'appuie sur des chaînes courtes (Systèmes de production localisés, SPL ou *Clusters*), valorise des produits répondant aux différents critères organoleptiques (et notamment le goût) et à contenu culturel lié à un territoire (produits de terroir pour lesquels on est en mesure d'indiquer une origine), utilise des technologies adaptées à des formats d'usine réduits, des formes d'organisation fondées sur le partage de ressources et de compétences à travers des réseaux d'entreprises de manière à dégager des synergies entre acteurs et emprunte des circuits commerciaux multiples (GMS, vente directe, points de vente collectifs de TPE/PME, canaux spécialisés du type bio, etc.) (chapitre 7)

Modèle de consommation alimentaire (MCA). Façon dont les hommes s'organisent pour consommer, c'est-à-dire à la fois la nature et la qualité des aliments consommés, les rapports de consommation et les conduites alimentaires, bref les « pratiques alimentaires » (chapitre 4).

Modèle de l'avantage concurrentiel de Michael Porter. Théorie fondant le gain d'un avantage concurrentiel sur un marché par 3 déterminants : la nature des forces concurrentielles à l'œuvre, les chaînes de valeur internes et externes des entreprises, le positionnement stratégique de l'entreprise par la maîtrise des coûts ou la différenciation des produits. Cette théorie a ensuite été appliquée aux secteurs et aux pays (avantage concurrentiel des nations) (chapitre 3).

Modèle SCP (structures-comportements-performances). Modèle en boucle reliant les structures de marchés aux comportements stratégiques des entreprises et à leurs performances sectorielles (chapitre 3).

Mondialisation. Nouvelle organisation géopolitique et économique de l'espace planétaire (chapitre 5).

Nation la plus favorisée. Clause du règlement de l'Organisation mondiale du commerce stipulant que tout avantage commercial accordé par un pays à un autre doit être immédiatement accordé à la totalité des membres de l'OMC (chapitre 5).

Norme ISO 22000. Norme approuvée par les instances de l'ISO le 5 juillet 2005 comprenant 4 volets : ISO 22005 relatif à la traçabilité des aliments, ISO/TS 22004 système de management de la sécurité des produits alimentaires, ISO/TS 22003 concernant les organismes certificateurs, ISO 22002 système de management de la qualité en production végétale (chapitre 6).

Nouvelle économie géographique. Cadre théorique pour expliquer la polarisation des espaces en fonction des caractéristiques des pays et des marchés (chapitre 5).

Nutriment. Substance qui nous est fournie par les aliments et qui permet à notre organisme de croître, de se maintenir en bonne santé et de se régénérer. Les nutriments organiques dont il est le plus question dans cet ouvrage sont les glucides, les lipides, les protéines et les vitamines (chapitre 4).

Oligo-éléments. Eléments essentiels à notre nutrition, présents en faible quantité dans les aliments (fer, cuivre, iode, manganèse, zinc, sélénium, chrome et molybdène) (chapitre 4).

Performance. Être performant (pour une entreprise, un secteur, un pays) signifie être à la fois pertinent, efficace et efficient. La performance est une notion relative qui doit se définir par rapport à un concurrent et/ou un objectif et des moyens (chapitre 1).

Performance durable. Performance répondant aux 4 critères du développement durable : compétitivité économique, respect de l'environnement et bonne gestion des ressources naturelles, équité sociale, gouvernance participative (chapitre 1).

Politique alimentaire. Cadre légal définissant, dans le domaine de l'alimentation humaine, des objectifs généraux, des moyens d'action, et un dispositif de financement à travers des lignes budgétaires. La politique alimentaire oriente à la fois le modèle de consommation et le modèle de production des aliments dans un pays donné (chapitre 6).

Principe de précaution. Principe adopté à la conférence de Montréal sur les OGM en 2000, selon lequel l'absence de certitudes scientifiques n'empêche pas [un pays] de prendre une décision pour éviter des effets potentiellement défavorables (chapitre 6).

Productivité globale des facteurs. Il s'agit du rapport entre le volume d'une production et le volume des facteurs qui sont à son origine, essentiellement les consommations intermédiaires, le capital et le travail (chapitre 2)

Profil nutritionnel. Le profil nutritionnel d'un aliment synthétise sa qualité nutritionnelle globale. Il est établi en prenant en considération les quantités de certains nutriments (protides, glucides, lipides) et autres substances contenues dans l'aliment, le rôle, l'importance de l'aliment et l'apport au régime alimentaire de la population en général ou, s'il y a lieu, de certains groupes à risque, notamment les enfants, la composition nutritionnelle globale de l'aliment et la présence de nutriments reconnus comme ayant un effet sur la santé (chapitre 6).

Protéines. Il s'agit de molécules composées d'acides aminés indispensables au bon fonctionnement de l'organisme. Ce sont elles qui permettent, entre autres fonctions vitales, la formation ou la régénération de la peau et la synthèse des enzymes ou des anticorps. (chapitre 4)

Ratio de dépendance. Rapport entre le nombre d'individus supposés « dépendre » des autres pour leur vie quotidienne – jeunes et personnes âgées – et le nombre d'individus capables d'assumer cette charge (chapitre 7).

Régime alimentaire. Définit la nature et le volume des aliments qui composent le modèle de consommation alimentaire (chapitre 4).

Régime nutritionnel. Valeur énergétique de la ration alimentaire, origine des calories (végétales ou animales) et qualité nutritionnelle : protéines, lipides ou glucides, micro-nutriments (vitamines et minéraux) et fibres végétales (chapitre 4).

Régimes agro-nutritionnels. Pour un pays, en partant de moyennes nationales, il est possible de ventiler les apports alimentaires en les regroupant selon quelques grandes sous-catégories d'aliments de base. Cette façon de procéder permet de définir un « profil agro-nutritionnel », encore appelé « régime agro-nutritionnel » (chapitre 4).

Régulation (du système alimentaire). Elle se fait en conjuguant les forces du marché (confrontation offre-demande) et celles émanant des institutions publiques et privées, ce qui donne naissance à des « formes hybrides » de coordination telles que les organisations de filières (chapitre 1).

Risques alimentaires. Danger pour la santé humaine provenant de facteurs biologiques, chimiques, techniques ou nutritionnels (chapitre 6).

Secteur. Ensemble d'unités de production qui ont la même activité de production principale, mais qui peuvent s'adonner à d'autres activités. Un secteur peut ainsi produire plusieurs biens et services, et un bien et service peut être produit par plusieurs secteurs. Cette notion qui privilégie un découpage de l'économie selon les entreprises et leurs activités diverses, conduit à la production de tableaux d'échanges de type rectangulaire. Malgré cette différence importante, les termes de « branche » et de « secteur » sont souvent utilisés indifféremment (chapitre 2).

Secteurs auxiliaires de l'agroalimentaire. Il s'agit de l'ensemble des branches de l'activité économique qui fournissent le complexe alimentaire en biens et services nécessaires à sa production. On appelle aussi cet ensemble : les industries et services liés (chapitre 2).

Sécurité alimentaire. (1) État caractérisant un pays capable d'assurer une alimentation saine et équilibrée à sa population (chapitre 6). (2) Situation dans laquelle une population bénéficie à la fois de la suffisance alimentaire (disponibilité suffisante d'aliments variés permettant d'assurer durablement sa nourriture) et de l'innocuité des aliments (voir ci-dessus) (chapitre 7).

Services. Contrairement aux biens, les services se caractérisent par leur immatérialité, dans la mesure où il s'agit essentiellement d'une mise à disposition d'une capacité technique ou d'un savoir-faire intellectuel. Cela va, comme le définit l'Insee « du commerce à l'administration, en passant par les transports, les activités financières et immobilières, les services aux entreprises et services aux particuliers, l'éducation, la santé et l'action sociale » (chapitre 2).

Soutiens à l'agriculture. Ils comprennent d'une part les interventions sur les prix agricoles et les subventions à la production, d'autre part les services aux agriculteurs tels que la recherche, la formation, les contrôles de qualité, la promotion des produits, etc., financés sur fonds publics et enfin les transferts du consommateur qui résultent de la différence de prix entre le marché intérieur et le marché international (chapitre 5).

Souveraineté alimentaire. Principe proposé par le mouvement international *Via Campesina* selon lequel tout pays doit être libre de définir sans pression hégémonique interne ou externe sa politique alimentaire et, en conséquence, sa politique agricole (chapitres 6 et 7).

Surplus de productivité globale. Lorsque l'accroissement relatif de la production. et donc de la richesse ne s'explique pas par l'accroissement du volume des facteurs à l'origine de cette production, on parle de gain de productivité globale. Ce gain sur la nature est généralement rendu possible grâce à l'incorporation du progrès technique dans les processus de production (utilisation d'intrants plus performants : semences sélectionnées, machinerie permettant de substituer du capital au travail, etc.) ou à une meilleure combinaison des facteurs de production obtenue grâce à la formation des hommes et à l'adoption de meilleures techniques de gestion. Il conduit à la création d'un surplus économique (abaissement des coûts de production à prix constants) qui sera partagé. par le mouvement des prix et des rémunérations (travail et capital) entre les différents agents qui ont été à l'origine de sa formation (fournisseurs, consommateurs, salariés, capitalistes, État, etc.) (chapitre 2).

Système. Ensemble d'éléments interdépendants, de telle sorte que toute modification d'un élément entraîne la modification d'autres éléments (chapitre 1).

Système alimentaire. « *Manière dont les hommes s'organisent, dans l'espace et dans le temps, pour obtenir et consommer leur nourriture* » (Malassis, 1994). Réseau interdépendant d'acteurs (entreprises, institutions financières, organismes publics et privés), localisé dans un espace géographique donné (région, État, espace plurinational), et participant directement ou indirectement à la création de flux de biens et services orientés vers la satisfaction des besoins alimentaires d'un ou plusieurs groupes de consommateurs localement ou à l'extérieur de la zone considérée (chapitre 1).

Tableaux d'échanges intersectoriels (ou d'entrées-sorties). Ce tableau, à la base de la représentation d'ensemble de l'économie dans les Comptes nationaux, synthétise de manière détaillée les échanges de biens et services qui s'opèrent au cours d'une année entre les agents économiques d'un pays ou d'une région donnés. Il permet de mesurer les relations qui sont établies entre les secteurs ou les branches d'une économie et indiquent, pour chacune des catégories de biens et de services, ceux qui les utilisent et ceux qui les produisent. Il rassemble, dans un même cadre comptable, les comptes de biens et services par produit et les comptes de production et d'exploitation d'une économie. Ces informations sont exprimées à prix courants ou constants (chapitre 2)

Taxe Tobin. James Tobin, prix Nobel d'économie en 1981, a suggéré en 1972 d'appliquer une taxe sur les transactions financières internationales afin de dissuader la spéculation (chapitre 5).

Théorie des trois pouvoirs. Il s'agit d'un modèle explicatif, dû à Louis Malassis, de l'évolution de la consommation alimentaire qui met en évidence les « trois pouvoirs » qui influencent cette dernière : le consommateur, le producteur et la nation, c'est-à-dire : l'économie générale (chapitre 4).

Traçabilité. « *Capacité de retracer, à travers toutes les étapes de la production et de la distribution, le cheminement d'une denrée alimentaire ou d'un ingrédient* » (CNA, 2001). La traçabilité fait également l'objet de définitions dans les normes ISO 8402 et 9000 et d'instructions dans le règlement CE 178/2002 (chapitre 6).

Transnationalisation. Phénomène d'ouverture croissante d'un pays aux flux internationaux de biens et services, de capitaux et humains (chapitre 5).

Très petites entreprises (TPE) et petites et moyennes entreprises (PME) du système alimentaire. Il s'agit d'unités de taille petite, voire très petite (artisanales) et qu'on appelle les « entreprises de terroir » *stricto sensu*. Ces unités fondent leurs stratégies sur des ressources liées à une origine géographique, à un territoire d'où proviennent les matières premières, mais aussi à un ensemble de biens et services nécessaires à la fabrication des produits et s'inscrivant dans un réseau social local et dans une histoire (chapitre 7).

Union douanière. Zone de libre échange incluant un tarif extérieur commun aux membres (chapitre 5).

Utilité (en économie). Somme maximale qu'un consommateur est prêt à payer pour un bien ou un service. Le concept d'utilité suppose implicitement que chaque consommateur peut comparer différents paniers de biens x et y, et établir un ordre de préférence entre eux. Le niveau de bien-être restant constant d'un panier à un autre sur une même courbe d'indifférence, il peut substituer des biens alimentaires à des biens non alimentaires et se trouver tout aussi satisfait (chapitre 4).

Valeur (création de). Capacité d'une organisation publique ou privée, d'une entreprise ou d'une branche à dégager un surplus (valeur ajoutée, VA) sur ses achats externes d'intrants (les consommations intermédiaires, CI) lors de la vente de ses produits finis mesurés par le chiffre d'affaires (CA) (chapitre 1).

Valeur ajoutée. Elle est égale à la valeur de la production diminuée des consommations intermédiaires. Elle permet à l'entreprise de rémunérer essentiellement le travail et le capital, de payer les impôts et les taxes (diminués de subventions) et de dégager un excédent d'exploitation (ou une perte si le solde est négatif) (chapitre 2).

Valeur marchande finale des biens alimentaires. Elle correspond à la valeur finale des aliments au moment où ils atteignent l'assiette des consommateurs. Cette valeur se forme par addition des valeurs ajoutées par l'ensemble des sous-secteurs fonctionnels qui concourent à l'activité agroalimentaire, auxquelles s'agrègent la valeur des biens intermédiaires et celle des équipements (amortissements) fournis par les secteurs auxiliaires du complexe agroalimentaire (chapitre 2).

Volatilité des prix agricoles et alimentaires. Phénomène de variation brusque des cours constaté dans les transactions internationales, généralement imputable à plusieurs causes simultanées liées à la situation de l'offre et de la demande (chapitre 5).

Zone de libre échange. Résulte d'un accord éliminant les droits de douane et les restrictions tarifaires à l'importation entre deux ou plusieurs pays qui conservent leur politique commerciale nationale vis-à-vis des pays tiers (chapitre 5).

Liste des abréviations

AB – Agriculture biologique

ACA – Analyse coûts-avantages

ACB – Analyse coûts-bénéfices

ACP – Afrique, Caraïbes, Pacifique

ACR – Accord commercial régional

ACR – Avantage comparatif révélé

ADPIC – Accord sur les aspects des droits de propriété intellectuelle relatifs au commerce

AEIEA2 – Association internationale d'économie alimentaire et agroindustrielle

AFSSA – Agence française de santé et de sécurité alimentaire

AFTA – *Asian Free Trade Agreement*

AGCS – Accord général sur le commerce des semences

AINA – Agro-industries non alimentaires

ALENA – Accord de libre échange nord-américain

AMM – Autorisation de mise en marché

ANIA – Association nationale des industries alimentaires

ANVS – Agence nationale de veille sanitaire

APCA – Assemblée permanente des chambres d'agriculture

APD – Aide publique au développement

APEC – *Asian Pacific Economic Cooperation*

APU : Administrations publiques

ARIA – Association régionale des industries alimentaires

ASEAN – *Association of South-East Nations*

BAA – Bilan d'approvisionnement alimentaire

BDA – Bilan de disponibilités alimentaires

BEA – Besoin énergétique alimentaire

BIP – Bureau interprofessionnel du pruneau

BM – Banque mondiale

BNT – Barrière non tarifaire

BRC – *British Retail Consortium*

BRI – Banque des règlements internationaux

CA – Calories animales

CA – Chiffre d'affaires

CAP – Consentement à payer

CAR – Consentement à recevoir

CBOT – *Chicago Board of Trade*

CCA – Commission du *Codex alimentarius*

CD – *Compact Disc*

CEB – Compte d'exploitation par branche

CECA – Communauté européenne du charbon et de l'acier

CEI – Communauté des États indépendants

CEMAGREF – Institut de recherche en sciences et technologies pour l'environnement

CEPII – Centre d'études prospectives et d'information internationales

CF – Calories finales

CFDT – Confédération française démocratique du travail

CFTC – *Commodity Futures Trading Commission*

CGCV – Confédération générale du cadre de vie

CGT – Confédération générale du travail

CGV – Chaîne globale de valeur

CI – Calories initiales

CI – Consommations intermédiaires

CIHEAM – Centre international des hautes études agronomiques méditerranéennes

CIRAD – Centre de coopération internationale en recherche agronomique pour le développement

CM – Coût de la maladie

CME – *Chicago Mercantile Exchange*

CNA – Conseil national de l'alimentation

CNJA – Centre national des jeunes agriculteurs

CNRS – Centre national de la recherche scientifique

CNUCED – Conférence des Nations unies sur le commerce et le développement

COICOP – *Classification of Individual Consumption According to Purpose*

COP – Céréales et oléo-protéagineux

CPAI – Complexe de production agroindustriel

CPF – Classification des produits français

CSP – Catégories socio-professionnelles

CT – Coefficient technique

CTCI – Classification type du commerce international

CV – Calories végétales

CVO – Cotisation volontaire obligatoire

DA – Droit appliqué

DAD – Développement agroalimentaire durable

DALY – *Disability Adjusted Life Years*

DBI – *Dry Baltic Index*

DC – Droit consolidé

DEA – Disponibilité énergétique alimentaire

DGCCRF – Direction générale de la consommation, de la concurrence et de la répression des fraudes

DIPP – Décomposition internationale du processus productif

DIT – Division internationale du travail

EBE – Excédent brut d'exploitation

ECHI – *European Community Health Indicators*

ECR – *Efficient Consumer Response*

EEE – Espace économique européen

EFSA – *European Food Security Authority*

ENIAL – Entreprise nationale de développement des industries alimentaires

EPE – Entreprise publique économique

ERE – Équilibre ressources-emplois

ERIAD – Entreprise régionale des industries alimentaires de céréales et dérivés

ERS – *Economic Research Service (USDA)*

ESB – Encéphalopathie spongiforme bovine

ESC – Estimation des soutiens des consommateurs

ESP – Estimation des soutiens à la production

EST – Estimation des soutiens totaux

EVCI – Espérance de vie corrigée de l'incapacité

F&A – Fusions et acquisitions

F&L – Fruits et légumes

FAO – *Food and Agriculture Organization of the United Nations*

FAS – *Foreign Agriculture Service (USDA)*

FBCF – Formation brute de capital fixe

FCD – Fédération du commerce et de la distribution

FEEF – Fédération des entreprises et entrepreneurs de France

FEOGA – Fonds européen d'orientation et de garantie agricole

FFIHR – Fédération française de l'industrie hôtelière et de la restauration

FMN – Firme multinationale

FMNAA – Firme multinationale agroalimentaire

FNCA – Fédération nationale de la coopération agricole

FNSEA – Fédération nationale des syndicats d'exploitants agricoles

FO – Force ouvrière

GATT – *General Agreement on Tariff and Trade*

GD – Grande distribution

GFSI – *Global Food Standard Initiative*

GIEC – Groupe intergouvernemental d'étude du climat

GMS – Grandes et moyennes surfaces

GRH – Gestion des ressources humaines

HACCP – *Hazard Analysis Critical Control Point*

HOS – *Heckscher-Ollin-Salmuelson*

IAA – Industrie agroalimentaire

IAMM – Institut agronomique méditerranéen de Montpellier

IAS – *International Accouting Standard*

IDE – Investissement direct étranger

IFPRI – *International Food Policy Research Institute*

IFREMER – Institut français de recherche pour l'exploitation de la mer

IFS – *International Food Standard*

IG – Indication géographique

IGL – Indice de *Grubel-Lloyd*

IIASA – *International Institute for Applied Systems Analysis*

ILEC – Institut de liaison et d'études des industries de consommation

IMC – Indice de masse corporelle

IMG – Internationalisation, mondialisation, globalisation

INC – Institut national de la consommation

INNTA – Institut national de nutrition et de technologie alimentaire

INRA – Institut national de la recherche agronomique

INSEE – Institut national de la statistique et des études économiques

INSERM – Institut national de la santé et de la recherche médicale

IPEMED – Institut de prospective économique de la Méditerranée

IRD – Institut de recherche pour le développement

ISBLSM – Institution sans but lucratif au service des ménages

ISO – *International Organization for Standardization*

IVR – Indice de vulnérabilité régionale

LIFFE – *London International Financial Futures and Options Exchange*

M. – million(s)

MAIT – Modèle agroindustriel tertiarisé

MAP – Modèle alimentaire de proximité

MAPAQ – Ministère de l'Agriculture, des Pêches et de l'Alimentation du Québec

MCA – Modèle de consommation alimentaire

MCAM – Modèle de consommation alimentaire méditerranéen

MCJ – Maladie de Kreutzfeldt-Jacob

MCV – Maladies cardio-vasculaires

MD – Millénaire pour le développement

Mds – Milliards

MEA – *Millennium Ecosystem Assessment*

MEDEF – Mouvement des entreprises de France

MEGC – Modèle d'équilibre général calculable

MEPC – Modèle d'équilibre partiel calculable

MIT – *Massachussetts Institute of Technology*

MNTA – Maladie non transmissible ou chronique liée à l'alimentation

IMOA – Maladie d'origine alimentaire

MOANT – Maladie d'origine alimentaire non transmissible

MPA – Matières premières agricoles

MSS – Mécanisme de sauvegarde spéciale

MZCP – *Mediterranean Zoonoses Control Program*

NAF – Nomenclature d'activités française

Nc – Non connu

Nd – Non déterminé

NEG – Nouvelle économie géographique

NPF – Nation la plus favorisée

Ns – Non significatif

NTIC – Nouvelles technologies de l'information et de la communication

NU – Nations unies

NYSE – *New York Stock Exchange*

OAA – Organisation des Nations unies pour l'agriculture et l'alimentation

OAIC – Office algérien interprofessionnel des céréales

OCDE – Organisation de coopération et de développement économique

OCM – Organisation commune de marché

OCMB – Organisation commune du marché de la banane

OGM – Organisme génétiquement modifié

OIE – Office international des épizooties

OLI – *Ownership, Locationnal, Internalization*

OMC – Organisation mondiale du commerce

OMD – Objectifs du millénaire pour le développement

OMS – Organisation mondiale de la santé

ONG – Organisation non gouvernementale

ONUDI – Organisation des Nations unies pour le développement industriel

OP – Organisation de producteurs

OPA – Organisations professionnelles agricoles

ORD – Organe de règlement des différends

OTEX – Orientation technico-économique des exploitations

PA – Produits alimentaires

PAA – Produits agricoles et alimentaires

PAC – Politique agricole commune

PACA – Provence-Alpes-Côte d'Azur

PAM – Programme alimentaire mondial

PB – Production de la branche

PD – Pays développés

PDMR – Part de marché relative

PIB – Produit intérieur brut

PMA – Pays les moins avancés

PMC – Propension moyenne à consommer

PME – Petites et moyennes entreprises

PNAN – Programme national d'alimentation et nutrition

PNNS – Programme national nutrition et santé

PNUE – Programme des Nations unies pour l'environnement

PPA – Parité de pouvoir d'achat

PSEM – Pays du sud et de l'est de la Méditerranée

PVD – Pays en voie de développement

R&D – Recherche et développement

RAD – Restauration à domicile

RASPF – *Rapid Alerte System for Food and Feed (FAO)*

RFID – Radio Frequency Identification

RHD – Restauration hors domicile

RHF – Restauration hors foyer

RICA – Réseau d'information comptable agricole

RNB – Revenu national brut

SA – Système alimentaire

SAA – Système alimentaire alternatif

SAF – Système alimentaire français

SCEES – Service central d'enquêtes et d'études statistiques

SCP – Structures, comportements, performances

SGP – Société de gestion des participations

SGPC – Système global de préférences commerciales

SIDA – Syndrome d'immunodéficience acquise

SIG – Solde intermédiaire de gestion

SMA – Sommet mondial de l'alimentation

SMIAR – Système mondial d'information et d'alerte rapide (FAO)

SNAP – *Supplemental Nutrition Assistance Program*

SNM – Service des nouvelles des marchés

SPARTEGA – *South Pacific Regional Trade and Economic Cooperation Agreement*

SPFS – *Special Program on Food Security (FAO)*

SPL – Système de production localisé

SPS – Sanitaire et phytosanitaire

SWOT – *Strenghts, Wikenesses, Opportunities, Threats*

SYAL – Système alimentaire localisé

TBT – *Technical Barriers to Trade*

TCT – Théorie des coûts de transaction

TDF – Tableau de demande finale

TEI – Tableau d'échanges interindustriels

TEI – Tableau des entrées intermédiaires

TES – Tableau d'entrées-sorties

TGFMN – Très grande firme multinationale

TIC – Technologies de l'information et de la communication

TPE – Très petites entreprises

TSA – Tous sauf les armes

UCA – Union des coopératives agricoles

UCV – Union du commerce de centre ville

UD – Union douanière

UE – Union européenne

UFC – Union fédérale des consommateurs

UHT – *Ultra High Temperature*

UIPP – Union internationale de protection des plantes

UMR – Unité mixte de recherche

UN – *United Nations*

UNCTAD – *United Nations Conference on Trade and Development* (CNUCED)

UPC – *Universal Product Code*

URSS – Union des républiques socialistes soviétiques

USDA – *United States Department of Agriculture*

VA – Valeur ajoutée

VAB – Valeur ajoutée brute

VANA – Valorisations non alimentaires de cultures consommables

VIH – Virus de l'immunodéficience humaine

WB – *World Bank* (BM)

WDI – *World Development Indicators* (Banque mondiale)

WIR – *World Investment Report (Cnuced)*

WHO – *World Health Organization* (OMS)

WTO – *World Trade Organization* (OMC)

ZEP – Zone d'éducation prioritaire

ZLE – Zone de libre-échange

ZLEM – Zone de libre-échange euro-méditerranéenne

Imprimé pour vous par Books on Demand (Allemagne)